高等职业教育课程改革示范教材
江苏省高等学校精品教材

工科数学

(上册) 第三版

主编 杨 军

南京大学出版社

图书在版编目(CIP)数据

工科数学 / 杨军主编. —3版. —南京：南京大学出版社，2017.6
高等职业教育课程改革示范教材
ISBN 978-7-305-18891-6

Ⅰ.①工… Ⅱ.①杨… Ⅲ.①高等数学－高等职业教育－教材 Ⅳ.①O13

中国版本图书馆 CIP 数据核字(2017)第 140689 号

出版发行	南京大学出版社
社　　址	南京市汉口路 22 号　　邮　编　210093
出版人	金鑫荣
丛书名	高等职业教育课程改革示范教材
书　　名	工科数学(上册)
主　　编	杨军
责任编辑	揭维光　吴　汀　　　编辑热线　025-83686531
照　　排	南京南琳图文制作有限公司
印　　刷	南京京新印刷有限公司
开　　本	787×1092　1/16　印张 14.75　字数 365 千
版　　次	2017 年 6 月第 3 版　2017 年 6 月第 1 次印刷
ISBN	978-7-305-18891-6
定　　价	60.00 元(上、下册)

网址：http://www.njupco.com
官方微博：http://weibo.com/njupco
官方微信号：njupress
销售咨询热线：(025) 83594756

* 版权所有，侵权必究
* 凡购买南大版图书，如有印装质量问题，请与所购图书销售部门联系调换

第三版前言

本书第一版在2011年7月被评为江苏省高等学校精品教材。随着高职数学课程教学改革的不断深入，针对高职教育工科专业的特点，结合编者多年的教学实践，我们修订了本书。在修订过程中，我们始终遵循"数学为基，工程为用"的原则，力求做到"深化概念、强化运算、淡化理论、加强应用"。

本书的设计理念是"从专业中来，到专业中去"。即从专业课程中的实际问题精选与数学有关的案例或模型，将案例所涉及的数学知识加工整理成若干数学模块，再用案例驱动数学模块内容，最后将所学数学知识应用于解决实际问题。具体做到以下几个方面：

1. 抓住知识点，注意数学知识的深度和广度。基础知识和基本理论以"必需、够用"为度。把重点放在概念、方法和结论的实际应用上。多用图形、图表表达信息，多用有实际应用价值的案例、示例促进对概念、方法的理解。对基础理论不做论证，必要时只作简单的几何解释。

2. 强化系统性，力争从体系、内容、方法上进行改革，有所创新。将教材的结构、体系进一步优化，强调数学思想方法的突出作用，强化与实际应用联系较多的基础知识和基本方法。加强基础知识的案例教学，力求突出在解决实际问题中应用数学思想方法，揭示重要的数学概念和方法的本质，着眼于提高学生的数学素质，培养学生的睿智、细致、创新的品格。

3. 突出实践性，注重数学建模思想、方法的渗透。通过应用实例介绍数学建模过程，从而引入数学概念。在每章的最后一节设计了数学实验，以培养学生运用计算机及相应的数学软件求解数学模型的能力。

4. 注重复合性，采用"案例驱动"的教学模式。教材体系突出与各工科专业紧密结合，体现数学知识专业化，工程问题数学化，尽可能应用数学知识解释工程应用中的现象，并用数学方法解决实际的问题。实现"教、学、做"一体的教学改革精神。

5. 加大训练力度，增加课堂练习的力度。采用"三讲一练"的方式（即按照数学教学规律，采用讲练结合的方式），加强学生应用创新能力的培养。本书针对不同专业的需求，共设计了十二个模块。在每一节前增加了学习目标，每一节后配备了类型合理、深度和广度适中的习题。每一章后增加了小结与复习的内容，帮助学生总结重要的知识点。另还编写了专门与本书配备的案例与习题练习册，方便学生在做课堂练习时使用。

6. 以学生为主体，以教师为主导。在内容处理上要便于组织教学，在保证教学要求的同时，让教师比较容易组织教学内容，学生也比较容易理解，并能让学生积极主动地参与到教学中,从而使学生在知识、能力、素质方面均有大的提高。

　　本书的修订过程中,对原有的章节进行适当的调整。例如,把原来的第八章"多元函数微积分学"分为两章重新编写,原来的"图论基础"一章也进行了重新编写。另外,删掉了一些难度较大且不是必需的知识点,还删掉了一些难度较大的例题与习题;增补了一些与知识点对应易于理解的例题和习题,以及"初等数学常用公式"等内容。

　　参与本书编写的有:陆峰(第一章、第七章、第十章)、杨军(第二章、第六章、第八章、第九章)、盛秀兰(第三章、第十一章)、俞金元(第四章、第五章)、凌佳(第十二章)。全书由杨军修改、统稿、定稿。

　　为了加快实现高职教育与远程开放教育的深度融合,本书增设了若干知识点的教学视频资料,以满足广大读者自学的需求。在此,特别感谢叶惠英副教授、徐薇副教授、张洁讲师等许多教学一线的教师提供高质量的教学视频资料。本书的出版得到江苏城市职业学院通识教育学院、教务处以及南京大学出版社的大力支持,在此谨表示衷心感谢!

　　限于编者水平,加上时间仓促,书中难免有不当之处,敬请广大师生和读者批评指正。

编　者

2017 年 4 月

目 录

第一章　函数、极限与连续 1
　　第一节　函　　数 1
　　第二节　极限及其运算 13
　　第三节　函数的连续性与间断点 26
　　第四节　MATLAB简介与函数运算实验 31
　　本章小结 40

第二章　一元函数微分学及应用 42
　　第一节　导数的概念 42
　　第二节　求导法则 47
　　第三节　隐函数和由参数方程所确定的函数的导数 52
　　第四节　高阶导数 55
　　第五节　函数的微分 56
　　第六节　微分中值定理与洛必达法则 60
　　第七节　函数的单调性与极值 66
　　第八节　曲线的凹凸拐与函数图形描绘 72
　　第九节　导数运算实验 77
　　本章小结 80

第三章　一元函数积分学及应用 82
　　第一节　不定积分的概念与性质 82
　　第二节　换元积分法 86
　　第三节　分部积分法 95
　　第四节　有理函数的积分 99
　　第五节　定积分的概念与性质 102
　　第六节　微积分基本公式 108
　　第七节　定积分的换元法和分部积分法 112
　　第八节　定积分的应用 116
　　第九节　反常积分 124
　　第十节　积分运算实验 127

· 1 ·

本章小结 ………………………………………………………………………… 130
第四章　常微分方程 ………………………………………………………… 132
  第一节　微分方程的基本概念 ………………………………………………… 134
  第二节　一阶常微分方程 ……………………………………………………… 136
  第三节　二阶常微分方程 ……………………………………………………… 141
  第四节　微分方程求解实验 …………………………………………………… 149
  本章小结 ………………………………………………………………………… 151

第五章　无穷级数 …………………………………………………………… 153
  第一节　常数项级数的基本概念和性质 ……………………………………… 155
  第二节　常数项级数的审敛法 ………………………………………………… 160
  第三节　幂级数 ………………………………………………………………… 166
  第四节　无穷级数实验 ………………………………………………………… 177
  本章小结 ………………………………………………………………………… 179

第六章　傅里叶级数与积分变换 …………………………………………… 181
  第一节　傅里叶级数 …………………………………………………………… 181
  第二节　傅里叶变换的概念与性质 …………………………………………… 191
  第三节　傅里叶变换的应用 …………………………………………………… 200
  第四节　拉普拉斯变换的概念与性质 ………………………………………… 202
  第五节　拉普拉斯变换的应用 ………………………………………………… 208
  第六节　积分变换实验 ………………………………………………………… 212
  本章小结 ………………………………………………………………………… 214

附录一　初等数学中的常用公式 ………………………………………………… 216

附录二　常用平面曲线及其方程 ………………………………………………… 219

习题参考答案与提示 ……………………………………………………………… 221

第一章 函数、极限与连续

本章将介绍集合、函数、极限和函数连续性等基本概念以及它们的一些性质,这些内容都是学习本课程必需的基本知识.

第一节 函 数

学习目标

1. 理解集合概念,掌握集合运算.
2. 理解函数的概念,了解分段函数,能熟练地求函数的定义域和对应法则.
3. 了解函数的主要性质(单调性、奇偶性、周期性和有界性).
4. 熟练掌握基本初等函数的解析表达式、定义域、主要性质和图形.
5. 理解复合函数、初等函数的概念.
6. 会建立实际问题中的函数关系式.

现实世界中,存在着各种各样不断变化着的量,它们之间相互依存,相互联系.函数就是对各种变量之间的相互依存关系的一种抽象.微积分学的研究对象是函数.函数概念是数学中的一个基本而重要的概念.公元1837年,德国数学家狄利克雷(Dirichlet,1805—1859)提出现今通用的函数定义,使函数关系更加明确,从而推动了数学的发展和应用.

一、集合与区间

1. 集合的概念

引例:
① 一个书柜的书;
② 一间教室里的全体学生;
③ 全体实数.

上述几个例子中体现了数学中的一个基本概念——集合.

(1) 集合(简称集)

具有某种共同属性的事物的总体,称为**集合**.常用大写拉丁字母 $A, B, C, \cdots$ 表示.组成集合的事物称为集合的**元素**.常用小写拉丁字母 $a, b, c, \cdots$ 表示. a 是集合 M 的元素表示为 $a \in M$(读作 a 属于 M). a 不是集合 M 的元素表示为 $a \notin M$(读作 a 不属于 M).

一个集合中,若只有有限个元素,称为**有限集**;不是有限集的集合称为**无限集**.

(2) 子集

若 $x \in A$,则必有 $x \in B$,则称 A 是 B 的**子集**,记为 $A \subset B$(读作 A 包含于 B)或 $B \supset A$(读作 B 包含 A).

如果集合 A 与集合 B 互为子集,即 $A\subset B$ 且 $B\subset A$,则称**集合 A 与集合 B 相等**,记作 $A=B$(或 $B=A$).

若 $A\subset B$ 且 $A\neq B$,则称 A 是 B 的**真子集**,记作 $A\subsetneqq B$.

不含任何元素的集合称为**空集**,记作 $\varnothing$. 规定空集是任何集合的子集.

(3) 集合的表示

列举法:把集合的全体元素一一列举出来.

例如 $A=\{a,b,c,d,e,f,g\}$.

描述法:若集合 M 是由具有某种性质 P 的元素 x 的全体所组成,则 M 可表示为
$$M=\{x\mid x \text{ 具有性质 } P\}.$$

例如 $M=\{(x,y)\mid x,y \text{ 为实数},x^2+y^2=1\}$.

对于数集,我们在表示数集的字母的右上角,标上"$*$"来表示该数集内排除 0 的集,标上"$+$"来表示该数集内排除 0 与负数的集.

(4) 几个常用的数集

N 表示所有自然数构成的集合,称为自然数集.

$\mathbf{N}=\{0,1,2,\cdots,n,\cdots\}$;$\mathbf{N}^*=\{1,2,\cdots,n,\cdots\}$.

Z 表示所有整数构成的集合,称为整数集.

$\mathbf{Z}=\{\cdots,-n,\cdots,-2,-1,0,1,2,\cdots,n,\cdots\}$.

Q 表示所有有理数构成的集合,称为有理数集.

$\mathbf{Q}=\left\{\dfrac{p}{q}\mid p\in\mathbf{Z},q\in\mathbf{N}^* \text{ 且 } p \text{ 与 } q \text{ 互质}\right\}$.

R 表示所有实数构成的集合,称为实数集. $\mathbf{R}^*$ 为排除 0 的实数集,$\mathbf{R}^+$ 表示全体正实数.

2. 集合的运算

(1) 集合运算的种类

集合的基本运算有以下几种:并、交、差.

给定两个集合 A,B,可定义下列运算(如图 1.1):

并集: $A\cup B=\{x\mid x\in A \text{ 或 } x\in B\}$.

交集: $A\cap B=\{x\mid x\in A \text{ 且 } x\in B\}$.

差集: $A\backslash B=\{x\mid x\in A \text{ 且 } x\notin B\}$.

图 1.1

图 1.2

设 A 是一个集合,U 是包含 A 的全集,把 $U\backslash A$ 称为 A 的**余集**或**补集**(如图 1.2),记作 A^c.

(2) 集合运算的法则

设 A、B、C 为任意三个集合,则有下列法则成立:

① 交换律：$A\cup B=B\cup A$，$A\cap B=B\cap A$.
② 结合律：$(A\cup B)\cup C=A\cup(B\cup C)$，$(A\cap B)\cap C=A\cap(B\cap C)$.
③ 分配律：$(A\cup B)\cap C=(A\cap C)\cup(B\cap C)$，$(A\cap B)\cup C=(A\cup C)\cap(B\cup C)$.
④ 对偶律：$(A\cup B)^c=A^c\cap B^c$，$(A\cap B)^c=A^c\cup B^c$.

以上这些法则都可以根据集合相等的定义验证.

3. 区间和邻域

(1) 有限区间

设 a 和 b 都是实数，且 $a<b$，称数集 $\{x|a<x<b\}$ 为**开区间**，记为 (a,b)，即
$$(a,b)=\{x|a<x<b\}.$$
类似地有

$[a,b]=\{x|a\leqslant x\leqslant b\}$ 称为**闭区间**；

$[a,b)=\{x|a\leqslant x<b\}$ 和 $(a,b]=\{x|a<x\leqslant b\}$ 称为**半开区间**.

其中 a 和 b 称为区间 (a,b)、$[a,b]$、$[a,b)$、$(a,b]$ 的**端点**，$b-a$ 称为**区间的长度**.

从数轴上看，这些有限区间是长度为有限的线段. 闭区间 $[a,b]$ 与开区间 (a,b) 在数轴上表示出来，分别如图 1.3(a) 与图 1.3(b) 所示.

图 1.3

(2) 无限区间

引进记号 $+\infty$（读作正无穷大）及 $-\infty$（读作负无穷大），可类似地表示**无限区间**：
$$[a,+\infty)=\{x|a\leqslant x\};\ (-\infty,b)=\{x|x<b\};\ (-\infty,+\infty)=\{x||x|<+\infty\}.$$
区间 $[a,+\infty)$ 和 $(-\infty,b)$ 在数轴上的表示分别如图 1.3(c) 与图 1.3(d) 所示.

(3) 邻域

以点 a 为中心的任何开区间称为点 a 的**邻域**，记作 $U(a)$.

设 δ 是一正数，则称开区间 $(a-\delta,a+\delta)$ 为点 a 的 δ 邻域，记作 $U(a,\delta)$，即
$$U(a,\delta)=\{x|a-\delta<x<a+\delta\}=\{x||x-a|<\delta\}.$$
其中点 a 称为**邻域的中心**，δ 称为**邻域的半径**，如图 1.4(a).

(4) 去心邻域

点 a 的 δ 邻域去掉中心后，称为点 a 的**去心 δ 邻域**，记作 $\overset{\circ}{U}(a,\delta)$，如图 1.4(b)，即
$$\overset{\circ}{U}(a,\delta)=\{x|0<|x-a|<\delta\}.$$

图 1.4

二、函数

1. 函数的概念

在考察某些自然现象或社会现象时,往往会遇到几个变量.这些变量并不是孤立地变化的,而是存在着某种相互依赖关系.

案例 1.1(**自由落体运动方程**) 在自由落体运动中,物体下落的距离 S 随下落时间 t 的变化而变化,下落距离 S 与时间 t 之间的函数关系为

$$S = \frac{1}{2}gt^2,$$

其中 g 为重力加速度,$g = 9.8 \text{ m/s}^2$.

案例 1.2(**气温变动**) 某气象站测得某天早上 6 时至晚上 22 时的气温如表 1.1 所示.

表 1.1

时间(h)	6	8	10	12	14	16	18	20	22
温度(℃)	12.1	14.3	17	18.5	20.5	16.8	16.3	15.2	12

从表中我们可以了解当天 6 时至 22 时的气温变化情况.

案例 1.3(**股票曲线**) 股票在某天的价格和成交量随时间的变化常用图形表示,图 1.5 为某一股票在某天的走势图.

图 1.5

从股票曲线,我们可以看出这只股票当天的价格和成交量随时间的波动情况.

定义 1.1 设 x 和 y 是两个变量,D 是一个给定的数集.如果对于每一个数 $x \in D$,变量 y 按照一定的法则总有确定的数值与之对应,则称 y 是 x 的**函数**,记作 $y = f(x)$,其中 x 为**自变量**,y 为**因变量**.数集 D 称为函数 $f(x)$ 的**定义域**.当 x 取遍 D 内的各个数值时,对应的

函数值的全体组成的数集称为函数 $f(x)$ 的**值域**,记为 $f(D)$.

如果自变量在定义域内任取一个数值,对应的函数值只有唯一的一个,称这种函数为**单值函数**;否则,如果有多个函数值与之对应,就称为**多值函数**. 没有特别说明时,本书讨论的函数都是指单值函数.

从函数定义我们可以看出,构成函数的两要素是定义域和对应法则. 如果两个函数的定义域相同,对应法则也相同,那么这两个函数就是相同的,否则就是不同的.

【例 1.1】 求函数 $y = \dfrac{1}{\ln(x+2)} + \sqrt{4-x^2}$ 的定义域.

解 函数的定义域是满足不等式组
$$\begin{cases} x+2 > 0 \\ x+2 \neq 1 \\ 4-x^2 \geqslant 0 \end{cases}$$
的 x 值的全体. 解此不等式组,得其定义域为:
$$D = \{x \mid -2 < x \leqslant 2, \text{且 } x \neq -1\}, \text{或 } D = (-2,-1) \cup (-1,2]$$

【例 1.2】 已知函数 $f\left(\dfrac{1}{x}-1\right) = \dfrac{1}{x^2} - 1$,求 $f(x)$.

解 令 $\dfrac{1}{x} - 1 = t$,则 $\dfrac{1}{x} = t+1$,代入得
$$f(t) = (t+1)^2 - 1 = t^2 + 2t.$$
所以 $f(x) = x^2 + 2x$.

2. 函数的表示法

表示函数的主要方法有三种:解析法(公式法)、表格法、图形法.

(1) 解析法

用数学式子表示函数的方法叫作**解析法**. 如 $y = f(x)$,其中 y 是因变量,f 为对应法则,x 是自变量. 其优点是便于数学上的分析和计算,本书主要讨论用解析式表示的函数,如案例 1.1 表示自由落体运动的路程与时间的函数关系式 $s = \dfrac{1}{2}gt^2$.

(2) 表格法

用表格形式表示函数的方法叫作**表格法**. 它是将自变量所取的值和对应的函数值列为表格,其优点是直观、精确. 如案例 1.2 气象站测量的某天不同时间的气温.

(3) 图形法

以图形表示函数的方法叫作**图形法**. 其优点是直观形象,且可看到函数的变化趋势,如案例 1.3 某一股票在某天的走势图.

3. 函数的几种特性

(1) 函数的有界性

设函数 $f(x)$ 的定义域为 D,数集 $X \subset D$. 如果存在数 K_1,使对任意 $x \in X$,有 $f(x) \leqslant K_1$,则称函数 $f(x)$ 在 X 上**有上界**,而称 K_1 为函数 $f(x)$ 在 X 上的一个上界. 图形特点是 $y = f(x)$ 的图形在直线 $y = K_1$ 的下方.

如果存在数 K_2,使对任一 $x \in X$,有 $f(x) \geqslant K_2$,则称函数 $f(x)$ 在 X 上**有下界**,而称 K_2

为函数 $f(x)$ 在 X 上的一个**下界**.图形特点是函数 $y=f(x)$ 的图形在直线 $y=K_2$ 的上方.

如果存在正数 M,使对任一 $x\in X$,有 $|f(x)|\leqslant M$,则称函数 $f(x)$ 在 X 上**有界**.图形特点是函数 $y=f(x)$ 的图形在直线 $y=-M$ 和 $y=M$ 之间.

如果这样的 M 不存在,则称函数 $f(x)$ 在 X 上**无界**.函数 $f(x)$ 无界,就是说对任何正数 M,总存在 $x_1\in X$,使 $|f(x_1)|>M$.

例如:

① 函数 $f(x)=\sin x$ 在 $(-\infty,+\infty)$ 上是有界的,即 $|\sin x|\leqslant 1$.

② 函数 $f(x)=\dfrac{1}{x}$ 在开区间 $(0,1)$ 内是无上界的,或者说它在 $(0,1)$ 内有下界,无上界,而它在 $(1,2)$ 内是有界的.

(2) 函数的单调性

设函数 $y=f(x)$ 的定义域为 D,区间 $I\subset D$.如果对于区间 I 上任意两点 x_1 及 x_2,当 $x_1<x_2$ 时,恒有

$$f(x_1)<f(x_2)(\text{或 } f(x_1)>f(x_2)),$$

则称函数 $f(x)$ 在区间 I 上是**单调增加**(或**单调减少**)的.

单调增加和单调减少的函数统称为**单调函数**.

例如:函数 $y=x^2$ 在区间 $(-\infty,0]$ 上是单调减少的,在区间 $[0,+\infty)$ 上是单调增加的,在 $(-\infty,+\infty)$ 上不是单调的.

(3) 函数的奇偶性

设函数 $f(x)$ 的定义域 D 关于原点对称(即若 $x\in D$,则 $-x\in D$).

如果对于任一 $x\in D$,有 $f(-x)=f(x)$,则称 $f(x)$ 为**偶函数**.

如果对于任一 $x\in D$,有 $f(-x)=-f(x)$,则称 $f(x)$ 为**奇函数**.

偶函数的图形关于 y 轴对称,奇函数的图形关于原点对称.

例如:$y=x^2$,$y=\cos x$ 都是偶函数,$y=x^3$,$y=\sin x$ 都是奇函数,$y=\sin x+\cos x$ 是非奇非偶函数.

(4) 函数的周期性

设函数 $f(x)$ 的定义域为 D.如果存在一个正数 l,使得对于任意 $x\in D$ 有 $(x\pm l)\in D$,且 $f(x\pm l)=f(x)$,则称 $f(x)$ 为**周期函数**,l 称为 $f(x)$ 的**周期**(一般指最小正周期).

周期函数的图形特点:在函数的定义域内,每个长度为 l 的区间上,函数的图形有相同的形状.

4. 分段函数

案例 1.4 (矩形波的函数表示) 图 1.6 为一个周期为 2π 矩形波的图形,它在区间 $[-\pi,\pi)$ 内的解析式为:$f(t)=\begin{cases} 0, & -\pi\leqslant t<0, \\ A, & 0\leqslant t<\pi. \end{cases}$

图 1.6

案例 1.5 (出租车收费标准) 某城市出租车收费标准为:5 km 以内收费 10 元,超过 5 km 至 15 km 的部分每千米加收 1.2 元,超过 15 km 的部分每千米加收 1.8 元.这样出租车

载客的收费 f 与行驶千米数 s 的函数关系可表示为:
$$f(s)=\begin{cases}10, & 0<s\leqslant 5,\\ 10+1.2(s-5), & 5<s\leqslant 15,\\ 22+1.8(s-15), & s>15.\end{cases}$$

这两个函数的特点是其由多个表达式构成,在工程实践及日常生活中常常会遇到此类函数. 在定义域的不同子集上用不同解析式表示的函数称为**分段函数**.

下面介绍几种特殊的分段函数:

(1) 符号函数(如图 1.7)
$$y=\operatorname{sgn} x=\begin{cases}-1, & x<0,\\ 0, & x=0,\\ 1, & x>0.\end{cases}$$

图 1.7

(2) 取整函数(如图 1.8)

设 x 为任意实数,称不超过 x 的最大整数为取整函数,记为 $y=[x]$,即若 $n\leqslant x<n+1$,则 $[x]=n$,其中 n 为整数,因此其数学表达式为:

$$y=\begin{cases}\cdots, & \cdots\\ -2, & -2\leqslant x<-1,\\ -1, & -1\leqslant x<0,\\ 0, & 0\leqslant x<1,\\ 1, & 1\leqslant x<2,\\ 2, & 2\leqslant x<3,\\ \cdots, & \cdots\end{cases}$$

图 1.8

(3) 特征函数
$$y=\chi_A=\begin{cases}1, & x\in A,\\ 0, & x\notin A.\end{cases}$$

其中 A 是数集,此函数常用于计数统计.

注意:分段函数是一个整体,不是几个函数,分段函数的图形应分段作出,求函数值 $f(x_0)$ 要先判断 x_0 所在的范围,再用对应的法则求函数值.

【**例 1.3**】(**旅馆定价**) 一旅馆有 200 间房间,如果定价不超过 100 元/间,则可全部出租. 若每间定价每高出 10 元,则会少出租 4 间. 设每间房间出租后的服务成本费为 20 元,试建立旅馆一天的利润与房价间的函数关系.

解 设旅馆的房价为 x 元/间,旅馆一天的利润为 y 元.

若 $x\leqslant 100$,则旅馆出租 200 间,利润为:
$$y=200(x-20).$$

若 $x>100$,则旅馆少出租 $4(x-100)/10$ 间,出租了 $200-4(x-100)/10$ 间,利润为:
$$y=[200-4(x-100)/10](x-20).$$

综上分析,旅馆利润与房价之间的函数为:
$$y=\begin{cases}200(x-20), & x\leqslant 100,\\ [200-4(x-100)/10](x-20), & x>100.\end{cases}$$

5. 反函数与复合函数

案例 1.6（**商品销售**） 在商品销售中，已知某种商品的价格（即单价）为 m，如果要想用该商品的销售量 x 来计算该商品销售总收入 y，那么 x 是自变量，y 是因变量，其函数关系为：

$$y = mx.$$

反过来，如果想以这种商品的销售总收入来计算其销售量，就必须把 y 作为自变量，把 x 作为因变量，并由函数 $y=mx$ 解出 x 关于 y 的函数关系

$$x = \frac{y}{m}.$$

这时称 $x=\frac{y}{m}$ 为 $y=mx$ 的反函数，$y=mx$ 为直接函数.

一般，设函数 $y=f(x)$ 在 D 上是一一对应的，值域为 $f(D)$，对任意的 $y \in f(D)$，有唯一的 $x \in D$，使得 $f(x)=y$，若把 y 看作自变量，x 视为因变量，所得到的一个新的函数，称为函数 $y=f(x)$ 的**反函数**，记为 $x=f^{-1}(y)$.

通常把 $y=f(x), x \in D$ 的反函数记成 $y=f^{-1}(x), x \in f(D)$.

例如，函数 $y=-\sqrt{x-1}(x \geq 1)$ 的反函数是 $x=y^2+1(y \leq 0)$，习惯上改写为 $y=x^2+1(x \leq 0)$.

相对于反函数 $y=f^{-1}(x)$ 来说，原来的函数 $y=f(x)$ 称为**直接函数**. 把函数 $y=f(x)$ 和它的反函数 $y=f^{-1}(x)$ 的图形画在同一坐标平面上，这两个图形关于直线 $y=x$ 是对称的（如图 1.9）. 这是因为如果 $P(a,b)$ 是 $y=f(x)$ 图形上的点，则有 $b=f(a)$. 按反函数的定义，有 $a=f^{-1}(b)$，故 $Q(b,a)$ 是 $y=f^{-1}(x)$ 图形上的点；反之，若 $Q(b,a)$ 是 $y=f^{-1}(x)$ 图形上的点，则 $P(a,b)$ 是 $y=f(x)$ 图形上的点. 而 $P(a,b)$ 与 $Q(b,a)$ 是关于直线 $y=x$ 对称的（即直线 $y=x$ 是线段 PQ 的垂直平分线）.

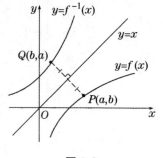

图 1.9

定理 1.1 如果直接函数 $y=f(x), x \in D$ 是单调增加（或减少）的，则存在反函数 $y=f^{-1}(x), x \in f(D)$，且该反函数也是单调增加（或减少）的.

案例 1.7 自由落体运动物体的动能 E 是速度 v 的函数：$E=f(v)=\frac{1}{2}mv^2$（m 为物体的质量），而速度 v 又是时间 t 的函数：$v=\varphi(t)=gt$.

通过中间变量 v 的联系，动能 E 也是时间 t 的函数，即将 $v=\varphi(t)$ 代入 $E=f(v)$ 中得到一个由 $E=f(v)$ 经过中间变量 $v=\varphi(t)$ 复合而成的关于 t 的函数：

$$E = f[\varphi(t)] = \frac{1}{2}m(gt)^2 = \frac{1}{2}mg^2t^2.$$

一般，设函数 $y=f(u)$ 的定义域为 D_1，函数 $u=g(x)$ 在 D 上有定义且 $g(D) \subset D_1$，则由下式确定的函数 $y=f[g(x)], x \in D$ 称为由函数 $u=g(x)$ 和 $y=f(u)$ 构成的**复合函数**，它的定义域为 D，变量 u 称为**中间变量**.

函数 g 与函数 f 构成的复合函数通常记为 $f \circ g$，即 $(f \circ g)(x) = f[g(x)]$.

函数 g 与 f 能构成复合函数 $f \circ g$ 的条件是:函数 g 在 D 上的值域 $g(D)$ 必须含在 f 的定义域 D_1 内,即 $g(D) \subset D_1$. 否则,不能构成复合函数.

例如,函数 $y = f(u) = \arcsin u$ 的定义域为 $[-1, 1]$,函数 $u = g(x) = 2\sqrt{1-x^2}$ 在 $D = \left[-1, -\frac{\sqrt{3}}{2}\right] \cup \left[\frac{\sqrt{3}}{2}, 1\right]$ 上有定义,且 $g(D) \subset [-1, 1]$,则函数 g 与 f 可构成复合函数 $y = \arcsin 2\sqrt{1-x^2}, x \in D$;但函数 $y = \arcsin u$ 和函数 $u = 2 + x^2$ 不能构成复合函数,这是因为对任一 $x \in \mathbf{R}, u = 2 + x^2$ 均不在 $y = \arcsin u$ 的定义域 $[-1, 1]$ 内.

6. 初等函数

在自然科学与工程技术中,常见的函数大都是初等函数,构成初等函数的元素是常数和基本初等函数.

(1) 基本初等函数

幂函数、指数函数、对数函数、三角函数和反三角函数,统称为**基本初等函数**.

① 幂函数

形如 $y = x^\mu$ (μ 为常数)的函数叫作**幂函数**. 定义域随 μ 值的不同而不同. 例如 $y = x, y = x^3$ 的定义域为 $(-\infty, +\infty)$;$y = \sqrt{x}$ 的定义域为 $[0, +\infty)$. 常见的幂函数的图像如图 1.10 所示.

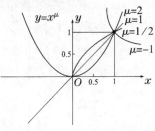

图 1.10

② 指数函数

形如 $y = a^x$ (a 为常数且 $a > 0, a \neq 1$)的函数叫作**指数函数**,其定义域为 $(-\infty, +\infty)$,值域为 $(0, +\infty)$.

当 $a > 1$ 时,$y = a^x$ 在 $(-\infty, +\infty)$ 是单调增加的,例如 $y = 2^x$;

当 $0 < a < 1$ 时,$y = a^x$ 在 $(-\infty, +\infty)$ 是单调减少的,例如 $y = \left(\frac{1}{2}\right)^x$,其图像如图 1.11 所示,它们的图形关于 y 轴对称,且都过 $(0, 1)$ 点.

以常数 $e = 2.718\ 281\ 8\cdots$ 为底的指数函数 $y = e^x$ 是工程中常用的指数函数.

图 1.11

③ 对数函数

形如 $y = \log_a x$ (a 为常数且 $a > 0, a \neq 1$)的函数叫作**对数函数**. 其定义域为 $(0, +\infty)$,值域为 $(-\infty, +\infty)$.

当 $a > 1$ 时,$y = \log_a x$ 在 $(0, +\infty)$ 上是单调增加的,如 $y = \log_2 x$;

当 $0 < a < 1$ 时,$y = \log_a x$ 在 $(0, +\infty)$ 上是单调减少的,如 $y = \log_{\frac{1}{2}} x$,其图像如图 1.12 所示,它们的图形关于 x 轴对称,且都过 $(1, 0)$ 点.

以常数 e 为底的对数函数,称为**自然对数函数**,记作 $y = \ln x$.

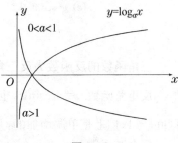

图 1.12

④ 三角函数与反三角函数

三角函数包括:正弦函数 $y=\sin x$、余弦函数 $y=\cos x$、正切函数 $y=\tan x$、余切函数 $y=\cot x$、正割函数 $y=\sec x=\dfrac{1}{\cos x}$、余割函数 $y=\csc x=\dfrac{1}{\sin x}$,如图1.13所示. 这些函数大家在中学数学中已很熟悉,这里就不再多作介绍了.

图 1.13

三角函数的反函数为**反三角函数**. 常用的反三角函数有以下四种:

反正弦函数 $y=\arcsin x$,定义域为 $[-1,1]$,值域为 $\left[-\dfrac{\pi}{2},\dfrac{\pi}{2}\right]$,如图 1.14(a)所示,在闭区间 $[-1,1]$ 上是单调增加的,是奇函数.

反余弦函数 $y=\arccos x$,定义域为 $[-1,1]$,值域为 $[0,\pi]$;如图 1.14(b)所示,在闭区间 $[-1,1]$ 上是单调减少的,是非奇非偶函数.

反正切函数 $y=\arctan x$,定义域为 $(-\infty,\infty)$,值域为 $\left(-\dfrac{\pi}{2},\dfrac{\pi}{2}\right)$,如图 1.14(c)所示,在区间 $(-\infty,\infty)$ 上单调增加的,是奇函数.

反余切函数 $y=\mathrm{arccot}\,x$,定义域为 $(-\infty,\infty)$,值域为 $(0,\pi)$,如图 1.14(d)所示,在区间 $(-\infty,\infty)$ 上是单调减少的,是非奇非偶函数.

(a) $y=\arcsin x$ (b) $y=\arccos x$
(c) $y=\arctan x$ (d) $y=\mathrm{arccot}\,x$

图 1.14

(2) 初等函数

由常数和基本初等函数经过有限次的四则运算和有限次的函数复合步骤所构成,并可用一个式子表示的函数,称为**初等函数**.

例如 $y=\sqrt{1-x^2}$,$y=\sin^2 x$,$y=\sqrt{\cot\dfrac{x}{2}}$ 等都是初等函数.在本课程中所讨论的函数绝大多数都是初等函数.

7. 函数关系式的建立

为解决实际问题,我们常常要把问题量化,找出问题中变量的关系,建立数学模型,即确定目标函数,再利用相关的数学知识解决这些问题.

【**例 1.4**】 某工厂生产计算机的日生产能力为 0 到 100 台,工厂维持生产的日固定费用为 4 万元,生产一台计算机的直接费用(含材料费和劳务费)是 4 250 元.试建立该厂日生产 x 台计算机的总费用函数,并指出其定义域.

解 设该厂日生产 x 台计算机的总费用为 y(单位:元),则 y 为日固定费用和生产 x 台计算机所需总费用之和,即
$$y=40\,000+4\,250x,$$
由于该厂每天最多能生产 100 台计算机,所以定义域为 $\{x\mid 0\leqslant x\leqslant 100\}$.

【**例 1.5**】 我们知道,当个人的月收入超过一定金额时,应向国家交纳个人所得税,收入越高,国家征收的个人所得税的比例也越高,即"高收入,高税收".我国现行的税收制度是

2007年12月29日通过的《修改〈中华人民共和国个人所得税法〉的决定》,并从2008年3月1日起施行.规定月收入超过2 000元为应纳税所得额(表中仅保留了原表中前2级的税率).

表1.2

级 数	全月应纳税所得额	税率(%)
1	不超过500元部分	5
2	超过500元至2 000元部分	10

个人所得税一般在工资中直接扣发.若某单位所有人的月收入都不超过4 000元,请建立月收入与纳税金额之间的函数关系.

解 设某人月收入为 x 元,应交纳所得税为 y 元.

当 $0 \leqslant x \leqslant 2\,000$ 时,$y=0$;

当 $2\,000 < x \leqslant 2500$ 时,$y=(x-2\,000) \times 5\%$;

当 $2\,500 < x \leqslant 4\,000$ 时,
$$y=(2\,500-2\,000) \times 5\% + (x-2\,500) \times 10\%$$
$$=25+(x-2\,500) \times 10\%.$$

综上所述,该单位所有人的月收入与纳税金额之间的函数关系为:
$$y=\begin{cases} 0, & 0 \leqslant x \leqslant 2\,000, \\ 0.05 \times (x-2\,000), & 2\,000 < x \leqslant 2\,500, \\ 0.1 \times (x-2\,500)+25, & 2\,500 < x \leqslant 4\,000. \end{cases}$$

【例1.6】 某水渠横截面是等腰梯形,如图1.15所示,底边宽2 m,边坡1∶1(即倾角为45°).$ABCD$ 称为过水截面.试建立过水截面的面积 s 与水深 h 的函数关系式.

图 1.15

解 显然过水截面是一个等腰梯形,其面积随水深 h 与上底 CD 而变化.由题意知上底 CD 与 h 有关,CD 的长度等于 $2+2h$,所以过水截面的面积为:

$$s=\frac{1}{2}(2+2+2h) \cdot h = 2h+h^2 \quad (0<h<+\infty).$$

习题1.1

1. 用区间表示适合下列不等式的变量 x 的变化范围:

   (1) $|x|<5$;   (2) $|x-3| \leqslant \frac{1}{6}$;

   (3) $|x|>10$;   (4) $0<|x-1|<0.01$.

2. 设 $A=\{x \mid 3<x<5\}$,$B=\{x \mid x>4\}$,求:(1) $A \cup B$;(2) $A \cap B$.

3. 下列各对函数是否相同,为什么?

   (1) $f(x)=\lg x^2$,$g(x)=2\lg x$;

(2) $f(x)=x, g(x)=\sqrt{x^2}$;

(3) $f(x)=\sqrt[3]{x^4-x^3}, g(x)=x\sqrt[3]{x-1}$;

(4) $f(x)=\sqrt{1-\cos^2 x}, g(x)=\sin x$.

4. 求下列函数的定义域：

(1) $y=\sqrt{3x-x^2}$；

(2) $y=\dfrac{2x}{x^2-3x+2}$；

(3) $y=\lg(5-x)+\arcsin\dfrac{x-1}{6}$；

(4) $y=\begin{cases}-x, & -1\leqslant x\leqslant 0,\\ \sqrt{3-x}, & 0<x<2.\end{cases}$

5. 讨论下列函数的奇偶性：

(1) $y=a^x-a^{-x}(a>0)$；

(2) $y=\lg(x+\sqrt{1+x^2})$；

(3) $y=\sin x-\cos x+1$；

(4) $y=\dfrac{1}{1+x^2}\cos x$.

6. 指出下列函数由哪些函数复合而成？

(1) $y=\ln(\tan x)$；

(2) $y=e^{x^3}$；

(3) $y=\cos(e^{\sqrt{x}})$；

(4) $y=\sqrt{\ln\sqrt{x}}$；

(5) $y=\tan(x^2+1)$；

(6) $y=\arctan\dfrac{x-1}{x+1}$.

7. 设函数 $f(x)=\begin{cases}2x, & 0\leqslant x\leqslant 1,\\ x^2, & 1<x\leqslant 2,\end{cases}$ $g(x)=\ln x$，求 $f[g(x)], g[f(x)]$.

8. 某厂生产某种产品 1 600 吨，定价为 150 元/吨，销售量在不超过 800 吨时，按定价出售；超过 800 吨时，超出部分按定价 8 折出售. 试求销售收入与销售量之间的函数关系.

9. 要设计一个容积为 $V=200\pi(\mathrm{m}^3)$ 有盖圆柱形油桶，已知上盖单位面积造价是侧面的一半，而侧面单位面积造价又是底面的一半，设上盖单位面积造价为 a(元/m^2)，试将油桶总造价 p 表示为油桶半径 r 的函数.

10. 有一抛物线拱形桥，跨度为 20 m，高为 4 m，选择适当的坐标系，把拱形上点的纵坐标 y 表示成横坐标 x 的函数.

第二节　极限及其运算

学习目标

1. 了解极限的概念，知道函数极限的描述性定义，会求左右极限.

2. 了解无穷小量的概念，了解无穷小量的运算性质及其与无穷大量的关系，以及无穷小量的比较等关系.

3. 掌握极限的四则运算法则.

4. 掌握两个重要极限.

5. 掌握一些常用的求极限的方法.

十九世纪以前，人们用朴素的极限思想计算了圆的面积或某些不规则物体的体积等.

十九世纪之后,柯西以物体运动为背景,结合几何直观,引入了极限概念.后来,维尔斯特拉斯给出了形式化的数学语言描述.极限概念的创立,是微积分严格化的关键,它奠定了微积分学的基础.

一、数列的极限

首先来研究一种特殊的函数,它是以正整数集 $\mathbf{N}^*$ 为定义域的函数,$x_n = f(n), n \in \mathbf{N}^*$,称为**数列**,记作 $\{x_n\}$.

微课

案例 1.8(**循环数**) 观察循环数列 $0.9, 0.99, 0.999, 0.9999, \cdots, \sum_{k=1}^{n} 9 \times \frac{1}{10^k}, \cdots$ 的变化趋势,可以看出,随着项数 n 的无限增大,此数列无限接近于 1.

案例 1.9(**弹球模型**) 一只球从 100 m 处掉下,每次弹回的高度为上次高度的 $\frac{2}{3}$.这样下去,用球第 $1, 2, \cdots, n, \cdots$ 次的高度来表示球的运动规律,则得数列 $100, 100 \times \frac{2}{3}, 100 \times \left(\frac{2}{3}\right)^2, \cdots, 100 \times \left(\frac{2}{3}\right)^{n-1}, \cdots$ 研究该数列的变化趋势,可以看出,随着次数 n 的无限增大,数列无限接近于 0.

案例 1.10(**圆面积的计算**) 我国古代魏末晋初的杰出数学家刘徽(约 225—295 年)创造了"割圆术",成功地推算出圆周率和圆的面积.

下面介绍一下"割圆术"求圆面积的作法和思路:

先作圆的内接正三边形,把它的面积记作 A_1,再作内接正六边形,其面积记作 A_2,再作内接正十二边形,其面积记作 $A_3, \cdots$,照此下去,把圆的内接正 $3 \times 2^{n-1}$ ($n = 1, 2, \cdots$) 边形的面积记作 A_n,这样得到一数列:

$$A_1, A_2, A_3, \cdots, A_n, \cdots$$

当边数 n 无限增大时,正多边形的面积 A_n 就无限接近于圆的面积.

定义 1.2 对于数列 $\{x_n\}$,如果当 n 无限增大时,数列的通项 x_n 无限地接近于某一确定的常数 a,则称常数 a 是数列 $\{x_n\}$ 的**极限**,或称数列 $\{x_n\}$ **收敛**于 a. 记为 $\lim\limits_{n \to +\infty} x_n = a$. 如果数列没有极限,就说数列是**发散**的.

对无限接近的刻画:x_n 无限接近于 a 等价于 $|x_n - a|$ 无限接近于 0.

数列极限的几何解释:一般地,若 $\lim\limits_{n \to +\infty} x_n = a$,可将常数 a 和数列的通项 x_n 在数轴上用它们的对应点表示出来,对 a 的任一个取定的邻域 $U(a, \varepsilon)$,当 n 无限增大时,数列的项 x_n 最终(从某项 x_N 以后的项)都要落到邻域内(如图 1.16).

图 1.16

【**例 1.7**】 利用数列极限的定义,讨论下列数列的极限:

(1) $1, \frac{5}{2}, \frac{5}{3}, \frac{9}{4}, \frac{9}{5}, \cdots, \frac{2n + (-1)^n}{n}, \cdots$

(2) $2, 4, 8, \cdots, 2^n, \cdots$

(3) $1, -1, 1, \cdots, (-1)^{n+1}, \cdots$

解 （1）该数列的通项 $x_n=\dfrac{2n+(-1)^n}{n}$，通项 x_n 与 2 的距离 $|x_n-2|=\dfrac{1}{n}$，当项数 n 无限增大时，$|x_n-2|$ 无限逼近于零，即通项 x_n 无限逼近于 2，因此 $\lim\limits_{n\to+\infty}\dfrac{2n+(-1)^n}{n}=2$.

（2）当项数 n 无限增大时，该数列的通项 x_n 也无限增大，不可能逼近一个常数项，从而 $\lim\limits_{n\to+\infty}x_n$ 不存在.

（3）在数列 $1,-1,1,\cdots,(-1)^{n+1},\cdots$ 中，奇数项总是 1，偶数项总是 -1，因此通项 x_n 不可能逼近一个常数项，从而 $\lim\limits_{n\to+\infty}x_n$ 不存在.

收敛数列的性质：

定理 1.2（极限的唯一性） 收敛数列 $\{x_n\}$ 不能收敛于两个不同的极限.

定理证明从略.

事实上，如果数列 $\{x_n\}$ 有两个极限：$\lim\limits_{n\to+\infty}x_n=a$，$\lim\limits_{n\to+\infty}x_n=b$，且 $a\neq b$，则这时在数轴上看，当通项 x_n 变化到一定"时刻"后，x_n 既要与点 a 无限接近，又要与另外一点 b 无限接近，这显然是不可能的，可见，数列的极限是唯一的.

定理 1.3（收敛数列的有界性） 如果数列 $\{x_n\}$ 收敛，那么数列 $\{x_n\}$ 一定有界.

定理证明从略.

这就是说，数列有界是数列收敛的必要条件，而不是充分条件. 有界数列未必收敛，无界数列必发散.

上述数列极限的两个性质对以下函数极限同样成立.

二、函数的极限

如果把数列极限中的函数 $f(n)$ 的定义域（N^*）以及自变量的变化过程（$n\to+\infty$）等特殊性撇开，我们就可以得到函数极限的一般概念.

微课

1. $x\to\infty$ 时函数的极限

案例 1.11（水温的变化趋势） 将一盆 80℃ 的热水放在一间室温恒为 20℃ 的房间里，水的温度 T 将逐渐降低，随着时间 t 的推移，水温会越来越接近室温 20℃.

案例 1.12（函数的变化趋势） 考察函数 $y=\dfrac{1}{x}$ 在 $x\to+\infty$ 和 $x\to-\infty$ 时的变化情况（如下表 1.3）：

表 1.3

x	1	10	100	1 000	10 000	100 000	1 000 000	⋯
$f(x)=\dfrac{1}{x}$	1	0.1	0.01	0.001	0.000 1	0.000 01	0.000 001	⋯
x	-1	-10	-100	$-1\,000$	$-10\,000$	$-100\,000$	$-1\,000\,000$	⋯
$f(x)=\dfrac{1}{x}$	-1	-0.1	-0.01	-0.001	$-0.000\,1$	$-0.000\,01$	$-0.000\,001$	⋯

可以从表中观察出：当 $x\to+\infty$ 时，$f(x)=\dfrac{1}{x}$ 与 0 无限接近；当 $x\to-\infty$ 时，$f(x)=\dfrac{1}{x}$ 也

与 0 无限接近.

从上述两个问题中,我们看到:当自变量的绝对值逐渐增大时,相应的函数值接近于某一个常数.

定义 1.3 若函数 $f(x)$ 当自变量 x 的绝对值无限增大时,函数 $f(x)$ 的值无限趋近于某个确定的常数 A,则称 A 为**函数 $f(x)$ 当 $x\to\infty$ 时的极限**,记作 $\lim\limits_{x\to\infty}f(x)=A$ 或 $f(x)\to A$ $(x\to\infty)$.

注意:$x\to\infty$ 表示 x 既取正值且无限增大(记为 $x\to+\infty$),同时又取负值且绝对值无限增大(记为 $x\to-\infty$),故称为双边的.

有时 x 的变化趋向是单边的,即 $x\to+\infty$ 或 $x\to-\infty$.

定义 1.4 设函数 $f(x)$ 在 $(a,+\infty)$ 内有定义,当 x 无限增大时,对应的函数值 $f(x)$ 无限趋近于某个确定的常数 A,则称常数 A 为**函数 $f(x)$ 当 $x\to+\infty$ 时的极限**,记作
$$\lim_{x\to+\infty}f(x)=A \text{ 或 } f(x)\to A(x\to+\infty).$$

类似地,可以给出 $x\to-\infty$ 时的极限的定义.

【**例 1.8**】 讨论 $f(x)=\arctan x$ 当 $x\to\infty$ 时的极限.

解 由图 1.14(c)反正切函数的图像可知,
$$\lim_{x\to+\infty}\arctan x=\frac{\pi}{2},\ \lim_{x\to-\infty}\arctan x=-\frac{\pi}{2}.$$

由于当 $x\to+\infty$ 和 $x\to-\infty$ 时,$f(x)=\arctan x$ 不是无限趋于同一个确定的常数,所以 $\lim\limits_{x\to\infty}\arctan x$ 不存在.

一般有结论:双边极限存在的充分必要条件是两个单边极限存在且相等,即
$$\lim_{x\to\infty}f(x)=A \Leftrightarrow \lim_{x\to+\infty}f(x)=\lim_{x\to-\infty}f(x)=A.\ (记号 "\Leftrightarrow" 表示等价)$$

2. $x\to x_0$ 时函数的极限

案例 1.13(**人影长度**) 考虑一个人沿直线走向路灯的正下方时其影子的长度. 若目标总是灯的正下方那一点,灯与地面的垂直高度为 H. 由日常生活知识知道,当此人走向目标时,其影子长度 y 越来越短,当人越来越接近目标(即 $x\to 0$)其影子的长度 y 越来越短,逐渐趋于 0(即 $y\to 0$)(如图 1.17).

图 1.17

这一案例中,自变量无限接近某一点(即 $x\to 0$)时,相应函数也无限地接近某一确定的值 0(即 $y\to 0$).

定义 1.5 设函数 $f(x)$ 在点 x_0 的某个去心邻域内有定义,如果在自变量 $x\to x_0$ 的变化过程中,函数值 $f(x)$ 无限接近确定的常数 A,则称 A 是**函数 $f(x)$ 当 $x\to x_0$ 时的极限**,记作 $\lim\limits_{x\to x_0}f(x)=A$ 或 $f(x)\to A(x\to x_0)$.

说明:在定义中,"设函数 $f(x)$ 在点 x_0 的某个去心邻域内有定义"反映我们关心的是函数 $f(x)$ 在点 x_0 附近的变化趋势,而不是 $f(x)$ 在 x_0 这一孤立点的情况. $\lim\limits_{x\to x_0}f(x)$ 是否存在,与 $f(x)$ 在点 x_0 有没有定义或函数取什么数值都没有关系.

3. 单侧极限

案例 1.14（矩形波形曲线分析）（如图 1.18）

设周期为 2π 的矩形波在区间 $[-\pi, \pi)$ 内的函数为

$$f(x) = \begin{cases} 0, & -\pi \leqslant x < 0, \\ A, & 0 \leqslant x < \pi, \end{cases} \quad (A \neq 0)$$

问函数 $f(x)$ 在 $x=0$ 处的极限是多少？

图 1.18

在函数极限的定义中，x 趋近于 x_0 的方式是任意的，此函数为分段函数，在 $x=0$ 的左右两侧，函数 $f(x)$ 的表达式不同，此时只能先对 $x=0$ 左右两侧分别进行讨论。

定义 1.6 设函数 $f(x)$ 在点 x_0 的某个左（右）邻域内有定义，如果 x 从 x_0 的左（右）侧趋于 x_0 时，$f(x)$ 无限地接近确定的常数 A，那么数 A 称为**函数 $f(x)$ 在点 x_0 处的左（右）极限**，记作 $\lim\limits_{x \to x_0^-} f(x)$ 或 $f(x_0^-)$（$\lim\limits_{x \to x_0^+} f(x)$ 或 $f(x_0^+)$）。

根据 $x \to x_0$ 时函数 $f(x)$ 的极限定义和左、右极限的定义，可以证明：函数 $f(x)$ 当 $x \to x_0$ 时极限存在的充要条件是 $f(x)$ 在点 x_0 处的左极限和右极限各自存在且相等，即

$$f(x_0^-) = f(x_0^+) = A \Leftrightarrow \lim\limits_{x \to x_0} f(x) = A.$$

案例 1.14 中函数 $f(x)$ 在 $x=0$ 的左极限为 0，右极限为 A，且 $A \neq 0$，所以函数 $f(x)$ 在 $x=0$ 处极限不存在。

【例 1.9】 求 $\lim\limits_{x \to 1}(2x-1)$。

解 $|f(x) - A| = |(2x-1) - 1| = 2|x-1|$。

所以，当 $x \to 1$ 时，$(2x-1)$ 以 1 为极限，即 $\lim\limits_{x \to 1}(2x-1) = 1$。

在这里，函数 $f(x) = 2x-1$ 在点 $x=1$ 处有定义，且当 $x \to 1$ 时，$f(x)$ 的极限值恰好是 $f(x)$ 在 $x=1$ 处的值，即 $\lim\limits_{x \to 1} f(x) = f(1)$。

【例 1.10】 求 $\lim\limits_{x \to 2} \dfrac{x^2-4}{x-2}$。

解 函数 $f(x) = \dfrac{x^2-4}{x-2}$ 其图像是"挖掉"点 $(2,4)$ 的直线 $y = x+2$，如图 1.19，当 $x \neq 2$ 时，$f(x) = x+2$，则

$$\lim\limits_{x \to 2} \dfrac{x^2-4}{x-2} = \lim\limits_{x \to 2}(x+2) = 4.$$

极限 $\lim\limits_{x \to 2} f(x)$ 存在，但不等于 $f(x)$ 在点 $x=2$ 处的值（函数在 $x=2$ 处没有定义）。

图 1.19

利用函数极限的定义可以考察某个常数 A 是否为 $f(x)$ 在 x_0 处的极限，但不是用来求函数 $f(x)$ 在 x_0 处的极限的常用方法。但可以验证：基本初等函数在其各自的定义域内每点处的极限都存在，且等于该点处的函数值。

【例 1.11】 设函数 $f(x) = \begin{cases} x+1, & x<0, \\ x^2, & 0 \leqslant x \leqslant 1, \\ 1, & x>1, \end{cases}$ 求函数在 $x=0$ 和 $x=1$ 处的极限。

解 因为
$$\lim_{x\to 0^-}f(x)=\lim_{x\to 0^-}(x+1)=1,$$
$$\lim_{x\to 0^+}f(x)=\lim_{x\to 0^+}x^2=0,$$
$\lim_{x\to 0^-}f(x)\neq\lim_{x\to 0^+}f(x)$,所以 $\lim_{x\to 0}f(x)$ 不存在.

因为
$$\lim_{x\to 1^-}f(x)=\lim_{x\to 1^-}x^2=1,$$
$$\lim_{x\to 1^+}f(x)=\lim_{x\to 1^+}1=1,$$
$\lim_{x\to 1^-}f(x)=\lim_{x\to 1^+}f(x)$,所以 $\lim_{x\to 1}f(x)=1$.

三、无穷小与无穷大

1. 无穷小

案例 1.15（洗涤效果） 在用洗衣机清洗衣物时,清洗次数越多,衣物上残留的污渍就越少.当洗涤次数无限增大时,衣物上的污渍趋于零.

案例 1.16（单摆运动） 单摆离开铅直位置的偏度可以用角 θ 来度量,如图 1.20 所示.这个角可规定当偏到一方(如右方)时为正,而偏到另一方(如左方)为负.如果让单摆自己摆,则由于机械摩擦力和空气阻力,振幅就不断地减小.在这个过程中,角 θ 越来越小,趋向于零.

图 1.20

在对许多事物进行研究时,常遇到事物数量的变化趋势为零.

定义 1.7 在自变量某一变化过程中,变量 X 的极限为零,则称 X 为自变量在此变化过程中的**无穷小量**(简称**无穷小**),记作 $\lim X=0$,其中,$\lim$ 可表示 $n\to\infty$; $x\to x_0$, $x\to\infty$ 等.

注意:无穷小是个变量(函数),它在自变量某一变化过程中,其绝对值可以任意小,要多小就多小. 零这个常数作为无穷小是特殊情形,因为如果 $f(x)\equiv 0$,其绝对值可以任意小,或者说,常数零在自变量的任何一个变化过程中,极限总为零,因此零是可以作为无穷小的唯一的常数.

例如:因为 $\lim\limits_{x\to -\infty}\dfrac{1}{\sqrt{1-x}}=0$,故函数 $y=\dfrac{1}{\sqrt{1-x}}$ 是 $x\to -\infty$ 时的无穷小.

又例如:因为 $\lim\limits_{x\to\infty}\dfrac{1}{x}=0$,故函数 $y=\dfrac{1}{x}$ 是 $x\to\infty$ 时的无穷小.

定理 1.4（无穷小与函数极限的关系） 在自变量 x 的某一变化过程中,函数 $f(x)$ 具有极限 A 的充要条件是 $f(x)=A+\alpha$,其中 α 是自变量 x 在同一变化过程中的无穷小.

定理证明从略.

例如:因为 $\dfrac{1+x^3}{2x^3}=\dfrac{1}{2}+\dfrac{1}{2x^3}$,而 $\lim\limits_{x\to\infty}\dfrac{1}{2x^3}=0$,所以 $\lim\limits_{x\to\infty}\dfrac{1+x^3}{2x^3}=\dfrac{1}{2}$.

无穷小的代数性质:

性质 1.1 有限个无穷小之和仍是无穷小.

性质 1.2 有界变量与无穷小之积仍是无穷小.

性质 1.3 常数与无穷小之积是无穷小.

性质 1.4 有限个无穷小之积仍是无穷小.

【例 1.12】 求极限 $\lim\limits_{x\to\infty}\dfrac{\arctan x}{x}$.

解 当 $x\to\infty$ 时,分子和分母的极限都不存在. 若把 $\dfrac{\arctan x}{x}$ 视为 $\arctan x$ 与 $\dfrac{1}{x}$ 的乘积,由于 $\dfrac{1}{x}$ 是当 $x\to\infty$ 时的无穷小,而 $|\arctan x|<\dfrac{\pi}{2}$ 是有界变量,因此根据有界变量与无穷小之积仍是无穷小可得: $\lim\limits_{x\to\infty}\dfrac{\arctan x}{x}=\lim\limits_{x\to\infty}\dfrac{1}{x}\cdot\arctan x=0$.

2. 无穷大

定义 1.8 在自变量的某一变化过程中,变量 x 的绝对值 $|X|$ 无限增大,就称 X 为自变量在此变化过程中的**无穷大量**(简称**无穷大**),记为 $\lim X=\infty$,其中,$\lim$ 可表示 $n\to\infty$;$x\to x_0$,$x\to\infty$ 等.

注意:这里 $\lim x=\infty$ 只是沿用了极限符号,并不意味着变量 X 存在极限,无穷大(∞)不是数,不可与绝对值很大的数混为一谈. 无穷大是指绝对值可以任意变大的变量.

例如:因为 $\lim\limits_{x\to 0}\dfrac{1}{x}=\infty$,故函数 $y=\dfrac{1}{x}$ 为当 $x\to 0$ 时的无穷大.

又例如:因为 $\lim\limits_{x\to\frac{\pi}{2}}\tan x=\infty$,故函数 $y=\tan x$ 为当 $x\to\dfrac{\pi}{2}$ 时的无穷大.

3. 无穷小与无穷大的关系

定理 1.5 在自变量的同一变化过程中:

(1) 如果 X 为无穷大,则 $\dfrac{1}{X}$ 为无穷小;

(2) 如果 $X\neq 0$ 且 X 为无穷小,则 $\dfrac{1}{X}$ 为无穷大.

定理证明从略.

据此定理,关于无穷大的问题都可转化为无穷小来讨论.

四、极限的运算

1. 极限的四则运算法则

微课

案例 1.17 用列表法或图形法讨论较复杂的函数的极限,不仅工作量大,而且还不一定准确,如求 $\lim\limits_{x\to 0}\left(x^2-\dfrac{\cos x}{10\ 000}\right)$,下表 1.4 列出函数 $y=x^2-\dfrac{\cos x}{10\ 000}$ 在 $x=0$ 处附近取值时的函数值.

表 1.4

x	±0.5	±0.1	±0.01	→	0
$x^2-\dfrac{\cos x}{10\,000}$	0.249 91	0.009 90	0.000 000 005	→	?

我们可能会估计 $\lim\limits_{x\to 0}\left(x^2-\dfrac{\cos x}{10\,000}\right)=0$，但这个结果是错误的. 因此，我们需要研究函数极限的运算法则. 以下在同一式子中考虑自变量的同一变化过程，其主要定理如下：

定理 1.6 如果 $\lim f(x)=A, \lim g(x)=B$，那么

(1) $\lim[f(x)\pm g(x)]=\lim f(x)\pm \lim g(x)=A\pm B$；

(2) $\lim[f(x)\cdot g(x)]=\lim f(x)\cdot \lim g(x)=A\cdot B$；

(3) $\lim\dfrac{f(x)}{g(x)}=\dfrac{\lim f(x)}{\lim g(x)}=\dfrac{A}{B}(B\neq 0)$.

定理证明从略.

推论 1 常数可以提到极限号前，即 $\lim[Cf(x)]=C\lim f(x)$

推论 2 若 $\lim f(x)=A$，且 n 为正整数，则 $\lim[f(x)]^n=[\lim f(x)]^n=A^n$.

【例 1.13】 求 $\lim\limits_{x\to 2}\dfrac{x^3-1}{x^2-5x+3}$.

解 运用定理及其推论可得：

$$\lim_{x\to 2}\dfrac{x^3-1}{x^2-5x+3}=\dfrac{\lim\limits_{x\to 2}(x^3-1)}{\lim\limits_{x\to 2}(x^2-5x+3)}=\dfrac{\lim\limits_{x\to 2}x^3-\lim\limits_{x\to 2}1}{\lim\limits_{x\to 2}x^2-5\lim\limits_{x\to 2}x+\lim\limits_{x\to 2}3}$$

$$=\dfrac{(\lim\limits_{x\to 2}x)^3-1}{(\lim\limits_{x\to 2}x)^2-5\cdot 2+3}=\dfrac{2^3-1}{2^2-10+3}=-\dfrac{7}{3}.$$

【例 1.14】 求 $\lim\limits_{x\to 3}\dfrac{x-3}{x^2-9}$.

分析：所给函数的特点是：当 $x\to 3$ 时，分子、分母的极限都为零，但它们都有趋向 0 的公因子 $x-3$；当 $x\to 3$ 时，可约去 $x-3$ 这个为零的公因子.

解 $\lim\limits_{x\to 3}\dfrac{x-3}{x^2-9}=\lim\limits_{x\to 3}\dfrac{x-3}{(x-3)(x+3)}=\lim\limits_{x\to 3}\dfrac{1}{x+3}=\dfrac{\lim\limits_{x\to 3}1}{\lim\limits_{x\to 3}(x+3)}=\dfrac{1}{6}.$

【例 1.15】 求 $\lim\limits_{x\to 1}\dfrac{2x-3}{x^2-5x+4}$.

分析：所给函数的特点是：当 $x\to 1$ 时，分子的极限不为零，分母的极限为零，因此不能直接运用商的极限运算法则. 对于这类题目应先计算其倒数的极限，再运用无穷大与无穷小的关系得出结果.

解 $\lim\limits_{x\to 1}\dfrac{x^2-5x+4}{2x-3}=\dfrac{1^2-5\cdot 1+4}{2\cdot 1+3}=0$，根据无穷大与无穷小的关系得

$$\lim_{x\to 1}\dfrac{2x-3}{x^2-5x+4}=\infty.$$

【例 1.16】 求 $\lim\limits_{x\to\infty}\dfrac{3x^3+4x^2+2}{7x^3+5x^2-3}$.

解 所给函数的特点是：当 $x\to\infty$ 时，分子和分母都趋于无穷大，因此不能直接运用商

的极限运算法则. 对于这类题目先用 x^3 去除分子及分母,然后求极限:

$$\lim_{x\to\infty}\frac{3x^3+4x^2+2}{7x^3+5x^2-3}=\lim_{x\to\infty}\frac{3+\frac{4}{x}+\frac{2}{x^3}}{7+\frac{5}{x}-\frac{3}{x^3}}=\frac{3}{7}.$$

【例 1.17】 求 $\lim\limits_{x\to\infty}\dfrac{3x^2-2x-1}{2x^3-x^2+5}$.

解 先用 x^3 去除分子及分母,然后求极限:

$$\lim_{x\to\infty}\frac{3x^2-2x-1}{2x^3-x^2+5}=\lim_{x\to\infty}\frac{\frac{3}{x}-\frac{2}{x^2}-\frac{1}{x^3}}{2-\frac{1}{x}+\frac{5}{x^3}}=\frac{0}{2}=0.$$

【例 1.18】 求 $\lim\limits_{x\to\infty}\dfrac{2x^3-x^2+5}{3x^2-2x-1}$.

解 因为 $\lim\limits_{x\to\infty}\dfrac{3x^2-2x-1}{2x^3-x^2+5}=0$,所以

$$\lim_{x\to\infty}\frac{2x^3-x^2+5}{3x^2-2x-1}=\infty.$$

上述三个函数,当自变量趋于无穷大时,其分子、分母都趋于无穷大,这类极限称为 "$\dfrac{\infty}{\infty}$" 型极限,对于它们不能直接运用商的运算法则,而应采用分子分母同除自变量 x 的最高次的方法求极限.

一般,当 $a_n\neq 0, b_n\neq 0, m$ 和 n 为非负整数时,有

$$\lim_{x\to\infty}\frac{a_nx^n+a_{n-1}x^{n-1}+\cdots+a_0}{b_mx^m+b_{m-1}x^{m-1}+\cdots+b_0}=\begin{cases}0, & n<m,\\ \dfrac{a_n}{b_n}, & n=m,\\ \infty, & n>m.\end{cases}$$

此结果可作为公式使用,但要注意只适用于 $x\to+\infty, x\to-\infty$ 和 $x\to\infty$ 的情形.

【例 1.19】 求 $\lim\limits_{x\to 2}\left(\dfrac{x^2}{x^2-4}-\dfrac{1}{x-2}\right)$.

分析:此例也称"$\infty-\infty$"型极限,一般处理的方法为通分,再运用前面介绍过的求极限的方法计算.

解 $\lim\limits_{x\to 2}\left(\dfrac{x^2}{x^2-4}-\dfrac{1}{x-2}\right)=\lim\limits_{x\to 2}\dfrac{x^2-x-2}{x^2-4}=\lim\limits_{x\to 2}\dfrac{(x-2)(x+1)}{(x+2)(x-2)}=\lim\limits_{x\to 2}\dfrac{x+1}{x+2}=\dfrac{3}{4}.$

2. 复合函数的极限法则

定理 1.7 设函数 $y=f(u)$ 与 $u=\varphi(x)$ 满足以下两个条件:

(1) $\lim\limits_{u\to a}f(u)=A$;

(2) 当 $x\neq x_0$ 时,$\varphi(x)\neq a$,且 $\lim\limits_{x\to x_0}\varphi(x)=a$,

则 $\lim\limits_{x\to x_0}f[\varphi(x)]=\lim\limits_{u\to a}f(u)=A.$

定理证明从略.

若 $f(u)$ 是基本初等函数,a 又是 $f(u)$ 的定义域内的点,则 $\lim\limits_{x\to x_0}f[\varphi(x)]=f(a)$,即 $\lim\limits_{x\to x_0}f[\varphi(x)]=f[\lim\limits_{x\to x_0}\varphi(x)]$(在第三节有了连续函数的概念后,此式只要 $f(u)$ 在 a 点连续即成立).

【例 1.20】 求 $\lim\limits_{x\to 3}\sqrt{\dfrac{x^2-9}{x-3}}$.

解 $y=\sqrt{\dfrac{x^2-9}{x-3}}$ 是由 $y=\sqrt{u}$ 与 $u=\dfrac{x^2-9}{x-3}$ 复合而成的.

因为 $\lim\limits_{x\to 3}\dfrac{x^2-9}{x-3}=6$,所以 $\lim\limits_{x\to 3}\sqrt{\dfrac{x^2-9}{x-3}}=\lim\limits_{u\to 6}\sqrt{u}=\sqrt{6}$.

【例 1.21】 求 $\lim\limits_{x\to 0}\dfrac{x^2}{1-\sqrt{1+x^2}}$.

分析:根据复合函数的极限运算法则知,分子和分母均为零,因此,需先将分母有理化,约去关于 x 的公因子,再运用前面介绍过的求极限的方法计算.

解 $\lim\limits_{x\to 0}\dfrac{x^2}{1-\sqrt{1+x^2}}=\lim\limits_{x\to 0}\dfrac{x^2(1+\sqrt{1+x^2})}{1-(1+x^2)}=-\lim\limits_{x\to 0}(1+\sqrt{1+x^2})=-2$.

五、两个重要极限

对这两个重要极限我们不作证明,仅用列表法来给出函数的变化趋势.

微课

1. 第一个重要极限:$\lim\limits_{x\to 0}\dfrac{\sin x}{x}=1$.

通过列表法(见下表 1.5)可以看出当 $x\to 0$ 时,函数 $y=\dfrac{\sin x}{x}\to 1$.

表 1.5

x	± 1	± 0.5	± 0.1	± 0.01	⋯
$\dfrac{\sin x}{x}$	0.841 471	0.958 85	0.998 33	0.999 98	⋯

2. 第二个重要极限:$\lim\limits_{x\to\infty}\left(1+\dfrac{1}{x}\right)^x=e$ (或 $\lim\limits_{x\to 0}(1+x)^{\frac{1}{x}}=e$).

通过列表法(见下表 1.6)可以看出当 $x\to\infty$ 时,函数 $y=\left(1+\dfrac{1}{x}\right)^x\to e$.

表 1.6

x	1	2	5	10	100	1 000	10 000	100 000	100 000 000	⋯
$\left(1+\dfrac{1}{x}\right)^x$	2	2.25	2.488	2.594	2.705	2.717	2.718 15	2.718 28	2.718 281 82	⋯

【例 1.22】 求 $\lim\limits_{x\to 0}\dfrac{\tan x}{x}$.

解 $\lim\limits_{x\to 0}\dfrac{\tan x}{x}=\lim\limits_{x\to 0}\dfrac{\sin x}{x}\cdot\dfrac{1}{\cos x}=\lim\limits_{x\to 0}\dfrac{\sin x}{x}\cdot\lim\limits_{x\to 0}\dfrac{1}{\cos x}=1$.

【例 1.23】 求 $\lim\limits_{x\to 3}\dfrac{\sin(x^2-9)}{x-3}$.

解 $\lim\limits_{x\to 3}\dfrac{\sin(x^2-9)}{x-3}=\lim\limits_{x^2-9\to 0}\dfrac{\sin(x^2-9)}{x^2-9}\lim\limits_{x\to 3}(x+3)=1\times 6=6.$

【例 1.24】 求 $\lim\limits_{x\to 0}\dfrac{1-\cos x}{x^2}$.

解 $\lim\limits_{x\to 0}\dfrac{1-\cos x}{x^2}=\lim\limits_{x\to 0}\dfrac{2\sin^2\frac{x}{2}}{x^2}=\dfrac{1}{2}\lim\limits_{x\to 0}\dfrac{\sin^2\frac{x}{2}}{\left(\frac{x}{2}\right)^2}=\dfrac{1}{2}\lim\limits_{x\to 0}\left(\dfrac{\sin\frac{x}{2}}{\frac{x}{2}}\right)^2=\dfrac{1}{2}\cdot 1^2=\dfrac{1}{2}.$

【例 1.25】 求 $\lim\limits_{x\to\infty}\left(1-\dfrac{1}{x}\right)^x$.

解 令 $t=-x$,则 $x\to\infty$ 时,$t\to\infty$. 于是

$$\lim_{x\to\infty}\left(1-\dfrac{1}{x}\right)^x=\lim_{t\to\infty}\left(1+\dfrac{1}{t}\right)^{-t}=\lim_{t\to\infty}\dfrac{1}{\left(1+\dfrac{1}{t}\right)^t}=\dfrac{1}{e}.$$

或 $\lim\limits_{x\to\infty}\left(1-\dfrac{1}{x}\right)^x=\lim\limits_{x\to\infty}\left(1+\dfrac{1}{-x}\right)^{-x\cdot(-1)}=\left[\lim\limits_{x\to\infty}\left(1+\dfrac{1}{-x}\right)^{-x}\right]^{-1}=e^{-1}=\dfrac{1}{e}.$

【例 1.26】 求 $\lim\limits_{x\to 0}\dfrac{\ln(1+x)}{x}$.

解 $\lim\limits_{x\to 0}\dfrac{\ln(1+x)}{x}=\lim\limits_{x\to 0}\ln(1+x)^{\frac{1}{x}}=\ln\left[\lim\limits_{x\to 0}(1+x)^{\frac{1}{x}}\right]=\ln e=1.$

【例 1.27】 求 $\lim\limits_{x\to 0}\dfrac{e^x-1}{x}$.

解 令 $u=e^x-1$,则 $x=\ln(1+u)$,当 $x\to 0$ 时 $u\to 0$,所以

$$\lim_{x\to 0}\dfrac{e^x-1}{x}=\lim_{u\to 0}\dfrac{u}{\ln(1+u)}=1.$$

【例 1.28】 设某人以本金 A_0 元进行一项投资,投资的年利率为 r. 如果以年为单位计算复利(即每年计息一次,并把利息加入下年的本金,重复计息),则 t 年后,资金总额将变为 $A_0(1+r)^t$(元);

如以月为单位计算复利(即每月计息一次,并把利息加入下月的本金,重复计息),则 t 年后,资金总额将变为 $A_0\left(1+\dfrac{r}{12}\right)^{12t}$(元);

以此类推,如以天为单位计算复利,则 t 年后,资金总额将变为 $A_0\left(1+\dfrac{r}{365}\right)^{365t}$(元);

一般地,若以 $\dfrac{1}{n}$ 年为单位计算复利,则 t 年后,资金总额将变为 $A_0\left(1+\dfrac{r}{n}\right)^{nt}$(元).

现在让 $n\to\infty$,即每时每刻计算复利(称为**连续复利**),则 t 年后资金总额将变为:

$$\lim_{n\to\infty}A_0\left(1+\dfrac{r}{n}\right)^{nt}=\lim_{n\to\infty}A_0\left[\left(1+\dfrac{r}{n}\right)^{\frac{n}{r}}\right]^{rt}=A_0 e^{rt}(\text{元}).$$

六、无穷小的比较

根据无穷小的代数性质,我们知道,在同一过程中的两个无穷小的和差及乘积仍为无穷

小,但它们的商却不一定是无穷小.

例如:当 $x \to 0$ 时,$3x$、x^2、$\sin x$ 都是无穷小,而
$$\lim_{x \to 0} \frac{x^2}{3x} = 0, \ \lim_{x \to 0} \frac{3x}{x^2} = \infty, \ \lim_{x \to 0} \frac{\sin x}{3x} = \frac{1}{3}.$$

上述不同情况的出现,是因为不同的无穷小趋向于零的快慢程度的差异所致,就上面例子来说,在 $x \to 0$ 的过程中,$x^2 \to 0$ 比 $3x \to 0$ 要快些,反过来 $3x \to 0$ 比 $x^2 \to 0$ 要慢些,而 $\sin x \to 0$ 与 $3x \to 0$ 则快慢相仿.

为了比较在同一变化过程中两个无穷小趋于零的快慢,我们引进**无穷小的阶**的概念.

定义 1.9 设 $\alpha = \alpha(x)$,$\beta = \beta(x)$ 都是自变量同一变化过程中的无穷小,则

(1) 如果 $\lim \frac{\beta}{\alpha} = c (c \neq 0)$,则称 β 与 α 是**同阶无穷小**,特别地,如果 $\lim \frac{\beta}{\alpha} = 1$,则称 β 与 α 是**等价无穷小**,记作 $\beta \sim \alpha$ 或 $\alpha \sim \beta$.

(2) 如果 $\lim \frac{\beta}{\alpha} = 0$,则称 β 是 α 的**高阶无穷小**,记作 $\beta = o(\alpha)$;

(3) 如果 $\lim \frac{\beta}{\alpha} = \infty$,则称 β 是 α 的**低阶无穷小**.

例如,因为
$$\lim_{x \to 0} \frac{1 - \cos x}{x^2} = \lim_{x \to 0} \frac{1}{2} \left(\frac{\sin(x/2)}{x/2} \right)^2 = \frac{1}{2},$$

所以当 $x \to 0$ 时,$1 - \cos x$ 与 x^2 是同阶无穷小,或者说 $1 - \cos x$ 与 $\frac{1}{2} x^2$ 是等价无穷小,即 $1 - \cos x \sim \frac{1}{2} x^2 \left(因为 \lim_{x \to 0} \frac{1 - \cos x}{x^2/2} = 1 \right)$.

等价无穷小的替换原理:设 $\alpha, \beta, \alpha', \beta'$ 是自变量在同一变化过程中的无穷小,若 $\alpha \sim \alpha'$,$\beta \sim \beta'$ 且 $\lim \frac{\beta'}{\alpha'}$ 存在,则 $\lim \frac{\beta}{\alpha}$ 也存在,且 $\lim \frac{\beta}{\alpha} = \lim \frac{\beta'}{\alpha'}$.

证明 $\lim \frac{\beta'}{\alpha'} = \lim \left(\frac{\beta'}{\beta} \cdot \frac{\beta}{\alpha} \cdot \frac{\alpha}{\beta'} \right) = \lim \frac{\beta'}{\beta} \cdot \lim \frac{\beta}{\alpha} \cdot \lim \frac{\alpha}{\alpha'} = \lim \frac{\beta}{\alpha}.$

这个性质表明:求两个无穷小之比的极限时,分子及分母都可用等价无穷小来代替,这往往可使计算简化.

【例 1.29】 求 $\lim_{x \to 0} \frac{\tan 2x}{\sin 5x}$.

解 因为当 $x \to 0$ 时,$\tan 2x \sim 2x$,$\sin 5x \sim 5x$,故
$$\lim_{x \to 0} \frac{\tan 2x}{\sin 5x} = \lim_{x \to 0} \frac{2x}{5x} = \frac{2}{5}.$$

【例 1.30】 求 $\lim_{x \to 0} \frac{\tan x}{x^3 - x^2 + 2x}$.

解 因为当 $x \to 0$ 时,$\tan x \sim x$,$x^3 - x^2 + 2x \sim 2x$,故
$$\lim_{x \to 0} \frac{\tan x}{x^3 - x^2 + 2x} = \lim_{x \to 0} \frac{x}{2x} = \frac{1}{2}.$$

【例 1.31】 求 $\lim_{x \to 0} \frac{\tan x - \sin x}{x^3}$.

解 因为当 $x \to 0$ 时，$1-\cos x \sim \dfrac{1}{2}x^2$，$\tan x \sim x$，从而 $(1-\cos x)\tan x \sim \dfrac{1}{2}x^3$，所以

$$\lim_{x \to 0} \frac{\tan x - \sin x}{x^3} = \lim_{x \to 0} \frac{(1-\cos x)\tan x}{x^3} = \lim_{x \to 0} \frac{\frac{1}{2}x^3}{x^3} = \frac{1}{2}.$$

注意：$\lim\limits_{x \to 0} \dfrac{\tan x - \sin x}{x^3} \neq \lim\limits_{x \to 0} \dfrac{x-x}{x^3} = 0$，因为 $\tan x - \sin x$ 与 $x-x$ 不等价. 无穷小的替换，必须是两个无穷小之比或无穷小为极限式中的乘积，而且代换后的极限存在，才可以使用. 加减项的无穷小不能用等价无穷小代换.

常见的等价无穷小有（当 $x \to 0$ 时）：$x \sim \sin x \sim \tan x \sim \arcsin x \sim \arctan x \sim \ln(1+x) \sim e^x - 1$；$1 - \cos x \sim \dfrac{x^2}{2}$；$(1+x)^\alpha - 1 \sim \alpha x (\alpha \neq 0)$.

习题 1.2

1. 观察如下数列 $\{x_n\}$ 一般项 x_n 的变化趋势，写出它们的极限.

   (1) $x_n = \dfrac{1}{3^n}$；

   (2) $x_n = (-1)\dfrac{1}{n}$；

   (3) $x_n = 3 + \dfrac{1}{n^2}$；

   (4) $x_n = \dfrac{n-1}{n+1}$；

   (5) $x_n = n(-1)^n$；

   (6) $x_n = n - \dfrac{1}{n}$.

2. 设函数 $f(x) = \begin{cases} x+1, & x<3, \\ 0, & x=3, \\ 2x-3, & x>3, \end{cases}$ 利用函数极限存在的充要条件判断 $\lim\limits_{x \to 3} f(x)$ 是否存在？

3. 设函数 $f(x) = \begin{cases} e^x + 1, & x>0, \\ 2x+b, & x \leqslant 0, \end{cases}$ 要使极限 $\lim\limits_{x \to 0} f(x)$ 存在，b 应取何值？

4. 在下列各题中，指出哪些是无穷小？哪些是无穷大？

   (1) $\dfrac{1+2x}{x^2} (x \to \infty)$；

   (2) $\dfrac{x+1}{x^2-9} (x \to 3)$；

   (3) $\dfrac{\sin x}{1+\cos x} (x \to 0)$；

   (4) $e^{\frac{1}{x}} (x \to 0)$.

5. 计算下列各极限：

   (1) $\lim\limits_{x \to 1} (x-1) \cos \dfrac{1}{x-1}$；

   (2) $\lim\limits_{x \to 0} x^2 \sin \dfrac{1}{x}$.

6. 计算下列各极限：

   (1) $\lim\limits_{x \to -1} \dfrac{3x+1}{x^2+1}$；

   (2) $\lim\limits_{x \to 1} \dfrac{x^2-1}{2x^2-x-1}$；

   (3) $\lim\limits_{x \to -2} \dfrac{x^3+8}{x+2}$；

   (4) $\lim\limits_{x \to \infty} \dfrac{x^2-1}{2x^2-x}$；

   (5) $\lim\limits_{x \to \infty} \left(1+\dfrac{1}{x}\right)\left(2-\dfrac{1}{x^2}\right)$；

   (6) $\lim\limits_{x \to 1} \left(\dfrac{1}{x-1} - \dfrac{3}{x^3-1}\right)$.

7. 计算下列各极限：

(1) $\lim\limits_{x\to -3}\sqrt{x^2-x+8}$；

(2) $\lim\limits_{x\to \frac{1}{2}}\arcsin\sqrt{x}$；

(3) $\lim\limits_{x\to 0}\ln 2^x$；

(4) $\lim\limits_{x\to 2}\dfrac{\sqrt{5x-8}-\sqrt{x}}{x-2}$.

8. 已知 $\lim\limits_{x\to 1}\dfrac{x^2+ax+b}{1-x}=1$，试求 a 与 b 的值.

9. 计算下列各极限：

(1) $\lim\limits_{x\to 0}\dfrac{\sin 4x}{x}$；

(2) $\lim\limits_{x\to 0}\dfrac{\sin 2x}{\sin 5x}$；

(3) $\lim\limits_{x\to 0}\dfrac{1-\cos 3x}{x\sin x}$；

(4) $\lim\limits_{n\to \infty}3^n\sin\dfrac{x}{3^n}\,(x\neq 0)$.

10. 计算下列各极限：

(1) $\lim\limits_{x\to 0}(1-3x)^{\frac{1}{x}}$；

(2) $\lim\limits_{x\to \infty}\left(\dfrac{1+x}{x}\right)^{3x}$；

(3) $\lim\limits_{x\to \infty}\left(\dfrac{1+x}{x+2}\right)^{x}$；

(4) $\lim\limits_{x\to \frac{\pi}{2}}(1+\cos x)^{2\sec x}$.

第三节　函数的连续性与间断点

学习目标

1. 理解函数连续性的定义，会求函数的连续区间.
2. 了解函数间断点的概念，会判别函数间断点的类型.
3. 知道闭区间上连续函数的几个性质.

自然界中有很多现象，如气温的变化、河水的流动、植物的生长等等，都是连续变化的. 这些现象在函数关系上的反映，就是函数的连续性. 函数的连续性是与函数的极限密切相关的重要概念，这个概念的建立为进一步深入地研究函数的微分和积分及其应用打下了基础.

一、函数的连续性

案例 1.18（**人体高度的连续变化**）　我们知道，人体的高度 h 是时间 t 的函数 $h(t)$，h 随着 t 的变化而连续变化. 事实上，当 Δt 的变化很微小时，人的高度 Δh 的变化也很微小，即

$$\Delta t\to 0\text{ 时},\Delta h\to 0.$$

微课

下面我们先引入增量的概念，然后来描述连续性，并引入连续性的定义.

设变量 y 从它的一个初值 y_1 变到终值 y_2，终值与初值的差 y_2-y_1 就叫作**变量 y 的增量**，记作 Δy，即 $\Delta y=y_2-y_1$.

设函数 $y=f(x)$ 在点 x_0 的某一个邻域内是有定义的，当自变量 x 在该邻域内从 x_0 变到 $x_0+\Delta x$ 时，函数 y 相应地从 $f(x_0)$ 变到 $f(x_0+\Delta x)$，因此函数 y 的对应增量为

$$\Delta y=f(x_0+\Delta x)-f(x_0).$$

定义 1.10   设函数 $y=f(x)$ 在点 x_0 的某一个邻域内有定义,如果当自变量的增量 $\Delta x=x-x_0$ 趋于零时,对应的函数的增量 $\Delta y=f(x_0+\Delta x)-f(x_0)$ 也趋于零,即

$$\lim_{\Delta x \to 0}\Delta y=0 \text{ 或 } \lim_{x \to x_0}f(x)=f(x_0),$$

那么就称函数 $y=f(x)$ 在点 x_0 处**连续**.

从定义可以看出函数 $y=f(x)$ 在点 x_0 处连续,则函数 $y=f(x)$ 在点 x_0 处的极限等于函数 $y=f(x)$ 在点 x_0 处的函数值.

定义 1.11   如果 $\lim\limits_{x \to x_0^-}f(x)=f(x_0)$,则称 $y=f(x)$ 在点 x_0 处**左连续**;如果 $\lim\limits_{x \to x_0^+}f(x)=f(x_0)$,则称 $y=f(x)$ 在点 x_0 处**右连续**.

左右连续与连续的关系:

函数 $y=f(x)$ 在点 x_0 处连续 $\Leftrightarrow$ 函数 $y=f(x)$ 在点 x_0 处左连续且右连续.

在区间上每一点都连续的函数,叫作在该区间上的**连续函数**,或者说函数在该区间上连续.如果区间包括端点,那么函数在右端点连续是指左连续,在左端点连续是指右连续.

【**例 1.32**】 证明函数 $y=x^2$ 在点 x_0 连续.

证明   当自变量 x 的增量为 Δx 时,函数 $y=x^2$ 对应的增量为:

$$\Delta y=(x_0+\Delta x)^2-x_0^2=2x_0\Delta x+(\Delta x)^2,$$
$$\lim_{\Delta x \to 0}\Delta y=\lim_{\Delta x \to 0}[2x_0\Delta x+(\Delta x)^2]=0.$$

所以 $y=x^2$ 在点 x_0 连续.

【**例 1.33**】 试证明 $f(x)=\begin{cases}2x+1, & x\leqslant 0,\\ \cos x, & x>0\end{cases}$ 在 $x=0$ 处连续.

证明   因为 $\lim\limits_{x \to 0^+}f(x)=\lim\limits_{x \to 0^+}\cos x=1$,$\lim\limits_{x \to 0^-}f(x)=\lim\limits_{x \to 0^-}(2x+1)=1$ 且 $f(0)=1$,即

$$\lim_{x \to 0^+}f(x)=\lim_{x \to 0^-}f(x)=f(0).$$

所以 $f(x)$ 在 $x=0$ 处连续.

注意:一切初等函数在其定义区间内都是连续的.

微课

二、函数的间断点

案例 1.19 (**电流的连续性**)   导线中电流通常是连续变化的,但当电流增加到一定的程度,会烧断保险丝,电流就突然为 0,这时连续性被破坏而出现间断.

案例 1.20 (**矩形波的连续性**)   无线电技术中会遇到如图 1.21 所示的电压波形(矩形波),显然电压在 $-2l,-l,0,l,2l$ 等处发生间断.

定义 1.12   函数 $f(x)$ 不连续的点 x_0 称为函数 $f(x)$ 的**间断点**.

设函数 $f(x)$ 在点 x_0 的某去心邻域内有定义.由定义 1.11 知,如果函数 $f(x)$ 有下列三种情形之一:

(1) 在 x_0 没有定义;

(2) 虽然在 x_0 有定义,但 $\lim\limits_{x \to x_0}f(x)$ 不存在;

图 1.21

(3) 虽然在 x_0 有定义且 $\lim\limits_{x \to x_0} f(x)$ 存在,但 $\lim\limits_{x \to x_0} f(x) \neq f(x_0)$,则函数 $f(x)$ 在点 x_0 处间断.

通常把间断点分成两类:

如果 x_0 是函数 $f(x)$ 的间断点,且左极限 $\lim\limits_{x \to x_0^-} f(x)$ 及右极限 $\lim\limits_{x \to x_0^+} f(x)$ 都存在,那么 x_0 称为函数 $f(x)$ 的**第一类间断点**. 在第一类间断点中,左、右极限相等者称为**可去间断点**,不相等者称为**跳跃间断点**.

如果 x_0 是函数 $f(x)$ 的间断点,且左极限 $\lim\limits_{x \to x_0^-} f(x)$ 及右极限 $\lim\limits_{x \to x_0^+} f(x)$ 至少有一个不存在,那么 x_0 称为函数 $f(x)$ 的**第二类间断点**. 在第二类间断点中,函数趋向于无穷称为**无穷间断点**,函数出现振荡,称为**振荡间断点**.

【例 1.34】 考察函数 $y = \tan x$ 在 $x = \dfrac{\pi}{2}$ 处的连续性.

解 正切函数 $y = \tan x$ 在 $x = \dfrac{\pi}{2}$ 处没有定义,则点 $x = \dfrac{\pi}{2}$ 是函数 $\tan x$ 的间断点. 因为 $\lim\limits_{x \to \frac{\pi}{2}} \tan x = \infty$,故称 $x = \dfrac{\pi}{2}$ 为函数 $\tan x$ 的无穷间断点.

【例 1.35】 考察函数 $y = \sin \dfrac{1}{x}$ 在 $x = 0$ 处的连续性.

解 函数 $y = \sin \dfrac{1}{x}$ 在点 $x = 0$ 没有定义,则点 $x = 0$ 是函数 $\sin \dfrac{1}{x}$ 的间断点. 当 $x \to 0$ 时,函数值在 -1 与 $+1$ 之间变动无限多次,所以点 $x = 0$ 称为函数 $\sin \dfrac{1}{x}$ 的振荡间断点.

【例 1.36】 考察函数 $y = \dfrac{x^2 - 1}{x - 1}$ 在 $x = 1$ 处的连续性.

解 函数 $y = \dfrac{x^2 - 1}{x - 1}$ 在 $x = 1$ 没有定义,则点 $x = 1$ 是函数的间断点. 因为 $\lim\limits_{x \to 1} \dfrac{x^2 - 1}{x - 1} = \lim\limits_{x \to 1}(x + 1) = 2$,如果补充定义:令 $x = 1$ 时 $y = 2$,则所给函数在 $x = 1$ 成为连续. 所以 $x = 1$ 称为该函数的可去间断点.

【例 1.37】 考察函数 $f(x) = \begin{cases} x - 1, & x < 0, \\ 0, & x = 0, \\ x + 1, & x > 0 \end{cases}$ 在 $x = 0$ 处的连续性.

解 因为 $\lim\limits_{x \to 0^-} f(x) = \lim\limits_{x \to 0^-}(x - 1) = -1$,

$\lim\limits_{x \to 0^+} f(x) = \lim\limits_{x \to 0^+}(x + 1) = 1$,

$\lim\limits_{x \to 0^-} f(x) \neq \lim\limits_{x \to 0^+} f(x)$,

图 1.22

所以极限 $\lim\limits_{x \to 0} f(x)$ 不存在,$x = 0$ 是函数 $f(x)$ 的间断点. 因函数 $f(x)$ 的图形在 $x = 0$ 处产生跳跃现象,我们称 $x = 0$ 为函数 $f(x)$ 的跳跃间断点(如图 1.22 所示).

三、闭区间上连续函数的性质

在闭区间上连续函数具有一些重要的性质,下面我们将不加证明予以介绍.

定理 1.8(最大值和最小值定理) 在闭区间上连续的函数在该区间上一定能取得它的最大值和最小值.

定理证明从略.

图 1.23 给出了该定理的几何直观图形.

即设 $f(x) \in [a,b]$,则存在 $\xi_1, \xi_2 \in [a,b]$,使得
$$f(\xi_1) = \min_{a \leqslant x \leqslant b} f(x),$$
$$f(\xi_2) = \max_{a \leqslant x \leqslant b} f(x).$$

图 1.23

图 1.24

注意:如果函数在开区间内连续,或函数在闭区间上有间断点,那么函数在该区间上就不一定有最大值或最小值.

例如:在开区间 (a,b) 上,连续函数 $y=x$ 无最大值和最小值.

又如,函数 $y=f(x)=\begin{cases} -x+1, & 0 \leqslant x < 1, \\ 1, & x=1, \\ -x+3, & 1 < x \leqslant 2 \end{cases}$ 在闭区间 $[0,2]$ 上无最大值和最小值(如图 1.24).

定理 1.9(有界性定理) 在闭区间上连续的函数一定在该区间上有界.

定理证明从略.

如果有 x_0 使 $f(x_0)=0$,则 x_0 称为函数 $f(x)$ 的**零点**.

定理 1.10(零点定理) 设函数 $f(x)$ 在闭区间 $[a,b]$ 上连续,且 $f(a)$ 与 $f(b)$ 异号,那么在开区间 (a,b) 内至少存在一点 ξ,使得 $f(\xi)=0$.

定理证明从略.

图 1.25 给出了该定理的几何直观图形:如果连续曲线弧 $y=f(x)$ 的两个端点位于 x 轴的不同侧,那么这段弧与 x 轴至少有一个交点 ξ.

图 1.25

图 1.26

定理 1.11（介值定理） 设函数 $f(x)$ 在闭区间 $[a,b]$ 上连续，且 $f(a)\neq f(b)$，那么，对于 $f(a)$ 与 $f(b)$ 之间的任意一个数 C，在开区间 (a,b) 内至少存在一点 ξ，使得
$$f(\xi)=C.$$
定理证明从略．

图 1.26 给出了该定理的几何直观图形：连续曲线 $y=f(x)$ 与水平直线 $y=C$ 至少相交于一点，图中点 P_1,P_2,P_3 都是曲线 $y=f(x)$ 与直线 $y=C$ 的交点．

推论 在闭区间上连续的函数必取得介于最大值 M 与最小值 m 之间的任何值．

设 $m=f(x_1)$，$M=f(x_2)$，而 $m\neq M$，在闭区间 $[x_1,x_2]$（或 $[x_2,x_1]$）上利用介值定理，就可以得到上述推论．

【例 1.38】 证明方程 $x^3-4x^2+1=0$ 在区间 $(0,1)$ 内至少有一个根．

证明 函数 $f(x)=x^3-4x^2+1$ 在闭区间 $[0,1]$ 上连续，又 $f(0)=1>0$，$f(1)=-2<0$．

根据零点定理，在 $(0,1)$ 内至少存在一点 ξ，使得 $f(\xi)=0$，即 $\xi^3-4\xi^2+1=0\,(0<\xi<1)$．

此等式说明方程 $x^3-4x^2+1=0$ 在区间 $(0,1)$ 内至少有一个根是 ξ．

习题 1.3

1. 设函数 $f(x)=x^2-2x+5$，求下列条件下函数的增量：
   (1) 当 x 由 2 变到 1；
   (2) 当 x 由 2 变到 $2+\Delta x$；
   (3) 当 x 由 x_0 变到 $x_0+\Delta x$．

2. 如果 $f(x)$ 在 x_0 处连续，那么 $|f(x)|$ 在 x_0 处是否也连续？

3. 设函数 $f(x)=\begin{cases}(1-x)^{\frac{1}{x}}, & x\neq 0\\ k, & x=0\end{cases}$ 在点 $x=0$ 处连续，求 k 的值．

4. 使函数 $f(x)=\begin{cases}e^x+b, & x<0,\\ a, & x=0,\\ \dfrac{1}{x}\sin x+2, & x>0\end{cases}$ 在定义域内连续，常数 a,b 各应取何值？

5. 设某城市出租车白天的收费 y（单位：元）与路程 x（单位：km）之间的关系为：
$$f(x)=\begin{cases}5+1.2x, & 0\leqslant x\leqslant 7,\\ 13.4+2.1(x-7), & x>7.\end{cases}$$
试问 $f(x)$ 是连续函数吗？并求 $\lim\limits_{x\to 7}f(x)$．

6. 求下列函数的间断点并判断其类型：
   (1) $y=\dfrac{x^2-1}{x^2-2x-3}$；
   (2) $y=\dfrac{1}{\cos x}$；
   (3) $y=\dfrac{1}{2+e^{\frac{1}{x-1}}}$．

7. 设 1 g 冰从 −40℃升到 x℃所需要的热量(单位:J(焦耳))为:
$$f(x)=\begin{cases}2.1x+84, & -40\leqslant x\leqslant 0,\\ 4.2x+420, & x\geqslant 0.\end{cases}$$
试问当 $x=0$ 时,函数是否连续?并解释其几何意义.

8. 一个停车场第一个小时(或不到一小时)收费 3 元,以后每小时(或不到整时)收费 2 元,每天最多收费 10 元. 讨论此函数的间断点,并说明其实际意义.

9. 研究函数 $f(x)=\begin{cases}x, & -1\leqslant x\leqslant 1,\\ 2-x, & x<-1 \text{ 或 } x>1\end{cases}$ 的连续性,并画出函数的图形.

10. 验证方程 $x\cdot 2^x=1$ 至少有一个小于 1 的正根.

第四节　MATLAB 简介与函数运算实验

本节首先介绍 MATLAB 程序设计与应用的基础知识,包括 MATLAB 的操作界面、MATLAB 语言的各种基本要素、MATLAB 基本运算符以及 MATLAB 函数等,然后进行函数运算实验.

一、MATLAB 简介

1. MATLAB 操作界面介绍

MATLAB 软件自 1984 年推向市场以来,历经二十多年的竞争和发展,现已成为国际认可的最优秀的科技应用软件之一. 与其他高级语言相比,MATLAB 提供了一个人机交互的数学系统环境,可以大大节省编程时间. MATLAB 语法规则简单、容易掌握、调试方便,具有高效、简明的特点,使用者只需输入一条命令而不用编制大量的程序即可解决许多数学问题. 正是由于 MATLAB 的强大功能,它已受到国内外专家学者的欢迎和重视,并成为工程计算的重要工具.

(1) MATLAB 的安装与启动(Windows 操作平台)

① 将源光盘插入光驱.
② 在光盘的根目录下找到 MATLAB 的安装文件 setup. exe 及安装密码.
③ 双击该文件后,按提示逐步安装.
④ 安装完成后,在程序栏里便有了 MATLAB 选项,桌面上出现 MATLAB 的快捷方式.
⑤ 双击桌面上 MATLAB 的快捷方式或程序栏里 MATLAB 选项即可启动 MAT-LAB.

(2) MATLAB 环境

MATLAB 是一门高级编程语言,它提供了良好的编程环境. MATLAB 提供了很多方便用户管理变量、输入输出数据以及生成和管理 M 文件的工具. 首先简单介绍 MATLAB 的界面,启动 MATLAB 后对话框如图 1.27 所示,它大致包括以下几个部分:

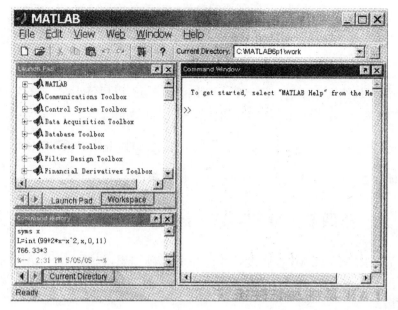

图 1.27

① 菜单栏——单击即可打开相应的菜单.

② 工具栏——使用它们能使操作更快捷.

③ Command Windows(命令窗口)——用来输入和显示计算结果,其中符号"≫"表示等待用户输入.

④ Launch Pad(分类帮助窗口).

⑤ Workspace(工作区窗口)——存储着命令窗口输入的命令和所有变量值.

⑥ Current Directory(当前目录选择窗口)——显示当前路径.

(3) MATLAB 的帮助系统

MATLAB 的帮助系统提供帮助命令、帮助窗口等帮助方法.

① 帮助命令 help 假如准确知道所要求助的主题词或指令名称,那么使用 help 命令是获得在线帮助的最简单有效的途径.例如要获得关于函数 sin 的使用说明,可键入命令

≫ help sin

将显示

SIN Sine.

SIN(X) is the sine of the elements of X.

Overloaded methods

help sym/sin. m

② 帮助窗口(图 1.28) 帮助窗口给出的信息按目录编排,比较系统,便于浏览与之相关的信息,其内容与帮助命令给出的一样.进入帮助窗口的方法有:

(a) 由 Launch Pad(分类帮助窗口)进入帮助窗口.

(b) 选取帮助菜单里的"MATLAB Help"或键入命令"help win".

(c) 双击菜单条上的问号按钮.

第一章 函数、极限与连续

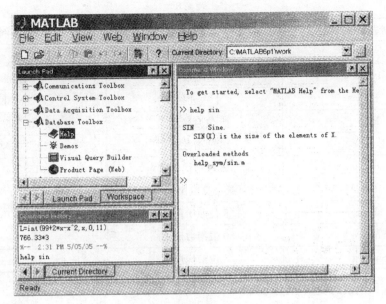

图 1.28

2. MATLAB 语言的基本要素

(1) 变量名的命名规则

① 以字母开头,后面可跟字母、数字和下划线,但不能使用标点.

② 变量要区分大小写字母.

③ 不超过 31 个字符.

例如"abc"、"abc12"都是变量名,数字"123"是常量不是变量.

(2) MATLAB 的常量

MATLAB 语言本身也具有一些预定义的变量,这些特殊的变量称之为常量. 表 1.7 是 MATLAB 中常用的预定义的变量(常量).

表 1.7

ans	用于结果的缺省变量名	i 或 j	-1 的平方根 $=\sqrt{-1}$
pi	圆周率 π	realmin	最小可用正实数 $=2.2251\times10^{-308}$
eps	计算机的最小数 $=2.2204\times10^{-16}$	realmax	最大可用正实数 $=1.7977\times10^{308}$
inf	无穷大 ∞	2.2204e-16	2.2204×10^{-16}
NaN	不定值		

(3) 数值

MATLAB 语言中数值有多种显示形式,在默认情况下,若数据为整数,则就以整数表示;若数据为实数,则以保留小数点后 4 位的精度近似表示. MATLAB 语言提供了 10 种数据显示格式,见表 1.8.

表1.8

数据显示格式	说 明	范 例
+	+,-,空格	+
Bank	金融数据	3.14
Hex	十六进制数	123a23bcf
long	15位原始形式	3.14159265358979
Long e	15位指数形式	3.14159265358979e+00
Long g	15位最优形式	3.14159265358979
rational	最小整数比形式	355/113
short	5位原始形式	3.1415
Short e	5位指数形式	3.1415e+00
Short g	5位最优形式	3.1415

(4) MATLAB 的变量管理(见表1.9)

表1.9

who	查询 MATLAB 内存变量	save sa X	将X变量保存为 sa.mat 文件
whos	查询全部变量详细情况	load sa X	调用 sa.mat 文件变量 X
clear	清除内存中的全部变量		

注:save 只对数据和变量保存,不能保存命令。

3. MATLAB 基本运算符

(1) 算术运算符(见表1.10)

表1.10

	数学表达式	MATLAB 运算符	MATLAB 表达式
加	a+b	+	a+b
减	a-b	-	a-b
乘	a×b	*	a*b
除	a÷b	/或\	a/b 或 b\a
幂	a^b	^	a^b

(2) 关系运算符(见表1.11)

表1.11

数学关系	MATLAB 运算符	数学关系	MATLAB 运算符
小于	<	大于	>
小于或等于	<=	大于或等于	>=
等于	==	不等于	~=

第一章 函数、极限与连续

(3) 逻辑运算符(表 1.12)

表 1.12

逻辑关系	与	或	非
MATLAB 运算符	&	|	~

4. MATLAB 函数(见表 1.13)

表 1.13

函数名	解释	MATLAB命令	函数名	解释	MATLAB命令
三角函数	sin x	sin(x)	反三角函数	arcsin x	asin(x)
	cos x	cos(x)		arccos x	acos(x)
	tan x	tan(x)		arctan x	atan(x)
	cot x	cot(x)		arccot x	acot(x)
	sec x	sec(x)		arcsec x	asec(x)
	csc x	csc(x)		arccsc x	acsc(x)
幂函数	x^a	x^a	对数函数	ln x	log(x)
	$\sqrt{x}$	sqrt(x)		$\log_2 x$	log2(x)
指数函数	a^x	a^x		$\log_{10} x$	log10(x)
	e^x	exp(x)	绝对值函数	$\|x\|$	abs(x)

5. 命令行基础

(1) 简单的运算

【例 1.39】 求 $[10+4\times(7-3)]\div 4^2$.

解 用键盘在命令窗口输入以下内容

≫(10+4*(7-3))/4^2

按"回车"键,该指令就被执行;命令窗口显示所得结果.

ans=

1.6250

(2) MATLAB 表达式的输入

MATLAB 中表达式的输入有两种常见的形式:① 表达式;② 变量=表达式.

【例 1.40】 求 $[12+2\times(7-4)]\div 3^2$.

解 输入:

≫y=(12+2*(7-4))/3^2

按"回车"键,显示结果为:

y=

2

(3) 指令的续行输入

若一个表达式在一行写不下,可换行,但必须在行尾加上四个英文句号.

【例1.41】 求 $s=1-\dfrac{1}{2}+\dfrac{1}{3}-\dfrac{1}{4}+\dfrac{1}{5}-\dfrac{1}{6}+\dfrac{1}{7}-\dfrac{1}{8}$.

解 输入:
≫s=1－1/2+1/3－1/4+1/5－1/6+……
　　　1/7－1/8

按"回车"键,显示结果为:

s＝

0.6345

二、函数运算实验

1. 实验目的

(1) 会利用 MATLAB 求函数极限.

(2) 会利用 MATLAB 作函数图形.

2. 实验指导

(1) 符号运算格式

≫syms　　x　　y　　(生成符号变量 x,y)

≫关系式

≫命令

(2) 极限命令

表 1.14

MATLAB 求极限命令	数学运算解释
limit(F,x,a)	$\lim\limits_{x \to a} F$
limit(F,x,a,'right')	$\lim\limits_{x \to a^+} F$
limit(F,x,a,'left')	$\lim\limits_{x \to a^-} F$

(3) 绘图命令

绘图命令"fplot"专门用于绘制一元函数曲线,格式如下:

$$fplot('fun',[a,b])$$

功能:绘制区间 $[a,b]$ 上函数 $y=fun$ 的图形.

【例1.42】 求函数的极限.

(1) $\lim\limits_{x \to \infty}\left(\dfrac{2x-1}{2x+1}\right)^{x+\frac{5}{2}}$; 　　(2) $\lim\limits_{x \to 0}\dfrac{\arctan x}{x}$; 　　(3) $\lim\limits_{x \to 0}\dfrac{1-\cos x}{x^2}$.

解 (1) 输入:

≫syms x

≫limit(((2*x－1)/(2*x+1))^(x+5/2),x,inf)

按"回车"键,显示结果为:

ans=

exp(−1)

所以
$$\lim_{x\to\infty}\left(\frac{2x-1}{2x+1}\right)^{x+\frac{5}{2}}=e^{-1}.$$

(2) 输入:

≫ clear

≫ syms x

≫ limit(atan(x)/x,x,0)

按"回车"键,显示结果为:

ans=

1

所以
$$\lim_{x\to 0}\frac{\arctan x}{x}=1.$$

(3) 输入:

≫ clear

≫ syms x

≫ limit((1−cos(x))/x^2,x,0)

按"回车"键,显示结果为:

ans=

1/2

所以
$$\lim_{x\to 0}\frac{1-\cos x}{x^2}=\frac{1}{2}.$$

【例 1.43】 求 $\lim\limits_{x\to 0^+}\left(\dfrac{1}{x}\right)^{\tan x}$.

解 输入:

≫ clear

≫ syms x

≫ limit((1/x)^tan(x),x,0,'right')

按"回车"键,显示结果为:

ans=

1

所以
$$\lim_{x\to 0^+}\left(\frac{1}{x}\right)^{\tan x}=1.$$

【例 1.44】 用圆内接正多边形的周长逼近圆的周长.

解 设圆内接正 n 边形边长为 a,圆的半径为 R,则每边所对圆心角 $\alpha=\dfrac{2\pi}{n}$,边长 $a=2R\sin\dfrac{\alpha}{2}=2R\sin\dfrac{\pi}{n}$,圆内接正 n 边形周长 $S_n=na=2nR\sin\dfrac{\pi}{n}$. 可见,当 $n\to\infty$ 时,$S_n\to$ 圆的周长.

在 MATLAB 命令窗口中输入：

≫ clear

≫ syms R n

≫ limit(2*n*R*sin(pi/n),n,inf)

显示结果为：

ans＝

2*pi*R

即半径为 R 的圆的周长为 $2\pi R$.

【例 1.45】 绘出函数(1) $y=x+\sin x$；(2) $y=x^2 e^{-x^2}$ 图形，说明其奇偶性，并根据图形判断这些函数在 $[-2,2]$ 上是否连续.

解 （1）输入：

≫ fplot('x+sin(x)',[-5,5])

按"回车"键，出现如图 1.29 所示窗口.

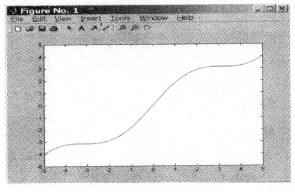

图 1.29

（2）输入：

≫ fplot('x^2*exp(-x^2)',[-6,6])

按"回车"键，出现如图 1.30 所示窗口.

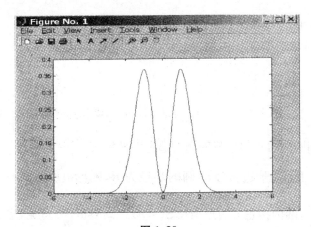

图 1.30

从以上两图形可知,$y=x+\sin x$ 是奇函数,$y=x^2 e^{-x^2}$ 是偶函数,且在区间$[-2,2]$上都是连续的.

【例 1.46】 判断函数 $y=2x^2-3$ 在点 $x=1$ 处的连续性.

解 方法一,作图法判断. 输入:

≫ fplot('2*x^2-3',[0,2])

按"回车"键,出现如图 1.31 所示窗口.

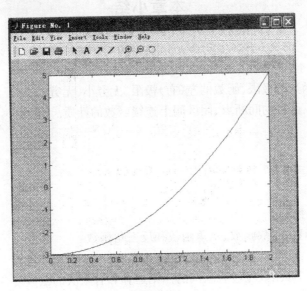

图 1.31

观察图 1.31 可知,函数在点 $x=1$ 处是连续的.

方法二,定义法. 输入:

≫ limit(2*x^2-3,x,1)

ans=

-1

≫ 2*1^2-3

显示结果为:

ans=

-1

通过计算可知,$\lim\limits_{x\to 1}(2x^2-3)=-1=f(1)$,所以函数在点 $x=1$ 是连续的.

习题 1.4

1. 利用 MATLAB 计算下列各极限:

(1) $\lim\limits_{x\to 2}\dfrac{x^2-4}{\sqrt{x-1}-1}$;

(2) $\lim\limits_{x\to 0}\dfrac{x}{\ln(2+x)}$;

(3) $\lim\limits_{x\to 1}\dfrac{\sin(1-x)}{1-x^2}$;

(4) $\lim\limits_{x\to\frac{\pi}{2}}(1+\cos x)^{5\sec x}$;

(5) $\lim\limits_{x\to\infty}\left(\dfrac{x+3}{x-1}\right)^{x+2}$; (6) $\lim\limits_{x\to\infty}\left(\dfrac{x}{1+x}\right)^{x}$.

2. 讨论函数 $f(x)=\begin{cases}x^2-1, & 0\leqslant x\leqslant 1,\\ x+3, & x>1\end{cases}$ 在点 $x=1$ 处的连续性,并利用 MATLAB 进行验证.

本章小结

1. 基本概念

集合、函数、基本初等函数、初等函数、分段函数.

数列的极限、函数的极限、函数的左(右)极限、无穷小、无穷大.

函数的连续性、函数的间断点、闭区间上连续函数的性质.

2. 基本知识

(1) 集合

集合的概念及运算

(2) 函数

① 基本初等函数

幂函数、指数函数、对数函数、三角函数和反三角函数

② 初等函数

由常数和基本初等函数经过有限次的四则运算和有限次的函数复合步骤所构成并可用一个式子表示的函数.

(3) 函数的极限

① 双边极限与单边极限的关系

$$\lim_{x\to\infty}f(x)=A \Leftrightarrow \lim_{x\to+\infty}f(x)=\lim_{x\to-\infty}f(x)=A;$$
$$\lim_{x\to x_0}f(x)=A \Leftrightarrow \lim_{x\to x_0^+}f(x)=\lim_{x\to x_0^-}f(x)=A.$$

② 无穷小和无穷大

无穷小的代数性质和无穷小的比较.

③ 极限的四则运算

设 $\lim f(x)=A, \lim g(x)=B$,那么

Ⅰ. $\lim[f(x)\pm g(x)]=\lim f(x)\pm \lim g(x)=A\pm B$;

Ⅱ. $\lim f(x)\cdot g(x)=\lim f(x)\cdot \lim g(x)=A\cdot B$;

Ⅲ. $\lim\dfrac{f(x)}{g(x)}=\dfrac{\lim f(x)}{\lim g(x)}=\dfrac{A}{B}(B\neq 0)$.

④ 复合函数的极限法则

若函数 $y=f(u)$ 与 $u=\varphi(x)$ 满足如下两个条件:

Ⅰ. $\lim\limits_{u\to a}f(u)=A$;

Ⅱ. 当 $x\neq x_0$ 时,$\varphi(x)\neq a$,且 $\lim\limits_{x\to x_0}\varphi(x)=a$.

则 $\lim\limits_{x\to x_0}f[\varphi(x)]=\lim\limits_{u\to a}f(u)=A$.

⑤ 两个重要极限

Ⅰ. $\lim\limits_{x \to 0} \dfrac{\sin x}{x} = 1$；

Ⅱ. $\lim\limits_{x \to \infty} \left(1 + \dfrac{1}{x}\right)^x = e$（或 $\lim\limits_{x \to 0}(1+x)^{\frac{1}{x}} = e$）.

(4) 函数的连续性

理解函数在一点连续的定义,它包括三部分内容：

① 函数 $f(x)$ 在 x_0 有定义；

② $\lim\limits_{x \to x_0} f(x)$ 存在；

③ $\lim\limits_{x \to x_0} f(x) = f(x_0)$.

(5) 函数间断点的分类

第一类间断点 $\begin{Bmatrix} 可去间断点 \\ 跳跃间断点 \end{Bmatrix}$ 左右极限都存在；

第二类间断点 $\begin{Bmatrix} 无穷间断点 \\ 振荡间断点 \end{Bmatrix}$ 左右极限至少有一个不存在.

(6) 闭区间上连续函数的性质

第二章 一元函数微分学及应用

第一节 导数的概念

📖 **学习目标**

1. 理解导数的概念.
2. 理解导数的几何意义.
3. 了解函数的可导性与连续性的关系.

一、导数的概念

微课

案例 2.1（自由落体运动的瞬时速度问题） 如图 2.1,自由落体运动的路程函数 $s=\dfrac{1}{2}gt^2$,求 t_0 时刻物体的瞬时速度.

取一邻近于 t_0 的时刻 t,运动时间 $\Delta t = t - t_0$,

平均速度 $\bar{v} = \dfrac{\Delta s}{\Delta t} = \dfrac{s - s_0}{t - t_0} = \dfrac{g}{2}(t + t_0)$.

当 $t \to t_0$ 时,取极限值,则

瞬时速度 $v = \lim\limits_{t \to t_0} \dfrac{s - s_0}{t - t_0} = \lim\limits_{t \to t_0} \dfrac{g(t + t_0)}{2} = g t_0$.

图 2.1

案例 2.2（切线问题） 如图 2.2,如果割线 MN 绕点 M 旋转而趋向极限位置 MT,直线 MT 就称为曲线 C 在点 M 处的**切线**. 极限位置即

$$|MN| \to 0, \angle NMT = \varphi - \alpha \to 0.$$

设 $M(x_0, y_0)$, $N(x, y)$. 割线 MN 的斜率为

$$\tan \varphi = \dfrac{y - y_0}{x - x_0} = \dfrac{f(x) - f(x_0)}{x - x_0}.$$

当 $N \xrightarrow{\text{沿曲线} C} M(x \to x_0)$ 时,切线 MT 的斜率为

$$k = \tan \alpha = \lim_{x \to x_0} \dfrac{f(x) - f(x_0)}{x - x_0}.$$

图 2.2

以上两例虽然涉及的研究领域不同,一个是物理上的瞬时速度问题,一个是几何上的切线斜率问题,但是都出现了同一形式的极限的计算,即 $\lim\limits_{x \to x_0} \dfrac{f(x) - f(x_0)}{x - x_0}$. 此极限是函数的增量 Δy 与自变量的增量 Δx 之比 $\dfrac{\Delta y}{\Delta x}$,当自变量增量 Δx 趋向于零时的极限,称之为函数的导数.

定义 2.1 设函数 $y = f(x)$ 在点 x_0 的某个邻域内有定义,当自变量 x 在点 x_0 处取得

增量 Δx 时,函数取得相应的增量 Δy,如果当 $\Delta x \to 0$ 时,$\dfrac{\Delta y}{\Delta x}$ 的极限存在,即

$$\lim_{\Delta x \to 0} \frac{\Delta y}{\Delta x} = \lim_{\Delta x \to 0} \frac{f(x_0 + \Delta x) - f(x_0)}{\Delta x}$$

存在,则称此极限值为函数 $f(x)$ **在点** x_0 **处的导数**(或微商),记作:

$$f'(x_0),\ y'\big|_{x=x_0},\ \dfrac{\mathrm{d}y}{\mathrm{d}x}\bigg|_{x=x_0},\ \dfrac{\mathrm{d}}{\mathrm{d}x}f(x)\bigg|_{x=x_0}$$

常用的导数形式还有:$f'(x_0) = \lim\limits_{h \to 0} \dfrac{f(x_0 + h) - f(x_0)}{h}$(令 $\Delta x = h$);

$$f'(x_0) = \lim_{x \to x_0} \frac{f(x) - f(x_0)}{x - x_0} (\text{令 } x = x_0 + \Delta x) \text{ 等}.$$

在实际问题中,常将导数称为**变化率**.它反映了函数 y 随自变量 x 的变化而变化的快慢程度.特别要注意的是 $f'(x_0) = f'(x)\big|_{x=x_0}$,而 $[f(x_0)]'$ 是常数 $f(x_0)$ 的导数.

根据极限与左右极限之间的关系,$f(x)$ 在点 x_0 处可导的充分必要条件是:
$\lim\limits_{\Delta x \to 0^-} \dfrac{f(x_0 + \Delta x) - f(x_0)}{\Delta x}$ 与 $\lim\limits_{\Delta x \to 0^+} \dfrac{f(x_0 + \Delta x) - f(x_0)}{\Delta x}$ 都存在并且相等,这两个极限分别称为 $f(x)$ 在点 x_0 处的**左导数**和**右导数**,记作 $f'_-(x_0)$ 及 $f'_+(x_0)$,即

$$f'_-(x_0) = \lim_{\Delta x \to 0^-} \frac{f(x_0 + \Delta x) - f(x_0)}{\Delta x},\ f'_+(x_0) = \lim_{\Delta x \to 0^+} \frac{f(x_0 + \Delta x) - f(x_0)}{\Delta x}.$$

由定义求导数的步骤:

(1) 求增量 $\Delta y = f(x_0 + \Delta x) - f(x_0)$;

(2) 算比值 $\dfrac{\Delta y}{\Delta x} = \dfrac{f(x_0 + \Delta x) - f(x_0)}{\Delta x}$;

(3) 求极限 $y' = \lim\limits_{\Delta x \to 0} \dfrac{\Delta y}{\Delta x}$.

【**例 2.1**】 讨论函数 $f(x) = |x|$ 在 $x = 0$ 处的可导性.

解 如图 2.3,由于 $\dfrac{f(0+h) - f(0)}{h} = \dfrac{|h|}{h}$,则

$$f'_+(0) = \lim_{h \to 0^+} \frac{f(0+h) - f(0)}{h} = \lim_{h \to 0^+} \frac{h}{h} = 1,$$

$$f'_-(0) = \lim_{h \to 0^-} \frac{f(0+h) - f(0)}{h} = \lim_{h \to 0^-} \frac{-h}{h} = -1.$$

图 2.3

即 $f'_+(0) \neq f'_-(0)$,故函数 $y = f(x)$ 在 $x = 0$ 点不可导.

【**例 2.2**】 设 $y = f(x) = \begin{cases} 2x - 1, & x > 1, \\ x^2, & x \leq 1, \end{cases}$ 求 $f'(1)$.

解 $f'_+(1) = \lim\limits_{\Delta x \to 0^+} \dfrac{f(1 + \Delta x) - f(1)}{\Delta x} = \lim\limits_{\Delta x \to 0^+} \dfrac{[2(1 + \Delta x) - 1] - 1}{\Delta x} = \lim\limits_{\Delta x \to 0^+} \dfrac{2\Delta x}{\Delta x} = 2$;

$f'_-(1) = \lim\limits_{\Delta x \to 0^-} \dfrac{f(1 + \Delta x) - f(1)}{\Delta x} = \lim\limits_{\Delta x \to 0^-} \dfrac{(1 + \Delta x)^2 - 1}{\Delta x} = \lim\limits_{\Delta x \to 0^-} \dfrac{(\Delta x)^2 + 2\Delta x}{\Delta x} = 2.$

因为左、右导数存在并且相等,所以 $f'(1) = 2$.

如果函数 $y = f(x)$ 在开区间 (a, b) 内每一点都可导,则称函数 $y = f(x)$ 在开区间 (a, b) **内可导**;如果函数 $y = f(x)$ 在开区间 (a, b) 内可导,且 $f'_+(a)$ 与 $f'_-(b)$ 都存在,则称函数

$y = f(x)$ 在**闭区间** $[a,b]$ **上可导**.

如果函数 $y = f(x)$ 在区间 I 内可导,即在区间 I 内每一点 x 都有一个导数值 $f'(x)$ 与它对应,则 $f'(x)$ 是区间 I 上的一个函数,称之为 $y = f(x)$ 在区间 I 上的**导函数**,简称为**导数**,记作:

$$f'(x), \quad y', \quad \frac{dy}{dx}, \quad \frac{d}{dx}f(x).$$

【例 2.3】 求 $f(x) = ax + c$ 的导函数(其中 a, c 为常数).

解 $\forall x \in (-\infty, +\infty)$,函数的增量为:

$$\Delta y = f(x + \Delta x) - f(x) = (ax + a\Delta x + c) - (ax + c) = a\Delta x,$$

平均变化率为: $\dfrac{\Delta y}{\Delta x} = \dfrac{a\Delta x}{\Delta x} = a$,

求极限: $f'(x) = \lim\limits_{\Delta x \to 0} \dfrac{\Delta y}{\Delta x} = a$,

即 $(ax + c)' = a$,特别 $(c)' = 0$.

【例 2.4】 求 $f(x) = \cos x$ 的导函数.

解 $\forall x \in (-\infty, +\infty)$,函数的增量为:

$$\Delta y = f(x + \Delta x) - f(x) = \cos(x + \Delta x) - \cos x = -2\sin\left(x + \frac{\Delta x}{2}\right)\sin\frac{\Delta x}{2},$$

平均变化率为: $\dfrac{\Delta y}{\Delta x} = -\dfrac{2\sin\left(x + \frac{\Delta x}{2}\right)\sin\frac{\Delta x}{2}}{\Delta x}$,

求极限: $f'(x) = \lim\limits_{\Delta x \to 0}\dfrac{\Delta y}{\Delta x} = \lim\limits_{\Delta x \to 0}\dfrac{\sin\frac{\Delta x}{2}}{\frac{\Delta x}{2}} \cdot \lim\limits_{\Delta x \to 0}\left[-\sin\left(x + \frac{\Delta x}{2}\right)\right] = -\sin x.$

即 $(\cos x)' = -\sin x$.

同理可得: $(\sin x)' = \cos x$.

【例 2.5】 求 $f(x) = x^n$(n 为正整数)的导函数.

解 $\forall x \in (-\infty, +\infty)$,函数的增量为:

$$\Delta y = f(x + \Delta x) - f(x) = (x + \Delta x)^n - x^n$$
$$= nx^{n-1}\Delta x + \frac{n(n-1)}{2!}x^{n-2}(\Delta x)^2 + \cdots + (\Delta x)^n,$$

平均变化率为: $\dfrac{\Delta y}{\Delta x} = nx^{n-1} + \dfrac{n(n-1)}{2!}x^{n-2}\Delta x + \cdots + (\Delta x)^{n-1}$,

求极限: $f'(x) = \lim\limits_{\Delta x \to 0}\dfrac{\Delta y}{\Delta x} = nx^{n-1}$,

即 $(x^n)' = nx^{n-1}$.

一般地,$f(x) = x^\mu$(μ 为常数),也有 $(x^\mu)' = \mu x^{\mu-1}$.

例如: $(x)' = 1, (x^2)' = 2x, (\sqrt{x})' = (x^{\frac{1}{2}})' = \dfrac{1}{2\sqrt{x}}, \left(\dfrac{1}{x}\right)' = (x^{-1})' = -\dfrac{1}{x^2}.$

【例 2.6】 求 $f(x) = \ln x$ 的导函数.

解 $\forall x \in (0, +\infty)$,函数的增量为:

$$\Delta y = f(x+\Delta x) - f(x) = \ln(x+\Delta x) - \ln x = \ln\frac{x+\Delta x}{x} = \ln\left(1+\frac{\Delta x}{x}\right),$$

平均变化率为：$\dfrac{\Delta y}{\Delta x} = \dfrac{1}{\Delta x}\ln\left(1+\dfrac{\Delta x}{x}\right) = \ln\left(1+\dfrac{\Delta x}{x}\right)^{\frac{1}{\Delta x}} = \ln\left(1+\dfrac{\Delta x}{x}\right)^{\frac{x}{\Delta x}\cdot\frac{1}{x}} = \dfrac{1}{x}\ln\left(1+\dfrac{\Delta x}{x}\right)^{\frac{x}{\Delta x}},$

求极限：$f'(x) = \lim\limits_{\Delta x\to 0}\dfrac{\Delta y}{\Delta x} = \dfrac{1}{x}\lim\limits_{\Delta x\to 0}\ln\left(1+\dfrac{\Delta x}{x}\right)^{\frac{x}{\Delta x}} = \dfrac{1}{x}\ln e = \dfrac{1}{x},$

即 $(\ln x)' = \dfrac{1}{x}$.

同理可证：$(\log_a x)' = \dfrac{1}{x\ln a}(a>0, a\neq 1)$.

二、导数的几何意义

设函数 $y=f(x)$ 在点 x_0 的导数为 $f'(x_0)$，由案例 2.2 知，导数值 $f'(x_0)$ 为曲线 $y=f(x)$ 上一点 $(x_0, f(x_0))$ 处的切线的斜率. 此时，

切线方程为：$y-y_0 = f'(x_0)(x-x_0)$；

法线方程为：$y-y_0 = -\dfrac{1}{f'(x_0)}(x-x_0)(f'(x_0)\neq 0)$.

【例 2.7】 求 $y=x^2$ 的切线方程，使此切线与直线 $y=x+1$ 平行.

解 设切点为 (x_0, y_0)，则有 $y_0 = x_0^2$.

由已知，切线斜率与直线 $y=x+1$ 的斜率相同，则 $y'|_{x=x_0} = 1$.

而 $(x^2)' = 2x$，于是 $2x_0 = 1$，解得：$x_0 = \dfrac{1}{2}, y_0 = \dfrac{1}{4}$.

所求切线方程为：$y - \dfrac{1}{4} = x - \dfrac{1}{2}$，即 $y = x - \dfrac{1}{4}$.

三、可导与连续的关系

定理 2.1 如果函数 $y=f(x)$ 在点 x_0 处可导，则它在点 x_0 处一定连续.

证明 因为 $y=f(x)$ 在点 x_0 可导，由导数定义得 $\lim\limits_{\Delta x\to 0}\dfrac{\Delta y}{\Delta x} = f'(x_0)$，

所以 $\lim\limits_{\Delta x\to 0}\Delta y = \lim\limits_{\Delta x\to 0}\left(\dfrac{\Delta y}{\Delta x}\cdot\Delta x\right) = \lim\limits_{\Delta x\to 0}\dfrac{\Delta y}{\Delta x}\cdot\lim\limits_{\Delta x\to 0}\Delta x = f'(x_0)\times 0 = 0,$

从而 $y=f(x)$ 在点 x_0 处连续.

注意：① 此定理的逆否命题成立：$y=f(x)$ 在点 x_0 处不连续，则它在点 x_0 处不可导；② 连续不一定可导，反例：$y=|x|$ 在 $x=0$ 处连续但不可导. 因此连续是可导的必要而非充分条件.

【例 2.8】 设 $f(x) = \begin{cases} x^2, & x<0, \\ x, & x\geq 0, \end{cases}$ 讨论 $f(x)$ 在点 $x=0$ 处的连续性与可导性（如图 2.4）.

解 （1）连续性，即验证是否有 $\lim\limits_{x\to 0}f(x) = f(0)$.

因为 $\lim\limits_{x\to 0^-}f(x) = \lim\limits_{x\to 0^-}x^2 = 0, \lim\limits_{x\to 0^+}f(x) = \lim\limits_{x\to 0^+}x = 0,$

所以 $\lim_{x\to 0} f(x)=0=f(0)$，故 $f(x)$ 在 $x=0$ 连续.

(2) 可导性，即验证 $\lim_{x\to 0}\dfrac{f(x)-f(0)}{x-0}$ 是否存在.

$$\lim_{x\to 0^-}\frac{f(x)-f(0)}{x-0}=\lim_{x\to 0^-}\frac{x^2-0}{x}=\lim_{x\to 0^-}x=0;$$

$$\lim_{x\to 0^+}\frac{f(x)-f(0)}{x-0}=\lim_{x\to 0^+}\frac{x-0}{x}=\lim_{x\to 0^+}1=1.$$

因为左右导数不相等，

所以 $\lim_{x\to 0}\dfrac{f(x)-f(0)}{x-0}$ 不存在，即 $f(x)$ 在 $x=0$ 不可导.

图 2.4

【例 2.9】 已知函数 $f(x)=\begin{cases} x^2, & x\leqslant 1, \\ ax+b, & x>1 \end{cases}$ 处处可导，试确定 a、b 的值.

解 由于函数 $f(x)$ 处处可导，探讨分段点 $x=1$ 处的可导性即可找到 a、b 应该满足的条件.

欲使 $f(x)$ 在 $x=1$ 处可导，必先在 $x=1$ 处连续，

故有 $\lim_{x\to 1^-} f(x)=\lim_{x\to 1^+} f(x)=f(1)$，即 $a+b=1$.

又 $f(x)$ 在 $x=1$ 处的左、右导数分别为：

$$f'_-(1)=\lim_{\Delta x\to 0^-}\frac{(1+\Delta x)^2-1}{\Delta x}=2,\ f'_+(1)=\lim_{\Delta x\to 0^+}\frac{a(1+\Delta x)+b-1}{\Delta x}=\lim_{\Delta x\to 0^+}\frac{a\Delta x}{\Delta x}=a.$$

故 $a=2$，从而 $b=-1$.

所以，当 $a=2$，$b=-1$ 时，$f(x)$ 处处可导.

习题 2.1

1. 根据导数定义求下列函数的导数：

   (1) $y=x^3$；

   (2) $y=\dfrac{2}{x}$.

2. 讨论下列函数在指定点处的可导性：

   (1) $f(x)=\begin{cases} x, & x\leqslant 1, \\ 2-x, & x>1 \end{cases}$ 在 $x=1$ 处；

   (2) $f(x)=\begin{cases} x, & x<0, \\ \ln(1+x), & x\geqslant 0 \end{cases}$ 在 $x=0$ 处.

3. 在下列各题中，假设 $f'(x_0)$ 存在，按导数定义观察下列极限，指出 A 表示什么？

   (1) $\lim_{\Delta x\to 0}\dfrac{f(x_0-\Delta x)-f(x_0)}{\Delta x}=A$；

   (2) $\lim_{h\to 0}\dfrac{f(x_0+2h)-f(x_0)}{h}=A$；

   (3) $\lim_{\Delta x\to 0}\dfrac{f(x_0+\Delta x)-f(x_0-\Delta x)}{\Delta x}=A$.

4. 设函数 $f(x)=\begin{cases} \dfrac{1}{2}x^2, & x\leqslant 2, \\ ax+b, & x>2, \end{cases}$ 且 $f(x)$ 在 $x=2$ 可导，求 a 和 b 的值.

5. 讨论函数 $f(x)=\begin{cases} x^2\sin\dfrac{1}{x}, & x\neq 0, \\ 0, & x=0 \end{cases}$ 在点 $x=0$ 处的连续性与可导性.

6. 求抛物线 $y=x^2$ 在点 $(2,4)$ 处的切线方程与法线方程.

7. 求曲线 $y=x^3$ 和 $y=x^2$ 的横坐标,在何处它们的切线斜率相同?

8. 一质点的运动方程为 $s=t^3+10$,求该质点在 $t=3$ 时的瞬时速度.

9. 对于均匀细棒,单位长度细棒的质量称为该细棒的线密度,一根质量非均匀分布的细棒放在 x 轴上,在 $[0,x]$ 上的质量 m 是 x 的函数 $m=m(x)$,试求出该细棒在点 $x_0\in(0,x)$ 处的线密度.

第二节 求导法则

学习目标

1. 掌握导数的四则运算法则和基本初等函数的导数公式.
2. 掌握复合函数求导法则.

对于一些简单的函数可以利用定义去求导数,但是对于比较复杂的函数,需要推导出一些基本公式与运算法则,以简化求导计算.

一、导数的四则运算法则

定理 2.2 设函数 $u(x)$ 和 $v(x)$ 在点 x 处可导,则函数 $u(x)\pm v(x)$,$u(x)v(x)$,$\dfrac{u(x)}{v(x)}(v(x)\neq 0)$ 也在点 x 处可导,且有

(1) $[u(x)\pm v(x)]'=u'(x)\pm v'(x)$;

(2) $[u(x)v(x)]'=u'(x)v(x)+u(x)v'(x)$;

(3) $\left[\dfrac{u(x)}{v(x)}\right]'=\dfrac{u'(x)v(x)-u(x)v'(x)}{v^2(x)}$ $(v(x)\neq 0)$.

下面给出法则(1)的证明,法则(2)、(3)的证明从略.

证明 令 $y=u(x)+v(x)$,则

$$\Delta y=[u(x+\Delta x)+v(x+\Delta x)]-[u(x)+v(x)]$$
$$=[u(x+\Delta x)-u(x)]+[v(x+\Delta x)-v(x)]$$
$$=\Delta u+\Delta v,$$

$$\frac{\Delta y}{\Delta x}=\frac{\Delta u+\Delta v}{\Delta x}=\frac{\Delta u}{\Delta x}+\frac{\Delta v}{\Delta x},$$

故 $y'=[u(x)+v(x)]'=\lim\limits_{\Delta x\to 0}\dfrac{\Delta y}{\Delta x}=\lim\limits_{\Delta x\to 0}\dfrac{\Delta u}{\Delta x}+\lim\limits_{\Delta x\to 0}\dfrac{\Delta v}{\Delta x}=u'(x)+v'(x)$.

推论 1 $[u_1(x)\pm u_2(x)\pm u_3(x)\pm\cdots\pm u_n(x)]'=u_1'(x)\pm u_2'(x)\pm u_3'(x)\pm\cdots\pm u_n'(x)$,其中函数 $u_1(x),u_2(x),u_3(x),\cdots,u_n(x)$ 均为可导的.

推论 2 $[ku(x)]'=ku'(x)$,其中 k 为某确定常数.

推论 3 $[u(x)v(x)w(x)]'=u'(x)v(x)w(x)+u(x)v'(x)w(x)+u(x)v(x)w'(x)$

【例 2.10】 求下列函数的导数:

(1) $y=x^4-\dfrac{1}{x}+3$; (2) $y=\cos x-\ln x$;

解 (1) $y'=\left(x^4-\dfrac{1}{x}+3\right)'=(x^4)'-\left(\dfrac{1}{x}\right)'+(3)'$

$=4x^3-\left(-\dfrac{1}{x^2}\right)+0=4x^3+\dfrac{1}{x^2}.$

(2) $y'=(\cos x-\ln x)'=(\cos x)'-(\ln x)'=-\sin x-\dfrac{1}{x}.$

【例 2.11】 求下列函数的导数：

(1) $y=\sqrt{x}\cos x$;　　(2) $y=x\ln x\sin x$;　　(3) $y=(1+2x)(4x^3-3x^2).$

解 (1) $y'=(\sqrt{x}\cos x)'=(\sqrt{x})'\cos x+\sqrt{x}(\cos x)'$

$=\dfrac{1}{2}x^{-\frac{1}{2}}\cos x-\sqrt{x}\sin x=\dfrac{1}{2\sqrt{x}}\cos x-\sqrt{x}\sin x.$

(2) $y'=(x\ln x\sin x)'=(x)'\ln x\sin x+x(\ln x)'\sin x+x\ln x(\sin x)'$

$=\ln x\sin x+x\dfrac{1}{x}\sin x+x\ln x\cos x=\ln x\sin x+\sin x+x\ln x\cos x.$

(3) $y'=[(1+2x)(4x^3-3x^2)]'=(1+2x)'(4x^3-3x^2)+(1+2x)(4x^3-3x^2)'$

$=2(4x^3-3x^2)+(1+2x)(4\times 3x^2-3\times 2x)=32x^3-3x^2-6x.$

【例 2.12】 求下列函数的导数：

(1) $y=\dfrac{x}{\sin x}$;　　(2) $y=\tan x$;　　(3) $y=\sec x.$

解 (1) $y'=\left(\dfrac{x}{\sin x}\right)'=\dfrac{x'\sin x-x(\sin x)'}{\sin^2 x}=\dfrac{\sin x-x\cos x}{\sin^2 x}=\dfrac{\sin x-x\cos x}{\sin^2 x}.$

(2) $y'=(\tan x)'=\left(\dfrac{\sin x}{\cos x}\right)'=\dfrac{(\sin x)'\cos x-\sin x(\cos x)'}{\cos^2 x}$

$=\dfrac{\cos^2 x+\sin^2 x}{\cos^2 x}=\dfrac{1}{\cos^2 x}=\sec^2 x.$

同理可得：$(\cot x)'=-\csc^2 x.$

(3) $y'=(\sec x)'=\left(\dfrac{1}{\cos x}\right)'=\dfrac{(1)'\cos x-1\times(\cos x)'}{\cos^2 x}$

$=\dfrac{\sin x}{\cos^2 x}=\dfrac{\sin x}{\cos x}\dfrac{1}{\cos x}=\sec x\tan x.$

同理可得：$(\csc x)'=-\csc x\cot x.$

注意：在某些求导运算中，能避免使用除法求导法则的应该尽量避免．

【例 2.13】 求函数 $y=\dfrac{1+x}{\sqrt{x}}$ 的导数．

解 $y=\dfrac{1}{\sqrt{x}}+\sqrt{x}=x^{-\frac{1}{2}}+x^{\frac{1}{2}}$，则

$$y'=-\dfrac{1}{2}x^{-\frac{3}{2}}+\dfrac{1}{2}x^{-\frac{1}{2}}=\dfrac{x-1}{2\sqrt{x^3}}.$$

二、反函数的导数

定理 2.3 若函数 $x=\varphi(y)$ 在区间 I 内单调、可导且 $\varphi'(y)\neq 0$，则其反函数 $y=f(x)$ 在

对应区间内可导,且

$$f'(x) = \frac{1}{\varphi'(y)} \text{ 或 } \frac{\mathrm{d}y}{\mathrm{d}x} = \frac{1}{\frac{\mathrm{d}x}{\mathrm{d}y}},$$

即反函数的导数等于直接函数的导数的倒数.

定理证明从略.

【例 2.14】 求指数函数的导数.

解 令 $y = f(x) = a^x (a > 0, a \neq 1)$,有 $x = f^{-1}(y) = \log_a y$,而 $[f^{-1}(y)]' = (\log_a y)'_y = \frac{1}{y \ln a}$,则

$$f'(x) = \frac{1}{[f^{-1}(y)]'} = y \ln a = a^x \ln a.$$

即 $(a^x)' = a^x \ln a$. 特别 $(e^x)' = e^x \ln e = e^x$.

【例 2.15】 求反三角正弦函数的导数.

解 令 $y = f(x) = \arcsin x$,则 $x = f^{-1}(y) = \sin y$,而 $[f^{-1}(y)]' = (\sin y)' = \cos y$,因此

$$f'(x) = \frac{1}{[f^{-1}(y)]'} = \frac{1}{\cos y}.$$

由于当 $y \in \left[-\frac{\pi}{2}, \frac{\pi}{2}\right]$ 时,总有 $\cos y = \sqrt{1-\sin^2 y} = \sqrt{1-x^2}$,故

$$(\arcsin x)' = \frac{1}{\sqrt{1-x^2}}, \quad x \in (-1,1).$$

同理可得:$(\arccos x)' = -\frac{1}{\sqrt{1-x^2}}, \quad x \in (-1,1);$

$$(\arctan x)' = \frac{1}{1+x^2}, \quad x \in (-\infty, +\infty);$$

$$(\text{arccot } x)' = -\frac{1}{1+x^2}, \quad x \in (-\infty, +\infty).$$

微课

三、复合函数的导数

定理 2.4 设 $u = \varphi(x)$ 在 x 点可导,$y = f(u)$ 在与 x 对应的 u 点可导,则复合函数 $y = f[\varphi(x)]$ 在 x 点可导,且 $\frac{\mathrm{d}y}{\mathrm{d}x} = \frac{\mathrm{d}y}{\mathrm{d}u} \cdot \frac{\mathrm{d}u}{\mathrm{d}x}$,或 $y_x' = f'(u) \varphi'(x)$.

此法则称之为复合函数的**链式求导法则**.

定理证明从略.

在复合函数的求导运算中,为了明确表示是对中间变量求导,还是对最终的自变量求导,可在函数的右下角注明,如:y_x' 表示对 x 求导,y_u' 表示对 u 求导.

复合函数的链式求导法则可记作:$y_x' = y_u' \cdot u_x'$.

推论 如果 $y = f(u), u = \varphi(v), v = h(x)$,则复合函数 $y = f(\varphi(h(x)))$ 的导数为:

$$y_x' = y_u' \cdot u_v' \cdot v_x'.$$

【例 2.16】 求下列函数的导数:

(1) $y=(x^2-4)^3$;　　　　(2) $y=\ln\sin x$;　　　　(3) $y=\sqrt{x^2-1}\cdot\sin 2x$.

解 (1) 分析函数结构:令 $y=u^3, u=x^2-4$.
由复合函数链导法,有:
$$y_x'=y_u'\cdot u_x'=(u^3)_u'\cdot(x^2-4)_x'=3u^2\cdot 2x.$$
即 $y_x'=6x(x^2-4)^2$.

(2) 分析函数结构:令 $y=\ln u, u=\sin x$.
由复合函数链导法,有:
$$y_x'=y_u'\cdot u_x'=(\ln u)_u'\cdot(\sin x)_x'=\frac{1}{u}\cdot\cos x=\frac{\cos x}{\sin x}.$$
即 $y_x'=\cot x$.

(3) 分析函数结构:令 $y=u\cdot v, u=\sqrt{x^2-1}, v=\sin 2x$.
首先由乘法法则,得:
$$y_x'=u_x'\cdot v+u\cdot v_x' \qquad ①$$

再由复合函数链导法求出 u_x' 和 v_x':
$$u_x'=(\sqrt{x^2-1})_x'=\frac{1}{2}(x^2-1)^{-\frac{1}{2}}\cdot(2x);$$
$$v_x'=(\sin 2x)_x'=\cos 2x\cdot 2.$$

代入①式得:
$$y_x'=\frac{x\sin 2x}{\sqrt{x^2-1}}+2\sqrt{x^2-1}\cos 2x.$$

【例2.17】 求函数 $y=e^{\sin\frac{1}{x}}$ 的导数.

解 $y'=e^{\sin\frac{1}{x}}\left(\sin\frac{1}{x}\right)'=e^{\sin\frac{1}{x}}\cdot\cos\frac{1}{x}\cdot\left(\frac{1}{x}\right)'=-\frac{1}{x^2}e^{\sin\frac{1}{x}}\cdot\cos\frac{1}{x}$.

【例2.18】 利用复合函数的链式求导法则和公式 $(e^x)'=e^x$ 证明基本导数公式 $(x^\mu)'=\mu x^{\mu-1}$ (μ 为实数).

证明 因为 $x^\mu=(e^{\ln x})^\mu=e^{\mu\ln x}$,所以
$$(x^\mu)'=(e^{\mu\ln x})\cdot(\mu\ln x)'=e^{\mu\ln x}\cdot\mu\cdot\frac{1}{x}=x^\mu\cdot\mu\cdot\frac{1}{x}$$
$$=\mu x^{\mu-1}.$$

四、基本导数公式总结

1. 基本初等函数的导数公式

(1) $(C)'=0$;　　　　　　　　　　(2) $(x^\mu)'=\mu x^{\mu-1}$;
(3) $(a^x)'=a^x\ln a$;　　　　　　(4) $(e^x)'=e^x$;
(5) $(\log_a x)'=\frac{1}{x\ln a}$;　　　　(6) $(\ln x)'=\frac{1}{x}$;
(7) $(\sin x)'=\cos x$;　　　　　　(8) $(\cos x)'=-\sin x$;
(9) $(\tan x)'=\sec^2 x$;　　　　　(10) $(\cot x)'=-\csc^2 x$;
(11) $(\sec x)'=\sec x\tan x$;　　　(12) $(\csc x)'=-\csc x\cot x$;

(13) $(\arcsin x)' = \dfrac{1}{\sqrt{1-x^2}}$;

(14) $(\arccos x)' = -\dfrac{1}{\sqrt{1-x^2}}$;

(15) $(\arctan x)' = \dfrac{1}{1+x^2}$;

(16) $(\operatorname{arccot} x)' = -\dfrac{1}{1+x^2}$.

2. 导数四则运算法则

(1) $(u \pm v)' = u' + v'$;

(2) $(Cu)' = Cu'$;

(3) $(uv)' = u'v + uv'$;

(4) $\left(\dfrac{u}{v}\right)' = \dfrac{u'v - uv'}{v^2}$ $(v \neq 0)$.

3. 反函数的求导法则

设 $y = f(x)$ 与 $x = \varphi(y)$ 互为反函数，则 $f'(x) = \dfrac{1}{\varphi'(y)}$ $(\varphi'(y) \neq 0)$.

4. 复合函数的求导法则

设 $y = f(u), u = \varphi(x)$，则复合函数 $y = f[\varphi(x)]$ 的导数为 $y_x' = f'(u)\varphi'(x)$.

习题 2.2

1. 求下列函数的导数：

(1) $y = x^{\pi} + \pi^x - \ln x + \ln \pi$;

(2) $y = x \ln x$;

(3) $y = \dfrac{\sqrt{x}}{1+x}$;

(4) $y = \dfrac{1 + \sin x}{1 - \cos x}$;

(5) $y = (1 + \sec x)\arcsin x$;

(6) $y = \dfrac{3x^2 + 2x - \sqrt{x} + 1}{\sqrt{x}}$;

(7) $y = x e^x \csc x$;

(8) $y = \sqrt[3]{x} e^x + 3^x \log_2 x$.

2. 求下列函数的导数：

(1) $y = (x^9 - 1)^{100}$;

(2) $y = \sqrt{1+x^2}$;

(3) $y = \ln(x + \sqrt{1+x^2})$;

(4) $y = \sqrt{x + \sqrt{x}}$;

(5) $y = (x-1)\sqrt{x^2+1}$;

(6) $y = \cos(4 - 3x)$;

(7) $y = \tan \dfrac{1-x}{1+x}$;

(8) $y = \sqrt{1 + \cos(2x+1)}$.

3. 求下列函数在指定点的导数值：

(1) $f(x) = \ln(e^x + 1)$，求 $f'(0)$;

(2) $f(x) = \dfrac{1 - \cos x}{1 + \cos x}$，求 $f'(0), f'\left(\dfrac{\pi}{2}\right)$;

(3) $f(x) = 7^{x+x^2}$，求 $f'(0)$;

(4) $f(x) = 2^{\tan x}$，求 $f'\left(\dfrac{\pi}{4}\right)$;

(5) $f(x) = \ln\left(\dfrac{1}{x} + \ln \dfrac{1}{x}\right)$，求 $f'(1)$;

(6) $f(x) = x(x+1)\cdots(x+n)$，求 $f'(0)$;

(7) $f(x)=\arcsin\dfrac{x-3}{3}$，求 $f'(3)$；　　　　(8) $f(x)=\arctan\dfrac{1-x}{1+x}$，求 $f'(1)$．

4. 当 a 与 b 取何值时，才能使曲线 $y=\ln\dfrac{x}{e}$ 与曲线 $y=ax^2+bx$ 在 $x=1$ 处有共同的切线？

5. 设气体以 100 cm³/s 的速度注入球状气球，假设气体的压力不变，当气球的半径为 10 cm 时，气球半径增加的速率是多少？

6. 培养皿中细菌在 t 天的总数 $N=400\left[1-\dfrac{3}{(t^2+1)^2}\right]$，求 $t=1$ 时的细菌增长率．

第三节　隐函数和由参数方程所确定的函数的导数

学习目标

1. 掌握隐函数的求导方法．
2. 掌握函数的对数求导法．
3. 掌握由参数方程所确定的函数的求导方法．

一、隐函数的导数

一般函数可由解析式表示，例如：$x+y-1=0$，$y^3+2y-x=0$ 等．在这些解析式中，有一些很容易将 y 解出，写成 x 的表达式，如 $x+y-1=0$ 可写成 $y=1-x$，这种将 y 明确表示出来的函数称作**显函数**；还有一些却无法或很难解出 y 来，如 $y^3+2y-x=0$．但是这一式子能够确定 y 是 x 的函数．这种没有将 y 解出的由解析式表示的函数称之为**隐函数**．

设 $y=f(x)$ 是由方程 $F(x,y)=0$ 所确定的隐函数，如何求它的导数 $\dfrac{dy}{dx}$？

可利用复合函数的求导思想，在方程 $F(x,y)=0$ 两边分别对 x 求导，将 y 当作中间变量，遇到有 y 的地方不忘记还应该有 $\dfrac{dy}{dx}$，进而得到关于 $\dfrac{dy}{dx}$ 的代数式，再解之即得．

【例 2.19】　求由方程 $y^3+2y-x=0$ 所确定的隐函数的导数 $\dfrac{dy}{dx}$．

解　将方程两边同时对 x 求导，得

$$3y^2\cdot\dfrac{dy}{dx}+2\cdot\dfrac{dy}{dx}-1=0,$$

解出 $\dfrac{dy}{dx}$，得 $\dfrac{dy}{dx}=\dfrac{1}{3y^2+2}$．

【例 2.20】　求由方程 $e^{xy}+x+y^3-1=0$ 所确定的隐函数的导数 $\dfrac{dy}{dx}$．

解　将方程两边同时对 x 求导，得

$$e^{xy}(y+xy')+1+3y^2y'=0,$$

解出 y'，得 $y'=-\dfrac{1+ye^{xy}}{xe^{xy}+3y^2}$．

【例 2.21】 求曲线 $x^3+y^3-x-y=0$ 在点 $(1,1)$ 处的切线方程.

解 方程两边同时对 x 求导,得
$$3x^2+3y^2y'-1-y'=0,$$
解出 y',得 $y'=\dfrac{1-3x^2}{3y^2-1}$.

在点 $(1,1)$ 处切线斜率为: $k=y'\big|_{\substack{x=1\\y=1}}=\dfrac{1-3}{3-1}=-1$.

所求切线方程为: $y-1=-(x-1)$,即 $y+x-2=0$.

在求导的四则运算法则中,乘、除运算法则很繁杂,计算容易出错. 我们可以利用对数函数的性质将乘、除的求导运算转化为加、减的求导运算.

【例 2.22】 设 $y=2^x \cdot \sqrt{x^2+1} \cdot \sin x$,求 y'.

解 两边同时取对数,得
$$\ln y=\ln(2^x \cdot \sqrt{x^2+1} \cdot \sin x),$$
即 $\ln y=x\ln 2+\dfrac{1}{2}\ln(x^2+1)+\ln\sin x.$

两边对 x 求导,得
$$\frac{y'}{y}=\ln 2+\frac{2x}{2(x^2+1)}+\frac{\cos x}{\sin x},$$
解出 y',得 $y'=2^x\sqrt{x^2+1}\sin x\left[\ln 2+\dfrac{x}{x^2+1}+\cot x\right].$

【例 2.23】 设 $y=(x+1)^x$,求 y'.

分析: 此函数底数和指数都有自变量 x,称之为**幂指函数**. 对它求导可利用对数函数的性质,将幂运算转化为乘法运算,然后求导. 对数求导法有如下两种形式.

解法一 两边取对数,得
$$\ln y=\ln(x+1)^x=x\ln(x+1).$$
两边对 x 求导,得
$$\frac{y'}{y}=\ln(x+1)+\frac{x}{x+1},$$
解出 y',得 $y'=(x+1)^x\left[\ln(x+1)+\dfrac{x}{x+1}\right].$

解法二 $y=e^{\ln(x+1)^x}=e^{x\ln(x+1)},$
利用复合函数求导法则,得
$$y'=e^{x\ln(x+1)}\cdot\left[\ln(x+1)+\frac{x}{x+1}\right],$$
即 $y'=(x+1)^x\left[\ln(x+1)+\dfrac{x}{x+1}\right].$

二、由参数方程所确定的函数的导数

有时候,两个变量 x 与 y 之间的函数关系,可以通过第三个变量 t 的关系来建立,这就是由参数方程所确定的函数,一般形式为:

$$\begin{cases} x=\varphi(t), \\ y=\psi(t), \end{cases} (a\leqslant t\leqslant b)$$

如果 $x=\varphi(t), y=\psi(t)$ 都可导,且 $\varphi'(t)\neq 0$,则由参数方程 $\begin{cases} x=\varphi(t), \\ y=\psi(t) \end{cases}(a\leqslant t\leqslant b)$ 所确定的函数 $y=f(x)$ 也可导,且有

$$\frac{dy}{dx}=\frac{dy}{dt}\cdot\frac{dt}{dx}=\frac{\frac{dy}{dt}}{\frac{dx}{dt}}=\frac{\psi'(t)}{\varphi'(t)}.$$

【例 2.24】 求由参数方程 $\begin{cases} x=1-e^{3t}, \\ y=t\cdot\cos t \end{cases}$ 所确定的函数的导数 $\frac{dy}{dx}$.

解 $\frac{dx}{dt}=-3e^{3t}, \frac{dy}{dt}=\cos t-t\sin t$,则

$$\frac{dy}{dx}=\frac{\frac{dy}{dt}}{\frac{dx}{dt}}=\frac{\cos t-t\sin t}{-3e^{3t}}.$$

【例 2.25】 求曲线 $\begin{cases} x=t-\sin t, \\ y=1+\cos t \end{cases}$ 在 $t=\frac{\pi}{2}$ 处的切线方程.

解 $\frac{dx}{dt}=1-\cos t, \frac{dy}{dt}=-\sin t,$

当 $t=\frac{\pi}{2}$ 时,$x=\frac{\pi}{2}-1, y=1$,则

所求切线的斜率为:$k=\frac{dy}{dx}\Big|_{t=\frac{\pi}{2}}=\frac{-\sin\frac{\pi}{2}}{1-\cos\frac{\pi}{2}}=-1.$

所求切线方程为:$y-1=-\left(x-\frac{\pi}{2}+1\right),$ 即 $y+x-\frac{\pi}{2}=0.$

习题 2.3

1. 求由下列方程所确定的隐函数的导数:

(1) $xy-e^{x+y}=5$;

(2) $y=1-xe^y$;

(3) $e^{xy}+y^2-x=0$;

(4) $x-\sin\frac{y}{x}+\tan 5=0$;

(5) $y=\cos x+2\sin y,$ 求 $y'\left(\frac{\pi}{2}\right)$;

(6) $2^x+2y=2^{x+y},$ 求 $y'(1).$

2. 求曲线 $4x^2-xy+y^2=6$ 在点 $(1,-1)$ 处的切线方程.

3. 用对数求导法求下列函数的导数:

(1) $y=x^{\sin x}(x>0)$;

(2) $y=\left(\frac{x}{x+1}\right)^x$;

(3) $y=\sqrt{x\sin x\sqrt{e^x}}$;

(4) $y=(1+\cos x)^{\frac{1}{x}}.$

4. 求下列参数方程所确定的函数的导数:

(1) $\begin{cases} x=3(t-\sin t) \\ y=3(1-\cos t) \end{cases}$, 求 $\dfrac{\mathrm{d}y}{\mathrm{d}x}$;

(2) $\begin{cases} x=\cos^3 t \\ y=\sin^3 t \end{cases}$, 求 $\dfrac{\mathrm{d}y}{\mathrm{d}x}\bigg|_{t=0}$.

5. 已知曲线 $\begin{cases} x=t^2+at+b \\ x=ce^t-e \end{cases}$, 在 $t=1$ 时过原点, 且曲线在原点处的切线平行于直线 $2x-y+1=0$, 求 a,b,c.

第四节 高阶导数

📖 **学习目标**

1. 了解高阶导数的概念.
2. 会求简单函数的二阶导数.

微课

案例 2.3 (加速度是速度相对于时间的变化率) 在已知路程 s 与时间 t 的函数关系 $s=s(t)$ 的条件下, 要求得加速度 a: ① 首先求速度 $v=s'(t)$; ② 再求速度的导数, 即加速度 $a=v'=(s'(t))'$. 可见, 加速度是路程 s 对时间 t 的导数的导数, 称之为 s 对 t 的二阶导数, 记作 $a(t)=s''(t)=\dfrac{\mathrm{d}^2 s}{\mathrm{d}t^2}$.

一般地, 函数 $y=f(x)$ 的一阶导数 $y'=f'(x)$ 仍是 x 的函数, 若 $f'(x)$ 在点 x 处的导数存在, 则称 $(y')'=[f'(x)]'$ 为 $y=f(x)$ 的**二阶导数**, 记为 y'' 或 $f''(x)$ 或 $\dfrac{\mathrm{d}^2 y}{\mathrm{d}x^2}$; 再对二阶导数求 x 的导数(若存在), 记为 y''' 或 $f'''(x)$ 或 $\dfrac{\mathrm{d}^3 y}{\mathrm{d}x^3}$, 称之为 $y=f(x)$ 的**三阶导数**. 以此类推, $y=f(x)$ 的 n **阶导数**, 记为 $y^{(n)}$ 或 $f^{(n)}(x)$ 或 $\dfrac{\mathrm{d}^n y}{\mathrm{d}x^n}$.

二阶以及二阶以上的导数称为**高阶导数**.

【例 2.26】 求 $y=x^n$ (n 为正整数)的各阶导数.

解 $y'=nx^{n-1}, y''=n(n-1)x^{n-2}, y'''=n(n-1)(n-2)x^{n-3}, \cdots,$
$y^{(n)}=n(n-1)(n-2)\cdots 3\cdot 2\cdot 1=n!, y^{(n+1)}=y^{(n+2)}=\cdots=0.$

【例 2.27】 求 n 次多项式 $y=a_0+a_1 x+\cdots+a_{n-1}x^{n-1}+a_n x^n$ 的 n 阶导数.

解 $y'=a_1+2a_2 x+\cdots+(n-1)a_{n-1}x^{n-2}+na_n x^{n-1},$
$y''=2a_2+\cdots+(n-1)(n-2)a_{n-1}x^{n-3}+n(n-1)a_n x^{n-2}, \cdots,$
$y^{(n)}=n!\, a_n.$

【例 2.28】 求 $y=e^x$ 的 n 阶导数.

解 $y'=e^x, y''=e^x, \cdots, y^{(n)}=e^x.$

【例 2.29】 求 $y=e^{-x}$ 的 n 阶导数.

解 $y'=-e^{-x}, y''=(-1)^2 e^{-x}, \cdots, y^{(n)}=(-1)^n e^{-x}.$

【例 2.30】 求 $y=\sin x$ 的 n 阶导数.

解 $y'=\cos x=\sin\left(x+\dfrac{\pi}{2}\right),$

$$y'' = \cos\left(x + \frac{\pi}{2}\right) = \sin\left(x + 2 \cdot \frac{\pi}{2}\right), \cdots,$$

$$y^{(n)} = \sin\left(x + \frac{n\pi}{2}\right).$$

同理可得：$(\cos x)^{(n)} = \cos\left(x + \frac{n\pi}{2}\right).$

【例 2.31】 求 $y = \dfrac{1}{1-x}$ 的 n 阶导数.

解　$y' = [(1-x)^{-1}]' = -(1-x)^{-2} \cdot (1-x)' = (1-x)^{-2},$
$y'' = [(1-x)^{-2}]' = -2(1-x)^{-3} \cdot (1-x)' = 2(1-x)^{-3},$
$y''' = 2 \cdot 3 \cdot (1-x)^{-4}, \cdots,$
$y^{(n)} = n! \cdot (1-x)^{-n-1}.$

习题 2.4

1. 求下列函数的二阶导数：
(1) $y = (x+10)^5$；
(2) $y = 2x^2 - \cos 3x$；
(3) $y = (1-x^2)^{\frac{3}{2}}$；
(4) $y = x e^{x^2}$.

2. 求下列函数的 n 阶导数：
(1) $y = x^5 + x^3 + x$；
(2) $y = \dfrac{1-x}{1+x}$；
(3) $y = \sin^2 x$；
(4) $y = \ln x$.

3. 设质点作直线运动，其运动规律为 $s = A\sin\dfrac{\pi t}{3}$，求质点在时刻 $t = 1$ 时的速度与加速度.

第五节　函数的微分

学习目标

1. 理解函数的微分概念，了解微分的几何意义.
2. 掌握微分的运算.
3. 利用微分进行一些简单的近似计算.

一、微分的概念

案例 2.4　如图 2.5 是一个边长为 x，面积为 S 的正方形，则有 $S = x^2$. 若给边长一个增量 Δx，则 S 相应地有增量 ΔS（如图 2.5 阴影面积），且有

$$\Delta S = (x + \Delta x)^2 - x^2 = 2x \cdot \Delta x + (\Delta x)^2,$$

从上式可以看出 ΔS 被分成两部分：$2x \cdot \Delta x$ 和 $(\Delta x)^2$，即图中阴影处

图 2.5

的小正方形面积$(\Delta x)^2$和两个矩形面积$2x \cdot \Delta x$.

当Δx很小时,相对于ΔS而言,$(\Delta x)^2$也很小.

当$\Delta x \to 0$时,可以认为$\Delta S \approx 2x \cdot \Delta x$,而把$(\Delta x)^2$(很小很小的量)省略掉.

因此,由边长的增量Δx引起的面积的增量ΔS可由$2x \cdot \Delta x$来代替,与精确值仅仅相差一个以Δx为边长的正方形的面积,当$\Delta x \to 0$时,误差$(\Delta x)^2$是一个较Δx为高阶的无穷小量.

定义 2.2 对于自变量在点x处的增量Δx,如果函数$y = f(x)$的相应增量$\Delta y = f(x + \Delta x) - f(x)$可以表示为
$$\Delta y = A \Delta x + o(\Delta x) \quad (\Delta x \to 0),$$
其中A是x的函数,与Δx无关,则称函数$y = f(x)$在点x处可微,并称$A \Delta x$为函数在点x处的**微分**,记为$\mathrm{d}y$或$\mathrm{d}f(x)$,即$\mathrm{d}y = A \Delta x$.

可见,若$\Delta y = A \Delta x + o(\Delta x) (\Delta x \to 0)$,则$A \Delta x$在$\Delta x \to 0$时将对$\Delta y$的值起主要作用,$o(\Delta x)$是一个很小的量,称$A \Delta x$为$\Delta y$的**线性主要部分**,即$\mathrm{d}y$是$\Delta y$的线性主要部分.

定理 2.5 函数$y = f(x)$在点x可微的充分必要条件是函数$y = f(x)$在点x可导.

证明 (1) 可微必可导

若$y = f(x)$在x点可微,则$\Delta y = A \Delta x + o(\Delta x) (\Delta x \to 0)$,则
$$\frac{\Delta y}{\Delta x} = A + \frac{o(\Delta x)}{\Delta x},$$

等式两边取$\Delta x \to 0$时的极限,有
$$\lim_{\Delta x \to 0} \frac{\Delta y}{\Delta x} = A + \lim_{\Delta x \to 0} \frac{o(\Delta x)}{\Delta x} = A,$$

而由导数定义,此极限就是$f'(x)$,即$f'(x) = A$,可微必可导.

(2) 可导必可微

若$y = f(x)$在x点可导,则$\lim_{\Delta x \to 0} \frac{\Delta y}{\Delta x} = f'(x)$,故

$\frac{\Delta y}{\Delta x} = f'(x) + \alpha$,其中$\lim_{\Delta x \to 0} \alpha = 0$,即

$\Delta y = f'(x) \Delta x + \alpha \cdot \Delta x$,

这里$\alpha \cdot \Delta x$是一个关于Δx的高阶无穷小量,可将$\alpha \cdot \Delta x$记作$o(\Delta x) (\Delta x \to 0)$,即
$$\Delta y = f'(x) \Delta x + o(\Delta x) \quad (\Delta x \to 0).$$

由微分定义可知,$y = f(x)$在x点可微,且$\mathrm{d}y = f'(x) \Delta x$.

综上所述,对一元函数而言,函数的可微性与可导性是等价的,且有$\mathrm{d}y = f'(x) \Delta x$.

【例 2.32】 求函数$y = x^2$在$x = 1$处的微分.

解 $\mathrm{d}y = (x^2)' |_{x=1} \Delta x = (2x) |_{x=1} \Delta x = 2 \Delta x$.

注意:若$y = x$,则$\mathrm{d}y = \mathrm{d}x = (x)' \Delta x = \Delta x$,即$\mathrm{d}x = \Delta x$,称为自变量$x$的微分. 这时,$\mathrm{d}y = f'(x) \mathrm{d}x$,从而$\frac{\mathrm{d}y}{\mathrm{d}x} = f'(x)$,因此导数也称作**微商**.

二、微分的几何意义

如图 2.6 所示,当 Δy 是曲线的纵坐标增量时,$dy = f'(x_0)\Delta x = \tan\alpha \cdot \Delta x$ 就是切线纵坐标对应的增量.

当 $|\Delta x|$ 很小时,在点 M 的附近,切线段 MP 可近似代替曲线段 $\overset{\frown}{MN}$,即 $|\overset{\frown}{MN}| \approx |\overline{MP}| = \sqrt{(dx)^2+(dy)^2}$,记 $ds = \sqrt{(dx)^2+(dy)^2}$,称为弧长微分公式.

图 2.6

三、微分运算法则

从 $dy = f'(x)dx$ 可见,要计算函数的微分,只要计算函数的导数,再乘以自变量的微分. 因此所有微分公式都可由导数公式推出,如:

微课

$$d(\sin x) = \cos x\, dx,\ d(x^\mu) = \mu x^{\mu-1}dx,\ d(\ln x) = \frac{1}{x}dx,\ d(\arcsin x) = \frac{1}{\sqrt{1-x^2}}dx.$$

微分四则运算法则,也可由导数运算法则推出,如:
$(u\pm v)' = u'\pm v'$,则 $d(u\pm v) = (u\pm v)'dx = u'dx \pm v'dx = du \pm dv$,等等.

【例 2.33】 设 $y = e^{1-3x}\cos x$,求 dy.

解 因为 $y' = -3e^{1-3x}\cos x - e^{1-3x}\sin x$,

所以 $dy = y'dx = -e^{1-3x}(3\cos x + \sin x)dx$.

【例 2.34】 设 $e^y = xy$,求 dy.

解 方程 $e^y = xy$ 两边对 x 求导,得

$$e^y y' = y + xy',$$

解出 y',得 $y' = \dfrac{y}{e^y - x} = \dfrac{y}{xy - x}.$

所以 $dy = \dfrac{y}{xy - x}dx.$

四、一阶微分形式的不变性

若函数 $y = f(u)$ 对 u 是可导的,$u = \varphi(x)$ 对 x 是可导的,则有:

(1) 当 u 是自变量时,函数的微分形式为 $dy = f'(u)du$;

(2) 当 x 是自变量时,则 y 是 x 的复合函数,且有 $du = \varphi'(x)dx$,由复合函数求导公式,y 对 x 的导数为:$\dfrac{dy}{dx} = f'(u)\varphi'(x)$,因此

$$dy = \frac{dy}{dx} \cdot dx = f'(u)\varphi'(x)dx = f'(u)du.$$

由此可知,不论 u 是自变量还是关于自变量 x 的函数,$y = f(u)$ 的微分形式都可以表示为 $dy = f'(u)du$,这种性质称为**一阶微分形式的不变性**.

【例 2.35】 $y = \arcsin(1-2x)$,求 dy.

解 令 $u = 1-2x$,则 $y = \arcsin u, u = 1-2x.$

$$dy = (\arcsin u)'_u du = \frac{1}{\sqrt{1-u^2}} du = \frac{1}{\sqrt{1-(1-2x)^2}}(1-2x)'dx.$$

即 $dy = \dfrac{-1}{\sqrt{x-x^2}} dx$.

五、微分在近似计算中的应用

设函数 $y=f(x)$ 在 x_0 点可微，因为 $\Delta y = f(x) - f(x_0)$ ($\Delta x = x - x_0$)，则
$$f(x) = f(x_0) + \Delta y.$$

微课

当 $|\Delta x|$ 很小时，用 dy 近似代替 Δy，有
$$f(x) \approx f(x_0) + dy = f(x_0) + f'(x_0)\Delta x \text{（其中 } \Delta x = x - x_0\text{）}.$$

这就是微分近似计算公式.

【例 2.36】 设 $f(x) = x^2$，利用微分近似计算公式求当 $x = 100.123$ 时的近似值.

解 由 $f(x) \approx f(x_0) + f'(x_0)\Delta x$，

取一个与 $x = 100.123$ 最接近的，并且易于计算 $f(x_0)$ 与 $f'(x_0)$ 值的数作为公式中的 x_0，这里取 $x_0 = 100$，则 $\Delta x = 0.123$，故
$$f(100.123) \approx f(100) + f'(100) \times 0.123$$
$$= 100^2 + 200 \times 0.123 = 10\,024.6.$$

事实上，$(100.123)^2 = 10\,024.615$，误差很小.

在近似计算公式 $f(x) \approx f(x_0) + f'(x_0)\Delta x$ 中，若 $x_0 = 0$ 时，$\Delta x = x - x_0 = x$，只要 $|\Delta x|$ 足够小，即 $|x|$ 足够小，就有：
$$f(x) \approx f(0) + f'(0)x.$$

这也是经常使用的微分近似计算公式.

例如：$y = \sin x$ 在 $x = 0$ 附近有：$\sin x \approx \sin 0 + \cos 0 \times x$，即 $\sin x \approx x$；

$y = \tan x$ 在 $x = 0$ 附近有：$\tan x \approx \tan 0 + x \sec^2 0$，即 $\tan x \approx x$；

$y = e^x$ 在 $x = 0$ 附近有：$e^x \approx e^0 + x e^0$，即 $e^x \approx 1 + x$；

$y = \ln(1+x)$ 在 $x = 0$ 附近有：$\ln(1+x) \approx \ln(1+0) + x \times \dfrac{1}{1+0}$，即 $\ln(1+x) \approx x$；

$y = (1+x)^\alpha$ 在 $x = 0$ 附近有：$(1+x)^\alpha \approx (1+0)^\alpha + x\alpha(1+0)^{\alpha-1}$，即 $(1+x)^\alpha \approx 1 + \alpha x$.

【例 2.37】 求下列函数的近似值：

(1) $\ln 1.01$； (2) $\sqrt[3]{65}$.

解 (1) 由上述公式可知：$\ln 1.01 \approx 0.01$.

(2) $\sqrt[3]{65} = \sqrt[3]{64+1} = 4 \cdot \sqrt[3]{1 + \dfrac{1}{64}}$.

令 $f(x) = \sqrt[3]{1+x}$，有 $\sqrt[3]{1 + \dfrac{1}{64}} \approx 1 + \dfrac{1}{3} \cdot \dfrac{1}{64}$，则
$$\sqrt[3]{65} = \sqrt[3]{64+1} \approx 4 \cdot \left(1 + \dfrac{1}{3} \cdot \dfrac{1}{64}\right) \approx 4.020\,83.$$

习题 2.5

1. 在下列括号中填入适当的函数，使等式成立：

    (1) d(　　) = $x\mathrm{d}x$；
    (2) d(　　) = $\cos 3x\mathrm{d}x$；
    (3) d(　　) = $3x^2\mathrm{d}x$；
    (4) d(　　) = $\dfrac{1}{1+x^2}\mathrm{d}x$；
    (5) d(　　) = $\dfrac{1}{x-1}\mathrm{d}x$；
    (6) d(　　) = $xe^{x^2}\mathrm{d}x$.

2. 求函数 $y=x^3$ 在 $x=2$ 处，Δx 分别为 $-0.1, 0.01$ 时的改变量 Δy 及微分 $\mathrm{d}y$.

3. 求下列函数的微分：

    (1) $y=\ln\sin\dfrac{x}{2}$；
    (2) $y=x\ln x - x$；
    (3) $y=e^{-x}\cos(3-x)$；
    (4) $y=x^2\cos 2x$；
    (5) $y^2=\sin(xy)$；
    (6) $y=(1+x)^{\sec x}$.

4. 利用微分求近似值：

    (1) $e^{0.05}$；
    (2) $\sqrt[3]{126}$.

5. 一个外直径为 10 cm 的球，球壳厚度为 $\dfrac{1}{8}$ cm，试求球壳体积的近似值.

第六节　微分中值定理与洛必达法则

学习目标

1. 了解拉格朗日中值定理及几何意义.

2. 掌握用洛必达法则求 $\dfrac{0}{0}$ 型和 $\dfrac{\infty}{\infty}$ 型未定式极限的方法.

微分中值定理给出了函数及其导数之间的关系，是导数应用的理论基础. 这里主要介绍罗尔定理和拉格朗日中值定理.

一、罗尔(Rolle)定理

定理 2.6（罗尔(Rolle)定理）　如果函数 $f(x)$ 在闭区间 $[a,b]$ 上连续，在开区间 (a,b) 内可导，且在区间端点的函数值相等，即 $f(a)=f(b)$，那么在 (a,b) 内至少存在一点 ξ，使得 $f'(\xi)=0$.

定理证明从略.

几何解释：在曲线弧 $\overset{\frown}{AB}$ 上至少存在一点 C，在该点处的切线是水平的（图 2.7）.

图 2.7

物理解释：变速直线运动在折返点处，瞬时速度等于零.

注意：若罗尔定理的三个条件中有一个不满足，其结论可能成立，也可能不成立. 例如，$f(x)=x^2$ 在 $[-1,2]$ 上

$f(-1)=1\neq f(2)=4$,但有 $\xi=0\in(-1,2)$,使 $f'(\xi)=0$.

又例如 $y=|x|,x\in[-2,2]$;在 $[-2,2]$ 上除 $f'(0)$ 不存在外,满足罗尔定理的一切条件,但在区间 $[-2,2]$ 内找不到一点能使 $f'(x)=0$.

【例 2.38】 验证函数 $f(x)=x^2-2x-3$ 在 $[-1,3]$ 上满足罗尔定理的条件,并求定理中的 ξ.

解 函数 $f(x)=x^2-2x-3=(x-3)(x+1)$ 在 $[-1,3]$ 上连续,且 $f(-1)=f(3)=0$,由于 $f'(x)=2(x-1)$,取 $\xi=1\in(-1,3)$,则 $f'(\xi)=0$.

罗尔定理中"$f(a)=f(b)$"这个条件太特殊,使罗尔定理的应用受到限制,去掉这个条件,就是以下的拉格朗日中值定理.

二、拉格朗日(Lagrange)中值定理

定理 2.7(拉格朗日(**Lagrange**)中值定理) 如果函数 $f(x)$ 在闭区间 $[a,b]$ 上连续,在开区间 (a,b) 内可导,那么在 (a,b) 内至少存在一点 ξ,使等式 $f(b)-f(a)=f'(\xi)(b-a)$ 成立.

定理证明从略.

结论亦可写成 $\dfrac{f(b)-f(a)}{b-a}=f'(\xi)$,称为**拉格朗日中值公式**.

注意:拉氏公式精确地表达了函数在一个区间上的增量与函数在此区间内某点处的导数之间的关系.

几何解释:在曲线弧 $\overset{\frown}{AB}$ 上至少存在一点 C,在该点处的切线平行于弦 $\overline{AB}$(图 2.8).

设 $f(x)$ 在 $[a,b]$ 上连续,在 (a,b) 内可导,$x_0,x_0+\Delta x\in(a,b)$,记 $\dfrac{\xi-x_0}{\Delta x}=\theta$,则有

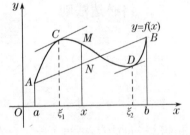

图 2.8

$$f(x_0+\Delta x)-f(x_0)=f'(x_0+\theta\Delta x)\cdot\Delta x \quad (0<\theta<1).$$

也可写成 $\Delta y=f'(x_0+\theta\Delta x)\cdot\Delta x \quad (0<\theta<1)$.

所以,拉格朗日中值公式又称**有限增量公式**或**微分中值定理**.

推论 如果函数 $f(x)$ 在区间 I 上的导数恒为零,那么 $f(x)$ 在区间 I 上是一个常数.

证明:设 x_1,x_2 是区间 (a,b) 内任意两点,$x_1<x_2$,则 $f(x)$ 在 $[x_1,x_2]$ 上满足拉格朗日中值定理的条件,从而有

$$f(x_2)-f(x_1)=f'(\xi)(x_2-x_1),x_1<\xi<x_2.$$

由已知条件知,有 $f'(\xi)=0$,所以 $f(x_2)-f(x_1)=0$,即 $f(x_1)=f(x_2)$.

由 x_1,x_2 的任意性,可得 $f(x)$ 在 (a,b) 内恒为一个常数.

前面我们已经知道,常数的导数是零,此推论就是它的逆定理.

【例 2.36】 证明 $\arcsin x+\arccos x=\dfrac{\pi}{2}(-1\leqslant x\leqslant 1)$.

证明 设 $f(x)=\arcsin x+\arccos x,x\in[-1,1]$.

因为 $f'(x)=\dfrac{1}{\sqrt{1-x^2}}+\left(-\dfrac{1}{\sqrt{1-x^2}}\right)=0,x\in(-1,1)$,

所以 $f(x) \equiv C, x \in (-1,1)$.

又 $f(0) = \arcsin 0 + \arccos 0 = 0 + \dfrac{\pi}{2} = \dfrac{\pi}{2}$, 即 $C = \dfrac{\pi}{2}$.

故 $\arcsin x + \arccos x = \dfrac{\pi}{2}, x \in (-1,1)$. 另外 $f(\pm 1) = \dfrac{\pi}{2}$, 所以

$$\arcsin x + \arccos x = \dfrac{\pi}{2}, x \in [-1,1].$$

【例 2.37】 证明当 $x > 0$ 时, $\dfrac{x}{1+x} < \ln(1+x) < x$.

证明 设 $f(x) = \ln(1+x)$, $f(x)$ 在 $[0, x]$ 上满足拉格朗日中值定理的条件, 则

$$f(x) - f(0) = f'(\xi)(x-0) \ (0 < \xi < x).$$

由于 $f(0) = 0$, $f'(x) = \dfrac{1}{1+x}$, 由上式得 $\ln(1+x) = \dfrac{x}{1+\xi}$.

又因为 $0 < \xi < x$, 所以 $1 < 1+\xi < 1+x$, 即 $\dfrac{1}{1+x} < \dfrac{1}{1+\xi} < 1$, 则

$\dfrac{x}{1+x} < \dfrac{x}{1+\xi} < x$, 即 $\dfrac{x}{1+x} < \ln(1+x) < x \ (x > 0)$.

三、洛必达法则

1. $\dfrac{0}{0}$ 型及 $\dfrac{\infty}{\infty}$ 型未定式

微课

如果当 $x \to a$(或 $x \to \infty$)时, 两个函数 $f(x)$ 与 $F(x)$ 都趋于零或都趋于无穷大, 那么极限 $\lim\limits_{\substack{x \to a \\ (x \to \infty)}} \dfrac{f(x)}{F(x)}$ 可能存在、也可能不存在. 通常把这种极限称为 $\dfrac{0}{0}$ 或 $\dfrac{\infty}{\infty}$ 型未定式.

例如: $\lim\limits_{x \to 0} \dfrac{\tan x}{x} \left(\dfrac{0}{0}\right)$; $\lim\limits_{x \to 0^+} \dfrac{\ln \sin ax}{\ln \sin bx} \left(\dfrac{\infty}{\infty}\right)$.

定理 2.8 设函数 $f(x), F(x)$ 满足:

(1) 当 $x \to a$ 时, 函数 $f(x)$ 及 $F(x)$ 都趋于零;

(2) 在 a 点的某去心邻域内, $f'(x)$ 及 $F'(x)$ 都存在, 且 $F'(x) \neq 0$;

(3) $\lim\limits_{x \to a} \dfrac{f'(x)}{F'(x)}$ 存在(或为无穷大),

那么 $\lim\limits_{x \to a} \dfrac{f(x)}{F(x)} = \lim\limits_{x \to a} \dfrac{f'(x)}{F'(x)}$.

定理证明从略.

这种在一定条件下通过分子分母分别求导再求极限来确定未定式的值的方法称为**洛必达法则**.

如果 $\dfrac{f'(x)}{F'(x)}$ 仍属 $\dfrac{0}{0}$ 型, 且 $f'(x), F'(x)$ 满足定理 2.8 的条件, 可以继续使用洛必达法则, 即 $\lim\limits_{x \to a} \dfrac{f(x)}{F(x)} = \lim\limits_{x \to a} \dfrac{f'(x)}{F'(x)} = \lim\limits_{x \to a} \dfrac{f''(x)}{F''(x)} = \cdots$

当 $x \to \infty$ 时, 该法则仍然成立, 即 $\lim\limits_{x \to \infty} \dfrac{f(x)}{F(x)} = \lim\limits_{x \to \infty} \dfrac{f'(x)}{F'(x)}$.

当 $x \to a, x \to \infty$ 时的未定式 $\dfrac{\infty}{\infty}$，也有相应的洛必达法则.

【例 2.38】 求 $\lim\limits_{x \to 0} \dfrac{\tan x}{x}$.

解 这是 $\dfrac{0}{0}$ 型未定式，由洛必达法则可得

$$原式 = \lim_{x \to 0} \dfrac{(\tan x)'}{(x)'} = \lim_{x \to 0} \dfrac{\sec^2 x}{1} = 1.$$

【例 2.39】 求 $\lim\limits_{x \to 1} \dfrac{x^3 - 3x + 2}{x^3 - x^2 - x + 1}$.

解 这是 $\dfrac{0}{0}$ 型未定式，由洛必达法则可得

$$原式 = \lim_{x \to 1} \dfrac{3x^2 - 3}{3x^2 - 2x - 1} = \lim_{x \to 1} \dfrac{6x}{6x - 2} = \dfrac{3}{2}.$$

注意：上例中极限 $\lim\limits_{x \to 1} \dfrac{6x}{6x - 2}$ 已不是 $\dfrac{0}{0}$ 型未定式，如果不验证条件成立而继续使用洛必达法则，将会导致错误：

$$\lim_{x \to 1} \dfrac{6x}{6x - 2} = \lim_{x \to 1} \dfrac{6}{6} = 1.$$

【例 2.40】 求 $\lim\limits_{x \to +\infty} \dfrac{\dfrac{\pi}{2} - \arctan x}{\dfrac{1}{x}}$.

解 这是 $\dfrac{0}{0}$ 型未定式，由洛必达法则可得

$$原式 = \lim_{x \to +\infty} \dfrac{-\dfrac{1}{1+x^2}}{-\dfrac{1}{x^2}} = \lim_{x \to +\infty} \dfrac{x^2}{1+x^2} = 1.$$

【例 2.41】 求 $\lim\limits_{x \to 0^+} \dfrac{\ln \sin ax}{\ln \sin bx}$ $(a > 0, b > 0)$.

解 这是 $\dfrac{\infty}{\infty}$ 型未定式，由洛必达法则可得

$$原式 = \lim_{x \to 0^+} \dfrac{a \cos ax \cdot \sin bx}{b \cos bx \cdot \sin ax} = \lim_{x \to 0^+} \dfrac{a \cdot \sin bx}{b \cdot \sin ax} = \lim_{x \to 0^+} \dfrac{\cos bx}{\cos ax} = 1.$$

【例 2.42】 求 $\lim\limits_{x \to \frac{\pi}{2}} \dfrac{\tan x}{\tan 3x}$.

解 这是 $\dfrac{\infty}{\infty}$ 型未定式，由洛必达法则可得

$$\begin{aligned}
原式 &= \lim_{x \to \frac{\pi}{2}} \dfrac{\sec^2 x}{3 \sec^2 3x} = \dfrac{1}{3} \lim_{x \to \frac{\pi}{2}} \dfrac{\cos^2 3x}{\cos^2 x} \left(\text{是} \dfrac{0}{0} \text{型未定式}\right) \\
&= \dfrac{1}{3} \lim_{x \to \frac{\pi}{2}} \dfrac{-6 \cos 3x \sin 3x}{-2 \cos x \sin x} = \lim_{x \to \frac{\pi}{2}} \dfrac{\sin 6x}{\sin 2x} \left(\text{是} \dfrac{0}{0} \text{型未定式}\right) \\
&= \lim_{x \to \frac{\pi}{2}} \dfrac{6 \cos 6x}{2 \cos 2x} = 3.
\end{aligned}$$

注意：洛必达法则是求未定式的一种有效方法，但与其他求极限方法结合使用，效果更好．

【例 2.43】 求 $\lim\limits_{x\to 0}\dfrac{\tan x - x}{x^2 \tan x}$．

利用等价无穷小代换 $\tan x \sim x(x\to 0)$，将分母中的 $\tan x$ 换成 x，得

解 原式 $=\lim\limits_{x\to 0}\dfrac{\tan x - x}{x^3}=\lim\limits_{x\to 0}\dfrac{\sec^2 x - 1}{3x^2}=\lim\limits_{x\to 0}\dfrac{2\sec^2 x \tan x}{6x}=\dfrac{1}{3}\lim\limits_{x\to 0}\dfrac{\tan x}{x}=\dfrac{1}{3}$．

2．其他类型的未定式

除 $\dfrac{0}{0}$ 和 $\dfrac{\infty}{\infty}$ 型这两类基本未定式之外，还有 $0\cdot\infty, \infty-\infty, 0^0, 1^\infty, \infty^0$ 等类型的未定式，它们都可以转化为 $\dfrac{0}{0}$ 或 $\dfrac{\infty}{\infty}$ 型未定式，进而用洛必达法则求解．

【例 2.44】 求 $\lim\limits_{x\to +\infty} x^{-2} e^x$．

解 这是 $0\cdot\infty$ 型未定式，先将其转化为 $\dfrac{\infty}{\infty}$ 型未定式，然后再用洛必达法则可得

$$\text{原式}=\lim_{x\to+\infty}\frac{e^x}{x^2}=\lim_{x\to+\infty}\frac{e^x}{2x}=\lim_{x\to+\infty}\frac{e^x}{2}=+\infty.$$

【例 2.45】 求 $\lim\limits_{x\to 0}\left(\dfrac{1}{\sin x}-\dfrac{1}{x}\right)$．

解 这是 $\infty-\infty$ 型未定式，先将其通分化为 $\dfrac{0}{0}$ 型未定式，然后再用洛必达法则可得

$$\text{原式}=\lim_{x\to 0}\frac{x-\sin x}{x\cdot\sin x}=\lim_{x\to 0}\frac{1-\cos x}{\sin x + x\cos x}=0.$$

【例 2.46】 求 $\lim\limits_{x\to 0^+} x^x$．

解 这是 0^0 型未定式，先用对数方法将其化为 $0\cdot\infty$ 型，再化为 $\dfrac{\infty}{\infty}$ 型未定式可得

$$\text{原式}=\lim_{x\to 0^+}e^{x\ln x}=e^{\lim\limits_{x\to 0^+}x\ln x}=e^{\lim\limits_{x\to 0^+}\frac{\ln x}{\frac{1}{x}}}=e^{\lim\limits_{x\to 0^+}\frac{\frac{1}{x}}{-\frac{1}{x^2}}}=e^0=1.$$

【例 2.47】 求 $\lim\limits_{x\to 1} x^{\frac{1}{1-x}}$．

解 这是 1^∞ 型未定式，可用对数方法将其化为 $\dfrac{0}{0}$ 型未定式来解．

$$\text{原式}=\lim_{x\to 1}e^{\frac{1}{1-x}\ln x}=e^{\lim\limits_{x\to 1}\frac{\ln x}{1-x}}=e^{\lim\limits_{x\to 1}\frac{\frac{1}{x}}{-1}}=e^{-1}.$$

【例 2.48】 求 $\lim\limits_{x\to 0^+}(\cot x)^{\frac{1}{\ln x}}$．

解 这是 ∞^0 型未定式，可用对数方法将其化为 $\dfrac{\infty}{\infty}$ 型未定式求解．

取对数得 $(\cot x)^{\frac{1}{\ln x}}=e^{\frac{1}{\ln x}\cdot\ln(\cot x)}$，而

$$\lim_{x\to 0^+}\frac{1}{\ln x}\cdot\ln(\cot x)=\lim_{x\to 0^+}\frac{-\frac{1}{\cot x}\cdot\frac{1}{\sin^2 x}}{\frac{1}{x}}=\lim_{x\to 0^+}\frac{-x}{\cos x\cdot\sin x}=-1,$$

故原式$=e^{-1}$.

【例 2.49】 求 $\lim\limits_{x\to\infty}\dfrac{x+\cos x}{x}$.

解 原式$=\lim\limits_{x\to\infty}\dfrac{1-\sin x}{1}=\lim\limits_{x\to\infty}(1-\sin x)$,极限不存在,也不是无穷大.

洛必达法则失效.正确做法为:

$$原式=\lim\limits_{x\to\infty}\left(1+\dfrac{1}{x}\cos x\right)=1.$$

因此,一定要注意洛必达法则的使用条件.

习题 2.6

1. 验证函数 $f(x)=x^2-2x-3$ 在区间 $[-1,3]$ 上罗尔定理成立.
2. 验证函数 $f(x)=\ln x$ 在区间 $[1,e]$ 上拉格朗日中值定理成立.
3. 设函数 $f(x)=(x-1)(x-2)(x-3)$,用罗尔定理证明方程 $f'(x)=0$ 在 $(1,3)$ 内至少有两个根.
4. 用拉格朗日中值定理证明下列不等式:

(1) 当 $x>0$ 时,$e^x>1+x$;

(2) $|\sin b-\sin a|\leqslant|b-a|$,其中 a,b 为实数.

5. 证明下列恒等式:$\arctan x+\arctan\dfrac{1}{x}=\dfrac{\pi}{2}$.

6. 求下列极限:

(1) $\lim\limits_{x\to 1}\dfrac{x^5-1}{x^8-1}$;

(2) $\lim\limits_{x\to\pi}\dfrac{\sin 3x}{\tan 5x}$;

(3) $\lim\limits_{x\to 0}\dfrac{e^x-2^x}{x}$;

(4) $\lim\limits_{x\to 0^+}\dfrac{\ln\sin 3x}{\ln\sin x}$;

(5) $\lim\limits_{x\to 0}\dfrac{x-\sin x}{x^3}$;

(6) $\lim\limits_{x\to+\infty}\dfrac{\ln\left(1+\dfrac{1}{x}\right)}{\operatorname{arccot} x}$;

(7) $\lim\limits_{x\to+\infty}\dfrac{e^x}{x^6}$;

(8) $\lim\limits_{x\to 0}\dfrac{e^x\sin x-x}{3x^2-x^5}$;

(9) $\lim\limits_{x\to 0}\dfrac{\sqrt{1+x}+\sqrt{1-x}-2}{x^2}$;

(10) $\lim\limits_{x\to 0^+}\sqrt{x}\ln x$;

(11) $\lim\limits_{x\to 1}\left(\dfrac{x}{x-1}-\dfrac{1}{\ln x}\right)$;

(12) $\lim\limits_{x\to 0^+}x^{\ln(1+x)}$.

7. 证明下列极限存在,但不能用洛必塔法则得出:

(1) $\lim\limits_{x\to\infty}\dfrac{x-\cos x}{x+\cos x}$;

(2) $\lim\limits_{x\to 0}\dfrac{x^2\sin\dfrac{1}{x}}{\sin x}$.

第七节　函数的单调性与极值

学习目标

1. 理解函数的极值的概念,掌握利用导数判断函数的单调性和求函数极值的方法.
2. 理解函数最值的概念,并掌握其求法,会求简单实际问题中的最值.

案例 2.5（排版问题）　现要出版一本书,每页纸张的面积为 $600\ \text{cm}^2$,要求上下各留 3 cm,左右各留 2 cm 的空白,试确定纸张的宽和高,使每页纸面能安排印刷最多的内容.

如图 2.9,设纸张的宽为 x,则高为 $\dfrac{600}{x}$,去掉空白面积后,纸面面积为:

$$S=(x-4)\left(\dfrac{600}{x}-6\right)=624-6x-\dfrac{2\,400}{x}\ (4<x<100).$$

如何找到使面积 S 最大的版面安排,学完本节后,自然明了.

图 2.9

一、函数的单调性

函数的单调性与导数的符号有着密切的联系. 如图 2.10,当函数 $y=f(x)$ 在区间 (a,b) 内单调增加时,其图像是一条沿 x 轴正向上升的曲线,各点处的切线与 x 轴正向夹角为锐角,即 $f'(x)>0$;当函数 $y=f(x)$ 在区间 (a,b) 内单调减少时,其图像是一条沿 x 轴正向下降的曲线,各点处的切线与 x 轴正向夹角为钝角,即 $f'(x)<0$. 反过来,能否用导数的符号来判断函数的单调性呢? 由拉格朗日中值定理可得出如下定理.

图 2.10

定理 2.10　设函数 $y=f(x)$ 在 $[a,b]$ 上连续,在 (a,b) 内可导.
(1) 若在 (a,b) 内 $f'(x)>0$,则函数 $y=f(x)$ 在 $[a,b]$ 上单调增加;
(2) 若在 (a,b) 内 $f'(x)<0$,则函数 $y=f(x)$ 在 $[a,b]$ 上单调减少.

证明　$\forall x_1,x_2\in(a,b)$,且 $x_1<x_2$,应用拉格朗日中值定理,得
$$f(x_2)-f(x_1)=f'(\xi)(x_2-x_1)\quad(x_1<\xi<x_2).$$

(1) 若在 (a,b) 内,$f'(x)>0$,则 $f'(\xi)>0$,所以 $f(x_2)>f(x_1)$. 即 $y=f(x)$ 在 $[a,b]$ 上单调增加;

(2) 若在 (a,b) 内,$f'(x)<0$,则 $f'(\xi)<0$,所以 $f(x_2)<f(x_1)$. 即 $y=f(x)$ 在 $[a,b]$ 上单调减少.

【例2.50】 讨论函数 $f(x)=e^x-x-1$ 的单调性.

解 $f'(x)=e^x-1, x\in(-\infty,+\infty)$.

在 $(-\infty,0)$ 内, $f'(x)<0$, 所以函数单调减少;

在 $(0,+\infty)$ 内, $f'(x)>0$, 所以函数单调增加.

函数的图形如图 2.11 所示.

图 2.11

注意:函数的单调性是一个区间上的性质,要用导数在这一区间上的符号来判定,而不能用一点处的导数符号来判别一个区间上的单调性.利用导数等于零的点和不可导点,可作为单调区间的分界点.

【例2.51】 确定函数 $f(x)=2x^3-9x^2+12x-3$ 的单调区间.

解 定义域 $D=(-\infty,+\infty)$, 且
$$f'(x)=6x^2-18x+12=6(x-1)(x-2).$$

解方程 $f'(x)=0$, 得, $x_1=1, x_2=2$.

当 $-\infty<x<1$ 时, $f'(x)>0$, 则 $f(x)$ 在 $(-\infty,1]$ 上单调增加;

当 $1<x<2$ 时, $f'(x)<0$, 则 $f(x)$ 在 $[1,2]$ 上单调减少;

当 $2<x<+\infty$ 时, $f'(x)>0$, 则 $f(x)$ 在 $[2,+\infty)$ 上单调增加.

故函数的单调增加区间为 $(-\infty,1], [2,+\infty)$, 单调减少区间为 $[1,2]$.

函数的图形如图 2.12 所示.

【例2.52】 确定函数 $f(x)=\sqrt[3]{x^2}$ 的单调区间.

解 定义域 $D=(-\infty,+\infty)$, 且
$$f'(x)=\frac{2}{3\sqrt[3]{x}} \quad (x\neq 0).$$

当 $-\infty<x<0$ 时, $f'(x)<0, f(x)$ 在 $(-\infty,0]$ 上单调减少;

当 $0<x<+\infty$ 时, $f'(x)>0, f(x)$ 在 $[0,+\infty)$ 上单调增加.

函数的图形如图 2.13 所示.

注意:如在区间内个别点导数为零,是不影响单调区间的.

例如:$y=x^3, y'|_{x=0}=0$, 但它在 $(-\infty,+\infty)$ 上单调增加(图 2.14).

图 2.13

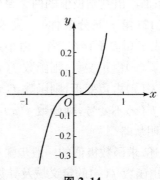

图 2.14

【例 2.53】 证明：当 $x>0$ 时，$x>\ln(1+x)$.

证明 设 $f(x)=x-\ln(1+x)$，则 $f'(x)=1-\dfrac{1}{1+x}=\dfrac{x}{1+x}$.

当 $x>0$ 时，$f'(x)>0$，所以 $f(x)$ 在 $[0,+\infty)$ 上单调增加；

而 $f(0)=0$，于是当 $x>0$ 时，$x-\ln(1+x)>0$，即 $x>\ln(1+x)$ $(x>0)$.

二、函数的极值

定义 2.3 设函数 $f(x)$ 在 x_0 的某个邻域内有定义，若对该邻域内任意的 $x(x\neq x_0)$，恒有
$$f(x)<f(x_0) \quad (\text{或 } f(x)>f(x_0)),$$
则称 $f(x_0)$ 是函数 $f(x)$ 的一个**极大值**(或**极小值**).

微课

函数的极大值与极小值统称为**极值**，使函数取得极值的点称为**极值点**.

函数的极值是一个局部概念，它是与极值点邻近点的函数值相比较而言的，并不意味着它是整个定义区间内的最大值或最小值. 如图 2.15，函数 $f(x)$ 有两个极大值 $f(x_2),f(x_5)$，三个极小值 $f(x_1),f(x_4)$, $f(x_6)$，其中极大值 $f(x_2)$ 比极小值 $f(x_6)$ 还小.

图 2.15

从图 2.15 中还可以看到，在函数取极值处，若曲线存在切线，则切线是水平的. 反之，曲线上有水平切线的地方，函数不一定取极值(如 $x=x_3$ 处)，因此有如下定理.

定理 2.11（必要条件） 设 $f(x)$ 在点 x_0 处可导，且在 x_0 处取得极值，则必有 $f'(x_0)=0$.

定理证明从略.

使导数为零的点(即方程 $f'(x)=0$ 的实根)叫作函数 $f(x)$ 的**驻点**.

该定理说明可导函数的极值点必为驻点，但函数的驻点却不一定是极值点. 例如，$y=x^3$，$y'|_{x=0}=0$，但 $x=0$ 不是极值点.

另外，导数不存在的点也可能是函数的极值点. 例如，函数 $y=|x|$ 在 $x=0$ 处不可导，但 $x=0$ 是该函数的极小值点.

由此可知，函数的极值点应该在驻点和不可导点中去寻找，但驻点和不可导点又不一定是极值点. 下面给出判别极值的两个充分条件.

定理 2.12（第一充分条件） 设函数 $f(x)$ 在点 x_0 处连续，在 x_0 左右近旁可导，且 $f'(x_0)=0$ 或 $f'(x_0)$ 不存在. 当 x 由小到大经过 x_0 时，

(1) 若 $f'(x)$ 由正变负，则函数 $f(x)$ 在 x_0 处取得极大值；

(2) 若 $f'(x)$ 由负变正，则函数 $f(x)$ 在 x_0 处取得极小值；

(3) 若 $f'(x)$ 不变号，则函数 $f(x)$ 在 x_0 处没有极值.

定理证明从略.

综上所述，求函数极值的一般步骤如下：

(1) 求出函数 $f(x)$ 的定义域及导数 $f'(x)$；

(2) 求 $f(x)$ 的驻点和不可导点；

(3) 利用第一充分条件判断这些可能取极值的点是否为极值点. 如果是极值点,进一步确定是极大值点还是极小值点(如图 2.16 与图 2.17 所示).

图 2.16　是极值点情形

图 2.17　不是极值点情形

【例 2.54】 求函数 $f(x)=x^3-3x^2-9x+5$ 的极值.

解 (1) 函数的定义域为 $(-\infty,+\infty)$,且
$$f'(x)=3x^2-6x-9=3(x+1)(x-3).$$

(2) 令 $f'(x)=0$,得驻点 $x_1=-1, x_2=3$.

(3) 列表讨论

x	$(-\infty,-1)$	-1	$(-1,3)$	3	$(3,+\infty)$
$f'(x)$	$+$	0	$-$	0	$+$
$f(x)$	↑	极大值	↓	极小值	↑

极大值 $f(-1)=10$,极小值 $f(3)=-22$.

【例 2.55】 求函数 $f(x)=x-\dfrac{3}{2}x^{\frac{2}{3}}$ 的极值.

解 (1) 函数的定义域为 $(-\infty,+\infty)$,且
$$f'(x)=1-x^{-\frac{1}{3}}=\dfrac{\sqrt[3]{x}-1}{\sqrt[3]{x}}.$$

(2) 令 $f'(x)=0$,得驻点 $x_1=1$,不可导点为 $x_2=0$.

(3) 列表讨论

x	$(-\infty,0)$	0	$(0,1)$	1	$(1,+\infty)$
$f'(x)$	$+$	$\times$	$-$	0	$+$
$f(x)$	↑	极大值	↓	极小值	↑

极大值 $f(0)=0$,极小值 $f(1)=-\dfrac{1}{2}$.

定理 2.13（第二充分条件） 设 $f(x)$ 在 x_0 处具有二阶导数，且 $f'(x_0)=0, f''(x_0)\neq 0$，那么

(1) 当 $f''(x_0)<0$ 时，函数 $f(x)$ 在 x_0 处取得极大值；

(2) 当 $f''(x_0)>0$ 时，函数 $f(x)$ 在 x_0 处取得极小值.

定理证明从略.

【例 2.56】 求函数 $f(x)=x^3+3x^2-24x-20$ 的极值.

解 $f'(x)=3x^2+6x-24=3(x+4)(x-2)$，

令 $f'(x)=0$，得驻点 $x_1=-4, x_2=2$.

$$f''(x)=6x+6,$$
$$f''(-4)=-18<0,$$

故极大值 $f(-4)=60$；

$f''(2)=18>0$，故极小值 $f(2)=-48$.

$f(x)=x^3+3x^2-24x-20$ 的图形如图 2.18 所示.

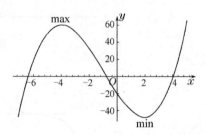

图 2.18

注意：当 $f''(x_0)=0$ 时，$f(x)$ 在点 x_0 处不一定取极值，仍用定理 2.12 判别.

微课

三、函数的最大值与最小值

若函数 $f(x)$ 在 $[a,b]$ 上连续，则 $f(x)$ 在 $[a,b]$ 上的最大值与最小值存在. 如果 $f(x)$ 除个别点外处处可导，并且至多有有限个导数为零的点，则可按如下步骤求函数的最值：

(1) 求函数的驻点和不可导点；

(2) 求区间端点及驻点和不可导点的函数值，比较大小，最大者就是最大值，最小者就是最小值.

注意：如果区间内只有一个极值，则这个极值就是最值（最大值或最小值）.

【例 2.57】 求函数 $f(x)=2x^3+3x^2-12x+14$ 在 $[-3,4]$ 上的最大值与最小值.

解 由于 $f'(x)=6(x+2)(x-1)$，

解方程 $f'(x)=0$，得 $x_1=-2, x_2=1$.

计算 $f(-3)=23; f(-2)=34; f(1)=7;$
$f(4)=142;$

比较得最大值 $f(4)=142$，最小值 $f(1)=7$.

图 2.19

函数的图形如图 2.19 所示.

实际问题求最值应注意：① 建立目标函数；② 求最值.

若目标函数只有唯一驻点，则该点的函数值即为所求的最大值或最小值.

【例 2.58】 求解案例 2.5.

解 建立数学模型，去掉空白面积后的纸面面积为：

$$S=624-6x-\frac{2400}{x} \quad (4<x<100).$$

求导得 $S' = \dfrac{2400}{x^2} - 6$,

令 $S' = 0$,在 $(4,100)$ 内得唯一驻点 $x = 20$.

根据问题的实际意义知最大值必存在,所以所得唯一驻点就是最大值点.此时书本纸张的页面为宽和高分别为 20 cm 和 30 cm 的长方形.

【例 2.59】 某房地产公司有 50 套公寓要出租,当租金定为每月 180 元时,公寓会全部租出去.当租金每月增加 10 元时,就有一套公寓租不出去,而租出去的房子每月需花费 20 元的整修维护费.试问房租定为多少可获得最大收入?

解 设房租为每月 $x(\geqslant 180)$ 元,租出去的房子有 $50 - \left(\dfrac{x-180}{10}\right)$ 套,则

每月总收入为 $R(x) = (x-20)\left(50 - \dfrac{x-180}{10}\right) = (x-20)\left(68 - \dfrac{x}{10}\right)$,于是

$$R'(x) = \left(68 - \dfrac{x}{10}\right) + (x-20)\left(-\dfrac{1}{10}\right) = 70 - \dfrac{x}{5}.$$

令 $R'(x) = 0 \Rightarrow x = 350$(唯一驻点),根据实际意义知,房租的最大收入存在,故每月每套租金为 350 元时收入最高.

最大收入为 $R(350) = (350-20)\left(68 - \dfrac{350}{10}\right) = 10\,890$(元).

【例 2.60】 在 A 地有一种产品,要源源不断地运到铁路线上的 B 地,现希望铺设一段公路 AP,再利用一段铁路 PB(图 2.20),若铁路运输速度是公路运输速度的两倍,求转运站 P 的最佳位置,使能以最短的时间通过汽车运输转铁路运输,将该产品运到 B 地.已知:A 到铁路线的垂直距离为 $AA' = a$,而 $A'B = L\left(L > \dfrac{a}{\sqrt{3}}\right)$.

图 2.20

解 设 $x = A'P$,公路运输速度为 v,铁路运输速度为 $2v$,建立目标函数,总运输时间

$$T(x) = \dfrac{\sqrt{a^2 + x^2}}{v} + \dfrac{L-x}{2v} \quad (0 \leqslant x \leqslant L)$$

求导得 $T' = \dfrac{1}{v}\left(\dfrac{x}{\sqrt{a^2 + x^2}} - \dfrac{1}{2}\right)$.

令 $T' = 0$,在 $(0, L)$ 内得唯一驻点 $x = \dfrac{a}{\sqrt{3}}$.

根据实际意义可知,最佳转运站的位置确实存在,所以当 $A'P = \dfrac{a}{\sqrt{3}}$ 时,P 点位置最佳.

习题 2.7

1. 求下列函数的单调区间:

(1) $y = x - e^x$; (2) $y = 2x^2 - \ln x$;

(3) $y = \sqrt{2x - x^2}$; (4) $y = x^3 - 3x^2 - 9x + 14$.

2. 利用单调性,证明下列不等式:

(1) 当 $x>1$ 时,$2\sqrt{x}>3-\dfrac{1}{x}$;   (2) 当 $x>0$ 时,$\arctan x<x$.

3. 求下列函数的极值:

(1) $y=x^3-3x^2+7$;   (2) $y=x^2\mathrm{e}^{-x}$;

(3) $y=x^2-\ln x^2$;   (4) $y=x^{\frac{1}{3}}(1-x)^{\frac{2}{3}}$.

4. 求下列函数在指定区间上的最值:

(1) $y=\ln(1+x^2),x\in[-1,2]$;   (2) $y=\sin 2x-2,x\in\left[-\dfrac{\pi}{2},\dfrac{\pi}{2}\right]$;

(3) $y=x+2\sqrt{x},x\in[0,4]$;   (4) $y=\dfrac{x}{1+x^2},x\in[0,+\infty)$.

5. 要制造一个容积为 16 m³ 的圆柱形容器,问底半径与高各为多少时可使用料最省?

6. 某车间靠墙壁盖一间长方形小屋,现有存砖只够砌 20 m 长的墙壁,问应围成怎样的长方形才能使这间小屋的面积最大?

7. 将 8 分成两个数之和,使它们的立方和最小.

8. 甲轮船位于乙轮船东 75 海里,以每小时 12 海里的速度向西行驶,而乙轮船则以每小时 6 海里的速度向北行驶,问经过多少时间,两船相距最近?

第八节 曲线的凹凸拐与函数图形描绘

学习目标

1. 了解曲线的凹凸和拐点的概念,掌握求曲线凹凸区间和拐点的方法.
2. 了解曲线的水平渐近线和铅直渐近线的概念,掌握绘制函数图形的主要步骤.

一、曲线凹凸性与拐点

如何研究曲线的弯曲方向?从几何上看到,在有的曲线弧上,如果任取两点,则连接这两点间的弦总位于这两点间的弧段的上方(图 2.21),而有的曲线弧却正好相反(图 2.22).曲线的这种性质就是曲线的凹凸性.

微课

图 2.21 图形上任意弧段位于所张弦的上方   图 2.22 图形上任意弧段位于所张弦的下方

定义 2.4 设函数 $f(x)$ 在区间 (a,b) 上连续,如果对 (a,b) 上任意两点 x_1,x_2,恒有

$$f\left(\dfrac{x_1+x_2}{2}\right)<\dfrac{f(x_1)+f(x_2)}{2}\left(\text{或 } f\left(\dfrac{x_1+x_2}{2}\right)>\dfrac{f(x_1)+f(x_2)}{2}\right)$$

那么称曲线 $y=f(x)$ 在 (a,b) 上是**凹(或凸)的(弧)**,此区间 (a,b) 称为**凹(或凸)区间**.

一般,直接用定义来判断曲线的凹凸性往往较为困难,下面介绍用二阶导数来判断曲线的凹凸性.

定理 2.14 如果 $f(x)$ 在 $[a,b]$ 上连续,在 (a,b) 内具有一阶和二阶导数,若在 (a,b) 内

(1) $f''(x)>0$,则 $f(x)$ 在 $[a,b]$ 上的图形是凹的;

(2) $f''(x)<0$,则 $f(x)$ 在 $[a,b]$ 上的图形是凸的.

定理证明从略.

【**例 2.61**】 判定下列曲线的凹凸性:

(1) $y=\ln x$; (2) $y=\sin x, x\in(0,2\pi)$.

解 (1) 因为 $y'=\dfrac{1}{x}, y''=-\dfrac{1}{x^2}<0$,所以 $y=\ln x$ 在其定义域 $(0,+\infty)$ 内是凸的(图 2.23).

(2) $y'=\cos x, y''=-\sin x$,令 $y''=0$ 得 $x=\pi\in(0,2\pi)$.

当 $x\in(0,\pi)$ 时,$y''=-\sin x<0$,所以,曲线 $y=\sin x$ 是凸的;

当 $x\in(\pi,2\pi)$ 时,$y''=-\sin x>0$,所以,曲线 $y=\sin x$ 是凹的.

如图 2.24 所示,点 $(\pi,0)$ 是曲线由凸变凹的分界点.

图 2.23　　　　　　　　　　图 2.24

定义 2.5 连续曲线上凹凸的分界点称为曲线的**拐点**.

注意:拐点处的切线必在拐点处穿过曲线.

由于拐点是曲线 $y=f(x)$ 上凹与凸的分界点,所以当 $f''(x)$ 存在时,由曲线凹凸性的判定定理可知,拐点左右两侧附近 $f''(x)$ 必异号.

另外,二阶导数不存在的点对应于曲线上的点也有可能为拐点.因此,不难给出确定曲线凹凸区间和拐点的方法:

(1) 确定函数 $y=f(x)$ 的定义域;

(2) 求出定义域内使 $f''(x)=0$ 的点 x_i 和 $f''(x)$ 不存在的点 x_j;

(3) 将 x_i 和 x_j 按从小到大的顺序划分定义域为若干区间,并判断在各区间内的二阶导数的符号,确定曲线的凹凸区间和拐点.

【**例 2.62**】 求曲线 $y=3x^4-4x^3+1$ 的拐点及凹、凸的区间.

解 (1) 定义域 $D=(-\infty,+\infty)$.

(2) $y'=12x^3-12x^2, y''=36x\left(x-\dfrac{2}{3}\right)$.

令 $y''=0$,得 $x_1=0, x_2=\dfrac{2}{3}$.

(3) 列表讨论

x	$(-\infty,0)$	0	$\left(0,\dfrac{2}{3}\right)$	$\dfrac{2}{3}$	$\left(\dfrac{2}{3},+\infty\right)$
$f''(x)$	+	0	−	0	+
$f(x)$	凹的	拐点 (0,1)	凸的	拐点 (2/3,11/27)	凹的

所以,凹区间为 $(-\infty,0]$,$\left[\dfrac{2}{3},+\infty\right)$,凸区间为 $\left[0,\dfrac{2}{3}\right]$,拐点为 $(0,1)$,$\left(\dfrac{2}{3},\dfrac{11}{27}\right)$.

【例 2.63】 求曲线 $y=\sqrt[3]{x}$ 的拐点.

解 当 $x\neq 0$ 时,$y'=\dfrac{1}{3}x^{-\frac{2}{3}}$,$y''=-\dfrac{4}{9}x^{-\frac{5}{3}}$,则

$x=0$ 是不可导点,y',y'' 均不存在.

但在 $(-\infty,0)$ 内,$y''>0$,曲线在 $(-\infty,0]$ 上是凹的;

在 $(0,+\infty)$ 内,$y''<0$,曲线在 $[0,+\infty)$ 上是凸的.

故点 $(0,0)$ 是曲线 $y=\sqrt[3]{x}$ 的拐点.

二、曲线的渐近线

定义 2.6 当曲线 $y=f(x)$ 上的动点 P 沿着曲线无限远离坐标原点时,它与某定直线 L 的距离趋向于零,则称此直线 L 为曲线 $y=f(x)$ 的一条**渐近线**.

1. 铅直渐近线(垂直于 x 轴的渐近线)

如果 $\lim\limits_{x\to x_0^+}f(x)=\infty$ 或 $\lim\limits_{x\to x_0^-}f(x)=\infty$,那么直线 $x=x_0$ 称为曲线 $y=f(x)$ 的一条**铅直渐近线**.

例如:曲线 $y=\dfrac{1}{(x+2)(x-3)}$,因为 $\lim\limits_{x\to-2}\dfrac{1}{(x+2)(x-3)}=\infty$,$\lim\limits_{x\to 3}\dfrac{1}{(x+2)(x-3)}=\infty$,所以,有两条铅直渐近线:$x=-2$,$x=3$(图 2.25).

图 2.25   图 2.26

2. 水平渐近线(平行于 x 轴的渐近线)

如果 $\lim\limits_{x\to+\infty}f(x)=b$ 或 $\lim\limits_{x\to-\infty}f(x)=b$($b$ 为常数),那么直线 $y=b$ 称为曲线 $y=f(x)$ 的一

条水平渐近线.

例如:曲线 $y=\arctan x$,因为 $\lim\limits_{x\to+\infty}\arctan x=\dfrac{\pi}{2}$,$\lim\limits_{x\to-\infty}\arctan x=-\dfrac{\pi}{2}$,所以有两条水平渐近线:$y=\dfrac{\pi}{2}$,$y=-\dfrac{\pi}{2}$(图 2.26).

【例 2.64】 求曲线 $y=\dfrac{2}{x-1}+3$ 的渐近线.

解 因为 $\lim\limits_{x\to\infty}f(x)=\lim\limits_{x\to\infty}\left(\dfrac{2}{x-1}+3\right)=3$,所以 $y=3$ 是曲线的水平渐近线;

又 $\lim\limits_{x\to 1}f(x)=\lim\limits_{x\to 1}\left(\dfrac{2}{x-1}+3\right)=\infty$,所以 $x=1$ 是曲线的铅直渐近线.

三、函数图形的描绘

利用导数描绘函数图形的一般步骤如下:

第一步:确定函数 $y=f(x)$ 的定义域,并考察函数是否有奇偶性、周期性、曲线与坐标轴交点等特性,再求出函数的一阶导数 $f'(x)$ 和二阶导数 $f''(x)$;

第二步:求出方程 $f'(x)=0$ 和 $f''(x)=0$ 在函数定义域内的全部实根,用这些根同函数的间断点或导数不存在的点把函数的定义域划分成几个部分区间;

第三步:确定在这些部分区间内 $f'(x)$ 和 $f''(x)$ 的符号,并由此确定函数的单调性、极值、凹凸性及拐点;

第四步:确定曲线的渐近线;

第五步:描出与方程 $f'(x)=0$ 和 $f''(x)=0$ 的根对应的曲线上的点,有时还需要补充一些点,再综合前四步讨论的结果画出函数的图形.

【例 2.65】 作函数 $f(x)=\dfrac{4(x+1)}{x^2}-2$ 的图形.

解 定义域 $D:x\neq 0$,非奇非偶函数,且无对称性.

$$f'(x)=-\dfrac{4(x+2)}{x^3},\ f''(x)=\dfrac{8(x+3)}{x^4}.$$

令 $f'(x)=0$,得驻点 $x=-2$;

令 $f''(x)=0$,得 $x=-3$.

列表讨论函数的单调区间,凹凸区间及极值点和拐点:

图 2.27

x	$(-\infty,-3)$	-3	$(-3,-2)$	-2	$(-2,0)$	0	$(0,+\infty)$
$f'(x)$	$-$	$-$	$-$	0	$+$	不存在	$+$
$f''(x)$	$-$	0	$+$	$+$	$+$		$+$
$f(x)$	$\downarrow\cap$	拐点 $\left(-3,-\dfrac{26}{9}\right)$	$\downarrow\cup$	极值点 -3	$\uparrow\cup$	间断点	$\downarrow\cup$

$$\lim_{x\to\infty}f(x)=\lim_{x\to\infty}\left[\frac{4(x+1)}{x^2}-2\right]=-2,得水平渐近线 y=-2;$$

$$\lim_{x\to 0}f(x)=\lim_{x\to 0}\left[\frac{4(x+1)}{x^2}-2\right]=+\infty,得铅直渐近线 x=0.$$

补充点:$(1-\sqrt{3},0),(1+\sqrt{3},0);A(-1,-2),B(1,6),C(2,1).$

综合上述分析,描绘出函数的图形(图 2.27).

【例 2.66】 作函数 $\varphi(x)=\dfrac{1}{\sqrt{2\pi}}\mathrm{e}^{-\frac{x^2}{2}}$ 的图形.

解 定义域 $D:(-\infty,+\infty)$,偶函数,图形关于 y 轴对称.

$$\varphi'(x)=-\frac{x}{\sqrt{2\pi}}\mathrm{e}^{-\frac{x^2}{2}};$$

$$\varphi''(x)=-\frac{(x+1)(x-1)}{\sqrt{2\pi}}\mathrm{e}^{-\frac{x^2}{2}}.$$

令 $\varphi'(x)=0$,得驻点 $x=0$;

令 $\varphi''(x)=0$,得 $x=-1,x=1.$

列表讨论函数的单调区间,凹凸区间及极值点与拐点:

图 2.28

x	$(-\infty,-1)$	-1	$(-1,0)$	0	$(0,1)$	1	$(1,+\infty)$
$\varphi'(x)$	$+$	$+$	$+$	0	$-$	$-$	$-$
$\varphi''(x)$	$+$	0	$-$		$-$	0	$+$
$\varphi(x)$	$\uparrow\cup$	拐点 $\left(-1,\dfrac{1}{\sqrt{2\pi\mathrm{e}}}\right)$	$\uparrow\cap$	极大值 $\dfrac{1}{\sqrt{2\pi}}$	$\downarrow\cup$	拐点 $\left(1,\dfrac{1}{\sqrt{2\pi\mathrm{e}}}\right)$	$\downarrow\cup$

因为 $\lim\limits_{x\to\infty}\varphi(x)=\lim\limits_{x\to\infty}\dfrac{1}{\sqrt{2\pi}}\mathrm{e}^{-\frac{x^2}{2}}=0$,得水平渐近线 $y=0.$

综合上述分析,描绘出函数的图形(图 2.28).

习题 2.8

1. 求下列曲线的凹凸区间与拐点:
   (1) $y=x^3-6x^2+12x+4$;
   (2) $y=x\mathrm{e}^{-x}$;
   (3) $y=\ln(1+x^2)$;
   (4) $y=1+\sqrt[3]{x-3}.$

2. 求下列曲线的渐近线:
   (1) $y=\dfrac{1}{x^2+x+1}$;
   (2) $y=\ln(x+3)$;
   (3) $y=\dfrac{x}{(x-1)^2}$;
   (4) $y=\dfrac{2x^2}{x^2-1}.$

3. 已知曲线 $y=ax^3+bx^2+1$ 以 $(1,3)$ 为拐点,试求常数 a,b 的值.

4. 已知函数 $y=x^3+ax^2+bx+c$ 在点 $x=0$ 处有极值,且它的图形有拐点 $(1,-1)$,试求常数 a,b,c 的值.

5. 作出下列函数的图形:

(1) $y=\dfrac{1}{3}x^3-x$;

(2) $y=x^2+\dfrac{1}{x}$;

(3) $y=e^{\frac{1}{x}}$;

(4) $y=\dfrac{4(x+1)}{x^2}-2$.

第九节　导数运算实验

一、实验目的

(1) 会利用 MATLAB 求函数的导数.

(2) 会利用 MATLAB 求函数的极值.

二、实验指导

(1) 求导运算在 MATLAB 里由命令函数 diff( ) 来完成,其具体形式为:

$$\text{diff(function, variable, n)}$$

参数 function 为需要进行求导运算的函数,variable 为求导运算的独立变量,n 为求导的阶次. 命令函数 diff( ) 默认求导的阶次为 1 阶;如果表达式里有多个符号变量,并且没有在参数里说明,则按人们习惯的独立变量顺序确定进行求导的变量.

(2) 求 n 个方程 n 个未知数的方程组解的命令格式为:

$$[\text{var1,var2},\cdots,\text{var}n]=\text{solve}(\text{eqn1,eqn2},\cdots,\text{eqn}n,\text{var1,var2},\cdots,\text{var}n)$$

其中 eqn$n$ 表示第 n 个方程,var$n$ 为第 n 个变量.

(3) MATLAB 也提供了另一个功能强大的画图函数 ezplot,格式为:

$$\text{ezplot(fun,[a,b])}$$

其中 $[a,b]$ 可省略,缺省状态下为 $[-\pi,\pi]$.

【例 2.67】　求函数 $y=x^5+4\sin x-\cos x+7$ 的导数.

解　在命令窗口中输入:

≫ syms x

≫ y=x^5+4*sin(x)-cos(x)+7;

≫ diff(y, x)

按"回车"键,显示结果为:

ans=

5*x^4+4*cos(x)+sin(x)

所以　$y'=5x^4+4\cos x+\sin x$

【例 2.68】　已知函数 $y=\sqrt[3]{\dfrac{(x+1)^2}{(x-1)(x+2)}}$,求 y'_x.

解　在命令窗口中输入:

```
>> clear
>> syms x;
>> y=((x+1)^2/((x-1)*(x+2)))^(1/3);
>> diff(y, x)
```
按"回车"键,显示结果为:
ans=
1/3/((x+1)^2/(x-1)/(x+2))^(2/3)*(2*(x+1)/(x-1)/(x+2)-(x+1)^2/(x-1)^2/(x+2)-(x+1)^2/(x-1)/(x+2)^2)

上式显示结果较为复杂,可以用 pretty 函数,令结果显示得更为直观
在命令窗口中输入:
```
>> pretty(ans),
```
结果如图 2.29 所示.

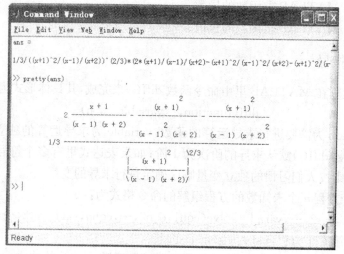

图 2.29

把结果进行简化可以写成 $y'=\dfrac{1}{3}\sqrt[3]{\dfrac{(x+1)^2}{(x-1)(x+2)}}\left(\dfrac{2}{x+1}-\dfrac{1}{x-1}-\dfrac{1}{x+2}\right)$.

【例 2.69】 求 $s=e^{-t}\cos t$ 的二阶导数.

解 在命令窗口中输入:
```
>> clear
>> syms t;
>> s=exp(-t)*cos(t);
>> diff(s, t ,2)
```
按"回车"键,显示结果为:
ans=
2*exp(-t)*sin(t)

所以 $s''=2e^{-t}\sin t$

【例 2.70】 以初速度 v_0、发射角 α 发射炮弹,其运动方程为

$$\begin{cases} x = (v_0 \cos \alpha)t, \\ y = (v_0 \sin \alpha)t - \dfrac{1}{2}gt^2. \end{cases}$$

求炮弹在任何时刻的运动速度的大小和方向.

解 在命令窗口中输入以下命令：

≫ syms a v0 t g;
≫ x=v0*cos(a)*t;
≫ y=v0*sin(a)*t-1/2*g*t^2;
≫ vx=diff(x, t);
≫ vy=diff(y, t);
≫ v=sqrt(vx^2+vy^2);%求炮弹的运动速度
≫ v=simplify(v);%　simplify 表示对函数 v 进行化简

按"回车"键，显示结果为：

v=(v0^2-2*v0*sin(a)*g*t+g^2*t^2)^(1/2)

≫ tanb=vy/vx;　%求炮弹的方向
≫ pretty(tanb)

按"回车"键，显示结果为：

tanb=

$\dfrac{\text{v0sin(a)} - gt}{\text{v0cos(a)}}$

所以
$$v = \sqrt{v_0^2 - 2(v_0 \sin \alpha)gt + (gt)^2},$$
$$\tan \theta = \frac{v_0 \sin \alpha - gt}{v_0 \cos \alpha}.$$

【例 2.71】 求函数 $f(x)=(x^2-1)^3+1$ 的极值.

解 在命令窗口中输入：

≫ clear
≫ syms x;
≫ y=(x^2-1)^3+1;
≫ yx=diff(y);
≫ X=solve(yx)

按"回车"键，显示结果为：

X=
　-1
　　1
　　0

所以驻点为 $x=-1,0,1$

再在命令窗口中输入：

≫ ezplot(y)

从函数图形（图 2.30）中可以看出，

图 2.30

$x=0$ 取得函数的极小值.

所以函数的极小值为:

≫(0^3−1)^3+1

ans=

0

从函数的图形中也可以观察出来函数的极小值为 $f(0)=0$.

【例 2.72】 铁路线上 AB 段的距离为 100 km,工厂 C 距离 A 处为 20 km,AC 垂直于 AB(图 2.31).为了运输需要,要在 AB 线上选定一点 D 向工厂修一条公路.已知铁路上每千米货运的费用与公路上每千米的货运费用之比为 $3:5$,为了使货物从供应站 B 到工厂 C 的总运费最省,问 D 应选在何处?

解 通过建模过程可知

$$y=5k\sqrt{400+x^2}+3k(100-x)\quad(0\leqslant x\leqslant 100)$$

问题归结为:求 x 取何值时,函数 y 在区间 $[0,100]$ 内取得最小值.

在命令窗口中输入:

≫ clear

≫ syms k x;

≫ y=5*k*sqrt(400+x^2)+3*k*(100−x);

≫ yx=diff(y, x);

≫ x=solve(yx) (solve( )是命令窗口中解方程的一个函数,格式为 solve(function))

按"回车"键,显示结果为:

x=15

函数 y 在 $[0,100]$ 内只有一个驻点,因此,当 $x=15$ 时,函数有最小值,即运费最省.

图 2.31

习题 2.9

1. 利用 MATLAB 计算下列函数的一、二阶导数:

(1) $y=(x^3+1)^2$;   (2) $y=\sin 2^x$.

2. 利用 MATLAB 计算下列函数的近似值:

(1) $\cos 30°12'$;   (2) $e^{1.02}$.

3. 利用 MATLAB 计算下列函数的极值:

(1) $y=4x^3-3x^2-6x+2$;   (2) $y=x-\ln(1+x)$.

本章小结

1. 导数的概念

(1) 函数 $y=f(x)$ 的导数(变化率): $f'(x)=\lim\limits_{\Delta x\to 0}\dfrac{f(x+\Delta x)-f(x)}{\Delta x}$.

(2) 导数的几何意义: $f'(x_0)$ 是曲线 $y=f(x)$ 在点 $(x_0,f(x_0))$ 处切线的斜率.

(3) 可导与连续的关系：可导必连续，连续未必可导．
(4) 高阶导数：二阶导数 $y''=(y')'$，三阶导数 $y'''=(y'')'$，…，
n 阶导数 $y^{(n)}=(y^{(n-1)})'$．

2. 导数基本公式与求导法则
(1) 基本初等函数的导数公式(16 个)．
(2) 导数的四则运算法则．
(3) 复合函数求导法则，隐函数求导法则，对数求导法，由参数方程所确定的函数求导法．

3. 微分的概念
(1) 函数 $y=f(x)$ 的微分：$dy=f'(x)dx$　（$dx=\Delta x,x$ 为自变量）．
(2) 微分的几何意义：$dy=f'(x_0)\Delta x$ 是曲线 $y=f(x)$ 在点 $(x_0,f(x_0))$ 处切线的纵坐标的增量．
(3) 可导与可微的关系：可导必可微，可微必可导．

4. 微分的计算及应用
(1) 利用微分定义 $dy=f'(x)dx$ 求微分．
(2) 利用微分基本公式和运算法则求微分．
(3) 利用微分形式不变性求微分．
(4) 当 $|\Delta x|$ 很小时，有近似计算公式：
$$\Delta y \approx dy = f'(x)\Delta x;$$
$$f(x_0+\Delta x) \approx f(x_0)+f'(x_0)\Delta x.$$

5. 导数的几何应用
曲线 $y=f(x)$ 在点 $(x_0,f(x_0))$ 处的切线方程与法线方程为：
$$y-y_0=f'(x_0)(x-x_0) \text{ 和 } y-y_0=-\frac{1}{f'(x_0)}(x-x_0).$$

6. 导数在研究函数性态方面的应用
(1) 利用导数研究函数性态的理论根据是拉格朗日中值定理．
(2) 利用一阶导数的符号判定函数的单调性．
(3) 利用一阶导数或二阶导数的符号判定函数极值．
(4) 利用二阶导数的符号判定曲线的凹凸性及曲线的拐点．
(5) 函数图形的描绘：根据函数的定义域、奇偶性、渐近线、单调性、极值、凹凸性及拐点，列表讨论并作出函数图形．
(6) 最值应用问题：首先根据题意，建立数学模型；然后求出函数驻点，若在所考虑的定义域内驻点唯一，则函数在该驻点处取得最值．

7. 导数在求极限方面的应用
洛必达法则：若 $\lim\limits_{\substack{x\to x_0 \\ (x\to\infty)}}\dfrac{f(x)}{g(x)}$ 是 $\dfrac{0}{0}$ 型或 $\dfrac{\infty}{\infty}$ 型未定式，且 $\lim\limits_{\substack{x\to x_0 \\ (x\to\infty)}}\dfrac{f'(x)}{g'(x)}$ 存在（或为 ∞），则
$$\lim\limits_{\substack{x\to x_0 \\ (x\to\infty)}}\dfrac{f(x)}{g(x)}=\lim\limits_{\substack{x\to x_0 \\ (x\to\infty)}}\dfrac{f'(x)}{g'(x)}.$$

第三章 一元函数积分学及应用

本章将讨论函数的不定积分和定积分的概念、性质以及常用积分方法,还要介绍定积分在几何、物理上的一些简单应用.

第一节 不定积分的概念与性质

学习目标

1. 理解原函数与不定积分的概念,了解不定积分的性质.
2. 掌握不定积分基本公式,会用直接积分法求不定积分.

在科学技术和生产实践中,常常会遇到与求导问题相反的另一类问题:已知这个函数的导数,求这个函数.

案例 3.1 已知某物体在任一时刻 t 的速度 $v=v(t)$,求在时刻 t 时物体走过的路程 $s=s(t)$.

案例 3.2 已知电路上任一时刻 t 的电流 $i=i(t)$,求在时刻 t 电路上的电量 $Q=Q(t)$.

案例 3.3 已知曲线上任一点 (x,y) 处的切线斜率为 $k=k(x)$,求该曲线方程 $y=f(x)$.

这类已知一个函数的导数 $F'(x)=f(x)$,要反过来求这个函数 $F(x)$ 的问题(即导数的逆运算),正是本章首先要讨论的一个主要问题.

一、原函数与不定积分的概念

定义 3.1 如果在区间 I 上,可导函数 $F(x)$ 的导数为 $f(x)$,即对任一 $x \in I$,都有
$$F'(x)=f(x),$$
那么函数 $F(x)$ 就称为 $f(x)$ 在区间 I 上的一个**原函数**.

例如,$(\sin x)'=\cos x$,所以 $\sin x$ 是 $\cos x$ 在 $(-\infty,+\infty)$ 上的一个原函数.

又例如,$(x^3)'=3x^2$,所以 x^3 是 $3x^2$ 在 $(-\infty,+\infty)$ 上的一个原函数.

那么,是否每一个函数都存在原函数? 回答是否定的,但有如下结论.

定理 3.1(原函数存在定理) 如果函数 $f(x)$ 在区间 I 上连续,那么在区间 I 上存在可导函数 $F(x)$,使对任一 $x \in I$ 都有
$$F'(x)=f(x).$$

定理证明从略.

此定理告诉我们,连续函数一定有原函数. 从而得到,初等函数在定义域内必有原函数.

我们知道 $(\sin x+1)'=\cos x$,则 $\sin x+1$ 也是 $\cos x$ 的一个原函数. 那么 $\sin x-2$ 呢? 是否也是它的原函数? 回答是肯定的,因为常数的导数为零,由此可以得到 $\sin x+C$ 都是 $\cos x$ 的原函数. 由这个例子可以得到,如果一个函数存在原函数,那么它的原函数一定是无

穷多个.

定理 3.2 如果 $F(x)$ 是 $f(x)$ 定义在区间 I 上的一个原函数,则 $F(x)+C$(C 为任意常数)也是 $f(x)$ 的原函数,且 $F(x)+C$ 包含了在该区间上的所有原函数.

注意:$f(x)$ 的任意两个原函数之间只差一个常数,即如果 $\Phi(x)$ 和 $F(x)$ 都是 $f(x)$ 的原函数,则 $\Phi(x)-F(x)=C$(C 为某个常数). 所以,如果找到了一个原函数,就能找到它的全部原函数.

定义 3.2 设 $F(x)$ 是 $f(x)$ 定义在区间 I 上的一个原函数,则它的全部原函数 $F(x)+C$ 称为 $f(x)$ 在 I 上的**不定积分**,记作 $\int f(x)\mathrm{d}x$,即

$$\int f(x)\mathrm{d}x = F(x)+C,$$

其中 $\int$ 为积分号,$f(x)$ 为**被积函数**,$f(x)\mathrm{d}x$ 为**被积表达式**,x 为**积分变量**.

【**例 3.1**】 求 $\int \dfrac{1}{1+x^2}\mathrm{d}x$.

解 因为 $(\arctan x)'=\dfrac{1}{1+x^2}$,所以 $\arctan x$ 是 $\dfrac{1}{1+x^2}$ 的一个原函数,从而有

$$\int \frac{\mathrm{d}x}{1+x^2} = \arctan x + C.$$

【**例 3.2**】 求函数 $f(x)=\dfrac{1}{x}(x\neq 0)$ 的不定积分.

解 当 $x>0$ 时,$(\ln x)'=\dfrac{1}{x}$,则

$$\int \frac{1}{x}\mathrm{d}x = \ln x + C \quad (x>0);$$

当 $x<0$ 时,$[\ln(-x)]'=\dfrac{1}{-x}\cdot(-1)=\dfrac{1}{x}$,则

$$\int \frac{1}{x}\mathrm{d}x = \ln(-x) + C \quad (x<0).$$

合并上面两式,得到

$$\int \frac{1}{x}\mathrm{d}x = \ln|x| + C \quad (x\neq 0).$$

按照定义,一个函数的原函数或不定积分都有相应的定义区间,为了简便起见,一般不再注明积分变量的区间.

二、不定积分的几何意义

函数 $f(x)$ 的原函数 $F(x)$ 的图形,称为函数 $f(x)$ 的**积分曲线**. 不定积分的图形是一族积分曲线,这族曲线可由一条积分曲线 $y=F(x)$ 经上下平行移动得到,这族曲线中的每一条曲线在横坐标为 x 的点处的切线斜率都是 $f(x)$(如图 3.1).

【**例 3.3**】 设曲线通过点 $(1,2)$,且其上任一点处的切

图 3.1

线斜率等于这点横坐标的 2 倍,求此曲线的方程.

解 设所求的曲线方程为 $y=f(x)$,按题设,曲线上任一点 (x,y) 处的切线斜率为 $k=f'(x)=2x$,则有

$$\int 2x\mathrm{d}x = x^2 + C,$$

故必有某个常数 C 使 $f(x)=x^2+C$,即曲线方程为 $y=x^2+C$. 又因为所求曲线通过点 $(1,2)$,故 $2=1+C$,得 $C=1$,则

曲线方程为 $y=x^2+1$.

三、不定积分的性质

根据不定积分的定义,不难推出下面的性质:

性质 3.1 $\dfrac{\mathrm{d}}{\mathrm{d}x}\left[\int f(x)\mathrm{d}x\right]=f(x)$ 或 $\mathrm{d}\left[\int f(x)\mathrm{d}x\right]=f(x)\mathrm{d}x$;

性质 3.2 $\int F'(x)\mathrm{d}x = F(x)+C$ 或 $\int \mathrm{d}F(x) = F(x)+C$.

由此可见,微分运算(以记号 d 表示)与求不定积分的运算(简称积分运算,以记号 $\int$ 表示)是互逆的. 当记号 $\int$ 与 d 连在一起时,或者抵消,或者抵消后差一个常数.

性质 3.3 被积函数中的常数因子可以提到积分号外面去,即

$$\int kf(x)\mathrm{d}x = k\int f(x)\mathrm{d}x \quad (k \text{ 为常数}, k\neq 0).$$

性质 3.4 函数和差的不定积分等于各个函数的不定积分的和差,即

$$\int [f(x)\pm g(x)]\mathrm{d}x = \int f(x)\mathrm{d}x \pm \int g(x)\mathrm{d}x.$$

四、基本积分公式

由于积分运算是微分运算的逆运算,所以从基本导数公式,可以直接得到基本积分公式,如:$(\tan x)'=\sec^2 x$,则积分公式为 $\int \sec^2 x\mathrm{d}x = \tan x + C$,类似地,可以推导其他积分公式如下:

(1) $\int \mathrm{d}x = x + C$

(2) $\int x^\mu \mathrm{d}x = \dfrac{x^{\mu+1}}{\mu+1} + C \quad (\mu \neq -1)$

(3) $\int \dfrac{\mathrm{d}x}{x} = \ln|x| + C$

(4) $\int a^x \mathrm{d}x = \dfrac{a^x}{\ln a} + C$, $\int \mathrm{e}^x \mathrm{d}x = \mathrm{e}^x + C$

(5) $\int \cos x\mathrm{d}x = \sin x + C$

(6) $\int \sin x\mathrm{d}x = -\cos x + C$

(7) $\int \sec^2 x\mathrm{d}x = \tan x + C$

(8) $\int \csc^2 x\mathrm{d}x = -\cot x + C$

(9) $\int \sec x\tan x\mathrm{d}x = \sec x + C$

(10) $\int \csc x\cot x\mathrm{d}x = -\csc x + C$

(11) $\int \dfrac{\mathrm{d}x}{1+x^2} = \arctan x + C$

(12) $\int \dfrac{\mathrm{d}x}{\sqrt{1-x^2}} = \arcsin x + C$

这些积分公式是积分运算的基础,对学习本课程十分重要,必须牢牢记住. 利用不定积分的性质及基本积分公式,可以求出一些简单函数的不定积分.

【例 3.4】 求 $\int \sqrt{x}(x^2-5)\mathrm{d}x$.

解
$$\int \sqrt{x}(x^2-5)\mathrm{d}x = \int(x^{\frac{5}{2}}-5x^{\frac{1}{2}})\mathrm{d}x = \int x^{\frac{5}{2}}\mathrm{d}x - 5\int x^{\frac{1}{2}}\mathrm{d}x$$
$$= \frac{2}{7}x^{\frac{7}{2}} - \frac{10}{3}x^{\frac{3}{2}} + C.$$

遇到多项积分时,不需要对每个积分都加任意常数,只需要待各项积分都计算结束后,总的加一个任意常数就可以了.

【例 3.5】 求 $\int \dfrac{1+x+x^2}{x(1+x^2)}\mathrm{d}x$.

解 因为 $\dfrac{1+x+x^2}{x(1+x^2)} = \dfrac{(1+x^2)+x}{x(1+x^2)} = \dfrac{1}{x} + \dfrac{1}{(1+x^2)}$,所以

$$\int \dfrac{1+x+x^2}{x(1+x^2)}\mathrm{d}x = \int \dfrac{1}{x}\mathrm{d}x + \int \dfrac{1}{1+x^2}\mathrm{d}x = \ln|x| + \arctan x + C.$$

【例 3.6】 求 $\int \tan^2 x \mathrm{d}x$.

解 因为 $\tan^2 x = \sec^2 x - 1$,所以

$$\int \tan^2 x \mathrm{d}x = \int (\sec^2 x - 1)\mathrm{d}x = \int \sec^2 x \mathrm{d}x - \int \mathrm{d}x$$
$$= \tan x - x + C.$$

【例 3.7】 求 $\int(\mathrm{e}^x - 3\cos x + 2^x \mathrm{e}^x)\mathrm{d}x$.

解
$$\int(\mathrm{e}^x - 3\cos x + 2^x \mathrm{e}^x)\mathrm{d}x = \int \mathrm{e}^x \mathrm{d}x - 3\int \cos x \mathrm{d}x + \int (2\mathrm{e})^x \mathrm{d}x$$
$$= \mathrm{e}^x - 3\sin x + \dfrac{(2\mathrm{e})^x}{\ln(2\mathrm{e})} + C$$
$$= \mathrm{e}^x - 3\sin x + \dfrac{(2\mathrm{e})^x}{1+\ln 2} + C.$$

【例 3.8】 求 $\int \dfrac{x^4}{1+x^2}\mathrm{d}x$.

解 因为 $\dfrac{x^4}{1+x^2} = \dfrac{x^4-1+1}{1+x^2} = \dfrac{(x^2+1)(x^2-1)+1}{1+x^2} = x^2 - 1 + \dfrac{1}{1+x^2}$,所以

$$\int \dfrac{x^4}{1+x^2}\mathrm{d}x = \int \left(x^2 - 1 + \dfrac{1}{1+x^2}\right)\mathrm{d}x = \dfrac{1}{3}x^3 - x + \arctan x + C.$$

【例 3.9】 求 $\int \dfrac{1}{\sin^2 \dfrac{x}{2} \cos^2 \dfrac{x}{2}}\mathrm{d}x$.

解 因为 $\sin \dfrac{x}{2} \cos \dfrac{x}{2} = \dfrac{1}{2}\sin x$,所以 $\left(\sin \dfrac{x}{2} \cos \dfrac{x}{2}\right)^2 = \dfrac{1}{4}\sin^2 x$,所以

$$\int \dfrac{1}{\sin^2 \dfrac{x}{2} \cos^2 \dfrac{x}{2}}\mathrm{d}x = 4\int \dfrac{1}{\sin^2 x}\mathrm{d}x = 4\int \csc^2 x \mathrm{d}x = -4\cot x + C.$$

习题 3.1

1. 计算下列不定积分：

(1) $\int \dfrac{1}{x^3}\mathrm{d}x$；

(2) $\int (3x^5-4x+1)\mathrm{d}x$；

(3) $\int x^2\sqrt{x}\,\mathrm{d}x$；

(4) $\int (\mathrm{e}^x-3\cos x)\mathrm{d}x$；

(5) $\int 2^x \mathrm{e}^x\mathrm{d}x$；

(6) $\int (x-2)^2\mathrm{d}x$；

(7) $\int \left(\dfrac{2}{\sqrt{1-x^2}}+\dfrac{3}{1+x^2}\right)\mathrm{d}x$；

(8) $\int \left(2\cos x+\dfrac{3}{\sin^2 x}\right)\mathrm{d}x$.

2. 计算下列不定积分：

(1) $\int \dfrac{(x-1)^3}{x^2}\mathrm{d}x$；

(2) $\int \dfrac{x^2+3}{1+x^2}\mathrm{d}x$；

(3) $\int \sin^2\dfrac{x}{2}\mathrm{d}x$；

(4) $\int \dfrac{1}{x^2(1+x^2)}\mathrm{d}x$；

(5) $\int \dfrac{x^3+3x^2-4}{x+2}\mathrm{d}x$；

(6) $\int \dfrac{\sec x-\tan x}{\cos x}\mathrm{d}x$；

(7) $\int \dfrac{\cos 2x}{\cos x-\sin x}\mathrm{d}x$；

(8) $\int \dfrac{\cos 2x}{\cos^2 x\sin^2 x}\mathrm{d}x$；

(9) $\int \left(\sin\dfrac{x}{2}+\cos\dfrac{x}{2}\right)^2\mathrm{d}x$；

(10) $\int \dfrac{1-\cos^2 x}{\sin^2\dfrac{x}{2}}\mathrm{d}x$.

3. 已知曲线上任一点的切线斜率为 $4x^3$，求满足此条件的所有的方程，并求出过点 $(-1,1)$ 的曲线方程.

第二节 换元积分法

学习目标

1. 了解积分中变量代换的基本思想.
2. 熟练掌握第一类换元积分法.
3. 掌握第二类换元积分法.

直接利用不定积分的基本积分公式和性质所能计算的积分是很有限的，有很多不定积分甚至简单的函数积分也很难直接积分求得，所以必须进一步来研究不定积分的求法. 本节将介绍换元积分法，是把复合函数求导法则反过来应用于不定积分，通过适当的变量替换，把某些不定积分化成基本积分公式中所列的形式再计算出结果. 换元积分通常分为两类，即第一类换元法与第二类换元法.

案例 3.4 求 $\int (x+1)^2\mathrm{d}x$.

分析：原式 $= \int (x^2+2x+1)\mathrm{d}x = \frac{1}{3}x^3+x^2+x+C.$

以上是用展开的方法来求不定积分,但是对于次方比较高的,则显得很繁琐,而且有时不可能一一展开,所以想到了另一种方法,即换元法,如求 $\int (x+1)^{10}\mathrm{d}x$:

因为 $\mathrm{d}(x+1)=\mathrm{d}x$,所以可以设 $u=x+1$,则原式变为

$$\int (x+1)^{10}\mathrm{d}x = \int (x+1)^{10}\mathrm{d}(x+1) = \int u^{10}\mathrm{d}u = \frac{1}{11}u^{11}+C$$

$$= \frac{1}{11}(x+1)^{11}+C. (回代 u=x+1)$$

这种求不定积分的方法就是第一类换元法.

一、第一类换元法（凑微分法）

微课

定理 3.3 设 $f(u)$ 具有原函数 $F(u)$,即 $\int f(u)\mathrm{d}u = F(u)+C$,若 $u=\varphi(x)$,且 $\varphi(x)$ 可微,则有换元公式

$$\int f[\varphi(x)]\varphi'(x)\mathrm{d}x = \int f[\varphi(x)]\mathrm{d}\varphi(x) = F[\varphi(x)]+C.$$

定理证明从略.

此方法称为**第一类换元法**,或**凑微分法**. 凑微分法的关键是在被积表达式中找出 $f[\varphi(x)]$ 与 $\varphi'(x)$,将 $\varphi'(x)\mathrm{d}x$ 写成 $\mathrm{d}\varphi(x)$,下面举例说明这一方法的应用.

【例 3.10】 求 $\int 2\cos 2x \mathrm{d}x.$

解 在被积函数中,$\cos 2x$ 是复合函数,设 $f[\varphi(x)]=\cos 2x$,取 $u=\varphi(x)=2x$,由于 $\mathrm{d}x=\frac{1}{2}\mathrm{d}(2x)$,所以

$$\int 2\cos 2x \mathrm{d}x = 2\int \cos 2x \cdot \frac{1}{2}\mathrm{d}(2x) = \int \cos 2x \mathrm{d}(2x)$$

$$= \int \cos u \mathrm{d}u = \sin u + C (基本积分公式)$$

$$= \sin 2x + C. (回代 u=2x)$$

【例 3.11】 求 $\int \frac{1}{3+2x}\mathrm{d}x.$

解 设 $f[\varphi(x)]=\frac{1}{3+2x}$,取 $u=\varphi(x)=3+2x$,由于 $\mathrm{d}x=\frac{1}{2}\mathrm{d}(2x+3)$,所以

原式 $= \frac{1}{2}\int \frac{1}{3+2x}\mathrm{d}(3+2x) = \frac{1}{2}\int \frac{1}{u}\mathrm{d}u$（基本积分公式）

$= \frac{1}{2}\ln|u|+C$（回代 $u=3+2x$）

$= \frac{1}{2}\ln|3+2x|+C.$

对上述换元法熟练之后,可不必写出变量代换.

【例 3.12】 求 $\int \tan x \mathrm{d}x$.

解 $\int \tan x \mathrm{d}x = \int \frac{\sin x}{\cos x} \mathrm{d}x = -\int \frac{1}{\cos x} \mathrm{d}\cos x$
$= -\ln|\cos x| + C.$

类似地可得 $\int \cot x \mathrm{d}x = \ln|\sin x| + C.$

【例 3.13】 求 $\int \frac{\mathrm{d}x}{x(1+2\ln x)}$.

解 $\int \frac{\mathrm{d}x}{x(1+2\ln x)} = \int \frac{\mathrm{d}\ln x}{1+2\ln x} = \frac{1}{2}\int \frac{\mathrm{d}(1+2\ln x)}{1+2\ln x} = \frac{1}{2}\ln|1+2\ln x| + C.$

【例 3.14】 求 $\int 2x\mathrm{e}^{x^2}\mathrm{d}x$.

解 $\int 2x\mathrm{e}^{x^2}\mathrm{d}x = \int \mathrm{e}^{x^2}\mathrm{d}(x^2) = \mathrm{e}^{x^2} + C.$

【例 3.15】 求 $\int \frac{\mathrm{e}^x}{1+\mathrm{e}^x}\mathrm{d}x$.

解 $\int \frac{\mathrm{e}^x}{1+\mathrm{e}^x}\mathrm{d}x = \int \frac{1}{1+\mathrm{e}^x}\mathrm{d}(\mathrm{e}^x) = \int \frac{1}{1+\mathrm{e}^x}\mathrm{d}(\mathrm{e}^x+1) = \ln(1+\mathrm{e}^x) + C.$

凑微分法是一种很重要的方法，它可以求出许多类型函数的积分，但技巧性很强．除熟悉基本积分公式外，还需多做练习才能掌握．为了更好地掌握此法，现归纳出一些常用的凑微分公式如下：

$\mathrm{d}x = \frac{1}{a}\mathrm{d}(ax+b)$ (a,b 为常数，$a \neq 0$)； $x\mathrm{d}x = \frac{1}{2}\mathrm{d}(x^2)$；

$\frac{\mathrm{d}x}{x^2} = -\mathrm{d}\left(\frac{1}{x}\right)$； $\frac{1}{x}\mathrm{d}x = \mathrm{d}(\ln x)$；($x > 0$)

$\frac{1}{\sqrt{x}}\mathrm{d}x = 2\mathrm{d}(\sqrt{x})$； $\mathrm{e}^x\mathrm{d}x = \mathrm{d}(\mathrm{e}^x)$；

$\sin x\mathrm{d}x = -\mathrm{d}(\cos x)$； $\cos x\mathrm{d}x = \mathrm{d}(\sin x)$；

$\sec^2 x\mathrm{d}x = \mathrm{d}(\tan x)$； $\csc^2 x\mathrm{d}x = -\mathrm{d}(\cot x)$；

$\frac{1}{1+x^2}\mathrm{d}x = \mathrm{d}(\arctan x)$； $\frac{1}{\sqrt{1-x^2}}\mathrm{d}x = \mathrm{d}(\arcsin x).$

为了有效地凑出微分，有时采用恒等变形的方法．例如利用三角恒等式．

【例 3.16】 求 $\int \sin^2 x \mathrm{d}x$.

解 因为 $\sin^2 x = \frac{1-\cos 2x}{2}$，所以

原式 $= \frac{1}{2}\int(1-\cos 2x)\mathrm{d}x = \frac{1}{2}\left(\int \mathrm{d}x - \int \cos 2x \mathrm{d}x\right) = \frac{1}{2}x - \frac{1}{4}\sin 2x + C.$

【例 3.17】 求 $\int \csc x \mathrm{d}x$.

解法一 $\int \csc x \mathrm{d}x = \int \frac{1}{\sin x}\mathrm{d}x = \frac{1}{2}\int \frac{\mathrm{d}x}{\sin\frac{x}{2}\cos\frac{x}{2}}$ （分母乘以 $\frac{\cos\frac{x}{2}}{\cos\frac{x}{2}}$）

$$= \frac{1}{2}\int \frac{\mathrm{d}x}{\tan\frac{x}{2}\cos^2\frac{x}{2}} = \int \frac{\sec^2\frac{x}{2}\mathrm{d}\frac{x}{2}}{\tan\frac{x}{2}} \left(\text{因为 } \frac{1}{\cos^2 x} = \sec^2 x\right)$$

$$= \int \frac{\mathrm{d}\tan\frac{x}{2}}{\tan\frac{x}{2}} \text{（因为 } \sec^2 x\mathrm{d}x = \mathrm{d}\tan x\text{）}$$

$$= \ln\left|\tan\frac{x}{2}\right| + C.$$

解法二 $\int \csc x \mathrm{d}x = \int \frac{\csc x(\csc x - \cot x)}{\csc x - \cot x}\mathrm{d}x = \int \frac{1}{\csc x - \cot x}\mathrm{d}(\csc x - \cot x)$

$$= \ln|\csc x - \cot x| + C.$$

利用类似的方法可求 $\int \sec x\mathrm{d}x = \ln|\sec x + \tan x| + C$，或者采用

$$\int \sec x\mathrm{d}x = \int \csc\left(x + \frac{\pi}{2}\right)\mathrm{d}x = \ln\left|\csc\left(x + \frac{\pi}{2}\right) - \cot\left(x + \frac{\pi}{2}\right)\right| + C$$

$$= \ln|\sec x + \tan x| + C.$$

此例表明，同一个不定积分，选择不同的方法，得到的结果形式可能不相同，但实质是一样的，只要用导数即可验证它们的正确性．

【例 3.18】 求 $\int \frac{1}{a^2 + x^2}\mathrm{d}x \ (a \neq 0)$.

解 $\int \frac{1}{a^2 + x^2}\mathrm{d}x = \frac{1}{a^2}\int \frac{1}{1 + \left(\frac{x}{a}\right)^2}\mathrm{d}x$（利用公式 $\int \frac{1}{1+x^2}\mathrm{d}x = \arctan x + C$）

$$= \frac{1}{a}\int \frac{1}{1 + \left(\frac{x}{a}\right)^2}\mathrm{d}\frac{x}{a} = \frac{1}{a}\arctan\frac{x}{a} + C.$$

【例 3.19】 求 $\int \frac{1}{x^2 + 4x + 5}\mathrm{d}x$.

解 因为 $x^2 + 4x + 5 = (x+2)^2 + 1$，所以

$$\text{原式} = \int \frac{1}{1 + (x+2)^2}\mathrm{d}x = \arctan(x+2) + C.$$

【例 3.20】 求 $\int \frac{1}{x^2 - a^2}\mathrm{d}x$.

解 $\int \frac{1}{x^2 - a^2}\mathrm{d}x = \frac{1}{2a}\int\left(\frac{1}{x-a} - \frac{1}{x+a}\right)\mathrm{d}x = \frac{1}{2a}\left[\int \frac{1}{x-a}\mathrm{d}x - \int \frac{1}{x+a}\mathrm{d}x\right]$

$$= \frac{1}{2a}\left[\int \frac{1}{x-a}\mathrm{d}(x-a) - \int \frac{1}{x+a}\mathrm{d}(x+a)\right]$$

$$= \frac{1}{2a}[\ln|x-a| - \ln|x+a|] + C = \frac{1}{2a}\ln\left|\frac{x-a}{x+a}\right| + C.$$

【例 3.21】 求 $\int \frac{1}{x^2 - 5x + 6}\mathrm{d}x$.

解 因为 $x^2 - 5x + 6 = (x-2)(x-3)$，所以

原式 $= \int \frac{1}{(x-2)(x-3)} dx = \int \left(\frac{1}{x-3} - \frac{1}{x-2} \right) dx = \ln \left| \frac{x-3}{x-2} \right| + C.$

【例 3.22】 当 $a > 0$ 时,求 $\int \frac{1}{\sqrt{a^2 - x^2}} dx.$

解 $\int \frac{1}{\sqrt{a^2 - x^2}} dx = \frac{1}{a} \int \frac{1}{\sqrt{1 - \left(\frac{x}{a} \right)^2}} dx$ (利用公式 $\int \frac{1}{\sqrt{1-x^2}} dx = \arcsin x + C$)

$$= \int \frac{1}{\sqrt{1 - \left(\frac{x}{a} \right)^2}} d \frac{x}{a} = \arcsin \frac{x}{a} + C.$$

同理可求当 $a < 0$ 时,$\int \frac{1}{\sqrt{a^2 - x^2}} dx = \arcsin \frac{x}{a} + C.$

二、第二类换元法

第一类换元法主要是进行适当的凑微分后,能根据一个基本公式来计算,但是并不是所有的被积函数都能够凑成功,这时可以尝试用适当的变量替换来改变被积表达式的结构,使之化为基本积分公式中的某一个形式.

案例 3.5 求 $\int \frac{1}{\sqrt{x}+1} dx.$

分析:基本积分公式中没有公式可供本题直接套用,凑微分也不容易,本题的难度在于函数中含有根式,如果能去掉根式,就可解决,为此作如下变换:

令 $\sqrt{x} = t$,则 $x = t^2$,$dx = 2t dt$,于是

原式 $= \int \frac{1}{1+t} 2t dt = 2 \int \frac{t}{1+t} dt = 2 \int \frac{t+1-1}{1+t} dt$

$= 2 \int \left(1 - \frac{1}{1+t} \right) dt = 2 [t - \ln(1+t)] + C$

$= 2 [\sqrt{x} - \ln(1+\sqrt{x})] + C.$

上述案例通过换元,消除根号,转换为关于 t 的积分,在新变量的原函数求得后,再代回原变量,得到所求的不定积分,这就是**第二类换元法**.

定理 3.4 设 $x = \varphi(t)$ 是单调的、可导的函数,并且 $\varphi'(t) \neq 0$. 又设 $f[\varphi(t)] \varphi'(t)$ 具有原函数 $G(t)$,则有换元公式

$$\int f(x) dx = \int f[\varphi(t)] \varphi'(t) dt = G(t) + C = G[\varphi^{-1}(x)] + C.$$

其中 $t = \varphi^{-1}(x)$ 是 $x = \varphi(t)$ 的反函数.

定理证明从略.

第二类换元积分的关键在于选择合适的换元 $x = \varphi(t)$,使得换元后的积分容易求出.通常做法是试探代换掉被积函数中比较难处理的项,下面举例说明此法的应用.

若被积函数中含有 $\sqrt{ax+b}$,$\sqrt[3]{ax+b}$ 等,则进行简单的**根式代换**.

【例 3.23】 求 $\int \frac{1}{\sqrt{x}(1+\sqrt[3]{x})} dx.$

解 令 $x=t^6$，则 $dx=6t^5 dt$，于是

$$原式 = 6\int \frac{t^2}{1+t^2} dt = 6\int \left(1 - \frac{1}{1+t^2}\right) dt = 6t - 6\arctan t + C$$

$$= 6\sqrt[6]{x} - 6\arctan \sqrt[6]{x} + C. \quad (\text{回代 } t=\sqrt[6]{x})$$

若被积函数中含有 $\sqrt{a^2+x^2}$，$\sqrt{x^2-a^2}$，$\sqrt{a^2-x^2}$ 等根式，则可以用**三角代换**的方法简化被积函数.

【例 3.24】 求 $\int \sqrt{a^2-x^2} dx$ $(a>0)$.

解 此题同样含有根式，我们也希望去掉根式，所以想到用三角代换的方法消除根式.

设 $x=a\sin t$，$-\frac{\pi}{2}<t<\frac{\pi}{2}$，那么 $\sqrt{a^2-x^2}=\sqrt{a^2-a^2\sin^2 t}=a\cos t$，$dx=a\cos t dt$，于是

$$\int \sqrt{a^2-x^2} dx = \int a\cos t \cdot a\cos t dt = a^2 \int \cos^2 t dt$$

$$= \frac{a^2}{2}\int (1+\cos 2t) dt = a^2\left(\frac{1}{2}t + \frac{1}{4}\sin 2t\right) + C.$$

再代回原变量 x，根据所设 $x=a\sin t$，作辅助直角三角形（图 3.2），

有 $\sin t = \frac{x}{a}$，$\cos t = \frac{\sqrt{a^2-x^2}}{a}$，则 $t = \arcsin \frac{x}{a}$，$\sin 2t = 2\sin t \cos t = 2\frac{x}{a} \cdot \frac{\sqrt{a^2-x^2}}{a}$，所以

图 3.2

$$\int \sqrt{a^2-x^2} dx = a^2\left(\frac{1}{2}t + \frac{1}{4}\sin 2t\right) + C = \frac{a^2}{2}\arcsin \frac{x}{a} + \frac{1}{2}x\sqrt{a^2-x^2} + C.$$

【例 3.25】 求 $\int \frac{dx}{\sqrt{x^2+a^2}}$ $(a>0)$.

解 设 $x=a\tan t$，$-\frac{\pi}{2}<t<\frac{\pi}{2}$，那么 $\sqrt{x^2+a^2}=\sqrt{a^2+a^2\tan^2 t}=a\sqrt{1+\tan^2 t}=a\sec t$，$dx=a\sec^2 t dt$，于是

$$\int \frac{dx}{\sqrt{x^2+a^2}} = \int \frac{a\sec^2 t}{a\sec t} dt = \int \sec t dt = \ln|\sec t + \tan t| + C.$$

再代回原来变量 x，为避免三角函数运算，根据 $x=a\tan t$，作辅助直角三角形（图 3.3），有 $\sec t = \frac{\sqrt{x^2+a^2}}{a}$，$\tan t = \frac{x}{a}$，所以

图 3.3

$$\int \frac{dx}{\sqrt{x^2+a^2}} = \ln|\sec t + \tan t| + C_1 = \ln\left(\frac{x}{a} + \frac{\sqrt{x^2+a^2}}{a}\right) + C_1$$

$$= \ln(x + \sqrt{x^2+a^2}) + C, \text{ 其中 } C = C_1 - \ln a.$$

【例 3.26】 求 $\int \frac{dx}{\sqrt{x^2-a^2}}$ $(a>0)$.

解 当 $x>a$ 时，设 $x=a\sec t$ $(0<t<\frac{\pi}{2})$，那么 $\sqrt{x^2-a^2}=\sqrt{a^2\sec^2 t - a^2}=a\sqrt{\sec^2 t - 1}$ $=a\tan t$，$dx=a\sec t \tan t dt$，于是

$$\int \frac{\mathrm{d}x}{\sqrt{x^2-a^2}} = \int \frac{a\sec t\tan t}{a\tan t}\mathrm{d}t = \int \sec t\mathrm{d}t = \ln|\sec t + \tan t| + C.$$

根据 $x = a\sec t$,作辅助直角三角形(图 3.4),有 $\tan t = \frac{\sqrt{x^2-a^2}}{a}$,$\sec t = \frac{x}{a}$,所以

$$\int \frac{\mathrm{d}x}{\sqrt{x^2-a^2}} = \ln|\sec t + \tan t| + C_1 = \ln\left(\frac{x}{a} + \frac{\sqrt{x^2-a^2}}{a}\right) + C_1$$

图 3.4

$$= \ln(x + \sqrt{x^2-a^2}) + C,\text{ 其中 } C = C_1 - \ln a.$$

当 $x < -a$ 时,令 $x = -u$,则 $u > a$,于是

$$\int \frac{\mathrm{d}x}{\sqrt{x^2-a^2}} = -\int \frac{\mathrm{d}u}{\sqrt{u^2-a^2}} = -\ln|u + \sqrt{u^2-a^2}| + C$$

$$= -\ln|-x + \sqrt{x^2-a^2}| + C$$

$$= \ln\left|\frac{1}{-x+\sqrt{x^2-a^2}}\right| + C \text{ (分母有理化)}$$

$$= \ln\left|\frac{-x-\sqrt{x^2-a^2}}{a^2}\right| + C_1 = \ln|x + \sqrt{x^2-a^2}| + C,$$

其中 $C = C_1 - 2\ln a$.

综合起来有

$$\int \frac{\mathrm{d}x}{\sqrt{x^2-a^2}} = \ln|x + \sqrt{x^2-a^2}| + C.$$

上述三个典型的例子具有一般性:当被积函数里含有 $\sqrt{a^2+x^2}$ 时,一般令 $x = a\tan t$;当被积函数里含有 $\sqrt{x^2-a^2}$ 时,一般令 $x = a\sec t$;当被积函数里含有 $\sqrt{a^2-x^2}$ 时,一般令 $x = a\sin t$. 在变量替换后,原来关于 x 的不定积分转化为关于 t 的不定积分,在求得关于 t 的不定积分后,必须代回原变量,在进行三角函数换元时,可以由三角函数与角的关系,作直角三角形,以便于回代. 在本节的例题中,有几个积分的类型是以后经常会遇到的,它们通常也被当作公式使用. 常用的积分公式,除了基本积分表中的 12 个外,我们再补充几个公式如下(其中 $a > 0$):

(13) $\int \tan x\mathrm{d}x = -\ln|\cos x| + C;$ (14) $\int \cot x\mathrm{d}x = \ln|\sin x| + C;$

(15) $\int \sec x\mathrm{d}x = \ln|\sec x + \tan x| + C;$ (16) $\int \csc x\mathrm{d}x = \ln|\csc x - \cot x| + C;$

(17) $\int \frac{1}{a^2+x^2}\mathrm{d}x = \frac{1}{a}\arctan\frac{x}{a} + C;$ (18) $\int \frac{1}{x^2-a^2}\mathrm{d}x = \frac{1}{2a}\ln\left|\frac{x-a}{x+a}\right| + C;$

(19) $\int \frac{1}{\sqrt{a^2-x^2}}\mathrm{d}x = \arcsin\frac{x}{a} + C;$ (20) $\int \frac{\mathrm{d}x}{\sqrt{x^2+a^2}} = \ln|x + \sqrt{x^2+a^2}| + C;$

(21) $\int \frac{\mathrm{d}x}{\sqrt{x^2-a^2}} = \ln|x + \sqrt{x^2-a^2}| + C.$

第二类换元法并不仅仅限于上述的几种形式,它也是非常灵活的方法,应根据所给被积函数在积分时的困难所在,选择适当的变量替换,转化成便于求积的形式,请看下面的例子.

【例 3.27】 求 $\int x(x-3)^{20}\mathrm{d}x$.

解 此题没有基本积分公式可用,凑微分也不能解决,20 次方展开又很麻烦,采用换元的方法,设 $t=x-3$,则 $x=t+3, \mathrm{d}x=\mathrm{d}t$,所以

$$原式=\int (t+3)t^{20}\mathrm{d}t=\int(t^{21}+3t^{20})\mathrm{d}t=\frac{1}{22}t^{22}+\frac{3}{21}t^{21}+C. \text{(回代 } t=x-3\text{)}$$

$$=\frac{1}{22}(x-3)^{22}+\frac{3}{21}(x-3)^{21}+C.$$

【例 3.28】 求 $\int\frac{1}{x(x^7+3)}\mathrm{d}x$.

解 此题同样也没有基本公式可用,我们采取一种新的方法叫作倒代换,令 $x=\frac{1}{t}$,则 $\mathrm{d}x=-\frac{1}{t^2}\mathrm{d}t$,所以

$$原式=\int\frac{1}{\frac{1}{t}\left[\left(\frac{1}{t}\right)^7+3\right]}\mathrm{d}\left(\frac{1}{t}\right)=-\int\frac{t^6}{[3t^7+1]}\mathrm{d}(t)=-\frac{1}{21}\ln|3t^7+1|+C$$

$$=-\frac{1}{21}\ln\left|\frac{3+x^7}{x^7}\right|+C.$$

习题 3.2

1. 用第一类换元法求下列不定积分:

(1) $\int \sin(3x+4)\mathrm{d}x$;

(2) $\int (2x+1)^3\mathrm{d}x$;

(3) $\int \frac{1}{(3x+2)^2}\mathrm{d}x$;

(4) $\int \frac{1}{2x+5}\mathrm{d}x$;

(5) $\int \frac{1}{\sqrt[3]{2+3x}}\mathrm{d}x$;

(6) $\int \mathrm{e}^{-5x}\mathrm{d}x$.

2. 用第一类换元法求下列不定积分:

(1) $\int \frac{\mathrm{e}^{\sqrt{x}}}{\sqrt{x}}\mathrm{d}x$;

(2) $\int x\sqrt{1-x^2}\mathrm{d}x$;

(3) $\int 2x\mathrm{e}^{x^2}\mathrm{d}x$;

(4) $\int \frac{1}{x\ln x}\mathrm{d}x$;

(5) $\int \frac{x+\ln^2 x}{(x\ln x)^2}\mathrm{d}x$;

(6) $\int \frac{x}{2x+3}\mathrm{d}x$;

(7) $\int \frac{2^x}{2^x+1}\mathrm{d}x$;

(8) $\int \frac{x^2-3}{x+1}\mathrm{d}x$;

(9) $\int \frac{1}{x^2}\sin\frac{3}{x}\mathrm{d}x$;

(10) $\int \frac{1+x}{(1-x)^2}\mathrm{d}x$;

(11) $\int \frac{x+\arctan x}{1+x^2}\mathrm{d}x$;

(12) $\int \frac{x^3}{x^2+1}\mathrm{d}x$.

3. 用第一类换元法求下列不定积分：

(1) $\int \sin^3 x \, dx$；

(2) $\int \sin^2 x \cos^5 x \, dx$；

(3) $\int \cos^2 x \, dx$；

(4) $\int \cos^4 x \, dx$；

(5) $\int \dfrac{\tan x}{\cos^2 x} \, dx$；

(6) $\int \dfrac{1}{1+\cos x} \, dx$；

(7) $\int \dfrac{\sin x \cos x}{1+\cos^2 x} \, dx$；

(8) $\int \tan^3 x \, dx$；

(9) $\int \dfrac{3-\cot^2 x}{\cos^2 x} \, dx$；

(10) $\int \dfrac{1-\cos x}{x-\sin x} \, dx$；

(11) $\int \dfrac{\cos x}{\sqrt{7+\cos 2x}} \, dx$；

(12) $\int \dfrac{1}{1+\sin x} \, dx$.

4. 用第一类换元法求下列不定积分：

(1) $\int \dfrac{1}{1+4x^2} \, dx$；

(2) $\int \dfrac{x^2}{x^6+4} \, dx$；

(3) $\int \dfrac{e^x}{1+e^{2x}} \, dx$；

(4) $\int \dfrac{1}{x(1+\ln^2 x)} \, dx$；

(5) $\int \dfrac{1}{\sqrt{9-x^2}} \, dx$；

(6) $\int \dfrac{1-x}{\sqrt{9-4x^2}} \, dx$；

(7) $\int \dfrac{1}{x^2-5x+4} \, dx$；

(8) $\int \dfrac{x}{a^4-x^4} \, dx$；

(9) $\int \dfrac{1}{\sqrt{1-2x-x^2}} \, dx$；

(10) $\int \dfrac{1}{x^2+2x+5} \, dx$.

5. 用第二类换元法求下列不定积分：

(1) $\int \dfrac{\sqrt{x-1}}{x} \, dx$；

(2) $\int \dfrac{dx}{1+\sqrt[3]{x+2}}$；

(3) $\int \dfrac{dx}{2+\sqrt{x}}$；

(4) $\int \dfrac{1}{x}\sqrt{\dfrac{1+x}{x}} \, dx$；

(5) $\int \dfrac{\sqrt{1-x^2}}{x} \, dx$；

(6) $\int \dfrac{\sqrt{x^2-1}}{x} \, dx$；

(7) $\int \dfrac{\sqrt{1-x^2}}{x^2} \, dx$；

(8) $\int \dfrac{dx}{x^2\sqrt{1+x^2}}$；

(9) $\int \dfrac{dx}{(x^2+4)^{\frac{3}{2}}}$；

(10) $\int \dfrac{x^3 \, dx}{(1-x^2)^{\frac{3}{2}}}$；

(11) $\int \dfrac{x}{(3-x)^7} \, dx$；

(12) $\int x(5x-1)^{15} \, dx$.

第三节 分部积分法

学习目标

1. 了解分部积分法的基本思想.
2. 会用分部积分公式解决一些简单函数的积分.

利用前面所介绍的积分方法可以解决许多积分的计算,但对于像 $\int \ln x \mathrm{d}x$、$\int x^2 \mathrm{e}^x \mathrm{d}x$、$\int x\cos x \mathrm{d}x$ 等这样一些简单的积分却仍然无能为力,为了解决这个问题,我们可用两个函数乘积的微分法来推导出积分的另外一种方法,先看下面一个案例.

案例 3.6 求 $\int \ln x \mathrm{d}x$.

分析:由乘积的导数公式

$$(x\ln x)' = \ln x + 1,$$

通过移项得

$$\ln x = (x\ln x)' - 1,$$

两边同时求积分,得

$$\int \ln x \mathrm{d}x = x\ln x - \int \mathrm{d}x.$$

方程的左端即为所求的不定积分,发现所求的不定积分转化为右端的两项,其中只有一项是不定积分,而且只要用基本积分公式就可以求出,所以

$$\int \ln x \mathrm{d}x = x\ln x - x + C.$$

由案例 3.6 知,本来不易求出的不定积分,只要经过适当的转化便可求出结果. 对以上讨论加以总结,就是下面的分部积分公式.

一、分部积分公式

设函数 $u=u(x), v(x)$ 具有连续导数,则 $(uv)' = u'v + uv'$.

移项得到 $uv' = (uv)' - u'v$,

写成微分形式为 $u\mathrm{d}v = \mathrm{d}(uv) - v\mathrm{d}u$. (3.1)

两边积分,得

$$\int u\mathrm{d}v = uv - \int v\mathrm{d}u. \tag{3.2}$$

(3.2)式即为**分部积分公式**. 由分部积分公式可知,如果等式右端中的积分较左端积分容易求出,则可借助该公式求出左端积分的结果,这种求积分的方法叫作**分部积分法**.

选取 u 与 v 的原则是:v 要容易求得,且使得积分 $\int v \mathrm{d}u$ 较积分 $\int u \mathrm{d}v$ 容易求出,那么可考虑用分部积分法计算. 当不定积分中的被积函数为反三角函数、对数函数、幂函数、三角函数、指数函数这五类函数的乘积时,一般取前者为 $u(x)$,即按"反、对、幂、三、指"的顺序,将

前者选项为 $u(x)$,剩余部分选作 dv. 不难验证,这种选 $u(x)$ 的方法符合上述选 u 与 v 的原则.

【例 3.29】 求 $\int x\sin x dx$.

解 设 $u=x,dv=\sin x dx$,那么 $du=dx$,易得 $v=-\cos x$,代入分部积分公式得
$$\int x\sin x dx = -\int x d\cos x = -x\cos x + \int \cos x dx,$$
而上式右端中的积分 $\int \cos x dx$ 容易求出,所以
$$\int x\sin x dx = -x\cos x + \sin x + C.$$

注意:求这个积分时,如果设 $u=\sin x, dv=x dx$,那么
$$du=\cos x dx, v=\frac{1}{2}x^2.$$
于是 $\int x\sin x dx = \frac{x^2}{2}\sin x - \int \frac{x^2}{2}\cos x dx$,则更难求得.

【例 3.30】 求 $\int x\ln x dx$.

分析:考虑设 $u=\ln x, dv=x dx$,则 $du=\frac{1}{x}dx, v=\frac{1}{2}x^2$,从而 $\int v du$ 作为幂函数的积分易于求出,故分部积分公式可用.

解 原式 $=\frac{1}{2}\int \ln x dx^2 = \frac{1}{2}x^2\ln x - \frac{1}{2}\int x^2 \cdot \frac{1}{x}dx$
$$= \frac{1}{2}x^2\ln x - \frac{1}{2}\int x dx$$
$$= \frac{1}{2}x^2\ln x - \frac{1}{4}x^2 + C.$$

注意:一般来说,积分式 $\int x^a \ln x dx$ $(a\neq -1)$ 与此题是同一题型,其中 a 是不等于 -1 的任意实数,当 $a=-1$ 时用第一类换元法.

【例 3.31】 求 $\int \arccos x dx$.

分析:被积函数 $\arccos x$ 也是两类不同函数的乘积,它是幂函数 $x^0=1$ 与反三角函数 $\arccos x$ 的乘积,所以考虑用分部积分法来积分.

解 设 $u=\arccos x, dv=dx$,则
原式 $= x\arccos x - \int x d\arccos x = x\arccos x + \int \frac{x}{\sqrt{1-x^2}}dx$
$$= x\arccos x - \frac{1}{2}\int (1-x^2)^{-\frac{1}{2}}d(1-x^2) = x\arccos x - \sqrt{1-x^2} + C.$$

【例 3.32】 求 $\int x^2 e^x dx$.

解 设 $u=x^2, dv=e^x dx$,于是
$$\int x^2 e^x dx = \int x^2 de^x = x^2 e^x - \int e^x dx^2$$

$$= x^2 e^x - 2\int x e^x dx = x^2 e^x - 2\int x de^x$$

$$= x^2 e^x - 2x e^x + 2\int e^x dx$$

$$= x^2 e^x - 2x e^x + 2e^x + C$$

$$= (x^2 - 2x + 2)e^x + C$$

注意：由此题可以看出，同一道题中，有时须要反复多次运用分部积分.

【例 3.33】 求 $\int e^x \sin x dx$.

解 设 $u = \sin x, dv = e^x dx$，于是

$$\int e^x \sin x dx = \int \sin x de^x = e^x \sin x - \int e^x d\sin x$$

$$= e^x \sin x - \int e^x \cos x dx$$

对 $\int e^x \cos x dx$ 再使用分部积分法：设 $u = \cos x, dv = e^x dx$，故

$$\int e^x \cos x dx = e^x \cos x + \int e^x \sin x dx$$

从而

$$\int e^x \sin x dx = e^x \sin x - e^x \cos x - \int e^x \sin x dx$$

移项，两边同除以 2 得：

$$\int e^x \sin x dx = \frac{1}{2} e^x (\sin x - \cos x) + C.$$

在上面的分部积分中，若运算比较熟练以后，写出 u 及 dv 的过程可以省略.

【例 3.34】 求 $\int e^{\sqrt{x}} dx$.

分析：鉴于积分式中根式带来的困难，我们想到要先用变量替换法消去根式，然后再观察用什么方法积分.

解 令 $\sqrt{x} = t$，则 $x = t^2, dx = 2t dt$. 于是

$$\int e^{\sqrt{x}} dx = 2\int t e^t dt \text{（显然应该用分部积分法）}$$

$$= 2t e^t - 2\int e^t dt = 2t e^t - 2e^t + C$$

并用 $t = \sqrt{x}$ 代回，便得

$$\int e^{\sqrt{x}} dx = 2\sqrt{x} e^{\sqrt{x}} - 2e^{\sqrt{x}} + C = 2e^{\sqrt{x}}(\sqrt{x} - 1) + C.$$

注意：在此例中，先用了换元积分法，后用了分部积分法. 在实际积分过程中，往往要兼用换元法与分部积分法才能求出结果.

【例 3.35】 求 $\int \sec^3 x dx$.

分析：把被积函数看作 $\sec x \cdot \sec^2 x$，用分部积分法可求.

解 $\int \sec^3 x dx = \int \sec x \cdot \sec^2 x dx = \int \sec x d\tan x = \sec x \tan x - \int \sec x \tan^2 x dx$

$$= \sec x\tan x - \int \sec x(\sec^2 x - 1)\mathrm{d}x = \sec x\tan x - \int \sec^3 x\mathrm{d}x + \int \sec x\mathrm{d}x$$

$$= \sec x\tan x + \ln|\sec x + \tan x| - \int \sec^3 x\mathrm{d}x,$$

所以 $\int \sec^3 x\mathrm{d}x = \dfrac{1}{2}(\sec x\tan x + \ln|\sec x + \tan x|) + C.$

求不定积分的技巧性很强，常常比较困难，甚至看似简单的函数积分也不能用初等函数表示，如 $\int \dfrac{\sin x}{x}\mathrm{d}x$。但一些必要的计算公式和方法，大家仍然需要熟练掌握，在今后的工作中，也可以通过查积分表（见附录）或一些计算软件实现不定积分的计算.

习题 3.3

1. 求下列不定积分：

(1) $\int \dfrac{x}{\cos^2 x}\mathrm{d}x$；

(2) $\int x\tan^2 x\mathrm{d}x$；

(3) $\int x\cos x\mathrm{d}x$；

(4) $\int x^2\cos x\mathrm{d}x$；

(5) $\int x\cos x\sin x\mathrm{d}x$；

(6) $\int x\sin^2 x\mathrm{d}x$；

(7) $\int \sin\sqrt{x}\mathrm{d}x$；

(8) $\int x^5\sin x^2\mathrm{d}x$；

(9) $\int \dfrac{x\cos x}{\sin^3 x}\mathrm{d}x$；

(10) $\int \dfrac{x\arcsin x}{\sqrt{1-x^2}}\mathrm{d}x$.

2. 求下列不定积分：

(1) $\int x^3\ln x\mathrm{d}x$；

(2) $\int \dfrac{\ln x}{x^2}\mathrm{d}x$；

(3) $\int \ln(1+x^2)\mathrm{d}x$；

(4) $\int x\ln(x-1)\mathrm{d}x$.

3. 求下列不定积分：

(1) $\int x\mathrm{e}^x\mathrm{d}x$；

(2) $\int x\mathrm{e}^{-2x}\mathrm{d}x$；

(3) $\int (x-1)5^x\mathrm{d}x$；

(4) $\int x^3\mathrm{e}^{-x^2}\mathrm{d}x$；

(5) $\int \mathrm{e}^{\sqrt{x}}\left(\dfrac{1}{\sqrt{x}}-1\right)\mathrm{d}x$；

(6) $\int \sqrt{x}\mathrm{e}^{\sqrt{x}}\mathrm{d}x$.

4. 求下列不定积分：

(1) $\int \arcsin x\mathrm{d}x$；

(2) $\int \dfrac{\arcsin\sqrt{x}}{\sqrt{x}}\mathrm{d}x$；

(3) $\int \arctan x\mathrm{d}x$；

(4) $\int x\arctan x\mathrm{d}x$；

(5) $\int \arctan\sqrt{x}\mathrm{d}x$；

(6) $\int x^2\arctan x\mathrm{d}x$.

5. 求下列不定积分：

(1) $\int e^x \cos x \, dx$； (2) $\int e^x \sin 2x \, dx$；

(3) $\int e^x \cos^2 x \, dx$； (4) $\int \cos \ln x \, dx$.

第四节 有理函数的积分

学习目标

1. 了解有理函数的积分方法.
2. 会求简单有理函数的积分.

有理函数是指由两个多项式的商所表示的函数，即具有如下形式的函数：

$$\frac{P(x)}{Q(x)} = \frac{a_n x^n + a_{n-1} x^{n-1} + \cdots + a_0}{b_m x^m + b_{m-1} x^{m-1} + \cdots + b_0} \tag{3.3}$$

其中 m,n 为非负整数，$a_0,\cdots,a_n$ 及 $b_0,\cdots,b_m$ 为常数，且 $a_n \neq 0, b_m \neq 0$，当 $n \geq m$ 时，(3.3)式为假分式；当 $n < m$ 时，(3.3)式为真分式.

任何一个假分式都可以化为多项式和真分式的和，例如 $\frac{x^2+x+1}{x^2+1} = 1 + \frac{x}{x^2+1}$，而多项式积分是容易的，所以我们一般考虑真分式的不定积分. 下面看几个真分式积分：

【例 3.36】 求 $\int \frac{x+3}{x^2-5x+6} dx$.

解 分母 $x^2 - 5x + 6 = (x-2)(x-3)$，设

$$\frac{x+3}{x^2-5x+6} = \frac{A}{x-3} + \frac{B}{x-2}$$

其中 A, B 为待定系数，右边通分，得

$$\frac{x+3}{x^2-5x+6} = \frac{A(x-2)+B(x-3)}{x^2-5x+6} = \frac{(A+B)x-(2A+3B)}{x^2-5x+6}$$

两边恒等，观察 x 同次幂的系数，得

$$\begin{cases} A+B=1 \\ 2A+3B=-3 \end{cases}$$

即 $A=6, B=-5$，则

$$\int \frac{x+3}{x^2-5x+6} dx = \int \frac{x+3}{(x-2)(x-3)} dx = \int \left(\frac{6}{x-3} - \frac{5}{x-2} \right) dx$$

$$= \int \frac{6}{x-3} dx - \int \frac{5}{x-2} dx$$

$$= 6\ln|x-3| - 5\ln|x-2| + C.$$

上面求解的方法称为**待定系数法**.

【例 3.37】 求 $\int \frac{2x+1}{x^2+2x+5} dx$.

解 因为分母不可分解，则对分母进行求导 $(x^2+2x+5)' = 2x+2$，与分子比较后，我

们得到 $2x+1=2x+2-1$,所以积分变为:

$$\int \frac{2x+1}{x^2+2x+5}dx = \int \frac{(2x+2-1)dx}{x^2+2x+5}$$

$$= \int \left(\frac{2x+2}{x^2+2x+5} - \frac{1}{x^2+2x+5}\right)dx$$

$$= \int \frac{1}{x^2+2x+5}d(x^2+2x+5) - \int \frac{1}{x^2+2x+5}dx$$

$$= \ln(x^2+2x+5) - \int \frac{1}{(x+1)^2+2^2}dx$$

$$= \ln(x^2+2x+5) - \frac{1}{2}\arctan\frac{x+1}{2}+C.$$

待定系数法的运算通常比较繁琐. 事实上,消去公分母后所得等式是一个恒等式,它对 x 的一切值均成立,因而只要选择 x 的一些特殊值代入,称其为**赋值法**,即可得到待定系数的值.

【例 3.38】 $\int \frac{-9x-13}{(x-3)(x^2+2x+5)}dx.$

解 设 $\frac{-9x-13}{(x-3)(x^2+2x+5)} = \frac{A}{x-3} + \frac{Bx+C}{x^2+2x+5}$

$$= \frac{A(x^2+2x+5)+(x-3)(Bx+C)}{(x-3)(x^2+2x+5)},$$

消去分母,得 $-9x-13 = A(x^2+2x+5)+(Bx+C)(x-3)$,则

令 $x=3$,得 $-40=A(9+6+5)$,即 $A=-2$;

令 $x=0$,得 $-13=5A-3C$,即 $C=1$;

令 $x=-1$,得 $-4=4A+(-B+C)\cdot(-4)$,即 $B=2$.

得 $\frac{-9x-13}{(x-3)(x^2+2x+5)} = \frac{-2}{x-3} + \frac{2x+1}{x^2+2x+5}$,从而

$$\int \frac{-9x-13}{(x-3)(x^2+2x+5)}dx = \int\left[\frac{-2}{x-3} + \frac{2x+1}{x^2+2x+5}\right]dx$$

$$= -2\ln|x-3| + \ln(x^2+2x+5) - \frac{1}{2}\arctan\frac{x+1}{2}+C.$$

由上面的几个例子,总结出有理函数分解成最简分式之和的一般规律:

(1) 分母中若有因式 $(x-a)^k$,则分解后为

$$\frac{A_1}{(x-a)^k} + \frac{A_2}{(x-a)^{k-1}} + \cdots + \frac{A_k}{x-a}. \quad (k=1 \text{ 时为 } \frac{A}{x-a})$$

(2) 分母中若有因式 $(x^2+px+q)^k$,其中 $p^2-4q<0$,则分解后为

$$\frac{M_1x+N_1}{(x^2+px+q)^k} + \frac{M_2x+N_2}{(x^2+px+q)^{k-1}} + \cdots + \frac{M_kx+N_k}{x^2+px+q}. \quad (k=1 \text{ 时为 } \frac{Mx+N}{x^2+px+q})$$

【例 3.39】 求 $\int \frac{1}{x(x-1)^2}dx.$

解 设 $\frac{1}{x(x-1)^2} = \frac{A}{x} + \frac{B}{x-1} + \frac{C}{(x-1)^2} = \frac{A(x-1)^2+Bx(x-1)+Cx}{x(x-1)^2},$

则 $$1=A(x-1)^2+Bx(x-1)+Cx,$$
代入特殊值来确定系数 A,B,C 的值.

取 $x=0$ 时,得 $A=1$;

取 $x=1$ 时,得 $C=1$;

取 $x=2$ 时,得 $B=-1$.

得到 $$\frac{1}{x(x-1)^2}=\frac{1}{x}-\frac{1}{x-1}+\frac{1}{(x-1)^2}.$$

所以
$$\int\frac{1}{x(x-1)^2}dx=\int\left[\frac{1}{x}-\frac{1}{x-1}+\frac{1}{(x-1)^2}\right]dx$$
$$=\int\frac{1}{x}dx-\int\frac{1}{x-1}dx+\int\frac{1}{(x-1)^2}dx$$
$$=\ln|x|-\ln|x-1|-\frac{1}{x-1}+C.$$

【例 3.40】 求 $\int\frac{1}{(1+2x)(1+x^2)}dx$.

解 设
$$\frac{1}{(1+2x)(1+x^2)}=\frac{A}{1+2x}+\frac{Bx+C}{1+x^2}$$
$$=\frac{A(1+x^2)+(Bx+C)(1+2x)}{(1+x^2)(1+2x)},$$

则 $1=(A+2B)x^2+(B+2C)x+C+A$.

由恒等的关系知
$$\begin{cases}A+2B=0\\B+2C=0\\A+C=1\end{cases}$$

得到 $$A=\frac{4}{5},B=-\frac{2}{5},C=\frac{1}{5}.$$

即 $$\frac{1}{(1+2x)(1+x^2)}=\frac{\frac{4}{5}}{1+2x}+\frac{-\frac{2}{5}x+\frac{1}{5}}{1+x^2}.$$

所以
$$\int\frac{1}{(1+2x)(1+x^2)}dx=\int\frac{\frac{4}{5}}{1+2x}dx+\int\frac{-\frac{2}{5}x+\frac{1}{5}}{1+x^2}dx$$
$$=\frac{2}{5}\ln|1+2x|-\frac{1}{5}\int\frac{2x}{1+x^2}dx+\frac{1}{5}\int\frac{1}{1+x^2}dx$$
$$=\frac{2}{5}\ln|1+2x|-\frac{1}{5}\ln(1+x^2)+\frac{1}{5}\arctan x+C.$$

习题 3.4

求下列有理函数的积分:

(1) $\int\frac{1}{x(x+2)}dx$;

(2) $\int\frac{x^3}{x+3}dx$;

(3) $\int\frac{1}{x(x^2+1)}dx$;

(4) $\int\frac{3x+1}{x^2-3x+2}dx$;

(5) $\int \dfrac{x-2}{x^2+2x+3}\mathrm{d}x$;

(6) $\int \dfrac{x^2+1}{(x+1)^2(x-1)}\mathrm{d}x$;

(7) $\int \dfrac{x^3+3x^2+12x+11}{x^2+2x+10}\mathrm{d}x$;

(8) $\int \dfrac{x^2+2x+10}{(x^2+2)(x+1)^2}\mathrm{d}x$;

(9) $\int \dfrac{x}{(x+1)(x+2)(x+3)}\mathrm{d}x$;

(10) $\int \dfrac{\mathrm{d}x}{(x^2+1)(x^2+x)}$.

第五节 定积分的概念与性质

学习目标

1. 理解定积分的概念.
2. 了解定积分的性质及几何意义.

案例 3.7（曲边梯形的面积） 设函数 $y=f(x)$ 在区间 $[a,b]$ 上非负、连续. 如图 3.5 所示,由直线 $x=a$、$x=b$、$y=0$ 及曲线 $y=f(x)$ 所围成的图形称为曲边梯形,其中曲线弧称为曲边. 下面来求曲边梯形的面积 A.

如果矩形的高不变,那么它的面积可按公式:

$$矩形面积=底 \times 高$$

来定义计算. 若曲边梯形在底边上各点处的高 $f(x)$ 在区间 $[a,b]$ 上是变动的,故它的面积不能直接按上述公式来定义和计算.

分析:曲边梯形的高 $f(x)$ 在区间 $[a,b]$ 上是连续变化的,在很小一段区间上它的变化很小,近似于不变. 因此,如果把区间 $[a,b]$ 划分为许多小区间,在每个小区间上用其中一点处的高来近似代替同一个小区间上的窄曲边梯形的变高,那么,每个窄曲边梯形就可以近似地看作窄矩形. 我们就以所有这些窄矩形面积之和作为曲边梯形面积的近似值,并把区间 $[a,b]$ 无限细分下去,也就是使每个小区间的长度都趋于零,这时所有窄矩形面积之和的极限就可以定义为曲边梯形的面积. 这个定义同时也给出了计算曲边梯形面积的方法. 基于这样的一个事实,通过如下的步骤来计算曲边梯形的面积.

图 3.5

第一步:分割. 在区间 $[a,b]$ 中任意插入 $n-1$ 个分点,且

$$a=x_0<x_1<x_2<\cdots<x_{n-1}<x_n=b,$$

把 $[a,b]$ 分成 n 个小区间,即

$$[x_0,x_1],[x_1,x_2],[x_2,x_3],\cdots,[x_{n-1},x_n].$$

它们的长度依次为 $\Delta x_1=x_1-x_0,\Delta x_2=x_2-x_1,\cdots,\Delta x_n=x_n-x_{n-1}$.

第二步:近似. 经过每一个分点作平行于 y 轴的直线段,把曲边梯形分成 n 个窄曲边梯

形. 在每个小区间 $[x_{i-1}, x_i]$ 上任取一点 ξ_i,以 $[x_{i-1}, x_i]$ 为底、$f(\xi_i)$ 为高的窄矩形面积近似替代第 i 个窄曲边梯形面积 $\Delta A_i (i=1,2,\cdots,n)$,则

$$\Delta A_i \approx f(\xi_i) \Delta x_i. \ (\Delta x_i = x_i - x_{i-1}, i=1,2,\cdots,n)$$

第三步:求和. 把这样得到的 n 个窄矩形面积之和作为所求曲边梯形面积 A 的近似值,即

$$A \approx f(\xi_1)\Delta x_1 + f(\xi_2)\Delta x_2 + \cdots + f(\xi_n)\Delta x_n = \sum_{i=1}^{n} f(\xi_i)\Delta x_i.$$

第四步:取极限. 显然,分点越多,每个小曲边梯形越窄,所求得的曲边梯形面积 A 的近似值就越接近曲边梯形面积 A 的精确值. 因此,要求曲边梯形面积 A 的精确值,只需无限地增加分点,使每个小曲边梯形的宽度趋于零. 记 $\lambda = \max\{\Delta x_1, \Delta x_2, \cdots, \Delta x_n\}$,当 $\lambda \to 0$,曲边梯形的面积为:

$$A = \lim_{\lambda \to 0} \sum_{i=1}^{n} f(\xi_i)\Delta x_i.$$

案例 3.8(**变速直线运动的位移**) 设物体做直线运动,已知速度 $v=v(t)$ 是时间间隔 $[T_1, T_2]$ 上 t 的连续函数,且 $v(t) \geqslant 0$,计算在这段时间内物体所经过的位移 S.

如果 v 是常量,则由物理学我们知道,所经过的位移为:

$$位移(S) = 速度(v) \times 时间(t).$$

但在本题中速度 v 是变量,它与物体所经历的时间有关,所以上述公式不能应用.

分析:物体运动的速度是连续变化的,在很短一段时间内,速度的变化很小,近似于匀速. 因此,如果把时间间隔分小,在小段时间内,以匀速运动代替变速运动,那么,就可以算出部分位移的近似值. 所以把时间间隔 $[T_1, T_2]$ 分成 n 个很小的时间间隔 $\Delta t_i (i=1,2,\cdots,n)$,在每个很小的时间间隔 Δt_i 内,物体运动可以看成是匀速的,其速度近似为物体在时间间隔 Δt_i 内某点的速度 $v(\tau_i)$,物体在时间间隔 Δt_i 内运动的位移近似为 $\Delta S_i = v(\tau_i) \Delta t_i$. 把物体在每一小的时间间隔 Δt_i 内运动的位移加起来作为物体在时间间隔 $[T_1, T_2]$ 内所经过的位移 S 的近似值. 具体做法是:

第一步:分割. 在时间间隔 $[T_1, T_2]$ 内任意插入 $n-1$ 个分点,且

$$T_1 = t_0 < t_1 < t_2 < \cdots < t_{n-1} < t_n = T_2,$$

把 $[T_1, T_2]$ 分成 n 个小段,即

$$[t_0, t_1], [t_1, t_2], \cdots, [t_{n-1}, t_n]$$

各小段时间的长依次为:

$$\Delta t_1 = t_1 - t_0, \Delta t_2 = t_2 - t_1, \cdots, \Delta t_n = t_n - t_{n-1}.$$

相应地,在各段时间内物体经过的位移依次为:

$$\Delta S_1, \Delta S_2, \cdots, \Delta S_n.$$

第二步:近似. 在时间间隔 $[t_{i-1}, t_i]$ 上任取一个时刻 $\tau_i (t_{i-1} < \tau_i < t_i)$,以 τ_i 时刻的速度 $v(\tau_i)$ 来代替 $[t_{i-1}, t_i]$ 上各个时刻的速度,得到部分位移 ΔS_i 的近似值,即

$$\Delta S_i \approx v(\tau_i) \Delta t_i. \quad (i=1,2,\cdots,n)$$

第三步:求和. 于是这 n 段部分位移的近似值之和就是所求变速直线运动位移 S 的近似值,即

$$S \approx \sum_{i=1}^{n} v(\tau_i) \Delta t_i.$$

第四步:取极限. 记 $\lambda = \max\{\Delta t_1, \Delta t_2, \cdots, \Delta t_n\}$,当 $\lambda \to 0$ 时,取上述和式的极限,即得变速直线运动的位移为:

$$S = \lim_{\lambda \to 0} \sum_{i=1}^{n} v(\tau_i) \Delta t_i.$$

微课

一、定积分的概念

两个案例中讨论了两个问题,一个是面积问题,一个是位移问题,具体内容虽然不同,但描述这两个问题的数学模型却完全一致,都是"和式"极限. 抛开上述问题的具体意义,抓住它们在数量关系上共同的本质与特性加以概括,就抽象出下述定积分的定义.

定义 3.3 设函数 $f(x)$ 在 $[a,b]$ 上有界,在 $[a,b]$ 中任意插入若干个分点

$$a = x_0 < x_1 < x_2 < \cdots < x_{n-1} < x_n = b,$$

把区间 $[a,b]$ 分成 n 个小区间,即

$$[x_0, x_1], [x_1, x_2], \cdots, [x_{n-1}, x_n]$$

各小段区间的长依次为:

$$\Delta x_1 = x_1 - x_0, \Delta x_2 = x_2 - x_1, \cdots, \Delta x_n = x_n - x_{n-1}.$$

在每个小区间 $[x_{i-1}, x_i]$ 上任取一个点 $\xi_i (x_{i-1} \leqslant \xi_i \leqslant x_i)$,作函数值 $f(\xi_i)$ 与小区间长度 Δx_i 的乘积 $f(\xi_i) \Delta x_i (i = 1, 2, \cdots, n)$,并作出和

$$\sum_{i=1}^{n} f(\xi_i) \Delta x_i.$$

记 $\lambda = \max\{\Delta x_1, \Delta x_2, \cdots, \Delta x_n\}$,如果不论对 $[a,b]$ 怎样分法,也不论在小区间 $[x_{i-1}, x_i]$ 上点 ξ_i 怎样取法,只要当 $\lambda \to 0$ 时,和式总趋于确定的极限 I,这时我们称这个极限 I 为函数 $f(x)$ 在区间 $[a,b]$ 上的**定积分**,记作 $\int_a^b f(x) dx$,即

$$\int_a^b f(x) dx = \lim_{\lambda \to 0} \sum_{i=1}^{n} f(\xi_i) \Delta x_i.$$

其中 $f(x)$ 叫作**被积函数**,$f(x) dx$ 叫作**被积表达式**,x 叫作**积分变量**,a 叫作**积分下限**,b 叫作**积分上限**,$[a,b]$ 叫作**积分区间**.

根据定积分的定义,曲边梯形的面积为 $A = \int_a^b f(x) dx$. 变速直线运动的位移为 $S = \int_{T_1}^{T_2} v(t) dt$.

关于定积分的定义,作以下几点说明:

(1) 定积分的值只与被积函数及积分区间有关,而与积分变量用什么字母无关,即

$$\int_a^b f(x) dx = \int_a^b f(t) dt = \int_a^b f(u) du.$$

(2) 定义中要求 $a < b$,为便于应用,对定义补充如下规定:

当 $a > b$ 时,$\int_a^b f(x) dx = -\int_b^a f(x) dx$;

当 $a = b$ 时,$\int_a^b f(x) dx = 0$.

(3) 如果函数 $f(x)$ 在 $[a, b]$ 上的定积分存在,我们就说 $f(x)$ 在区间 $[a, b]$ 上**可积**.

那么,函数 $f(x)$ 在 $[a, b]$ 上满足什么条件时, $f(x)$ 在 $[a, b]$ 上可积呢?

定理 3.5 设 $f(x)$ 在区间 $[a, b]$ 上连续,则 $f(x)$ 在 $[a, b]$ 上可积.

定理 3.6 设 $f(x)$ 在区间 $[a, b]$ 上有界,且只有有限个间断点,则 $f(x)$ 在 $[a, b]$ 上可积.

定理证明从略.

【例 3.41】 利用定义计算定积分 $\int_0^1 x^2 \mathrm{d}x$.

解 把区间 $[0, 1]$ 分成 n 等份,分点和小区间长度分别为:

$$x_i = \frac{i}{n}(i=1, 2, \cdots, n-1), \Delta x_i = \frac{1}{n}(i=1, 2, \cdots, n).$$

取 $\xi_i = \frac{i}{n}(i=1, 2, \cdots, n)$,作积分和:

$$\sum_{i=1}^n f(\xi_i)\Delta x_i = \sum_{i=1}^n \xi_i^2 \Delta x_i = \sum_{i=1}^n \left(\frac{i}{n}\right)^2 \cdot \frac{1}{n}$$

$$= \frac{1}{n^3}\sum_{i=1}^n i^2 = \frac{1}{n^3} \cdot \frac{1}{6}n(n+1)(2n+1) = \frac{1}{6}\left(1+\frac{1}{n}\right)\left(2+\frac{1}{n}\right).$$

因为 $\lambda = \frac{1}{n}$,当 $\lambda \to 0$ 时,$n \to \infty$,所以

$$\int_0^1 x^2 \mathrm{d}x = \lim_{\lambda \to 0}\sum_{i=1}^n f(\xi_i)\Delta x_i = \lim_{n \to \infty}\frac{1}{6}\left(1+\frac{1}{n}\right)\left(2+\frac{1}{n}\right) = \frac{1}{3}.$$

二、定积分的几何意义

首先由案例 3.7 知,在区间 $[a, b]$ 上,当 $f(x) \geqslant 0$ 时,积分 $\int_a^b f(x)\mathrm{d}x$ 在几何上表示由曲线 $y=f(x)$、两条直线 $x=a$、$x=b$ 与 x 轴所围成的曲边梯形的面积(如图 3.6);

其次,当 $f(x) \leqslant 0$ 时,由曲线 $y=f(x)$、两条直线 $x=a$、$x=b$ 与 x 轴所围成的曲边梯形位于 x 轴的下方,定积分在几何上表示上述曲边梯形面积的负值(如图 3.7);

再次,当 $f(x)$ 既取得正值又取得负值时,函数 $f(x)$ 的图形某些部分在 x 轴的上方,而其他部分在 x 轴的下方. 如果我们对面积赋以正负号,则在 x 轴上方的图形面积赋以正号,在 x 轴下方的图形面积赋以负号(如图 3.8),

图 3.6　　　　　　图 3.7　　　　　　图 3.8

综上所述,在一般情形下,定积分 $\int_a^b f(x)\mathrm{d}x$ 的几何意义为:它是介于 x 轴、函数 $f(x)$

的图形及两条直线 $x=a$、$x=b$ 之间的各部分面积的代数和.

【例 3.42】 用定积分的几何意义求 $\int_0^1 (1-x)\mathrm{d}x$.

解 函数 $y=1-x$ 在区间 $[0,1]$ 上的定积分是以 $y=1-x$ 为曲边(如图 3.9),以区间 $[0,1]$ 为底的曲边梯形的面积. 因为以 $y=1-x$ 为曲边,以区间 $[0,1]$ 为底的曲边梯形是一直角三角形,其底边长及高均为 1,所以

$$\int_0^1 (1-x)\mathrm{d}x = \frac{1}{2} \times 1 \times 1 = \frac{1}{2}.$$

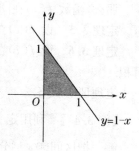

图 3.9

三、定积分的性质

下面性质中的函数都假设是可积的.

性质 3.5 两个函数和(差)的定积分等于它们的定积分的和(差),即

$$\int_a^b [f(x) \pm g(x)]\mathrm{d}x = \int_a^b f(x)\mathrm{d}x \pm \int_a^b g(x)\mathrm{d}x.$$

性质 3.6 被积函数的常数因子可以提到积分号外面,即

$$\int_a^b kf(x)\mathrm{d}x = k\int_a^b f(x)\mathrm{d}x.$$

性质 3.7 设 $f(x)$ 在 $[a,c]$,$[c,b]$ 及 $[a,b]$ 上都是可积的,则有

$$\int_a^b f(x)\mathrm{d}x = \int_a^c f(x)\mathrm{d}x + \int_c^b f(x)\mathrm{d}x.$$

其中 c 可以在 $[a,b]$ 内,也可以在 $[a,b]$ 之外,性质 3.7 表明定积分对积分区间具有可加性,这个性质可以用于求分段函数的定积分.

性质 3.8 如果在区间 $[a,b]$ 上 $f(x) \equiv 1$,则

$$\int_a^b 1\mathrm{d}x = \int_a^b \mathrm{d}x = b-a.$$

性质 3.9 如果在区间 $[a,b]$ 上 $f(x) \geqslant 0$,则

$$\int_a^b f(x)\mathrm{d}x \geqslant 0 \ (a<b).$$

推论 1 如果在区间 $[a,b]$ 上 $f(x) \leqslant g(x)$,则

$$\int_a^b f(x)\mathrm{d}x \leqslant \int_a^b g(x)\mathrm{d}x \ (a<b).$$

这是因为 $g(x) - f(x) \geqslant 0$,从而

$$\int_a^b g(x)\mathrm{d}x - \int_a^b f(x)\mathrm{d}x = \int_a^b [g(x) - f(x)]\mathrm{d}x \geqslant 0,$$

所以

$$\int_a^b f(x)\mathrm{d}x \leqslant \int_a^b g(x)\mathrm{d}x.$$

【例 3.43】 比较 $\int_1^2 \ln^3 x\mathrm{d}x$ 与 $\int_1^2 \ln^2 x\mathrm{d}x$ 的大小.

解 在区间 $[1,2]$ 上,$0=\ln 1 \leqslant \ln x \leqslant \ln 2 < 1$,则 $0 \leqslant \ln x < 1$,所以 $\ln^3 x \leqslant \ln^2 x$.

即 $$\int_1^2 \ln^3 x \mathrm{d}x \leqslant \int_1^2 \ln^2 x \mathrm{d}x.$$

推论 2 $\left|\int_a^b f(x)\mathrm{d}x\right| \leqslant \int_a^b |f(x)|\mathrm{d}x \ (a<b).$

这是因为 $-|f(x)| \leqslant f(x) \leqslant |f(x)|$，所以
$$-\int_a^b |f(x)|\mathrm{d}x \leqslant \int_a^b f(x)\mathrm{d}x \leqslant \int_a^b |f(x)|\mathrm{d}x.$$

即 $$\left|\int_a^b f(x)\mathrm{d}x\right| \leqslant \int_a^b |f(x)|\mathrm{d}x$$

性质 3.10 设 M 及 m 分别是函数 $f(x)$ 在区间 $[a,b]$ 上的最大值及最小值，则
$$m(b-a) \leqslant \int_a^b f(x)\mathrm{d}x \leqslant M(b-a) \ (a<b).$$

证明 因为 $m \leqslant f(x) \leqslant M$，所以
$$\int_a^b m \mathrm{d}x \leqslant \int_a^b f(x)\mathrm{d}x \leqslant \int_a^b M \mathrm{d}x,$$

从而 $m(b-a) \leqslant \int_a^b f(x)\mathrm{d}x \leqslant M(b-a).$

【**例 3.44**】 试估计定积分 $\int_{\frac{\sqrt{3}}{3}}^{\sqrt{3}} x\arctan x \mathrm{d}x$ 值的范围.

解 为求 $f(x)=x\arctan x$ 的最小值和最大值，先计算其导数：
$$f'(x)=\arctan x + \frac{x}{1+x^2}.$$

因为其导数在所给的定义域内都大于 0，所以在该区间上单调上升，其最大值为 $f(\sqrt{3})=\frac{\sqrt{3}}{3}\pi$，最小值为 $f\left(\frac{\sqrt{3}}{3}\right)=\frac{\sqrt{3}}{18}\pi$，于是有 $\frac{\sqrt{3}}{18}\pi \leqslant x\arctan x \leqslant \frac{\sqrt{3}}{3}\pi$，得
$$\frac{\sqrt{3}}{18}\pi\left(\sqrt{3}-\frac{\sqrt{3}}{3}\right) \leqslant \int_{\frac{\sqrt{3}}{3}}^{\sqrt{3}} x\arctan x \mathrm{d}x \leqslant \frac{\sqrt{3}}{3}\pi\left(\sqrt{3}-\frac{\sqrt{3}}{3}\right).$$

即 $$\frac{1}{9}\pi \leqslant \int_{\frac{\sqrt{3}}{3}}^{\sqrt{3}} x\arctan x \mathrm{d}x \leqslant \frac{2}{3}\pi.$$

性质 3.11（定积分中值定理） 如果函数 $f(x)$ 在闭区间 $[a,b]$ 上连续，则在积分区间 $[a,b]$ 上至少存在一个点 ξ，使下式成立：
$$\int_a^b f(x)\mathrm{d}x = f(\xi)(b-a) \ (a \leqslant \xi \leqslant b).$$

这个公式叫作**积分中值公式**.

性质 3.11 的几何意义：在 $[a,b]$ 上至少存在一点 ξ，使得曲边梯形的面积等于同一底边而高为 $f(\xi)$ 的矩形的面积.

如果函数 $f(x)$ 在闭区间 $[a,b]$ 上连续，我们称 $\frac{1}{b-a}\int_a^b f(x)\mathrm{d}x$ 为函数 $f(x)$ 在 $[a,b]$ 上的**平均值**.

习题 3.5

1. 根据定积分的几何意义,判断下面定积分值的正负号:

   (1) $\int_0^{\frac{\pi}{2}} \sin x \, dx$;   (2) $\int_{-5}^{-1} x^2 \, dx$.

2. 利用定积分的性质,比较下列各题中两个积分值的大小:

   (1) $\int_0^1 x^3 \, dx$ 与 $\int_0^1 x^2 \, dx$;   (2) $\int_1^2 x^3 \, dx$ 与 $\int_1^2 x^2 \, dx$;

   (3) $\int_0^{\frac{\pi}{2}} \sin x \, dx$ 与 $\int_0^{\frac{\pi}{2}} \sin^2 x \, dx$;   (4) $\int_1^2 e^{-x} \, dx$ 与 $\int_1^2 e^{-2x} \, dx$.

3. 试用定积分表示下面各题中的面积:

   (1) 曲线 $y = x^2 + 1$ 和直线 $x = 1$ 以及 x 轴 y 轴围成的图形面积;

   (2) 曲线 $y = \ln x$ 和直线 $x = e$ 以及 x 轴围成的图形面积;

   (3) 曲线 $y = x^2$ 和直线 $y = x$、$x = 2$ 以及 x 轴围成的图形面积.

4. 估计下列各定积分值的范围:

   (1) $\int_0^1 \sqrt{x^4 + 1} \, dx$;   (2) $\int_0^{\frac{\pi}{2}} (\cos^4 x + 1) \, dx$.

5. 设 $f(x)$ 是连续函数,且 $f(x) = x^2 + \dfrac{2}{3} \int_0^1 f(h) \, dh$,试求:

   (1) $\int_0^1 f(x) \, dx$;   (2) $f(x)$.

第六节 微积分基本公式

学习目标

1. 了解积分上限函数的概念及性质.
2. 掌握牛顿-莱布尼茨公式.

一、积分上限函数及其导数

如图 3.10 所示,设函数 $f(x)$ 在区间 $[a,b]$ 上连续,则对于任意的 $x(a \leqslant x \leqslant b)$,积分 $\int_a^x f(x) \, dx$ 存在,且对于给定的 $x(a \leqslant x \leqslant b)$,就有一个积分值与之对应,因此,这是一个上限为变量的积分,是上限 x 的函数.但必须注意的是,积分上限 x 与被积表达式 $f(x) \, dx$ 中的积分变量 x 是两个不同的概念,在求积时(或者说积分过程中)上限 x 是固定不变的,而积分变量 x 是在下限与上限之间变化的,为了区别起见,常把它记为 $\int_a^x f(t) \, dt$,称为**积分上限**

图 3.10

的函数(或变上限的积分). 它是区间$[a,b]$上的函数,记为

$$\Phi(x)=\int_a^x f(t)\mathrm{d}t.$$

关于变上限的积分有如下的定理:

定理 3.7 如果函数$f(x)$在区间$[a,b]$上连续,则函数$\Phi(x)=\int_a^x f(t)\mathrm{d}t$在$[a,b]$上可导,并且它的导数为

$$\Phi'(x)=\frac{\mathrm{d}}{\mathrm{d}x}\int_a^x f(t)\mathrm{d}t=f(x).$$

定理证明从略.

定理 3.7 表明变上限积分所确定的函数$\int_a^x f(t)\mathrm{d}t$对积分上限x的导数等于被积函数$f(t)$在积分上限x处的值$f(x)$. 它把导数和定积分这两个表面上不相干的概念联系了起来,得到了如下的原函数存在定理.

定理 3.8 如果函数$f(x)$在区间$[a,b]$上连续,则函数

$$\Phi(x)=\int_a^x f(t)\mathrm{d}t$$

就是$f(x)$在$[a,b]$上的一个原函数.

本定理的重要意义在于一方面肯定了连续函数的原函数是存在的,另一方面初步地揭示了积分学中的定积分与原函数之间的联系. 由上述结论可知:尽管不定积分与定积分概念的引入完全不同,但彼此有着密切的联系,因此可以通过求原函数来计算定积分.

【例 3.45】 (1) 求$\dfrac{\mathrm{d}}{\mathrm{d}x}\int_0^x \sin(1+\mathrm{e}^t)\mathrm{d}t$; (2) 求$\dfrac{\mathrm{d}}{\mathrm{d}x}\int_x^0 \sin(1+\mathrm{e}^t)\mathrm{d}t$.

解 由定理 3.7 得:

(1) $\dfrac{\mathrm{d}}{\mathrm{d}x}\int_0^x \sin(1+\mathrm{e}^t)\mathrm{d}t = \sin(1+\mathrm{e}^x)$.

(2) $\dfrac{\mathrm{d}}{\mathrm{d}x}\int_x^0 \sin(1+\mathrm{e}^t)\mathrm{d}t = -\dfrac{\mathrm{d}}{\mathrm{d}x}\int_0^x \sin(1+\mathrm{e}^t)\mathrm{d}t = -\sin(1+\mathrm{e}^x)$.

【例 3.46】 设$\Phi(x)=(2x+1)\int_0^x (2t+1)\mathrm{d}t$,求$\Phi'(x)$和$\Phi''(x)$.

解 $\Phi'(x)=(2x+1)'\int_0^x (2t+1)\mathrm{d}t+(2x+1)\left[\int_0^x (2t+1)\mathrm{d}t\right]'$

$=2\int_0^x (2t+1)\mathrm{d}t+(2x+1)^2$

$=2(x^2+x)+(2x+1)^2;$

$\Phi''(x)=2(2x+1)+4(2x+1)=12x+6.$

【例 3.47】 求$\dfrac{\mathrm{d}}{\mathrm{d}x}\int_0^{x^2} \sin(1+\mathrm{e}^t)\mathrm{d}t$.

解 令$u=x^2$,则这个变上限定积分是由

$$\int_0^u \sin(1+\mathrm{e}^t)\mathrm{d}t \text{与} u=x^2$$

复合而成的,按复合函数的求导法则,得

$$\frac{d}{dx}\int_0^{x^2}\sin(1+e^t)dt = \frac{d}{du}\int_0^u \sin(1+e^t)dt \cdot \frac{du}{dx} = \sin(1+e^{x^2}) \cdot 2x$$
$$= 2x\sin(1+e^{x^2}).$$

一般可推出如下几个公式(其中函数 $\varphi(x), \psi(x)$ 可导):

(1) $\dfrac{d}{dx}\int_x^b f(t)dt = -f(x)$;

(2) $\dfrac{d}{dx}\int_a^{\varphi(x)} f(t)dt = f[\varphi(x)]\varphi'(x)$;

(3) $\dfrac{d}{dx}\int_{\psi(x)}^{\varphi(x)} f(t)dt = \dfrac{d}{dx}\left[\int_{\psi(x)}^a f(t)dt + \int_a^{\varphi(x)} f(t)dt\right]$
$$= f[\varphi(x)]\varphi'(x) - f[\psi(x)]\psi'(x).$$

【例 3.48】 求 $\lim\limits_{x \to 0}\dfrac{\int_0^x \arctan t\, dt}{x^2}$.

解 当 $x \to 0$ 时,$\int_0^x \arctan t\, dt \to 0, x^2 \to 0$,因此该极限符合洛必达法则,则

$$\lim_{x \to 0}\frac{\int_0^x \arctan t\, dt}{x^2} = \lim_{x \to 0}\frac{\frac{d}{dx}\left[\int_0^x \arctan t\, dt\right]}{(x^2)'} = \lim_{x \to 0}\frac{\arctan x}{2x}$$
$$= \frac{1}{2}\lim_{x \to 0}\frac{(\arctan x)'}{(x)'} = \frac{1}{2}\lim_{x \to 0}\frac{\frac{1}{1+x^2}}{1} = \frac{1}{2}.$$

二、牛顿-莱布尼茨公式

定理 3.9 如果函数 $F(x)$ 是连续函数 $f(x)$ 在区间 $[a,b]$ 上的一个原函数,则
$$\int_a^b f(x)dx = F(b) - F(a).$$

此公式称为**牛顿-莱布尼茨公式**,也称为**微积分基本公式**.

证明 已知函数 $F(x)$ 是连续函数 $f(x)$ 的一个原函数,又根据定理 3.8,积分上限函数
$$\Phi(x) = \int_a^x f(t)dt$$

也是 $f(x)$ 的一个原函数. 于是存在常数 C,使
$$F(x) - \Phi(x) = C, \text{即 } F(x) - \int_a^x f(t)\, dt = C.$$

当 $x=a$ 时,有 $F(a) - \int_a^a f(t)dt = C$,所以 $C = F(a)$;当 $x=b$ 时,$F(b) - \int_a^b f(t)dt = F(a)$,即

$$\int_a^b f(x)dx = F(b) - F(a).$$

为了方便起见,可把 $F(b) - F(a)$ 记成 $[F(x)]_a^b$,于是
$$\int_a^b f(x)dx = [F(x)]_a^b = F(b) - F(a).$$

【例 3.49】 求 $\int_0^1 x^2 dx$.

解 由于 $\frac{1}{3}x^3$ 是 x^2 的一个原函数,所以

$$\int_0^1 x^2 \mathrm{d}x = \left[\frac{1}{3}x^3\right]_0^1 = \frac{1}{3} \cdot 1^3 - \frac{1}{3} \cdot 0^3 = \frac{1}{3}.$$

【例 3.50】 求 $\int_{-1}^{\sqrt{3}} \frac{\mathrm{d}x}{1+x^2}$.

解 由于 $\arctan x$ 是 $\frac{1}{1+x^2}$ 的一个原函数,所以

$$\int_{-1}^{\sqrt{3}} \frac{\mathrm{d}x}{1+x^2} = [\arctan x]_{-1}^{\sqrt{3}} = \arctan\sqrt{3} - \arctan(-1) = \frac{\pi}{3} - \left(-\frac{\pi}{4}\right) = \frac{7}{12}\pi.$$

【例 3.51】 求 $\int_{\frac{\pi}{4}}^{\frac{\pi}{3}} \frac{\mathrm{d}x}{\sin x \cos x}$.

解 因为 $\frac{1}{\sin x \cos x} = \frac{\sin^2 x + \cos^2 x}{\sin x \cos x} = \tan x + \cot x$,所以

$$\int \frac{\mathrm{d}x}{\sin x \cos x} = -\ln|\cos x| + \ln|\sin x| + C = \ln|\tan x| + C.$$

即 $\int_{\frac{\pi}{4}}^{\frac{\pi}{3}} \frac{\mathrm{d}x}{\sin x \cos x} = [\ln|\tan x|]_{\frac{\pi}{4}}^{\frac{\pi}{3}} = \ln\tan\frac{\pi}{3} - \ln\tan\frac{\pi}{4} = \ln\sqrt{3} - \ln 1 = \frac{1}{2}\ln 3.$

【例 3.52】 设 $f(x) = \begin{cases} x+1, & x \geqslant 0, \\ \mathrm{e}^{-x}, & x < 0, \end{cases}$ 求 $\int_{-1}^{2} f(x)\mathrm{d}x$.

解 由定积分性质 3.7,有

$$\int_{-1}^{2} f(x)\mathrm{d}x = \int_{-1}^{0} f(x)\mathrm{d}x + \int_{0}^{2} f(x)\mathrm{d}x = \int_{-1}^{0} \mathrm{e}^{-x}\mathrm{d}x + \int_{0}^{2} (x+1)\mathrm{d}x$$

$$= \left[-\mathrm{e}^{-x}\right]_{-1}^{0} + \left[\frac{1}{2}x^2 + x\right]_{0}^{2} = \mathrm{e} + 3.$$

【例 3.53】 求正弦曲线 $y = \sin x$ 在 $[0, \pi]$ 上与 x 轴所围成的平面图形的面积.

图 3.11

解 如图 3.11 所示,它的面积为:
$A = \int_0^{\pi} \sin x \mathrm{d}x = [-\cos x]_0^{\pi} = -(-1) - (-1) = 2.$

习题 3.6

1. 求下列函数的导数:

(1) $\dfrac{\mathrm{d}}{\mathrm{d}x}\int_0^x \mathrm{e}^{-t}\mathrm{d}t$;

(2) $\dfrac{\mathrm{d}}{\mathrm{d}x}\int_0^{x^2} \mathrm{e}^{-t}\mathrm{d}t$;

(3) $\dfrac{\mathrm{d}}{\mathrm{d}x}\int_x^{x^2} \mathrm{e}^{-t}\mathrm{d}t$.

2. 求下列函数极限:

(1) $\lim\limits_{x \to 0} \dfrac{\int_0^x \sin t \mathrm{d}t}{x^2}$;

(2) $\lim\limits_{x \to +\infty} \dfrac{\int_a^x \left(1 + \frac{1}{t}\right)^t \mathrm{d}t}{x}$ ($a > 0$ 为常数);

(3) $\lim\limits_{x\to 0}\dfrac{\int_{\cos x}^{1} e^{-t^2}dt}{x^2}$.

3. 计算下列定积分：

(1) $\int_{-2}^{-1}\dfrac{1}{x}dx$;

(2) $\int_{0}^{\ln 2} e^{-2x}dx$;

(3) $\int_{2}^{3}\dfrac{1}{x+x^2}dx$;

(4) $\int_{0}^{\pi}(1-\sin^3 x)dx$;

(5) $\int_{-2}^{-1}\dfrac{1}{x^2+4x+5}dx$;

(6) $\int_{-1}^{1}\dfrac{x+1}{\sqrt{4-x^2}}dx$;

(7) $\int_{\frac{2}{\pi}}^{\frac{3}{\pi}}\dfrac{1}{x^2}\sin\dfrac{1}{x}dx$;

(8) $\int_{1}^{e}\dfrac{\ln x+1}{x}dx$;

(9) $\int_{-\frac{\pi}{2}}^{\frac{\pi}{2}}\sqrt{\cos x-\cos^3 x}dx$;

(10) $\int_{\frac{1}{2}}^{1}(2x-1)^{49}dx$;

(11) $\int_{-1}^{1}|x|dx$;

(12) $\int_{0}^{3}|2-x|dx$.

4. 设当 $x>0$, $f(x)$ 是连续函数，且 $\int_{0}^{x^2-1}f(t)dt=2x$, 求 $f(2)$.

5. 设 $f(x)=\int_{x}^{\cos x}\arctan(2+t^2)dt$, 求 $f'(0)$.

6. 计算 $\int_{0}^{2}f(x)dx$, 其中 $f(x)=\begin{cases}2x, & 0\leqslant x\leqslant 1,\\ 5x, & 1<x\leqslant 2.\end{cases}$

第七节 定积分的换元法和分部积分法

学习目标

会用换元积分法与分部积分法计算定积分.

一、定积分的换元积分法

定理 3.10 假设函数 $f(x)$ 在区间 $[a,b]$ 上连续，函数 $x=\varphi(t)$ 满足条件：
(1) $\varphi(\alpha)=a, \varphi(\beta)=b$;
(2) $\varphi(t)$ 在 $[\alpha,\beta]$ (或 $[\beta,\alpha]$) 上具有连续导数，且其值域含于 $[a,b]$, 则有

$$\int_{a}^{b}f(x)dx=\int_{\alpha}^{\beta}f[\varphi(t)]\varphi'(t)dt.$$

微课

这个公式叫作**定积分的换元公式**.

定理证明从略.

这个公式与不定积分的换元公式类似，不同之处在于：定积分的换元法不必换回原积分变量，只需将积分限作相应的改变. 这样做需注意两点：

(1) 引入新函数 $x=\varphi(t)$ 必须单调，使 t 从 α 变到 β 时，x 从 a 变到 b, 且 $a=\varphi(\alpha)$, $b=\varphi(\beta)$;

（2）改变积分变量时必须同时改变积分上、下限,简称**换元必换限**.

【例 3.54】 求 $\int_0^a \sqrt{a^2-x^2}\,dx\,(a>0)$.

解 令 $x=a\sin t, t\in\left[0,\dfrac{\pi}{2}\right]$,则 $dx=a\cos t\,dt$.

当 $x=0$ 时,$t=0$;当 $x=a$ 时,$t=\dfrac{\pi}{2}$,则

$$\int_0^a \sqrt{a^2-x^2}\,dx = \int_0^{\frac{\pi}{2}} a\cos t \cdot a\cos t\,dt = a^2\int_0^{\frac{\pi}{2}}\cos^2 t\,dt$$

$$= a^2\int_0^{\frac{\pi}{2}}\frac{1+\cos 2t}{2}\,dt = \frac{a^2}{2}\left[t+\frac{\sin 2t}{2}\right]_0^{\frac{\pi}{2}}$$

$$= \frac{1}{4}\pi a^2.$$

【例 3.55】 求 $\int_4^9 \dfrac{\sqrt{x}}{\sqrt{x}-1}\,dx$.

解 令 $\sqrt{x}=t$,则 $x=t^2$,$dx=2t\,dt$.
当 $x=4$ 时,$t=2$;当 $x=9$ 时,$t=3$,则

$$\int_4^9 \frac{\sqrt{x}}{\sqrt{x}-1}\,dx = \int_2^3 \frac{t}{t-1}\cdot 2t\,dt = 2\int_2^3 \frac{t^2-1+1}{t-1}\,dt$$

$$= 2\int_2^3 \left(t+1+\frac{1}{t-1}\right)dt = 2\left[\frac{t^2}{2}+t+\ln|t-1|\right]_2^3$$

$$= 7+\ln 4.$$

【例 3.56】 求 $\int_0^{\frac{\pi}{2}} \cos^5 x\sin x\,dx$.

解 令 $t=\cos x$,则当 $x=0$ 时,$t=1$;当 $x=\dfrac{\pi}{2}$ 时,$t=0$.

$$\int_0^{\frac{\pi}{2}}\cos^5 x\sin x\,dx = -\int_0^{\frac{\pi}{2}}\cos^5 x\,d\cos x$$

$$\xlongequal{\text{令}\cos x=t} -\int_1^0 t^5\,dt = \int_0^1 t^5\,dt = \left[\frac{1}{6}t^6\right]_0^1 = \frac{1}{6}.$$

注意:用第一类换元法即凑微分法计算一些定积分时,可以不引入中间变量,如上题可以用如下方法. 即

$$\int_0^{\frac{\pi}{2}}\cos^5 x\sin x\,dx = -\int_0^{\frac{\pi}{2}}\cos^5 x\,d\cos x = -\left[\frac{1}{6}\cos^6 x\right]\bigg|_0^{\frac{\pi}{2}}$$

$$= -\frac{1}{6}\cos^6\frac{\pi}{2}+\frac{1}{6}\cos^6 0 = \frac{1}{6}.$$

【例 3.57】 求 $\int_1^e \dfrac{4}{x(1+\ln x)}\,dx$.

解
$$\int_1^e \frac{4}{x(1+\ln x)}\,dx = \int_1^e \frac{4}{1+\ln x}\,d(1+\ln x)$$

$$= 4\ln|1+\ln x|\big|_1^e = 4\ln 2.$$

【例3.58】 设 $f(x)=\begin{cases}1+x^2, & x\leqslant 0,\\ e^x, & x>0,\end{cases}$ 求 $\int_1^3 f(x-2)dx$.

解 设 $x-2=t \Rightarrow dx=dt$,当 $x=1$ 时,$t=-1$;$x=3$ 时,$t=1$. 则

$$\int_1^3 f(x-2)dx = \int_{-1}^1 f(t)dt = \int_{-1}^0 f(t)dt + \int_0^1 f(t)dt$$

$$= \int_{-1}^0 (1+t^2)dt + \int_0^1 e^t dt = \left[t+\frac{1}{3}t^3\right]_{-1}^0 + \left[e^t\right]_0^1$$

$$= \frac{1}{3}+e.$$

微课

二、定积分的分部积分法

设函数 $u(x)$、$v(x)$ 在区间 $[a,b]$ 上具有连续导数 $u'(x)$、$v'(x)$,由 $(uv)'=u'v+uv'$ 得 $uv'=(uv)'-u'v$,两端在区间 $[a,b]$ 上积分得

$$\int_a^b uv'dx = [uv]_a^b - \int_a^b u'v dx \text{ 或 } \int_a^b u dv = [uv]_a^b - \int_a^b v du,$$

这就是**定积分的分部积分公式**.

【例3.59】 求 $\int_0^1 x e^{2x} dx$.

解 $\int_0^1 x e^{2x} dx = \frac{1}{2}\int_0^1 x de^{2x} = \frac{1}{2}x e^{2x}\Big|_0^1 - \frac{1}{2}\int_0^1 e^{2x} dx$

$$= \frac{1}{2}e^2 - \frac{1}{4}e^{2x}\Big|_0^1 = \frac{1}{4}(e^2+1).$$

可见,定积分的分部积分法,本质上是先利用不定积分的分部积分法求出原函数,再用定积分公式求得结果,这两者的差别在于定积分经分部积分后,积出部分直接代入上、下限,不必等到最后.

【例3.60】 求 $\int_0^{\frac{1}{2}} \arcsin x dx$.

解 $\int_0^{\frac{1}{2}} \arcsin x dx = [x \arcsin x]_0^{\frac{1}{2}} - \int_0^{\frac{1}{2}} x d\arcsin x$

$$= \frac{1}{2} \cdot \frac{\pi}{6} - \int_0^{\frac{1}{2}} \frac{x}{\sqrt{1-x^2}} dx = \frac{\pi}{12} + \frac{1}{2}\int_0^{\frac{1}{2}} \frac{1}{\sqrt{1-x^2}} d(1-x^2)$$

$$= \frac{\pi}{12} + \left[\sqrt{1-x^2}\right]_0^{\frac{1}{2}} = \frac{\pi}{12} + \frac{\sqrt{3}}{2} - 1.$$

【例3.61】 求 $\int_{\frac{1}{e}}^e |\ln x| dx$.

解 $\int_{\frac{1}{e}}^e |\ln x| dx = \int_{\frac{1}{e}}^1 (-\ln x)dx + \int_1^e \ln x dx$

$$= [-x\ln x]_{\frac{1}{e}}^1 - \int_{\frac{1}{e}}^1 x\left(-\frac{1}{x}\right)dx + [x\ln x]_1^e - \int_1^e x\frac{1}{x}dx$$

$$= -\frac{1}{e} + \int_{\frac{1}{e}}^1 dx + e - \int_1^e dx = 2\left(1-\frac{1}{e}\right).$$

三、定积分的几个常用公式

(1) 设函数 $f(x)$ 在原点对称的区间 $[-a,a]$ 上可积，则

① 当 $f(x)$ 在 $[-a,a]$ 上为偶函数时，则 $\int_{-a}^{a} f(x) \mathrm{d}x = 2 \int_{0}^{a} f(x) \mathrm{d}x$；

② 当 $f(x)$ 在 $[-a,a]$ 上为奇函数时，则 $\int_{-a}^{a} f(x) \mathrm{d}x = 0$.

上式表明了可积的奇、偶函数在对称区间 $[-a,a]$ 上的积分性质，即偶函数在 $[-a,a]$ 上的积分等于区间 $[0,a]$ 上积分的两倍；奇函数在对称区间上的积分等于零，简称**偶倍奇零**，我们可以利用这一性质，简化可积的奇、偶函数在对称区间上的定积分的计算.

【例 3.62】 求 $\int_{-1}^{1} \dfrac{\sin x + (\arctan x)^2}{1+x^2} \mathrm{d}x$.

解 $\int_{-1}^{1} \dfrac{\sin x + (\arctan x)^2}{1+x^2} \mathrm{d}x = \int_{-1}^{1} \dfrac{\sin x}{1+x^2} \mathrm{d}x + \int_{-1}^{1} \dfrac{(\arctan x)^2}{1+x^2} \mathrm{d}x$，

其中 $\dfrac{\sin x}{1+x^2}$ 在区间 $[-1,1]$ 上是奇函数，则 $\int_{-1}^{1} \dfrac{\sin x}{1+x^2} \mathrm{d}x = 0$；而 $\dfrac{(\arctan x)^2}{1+x^2}$ 在 $[-1,1]$ 上是偶函数，则

$$\int_{-1}^{1} \dfrac{(\arctan x)^2}{1+x^2} \mathrm{d}x = 2 \int_{0}^{1} \dfrac{(\arctan x)^2}{1+x^2} \mathrm{d}x = 2 \int_{0}^{1} (\arctan x)^2 \mathrm{d}(\arctan x)$$

$$= \dfrac{2}{3} \left[(\arctan x)^3 \right]_{0}^{1} = \dfrac{\pi^3}{96}.$$

所以 $\int_{-1}^{1} \dfrac{\sin x + (\arctan x)^2}{1+x^2} \mathrm{d}x = \dfrac{\pi^3}{96}$.

(2) 设 $f(x)$ 是以 T 为周期的周期函数，且可积，则对任一实数 a，有

$$\int_{a}^{a+T} f(x) \mathrm{d}x = \int_{0}^{T} f(x) \mathrm{d}x.$$

此式表明了可积的周期函数在任何一个周期的积分相等.

【例 3.63】 求 $\int_{2}^{2\pi+2} \cos x \mathrm{d}x$.

解 因为函数 $\cos x$ 的周期是 2π，所以

$$\int_{2}^{2\pi+2} \cos x \mathrm{d}x = \int_{0}^{2\pi} \cos x \mathrm{d}x = \left[\sin x \right]_{0}^{2\pi} = 0.$$

习题 3.7

1. 用换元法求下列积分：

(1) $\int_{0}^{4} \dfrac{\mathrm{d}x}{1+\sqrt{x}}$；

(2) $\int_{1}^{e} \dfrac{2+\ln x}{x} \mathrm{d}x$；

(3) $\int_{0}^{2} \sqrt{4-x^2} \mathrm{d}x$；

(4) $\int_{0}^{\frac{\pi}{2}} \sin^4 x \cos x \mathrm{d}x$；

(5) $\int_{0}^{\pi} \sqrt{\sin^3 x - \sin^5 x} \mathrm{d}x$；

(6) $\int_{-\frac{\sqrt{2}}{2}}^{0} \dfrac{x+1}{\sqrt{1-x^2}} \mathrm{d}x$；

(7) $\int_0^4 \dfrac{x+2}{\sqrt{2x+1}}\mathrm{d}x$;

(8) $\int_{-2}^0 \dfrac{\mathrm{d}x}{x^2+2x+2}$.

2. 利用分部积分法求下列定积分：

(1) $\int_0^1 \mathrm{e}^{\sqrt{x}}\mathrm{d}x$;

(2) $\int_0^{\ln 2} x\mathrm{e}^{-x}\mathrm{d}x$;

(3) $\int_0^\pi \mathrm{e}^x\cos^2 x\mathrm{d}x$;

(4) $\int_0^\pi x\sin^2 x\mathrm{d}x$;

(5) $\int_0^2 \ln(3+x)\mathrm{d}x$;

(6) $\int_{\frac{\pi}{4}}^{\frac{\pi}{3}} \dfrac{x}{\sin^2 x}\mathrm{d}x$.

3. 利用函数的奇偶性求下列积分：

(1) $\int_{-\pi}^\pi x^3 \sin^2 x\mathrm{d}x$;

(2) $\int_{-\frac{\pi}{2}}^{\frac{\pi}{2}} \dfrac{x+\cos x}{1+\sin^2 x}\mathrm{d}x$;

(3) $\int_{-1}^1 \dfrac{2x^2+x\cos x}{1+\sqrt{1-x^2}}\mathrm{d}x$;

(4) $\int_{-\sqrt{3}}^{\sqrt{3}} |\arctan x|\,\mathrm{d}x$.

4. 设函数 $f(x)=\begin{cases} x\mathrm{e}^{-x^2}, & x\geqslant 0, \\ \dfrac{1}{2+x}, & -1<x<0, \end{cases}$ 计算 $\int_1^4 f(x-2)\mathrm{d}x$.

5. 若 $f(x)$ 在 $[0,1]$ 上连续，证明：

(1) $\int_0^{\frac{\pi}{2}} f(\sin x)\mathrm{d}x = \int_0^{\frac{\pi}{2}} f(\cos x)\mathrm{d}x$;

(2) $\int_0^\pi x f(\sin x)\mathrm{d}x = \dfrac{\pi}{2}\int_0^\pi f(\sin x)\mathrm{d}x$，并计算 $\int_0^\pi \dfrac{x\sin x}{1+\cos^2 x}\mathrm{d}x$.

第八节　定积分的应用

学习目标

1. 掌握定积分的微元法思想.
2. 会用微元法解决简单的几何、物理问题.

定积分的应用十分广泛，本节主要介绍定积分在几何和物理上的应用，重点掌握用微元法将实际问题表示成定积分的思想方法.

一、定积分的微元法

本章第五节中，我们所举的关于求曲边梯形的面积与求变速直线运动位移两个案例，均采用了"分割"、"近似"、"求和"、"取极限"四个步骤，最后抽象成定积分. 这四个步骤中的关键是第二步，即求部分量的近似值——微元. 为了使这种方法更具有一般性和实用性，我们进一步加以归纳和简化.

一般地，所求的量 U 能用定积分表示，U 必须满足以下条件：

(1) 量 U 与变量 x 的变化区间 $[a,b]$ 有关；

(2) 量 U 对于区间 $[a,b]$ 具有可加性，即如果把 $[a,b]$ 分成若干个部分区间时，则 U 相

应地也被分成若干个部分量,且 U 恰好等于这些部分量的总和;

(3) 如果任取 $[a,b]$ 上的一个部分区间 $[x,x+\mathrm{d}x]$,则 U 的相应部分量 ΔU 可以近似地表示为 $\Delta U \approx f(x)\mathrm{d}x$,其中 $f(x)$ 在 $[a,b]$ 上连续.

当 U 满足上述条件时,由定积分定义有 $U = \int_a^b f(x)\mathrm{d}x$.

用定积分求解实际问题的一般步骤可精简为以下两步:

第一步:恰当选取积分变量 x,确定其变化范围 $[a,b]$;从中任取一小区间,省却下标,记为 $[x,x+\mathrm{d}x]$,称为**典型小区间**;然后写出部分量 ΔU 的近似值 $f(x)\mathrm{d}x$,称 $f(x)\mathrm{d}x$ 为量 U 的**微元**(或**元素**),记作 $\mathrm{d}U$,即 $\mathrm{d}U = f(x)\mathrm{d}x$.

第二步:将微元 $\mathrm{d}U$ 在 $[a,b]$ 上积分(无限累加),得
$$U = \int_a^b f(x)\mathrm{d}x.$$

这种简化的方法称为**微元法**(或**元素法**).用微元法求解实际问题的关键是求出所求量的微元,需要具体问题具体分析,一般可在典型小区间 $[x,x+\mathrm{d}x]$ 上以"常代变"、"直代曲"(局部线性化)为思路,写出 $[x,x+\mathrm{d}x]$ 上所求局部量 ΔU 的近似值,即微元 $\mathrm{d}U = f(x)\mathrm{d}x$.

二、平面图形的面积

1. 直角坐标情形

(1) 根据定积分的几何意义知,当 $f(x) \geqslant 0$ 时,曲线 $f(x)$ 及直线 $x=a, x=b(a<b)$ 与 x 轴所围成的曲边梯形面积为 A(如图 3.12),则面积微元为 $\mathrm{d}A = f(x)\mathrm{d}x$,面积
$$A = \int_a^b f(x)\mathrm{d}x.$$

图 3.12   图 3.13

(2) 由曲线 $y=f(x)$ 与 $y=g(x)$ 及直线 $x=a, x=b(a<b)$,且 $f(x) \geqslant g(x)$ 所围成的图形面积为 A(如图 3.13),则面积微元为 $\mathrm{d}A = [f(x) - g(x)]\mathrm{d}x$,面积
$$A = \int_a^b f(x)\mathrm{d}x - \int_a^b g(x)\mathrm{d}x = \int_a^b [f(x) - g(x)]\mathrm{d}x.$$

【例 3.64】 计算两条抛物线 $y^2 = x, y = x^2$ 在第一象限所围图形的面积(如图 3.14).

解 我们首先应把两曲线的交点求出,即求得两曲线 $\begin{cases} y^2 = x \\ y = x^2 \end{cases}$ 的交点为 $(0,0), (1,1)$,故

图 3.14

$$A = \int_0^1 (\sqrt{x} - x^2) dx = \left[\frac{2}{3} x^{\frac{3}{2}} - \frac{1}{3} x^3\right]_0^1 = \frac{1}{3}.$$

【例 3.65】 求椭圆 $\frac{x^2}{a^2} + \frac{y^2}{b^2} = 1$ 所围成的面积 ($a>0, b>0$)（如图 3.15）.

解 据椭圆图形的对称性，整个椭圆面积应为位于第一象限内面积的 4 倍.

图 3.15

取 x 为积分变量,则 $0 \leqslant x \leqslant a, y = b\sqrt{1 - \frac{x^2}{a^2}}$,故

$$A = 4\int_0^a y dx = 4\int_0^a b\sqrt{1 - \frac{x^2}{a^2}} dx$$
$$= \frac{4b}{a} \int_0^a \sqrt{a^2 - x^2} dx = \pi ab.$$

（由定积分几何意义知, $\int_0^a \sqrt{a^2 - x^2} dx$ 为圆面积的 $\frac{1}{4}$ 倍.）

同样我们也可以利用椭圆的参数方程作变量替换,设 $x = a\cos t, y = b\sin t (0 \leqslant t \leqslant \frac{\pi}{2})$,则 $dx = -a\sin t dt$,故

$$A = 4\int_{\frac{\pi}{2}}^0 (b\sin t)(-a\sin t) dt = 4ab \int_0^{\frac{\pi}{2}} \sin^2 t dt = \pi ab.$$

(3) 类似地,如果平面图形的边界曲线是 $x = \varphi(y), x = \psi(y)$ 和直线 $y = c, y = d$ 围成, $\varphi(y) \geqslant \psi(y)$,如图 3.16,则面积微元 $dA = [\varphi(y) - \psi(y)] dy$,面积

$$A = \int_c^d [\varphi(y) - \psi(y)] dy.$$

图 3.16

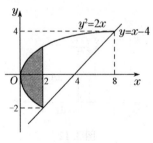

图 3.17

【例 3.66】 计算抛物线 $y^2 = 2x$ 与直线 $y = x - 4$ 所围成的图形面积（如图 3.17）.

解法一 由方程组 $\begin{cases} y^2 = 2x \\ y = x - 4 \end{cases}$,解得两个交点: $(2, -2)$ 和 $(8, 4)$.

若选取 y 为积分变量,则 $-2 \leqslant y \leqslant 4$,于是

$$A = \int_{-2}^4 \left(y + 4 - \frac{1}{2} y^2\right) dy = \left[\frac{y^2}{2} + 4y - \frac{y^3}{6}\right]_{-2}^4 = 18.$$

解法二 如果我们选择 x 为积分变量,由图 3.17 可以看出,所求面积是由两个部分组成,则

$$A = \int_0^2 2\sqrt{2x} dx + \int_2^8 (\sqrt{2x} - x + 4) dx$$

$$=\left[\frac{4\sqrt{2}}{3}x^{\frac{3}{2}}\right]_0^2+\left[\frac{2\sqrt{2}}{3}x^{\frac{3}{2}}-\frac{1}{2}x^2+4x\right]_2^8=18.$$

显然没有第一种方法简便,这表明需要恰当的选择积分变量,会使问题更为简化.

2. 极坐标情形

当某些平面图形的边界曲线用极坐标方程给出时,可考虑用极坐标来计算它们的面积.

设平面图形由曲线 $\rho=\rho(\theta)$ 及射线 $\theta=\alpha,\theta=\beta$ 围成(称为**曲边扇形**)(图 3.18),其中 $\rho(\theta)$ 在 $[\alpha,\beta]$ 上连续,且 $\rho(\theta)\geqslant 0$. 利用微元法求该曲边扇形的面积 A.

取 θ 为积分变量,其变化区间为 $[\alpha,\beta]$,在 $[\alpha,\beta]$ 上任取一典型小区间 $[\theta,\theta+\mathrm{d}\theta]$,其相应小曲边扇形的面积近似等于半径为 $\rho(\theta)$,圆心角为 $\mathrm{d}\theta$ 的圆扇形的面积,从而得到面积微元 $\mathrm{d}A=\frac{1}{2}\rho^2(\theta)\mathrm{d}\theta$,故面积

$$A=\frac{1}{2}\int_\alpha^\beta \rho^2(\theta)\mathrm{d}\theta.$$

图 3.18　　图 3.19

【**例 3.67**】　计算阿基米德螺线 $\rho=a\theta(a>0)$ 上相应于 θ 从 0 到 2π 的一段弧与横轴所围成图形的面积(图 3.19).

解　θ 的变化范围为 $[0,2\pi]$,面积元素 $\mathrm{d}A=\frac{1}{2}(a\theta)^2\mathrm{d}\theta$,面积

$$A=\frac{1}{2}\int_0^{2\pi}a^2\theta^2\mathrm{d}\theta=\frac{a^2}{2}\left[\frac{\theta^3}{3}\right]_0^{2\pi}=\frac{4}{3}a^2\pi^3.$$

这一面积值恰好等于半径为 $2\pi a$ 的圆的面积为三分之一,早在二千年前,阿基米德采用穷竭法就已经知道了这个结果.

二、体积

1. 旋转体的体积

旋转体是由一个平面图形绕该平面内一条定直线旋转一周而生成的立体图形,该定直线称为旋转轴. 如图 3.20 所示为绕直线 l 所成的旋转体.

图 3.20

由连续曲线 $y=f(x)$ 与直线 $x=a,x=b(a<b)$ 及 x 轴围成的曲边梯形,绕 x 轴旋转一周而成的旋转体(图 3.21),它的体积 V 应如何计算?

取 x 为积分变量,则 $x\in[a,b]$,对于区间 $[a,b]$ 上的任一区间 $[x,x+\mathrm{d}x]$,它所对应的窄曲边梯形绕 x 轴旋转而生成的薄片的体积近似等于以 $f(x)$ 为底半径,$\mathrm{d}x$ 为高的圆柱体体积. 即体积微元为:

$$\mathrm{d}V=\pi[f(x)]^2\mathrm{d}x,$$

则所求的旋转体的体积为:

$$V=\int_a^b \pi[f(x)]^2\mathrm{d}x.$$

图 3.21

图 3.22

类似地,由连续曲线 $x=\varphi(y)$ 与直线 $y=c,y=d(c<d)$ 及 y 轴围成的曲边梯形绕 y 轴旋转成的立体(图 3.22)体积为:

$$V=\int_c^d \pi[\varphi(y)]^2\mathrm{d}y.$$

【例 3.68】 求由曲线 $y=\dfrac{r}{h}\cdot x$ 及直线 $x=0,x=h(h>0)$ 和 x 轴所围成的三角形绕 x 轴旋转而生成的立体的体积(如图 3.23).

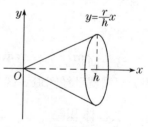

图 3.23

解 取 x 为积分变量,则 $x\in[0,h]$,所以

$$V=\int_0^h \pi\left(\frac{r}{h}x\right)^2\mathrm{d}x$$

$$=\frac{\pi\cdot r^2}{h^2}\int_0^h x^2\mathrm{d}x=\frac{\pi}{3}r^2 h.$$

【例 3.69】 设平面图形由曲线 $y=2\sqrt{x}$ 与直线 $x=1$ 及 $y=0$ 围成,试求:(1) 绕 x 轴旋转而成的旋转体体积;(2) 绕 y 轴旋转而成的旋转体体积.

图 3.24

解 (1) 如图 3.24(a)所示,$\mathrm{d}V=\pi(2\sqrt{x})^2\mathrm{d}x$,所以

$$V_x=\int_0^1 \pi(2\sqrt{x})^2\mathrm{d}x=4\pi\int_0^1 x\mathrm{d}x$$

$$=4\pi\left[\frac{1}{2}x^2\right]_0^1=2\pi.$$

(2) 如图 3.24(b)所示,$dV=\pi \cdot 1^2 \cdot dy - \pi\left(\frac{1}{4}y^2\right)^2 dy = \pi\left(1-\frac{1}{16}y^4\right)dy$,所以

$$V_y = \int_0^2 \pi\left(1-\frac{1}{16}y^4\right)dy = \pi\left[y-\frac{1}{80}y^5\right]_0^2 = \frac{8}{5}\pi.$$

2. 平行截面面积为已知的立体的体积(截面法)

由旋转体体积的计算过程可以发现:如果知道该立体上垂直于一定轴的各个截面的面积,那么这个立体的体积也可以用定积分来计算(如图 3.25).

取定轴为 x 轴,并设该立体在过点 $x=a,x=b$ 且垂直于 x 轴的两个平面之内,以 $A(x)$ 表示过点 x 且垂直于 x 轴的截面面积. 取 x 为积分变量,它的变化区间为 $[a,b]$. 立体中相应于 $[a,b]$ 上任一小区间 $[x,x+dx]$ 的一薄片的体积近似于底面积为 $A(x)$,高为 dx 的柱体的体积. 即体积元素为:

图 3.25

$$dV = A(x)dx,$$

于是,该立体的体积为:

$$V = \int_a^b A(x)dx.$$

【例 3.70】 计算椭圆 $\frac{x^2}{a^2}+\frac{y^2}{b^2}=1$ 所围成的图形绕 x 轴旋转而成的立体体积(如图 3.26).

解 这个旋转体可看作是由上半个椭圆 $y=\frac{b}{a}\sqrt{a^2-x^2}$ 及 x 轴所围成的图形绕 x 轴旋转所生成的立体图形. 在 x 处 $(-a\leqslant x\leqslant a)$,用垂直于 x 轴的平面去截立体所得截面积为:

图 3.26

$$A(x) = \pi \cdot \left(\frac{b}{a}\sqrt{a^2-x^2}\right)^2,$$

所以

$$V = \int_{-a}^a A(x)dx = \frac{\pi b^2}{a^2}\int_{-a}^a (a^2-x^2)dx = \frac{4}{3}\pi ab^2.$$

四、平面曲线的弧长

1. 直角坐标情形

在平面几何中,直线的长度容易计算,而曲线(除圆弧外)长度的计算就比较困难,现在来讨论这一问题.

设函数 $f(x)$ 在区间 $[a,b]$ 上具有一阶连续的导数,计算曲线 $y=f(x)$ 的长度 s.

我们把整个区间 $[a,b]$ 划分成若干个小区间,取 x 为积分变量,则 $x\in[a,b]$,在 $[a,b]$ 上任取一小区间 $[x,x+dx]$,那么这一小区间所对应的曲线弧段的长度 Δs 可以用该曲线在点 $(x,f(x))$ 处的切线上相应的一小段的长度来近似代替(图3.27),于是,弧长微元为:

$$\Delta s \approx \mathrm{d}s = \sqrt{(\mathrm{d}x)^2 + (\mathrm{d}y)^2} = \sqrt{1+[f'(x)]^2}\,\mathrm{d}x,$$
则弧长为：
$$s = \int_a^b \sqrt{1+[f'(x)]^2}\,\mathrm{d}x.$$

图 3.27

【例 3.71】 计算曲线 $y=\dfrac{2}{3}x^{\frac{3}{2}}(a \leqslant x \leqslant b)$ 的弧长.

解 $\mathrm{d}s = \sqrt{1+(\sqrt{x})^2}\,\mathrm{d}x = \sqrt{1+x}\,\mathrm{d}x$，则
$$s = \int_a^b \sqrt{1+x}\,\mathrm{d}x = \dfrac{2}{3}\Big[(1+x)^{\frac{3}{2}}\Big]_a^b$$
$$= \dfrac{2}{3}\Big[(1+b)^{\frac{3}{2}} - (1+a)^{\frac{3}{2}}\Big].$$

2. 参数方程的情形

若曲线由参数方程 $\begin{cases} x=\varphi(t) \\ y=\psi(t) \end{cases}$ $(\alpha \leqslant t \leqslant \beta)$ 给出，计算它的弧长时，只需要将弧微分写成
$$\mathrm{d}s = \sqrt{(\mathrm{d}x)^2 + (\mathrm{d}y)^2} = \sqrt{[\varphi'(t)]^2 + [\psi'(t)]^2}\,\mathrm{d}t$$
的形式，从而有
$$s = \int_\alpha^\beta \sqrt{[\varphi'(t)]^2 + [\psi'(t)]^2}\,\mathrm{d}t.$$

【例 3.72】 计算半径为 r 的圆周长度.

解 圆的参数方程为 $\begin{cases} x=r\cos t \\ y=r\sin t \end{cases}$ $(0 \leqslant t \leqslant 2\pi)$，则
$$\mathrm{d}s = \sqrt{(-r\sin t)^2 + (r\cot t)^2}\,\mathrm{d}t = r\,\mathrm{d}t,$$
即
$$s = \int_0^{2\pi} r\,\mathrm{d}t = 2\pi r.$$

五、定积分在物理上的应用

【例 3.73】 半径为 r 的球沉入水中，球的上部与水面相切，球的密度为 1，现将这球从水中取出，需作多少功？

解 建立如图 3.28 所示的坐标系. 因为球与水密度相同，故将球取出所做的功就等于把同体积的水抽出所做的功. 取 x 为积分变量，则 $x \in [0, 2r]$，在 $[0, 2r]$ 上任取一个小区间 $[x, x+\mathrm{d}x]$，则此小区间对应于球体上的一块小薄片，此薄片的体积为：
$$\pi(\sqrt{r^2-(r-x)^2})^2\,\mathrm{d}x.$$

将介于 x 与 $x+\mathrm{d}x$ 之间的水近似看成圆柱，则此层水重为：
$$\pi[r^2-(r-x)^2]\,\mathrm{d}x \cdot g = \pi g(2rx-x^2)\,\mathrm{d}x.$$

图 3.28

将其抽出所做的功为：
$$\Delta W \approx \pi g(2rx-x^2)\,\mathrm{d}x \cdot x = \mathrm{d}W,$$

故所求功为：
$$W = \int_0^{2r} \pi g x (2rx - x^2) dx = \frac{4}{3}\pi g r^4.$$

【例 3.74】 有一矩形闸门,宽 20 m,高 16 m,水面与闸门顶齐,求闸门上所受的总压力.

解 如图 3.29,闸门上对应于 $[x, x+dx]$ 的窄条上各点处压强是不同的,我们近似将其看作是相同的,不妨以 x 处的压强代之,即压强 $p \approx \rho g x$,而窄条面积 $= 20 dx$,则
$$\Delta F \approx \rho g x \cdot 20 dx = dF.$$

故水压力为：
$$F = \int_0^{16} 20\rho g x\, dx = 2\,560\rho g = 2\,560 \times 1\,000 \times 9.8$$
$$= 2.508\,8 \times 10^7 \text{（牛顿）}$$

图 3.29

习题 3.8

1. 求下列各题的面积：

(1) 求由曲线 $y = \sqrt{x}, y = x$ 所围成的图形的面积；

(2) 求由曲线 $y = e^x, y = e^{-x}, y = e$ 所围成的图形的面积；

(3) 求由曲线 $xy = a^2, y = x, x = 2a$ 所围成的图形的面积；

(4) 求曲线 $y = \cos x, y = \sin x$ 在 $x = 0$ 与 $x = \pi$ 之间所围成的图形的面积；

(5) 求曲线 $y = x^3, y = 2x$ 所围成图形的面积；

(6) 抛物线 $y = \frac{1}{2}x^2$ 将圆 $x^2 + y^2 \leq 8$ 分割成两部分,求这两部分的面积；

(7) 直线 $y = \frac{1}{4}$ 将由 $y = x^2, y = \sqrt{x}$ 所围成的区域分为上、下两部分,求上部分与下部分的面积比值；

(8) 求曲线 $\frac{x^2}{9} + \frac{y^2}{16} = 1, x = \frac{3}{2}, x = \frac{3}{\sqrt{2}}, y = 0$ 所围成的图形面积.

2. 求下列旋转体的体积：

(1) 由 $y^2 = 4ax$ 及 $x = 2a$ 围成的图形绕 x 轴旋转 $(a > 0)$；

(2) 由 $y = e^x, x = 1$ 及 x 轴, y 轴所围成的图形绕 x 轴旋转；

(3) 由 $y^2 = x$ 与 $y = x^2$ 围成的图形绕 y 轴旋转；

(4) 求直线 $y = 2x, y = x, x = 2, x = 4$ 所围成的平面图形绕 x 轴旋转一周所得的旋转体的体积；

(5) 求由曲线 $y = 2 - x^2, y = x, x = \frac{1}{2}(x \geq 0)$ 所围成的平面图形绕 y 轴旋转一周所生成的旋转体的体积；

(6) 求由抛物线 $y = x^2, y = 2 - x^2$ 所围成的图形,分别绕 x 轴及 y 轴旋转一周所形成立体的体积；

(7) 求由曲线 $xy=1$,直线 $x=1,x=2$ 及 x 轴所围图形分别绕 x 轴、y 轴旋转而成的旋转体的体积.

3. 求下列曲线的弧长：

(1) 求由 $y=\ln x$ 上相应于 $\sqrt{3}\leqslant x\leqslant\sqrt{8}$ 的一段弧;

(2) 曲线 $y=\ln(1-x)^2$ 自 $x=0$ 到 $x=\dfrac{1}{2}$ 这一段的弧长;

(3) 曲线 $x=\cos t+t\sin t, y=\sin t-t\cos t$ 自 $t=0$ 至 $t=\pi$ 这一段的弧长;

(4) 求曲线 $x=\arctan t, y=\dfrac{1}{2}\ln(1+t)^2$ 自 $t=0$ 到 $t=1$ 的一段弧长.

4. 用定积分在物理上的应用,计算下列各题：

(1) 汽车以每小时 36 km 速度行驶,到某处需要减速停车. 设汽车以等加速度 $a=-5\ \text{m/s}^2$ 刹车,问从开始刹车到停车,汽车走了多少距离？

(2) 有一横截面面积为 $20\ \text{m}^2$,深 5 m 的水池,池中装满了水. 现要将池中的水全部抽到高 10 m 的水塔上,求所需做的功.

(3) 有一装满水的断面为梯形的水箱,其上底为 3 m,下底为 2 m,高为 2 m,求水箱一侧所受到的压力.

第九节 反常积分

微课

学习目标

1. 了解反常积分的概念.
2. 会计算简单的反常积分.

前面所学的定积分,其积分区间是有限区间,且被积函数是有界函数,但实际问题中还会遇到无穷区间上的积分以及无界函数的积分问题. 因此需要把定积分概念加以推广,为了区别于前面的积分. 通常把这两种推广了的积分称为**反常积分**(或广义积分). 下面我们重点介绍无穷限的反常积分的概念和计算方法.

案例 3.6 自地面垂直向上发射火箭,火箭质量为 m,当火箭超出地球的引力范围时,试计算火箭克服引力所做的功.

分析：取如图 3.30 所示的坐标系,设地球的半径为 R,质量是 M,根据万有引力定律知道,火箭所受地球引力为 $f(x)=G\dfrac{mM}{x^2}$,其中 $G=\dfrac{gR^2}{M}$ 为引力常数,为了发射火箭,必须克服地球的引力,因此推力 $F(x)$ 至少应与地球的引力大小相等,即 $f(x)=F(x)$,所以

$$F(x)=G\dfrac{mM}{x^2}=\dfrac{mgR^2}{x^2},$$

要使火箭要脱离地球的引力范围,也就是 $x\to\infty$.

火箭所做的功为：

图 3.30

$$W = \int_R^{+\infty} \frac{mgR^2}{x^2} dx.$$

这样的积分,称为反常积分. 它有没有意义? 又该如何计算呢?

设 $h > R$,先计算定积分 $\int_R^h \frac{mgR^2}{x^2} dx$,它是积分上限 h 的函数,然后令 $h \to +\infty$,于是

$$W = \lim_{h \to +\infty} \int_R^h \frac{mgR^2}{x^2} dx = \lim_{h \to +\infty} \left[-\frac{mgR^2}{x} \right]_R^h$$
$$= \lim_{h \to +\infty} \left(-\frac{mgR^2}{h} + \frac{mgR^2}{R} \right)$$
$$= mgR.$$

一般地,无穷限的反常积分的定义如下:

定义 3.4 设函数 $f(x)$ 在区间 $[a, +\infty)$ 上连续,取 $b > a$. 如果极限

$$\lim_{b \to +\infty} \int_a^b f(x) dx$$

存在,则称此极限为函数 $f(x)$ 在无穷区间 $[a, +\infty)$ 上的反常积分,记作 $\int_a^{+\infty} f(x) dx$,即

$$\int_a^{+\infty} f(x) dx = \lim_{b \to +\infty} \int_a^b f(x) dx.$$

这时也称反常积分 $\int_a^{+\infty} f(x) dx$ **收敛**. 否则称反常积分 $\int_a^{+\infty} f(x) dx$ **发散**.

类似地,设函数 $f(x)$ 在区间 $(-\infty, b]$ 上连续,如果极限

$$\lim_{a \to -\infty} \int_a^b f(x) dx \ (a < b)$$

存在,则称此极限为函数 $f(x)$ 在无穷区间 $(-\infty, b]$ 上的反常积分,记作 $\int_{-\infty}^b f(x) dx$,即

$$\int_{-\infty}^b f(x) dx = \lim_{a \to -\infty} \int_a^b f(x) dx.$$

这时也称反常积分 $\int_{-\infty}^b f(x) dx$ 收敛. 反之则称反常积分 $\int_{-\infty}^b f(x) dx$ 发散.

【例 3.75】 计算反常积分 $\int_0^{+\infty} te^{-pt} dt$ (p 是常数,且 $p > 0$).

解
$$\int_0^{+\infty} te^{-pt} dt = \lim_{b \to +\infty} \int_0^b te^{-pt} dt = -\frac{1}{p} \lim_{b \to +\infty} \int_0^b t de^{-pt}$$
$$= -\frac{1}{p} \lim_{b \to +\infty} [te^{-pt}]_0^{+\infty} + \frac{1}{p} \lim_{b \to +\infty} \int_0^b e^{-pt} dt$$
$$= 0 - \frac{1}{p^2} \lim_{b \to +\infty} [e^{-pt}]_0^b = \frac{1}{p^2}.$$

提示:利用洛必达法则,可得 $\lim_{t \to +\infty} te^{-pt} = \lim_{t \to +\infty} \frac{t}{e^{pt}} = \lim_{t \to +\infty} \frac{1}{pe^{pt}} = 0$.

【例 3.76】 讨论反常积分 $\int_a^{+\infty} \frac{1}{x^p} dx \ (a > 0)$ 的敛散性.

解 当 $p = 1$ 时,$\int_a^{+\infty} \frac{1}{x^p} dx = \int_a^{+\infty} \frac{1}{x} dx = \lim_{b \to +\infty} [\ln x]_a^b = +\infty$;

当 $p < 1$ 时,$\int_a^{+\infty} \frac{1}{x^p} dx = \frac{1}{1-p} \lim_{b \to +\infty} [x^{1-p}]_a^b = +\infty$;

当 $p>1$ 时,$\int_a^{+\infty}\dfrac{1}{x^p}\mathrm{d}x=\dfrac{1}{1-p}\lim\limits_{b\to+\infty}[x^{1-p}]_a^b=\dfrac{a^{1-p}}{p-1}$.

因此,当 $p>1$ 时,此反常积分收敛,其值为 $\dfrac{a^{1-p}}{p-1}$,当 $p\leqslant 1$ 时,此反常积分发散.

定义 3.5 设函数 $f(x)$ 在区间 $(-\infty,+\infty)$ 上连续,如果反常积分
$$\int_{-\infty}^0 f(x)\mathrm{d}x \text{ 和 } \int_0^{+\infty} f(x)\mathrm{d}x$$
都收敛,则称上述两个反常积分的和为函数 $f(x)$ 在无穷区间 $(-\infty,+\infty)$ 上的反常积分,记作 $\int_{-\infty}^{+\infty} f(x)\mathrm{d}x$,即
$$\int_{-\infty}^{+\infty} f(x)\mathrm{d}x = \int_{-\infty}^0 f(x)\mathrm{d}x + \int_0^{+\infty} f(x)\mathrm{d}x$$
$$= \lim_{a\to-\infty}\int_a^0 f(x)\mathrm{d}x + \lim_{b\to+\infty}\int_0^b f(x)\mathrm{d}x.$$

这时也称反常积分 $\int_{-\infty}^{+\infty} f(x)\mathrm{d}x$ 收敛. 如果上式右端有一个反常积分发散,则称反常积分 $\int_{-\infty}^{+\infty} f(x)\mathrm{d}x$ 发散.

三种反常积分可采用如下简记形式:
$$\int_a^{+\infty} f(x)\mathrm{d}x = [F(x)]_a^{+\infty} = \lim_{x\to+\infty} F(x) - F(a);$$
$$\int_{-\infty}^b f(x)\mathrm{d}x = [F(x)]_{-\infty}^b = F(b) - \lim_{x\to-\infty} F(x);$$
$$\int_{-\infty}^{+\infty} f(x)\mathrm{d}x = [F(x)]_{-\infty}^{+\infty} = \lim_{x\to+\infty} F(x) - \lim_{x\to-\infty} F(x).$$

【例 3.77】 计算反常积分 $\int_{-\infty}^{+\infty}\dfrac{1}{1+x^2}\mathrm{d}x$.

解 $\int_{-\infty}^{+\infty}\dfrac{1}{1+x^2}\mathrm{d}x = [\arctan x]_{-\infty}^{+\infty} = \lim\limits_{x\to+\infty}\arctan x - \lim\limits_{x\to-\infty}\arctan x$
$$=\dfrac{\pi}{2}-\left(-\dfrac{\pi}{2}\right)=\pi.$$

习题 3.9

讨论下列反常积分的收敛性,若收敛,则计算其值.

(1) $\int_0^{+\infty} \mathrm{e}^{-3x}\mathrm{d}x$;

(2) $\int_1^{+\infty} \dfrac{1}{x}\mathrm{d}x$;

(3) $\int_0^{+\infty} \sin x\mathrm{d}x$;

(4) $\int_2^{+\infty} \dfrac{1}{x^2-1}\mathrm{d}x$;

(5) $\int_{-\infty}^{+\infty} \dfrac{1}{x^2+2x+2}\mathrm{d}x$;

(6) $\int_0^{+\infty} x\mathrm{e}^{-x^2}\mathrm{d}x$.

第十节 积分运算实验

一、实验目的

会利用 MATLAB 求函数的不定积分和定积分.

二、实验指导

在 MATLAB 中,用符号工具箱中的 int 函数求函数的不定积分和定积分,int 函数的调用格式见表 3.1.

表 3.1

	数学表达式	MATLAB 命令格式
不定积分	$\int f(x)\mathrm{d}x$	int(f(x)) 或 int(f(x),x) 注意:积分表达式只是函数 $f(x)$ 的一个原函数,后面没有带任意常数 C
定积分	$\int_a^b f(x)\mathrm{d}x$	int(f(x),a,b) 或 int(f(x),x,a,b) 对函数 $f(x)$ 中指定的符号变量 x 计算从 a 到 b 的定积分

【例 3.78】 求不定积分 $\int \dfrac{x^4}{1+x^2}\mathrm{d}x$.

解 在 MATLAB 中输入以下命令:

≫ syms x
≫ int(x^4/(1+x^2))

按"回车"键,显示结果为:

ans=
1/3*x^3-x+atan(x)

所以 $\int \dfrac{x^4}{1+x^2}\mathrm{d}x = \dfrac{x^3}{3} - x + \arctan x + C.$

【例 3.79】 求不定积分 $\int \dfrac{1}{\sin^2 x \cos^2 x}\mathrm{d}x$.

解 在 MATLAB 中输入以下命令:

≫ syms x
≫ int(1/((sin(x)^2)*(cos(x)^2)))

按"回车"键,显示结果为:

ans=
-2cot(2*x)

所以 $\int \dfrac{1}{\sin^2 x \cdot \cos^2 x}\mathrm{d}x = \tan x - \cot x + C.$

【例 3.80】 求不定积分 $\int \dfrac{\mathrm{d}x}{\sqrt{x^2+a^2}} (a>0).$

解 在MATLAB中输入以下命令：

```
>> syms x a
>> int(1/((x^2+a^2)^(1/2)))
```

按"回车"键，显示结果为：

ans=

log(x+(x^2+a^2)^(1/2))

所以 $\int \dfrac{\mathrm{d}x}{\sqrt{x^2+a^2}} = \ln(x+\sqrt{a^2+x^2})+C.$

【例 3.81】 计算定积分 $\int_0^\pi \sqrt{\sin^3 x - \sin^5 x}\,\mathrm{d}x.$

解 在MATLAB中输入以下命令：

```
>> syms x
>> k=int(sqrt(sin(x)^3-sin(x)^5),0,pi);
>> simplify(k)
```

按"回车"键，显示结果为：

ans=

4/5

所以 $\int_0^\pi \sqrt{\sin^3 x - \sin^5 x}\,\mathrm{d}x = \dfrac{4}{5}.$

【例 3.82】 计算定积分 $\int_{-\frac{1}{2}}^{\frac{1}{2}} x^2 \ln\dfrac{1-x}{1+x}\,\mathrm{d}x.$

解 在MATLAB中输入以下命令：

```
>> syms x
>> int(x^2*log((1-x)/(1+x)),-1/2,1/2)
```

按"回车"键，输出结果为：

ans=

0

所以 $\int_{-\frac{1}{2}}^{\frac{1}{2}} x^2 \ln\dfrac{1-x}{1+x}\,\mathrm{d}x = 0.$

【例 3.83】 计算由心形线 $r=a(1+\cos\theta)(a>0)$ 所围成的面积.

解 在MATLAB中输入以下命令：

```
>> clear
>> syms theta a
>> int(a^2*(1+cos(theta))^2,theta,0,pi)
```

按"回车"键，显示结果为：

ans=

3/2*pi*a^2

所以围成的面积为 $S = \dfrac{3}{2}\pi a^2.$

【例 3.84】 一圆柱形水池，直径是 20 m，高 10 m，内盛满了水，现将水抽尽，求克服重力所做的功.

解 $W = \int_0^{10} 10^5 \pi g x \, dx.$

在 MATLAB 中输入以下命令：
≫ syms x g
≫ int(10^5 * pi * g * x, 0, 10)
按"回车"键，显示结果为：
ans=
5000000 * pi * g

所以将水抽尽，克服重力所做的功为 $W = 5 \times 10^6 \pi g$ (J).

【例 3.85】 计算反常积分：(1) $\int_{-\infty}^{+\infty} \frac{1}{1+x^2} dx$；(2) $\int_0^2 \frac{1}{\sqrt{4-x^2}} dx$；(3) $\int_{-1}^{1} \frac{1}{x^2} dx.$

解 MATLAB 中输入以下命令：
≫ syms x
≫ a1=int(1/(1+x^2),-inf,+inf), a2=int(1/(sqrt(4-x^2)),0,2), a3=int(1/x^2, -1,1)
按"回车"键，显示结果为：
a1=
pi
a2=
1/2 * pi
a3=
Inf

所以：(1) $\int_{-\infty}^{+\infty} \frac{1}{1+x^2} dx = \pi$；(2) $\int_0^2 \frac{1}{\sqrt{4-x^2}} dx = \frac{\pi}{2}$；(3) $\int_{-1}^{1} \frac{1}{x^2} dx$ 是发散的.

习题 3.10

1. 利用 MATLAB 计算下列函数的不定积分：

(1) $\int x(x^2-1)^{49} dx$；

(2) $\int e^{\sin x} \cos x \, dx$；

(3) $\int x^2 e^x dx$；

(4) $\int \arctan x \, dx.$

2. 利用 MATLAB 计算下列定积分：

(1) $\int_0^1 \frac{2x}{2+x^2} dx$；

(2) $\int_0^1 x\sqrt{1+2x^2} \, dx$；

(3) $\int_0^{\pi} x \cos x \, dx$；

(4) $\int_1^e x \ln x \, dx.$

3. 利用 MATLAB 计算下列反常积分：

(1) $\int_1^{+\infty} \frac{1}{x^3} dx$；

(2) $\int_{-\infty}^0 \cos x \, dx.$

本章小结

本章主要学习一元函数的积分,基本内容为原函数、不定积分、定积分等,主要积分方法就是利用基本积分公式、换元积分法和分部积分法,并利用定积分的知识求解曲边梯形的面积和旋转体的体积以及曲线弧长等。

1. 不定积分的基本概念和基础知识

(1) 原函数的定义及其定理.

(2) 不定积分的定义和基本积分公式.

(3) 换元积分法中第一类换元法要求熟练地掌握凑微分法和设中间变量的方法,并能记住常用的凑微分公式;第二类换元法要熟悉三角代换的三种典型函数的模型;分部积分法则是通过"部分的"凑微分将 $\int u dv$ 转化成 $\int v du$,向有利于求积分的方向转化,知道被积函数是反三角函数、对数函数、幂函数、三角函数、指数函数这五类函数的乘积时,一般选择顺序按"反、对、幂、三、指"的顺序,将前者选项为 u,剩余部分选作 dv;对于不同的被积函数类型,应该有针对性地、灵活地采用有效的积分方法,例如 $f(x)$ 为有理函数时,若是假分式则通过转化使其为真分式,并通过待定系数法或者赋值法把它分解成最简分式来积分,$f(x)$ 为无理函数时,常可用换元积分法;这里应该指出的是:积分运算比起微分运算来说,不仅技巧性强,而且有许多初等函数是"积不出来"的.

2. 定积分的基本概念和基础知识

(1) 定积分、定积分的几何意义. 知道定积分 $\int_a^b f(x)dx$ 结果只依赖于被积函数 $f(x)$ 和积分区间 $[a,b]$. 当 $a>b$ 时,$\int_a^b f(x)dx = -\int_b^a f(x)dx$,当 $a=b$ 时,$\int_a^b f(x)dx = 0$.

(2) 定积分的七个性质要熟记,利用性质会比较定积分的大小,并能在积分积不出来时,能估计出积分的范围;理解变上限定积分是关于 x 的函数,对变上限定积分定理要理解,并能应用定理推导出其他的几个公式且能熟记,会利用该公式求一些简单的极限.

(3) 牛顿-莱布尼茨公式不仅在定积分这部分内容中,而且在整个微积分学中都是一个很重要的结论,要熟练地应用它;在换元积分中一定要记住换元必换限,在通常情况下,若能够不换元,尽量不用换元的方法,以免忘记换上下限;在求定积分的过程中,也可以先把不定积分求出,然后再带入上下限,这样也可以避免出现换上下限的问题;在利用分部积分公式时,应该是一边求一边带入上下限,或者先把其不定积分求出,再带入上下限.

(4) 当遇到积分上下限互为相反数时,应注意观察被积函数的奇偶性,即若 $f(x)$ 在 $[-a,a]$ 上为偶函数时,则 $\int_{-a}^a f(x)dx = 2\int_0^a f(x)dx$;若 $f(x)$ 在 $[-a,a]$ 上为奇函数时,则 $\int_{-a}^a f(x)dx = 0$.

(5) 反常积分是定积分的推广,在计算反常积分时,可以用牛顿-莱布尼茨公式来计算,并把积分写成极限的形式. 在本书中我们采用了这样的方法.

3. 定积分的应用

(1) 记住求面积、弧长和旋转体体积的计算公式. 在求平面图形面积的过程中,应注意选择合适的积分变量,以便简化积分的过程;对于弧长问题,先要算出 $\sqrt{1+[f'(x)]^2}$;对于求旋转体的体积的问题,要分清是绕 x 轴还是绕 y 轴旋转而选择体积的计算公式.

(2) 在物理上的应用,一般要建立坐标系,确定所求的总体量所在的区间,将区间进行划分,求出微小量再利用定积分进行求解.

第四章 常微分方程

微分方程是常微分方程和偏微分方程的总称.微分方程几乎是和微积分同时产生的,它的形成和发展是和力学、天文学、物理学,以及其他科学技术的发展密切相关的.

17 世纪科学家就提出了弹性问题,这类问题导致悬链线方程、振动弦的方程产生等等.总之,力学、天文学、几何学等领域的许多问题都涉及微分方程.在当代,甚至许多社会科学的问题亦涉及微分方程,如人口发展模型、交通流模型……因而微分方程的研究也是与人类社会密切相关的.

常微分方程在很多学科领域内有着重要的应用,自动控制、各种电子学装置的设计、弹道的计算、飞机和导弹飞行稳定性的研究、化学反应过程稳定性的研究等等,这些问题都可以化为求微分方程的解,或者化为研究解的性质的问题.

常微分方程的概念、解法和相关理论很多.求通解在历史上曾作为微分方程的主要目标,不过能够求出通解的情况不多,在实际应用中多是求满足某种指定条件的特解,即转向求定解问题,如初值问题、边值问题、混合问题等.

应该说,常微分方程理论应用已经取得了很大的成就,但是,它的现有理论还远远不能满足需要,还有待于进一步的发展,使这门学科理论更加完善.常微分方程在科技、工程、经济管理、生态、环境、考古、刑侦等各个领域有着广泛的应用.我们来看一些实例.

案例 4.1 设有一质量为 m 的物体,从空中某处,不计空气阻力而只受重力作用由静止状态自由降落.试求物体的运动规律(即物体在自由降落过程中,所经过的路程 s 与时间 t 的函数关系).

解 设物体在时刻 t 所经过的路程为 $s=s(t)$,根据牛顿第二定律知,作用在物体上的外力 mg(重力)应等于物体的质量 m 与加速度的乘积,于是得

$$m\frac{d^2 s}{dt^2}=mg, 即 \frac{d^2 s}{dt^2}=g,$$

其中 g 是重力加速度.

将上式改写为 $\frac{d}{dt}\left(\frac{ds}{dt}\right)=g$,因此可得

$$d\left(\frac{ds}{dt}\right)=g dt.$$

由于物体由静止状态自由降落,所以 $s=s(t)$ 还应满足条件:

$$s\Big|_{t=0}=0, \quad \frac{ds}{dt}\Big|_{t=0}=0.$$

两端积分一次,得

$$\frac{ds}{dt}=\int g dt = gt+C_1,$$

再对上式两端积分,得

$$s = \int (gt + C_1) dt = \frac{1}{2}gt^2 + C_1 t + C_2,$$

其中 C_1, C_2 是两个任意常数.

两个条件分别代入,可得
$$C_1 = 0, C_2 = 0,$$

于是,所求的自由落体的运动规律为:
$$s = \frac{1}{2}gt^2.$$

案例 4.2 列车在平直的线路上以 20 米/秒的速度行驶,当制动时列车获得加速度 -0.4 米/秒^2,问开始制动后多少时间列车才能停住? 以及列车在这段时间内行驶了多少路程?

解 设制动后 t 秒行驶 s 米, $s = s(t)$,而

$\frac{d^2 s}{dt^2} = -0.4, t=0$ 时, $s=0, v=\frac{ds}{dt}=20$,

$v = \frac{ds}{dt} = -0.4t + C_1, s = -0.2t^2 + C_1 t + C_2,$

代入条件后知 $C_1 = 20, C_2 = 0$.

$v = \frac{ds}{dt} = -0.4t + 20,$

故 $s = -0.2t^2 + 20t$.

开始制动到列车完全停住共需 $t = \frac{20}{0.4} = 50$(秒),

列车在这段时间内行驶了 $s = -0.2 \times 50^2 + 20 \times 50 = 500$(米).

案例 4.3 一曲线通过点 $(1, 2)$,且在该曲线上任一点 $M(x, y)$ 处的切线的斜率为 $2x$,求此曲线的方程.

解 设所求曲线为 $y = y(x)$,则

$\frac{dy}{dx} = 2x$, 其中 $x=1$ 时, $y=2$.

$y = \int 2x dx$, 即 $y = x^2 + C$, 代入条件求得 $C = 1$.

所求曲线方程为 $y = x^2 + 1$.

案例 4.4 (**生物种群数量问题**) 设某生物种群在其适应的环境下生存,试讨论该生物种群的数量变化情况.

解 问题假设:

(1) 假设该生物种群的自然增长率为常数 λ;

(2) 设在其适应的环境下只有该生物种群生存或其他的生物种群的生存不影响该生物种群的生存;

(3) 假设时刻 t 生物种群数量为 $N(t)$,由于 $N(t)$ 的数量很大,可视为时间 t 的连续可微函数;

(4) 假设在 $t=0$ 时刻该生物种群的数量为 N_0.

问题分析：

问题涉及的主要特征的数学刻画：自然增长率．意指单位时间内种群增量与种群数量的比例系数，或单位时间内单个个体增加的平均数量．

在 Δt 时段种群数量的净增加量＝在 $t+\Delta t$ 时刻的种群数量—在 t 时刻的种群数量．

文字方程改写为符号方程为：
$$N(t+\Delta t)-N(t)=\lambda N(t)\Delta t.$$

模型建立：

Malthus 模型 $\begin{cases} \dfrac{\mathrm{d}N(t)}{\mathrm{d}t}=\lambda N(t), \\ N(0)=N_0. \end{cases}$

模型求解：

容易解得 $N(t)=N_0 \mathrm{e}^{\lambda t}$．

结果验证：

上面的模型的结果与 19 世纪以前欧洲地区的人口统计数据可以很好吻合；人们还发现在地广人稀的地方，人口增长情况比较符合这种指数增长模型．说明该模型的假设和模型本身具有一定的合理性．

从以上几个案例可以看出，常微分方程在科技、工程、经济管理、生态、环境、考古、刑侦等各个领域有着广泛的应用．

第一节　微分方程的基本概念

学习目标

了解常微分方程、方程的阶、解、通解、初始条件和特解等概念．

微课

我们知道，在微积分中，如果知道因变量 y 是自变量 x 的函数，在一定的条件下，我们就可以求 y 对 x 的导数 $\dfrac{\mathrm{d}y}{\mathrm{d}x}$，例如 $y=x^2$，则有 $y'=2x$；反过来，如果已知一个函数满足 $y'=2x$，则可以用积分学的知识，求出这个函数．

那么什么叫微分方程呢？在初等数学里，我们说，含有未知数的等式叫方程．比如 $x^2+2x-1=0$，就是一个方程．现在我们可以先将这个概念推广一下——含有未知量的等式叫作方程．未知量有很多种，有的未知量代表的是数，这样的方程与我们以前讲的方程一致．如果未知量代表的是函数，就是函数方程．比如 $f^2(x)+f(x)-x^2=0$，就是一个函数方程，其中 $f(x)$ 是一个未知的函数．现在我们可以这样来定义微分方程——含有未知函数的导数的等式，称为**微分方程**．这是很好理解的，微分方程自然应该含有微分，微分方程应该是函数方程．我们刚才讲的 $y'=2x$，就是一个微分方程．

下面看一下微分方程的分类．首先我们可以按照含有的是导数，还是偏导数，将微分方程分为两类：常微分方程和偏微分方程．未知函数是一元函数的微分方程叫作**常微分方程**．未知函数是多元函数（在第八章中介绍）的微分方程叫作**偏微分方程**．方程中未知函数的定义域也称为方程的定义域．本章仅讨论常微分方程．

例如，
$$\frac{dy}{dx} = x^2 + y^2 + 2,$$
$$(y'')^2 + \sin xy' - x^2 + y^2 + 2 = 0,$$
是常微分方程.

微分方程中所含有的导数（或偏导数）的最高阶的阶数称为**微分方程的阶**. 例如：$y'' + xy' + y\sin x = e^x$ 是二阶常微分方程. $(y')^4 + xy' + \sin xy = e^x$ 是一阶常微分方程. 当 $F(x_1, x_2, \cdots, x_{n+1})$ 是一个表达式，y 是 x 的函数，那么 $F(x, y', y'', \cdots, y^{(n)}) = 0$ 是 n 阶常微分方程.

【例 4.1】 已知一曲线经过点 $(0,1)$，且曲线上任意一点处的斜率是其横坐标的 4 倍，求此曲线.

解 设此曲线的方程为 $y = y(x)$，由题意得到
$$\frac{dy}{dx} = 4x,$$

所以
$$y = \int 4x dx = 2x^2 + C.$$

当 $x = 0$ 时，$y = 1$，所以 $1 = 2 \cdot 0^2 + C$，即 $C = 1$.

故所求的曲线方程为
$$y = 2x^2 + 1.$$

这里 $\frac{dy}{dx} = 4x$ 就是一个一阶常微分方程.

微分方程是含有未知函数的导数的方程，满足该方程的函数称为**微分方程的解**. 对于一阶微分方程来说，它的含有一个任意常数的解，称为此微分方程的**通解**. 一般来说，对于 n 阶微分方程，其含有 n 个互相独立的任意常数的解称为**微分方程的通解**. 不含有任意常数的解称为**微分方程的特解**. 例如函数 $y = x^2$ 是方程 $y' = 2x$ 的一个特解. 微分方程 $y' = 2x$ 的通解是 $y = x^2 + C$. 又如 $y = x^2 + C_1 x + C_2$ 是方程 $y'' = 2$ 的通解，而 $y = x^2 + C_1 + C_2$ 不是. 因为 $y = x^2 + C_1 + C_2$ 中尽管有两个任意常数，但不是独立的，若令 $C = C_1 + C_2$，则实际上只有一个任意常数. 注意 $y = x^2 + C_1 + C_2$ 也不是方程 $y'' = 2$ 的特解，因为它含有任意常数.

由上可以知道，一阶微分方程的通解含有一个任意常数，因此如果知道当 $x = x_0$ 时，$y = y_0$，就可以由此确定这个任意常数，这样的条件称为**初始条件**. 对于两阶微分方程，由于含有两个任意常数，因而可以用条件 $y|_{x=x_0} = y_0, y'|_{x=x_0} = y_1$ 来确定这两个任意常数，这样的条件也叫作**初始条件**. 对于 n 阶的微分方程，也可以类似地讨论. 微分方程加上初始条件，这样的问题称为**初值问题**. 例如 $\begin{cases} y' = f(x, y) \\ y|_{x=x_0} = y_0 \end{cases}$ 是一阶微分方程的初值问题；

$\begin{cases} y'' = f(x, y, y') \\ y|_{x=x_0} = y_0, y'|_{x=x_0} = y_1 \end{cases}$ 是二阶微分方程的初值问题；等等.

习题 4.1

1. 指出下列微分方程的阶数：
   (1) $y' + x(y')^2 + y = 1$；
   (2) $y^3 y'' + 2xy' + x^2 y = 0$；

(3) $\dfrac{d^2x}{dt^2}+2\dfrac{dx}{dt}+\dfrac{1}{t}x=\sin t$;　　　　(4) $(3x-4y)dx+(2x+y)dy=0$.

2. 检验下列所给的函数是否是其后面的方程的解,如果是请指出它是通解还是特解：

(1) $y=x^2e^x$, $y''-2y'+y=0$;

(2) $y=3\sin x-4\cos x$, $y''+y'=0$;

(3) $y=C_1e^x+C_2e^{2x}+\dfrac{1}{12}e^{5x}$($C_1$,$C_2$ 是任意常数), $y''-3y'+2y=0$;

(4) $y=C_1\cos 3x+C_2\sin 3x+\dfrac{1}{32}(4x\cos x+\sin x)$($C_1$,$C_2$ 是任意常数), $y''+9y=x\cos x$;

(5) $y=x^2+(C_1+C_2)$(C_1,C_2 是任意常数), $y''-2=0$.

第二节　一阶常微分方程

学习目标

掌握可分离变量的微分方程、齐次微分方程及一阶线性微分方程的解法.

对于一般的微分方程,要求它的解是很困难的,即使是一般的一阶微分方程 $y'=f(x,y)$,它的解也是很难求的,我们在这里只介绍几种简单的微分方程的解法,首先介绍可分离变量的微分方程.

一、可分离变量的微分方程

形如 $\dfrac{dy}{dx}=f(x)\cdot g(y)$ 的微分方程称为**可分离变量的微分方程**. 这类方程是可以很容易解的. 求解的一般步骤是：

微课

(1) 分离变量

方程可以变形为：

$$\dfrac{1}{g(y)}dy=f(x)dx.$$

(2) 两边同时积分

如果 $f(x)$ 与 $\dfrac{1}{g(y)}$ 可积,则方程两边同时积分,得到

$$\int\dfrac{1}{g(y)}dy=\int f(x)dx.$$

由此得到方程的解：

$$G(y)=F(x)+C.$$

其中 $G(y)=\int\dfrac{1}{g(y)}dy$, $F(x)=\int f(x)dx$. 要注意的是同时积分,左边是对 y 积分,右边是对 x 积分.

我们也可以验证一下. 若方程的解为 $y=\varphi(x)$,满足 $G(y)=F(x)+C$,则

$$\int \frac{1}{g(y)} dy = \int f(x) dx.$$

两边微分得到
$$\frac{1}{g(y)} dy = f(x) dx,$$

即
$$\frac{dy}{dx} = f(x) g(y).$$

由此可见隐函数 $G(y) = F(x) + C$ 是方程 $\frac{dy}{dx} = f(x) \cdot g(y)$ 的通解.

【例 4.2】 求方程 $y' = 2xy$ 的通解.

解 $y = 0$ 显然是方程的一个特解.

若 y 不为零,则将 $\frac{dy}{dx} = 2xy$ 分离变量,得到
$$\frac{1}{y} dy = 2x dx.$$

两边同时积分,得到
$$\int \frac{1}{y} dy = \int 2x dx,$$
$$\ln|y| = x^2 + C,$$

即
$$y = C_1 e^{x^2} \quad (C_1 = \pm e^C).$$

其中 C_1 是任意常数. 若 $C_1 = 0$,即得到特解 $y = 0$.

【例 4.3】 求微分方程 $y' + y = 0$ 的通解.

解 因为 $y' + y = 0$,所以
$$\frac{dy}{dx} = -y.$$

分离变量得
$$\frac{dy}{y} = -dx,$$

两边积分得
$$\int \frac{dy}{y} = \int -dx,$$
$$\ln|y| = -x + C_1,$$
$$|y| = e^{-x + C_1},$$
$$y = \pm e^{C_1} e^{-x},$$

即
$$y = Ce^{-x} \quad (C \text{ 为任意常数}).$$

【例 4.4】(**衰变问题**) 衰变速度与未衰变原子含量 M 成正比,已知 $M|_{t=0} = M_0$,求衰变过程中铀含量 $M(t)$ 随时间 t 变化的规律.

解 衰变速度 $\frac{dM}{dt}$,由题设条件 $\frac{dM}{dt} = -\lambda M$ ($\lambda > 0$,衰变系数)

即
$$\frac{dM}{M} = -\lambda dt.$$

$\int \frac{dM}{M} = \int -\lambda dt, \ln|M| = -\lambda t + \ln|C|$,即 $M = Ce^{-\lambda t}$,

代入 $M|_{t=0} = M_0$ 得 $M_0 = Ce^0 = C$.

故 $M = M_0 e^{-\lambda t}$.

二、齐次微分方程

有很多的方程不是可分离变量的微分方程,其中有一些可以通过一系列的变换转化为这种形式.

形如 $\dfrac{\mathrm{d}y}{\mathrm{d}x}=\varphi\left(\dfrac{y}{x}\right)$ 的微分方程称为**齐次微分方程**.

对于这样的方程可以用下面的方法将它化为可分离变量的微分方程. 解这类方程的一般步骤如下:

令 $u=\dfrac{y}{x}$,即 $y=ux$,注意 u 是 x 的函数. 所以,代入方程得到

$$u+x\frac{\mathrm{d}u}{\mathrm{d}x}=\varphi(u),$$

即

$$\frac{\mathrm{d}u}{\mathrm{d}x}=\frac{\varphi(u)-u}{x}.$$

再分离变量,得到

$$\frac{\mathrm{d}u}{\varphi(u)-u}=\frac{\mathrm{d}x}{x}.$$

两边同时积分,得

$$\int\frac{\mathrm{d}u}{\varphi(u)-u}=\ln|x|+C.$$

将左边的积分求出后,再将 $u=\dfrac{y}{x}$ 代入,就得到方程的解.

【例 4.5】 解方程 $y^2+x^2y'=xyy'$.

解 原方程可以化为:

$$\frac{\mathrm{d}y}{\mathrm{d}x}=\frac{y^2}{xy-x^2},$$

即

$$\frac{\mathrm{d}y}{\mathrm{d}x}=\frac{\left(\dfrac{y}{x}\right)^2}{\dfrac{y}{x}-1}.$$

显然这是一个齐次方程,令 $u=\dfrac{y}{x}$,即 $y=ux$,则 $\dfrac{\mathrm{d}y}{\mathrm{d}x}=u+x\dfrac{\mathrm{d}u}{\mathrm{d}x}$,代入方程得到

$$u+x\frac{\mathrm{d}u}{\mathrm{d}x}=\frac{u^2}{u-1},$$

即

$$x\frac{\mathrm{d}u}{\mathrm{d}x}=\frac{u}{u-1}.$$

分离变量,得到

$$\frac{u-1}{u}\mathrm{d}u=\frac{\mathrm{d}x}{x},$$

再两边积分,得

$$\int\frac{u-1}{u}\mathrm{d}u=\int\frac{\mathrm{d}x}{x}.$$

即

$$u-\ln|u|=\ln|x|+C\ (C\text{ 为任意常数}).$$

再将 $u=\dfrac{y}{x}$ 代入上式,得到方程的通解为
$$\dfrac{y}{x}-\ln\left|\dfrac{y}{x}\right|=\ln|x|+C,$$
即
$$y=x\ln|y|+Cx.$$

三、一阶线性微分方程

接下来将讨论一阶线性微分方程的解法. 形如
$$y'+P(x)y=Q(x) \tag{4.1}$$
的微分方程,称为**一阶线性微分方程**.

若 $Q(x)\neq 0$,则称方程(4.1)为**一阶非齐次线性微分方程**;若 $Q(x)\equiv 0$,则称方程 $y'+P(x)y=0$ 为**一阶齐次线性微分方程**. 它是可分离变量的微分方程,其解为
$$y=Ce^{-\int P(x)dx}\ (C \text{ 为任意常数}).$$

下面将利用这个解来求一阶非齐次线性微分方程的解. 我们采用的方法称为**常数变易法**. 用函数 $C(x)$ 来代替常数 C,即设函数 $y=C(x)e^{-\int P(x)dx}$ 是方程(4.1)的一个解. 代入方程,得到
$$Q(x)=C'(x)e^{-\int P(x)dx}-C(x)P(x)e^{-\int P(x)dx}+P(x)C(x)e^{-\int P(x)dx},$$
即
$$C'(x)=Q(x)e^{\int P(x)dx}.$$
所以
$$C(x)=\int Q(x)e^{\int P(x)dx}dx+C.$$

故方程(4.1)的通解为:
$$y=\left(\int Q(x)e^{\int P(x)dx}dx+C\right)e^{-\int P(x)dx}.$$

当 $C=0$ 时,为方程(4.1)的一个特解,因此方程(4.1)的通解可以写为对应的齐次线性方程的通解加上此方程的一个特解. 即
$$y=Ce^{-\int P(x)dx}+e^{-\int P(x)dx}\int Q(x)e^{\int P(x)dx}dx.$$

【例 4.6】 求方程 $y'-\dfrac{2y}{x+1}=(x+1)^{\frac{5}{2}}$ 的通解.

解 $P(x)=-\dfrac{2}{1+x},Q(x)=(1+x)^{\frac{5}{2}}$ 故其对应的齐次线性方程的通解为
$$y=Ce^{-\int -\frac{2}{1+x}dx},$$
即
$$y=C(1+x)^2.$$
令 $y=C(x)(1+x)^2$,则 $y'=C'(x)(1+x)^2+2C(x)(1+x)$. 所以
$$C'(x)(1+x)^2+2C(x)(1+x)-\dfrac{2C(x)(1+x)^2}{1+x}=(1+x)^{\frac{5}{2}},$$
即
$$C'(x)=(1+x)^{\frac{1}{2}}.$$

所以
$$C(x) = \frac{2}{3}(1+x)^{\frac{3}{2}} + C.$$

原方程的通解为
$$y(x) = \left(\frac{2}{3}(1+x)^{\frac{3}{2}} + C\right)(1+x)^2.$$

【例 4.7】 求方程 $y' + \frac{1}{x}y = \frac{\sin x}{x}$ 的通解.

解 $P(x) = \frac{1}{x}, Q(x) = \frac{\sin x}{x}$,则
$$y = e^{-\int \frac{1}{x}dx}\left(\int \frac{\sin x}{x} \cdot e^{\int \frac{1}{x}dx}dx + C\right) = e^{-\ln x}\left(\int \frac{\sin x}{x} \cdot e^{\ln x}dx + C\right)$$
$$= \frac{1}{x}\left(\int \sin x dx + C\right) = \frac{1}{x}(-\cos x + C).$$

一般来说,在常微分方程中有两个变量,在求解一阶微分方程时,可以将其中一个看作自变量,另一个看成是函数,这样解方程就灵活多了.

【例 4.8】 解方程 $y' = \frac{1}{x+y}$.

解 $y' = \frac{dy}{dx}$,如果将 x 看成是 y 的函数,则原方程化为:
$$(x+y)dy = dx,$$
即
$$\frac{dx}{dy} - x = y.$$

这是一个一阶非齐次线性微分方程. 其中 $P(y) = -1, Q(y) = y$,由公式得
$$x = \left(\int y e^{\int -1 dy}dy + C\right)e^{\int 1 dy}.$$

所以方程的通解为
$$x = Ce^y - y - 1.$$

【例 4.9】 根据经验知道,某产品的净利润 y 与广告支出 x 之间有如下关系:
$$\frac{dy}{dx} = k(N-y),$$

其中 k, N 都是大于零的常数,且广告支出为零时,净利润为 y_0,$0 < y_0 < N$,求净利润函数 $y = y(x)$.

解 分离变量得
$$\frac{dy}{N-y} = k dx.$$

两边同时积分,得
$$-\ln|N-y| = kx + C_1 \quad (C_1 \text{ 为任意常数}),$$

因为 $N-y > 0$,所以
$$\ln|N-y| = \ln(N-y),$$

上式经整理得
$$y = N - Ce^{-kx} \quad (C = e^{-C_1} > 0).$$

将 $x=0, y=y_0$ 代入上式得 $C=N-y_0$,于是所求的利润函数为
$$y=N-(N-y_0)\mathrm{e}^{-kx}.$$
由题设可知 $\dfrac{\mathrm{d}y}{\mathrm{d}x}>0$,这表明 $y(x)$ 是 x 的单调递增函数;另一方面又有 $\lim\limits_{x\to\infty}y(x)=N$,即随着广告支出增加,净利润相应地增加,并逐渐趋向于 $y=N$.因此,参数 N 的经济意义是净利润的最大值.

习题 4.2

1. 求解下列微分方程:

(1) $xy\mathrm{d}x+(x^2+1)\mathrm{d}y=0$;

(2) $\dfrac{\mathrm{d}y}{\mathrm{d}x}=\mathrm{e}^{x+y}$;

(3) $xy\mathrm{d}x-(x^2+y^2)\mathrm{d}y=0$;

(4) $\dfrac{\mathrm{d}y}{\mathrm{d}x}=y\ln x$.

2. 求解下列微分方程:

(1) $y'-y=\mathrm{e}^x$;

(2) $y'+y\tan x=\cos x$;

(3) $y'-\dfrac{2}{x}y=\dfrac{1}{2}x$;

(4) $\dfrac{\mathrm{d}y}{\mathrm{d}x}+y\cos x=\mathrm{e}^{-\sin x}$.

3. 求解下列初值问题:

(1) $\sin x\cdot\cos y\mathrm{d}x=\cos x\cdot\sin y\mathrm{d}y, y(0)=\dfrac{\pi}{4}$;

(2) $\dfrac{\mathrm{d}y}{\mathrm{d}x}+3y=8, y(0)=2$.

4. 已知某平面曲线经过点 $(1,1)$,它的切线在纵轴上的截距等于切点的横坐标,求曲线方程.

5. 镭元素的衰变满足如下规律:其衰变的速度与它的现存量成正比.经验得知,镭经过 1 600 年后,只剩下原始量(假设为 M_0)的一半,试求镭现存量与时间 t 的函数关系.

第三节 二阶常微分方程

学习目标

1. 了解二阶常系数线性微分方程的通解结构.
2. 掌握二阶常系数齐次线性微分方程的解法.
3. 会求自由项为 $P_n(x)\mathrm{e}^{\lambda x}, A\cos\omega x+B\sin\omega x$(其中 $P_n(x)$ 为 x 的 n 次多项式,λ,ω,A,B 为常数)的二阶常系数非齐次线性微分方程的解.
4. 会建立简单的常微分方程模型.

二阶及二阶以上的常微分方程统称为**高阶常微分方程**.高阶常微分方程在自然科学和工程技术中有着广泛的应用.高阶常微分方程的求解问题一般要比一阶常微分方程复杂,能够求解的类型也不多.其中最简单的 n 阶常微分方程为

$$y^{(n)} = f(x)$$

和二阶常系数线性常微分方程.

一、可降阶的 n 阶常微分方程

形如

$$y^{(n)} = f(x)$$

这样的方程只要直接积分 n 次,就可以得到方程的通解.看下面的例子.

【例 4.10】 解方程 $y''' = x^2 + 1$.

解
$$y'' = \frac{1}{3}x^3 + x + C_1,$$

$$y' = \frac{1}{12}x^4 + \frac{1}{2}x^2 + C_1 x + C_2,$$

方程的通解为:

$$y = \frac{1}{60}x^5 + \frac{1}{6}x^3 + \frac{1}{2}C_1 x^2 + C_2 x + C_3.$$

二、二阶常系数线性常微分方程解的结构

形如

$$y'' + P(x)y' + Q(x)y = f(x) \tag{4.2}$$

的方程称为**二阶线性微分方程**.当 $f(x) \equiv 0$ 时,称此方程为**齐次线性微分方程**;否则称之为**非齐次线性微分方程**.

我们在这里主要讨论 $P(x), Q(x)$ 都为常数 p, q 的情形.即

$$y'' + py' + qy = f(x) \tag{4.3}$$

这类方程称为二阶**常系数线性常微分方程**.

1. 二阶常系数齐次线性常微分方程解的结构

当 $f(x) \equiv 0$ 时,方程变为

$$y'' + py' + qy = 0, \tag{4.4}$$

这类方程称为二阶常系数齐次线性微分方程,对于这类方程有下面的结论.

定理 4.1 如果 $y = y_1(x)$ 和 $y = y_2(x)$ 都是方程(4.4)的解,则对任意常数 C_1, C_2,$y = C_1 y_1(x) + C_2 y_2(x)$ 也是方程(4.4)的解.

定理证明从略.

定义 4.1 设 $y_1(x), y_2(x), \cdots, y_n(x)$ 为定义在区间 I 内的 n 个函数.如果存在 n 个不全为零的常数 $k_1, k_2, \cdots, k_n$,使得当 x 在区间 I 内有恒等式成立:

$$k_1 y_1(x) + k_2 y_2(x) + \cdots + k_n y_n(x) \equiv 0,$$

那么称这 n 个函数在区间 I 内**线性相关**.否则称**线性无关**.

例如,当 $x \in (-\infty, +\infty)$ 时,e^x, e^{-x}, e^{2x} 线性无关;$1, \cos^2 x, \sin^2 x$ 线性相关.

特别地,若在 I 内有 $\frac{y_1(x)}{y_2(x)} \neq$ 常数,则函数 $y_1(x)$ 与 $y_2(x)$ 在 I 内线性无关.

定理 4.2（叠加原理） 如果 $y_1(x)$ 与 $y_2(x)$ 是方程(4.4)的两个线性无关的特解，那么 $y=C_1y_1+C_2y_2$ 就是方程(4.4)的通解.

定理证明从略.

例如 $y''+y=0$，$y_1=\cos x$，$y_2=\sin x$ 是该方程的解，且 $\dfrac{y_2}{y_1}=\tan x \neq$ 常数，所以 $y=C_1\cos x+C_2\sin x$ 是方程 $y''+y=0$ 的通解.

2. 二阶常系数非齐次线性常微分方程的解的结构

定理 4.3 设 y^* 是二阶非齐次线性方程(4.3)的一个特解，$\bar{y}$ 是与(4.3)对应的齐次线性方程(4.4)的通解，那么 $y=\bar{y}+y^*$ 是二阶非齐次线性微分方程(4.3)的通解.

定理证明从略.

定理 4.4 设非齐次方程(4.3)的右端 $f(x)$ 是几个函数之和，如
$$y''+py'+qy=f_1(x)+f_2(x),$$
而 y_1^* 与 y_2^* 分别是方程
$$y''+py'+qy=f_1(x),$$
$$y''+py'+qy=f_2(x)$$
的特解，那么 $y_1^*+y_2^*$ 就是原方程的特解.

定理证明从略.

注意：① 上述四个定理对于二阶非常系数的线性微分方程也是成立的；② 求常系数非齐次线性微分方程特解的方法通常是待定系数法求特解，对于简单微分方程也可以利用观察法求特解或常数变异法求特解.

三、二阶常系数齐次线性微分方程的解法

二阶齐次线性微分方程解的叠加原理说明，要求方程 $y''+py'+qy=0$ 的通解，只需求出它的两个线性无关的特解即可.由于齐次线性微分方程左端是未知函数的常数倍，未知函数的一阶导数的常数倍与二阶导数的代数和且等于 0，适于方程的函数 y 必须与其一阶导数、二阶导数只能相差一个常数因子，可以猜想方程具有 $y=e^{rx}$ 形式的解.

把指数函数 $y=e^{rx}$（r 是常数），代入方程 $y''+py'+qy=0$，则有
$$e^{rx}(r^2+pr+q)=0.$$

由于 $e^{rx}\neq 0$，从而有
$$r^2+pr+q=0. \tag{4.5}$$

由此可见，只要 r 满足代数方程 $r^2+pr+q=0$，函数 $y=e^{rx}$ 就是微分方程 $y''+py'+qy=0$ 的解.此代数方程(4.5)叫作微分方程 $y''+py'+qy=0$ 的**特征方程**.特征方程(4.5)的根称为微分方程 $y''+py'+qy=0$ 的**特征根**.

(1) 当 $p^2-4q>0$ 时，特征方程 $r^2+pr+q=0$ 有两个不相等的实根 r_1,r_2，即
$$r_1=\frac{-p+\sqrt{p^2-4q}}{2},\ r_2=\frac{-p-\sqrt{p^2-4q}}{2}.$$

$y=e^{r_1x}$ 与 $y=e^{r_2x}$ 均是微分方程的两个解，并且 $\dfrac{y_2}{y_1}=\dfrac{e^{r_2x}}{e^{r_1x}}=e^{(r_2-r_1)x}$ 不是常数.

因此,微分方程 $y''+py'+qy=0$ 的通解为 $y=C_1\mathrm{e}^{r_1x}+C_2\mathrm{e}^{r_2x}$ (C_1,C_2 为任意常数).

(2) 当 $p^2-4q=0$ 时,特征方程 $r^2+pr+q=0$ 有两个相等的实根 r_1,r_2,即
$$r_1=r_2=-\frac{p}{2}.$$

这时,微分方程 $y''+py'+qy=0$ 的一个解为 $y_1=\mathrm{e}^{r_1x}$,可以验证 $y_2=x\mathrm{e}^{r_1x}$ 也是方程的一个解,且 y_1 与 y_2 线性无关.

因此,微分方程 $y''+py'+qy=0$ 的通解为 $y=C_1\mathrm{e}^{r_1x}+C_2x\mathrm{e}^{r_1x}$ (C_1,C_2 为任意常数).

(3) 当 $p^2-4q<0$ 时,特征方程 $r^2+pr+q=0$ 有一对共轭复根 r_1,r_2,即
$$r_1=\alpha+i\beta, r_2=\alpha-i\beta\ (\beta\neq 0),$$
其中 $\alpha=-\dfrac{p}{2},\beta=\dfrac{\sqrt{4q-p^2}}{2}$.

可以验证 $y_1=\mathrm{e}^{\alpha x}\cos\beta x, y_2=\mathrm{e}^{\alpha x}\sin\beta x$ 是微分方程 $y''+py'+qy=0$ 的两个线性无关的解,因此微分方程 $y''+py'+qy=0$ 的通解为
$$y=C_1\mathrm{e}^{\alpha x}\cos\beta x+C_2\mathrm{e}^{\alpha x}\sin\beta x\ (C_1,C_2\text{ 为任意常数}).$$

【例 4.11】 求微分方程 $y''-2y'-3y=0$ 的通解.

解 该方程的特征方程为 $r^2-2r-3=0$,

其特征根为 $r_1=-1, r_2=3$.

故所求方程的通解为 $y=C_1\mathrm{e}^{-x}+C_2\mathrm{e}^{3x}$.

【例 4.12】 求微分方程 $y''-4y'+4y=0$ 的通解.

解 该方程的特征方程为 $r^2-4r+4=0$,

其特征根为 $r_1=r_2=2$.

故所求微分方程的通解为 $y=C_1\mathrm{e}^{2x}+C_2x\mathrm{e}^{2x}$.

【例 4.13】 求微分方程 $y''+4y'+13y=0$ 的通解.

解 该方程的特征方程为 $r^2+4r+13=0$,

它有一对共轭复根 $r_{1,2}=-2\pm 3i$.

故所求微分方程的通解为 $y=C_1\mathrm{e}^{-2x}\cos 3x+C_2\mathrm{e}^{-2x}\sin 3x$.

【例 4.14】 求 $y''=4y$ 满足初始条件 $y|_{x=0}=1, y'|_{x=0}=2$ 的特解.

解 因为 $y''=4y$,所以
$$y''-4y=0,$$
特征方程 $\qquad r^2-4=0,$
特征根 $\qquad r_1=-2, r_2=2,$
于是其通解为
$$y=C_1\mathrm{e}^{-2x}+C_2\mathrm{e}^{2x},$$
由初始条件可得 $C_1=0, C_2=1$,所求特解为
$$y=\mathrm{e}^{2x}.$$

综上所述,求二阶常系数齐次线性微分方程 $y''+py'+qy=0$ 的通解的步骤如下:

第一步:写出微分方程 $y''+py'+qy=0$ 的特征方程 $r^2+pr+q=0$;

第二步:求出特征方程 $r^2+pr+q=0$ 的两个根 r_1,r_2;

第三步:据特征方程的两个根的不同情形,按表 4.1 写出微分方程的通解.

表 4.1　微分方程的通解

特征方程的根	通解形式
两个不等实根 $r_1 \neq r_2$	$y = C_1 e^{r_1 x} + C_2 e^{r_2 x}$
两个相等实根 $r_1 = r_2 = r$	$y = (C_1 + C_2 x) e^{rx}$
一对共轭复根 $r = \alpha \pm i\beta$	$y = (C_1 \cos \beta x + C_2 \sin \beta x) e^{\alpha x}$

从以上例子可以看出,求二阶常系数齐次线性微分方程的通解,不必通过积分,只要用代数方法求出特征方程的特征根,就可以求得方程的通解.

四、二阶常系数非齐次线性微分方程的解法

由二阶常系数非齐次线性微分方程解的结构定理知,二阶常系数非齐次线性微分方程 $y'' + py' + qy = f(x)$ 的通解是对应的齐次线性微分方程的通解与其自身的一个特解之和,而求二阶常系数齐次线性微分方程的通解问题已经解决,所以只需讨论求二阶常系数非齐次线性微分方程的特解 y^* 的方法.

以下介绍当自由项 $f(x)$ 为某些特殊类型函数时的求特解方法.

1. $f(x) = e^{\lambda x} P_m(x)$ 型

由于右端函数 $f(x)$ 是指数函数 $e^{\lambda x}$ 与 m 次多项式 $P_m(x)$ 的乘积,而指数函数与多项式的乘积的导数仍是这类函数,因此我们推测:

方程 $y'' + py' + qy = f(x)$ 的特解应为 $y^* = e^{\lambda x} Q(x)$ ($Q(x)$ 是某个次数待定的多项式),则

$$(y^*)' = \lambda e^{\lambda x} Q(x) + e^{\lambda x} Q'(x),$$
$$(y^*)'' = \lambda^2 e^{\lambda x} Q(x) + 2\lambda e^{\lambda x} Q'(x) + e^{\lambda x} Q''(x),$$

代入方程 $y'' + py' + qy = f(x)$,整理得

$$e^{\lambda x}[Q''(x) + (2\lambda + p) Q'(x) + (\lambda^2 + \lambda p + q) Q(x)] \equiv e^{\lambda x} P_m(x),$$

消去 $e^{\lambda x}$,得

$$Q''(x) + (2\lambda + p) Q'(x) + (\lambda^2 + \lambda p + q) Q(x) \equiv P_m(x).$$

上式右端是一个 m 次多项式,所以,左端也应该是 m 次多项式,由于多项式每求一次导数,就要降低一次次数,故有三种情况:

(1) 如果 $\lambda^2 + \lambda p + q \neq 0$,即 λ 不是特征方程 $r^2 + pr + q = 0$ 的根. 由于 $P_m(x)$ 是一个 m 次的多项式,欲使

$$Q''(x) + (2\lambda + p) Q'(x) + (\lambda^2 + \lambda p + q) Q(x) \equiv P_m(x)$$

的两端恒等,那么 $Q(x)$ 必为一个 m 次多项式,设为

$$Q(x) = Q_m(x) = b_0 x^m + b_1 x^{m-1} + \cdots + b_{m-1} x + b_m,$$

其中 $b_0, b_1, \cdots, b_m$ 为 $m+1$ 个待定系数,将之代入恒等式

$$Q''(x) + (2\lambda + p) Q'(x) + (\lambda^2 + \lambda p + q) Q(x) \equiv P_m(x),$$

比较恒等式两端 x 的同次幂的系数,得到含有 $m+1$ 个未知数 $b_0, b_1, \cdots, b_{m-1}, b_m$ 的 $m+1$ 个线性方程组,从而求出 $b_0, b_1, \cdots, b_{m-1}, b_m$,得到特解

$$y^* = e^{\lambda x} Q_m(x).$$

(2) 如果 $\lambda^2+\lambda p+q=0$，但 $2\lambda+p\neq 0$ 时，即 λ 是方程 $y''+py'+qy=0$ 的特征方程 $r^2+pr+q=0$ 的单根，那么
$$Q''(x)+(2\lambda+p)Q'(x)+(\lambda^2+\lambda p+q)Q(x)\equiv P_m(x)$$
化为
$$Q''(x)+(2\lambda+p)Q'(x)\equiv P_m(x),$$
上式两端恒等，那么 $Q'(x)$ 必是一个 m 次多项式. 因此，可设 $Q(x)=xQ_m(x)$. 并且用同样的方法来确定系数 $b_0,b_1,\cdots,b_{m-1},b_m$. 得到特解
$$y^*=e^{\lambda x}xQ_m(x).$$

(3) 如果 $\lambda^2+\lambda p+q=0$ 且 $2\lambda+p=0$ 时，即 λ 是方程 $y''+py'+qy=0$ 的特征方程 $r^2+pr+q=0$ 的二重根，那么
$$Q''(x)+(2\lambda+p)Q'(x)+(\lambda^2+\lambda p+q)Q(x)\equiv P_m(x)$$
化为
$$Q''(x)\equiv P_m(x),$$
上式两端恒等，那么 $Q''(x)$ 必是一个 m 次多项式. 因此，可设 $Q(x)=x^2Q_m(x)$ 并且用同样的方法来确定系数 $b_0,b_1,\cdots,b_{m-1},b_m$. 得到特解
$$y^*=e^{\lambda x}x^2Q_m(x).$$

综上所述，有结论：

如果 $f(x)=e^{\lambda x}P_m(x)$，则方程 $y''+py'+qy=f(x)$ 的特解形式为
$$y^*=e^{\lambda x}x^kQ_m(x),$$
其中 $Q_m(x)$ 是与 $P_m(x)$ 同次的多项式，而 k 的选取应满足条件：
$$k=\begin{cases}0, & \lambda\text{ 不是特征根；}\\ 1, & \lambda\text{ 是特征单根；}\\ 2, & \lambda\text{ 是特征重根.}\end{cases}$$

【例 4.15】 求微分方程 $y''-3y'+2y=xe^{2x}$ 的一个特解.

解 该方程对应的齐次方程的特征方程为 $r^2-3r+2=0$，

其特征根 $r_1=1,r_2=2$.

因为 $f(x)=xe^{2x},\lambda=2$ 是单特征根，$P_m(x)=x$ 是一次多项式，

故设特解
$$y^*=x(b_0x+b_1)e^{2x}=(b_0x^2+b_1x)e^{2x}.$$
则有
$$(y^*)'=[2b_0x^2+(2b_1+2b_0)x+b_1]e^{2x},$$
$$(y^*)''=[4b_0x^2+(8b_0+4b_1)x+(2b_0+4b_1)]e^{2x}.$$
代入原方程，得 $2b_0x+(2b_0+b_1)=x$.

比较系数得 $\begin{cases}2b_0=1\\ 2b_0+b_1=0\end{cases}$，解得 $b_0=\dfrac{1}{2},b_1=-1$.

故原方程的一个特解为 $y^*=x\left(\dfrac{1}{2}x-1\right)e^{2x}$.

【例 4.16】 求微分方程 $2y''+y'-y=2e^x$ 的通解.

解 该方程对应的齐次方程的特征方程为 $2r^2+r-1=0$，

其特征根为 $r_1=-1,r_2=\dfrac{1}{2}$.

所以原方程对应的齐次方程的通解为 $\bar{y}=C_1e^{-x}+C_2e^{\frac{1}{2}x}$.

因为 $f(x)=2e^x,\lambda=1$ 不是特征根，$P_m(x)=2$ 是零次多项式.

故设 $y^* = Ae^x$ 为原方程的特解,则有
$$(y^*)' = Ae^x, (y^*)'' = Ae^x.$$
代入原方程,得 $2A = 2$,即 $A = 1$.
所以原方程的一个特解为 $y^* = e^x$.
故所求方程的通解为 $y = \bar{y} + y^* = C_1 e^{-x} + C_2 e^{\frac{1}{2}x} + e^x$.

2. $f(x) = A\cos\omega x + B\sin\omega x$ 型

这里 ω 是实数,A,B 是常数,并且允许其中一个为零. 对于这类方程,由于指数函数的各阶导数仍为指数函数,正弦函数与余弦函数的导数也总是余弦函数与正弦函数,可以证明:非齐次方程的特解 y^* 具有如下形式:
$$y^* = x^k [a\cos\omega x + b\sin\omega x],$$
其中 a,b 是两个待定常数,k 是整数,且
$$k = \begin{cases} 0, & i\omega \text{ 不是特征根 } r \text{ 时}; \\ 1, & i\omega \text{ 是特征根 } r \text{ 时}. \end{cases}$$

【例 4.17】 求方程 $y'' + y = \sin x$ 的通解.

解 该方程为二阶常系数非齐次线性方程,其对应的齐次方程为
$$y'' + y = 0,$$
特征方程为
$$r^2 + 1 = 0,$$
特征根 $r_1 = i, r_2 = -i$,齐次方程的通解为
$$\bar{y} = C_1 \cos x + C_2 \sin x.$$
对于方程 $y'' + y = \sin x$,$\alpha + i\beta = i$(其中 $\alpha = 0, \beta = 1$)恰是特征单根.
从而设特解为 $y^* = x(a\cos x + b\sin x)$,
代入原方程,可得 $a = -\frac{1}{2}, b = 0$,所以 $y^* = -\frac{1}{2}x\cos x$ 是方程的一个特解.
故所求方程的通解为
$$y = C_1 \cos x + C_2 \sin x - \frac{1}{2}x\cos x.$$

【例 4.18】 求方程 $y'' + \omega^2 y = \cos\omega x$ 的一个特解.

解 特征方程为 $r^2 + \omega^2 = 0$,其特征根为 $r = \pm\omega i$. 因 $\beta = \omega, \beta i$ 是特征方程的根,故可设方程的特解为
$$y^* = ax\cos\omega x + bx\sin\omega x.$$
将其代入原方程可得
$$(ax\cos\omega x + bx\sin\omega x)'' + \omega^2 (ax\cos\omega x + bx\sin\omega x) = \cos\omega x,$$
整理得
$$2\omega b\cos\omega x - 2\omega a\sin\omega x = \cos\omega x.$$
比较系数应有
$$\begin{cases} 2\omega b = 1, \\ -2\omega a = 0. \end{cases}$$
从而解得
$$a = 0, b = \frac{1}{2\omega}.$$

所以原方程的特解为

$$y^* = \frac{x}{2\omega}\sin\omega x.$$

【例 4.19】 一质量为 m 的质点由静止开始沉入液体，当下沉时，液体的反作用力与下沉速度成正比，求此质点的运动规律.

解 设质点的运动规律为 $x=x(t)$，由题意及牛顿第二定律知：

$$\begin{cases} m\dfrac{\mathrm{d}^2 x}{\mathrm{d}t^2} = mg - k\dfrac{\mathrm{d}x}{\mathrm{d}t}, \\ x|_{t=0} = 0, \dfrac{\mathrm{d}x}{\mathrm{d}t}\Big|_{t=0} = 0, \end{cases} \quad (k>0 \text{ 为比例系数}).$$

问题就是求微分方程 $\dfrac{\mathrm{d}^2 x}{\mathrm{d}t^2} + \dfrac{k}{m}\dfrac{\mathrm{d}x}{\mathrm{d}t} = g$ 在初始条件下的特解.

对应齐次方程的特征方程 $r^2 + \dfrac{k}{m}r = 0$ 有特征根 $r_1 = 0, r_2 = -\dfrac{k}{m}$，从而对应的齐次方程的通解为 $\bar{x} = C_1 + C_2 \mathrm{e}^{-\frac{k}{m}t}$.

又因 $\lambda = 0$ 是特征单根，可设一个特解 $x^* = At$，代入原方程，即得 $A = \dfrac{mg}{k}$，因此 $x^* = \dfrac{mg}{k}t$ 是原微分方程的一特解，所以原微分方程的通解为

$$x = C_1 + C_2 \mathrm{e}^{-\frac{k}{m}t} + \frac{mg}{k}t.$$

由初始条件可求得 $C_1 = -\dfrac{m^2 g}{k^2}, C_2 = \dfrac{m^2 g}{k^2}$.

因此所求质点的运动规律为 $x(t) = \dfrac{mg}{k}t - \dfrac{m^2 g}{k^2}(1 - \mathrm{e}^{-\frac{k}{m}t})$.

习题 4.3

1. 求下列齐次线性微分方程的通解：
   (1) $y'' - 4y' - 5y = 0$;
   (2) $y'' + 2y' = 0$;
   (3) $y'' - 6y' + 9y = 0$;
   (4) $y'' - y' + y = 0$.

2. 求下列齐次线性微分方程满足初始条件的特解：
   (1) $4y'' + 4y' + y = 0, y(0) = 2, y'(0) = 0$;
   (2) $y'' + 2y' + 10y = 0, y(0) = 1, y'(0) = 2$.

3. 求下列非齐次线性微分方程的通解：
   (1) $y'' + y = -2x$;
   (2) $y'' - 4y = \mathrm{e}^{2x}$;
   (3) $y'' - 3y' + 2y = 2\mathrm{e}^{2x}$;
   (4) $y'' - 4y' = x\mathrm{e}^x$;
   (5) $y'' + 3y' + 2y = 20\cos 2x$;
   (6) $y'' + 4y = \sin 2x$.

4. 求满足方程 $y'' - y = 0$ 的曲线，使其在点 $(0,0)$ 处与直线 $y = x$ 相切.

5. 在 Ox 轴上，一质量为 m 的质点受力 $A\cos\omega t$ 而运动，初始条件为 $x|_{t=0} = a, v|_{t=0} = 0$，求该质点的运动方程.

第四节 微分方程求解实验

一、实验目的

会利用 MATLAB 求解一阶和二阶微分方程.

二、实验指导

微分方程可以通过函数 dsolve 求解,该函数的调用格式为:
   r=dsolve('eq1, eq2, …', 'cond1, cond2,…', 'v')
或 r=dsolve('eq1', 'eq2', …,'cond1', 'cond2',…, 'v')

输入参数 eq1,eq2,…表示微分方程,v 为独立变量,cond1,cond2,…表示边界和初始条件. 默认的独立变量是 t,用户也可以使用别的变量来代替 t,只要把别的变量放在输入变量的最后即可. 字母 D 代表微分算子,即 d/dt,字母 D 后面所跟的数字代表几阶微分,如 D=d/dx,D2=d^2/dx^2,…跟在微分算子后面的字母是被微分的变量,如 D3y 代表对 $y(t)$ 的三阶微分. 初始和边界条件由字符串表示,如 y(a)=b, Dy(c)=d, D2y(e)=f 分别表示 $y(x)|_{x=a}=b$, $y'(x)|_{x=c}=d$, $y''(x)_{x=e}=f$.

例如,在 MATLAB 输入以下命令:

```
>> D1=dsolve('D2y-Dy=exp(x)')
>> D2=dsolve('(Dy)^2+y^2=1','s')
>> D3=dsolve('Dy=a*y','y(0)=b')                    %带一个定解条件
>> D4=dsolve('D2y=-a^2*y','y(0)=1','Dy(pi/a)=0')   %带两个定解条件
>> [x,y]=dsolve('Dx=y','Dy=-x')                    %求解线性微分方程组
>> [u,v]=dsolve('Du=u+v,Dv=u-v')
```

计算结果分别为:
D1=
−exp(x)*t+C1+C2*exp(t)
D2=
[−1]
[1]
[sin(s−C1)]
[−sin(s−C1)]
D3=
b*exp(a*t)
D4=
cos(a*t)
x=
cos(t)*C1+sin(t)*C2
y=

−sin(t)*C1+cos(t)*C2

u=

1/2*C1*exp(2^(1/2)*t)−1/4*C1*2^(1/2)*exp(−2^(1/2)*t)+1/4*C1*2^(1/2)*exp(2^(1/2)*t)+1/2*C1*exp(−2^(1/2)*t)−1/4*C2*2^(1/2)*exp(−2^(1/2)*t)+1/4*C2*2^(1/2)*exp(2^(1/2)*t)

v=

−1/4*C1*2^(1/2)*exp(−2^(1/2)*t)+1/4*C1*2^(1/2)*exp(2^(1/2)*t)+1/2*C2*exp(2^(1/2)*t)+1/4*C2*2^(1/2)*exp(−2^(1/2)*t)−1/4*C2*2^(1/2)*exp(2^(1/2)*t)+1/2*C2*exp(−2^(1/2)*t)

【例 4.20】 求解微分方程 $\dfrac{dy}{dx}=1+y^2$ 的通解.

解 在 MATLAB 中输入以下命令：

≫dsolve('Dy=1+y^2','x')

按"回车"键，显示结果为：

ans=

tan(x+C1)

【例 4.21】 求 $y'=(\sin x-\cos x)\sqrt{1-y^2}$ 的通解.

解 在 MATLAB 中输入以下命令：

≫y=dsolve('Dy=(sin(x)−cos(x))*sqrt(1−y^2)','x')

按"回车"键，显示结果为：

y=

sin(−cos(x)−sin(x)+C1)

【例 4.22】 求方程 $y'=\dfrac{2xy}{x^2+1}$ 满足条件 $y|_{x=0}=1$ 的特解.

解 在 MATLAB 中输入以下命令：

≫y=dsolve('Dy=2*x*y/(x^2+1)','y(0)=1','x')

按"回车"键，显示结果为：

y=

x^2+1

【例 4.23】 求微分方程 $y'-2y=e^{-x}$ 的通解.

解 在 MATLAB 中输入以下命令：

≫y=dsolve('Dy−2*y=exp(−x)','x')

按"回车"键，显示结果为：

y=

(−1/3*exp(−3*x)+C1)*exp(2*x)

【例 4.24】 求微分方程 $xy'+y=\cos x$ 满足初始条件 $y|_{x=\pi}=1$ 的特解.

解 在 MATLAB 中输入以下命令：

≫y=dsolve('x*Dy+y=cos(x)','y(pi)=1','x')

按"回车"键，显示结果为：

y=
(sin(x)+pi)/x

【例 4.25】 求方程 $y''+4y=0$ 满足初始条件 $y|_{x=0}=1, y'|_{x=0}=0$ 的特解.

解 在 MATLAB 中输入以下命令：

≫ y=dsolve('D2y+4*y=0','y(0)=1,Dy(0)=0','x')

按"回车"键，显示结果为：

y=
cos(2*x)

【例 4.26】 求方程 $y''+y=\sin x$ 的通解.

解 在 MATLAB 中输入以下命令：

≫ y=dsolve('D2y+y=sin(x)','x')

按"回车"键，显示结果为：

y=
sin(x)*C2+cos(x)*C1+1/2*sin(x)−1/2*cos(x)*x

习题 4.4

1. 利用 MATLAB 求一阶微分方程 $y'+y+xy^2=0$ 的通解.
2. 利用 MATLAB 求二阶微分方程 $y''-y'=x$，满足 $y(0)=0, y'(0)=1$ 的特解.

本章小结

本章主要介绍了微分方程及其解的有关概念、一阶微分方程的分离变量法、一阶线性微分方程的解法、二阶常系数线性微分方程的解法、高阶微分方程的降阶法，以及用微分方程解决一些简单的实际问题.

1. 求一阶微分方程的解

(1) 求可分离变量微分方程的通解

先分离变量，再积分.

(2) 求齐次方程的通解

在 $f(x,y)=\varphi\left(\dfrac{y}{x}\right)$ 中，引入变量替换 $u=\dfrac{y}{x}$ 转化为可分离变量的微分方程.

(3) 求一阶线性微分方程的通解

先求对应齐次线性方程的通解，再利用常数变异法求出原方程的通解；或直接用公式法求解.

2. 求可降阶微分方程的解

$y^{(n)}=f(x)$ 型的微分方程. 连续积分 n 次，得到方程的含有 n 个任意常数的通解.

3. 求二阶常系数线性微分方程的解

(1) 二阶常系数齐次线性微分方程

求解二阶常系数齐次线性微分方程分三步：

第一步：写出方程 $y''+py'+qy=0$ 的特征方程 $r^2+pr+q=0$；
第二步：求出特征方程的两个特征根 r_1,r_2；
第三步：根据下表给出的三种特征根的不同情形，写出 $y''+py'+qy=0$ 的通解.

特征方程的根	通解形式
两个不等实根 $r_1 \neq r_2$	$y=C_1 e^{r_1 x}+C_2 e^{r_2 x}$
两个相等实根 $r_1=r_2=r$	$y=(C_1+C_2 x)e^{rx}$
一对共轭复根 $r=\alpha \pm i\beta$	$y=(C_1\cos\beta x+C_2\sin\beta x)e^{\alpha x}$

(2) 二阶常系数非齐次线性微分方程

求解二阶常系数非齐次线性微分方程分三步：

第一步：先求出非齐次线性微分方程 $y''+py'+qy=f(x)$ 所对应的齐次线性微分方程 $y''+py'+qy=0$ 的通解 $\bar{y}$；

第二步：根据 $f(x)$ 类型设出非齐次线性微分方程 $y''+py'+qy=f(x)$ 的含待定常数的特解 y^*，并将 y^* 代入非齐次线性微分方程 $y''+py'+qy=f(x)$ 解出待定常数，进而确定非齐次方程 $y''+py'+qy=f(x)$ 的一个特解 y^*；

第三步：写出非齐次线性微分方程 $y''+py'+qy=f(x)$ 的通解 $y=\bar{y}+y^*$.

如果 $f(x)=e^{\lambda x}P_m(x)$，则方程 $y''+py'+qy=f(x)$ 的特解形式为
$$y^* = e^{\lambda x} x^k Q_m(x),$$
其中 $Q_m(x)$ 是与 $P_m(x)$ 同次的多项式，而 k 的选取应满足条件：
$$k=\begin{cases} 0, & \lambda \text{ 不是特征根}; \\ 1, & \lambda \text{ 是特征单根}; \\ 2, & \lambda \text{ 是特征重根}. \end{cases}$$

如果 $f(x)=A\cos\omega x+B\sin\omega x$，则方程 $y''+py'+qy=f(x)$ 的特解形式为
$$y^* = x^k[a\cos\omega x+b\sin\omega x],$$
其中 a,b 是两个待定常数，k 是整数，且
$$k=\begin{cases} 0, & i\omega \text{ 不是特征根 } r \text{ 时}; \\ 1, & i\omega \text{ 是特征根 } r \text{ 时}. \end{cases}$$

4. 利用微分方程解决实际问题

用微分方程求解实际问题的关键是建立实际问题的数学模型——微分方程. 这首先要根据实际问题所提供的条件，选择和确定模型的变量. 再根据有关学科，如物理、化学、生物、几何、经济等学科理论，找到这些变量所遵循的定律，用微分方程将其表示出来. 为此，必须了解相关学科的一些基本概念、原理和定律；如曲线切线、法线的斜率，图形的面积，曲线的弧长，牛顿第二定律，牛顿冷却定律等. 要会用导数或微分表示几何量和物理量. 如在几何中曲线切线的斜率 $k=\dfrac{dy}{dx}$（纵坐标对横坐标的导数），物理中变速直线运动的速度 $v=\dfrac{ds}{dt}$，加速度 $a=\dfrac{dv}{dt}=\dfrac{d^2s}{dt^2}$，角速度 $w=\dfrac{d\theta}{dt}$，电流 $i=\dfrac{dq}{dt}$ 等.

第五章　无穷级数

无穷级数是数与函数的重要表达形式之一,是研究微积分理论及其应用的强有力的工具. 研究无穷级数及其和,可以说是研究数列及其极限的另一种形式,尤其在研究极限的存在性及计算极限方面显示出很大的优越性. 它在表达函数、研究函数的性质、计算函数值以及求解微分方程等方面都有重要的作用,在解决经济、管理等方面的问题中有着十分广泛的应用.

案例 5.1 (分苹果)　有 A、B、C 三人按以下方法分一个苹果:先将苹果分成四份每人各取一份;然后将剩下的一份又分成四份,每人又取一份依此类推,以至无穷. 验证:最终每人分得苹果的 $\frac{1}{3}$.

解　根据题意,每人分得的苹果为

$$\frac{1}{4}+\frac{1}{4^2}+\frac{1}{4^3}+\cdots+\frac{1}{4^n}+\cdots$$

它为等比级数,因 $\frac{1}{4}<1$ 所以此级数收敛,其和为

$$\lim_{n\to\infty}\frac{\frac{1}{4}}{1-\frac{1}{4}}=\frac{1}{3}.$$

案例 5.2 (弹簧的运动总路程)　一只球从 100 米的高空落下,每次弹回的高度为上次高度的 $\frac{2}{3}$,这样运动下去,小球运动的总路程.

解　运动总路程为 $100+100\times\frac{2}{3}+100\times\frac{2}{3}+100\times\left(\frac{2}{3}\right)^2+100\times\left(\frac{2}{3}\right)^2+\cdots+$
$100\times\left(\frac{2}{3}\right)^{n-1}+100\times\left(\frac{2}{3}\right)^{n-1}+100\times\left(\frac{2}{3}\right)^n+\cdots$
$=100+200\times\frac{2}{3}+200\times\left(\frac{2}{3}\right)^2+\cdots+200\times\left(\frac{2}{3}\right)^{n-1}+100\times\left(\frac{2}{3}\right)^n+\cdots$

其特点是:由无穷多个数相加.

案例 5.3 (Koch 雪花)　如图 5.1,先给定一个正三角形,然后在每条边上对称地产生边长为原边长的 1/3 的小正三角形. 如此类推,在每条凸边上都做类似的操作,我们就得到了面积有限而周长无限的图形——"Koch 雪花".

解　观察雪花分形过程,设三角形周长为 $P_1=3$,面积为 $A_1=\frac{\sqrt{3}}{4}$.

第一次分叉:

周长为 $P_2=\frac{4}{3}P_1$,面积为 $A_2=A_1+3\cdot\frac{1}{9}\cdot A_1$;

第1次分叉 周长为4. 面积为0.577

第2次分叉 周长为5.33. 面积为0.642

第3次分叉 周长为7.11. 面积为0.67

图 5.1

依次类推,第 n 次分叉:

周长为
$$P_n = \left(\frac{4}{3}\right)^{n-1} P_1 \quad (n=1,2,\cdots)$$

面积为
$$A_n = A_{n-1} + 3\left\{4^{n-2}\left[\left(\frac{1}{9}\right)^{n-1} A_1\right]\right\}$$
$$= A_1 + 3 \cdot \frac{1}{9} A_1 + 3 \cdot 4 \cdot \left(\frac{1}{9}\right)^2 A_1 + \cdots + 3 \cdot 4^{n-2} \cdot \left(\frac{1}{9}\right)^{n-1} A_1$$
$$= A_1\left\{1 + \left[\frac{1}{3} + \frac{1}{3}\left(\frac{4}{9}\right) + \frac{1}{3}\left(\frac{4}{9}\right)^2 + \cdots + \frac{1}{3}\left(\frac{4}{9}\right)^{n-2}\right]\right\}.$$

于是有
$$\lim_{n\to\infty} P_n = \infty,$$
$$\lim_{n\to\infty} A_n = A_1\left(1 + \frac{\frac{1}{3}}{1-\frac{4}{9}}\right) = A_1\left(1+\frac{3}{5}\right) = \frac{2\sqrt{3}}{5}.$$

结论:雪花的周长是无界的,而面积有界.

本章将先介绍常数项级数,再介绍幂级数及一些和问题等.

第五章 无穷级数

第一节 常数项级数的基本概念和性质

学习目标

1. 理解常数项级数收敛、发散及收敛级数的和的概念；会根据级数收敛的定义判定简单的级数的敛散性.
2. 了解级数收敛的必要条件及级数的基本性质；对于不满足收敛必要条件的级数，会利用该条件判定级数发散.
3. 掌握几何级数的敛散性.

在一些实际问题中，经常会需要计算无穷多个数的和，比如：

某项投资每年可获 A 元，假设年利率为 r，那么在计算该项投资回报的现值时，理论上应为以下的无穷多个数的和：

$$\frac{A}{1+r}, \frac{A}{(1+r)^2}, \frac{A}{(1+r)^3}, \cdots, \frac{A}{(1+r)^n}, \cdots$$

对无穷级数的求和这一无穷过程困惑了数学家长达几个世纪；有的无穷级数之和是一个数，比如

$$\frac{1}{2}+\frac{1}{4}+\frac{1}{8}+\frac{1}{16}+\cdots=1,$$

这一结果可通过图 5.2 中的单位正方形被无数次平分后所得的面积得出；而有的无穷和是无穷大，比如

$$1+\frac{1}{2}+\frac{1}{3}+\frac{1}{4}+\cdots=\infty$$

（这一结果可以证明）．

类似这样的问题有许多可以研究，如：这样的和存在吗？如存在则是多少？如不存在则在满足什么条件才存在？等等的数学问题.

图 5.2

一、常数项级数的基本概念

定义 5.1 若给定一个数列 $u_1, u_2, \cdots, u_n, \cdots$，则由此数列构成的表达式

$$u_1+u_2+\cdots+u_n+\cdots \quad (5.1)$$

微课

称之为**常数项无穷级数**，简称**（无穷）级数**，记作 $\sum_{n=1}^{\infty} u_n$，即

$$\sum_{n=1}^{\infty} u_n = u_1+u_2+\cdots+u_n+\cdots$$

其中第 n 项 u_n 叫作级数的**一般项**.

该级数定义仅仅是一个形式化的定义，它并未明确无限多个数量相加的意义. 无限多个数量的相加并不能简单地认为是一项又一项地累加起来就能完成，因为这一累加过程是无法完成的. 为给出级数中无限多个数量相加的数学定义，我们引入部分和的概念.

把级数 $\sum\limits_{n=1}^{\infty} u_n$ 的前 n 项之和

$$u_1+u_2+\cdots+u_n \tag{5.2}$$

称为该级数的**前 n 项部分和**,记为 s_n,即 $s_n=u_1+u_2+\cdots+u_n$. 当 n 依次取 $1,2,3,\cdots$ 时,它们构成一个新的数列 $\{s_n\}$:

$$s_1=u_1,$$
$$s_2=u_1+u_2,$$
$$s_3=u_1+u_2+u_3,$$
$$\vdots$$
$$s_n=u_1+u_2+u_3+\cdots+u_n,$$
$$\vdots$$

称此数列为级数 $\sum\limits_{n=1}^{\infty} u_n$ 的**前 n 项部分和数列**.

根据前 n 项部分和数列是否有极限,我们给出级数 (5.1) 收敛与发散的概念.

定义 5.2 当 n 无限增大时,如果级数 $\sum\limits_{n=1}^{\infty} u_n$ 的前 n 项部分和数列 $\{s_n\}$ 有极限 s,即

$$\lim_{n\to\infty} s_n = s$$

则称级数 $\sum\limits_{n=1}^{\infty} u_n$ **收敛**,这时极限 s 称为级数 $\sum\limits_{n=1}^{\infty} u_n$ 的**和**,并记为

$$s=u_1+u_2+u_3+\cdots+u_n+\cdots$$

如果前 n 项部分和数列 $\{s_n\}$ 没有极限,则称级数 $\sum\limits_{n=1}^{\infty} u_n$ **发散**.

当级数 $\sum\limits_{n=1}^{\infty} u_n$ 收敛于 s 时,则其前 n 项部分和 s_n 是级数 $\sum\limits_{n=1}^{\infty} u_n$ 的和 s 的近似值,它们的差

$$r_n = s - s_n = u_{n+1} + u_{n+2} + \cdots + u_{n+k} + \cdots$$

称为级数 $\sum\limits_{n=1}^{\infty} u_n$ 的**余项**. 显然 $\lim\limits_{n\to\infty} r_n = 0$,而 $|r_n|$ 是用 s_n 近似代替 s 所产生的误差.

注意:① 由级数定义,级数 $\sum\limits_{n=1}^{\infty} u_n$ 与其前 n 项部分和数列 $\{s_n\}$ 同时收敛或同时发散,且收敛时 $\sum\limits_{n=1}^{\infty} u_n = \lim\limits_{n\to\infty} s_n$;② 收敛的级数有和值 s,发散的级数没有"和".

【例 5.1】 讨论级数 $\sum\limits_{n=1}^{\infty} \dfrac{1}{n(n+1)}$ 的敛散性.

解 因为级数的前 n 项部分和

$$s_n = \sum_{k=1}^{n} \frac{1}{k(k+1)} = \frac{1}{1\cdot 2} + \frac{1}{2\cdot 3} + \cdots + \frac{1}{n(n+1)}$$
$$= \left(\frac{1}{1}-\frac{1}{2}\right) + \left(\frac{1}{2}-\frac{1}{3}\right) + \left(\frac{1}{3}-\frac{1}{4}\right) + \cdots + \left(\frac{1}{n}-\frac{1}{n+1}\right)$$
$$= 1 - \frac{1}{n+1} = \frac{n}{n+1},$$

从而
$$\lim_{n\to\infty}s_n=\lim_{n\to\infty}\frac{n}{n+1}=1.$$

因此,级数 $\sum\limits_{n=1}^{\infty}\dfrac{1}{n(n+1)}$ 是收敛的,且收敛于1.

【例 5.2】 讨论等比级数(又称为几何级数)
$$\sum_{k=0}^{\infty}aq^k=a+aq+aq^2+\cdots+aq^n+\cdots(a\neq0)$$

的敛散性.

解 (1) 当 $|q|=1$ 时.

若 $q=1$,则级数的前 n 项部分和
$$s_n=\sum_{k=0}^{n-1}a\cdot1^k=a+a+a+\cdots+a=n\cdot a\to\infty(n\to\infty);$$

若 $q=-1$,则
$$s_n=\sum_{k=0}^{n-1}(-1)^k\cdot a=a-a+a-a+\cdots+(-1)^{n-2}a+(-1)^{n-1}a.$$

显然,$\lim\limits_{n\to\infty}s_n$ 不存在.

即当 $|q|=1$ 时,等比级数是发散的.

(2) 当 $|q|\neq1$,则级数的前 n 项部分和
$$s_n=\sum_{k=0}^{n-1}aq^k=a+aq+aq^2+\cdots+aq^{n-1}=\frac{a-aq^n}{1-q}.$$

若 $|q|<1$,因 $\lim\limits_{n\to\infty}q^n=0$,故 $\lim\limits_{n\to\infty}s_n=\dfrac{a}{1-q}$,即等比级数收敛,且和为 $\dfrac{a}{1-q}$;

若 $|q|>1$,因 $\lim\limits_{n\to\infty}q^n=\infty$,从而 $\lim\limits_{n\to\infty}s_n=\infty$,即等比级数发散.

综合则有以下结果:

当 $|q|\geq1$ 时,级数 $\sum\limits_{k=0}^{\infty}aq^k$ 发散;当 $|q|<1$ 时,级数 $\sum\limits_{k=0}^{\infty}aq^k$ 收敛且收敛于 $\dfrac{a}{1-q}$.

【例 5.3】 讨论级数 $\sum\limits_{n=1}^{\infty}\dfrac{1}{\sqrt{n+1}+\sqrt{n}}$ 的敛散性.

解 该级数的前 n 项部分和
$$\begin{aligned}s_n&=\sum_{k=1}^{n}\frac{1}{\sqrt{k+1}+\sqrt{k}}=\sum_{k=1}^{n}[\sqrt{k+1}-\sqrt{k}]\\&=(\sqrt{2}-\sqrt{1})+(\sqrt{3}-\sqrt{2})+(\sqrt{4}-\sqrt{3})+\cdots+(\sqrt{n+1}-\sqrt{n})\\&=\sqrt{n+1}-\sqrt{1},\end{aligned}$$

由此可得
$$\lim_{n\to\infty}s_n=\lim_{n\to\infty}(\sqrt{n+1}-\sqrt{1})=+\infty.$$

因此,级数 $\sum\limits_{n=1}^{\infty}\dfrac{1}{\sqrt{n+1}+\sqrt{n}}$ 是发散的.

二、常数项级数的基本性质

根据级数收敛和发散的定义,可以得到下面几个基本性质(证明从略).

性质 5.1 设 k 是任意的非零常数,则级数 $\sum_{n=1}^{\infty} u_n$ 与级数 $\sum_{n=1}^{\infty} ku_n$ 同时收敛或同时发散;当级数 $\sum_{n=1}^{\infty} u_n$ 收敛时,有

$$\sum_{n=1}^{\infty} ku_n = k\sum_{n=1}^{\infty} u_n,$$

即级数的每一项同乘一个不为零的常数后,它的敛散性不变.

性质 5.2 设有级数 $\sum_{n=1}^{\infty} u_n$、$\sum_{n=1}^{\infty} v_n$ 分别收敛于 s 与 σ,则级数 $\sum_{n=1}^{\infty} (u_n \pm v_n)$ 也收敛,且收敛于 $s \pm \sigma$.

由性质 5.2,容易得到以下几个结论:

(1) 若 $\sum_{n=1}^{\infty} u_n$ 与 $\sum_{n=1}^{\infty} v_n$ 收敛,则

$$\sum_{n=1}^{\infty} (u_n \pm v_n) = \sum_{n=1}^{\infty} u_n \pm \sum_{n=1}^{\infty} v_n (对 \sum 的分配律);$$

$$\sum_{n=1}^{\infty} u_n \pm \sum_{n=1}^{\infty} v_n = \sum_{n=1}^{\infty} (u_n \pm v_n) (对 \sum 的结合律).$$

(2) 若级数 $\sum_{n=1}^{\infty} u_n$ 收敛,而级数 $\sum_{n=1}^{\infty} v_n$ 发散,则级数 $\sum_{n=1}^{\infty} (u_n \pm v_n)$ 必发散.

(3) 若级数 $\sum_{n=1}^{\infty} u_n$、$\sum_{n=1}^{\infty} v_n$ 均发散,那么 $\sum_{n=1}^{\infty} (u_n \pm v_n)$ 可能收敛,也可能发散.

如取 $u_n = 1, v_n = (-1)^n$,则 $\sum_{n=1}^{\infty} (u_n + v_n) = \sum_{n=1}^{\infty} [1 + (-1)^n] = 2 + 2 + \cdots + 2 + \cdots$,显然是发散的.

又如 $u_n = 1, v_n = 1$,则 $\sum_{n=1}^{\infty} (u_n - v_n) = \sum_{n=1}^{\infty} [1-1] = 0 + 0 + 0 + \cdots + 0 + \cdots$,显然是收敛的.

【例 5.4】 求级数 $\sum_{n=1}^{\infty} \left(\frac{1}{n(n+1)} + \frac{1}{2^n} \right)$ 的和.

解 由例 5.2 得

$$\sum_{n=1}^{\infty} \frac{1}{2^n} = 1,$$

由例 5.1 得

$$\sum_{n=1}^{\infty} \frac{1}{n(n+1)} = 1,$$

再由性质 5.2 可得

$$\sum_{n=1}^{\infty} \left(\frac{1}{n(n+1)} + \frac{1}{2^n} \right) = 1 + 1 = 2.$$

性质 5.3 在一个级数的前面去掉有限项、加上有限项或改变有限项,不会影响级数的敛散性;在收敛时,一般来说级数的收敛值是会改变的.

性质 5.4 将收敛级数中任意加括号之后所得到的新级数仍收敛于原来收敛级数

的和.

注意:级数任意加括号与去括号之后所得新级数的敛散性比较复杂,下列事实以后常会用到:① 如果级数按某一方法加括号之后所形成的新级数是发散的,则该级数也一定发散.(显然这是性质 5.4 的逆否命题);② 收敛的级数去括号之后所形成的新级数不一定收敛.

如级数
$$(1-1)+(1-1)+\cdots$$
收敛于 0,但去括号之后所得新级数
$$1-1+1-1+\cdots+(-1)^{n-1}+(-1)^n+\cdots$$
是发散的.

这一事实也可以反过来表述:即使级数加括号之后收敛,它也不一定就收敛.

性质 5.5(**级数收敛的必要条件**)　级数 $\sum_{n=1}^{\infty} u_n$ 收敛的必要条件是 $\lim_{n \to \infty} u_n = 0$.

注意:① 级数的一般项趋向于零并不是级数收敛的充分条件;② 级数的一般项不趋向于零则级数一定发散(即性质 5.5 的逆否命题).

【**例 5.5**】　证明**调和级数** $\sum_{n=1}^{\infty} \frac{1}{n}$ 是发散的.

证明　假设级数 $\sum_{n=1}^{\infty} \frac{1}{n}$ 是收敛的且收敛于 s,则级数 $\sum_{n=1}^{\infty} \frac{1}{n}$ 的前 n 项部分和为 s_n,满足
$$\lim_{n \to \infty} s_n = s \text{ 及 } \lim_{n \to \infty} s_{2n} = s,$$
即
$$\lim_{n \to \infty}(s_{2n} - s_n) = 0.$$

另一方面,观察
$$s_{2n} - s_n = \frac{1}{n+1} + \frac{1}{n+2} + \cdots + \frac{1}{n+n}$$
$$> \frac{1}{n+n} + \frac{1}{n+n} + \cdots + \frac{1}{n+n} = \frac{n}{n+n} = \frac{1}{2}.$$

矛盾,故级数 $\sum_{n=1}^{\infty} \frac{1}{n}$ 是发散的.

注意:当 n 越来越大时,调和级数的通项变得越来越小,但它们的和慢慢地且非常缓慢地增大,超过任何有限值. 有几个数据展示给读者会有助于更好地理解这个级数:该级数的前 1 000 项和约为 7.485;前 100 万项和约为 14.357;前 10 亿项和约为 21;前 10 000 亿项和约为 28;要使得这个级数的前若干项的和超过 100,必须至少把 10^{43} 项加起来.

习题 5.1

1. 写出下列级数的部分和,若收敛求其和:

(1) $\sum_{n=1}^{+\infty} \frac{1}{(2n-1)(2n+1)}$;

(2) $\sum_{n=1}^{+\infty} \frac{(-1)^{n-1}}{2^n}$;

(3) $\sum_{n=1}^{+\infty} \frac{1}{\sqrt{n+1}+\sqrt{n}}$;

(4) $\sum_{n=1}^{+\infty} \frac{1}{(n+3)(n+4)}$.

2. 利用级数的基本性质,判别下列级数的敛散性:

(1) $\sum\limits_{n=1}^{+\infty} \dfrac{3}{10^n}$;

(2) $\sum\limits_{n=1}^{+\infty} \ln\dfrac{n+1}{n}$;

(3) $\sum\limits_{n=1}^{+\infty} \left(\dfrac{n}{n+1}\right)^n$;

(4) $\sum\limits_{n=1}^{+\infty} \dfrac{3\cdot 2^n - 2\cdot 3^n}{6^n}$;

(5) $\sum\limits_{n=1}^{+\infty} \left(\dfrac{2}{n} - \dfrac{1}{2^n}\right)$;

(6) $\sum\limits_{n=1}^{+\infty} \dfrac{1}{n+10}$;

(7) $\sum\limits_{n=1}^{+\infty} n\sin\dfrac{\pi}{n}$;

(8) $\sum\limits_{n=1}^{+\infty} \dfrac{2+(-1)^n}{2^n}$.

第二节　常数项级数的审敛法

学习目标

1. 掌握 p-级数的敛散性.
2. 理解正项级数的比较审敛法的原理,会用极限审敛法,掌握比值审敛法.
3. 掌握交错级数的莱布尼兹审敛法.
4. 了解任意项级数绝对收敛与条件收敛的概念及绝对收敛与收敛的关系.

一般情况下,利用定义或级数的性质来判别级数的敛散性是很困难的,可否有更简单易行的判别方法呢? 由于级数的敛散性可较好地归结为正项级数的敛散性问题,因而正项级数及其审敛法的敛散性判定就显得十分地重要.

一、正项级数

定义 5.3 若级数 $\sum\limits_{n=1}^{\infty} u_n$ 中的每一项都是非负的(即 $u_n \geqslant 0, n=1,2,\cdots$),则称级数 $\sum\limits_{n=1}^{\infty} u_n$ 为**正项级数**.

微课

由正项级数的特性很容易得到下面的结论.

定理 5.1 正项级数 $\sum\limits_{n=1}^{\infty} u_n$ 收敛的充分必要条件是:它的前 n 项部分和数列 $\{s_n\}$ 有界.

定理证明从略.

借助于正项级数收敛的充分必要条件,我们可建立一系列具有较强实用性的正项级数审敛法.

定理 5.2(比较审敛法) 设 $\sum\limits_{n=1}^{\infty} u_n$ 和 $\sum\limits_{n=1}^{\infty} v_n$ 都是正项级数,且
$$u_n \leqslant v_n \quad (n=1,2,\cdots) \tag{5.3}$$

则:(1) 如 $\sum\limits_{n=1}^{\infty} v_n$ 收敛,则 $\sum\limits_{n=1}^{\infty} u_n$ 亦收敛;

(2) 如 $\sum\limits_{n=1}^{\infty} u_n$ 发散,则 $\sum\limits_{n=1}^{\infty} v_n$ 亦发散.

定理证明从略.

由于级数的每一项同乘以一个非零常数,以及去掉级数的有限项不改变级数的敛散性,因而比较审敛法又可表述如下推论(证明从略).

推论1 设 C 为正数,N 为正整数,$\sum\limits_{n=1}^{\infty} u_n$ 和 $\sum\limits_{n=1}^{\infty} v_n$ 都是正项级数,且
$$u_n \leqslant C v_n \quad (n=N, N+1, \cdots) \tag{5.4}$$

则:(1) 如 $\sum\limits_{n=1}^{\infty} v_n$ 收敛,则 $\sum\limits_{n=1}^{\infty} u_n$ 亦收敛;

(2) 如 $\sum\limits_{n=1}^{\infty} u_n$ 发散,则 $\sum\limits_{n=1}^{\infty} v_n$ 亦发散.

【例 5.6】 讨论 p-级数
$$\sum_{n=1}^{\infty} \frac{1}{n^p} = 1 + \frac{1}{2^p} + \frac{1}{3^p} + \cdots + \frac{1}{n^p} + \cdots$$

的敛散性,其中 $p>0$.

解 (1) 若 $0<p\leqslant 1$,则 $n^p \leqslant n$,可得 $\frac{1}{n^p} \geqslant \frac{1}{n}$;又因调和级数 $\sum\limits_{n=1}^{\infty} \frac{1}{n}$ 发散,由定理 5.2 知 $\sum\limits_{n=1}^{\infty} \frac{1}{n^p}$ 发散.

(2) 若 $p>1$,对于满足 $n-1 \leqslant x \leqslant n$ 的 x(其中 $n \geqslant 2$),则有
$$(n-1)^p \leqslant x^p \leqslant n^p,$$

继而可得
$$\frac{1}{x^p} \geqslant \frac{1}{n^p}.$$

又
$$\frac{1}{n^p} = \int_{n-1}^{n} \frac{\mathrm{d}x}{n^p} \leqslant \int_{n-1}^{n} \frac{\mathrm{d}x}{x^p} = \frac{1}{1-p} x^{1-p} \Big|_{n-1}^{n} = \frac{1}{p-1}\left(\frac{1}{(n-1)^{p-1}} - \frac{1}{n^{p-1}}\right),$$

考虑级数 $\frac{1}{p-1} \sum\limits_{n=2}^{\infty} \left[\frac{1}{(n-1)^{p-1}} - \frac{1}{n^{p-1}}\right]$,它的部分和
$$s_n = \frac{1}{p-1} \sum_{k=2}^{n+1} \left[\frac{1}{(k-1)^{p-1}} - \frac{1}{k^{p-1}}\right]$$
$$= \frac{1}{p-1}\left[1 - \frac{1}{(n+1)^{p-1}}\right] \to \frac{1}{p-1} (n \to \infty).$$

故 $\frac{1}{p-1} \sum\limits_{n=2}^{\infty} \left[\frac{1}{(n-1)^{p-1}} - \frac{1}{n^{p-1}}\right]$ 收敛,由比较审敛法可得 $\sum\limits_{n=2}^{\infty} \frac{1}{n^p}$ 收敛,再由级数的性质可得 $\sum\limits_{n=1}^{\infty} \frac{1}{n^p}$ 亦收敛.

综上讨论,当 $0<p\leqslant 1$ 时,p-级数 $\sum\limits_{n=1}^{\infty} \frac{1}{n^p}$ 是发散的;当 $p>1$ 时,p-级数 $\sum\limits_{n=1}^{\infty} \frac{1}{n^p}$ 是收敛的. p-级数是一个很重要的级数,在解题中往往会充当比较审敛法的比较对象,其他的比较对象主要有几何级数、调和级数等.

推论 2*（比较审敛法的极限形式） 设 $\sum_{n=1}^{\infty} u_n$、$\sum_{n=1}^{\infty} v_n$ 为两个正项级数，如果两级数的通项 u_n、v_n 满足

$$\lim_{n\to\infty} \frac{u_n}{v_n} = l \quad (0 < l < +\infty) \tag{5.5}$$

则级数 $\sum_{n=1}^{\infty} u_n$ 与 $\sum_{n=1}^{\infty} v_n$ 同时收敛或同时发散.

【例 5.7】 判别级数

(1) $\sum_{n=1}^{\infty} \frac{n}{n^2-2}$；　　　　(2) $\sum_{n=1}^{\infty} \ln\left(1+\frac{1}{n^2}\right)$

的敛散性.

解 (1) 因 $\frac{n}{n^2-2} > \frac{n}{n^2} = \frac{1}{n} (n>1)$，且 $\sum_{n=1}^{\infty} \frac{1}{n}$ 发散，故级数 $\sum_{n=1}^{\infty} \frac{n}{n^2-2}$ 发散.

(2) 因 $\ln\left(1+\frac{1}{n^2}\right) < \frac{1}{n^2}$，且 $\sum_{n=1}^{\infty} \frac{1}{n^2}$ 收敛，故级数 $\sum_{n=1}^{\infty} \ln\left(1+\frac{1}{n^2}\right)$ 收敛.

【例 5.8】 讨论级数 $\sum_{n=1}^{\infty} \frac{1}{1+a^n} (a>0)$ 的敛散性.

解 (1) 当 $a>1$ 时，级数 $\sum_{n=1}^{\infty} \frac{1}{1+a^n}$ 的通项 $\frac{1}{1+a^n} < \frac{1}{a^n}$，而 $\sum_{n=1}^{\infty} \frac{1}{a^n}$ 是一个公比为 $\frac{1}{a}$ 的等比级数，且 $\frac{1}{a} < 1$，则 $\sum_{n=1}^{\infty} \frac{1}{a^n}$ 收敛，故级数 $\sum_{n=1}^{\infty} \frac{1}{1+a^n}$ 收敛；

(2) 当 $a=1$ 时，级数 $\sum_{n=1}^{\infty} \frac{1}{1+a^n}$ 的通项 $\frac{1}{1+a^n} = \frac{1}{2}$，且 $\sum_{n=1}^{\infty} \frac{1}{2}$ 发散，故级数 $\sum_{n=1}^{\infty} \frac{1}{1+a^n}$ 发散.

(3) 当 $a<1$ 时，级数 $\sum_{n=1}^{\infty} \frac{1}{1+a^n}$ 的通项 $\frac{1}{1+a^n} > \frac{1}{2}$，而 $\sum_{n=1}^{\infty} \frac{1}{2}$ 发散，故级数 $\sum_{n=1}^{\infty} \frac{1}{1+a^n}$ 发散.

【例 5.9】 设 $a_n \leqslant c_n \leqslant b_n (n=1,2,\cdots)$，且级数 $\sum_{n=1}^{\infty} a_n$ 及 $\sum_{n=1}^{\infty} b_n$ 都收敛，证明级数 $\sum_{n=1}^{\infty} c_n$ 收敛.

证明 因 $a_n \leqslant c_n \leqslant b_n, n=1,2,\cdots$，可得 $0 \leqslant c_n - a_n \leqslant b_n - a_n$；而级数 $\sum_{n=1}^{\infty} a_n$ 及 $\sum_{n=1}^{\infty} b_n$ 都收敛，由级数收敛的性质知 $\sum_{n=1}^{\infty} (b_n - a_n)$ 收敛，再由比较审敛法得 $\sum_{n=1}^{\infty} (c_n - a_n)$ 收敛. 而

$$\sum_{n=1}^{\infty} c_n = \sum_{n=1}^{\infty} [(c_n - a_n) + a_n],$$

故可得级数 $\sum_{n=1}^{\infty} c_n$ 收敛.

定理 5.3（比值审敛法，又称达朗贝尔审敛法） 若正项级数 $\sum_{n=1}^{\infty} u_n$ 满足

$$\lim_{n\to\infty} \frac{u_{n+1}}{u_n} = \rho, \tag{5.6}$$

则:(1) 当 $\rho<1$ 时,级数 $\sum\limits_{n=1}^{\infty} u_n$ 收敛;

(2) 当 $\rho>1$(或 $\rho=+\infty$)时,级数 $\sum\limits_{n=1}^{\infty} u_n$ 发散;

(3) 当 $\rho=1$ 时,级数 $\sum\limits_{n=1}^{\infty} u_n$ 的敛散性用此法无法判定.

定理证明从略.

【例 5.10】 判定下列级数的敛散性:

(1) $\sum\limits_{n=1}^{\infty} \dfrac{1}{n!}$;   (2) $\sum\limits_{n=1}^{\infty} \dfrac{n^n}{n!}$;   (3) $\sum\limits_{n=1}^{\infty} \dfrac{1}{(2n-1)\cdot 2n}$.

解 (1) 因 $u_n=\dfrac{1}{n!}$,故

$$\rho=\lim_{n\to\infty}\frac{u_{n+1}}{u_n}=\lim_{n\to\infty}\frac{1/(n+1)!}{1/n!}=\lim_{n\to\infty}\frac{1}{n+1}=0<1.$$

由比值审敛法知级数 $\sum\limits_{n=1}^{\infty} \dfrac{1}{n!}$ 是收敛的.

(2) 因 $u_n=\dfrac{n^n}{n!}$,故

$$\rho=\lim_{n\to\infty}\frac{u_{n+1}}{u_n}=\lim_{n\to\infty}\frac{(n+1)^{n+1}\cdot n!}{n^n\cdot(n+1)!}=\lim_{n\to\infty}\left(1+\frac{1}{n}\right)^n=e>1.$$

由比值审敛法知级数 $\sum\limits_{n=1}^{\infty} \dfrac{n^n}{n!}$ 是发散的.

(3) 因 $u_n=\dfrac{1}{(2n-1)\cdot 2n}$,故

$$\rho=\lim_{n\to\infty}\frac{u_{n+1}}{u_n}=\lim_{n\to\infty}\frac{(2n-1)\cdot 2n}{(2n+1)(2n+2)}=1.$$

用比值法无法确定该级数的敛散性;注意到 $2n>2n-1\geqslant n$,可得 $(2n-1)\cdot 2n>n^2$,即 $\dfrac{1}{(2n-1)\cdot 2n}<\dfrac{1}{n^2}$;而级数 $\sum\limits_{n=1}^{\infty}\dfrac{1}{n^2}$ 收敛,由比较判别法知级数 $\sum\limits_{n=1}^{\infty}\dfrac{1}{(2n-1)\cdot 2n}$ 收敛.

定理 5.4*(根值审敛法或柯西审敛法) 若正项级数 $\sum\limits_{n=1}^{\infty} u_n$ 满足

$$\lim_{n\to\infty}\sqrt[n]{u_n}=\rho, \tag{5.7}$$

则:(1) 当 $\rho<1$ 时,级数 $\sum\limits_{n=1}^{\infty} u_n$ 收敛;

(2) 当 $\rho>1$(或 $\rho=+\infty$)时,级数 $\sum\limits_{n=1}^{\infty} u_n$ 发散;

(3) 当 $\rho=1$ 时,级数 $\sum\limits_{n=1}^{\infty} u_n$ 的敛散性用此法无法判定.

定理证明从略.

例如级数 $\sum\limits_{n=1}^{\infty}\dfrac{1}{n^2}$ 是收敛的,而级数 $\sum\limits_{n=1}^{\infty}\dfrac{1}{n}$ 是发散的,但

$$\lim_{n\to\infty}\sqrt[n]{u_n}=\lim_{n\to\infty}\sqrt[n]{\frac{1}{n^2}}=\lim_{n\to\infty}\left(\frac{1}{\sqrt[n]{n}}\right)^2=1;$$

$$\lim_{n\to\infty}\sqrt[n]{u_n}=\lim_{n\to\infty}\sqrt[n]{\frac{1}{n}}=\lim_{n\to\infty}\frac{1}{\sqrt[n]{n}}=1.$$

【例 5.11】 判别级数 $\sum_{n=1}^{\infty}\dfrac{n^2}{\left(2+\dfrac{1}{n}\right)^n}$ 的敛散性.

解 因 $u_n=\dfrac{n^2}{\left(2+\dfrac{1}{n}\right)^n}$,则

$$\rho=\lim_{n\to\infty}\sqrt[n]{u_n}=\lim_{n\to\infty}\sqrt[n]{\frac{n^2}{\left(2+\dfrac{1}{n}\right)^n}}=\frac{1}{2}<1.$$

故级数 $\sum_{n=1}^{\infty}\dfrac{n^2}{\left(2+\dfrac{1}{n}\right)^n}$ 收敛.

注意:对于利用比值审敛法与根值审敛法失效的情形(即 $\rho=1$ 时),其级数的敛散性应另寻他法加以判定,通常可用构造更精细的比较级数来判别.

二、交错级数及其审敛法

定义 5.4 级数中的各项是正、负交错的,即具有如下形式:

$$\sum_{n=1}^{\infty}(-1)^{n-1}u_n \text{ 或 } \sum_{n=1}^{\infty}(-1)^n u_n \tag{5.8}$$

的级数称为**交错级数**. 其中 $u_n>0, n=1,2,3,\cdots$

因两者的表示只差一个负号,它们的敛散性完全相同,故一般只讨论 $\sum_{n=1}^{\infty}(-1)^{n-1}u_n$ 这一形式.

定理 5.5(**交错级数审敛法又称莱布尼兹准则**) 如果交错级数 $\sum_{n=1}^{\infty}(-1)^{n-1}u_n$ 满足条件:

(1) $u_n\geqslant u_{n+1}, n=1,2,\cdots$

(2) $\lim_{n\to\infty}u_n=0$,

则交错级数 $\sum_{n=1}^{\infty}(-1)^{n-1}u_n$ 收敛,且收敛和 $s\leqslant u_1$,其余项 r_n 的绝对值 $|r_n|\leqslant u_{n+1}$.

定理证明从略.

【例 5.12】 判别交错级数 $\sum_{n=1}^{\infty}(-1)^{n-1}\dfrac{1}{n}$ 的敛散性.

解 因级数 $\sum_{n=1}^{\infty}(-1)^{n-1}\dfrac{1}{n}$ 中 u_n 满足:

$$u_n=\frac{1}{n}>\frac{1}{n+1}=u_{n+1},$$

且

$$\lim_{n\to\infty} u_n = \lim_{n\to\infty} \frac{1}{n} = 0.$$

满足定理 5.5 的条件,故此交错级数收敛,并且其和 $s<1$.

【例 5.13】 判别交错级数 $\sum_{n=1}^{\infty} (-1)^{n-1} \frac{\ln n}{n}$ 的敛散性.

解 因级数 $\sum_{n=1}^{\infty} (-1)^{n-1} \frac{\ln n}{n}$ 中 $u_n = \frac{\ln n}{n}$,令 $f(x) = \frac{\ln x}{x}, x>3$,则

$$f'(x) = \frac{1-\ln x}{x^2} < 0, x > 3.$$

即当 $n>3$ 时,数列 $\left\{\frac{\ln n}{n}\right\}$ 是递减数列;又利用洛必达法则可知:

$$\lim_{n\to\infty} \frac{\ln n}{n} = \lim_{x\to+\infty} \frac{\ln x}{x} = \lim_{x\to+\infty} \frac{1}{x} = 0.$$

满足定理 5.5 的条件,故此交错级数收敛.

三、绝对收敛与条件收敛

定义 5.5 如级数 $\sum_{n=1}^{\infty} u_n$ 中的每一项 $u_n(n=1,2,\cdots)$ 为任意实数,称该级数为**任意项级数**.

对于该级数,我们可以构造一个正项级数 $\sum_{n=1}^{\infty} |u_n|$,通过级数 $\sum_{n=1}^{\infty} |u_n|$ 的敛散性来推断级数 $\sum_{n=1}^{\infty} u_n$ 的敛散性.

定义 5.6 (1) 如果级数 $\sum_{n=1}^{\infty} |u_n|$ 收敛,则称级数 $\sum_{n=1}^{\infty} u_n$ **绝对收敛**;

(2) 如果级数 $\sum_{n=1}^{\infty} |u_n|$ 发散,而级数 $\sum_{n=1}^{\infty} u_n$ 收敛,则称级数 $\sum_{n=1}^{\infty} u_n$ **条件收敛**.

定理 5.6 如果级数 $\sum_{n=1}^{\infty} |u_n|$ 收敛,则级数 $\sum_{n=1}^{\infty} u_n$ 亦收敛.

定理证明从略.

【例 5.14】 讨论级数 $\sum_{n=1}^{\infty} (-1)^{n-1} \frac{1}{\sqrt{n}}$ 的敛散性.

解 因级数 $\sum_{n=1}^{\infty} \frac{1}{\sqrt{n}}$ 是 $p=\frac{1}{2}$ 的 p-级数,故而发散;而交错级数 $\sum_{n=1}^{\infty} (-1)^{n-1} \frac{1}{\sqrt{n}}$ 可由交错级数审敛法得其是收敛的,故级数 $\sum_{n=1}^{\infty} (-1)^{n-1} \frac{1}{\sqrt{n}}$ 不是绝对收敛,而是条件收敛.

【例 5.15】 判定任意项级数 $\sum_{n=1}^{\infty} \frac{\sin(n\alpha)}{n^2}, \alpha \in (-\infty, +\infty)$ 的敛散性.

解 对级数的通项取绝对值,得

$$\left| \frac{\sin(n\alpha)}{n^2} \right| \leqslant \frac{1}{n^2},$$

而 $\sum_{n=1}^{\infty} \frac{1}{n^2}$ 收敛,由比较审敛法知 $\sum_{n=1}^{\infty} \left|\frac{\sin(n\alpha)}{n^2}\right|$ 亦收敛,再由定理 5.6 得级数 $\sum_{n=1}^{\infty} \frac{\sin(n\alpha)}{n^2}$ 收敛,且是绝对收敛.

习题 5.2

1. 用比较判别法判别下列级数的敛散性：

(1) $\sum_{n=1}^{+\infty} \frac{1}{n^2+3}$;

(2) $\sum_{n=2}^{+\infty} \frac{1}{\sqrt{n-1}}$;

(3) $\sum_{n=1}^{+\infty} \frac{1}{n\sqrt{n+1}}$;

(4) $\sum_{n=1}^{+\infty} \frac{\cos^2 n}{2^n}$.

2. 用比值判别法判别下列级数的敛散性：

(1) $\sum_{n=2}^{+\infty} \frac{n}{n^2-3}$;

(2) $\sum_{n=1}^{+\infty} \frac{n^2}{4^n}$;

(3) $\sum_{n=1}^{+\infty} \frac{2^n n!}{n^n}$;

(4) $\sum_{n=1}^{+\infty} \frac{q^n n!}{n^n} (q>0)$.

3. 判别下列级数的敛散性,如果收敛,指明是绝对收敛还是条件收敛.

(1) $\sum_{n=1}^{+\infty} \frac{\sin \frac{n\pi}{2}}{3^n}$;

(2) $\sum_{n=1}^{+\infty} (-1)^{n-1} \frac{1}{\sqrt{n}}$;

(3) $\sum_{n=1}^{+\infty} \frac{\sin n}{\sqrt{n^3+n}}$;

(4) $\sum_{n=1}^{+\infty} (-1)^n \frac{n}{3^n}$.

第三节 幂级数

学习目标

1. 理解幂级数的收敛半径、收敛域及和函数的概念,掌握幂级数的收敛半径与收敛域的求法.

2. 了解幂级数在其收敛域内加法、减法、乘法、逐项求导与逐项积分等运算.

3. 知道函数的泰勒级数及初等函数展开定理,知道函数 $\frac{1}{1+x}$, $\sin x$, e^x, $\ln(1+x)$, $(1+x)^\alpha$ 的麦克劳林级数展开式,并会利用这些展开式及幂级数的性质将一些简单的函数展开成幂级数.

前面我们讨论了常数项级数的敛散性问题,基本知道级数满足何条件时必收敛等,但很遗憾的是只有很少的级数在收敛时能得到其收敛值.在这一节我们借助幂级数的和问题进而得到常数项级数的和问题.

一、函数项级数的一般概念

设有定义在区间 I 上的函数列

$$u_1(x), u_2(x), \cdots, u_n(x), \cdots$$

由该函数列构成的表达式

$$\sum_{n=1}^{\infty} u_n(x) = u_1(x) + u_2(x) + \cdots + u_n(x) + \cdots \tag{5.9}$$

称作**函数项级数**. 而

$$s_n(x) = u_1(x) + u_2(x) + \cdots + u_n(x) \tag{5.10}$$

称为函数项级数(5.9)的**前 n 项部分和**.

对于确定的值 $x_0 \in I$, 如常数项级数

$$\sum_{n=1}^{\infty} u_n(x_0) = u_1(x_0) + u_2(x_0) + \cdots + u_n(x_0) + \cdots \tag{5.11}$$

收敛, 则称函数项级数 $\sum_{n=1}^{\infty} u_n(x)$ 在点 x_0 收敛, 点 x_0 是函数项级数 $\sum_{n=1}^{\infty} u_n(x)$ 的**收敛点**; 若 $\sum_{n=1}^{\infty} u_n(x_0)$ 发散, 则称函数项级数 $\sum_{n=1}^{\infty} u_n(x)$ 在点 x_0 发散, 点 x_0 是函数项级数 $\sum_{n=1}^{\infty} u_n(x)$ 的**发散点**. 函数项级数的全体收敛点的集合称为它的**收敛域**; 函数项级数 $\sum_{n=1}^{\infty} u_n(x)$ 的全体发散点的集合称为它的**发散域**.

设函数项级数 $\sum_{n=1}^{\infty} u_n(x)$ 的收敛域为 D, 则对 D 内任意一点 x, $\sum_{n=1}^{\infty} u_n(x)$ 收敛, 其收敛的和自然依赖于 x, 即其收敛和应为 x 的函数, 记为 $s(x)$; 称函数 $s(x)$ 为函数项级数 $\sum_{n=1}^{\infty} u_n(x)$ 的**和函数**. $s(x)$ 的定义域就是级数的收敛域, 并记为

$$s(x) = u_1(x) + u_2(x) + \cdots + u_n(x) + \cdots$$

则在收敛域 D 上有 $\lim_{n \to \infty} s_n(x) = s(x)$. 把 $r_n(x) = s(x) - s_n(x)$ 叫作函数项级数 $\sum_{n=1}^{\infty} u_n(x)$ 的**余项**, 对收敛域上的每一点 x, 有 $\lim_{n \to \infty} r_n(x) = 0$.

从以上的定义可知, 函数项级数在区域上的敛散性问题是指在该区域上的每一点的敛散性, 因而其实质还是常数项级数的敛散性问题. 因此我们仍可以用数项级数的审敛法来判别函数项级数的敛散性.

【例 5.16】 讨论几何级数

$$\sum_{n=0}^{\infty} x^n = 1 + x + x^2 + \cdots + x^n + \cdots$$

的敛散性.

解 由例 5.2 的讨论得: 当 $|x| < 1$ 时, 级数 $\sum_{n=0}^{\infty} x^n$ 收敛且收敛于 $\frac{1}{1-x}$; 当 $|x| \geq 1$ 时, 级数 $\sum_{n=0}^{\infty} x^n$ 发散. 因此该级数的收敛域为区间 $(-1, 1)$, 发散域为 $(-\infty, -1] \cup [1, +\infty)$. 在 $(-1, 1)$ 内级数 $\sum_{n=0}^{\infty} x^n$ 的和函数为 $\frac{1}{1-x}$.

几何级数是一个非常重要的级数, 在以后有着很重要的应用.

二、幂级数及其收敛性

函数项级数中最简单且最常见的一类级数是各项均为幂函数的函数项级数,称其为**幂级数**,它的形式是

$$\sum_{n=0}^{\infty} a_n x^n = a_0 + a_1 x + a_2 x^2 + \cdots + a_n x^n + \cdots \qquad (5.12)$$

其中常数 $a_0, a_1, a_2, \cdots, a_n, \cdots$ 称作**幂级数的系数**.

注意:幂级数的表示形式也可以是

$$\sum_{n=0}^{\infty} a_n (x-x_0)^n = a_0 + a_1(x-x_0) + a_2(x-x_0)^2 + \cdots + a_n(x-x_0)^n + \cdots \qquad (5.13)$$

它是幂级数的一般形式,作变量代换 $t = x - x_0$ 即可以把它化为(5.12)的形式.因此在以后的讨论中,如不作特殊说明,我们用幂级数(5.12)作为主要的讨论对象.

定理 5.7(阿贝尔定理)

(1) 若幂级数 $\sum_{n=0}^{\infty} a_n x_0^n (x_0 \neq 0)$ 收敛,则对于满足不等式 $|x| < |x_0|$ 的一切 x,幂级数 $\sum_{n=0}^{\infty} a_n x^n$ 绝对收敛;

(2) 若幂级数 $\sum_{n=0}^{\infty} a_n x_0^n (x_0 \neq 0)$ 发散,则对于满足不等式 $|x| > |x_0|$ 的一切 x,幂级数 $\sum_{n=0}^{\infty} a_n x^n$ 发散.

定理证明从略.

阿贝尔定理很好地揭示了幂级数的收敛域与发散域的结构:定理 5.7 的结论表明,如果幂级数 $\sum_{n=0}^{\infty} a_n x^n$ 在 $x = x_0 \neq 0$ 处收敛,则可断定在开区间 $(-|x_0|, |x_0|)$ 之内的任何 x,幂级数 $\sum_{n=0}^{\infty} a_n x^n$ 必收敛;如果幂级数 $\sum_{n=0}^{\infty} a_n x^n$ 在 $x = x_0 \neq 0$ 处发散,则可断定在闭区间 $[-|x_0|, |x_0|]$ 之外的任何 x,幂级数 $\sum_{n=0}^{\infty} a_n x^n$ 必发散.至此断定幂级数的发散点不可能位于原点与收敛点之间(因原点必是幂级数的收敛点).

设幂级数 $\sum_{n=0}^{\infty} a_n x^n$ 在数轴上既有收敛点(且不仅仅只是原点),也有发散点,于是,我们可以这样来寻找幂级数的收敛域与发散域.首先从原点出发,沿数轴向右搜寻,最初只遇到收敛点,然后就只遇到发散点,设这两部分的界点为 P,而点 P 则可能是收敛点,也可能是发散点.再从原点出发,沿数轴向左方搜寻,相仿也可找到另一个收敛域与发散域的分界点 P';位于点 P' 与 P 之间的区域就是幂级数的收敛域,位于这两点之外的区域就是幂级数的发散域,且两个分界点关于原点对称.至此我们可得到如下重要推论:

图 5.3

推论 1 如果幂级数 $\sum\limits_{n=0}^{\infty} a_n x^n$ 不是仅在一点收敛,也不是在整个数轴上都收敛,则必存在一个确定的正数 R 存在,使得

(1) 当 $|x|<R$ 时,幂级数 $\sum\limits_{n=0}^{\infty} a_n x^n$ 绝对收敛;

(2) 当 $|x|>R$ 时,幂级数 $\sum\limits_{n=0}^{\infty} a_n x^n$ 发散;

(3) 当 $x=\pm R$ 时,幂级数 $\sum\limits_{n=0}^{\infty} a_n x^n$ 可能收敛,也可能发散.

我们把此正数 R 称作幂级数的**收敛半径**,$(-R,R)$ 称为幂级数的**收敛区间**. 若幂级数的收敛域为 D,则
$$(-R,R) \subseteq D \subseteq [-R,R],$$
即幂级数的收敛域是收敛区间与收敛端点的并集.

特别地,如果幂级数只在 $x=0$ 处收敛,则规定收敛半径 $R=0$,此时的收敛域为只有一个点 $x=0$;如果幂级数对一切 x 都收敛,则规定收敛半径 $R=+\infty$,此时的收敛域为 $(-\infty,+\infty)$.

下面我们给出幂级数的收敛半径的求法.

定理 5.8 设幂级数 $\sum\limits_{n=0}^{\infty} a_n x^n$ 的所有系数 $a_n \neq 0$,且
$$\lim_{n\to\infty}\left|\frac{a_{n+1}}{a_n}\right|=\rho,$$

则:(1) 当 $\rho \neq 0$ 时,该幂级数的收敛半径 $R=\dfrac{1}{\rho}$;

(2) 当 $\rho=0$ 时,该幂级数的收敛半径 $R=+\infty$;

(3) 当 $\rho=+\infty$ 时,该幂级数的收敛半径 $R=0$.

定理证明从略.

【例 5.17】 求下列幂级数的收敛半径、收敛区间与收敛域:

(1) $\sum\limits_{n=1}^{\infty} (-1)^{n-1} \dfrac{x^n}{n}$;   (2) $\sum\limits_{n=1}^{\infty} \dfrac{2n-1}{2^n} x^{2n-2}$;

(3) $\sum\limits_{n=1}^{\infty} (-1)^n \dfrac{2^n}{\sqrt{n}} \left(x-\dfrac{1}{2}\right)^n$.

解 (1) 因 $a_n=(-1)^{n-1}\dfrac{1}{n}$,则
$$\rho=\lim_{n\to\infty}\left|\frac{a_{n+1}}{a_n}\right|=\lim_{n\to\infty}\frac{n}{n+1}=1.$$

故收敛半径为 $R=1$;又在 $x=-1$ 时,幂级数成为 $\sum\limits_{n=1}^{\infty} \left(-\dfrac{1}{n}\right)$,显然是发散的,在 $x=1$,幂级数成为 $\sum\limits_{n=1}^{\infty} (-1)^{n-1} \dfrac{1}{n}$,显然它是收敛的. 故收敛区间为 $(-1,1)$,收敛域为 $(-1,1]$.

(2) 此幂级数缺少奇次幂项,可用比值审敛法的原理来求收敛半径.

因 $u_n = \dfrac{2n-1}{2^n} x^{2n-2}$,则

$$\lim_{n\to\infty} \left| \frac{u_{n+1}(x)}{u_n(x)} \right| = \lim_{n\to\infty} \frac{2n+1}{4n-2} |x|^2 = \frac{1}{2} |x|^2.$$

由比值审敛法的结果：

当 $\dfrac{1}{2}|x|^2 < 1$,即 $|x| < \sqrt{2}$ 时,幂级数收敛；

当 $\dfrac{1}{2}|x|^2 > 1$,即 $|x| > \sqrt{2}$ 时,幂级数发散.

对于左、右端点 $x = \pm\sqrt{2}$,此时幂级数成为 $\sum\limits_{n=1}^{\infty} \dfrac{2n-1}{2^n} (\pm\sqrt{2})^{2n-2} = \sum\limits_{n=1}^{\infty} \dfrac{2n-1}{2}$,显然它是发散的；故收敛区间、收敛域都为 $(-\sqrt{2}, \sqrt{2})$,收敛半径为 $R = \sqrt{2}$.

(3) 因 $u_n = (-1)^n \dfrac{2^n}{\sqrt{n}} \left(x - \dfrac{1}{2}\right)^n$,则

$$\lim_{n\to\infty} \left| \frac{u_{n+1}(x)}{u_n(x)} \right| = \lim_{n\to\infty} \frac{2\sqrt{n}}{\sqrt{n+1}} \left| x - \frac{1}{2} \right| = 2 \left| x - \frac{1}{2} \right|.$$

由比值审敛法的结果：

当 $2\left|x - \dfrac{1}{2}\right| < 1$,即 $0 < x < 1$ 时,幂级数收敛；

当 $2\left|x - \dfrac{1}{2}\right| > 1$,即 $x < 0$ 或 $x > 1$ 时,幂级数发散.

对于左端点 $x = 0$,此时幂级数成为 $\sum\limits_{n=1}^{\infty} (-1)^n \dfrac{2^n}{\sqrt{n}} \left(-\dfrac{1}{2}\right)^n = \sum\limits_{n=1}^{\infty} \dfrac{1}{\sqrt{n}}$,显然它是发散的；

对于右端点 $x = 1$,此时幂级数成为 $\sum\limits_{n=1}^{\infty} (-1)^n \dfrac{2^n}{\sqrt{n}} \left(1 - \dfrac{1}{2}\right)^n = \sum\limits_{n=1}^{\infty} (-1)^n \dfrac{1}{\sqrt{n}}$,它是收敛的；故收敛区间为 $(0,1)$、收敛域为 $(0,1]$,收敛半径为 $R = \dfrac{1}{2}$.

三、幂级数的运算性质

下面我们不加证明地给出幂级数的一些运算性质及分析性质.

性质 5.6（加法和减法运算） 设幂级数 $\sum\limits_{n=0}^{\infty} a_n x^n$ 及 $\sum\limits_{n=0}^{\infty} b_n x^n$ 的收敛区间分别为 $(-R_1, R_1)$ 与 $(-R_2, R_2)$,则当 $|x| < R$ 时,

$$\sum_{n=0}^{\infty} a_n x^n \pm \sum_{n=0}^{\infty} b_n x^n = \sum_{n=0}^{\infty} (a_n \pm b_n) x^n,$$

其中 $R = \min\{R_1, R_2\}$.

性质 5.7（乘法运算） 设幂级数 $\sum\limits_{n=0}^{\infty} a_n x^n$ 及 $\sum\limits_{n=0}^{\infty} b_n x^n$ 的收敛区间分别为 $(-R_1, R_1)$ 与 $(-R_2, R_2)$,则当 $|x| < R$ 时,

$$\left(\sum_{n=0}^{\infty} a_n x^n\right) \cdot \left(\sum_{n=0}^{\infty} b_n x^n\right) = \sum_{n=0}^{\infty} c_n x^n,$$

其中 $R=\min\{R_1,R_2\}$, $c_n=a_0b_n+a_1b_{n-1}+\cdots+a_nb_0$.

性质 5.8(连续性) 幂级数 $\sum\limits_{n=0}^{\infty}a_nx^n$ 的和函数 $s(x)$ 在收敛域 D 上连续.

性质 5.9(可导性) 幂级数 $\sum\limits_{n=0}^{\infty}a_nx^n$ 的和函数 $s(x)$ 在收敛区间 $(-R,R)$ 内可导,且有逐项可导公式:

$$s'(x)=\left(\sum_{n=0}^{\infty}a_nx^n\right)'=\sum_{n=0}^{\infty}(a_nx^n)'=\sum_{n=1}^{\infty}n\cdot a_nx^{n-1}, x\in(-R,R)$$

性质 5.10(可积性) 幂级数 $\sum\limits_{n=0}^{\infty}a_nx^n$ 的和函数 $s(x)$ 在收敛区间 $(-R,R)$ 内可积,且有逐项可积公式:

$$\int_0^x s(x)\mathrm{d}x=\int_0^x\left(\sum_{n=0}^{\infty}a_nx^n\right)\mathrm{d}x=\sum_{n=0}^{\infty}\int_0^x a_nx^n\mathrm{d}x=\sum_{n=0}^{\infty}\frac{a_n}{n+1}x^{n+1}, x\in(-R,R)$$

注意:① 通俗地说,幂级数通过逐项求导与逐项积分后所得到的新的幂级数在原收敛区间内依然收敛;但是在收敛区间的端点处的敛散性会发生改变,因而要重新判定.② 上述性质常用于求幂级数的和函数及数项级数的和值,更会用到一个基本的结果:

$$1+x+x^2+\cdots+x^{n-1}+\cdots=\frac{1}{1-x} \quad (-1<x<1)$$

【例 5.18】 求幂级数 $\sum\limits_{n=1}^{\infty}(-1)^{n-1}\dfrac{x^n}{n}$ 的和函数及数项级数 $\sum\limits_{n=1}^{\infty}(-1)^{n-1}\dfrac{1}{n}$ 的和.

解 由例 5.17(1)的结果知,幂级数 $\sum\limits_{n=1}^{\infty}(-1)^{n-1}\dfrac{x^n}{n}$ 的收敛域为 $(-1,1]$,设其和函数为 $s(x)$,则

$$s(x)=x-\frac{x^2}{2}+\frac{x^3}{3}-\frac{x^4}{4}+\cdots+(-1)^{n-1}\frac{x^n}{n}+\cdots, x\in(-1,1)$$

由逐项可导性,得

$$s'(x)=1-x+x^2-\cdots+(-1)^{n-1}x^{n-1}+\cdots$$
$$=\frac{1}{1-(-x)}=\frac{1}{1+x}.$$

两边积分,即得幂级数的和函数为

$$s(x)=\int_0^x\frac{1}{1+x}\mathrm{d}x=\ln(1+x),$$

再令和函数中的 $x=1$,可得到数项级数 $\sum\limits_{n=1}^{\infty}(-1)^{n-1}\dfrac{1}{n}$ 的和为 $\ln 2$.

【例 5.19】 求幂级数 $\sum\limits_{n=0}^{\infty}nx^n$ 的和函数及数项级数 $\sum\limits_{n=0}^{\infty}n\left(\dfrac{1}{2}\right)^n$ 的和值.

解 易知幂级数的收敛半径为 $R=1$,故设

$$s(x)=x+2x^2+3x^3+\cdots+nx^n+\cdots \quad (-1<x<1)$$

由幂级数的可导性,得

$$s(x)=x\cdot(1+2x+3\cdot x^2+\cdots+nx^{n-1}+\cdots)$$
$$=x\cdot(x+x^2+x^3+\cdots+x^n+\cdots)'$$

$$= x \cdot \left(\frac{x}{1-x}\right)' = x \cdot \frac{1}{(1-x)^2}.$$

故当 $-1 < x < 1$ 时,有 $\sum_{n=0}^{\infty} n x^n = \frac{x}{(1-x)^2}.$

令 $x = \frac{1}{2}$,得

$$\sum_{n=0}^{\infty} n \left(\frac{1}{2}\right)^n = \frac{\frac{1}{2}}{\left(1-\frac{1}{2}\right)^2} = 2.$$

微课

四、函数展开成幂级数

前面我们讨论了幂级数的收敛域及简单的幂级数在收敛域上的和函数(利用幂级数的运算性质和分析运算性质求得),虽然幂级数的运算性质的利用价值很大,但对较复杂的幂级数在收敛域上的和函数的求法有较大的局限性.我们在本节中通过函数的幂级数的展开式,即先解决函数在区间上展开成幂级数,则反之即成为该幂级数的和函数,可以较好地解决和函数问题.

1. 泰勒(Taylor)级数

在微分学中介绍的泰勒中值定理指出,如果 $f(x)$ 在包含 $x = x_0$ 的区间 (a,b) 上有 $n+1$ 阶的导数,则当 $x \in (a,b)$ 时,$f(x)$ 可展开为关于 $(x-x_0)$ 的一个 n 次的多项式与一个拉格朗日余项的和,即

$$f(x) = s_{n+1}(x) + R_n(x),$$

其中 $s_{n+1}(x) = \sum_{k=0}^{n} \frac{f^{(k)}(x_0)}{k!}(x-x_0)^k, R_n(x) = \frac{f^{(n+1)}(\xi)}{(n+1)!}(x-x_0)^{n+1}, \xi$ 在 x 与 x_0 之间.

定义 5.7 如果 $f(x)$ 在包含 $x = x_0$ 的区间 (a,b) 上具有任意阶的导数,称下列幂级数

$$\sum_{k=0}^{\infty} \frac{f^{(k)}(x_0)}{k!}(x-x_0)^k = f(x_0) + \frac{f'(x_0)}{1!}(x-x_0) + \frac{f''(x_0)}{2!}(x-x_0)^2 + \cdots +$$

$$\frac{f^{(n)}(x_0)}{n!}(x-x_0)^n + \cdots \qquad (5.14)$$

为函数 $f(x)$ 在 $x = x_0$ 处的**泰勒(Taylor)级数**.

称幂级数

$$\sum_{k=0}^{\infty} \frac{f^{(k)}(0)}{k!} x^k = f(0) + \frac{f'(0)}{1!} x + \frac{f''(0)}{2!} x^2 + \cdots + \frac{f^{(n)}(0)}{n!} x^n + \cdots \qquad (5.15)$$

为函数 $f(x)$ 的**麦克劳林(Maclaurin)级数**.

对这个泰勒级数或麦克劳林级数,我们还不知其是否收敛?在什么条件下收敛?如收敛,则在其收敛域内收敛于哪一个函数?是否唯一?等等,下面我们一一解决这些问题.

设泰勒级数的前 $n+1$ 项部分和为 $s_{n+1}(x)$,即

$$s_{n+1}(x) = \sum_{k=0}^{n} \frac{f^{(k)}(x_0)}{k!}(x-x_0)^k,$$

其中 $0! = 1, f^{(0)}(x_0) = f(x_0)$.比较泰勒级数与泰勒中值定理可知如下结果:

定理 5.9 设幂级数 $\sum_{k=0}^{\infty} \dfrac{f^{(k)}(x_0)}{k!}(x-x_0)^k$ 的收敛半径为 R,且 $f(x)$ 在 $(-R,R)$ 上具有任意阶的导数,则泰勒级数 (5.14) 收敛于 $f(x)$ 的充分必要条件为在 $(-R,R)$ 内

$$R_n(x) = \frac{f^{(n+1)}(\xi)}{(n+1)!}(x-x_0)^{n+1} \to 0, (n\to\infty)$$

即

$$\lim_{n\to\infty} R_n(x) = 0 \Leftrightarrow \lim_{n\to\infty} s_{n+1}(x) = f(x).$$

定理证明从略.

因此,当 $\lim\limits_{n\to\infty} R_n(x) = 0$ 时,函数 $f(x)$ 的泰勒级数 $\sum_{k=0}^{\infty}\dfrac{f^{(k)}(x_0)}{k!}(x-x_0)^k$ 就是 $f(x)$ 的另一种精确的表达式,即

$$f(x) = f(x_0) + \frac{f'(x_0)}{1!}(x-x_0) + \frac{f''(x_0)}{2!}(x-x_0)^2 + \cdots + \frac{f^{(n)}(x_0)}{n!}(x-x_0)^n + \cdots$$

我们称其为**函数 $f(x)$ 在 $x=x_0$ 处可展开成泰勒级数**.

特别地,当 $x_0=0$ 时,则

$$f(x) = f(0) + \frac{f'(0)}{1!}x + \frac{f''(0)}{2!}x^2 + \cdots + \frac{f^{(n)}(0)}{n!}x^n + \cdots$$

称为**函数 $f(x)$ 可展开成麦克劳林级数**.

显然,将函数 $f(x)$ 在 $x=x_0$ 处展开成泰勒级数,可通过变量替换 $t=x-x_0$,化归为函数 $f(x)=f(t+x_0)=F(t)$ 在 $t=0$ 处的麦克劳林展开. 因此,我们将着重讨论函数的麦克劳林展开.

定理 5.10 函数 $f(x)$ 的麦克劳林展开式是唯一的.

定理证明从略.

2. 函数展开成幂级数的方法

(1) 直接展开法

从以上的讨论可知,将函数展开成麦克劳林级数可按以下步骤进行:

① 计算出 $f^{(n)}(0), n=1,2,3,\cdots$;若函数的某阶导数不存在,则不能展开.

② 写出对应的麦克劳林级数

$$f(0) + \frac{f'(0)}{1!}x + \frac{f''(0)}{2!}x^2 + \cdots\cdots + \frac{f^{(n)}(0)}{n!}x^n + \cdots$$

并求得其收敛区间 $(-R,R)$.

③ 验证当 $x\in(-R,R)$ 时,对应函数的拉格朗日余项

$$R_n(x) = \frac{f^{(n+1)}(\theta\cdot x)}{(n+1)!}x^{n+1} \quad (0<\theta<1)$$

在 $n\to\infty$ 时,是否趋向于零. 若 $\lim\limits_{n\to\infty} R_n(x)=0$,则②写得的级数就是该函数的麦克劳林展开式;若 $\lim\limits_{n\to\infty} R_n(x)\neq 0$,则该函数无法展开成麦克劳林级数.

下面我们先讨论基本初等函数的麦克劳林级数.

【例 5.20】 将函数 $f(x)=e^x$ 展开成麦克劳林级数.

解 因 $f^{(n)}(x)=e^x$,得 $f^{(n)}(0)=1, n=1,2,3,\cdots$,则对应 e^x 的麦克劳林级数为

$$1+\frac{x}{1!}+\frac{x^2}{2!}+\cdots+\frac{x^n}{n!}+\cdots$$

又因

$$\rho=\lim_{n\to\infty}\left|\frac{a_{n+1}}{a_n}\right|=\lim_{n\to\infty}\left|\frac{\frac{1}{(n+1)!}}{\frac{1}{n!}}\right|=\lim_{n\to\infty}\frac{1}{n+1}=0,$$

故收敛半径 $R=+\infty$，收敛区间为 $(-\infty,+\infty)$.

对于任意 $x\in(-\infty,+\infty)$，可以证明 e^x 的麦克劳林级数的余项 $R_n(x)$ 满足：

$$\lim_{n\to\infty}R_n(x)=0,$$

故

$$e^x=1+\frac{x}{1!}+\frac{x^2}{2!}+\cdots+\frac{x^n}{n!}+\cdots \quad (-\infty<x<+\infty) \tag{5.16}$$

【例 5.21】 将函数 $f(x)=\sin x$ 在 $x=0$ 处展开成幂级数.

解 因 $f^{(n)}(x)=\sin(x+n\cdot\frac{\pi}{2}), n=0,1,2,\cdots$，则

$$f^{(n)}(0)=\sin\left(n\cdot\frac{\pi}{2}\right)=\begin{cases}0, & n=0,2,4,\cdots\\(-1)^{\frac{n-1}{2}}, & n=1,3,5,\cdots\end{cases}$$

于是得对应于 $\sin x$ 的幂级数为

$$\frac{x}{1!}-\frac{x^3}{3!}+\frac{x^5}{5!}-\cdots+(-1)^{n-1}\frac{x^{2n-1}}{(2n-1)!}+\cdots$$

利用比值审敛法易求出该幂级数的收敛半径为 $R=+\infty$.

又对任意的 $x\in(-\infty,+\infty)$，可以证明该幂级数的拉格朗日余项 $R_n(x)$ 满足：

$$\lim_{n\to\infty}R_n(x)=0.$$

最后，我们得到 $\sin x$ 在 $x=0$ 处展开式为

$$\sin x=\frac{x}{1!}-\frac{x^3}{3!}+\frac{x^5}{5!}-\cdots+(-1)^{n-1}\frac{x^{2n-1}}{(2n-1)!}+\cdots, x\in(-\infty,+\infty) \tag{5.17}$$

下面再讨论一个十分重要的**牛顿二项的幂级数展开式**.

【例 5.22】 将函数 $f(x)=(1+x)^\alpha$ 展开成 x 的幂级数，其中 α 为任意实数.

解 因为 $f'(x)=\alpha(1+x)^{\alpha-1}$,
$f''(x)=\alpha(\alpha-1)(1+x)^{\alpha-2}$,
$\vdots$
$f^{(n)}(x)=\alpha(\alpha-1)\cdots(\alpha-n+1)(1+x)^{\alpha-n}$,
$\vdots$

则

$$f(0)=1, f'(0)=\alpha, f''(0)=\alpha(\alpha-1),\cdots,f^{(n)}(0)=\alpha(\alpha-1)\cdots(\alpha-n+1),\cdots$$

于是得到对应于该函数的幂级数为

$$1+\frac{\alpha}{1!}x+\frac{\alpha(\alpha-1)}{2!}x^2+\cdots+\frac{\alpha(\alpha-1)\cdots(\alpha-n+1)}{n!}x^n+\cdots$$

因该级数的通项系数 $a_n=\frac{\alpha(\alpha-1)\cdots(\alpha-n+1)}{n!}$，则

$$\rho = \lim_{n\to\infty}\left|\frac{a_{n+1}}{a_n}\right| = \lim_{n\to\infty}\left|\frac{\alpha-n}{n+1}\right| = 1.$$

因此,对任意实数 α,幂级数的收敛半径为 $R=1$,即在 $(-1,1)$ 内收敛.

可以证明该级数的余项趋于零.

因此可得,$(1+x)^\alpha$ 的幂级数展开式为

$$(1+x)^\alpha = 1 + \frac{\alpha}{1!}x + \frac{\alpha(\alpha-1)}{2!}x^2 + \cdots + \frac{\alpha(\alpha-1)\cdots(\alpha-n+1)}{n!}x^n + \cdots \tag{5.18}$$

注意:① 在区间端点 $x=\pm 1$ 处的敛散性,要看实数 α 的取值而定;② 当 α 是正整数时,此展开式即是初等代数的二项式定理.

若引入广义组合记号 $\binom{\alpha}{n} = \frac{\alpha(\alpha-1)\cdots(\alpha-n+1)}{n!}$,则上述展开式可简记为

$$(1+x)^\alpha = 1 + \sum_{n=1}^{\infty}\binom{\alpha}{n}\cdot x^n$$

从以上三例我们看到,在求函数的幂级数的展开式时有两项工作不易做到:一是求函数的高阶导数 $f^{(n)}(0)$;二是讨论当 $n\to\infty$ 时麦克劳林展开式的余项是否趋向于零. 还有其他更佳的办法得到函数的幂级数展开式.

(2) 间接展开法

所谓间接展开法,是指利用一些已知的函数的幂级数的展开式以及应用幂级数的运算性质(主要指加减运算)或分析性质(指逐项求导和逐项求积)将所给函数展开成幂级数.

【例 5.23】 将函数 $f(x) = \cos x$ 展开成 x 的幂级数.

解 由例 5.21 知,$\sin x$ 展开成 x 的幂级数为

$$\sin x = \frac{x}{1!} - \frac{x^3}{3!} + \frac{x^5}{5!} - \cdots + (-1)^{n-1}\frac{x^{2n-1}}{(2n-1)!} + \cdots \quad x\in(-\infty,+\infty)$$

由幂级数的性质,两边关于 x 逐项求导,即得 $\cos x$ 展开成 x 的幂级数为

$$\cos x = 1 - \frac{x^2}{2!} + \frac{x^4}{4!} - \cdots + (-1)^{n-1}\frac{x^{2n-2}}{(2n-2)!} + \cdots \quad x\in(-\infty,+\infty) \tag{5.19}$$

【例 5.24】 将函数 $f(x) = \ln(1+x)$ 展开成 x 的幂级数.

解 因 $f'(x) = \frac{1}{1+x}$,而

$$\frac{1}{1+x} = \frac{1}{1-(-x)} = 1 - x + x^2 - x^3 + \cdots + (-1)^n x^n + \cdots \quad (-1<x<1)$$

利用幂级数的性质,对上式从 0 到 x 逐项积分得

$$\ln(1+x) = x - \frac{x^2}{2} + \frac{x^3}{3} - \cdots + (-1)^n\frac{x^{n+1}}{n+1} + \cdots$$

且当 $x=1$ 时,交错级数

$$1 - \frac{1}{2} + \frac{1}{3} - \cdots + (-1)^n\frac{1}{n+1} + \cdots$$

是收敛的. 所以可得 $\ln(1+x)$ 的关于 x 的幂级数展开式为

$$\ln(1+x) = x - \frac{x^2}{2} + \frac{x^3}{3} - \cdots + (-1)^n\frac{x^{n+1}}{n+1} + \cdots \quad (-1<x\leq 1) \tag{5.20}$$

从上面两例我们看到间接展开法的优点:不仅避免了求高阶导数及讨论余项是否趋于

零的问题,而且还可获得幂级数的收敛半径.

3. 函数的幂级数展开式的应用

函数的幂级数展开式在近似计算(如根式计算、三角函数值的计算、对数的计算和积分的计算)中有着广泛的应用,下面举一例加以说明.

【例 5.25】 计算 $\ln 2$ 的近似值(精确到小数后第 4 位).

解 我们可利用展开式

$$\ln(1+x) = x - \frac{x^2}{2} + \frac{x^3}{3} - \frac{x^4}{4} + \cdots + (-1)^{n-1}\frac{x^n}{n} + \cdots \quad (-1 < x \leq 1)$$

令 $x=1$,即 $\ln 2 = 1 - \frac{1}{2} + \frac{1}{3} - \frac{1}{4} + \cdots + (-1)^{n-1}\frac{1}{n} + \cdots$;其误差为

$$|R_n| = |\ln 2 - S_n| = \left|(-1)^n \frac{1}{n+1} + (-1)^{n+1}\frac{1}{n+2} + \cdots\right| = \left|\frac{1}{n+1} - \frac{1}{n+2} + \cdots\right| < \frac{1}{n+1}$$

故要使精度达到 10^{-4},需要的项数 n 应满足 $\frac{1}{n+1} < 10^{-4}$,即 $n > 10^4 - 1 = 9\,999$,亦即 n 应要取到 10 000 项,这个计算量实在是太大了. 是否有计算 $\ln 2$ 更有效的方法呢?

将展开式

$$\ln(1+x) = x - \frac{x^2}{2} + \frac{x^3}{3} - \frac{x^4}{4} + \cdots + (-1)^{n-1}\frac{x^n}{n} + \cdots \quad (-1 < x \leq 1)$$

中的 x 换成 $(-x)$,得

$$\ln(1-x) = -x - \frac{x^2}{2} - \frac{x^3}{3} - \frac{x^4}{4} - \cdots - \frac{x^n}{n} - \cdots \quad (-1 \leq x < 1)$$

两式相减,得到如下不含有偶次幂的幂级数展开式:

$$\ln\frac{1+x}{1-x} = 2\left(\frac{x}{1} + \frac{x^3}{3} + \frac{x^5}{5} + \frac{x^7}{7} \cdots\right) \quad (-1 < x < 1)$$

在上式中令 $\frac{1+x}{1-x} = 2$,可解得 $x = \frac{1}{3}$;用 $x = \frac{1}{3}$ 代入上式得

$$\ln 2 = 2\left(\frac{1}{1} \cdot \frac{1}{3} + \frac{1}{3} \cdot \frac{1}{3^3} + \frac{1}{5} \cdot \frac{1}{3^5} + \frac{1}{7} \cdot \frac{1}{3^7} + \cdots\right)$$

其误差为

$$|R_{2n+1}| = |\ln 2 - S_{2n-1}| = 2 \cdot \left|\frac{1}{2n+1} \cdot \frac{1}{3^{2n+1}} + \frac{1}{2n+3} \cdot \frac{1}{3^{2n+3}} + \cdots\right|$$

$$\leq 2 \cdot \frac{1}{2n+1} \cdot \frac{1}{3^{2n+1}}\left|1 + \frac{1}{3^2} + \frac{1}{3^4} + \cdots\right| < \frac{1}{4(2n+1) \cdot 3^{2n-1}}$$

用试根的方法可确定当 $n=4$ 时满足误差 $|R_{2n+1}| < 10^{-4}$,此时的 $\ln 2 \approx 0.693\,14$. 显然这一计算方法大大提高了计算的速度,这种处理手段通常称作幂级数收敛的加速技术.

习题 5.3

1. 级数 $\frac{1}{x} + \frac{1}{2x^2} + \frac{1}{3x^3} + \cdots$ 是不是幂级数?是不是函数项级数?当 $x = -1$ 及 $x = \frac{1}{2}$ 时,该级数是否收敛?

2. 求下列幂级数的收敛半径和收敛域：

(1) $\sum_{n=1}^{+\infty}(n+1)x^n$；

(2) $\sum_{n=1}^{+\infty}\dfrac{x^n}{6^n}$；

(3) $\sum_{n=1}^{+\infty}\dfrac{x^n}{3^n \cdot n}$；

(4) $\sum_{n=1}^{+\infty}\dfrac{(-2)^n}{n^3}x^n$；

(5) $\sum_{n=1}^{+\infty}\dfrac{x^n}{n!}$；

(6) $\sum_{n=1}^{+\infty}n^n x^n$；

(7) $\sum_{n=1}^{+\infty}\dfrac{2n-1}{2^n}x^{2n-2}$；

(8) $\sum_{n=1}^{+\infty}\dfrac{(x-2)^{2n}}{n \cdot 4^n}$.

3. 求下列幂级数在其收敛域内的和函数：

(1) $\sum_{n=1}^{+\infty}\dfrac{x^n}{n}$，并求 $\sum_{n=1}^{+\infty}\dfrac{1}{n \cdot 2^n}$ 的和；

(2) $\sum_{n=1}^{+\infty}n \cdot x^{n-1}$，并求 $\sum_{n=1}^{+\infty}\dfrac{n}{3^{n-1}}$ 的和.

第四节 无穷级数实验

一、实验目的

(1) 会利用 MATLAB 求级数的和.

(2) 会利用 MATLAB 对常数项级数与函数项级数进行符号运算.

二、实验指导

基本命令见表 5.1.

表 5.1

命 令	功 能
sum(A)	如果 A 是向量，sum(A) 返回 A 的各元素的和 如果 A 是矩阵，sum(A) 将 A 的每一列视为向量，返回每列之和的一个行向量
$B=$cumsum(A)	如果 A 是向量，cumsum(A) 返回 A 的一个向量，各分量是 A 的各元素的累积和 如果 A 是矩阵，cumsum(A) 返回 A 的一个与 A 同型的矩阵，每列是 A 的各列的累积和
symsum(s,v,n,m)	求符号表达式的和函数
taylor(f,v,n,a)	将函数展开成幂级数

【例 5.26】 求 $\sum_{n=1}^{100}\dfrac{1}{n}$，$\sum_{n=1}^{100}\dfrac{1}{n^2}$ 的和.

解 程序及结果如下：

≫n=1：100;   %生成由 1,2,…,100 形成的一个数组

≫n=1./n;   %生成由 1,1/2,…,1/100 形成的一个数组,注意是点除

≫s1=sum(n)   %求 1+1/2+…+1/100 的和

s1=

5.1874

≫s2=sum(n.*n)   %求 $1+1/2^2+\cdots+1/100^2$ 的和

s2=

1.6350

说明 $\sum_{n=1}^{100}\frac{1}{n}\approx 5.1874$，$\sum_{n=1}^{100}\frac{1}{n^2}\approx 1.6350$.

【例 5.27】 求级数 $\sum_{n=1}^{\infty}\frac{1}{n^2}$，$\sum_{n=0}^{\infty}(-1)^n x^n$ 的和.

解 程序如下：

syms k x

s1=symsum(1/k^2,1,inf)   %求 $1+1/2^2+\cdots$ 的和

s2=symsum((-1)^k*x^k,1,inf)   %求 $1-x+x^2-\cdots$ 的和

结果为：

s1=

1/6 * pi^2

s2=

1/(x+1)

说明 $\sum_{n=1}^{\infty}\frac{1}{n^2}=\frac{\pi^2}{6}$，$\sum_{n=0}^{\infty}(-1)^n x^n=\frac{1}{1+x}$.

【例 5.28】 将 $f(x)=\arctan x$ 展开成 x 的幂级数，分别展开到第五项和第十项.

解 程序如下：

syms x

s1=taylor(atan(x))   %展开到第五项

s2=taylor(atan(x),10)   %展开到第十项

结果为：

s1=

$x-1/3*x^3+1/5*x^5$

s2=

$x-1/3*x^3+1/5*x^5-1/7*x^7+1/9*x^9$

说明前五项为

$$x-\frac{1}{3}x^3+\frac{1}{5}x^5,$$

前十项为

$$x-\frac{1}{3}x^3+\frac{1}{5}x^5-\frac{1}{7}x^7+\frac{1}{9}x^9.$$

习题 5.4

1. 利用 MATLAB 计算下列级数的部分和，计算到 100 项：

(1) $\sum_{n=1}^{\infty} \frac{e^n}{3}$; (2) $\sum_{n=1}^{\infty} \frac{1}{\sqrt{n}}$.

2. 利用 MATLAB 求级数 $\sum_{n=0}^{\infty} x^n$ 的和.

3. 利用 MATLAB 将函数 $f(x) = \arctan x$ 展开成 x 的幂级数,分别展开到第五项和第十项.

本章小结

本章介绍的无穷级数知识,级数敛散性概念与数列极限密切相关. 对无穷级数而言,有限项加法的运算性质有的成立,有的不成立,因此不能将有限项加法的结论习惯性地用于无穷级数,应在使用前验证条件.

1. **数项级数敛散性判别**

(1) 对一般的数项级数,可利用定义判别级数的敛散性,需讨论部分和数列 $\{s_n\}$ 的极限是否存在,关键是求出部分和数列 $\{s_n\}$ 的简化形式,一般化简 s_n 的方法有两种:

方法一:利用等比数列的求和公式 $s_n = a + aq + \cdots + aq^{n-1} = \frac{a(1-q^n)}{1-q}$ $(q \neq 1)$;

方法二:拆项相加,如 $\sum_{k=1}^{n} \frac{1}{k(k+1)} = \sum_{k=1}^{n} \left(\frac{1}{k} - \frac{1}{k+1} \right) = 1 - \frac{1}{n+1}$. 若 s_n 不易化简,则考虑用其他方法.

(2) 利用级数收敛的必要条件判别级数发散是一种常用的方法.

一般地,若 $\lim_{n \to \infty} u_n$ 容易求,且 $\lim_{n \to \infty} u_n \neq 0$,则可判定级数 $\sum_{n=1}^{\infty} u_n$ 发散;但若 $\lim_{n \to \infty} u_n = 0$,则级数 $\sum_{n=1}^{\infty} u_n$ 可能收敛,也可能发散,需用其他方法判别.

(3) 对正项级数,通常是先用比值法或根值法,当用比值法或根值法都失效时,再利用比较判别法,使用比较判别法时,关键是对级数的一般项进行放缩,几何级数与 P-级数通常被用作比较标准,当利用极限判别法时,可选用一般项的等价无穷小或同阶无穷小作为比较级数的一般项,并注意利用求函数极限的洛必达法则.

(4) 交错级数是另一类重要的数项级数,判别收敛性时应先判别其是否绝对收敛,若否再判别是否条件收敛.

(5) 对任意项级数判别敛散性,先将各项取绝对值,考察其绝对值级数的敛散性,即正项级数的敛散性,若绝对值级数发散,不能断言原级数也发散;若绝对值级数收敛,则原级数一定收敛.

幂级数是用途十分广泛的一类函数项级数,学习时关键是掌握常用函数的幂级数展开式与间接展开法;深入理解泰勒公式与泰勒级数的联系与区别,逐项求导与逐项积分后所得新级数与原级数收敛域的联系与区别;重点掌握幂级数在近似计算方面的应用.

2. **求幂级数收敛域的一般方法**

(1) 对幂级数 $\sum_{n=0}^{\infty} a_n x^n$,如果 $\lim_{n \to \infty} \left| \frac{a_{n+1}}{a_n} \right| = \rho$ 或 $\lim_{n \to \infty} \sqrt[n]{|a_n|} = \rho$,则该幂级数的收敛半径为

$$R = \begin{cases} \dfrac{1}{\rho}, & \rho \neq 0, \\ +\infty, & \rho = 0, \\ 0, & \rho = +\infty. \end{cases}$$ 绝对收敛区间为 $x \in (-R, R)$，对区间端点 $x = \pm R$，则利用数项级数判别法另行讨论级数 $\sum\limits_{n=0}^{\infty} a_n (\pm R)^n$ 的收敛性后确定收敛域.

(2) 幂级数 $\sum\limits_{n=0}^{\infty} a_n (x - x_0)^n$ 的收敛域是以 x_0 为中心的对称区间，其收敛半径为 $R = \lim\limits_{n \to \infty} \left| \dfrac{a_n}{a_{n+1}} \right|$ 或 $R = \dfrac{1}{\lim\limits_{n \to \infty} \sqrt[n]{|a_n|}} (0 \leqslant R < +\infty)$，绝对收敛区间为 $|x - x_0| < R$，在收敛区间端点 $x = x_0 \pm R$，幂级数是否收敛，需用数项级数判别法判断.

3. 求幂级数展开式的方法和步骤

把已知函数展开为幂级数的方法有直接法与间接法两种：

(1) 直接展开法

展开步骤如下：

① 求出 $f(x)$ 的各阶导数 $f'(x), f''(x), \cdots, f^{(n)}(x), \cdots$；

② 计算 $f(x_0), f'(x_0), f''(x_0), \cdots, f^{(n)}(x_0), \cdots$；

③ 写出幂级数

$$f(x_0) + f'(x_0)(x - x_0) + \dfrac{f''(x_0)}{2!}(x - x_0)^2 + \cdots + \dfrac{f^{(n)}(x_0)}{n!}(x - x_0)^n + \cdots,$$ 并求收敛区间；

④ 写出 $R_n(x) = \dfrac{f^{(n+1)}(x_0 + \theta(x - x_0))}{(n+1)!}(x - x_0)^{n+1} (0 < \theta < 1)$，并讨论 $\lim\limits_{n \to \infty} R_n(x)$；

⑤ 若 $\lim\limits_{n \to \infty} R_n(x) = 0$，则 $f(x) = \sum\limits_{n=0}^{\infty} \dfrac{f^{(n)}(x_0)}{n!}(x - x_0)^n$，并写出收敛区间.

(2) 间接展开法

利用几个常用函数的麦克劳林展开式，根据函数幂级数展开式的唯一性，通过适当的变量代换、四则运算、复合运算、微分及积分运算，将函数展成幂级数.

4. 求幂级数和函数的步骤

(1) 求收敛区间.

(2) 若原级数的通项 $a_n x^n$ 的系数 a_n 是若干项的代数和，则将原级数分解成若干个幂级数的代数和.

(3) 利用幂级数的四则运算性质和分析运算性质，借助于已知函数的幂级数展开式，求各幂级数的和函数.

(4) 在收敛区间内写出原幂级数的和函数.

5. 幂级数的主要应用

(1) 利用求幂级数和函数的方法求收敛的数项级数的和.

(2) 利用幂级数表示重要的特殊函数.

(3) 利用函数的幂级数展开式研究函数，求定积分的近似值，求微分方程的解等.

第六章 傅里叶级数与积分变换

随着函数、极限、微积分和级数理论的创立,法国数学家傅里叶(Jean-Baptiste Fourier)在 1822 年提出了傅里叶级数.所谓积分变换,就是通过积分运算,把一个函数变成另一个函数的变换,这是一种化繁为简、变难为易的重要数学运算工具.它们在许多科学技术领域尤其是在振动力学、电工学、无线电技术中都有着广泛的应用.以下先介绍傅里叶级数,然后再介绍最常用的两种积分变换:傅里叶(Fourier)变换和拉普拉斯(Laplace)变换.

第一节 傅里叶级数

学习目标

1. 了解傅里叶级数的概念,会将周期为 2π 的周期函数展开成傅里叶级数.
2. 知道傅里叶级数在工程技术中的应用.

自然界中周期现象的数学描述就是周期函数.例如单摆的摆动,弹簧的振动,交流电的电流与电压的变化等,都可用正弦函数 $y=A\sin(\omega t+\varphi)$ 或余弦函数 $y=A\cos(\omega t+\varphi)$ 表示.

但是在实际问题中,如电磁波、机械振动和热传导等复杂的周期现象,就不能仅用一个正弦函数或余弦函数来表示,需要很多,甚至无穷多个正弦函数和余弦函数的叠加来表示.

案例 6.1 设有一个由电阻 R、自感 L、电容 C 和电源 E 串联组成的电路,如图 6.1 所示,其中 R、L 及 C 为常数,电源电动势 $E=E(t)$.

设电路中的电流为 $i(t)$,电容器两极板上的电压为 U_C,那么根据基尔霍夫(Kirchhoff)回路定律,就得到一个二阶常系数非齐次线性微分方程为

$$\frac{d^2 U_C}{dt^2}+2\beta\frac{dU_C}{dt}+\omega_0^2 U_C=f(t),$$

图 6.1

其中 $\beta=\dfrac{R}{2L}$,$\omega_0=\dfrac{1}{\sqrt{LC}}$,$f(t)=\dfrac{E(t)}{LC}$,这就是串联电路的振荡方程.如果电源电动势 $E(t)$ 呈现非正弦变化,即 $f(t)$ 不是正弦函数,那么求解该微分方程就变得十分复杂.

在电学中解决这类问题的方法,是将自由项 $f(t)$ 近似地表示成许多不同周期的正弦型函数的叠加,即

$$f(t)\approx\sum_{k=0}^{n}A_k\sin(k\omega t+\theta_k).$$

这样,串联电路的振荡方程的解 $U_C(t)$ 就化成了 $n+1$ 个自由项为正弦函数的方程解 $U_{C_k}(t)$ 的叠加,于是可求得原方程的解 $U_C(t)$ 的近似解.当 $n\to\infty$ 时,就得精确解

$$U_C(t) = \sum_{k=0}^{\infty} U_{C_k}(t).$$

这种方法称为**谐波分析法**. 它是将一个非正弦型的信号分解成一系列不同频率的正弦信号的叠加,即

$$f(t) = \sum_{n=0}^{\infty} A_n \sin(n\omega t + \theta_n) = A_0 + \sum_{n=1}^{\infty} A_n \sin(n\omega t + \theta_n) \quad (\theta_0 = \frac{\pi}{2}),$$

记 $x = \omega t, a_0 = 2A_0, a_n = A_n \sin\theta_n, b_n = A_n \cos\theta_n (n=1,2,\cdots)$,则得到形如

$$\frac{1}{2}a_0 + \sum_{n=1}^{\infty}(a_n \cos nx + b_n \sin nx) \tag{6.1}$$

的级数,称为**三角级数**,其中 $a_0, a_n, b_n (n=1,2,\cdots)$ 都是常数.

一、三角函数系的正交性

如同讨论幂级数一样,我们必须讨论三角级数(6.1)的收敛问题,以及如何把周期为 2π 的周期函数展开成三角级数(6.1). 为此,首先介绍三角函数系及它的正交性.

所谓三角函数系是指如下函数列:

$$1, \cos x, \sin x, \cos 2x, \sin 2x, \cdots, \cos nx, \sin nx, \cdots$$

定理 6.1(三角函数系的正交性) 三角函数系中任何两个不同的函数的乘积在区间 $[-\pi, \pi]$ 上的积分等于零,即

$$\int_{-\pi}^{\pi} \cos nx \, dx = 0 \quad (n=1,2,\cdots),$$

$$\int_{-\pi}^{\pi} \sin nx \, dx = 0 \quad (n=1,2,\cdots),$$

$$\int_{-\pi}^{\pi} \sin kx \cos nx \, dx = 0 \quad (k, n=1,2,\cdots),$$

$$\int_{-\pi}^{\pi} \sin kx \sin nx \, dx = 0 \quad (k, n=1,2,\cdots, k \neq n),$$

$$\int_{-\pi}^{\pi} \cos kx \cos nx \, dx = 0 \quad (k, n=1,2,\cdots, k \neq n).$$

三角函数系中任何两个相同的函数的乘积在区间 $[-\pi, \pi]$ 上的积分不等于零,即

$$\int_{-\pi}^{\pi} 1^2 \, dx = 2\pi,$$

$$\int_{-\pi}^{\pi} \cos^2 nx \, dx = \pi \quad (n=1,2,\cdots),$$

$$\int_{-\pi}^{\pi} \sin^2 nx \, dx = \pi \quad (n=1,2,\cdots).$$

定理证明从略.

二、函数展开成傅里叶级数

设 $f(x)$ 是周期为 2π 的周期函数,且能展开成三角级数:

$$f(x) = \frac{a_0}{2} + \sum_{k=1}^{\infty}(a_k \cos kx + b_k \sin kx). \tag{6.2}$$

假定三角级数可逐项积分,则

第六章 傅里叶级数与积分变换

$$\int_{-\pi}^{\pi} f(x)\cos nx\,\mathrm{d}x = \int_{-\pi}^{\pi} \frac{a_0}{2}\cos nx\,\mathrm{d}x + \sum_{k=1}^{\infty}\left(a_k\int_{-\pi}^{\pi}\cos kx\cos nx\,\mathrm{d}x + b_k\int_{-\pi}^{\pi}\sin kx\cos nx\,\mathrm{d}x\right).$$

利用三角函数系的正交性,得 $\int_{-\pi}^{\pi} f(x)\mathrm{d}x = \frac{a_0}{2} \cdot 2\pi = a_0\pi$.

同理得 $\int_{-\pi}^{\pi} f(x)\cos nx\,\mathrm{d}x = a_n\pi$, $\int_{-\pi}^{\pi} f(x)\sin nx\,\mathrm{d}x = b_n\pi$.

从而得

$$\begin{cases} a_0 = \dfrac{1}{\pi}\int_{-\pi}^{\pi} f(x)\mathrm{d}x, \\ a_n = \dfrac{1}{\pi}\int_{-\pi}^{\pi} f(x)\cos nx\,\mathrm{d}x \,(n=1,2,\cdots), \\ b_n = \dfrac{1}{\pi}\int_{-\pi}^{\pi} f(x)\sin nx\,\mathrm{d}x \,(n=1,2,\cdots). \end{cases} \tag{6.3}$$

当以上积分存在时,所确定的系数 $a_0,a_1,b_1,\cdots$ 叫作函数 $f(x)$ 的**傅里叶系数**. 将傅里叶系数代入(6.2)式右端,所得的三角级数

$$\frac{a_0}{2} + \sum_{n=1}^{\infty}(a_n\cos nx + b_n\sin nx)$$

称为函数 $f(x)$ 的**傅里叶级数**.

因此,一个定义在 $(-\infty,+\infty)$ 上周期为 2π 的函数 $f(x)$,如果它在一个周期上可积,则一定可以作出 $f(x)$ 的傅里叶级数. 然而,函数 $f(x)$ 的傅里叶级数是否一定收敛? 如果它收敛,它是否一定收敛于函数 $f(x)$? 一般来说,这两个问题的答案都不是肯定的.

定理 6.2(收敛定理,狄利克雷充分条件) 设 $f(x)$ 是周期为 2π 的周期函数,如果它满足:在一个周期内连续或只有有限个第一类间断点,在一个周期内至多只有有限个极值点,则 $f(x)$ 的傅里叶级数收敛,并且

(1) 当 x 是 $f(x)$ 的连续点时,级数收敛于 $f(x)$;

(2) 当 x 是 $f(x)$ 的间断点时,级数收敛于 $\dfrac{1}{2}[f(x-0)+f(x+0)]$.

定理证明从略.

【**例 6.1**】 设 $f(x)$ 是周期为 2π 的周期函数,它在 $[-\pi,\pi)$ 上的表达式为

$$f(x) = \begin{cases} -1, & -\pi \leqslant x < 0, \\ 1, & 0 \leqslant x < \pi. \end{cases}$$

将 $f(x)$ 展开成傅里叶级数.

解 所给函数满足收敛定理的条件,它在点 $x = k\pi \,(k=0,\pm 1,\pm 2,\cdots)$ 处不连续,在其他点处连续,从而由收敛定理知道 $f(x)$ 的傅里叶级数收敛,傅里叶系数为

$$a_n = \frac{1}{\pi}\int_{-\pi}^{\pi} f(x)\cos nx\,\mathrm{d}x = \frac{1}{\pi}\int_{-\pi}^{0}(-1)\cos nx\,\mathrm{d}x + \frac{1}{\pi}\int_{0}^{\pi} 1 \cdot \cos nx\,\mathrm{d}x = 0$$

$$(n=0,1,2,\cdots);$$

$$b_n = \frac{1}{\pi}\int_{-\pi}^{\pi} f(x)\sin nx\,\mathrm{d}x = \frac{1}{\pi}\int_{-\pi}^{0}(-1)\sin nx\,\mathrm{d}x + \frac{1}{\pi}\int_{0}^{\pi} 1 \cdot \sin nx\,\mathrm{d}x$$

$$= \frac{1}{\pi}\left[\frac{\cos nx}{n}\right]_{-\pi}^{0} + \frac{1}{\pi}\left[-\frac{\cos nx}{n}\right]_{0}^{\pi} = \frac{1}{n\pi}(1 - \cos n\pi - \cos n\pi + 1)$$

$$=\frac{2}{n\pi}[1-(-1)^n]=\begin{cases}\dfrac{4}{n\pi},\ n=1,3,5,\cdots\\ 0,\ n=2,4,6,\cdots\end{cases}$$

于是 $f(x)$ 的傅里叶级数展开式为

$$f(x)=\frac{4}{\pi}\left[\sin x+\frac{1}{3}\sin 3x+\cdots+\frac{1}{2k-1}\sin(2k-1)x+\cdots\right]$$

$$(-\infty<x<+\infty;x\neq 0,\pm\pi,\pm 2\pi,\cdots).$$

当 $x=k\pi$ 时,级数收敛于 $\dfrac{1}{2}[f(x-0)+f(x+0)]=\dfrac{1}{2}(-1+1)=0.$

由函数的图形(图 6.2)与傅里叶级数和函数的图形(图 6.3)可知,它们在 $x=k\pi(k=0,\pm 1,\pm 2,\cdots)$ 各不相同.

图 6.2　　　　　　　　　　　　　图 6.3

【例 6.2】 设 $f(x)$ 是周期为 2π 的周期函数,它在 $[-\pi,\pi)$ 上的表达式为

$$f(x)=\begin{cases}\pi,&-\pi\leqslant x<0,\\ x,&0\leqslant x<\pi.\end{cases}$$

将 $f(x)$ 展开成傅里叶级数.

解 函数 $f(x)$ 的图形如图 6.4 所示,易知所给函数满足收敛定理的条件,它在点 $x=k\pi(k=0,\pm 1,\pm 2,\cdots)$ 处不连续,因此,$f(x)$ 的傅里叶级数在 $x=(2k+1)\pi$ 处收敛于 0,在 $x=(2k+1)\pi$ 处收敛于 $\dfrac{\pi}{2}$.在连续点 $x(x\neq k\pi)$ 处级数收敛于 $f(x)$.和函数的图形如图 6.5 所示.

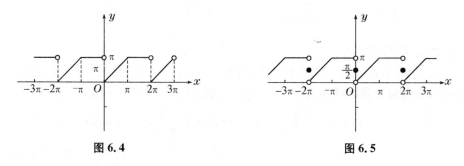

图 6.4　　　　　　　　　　　　　图 6.5

傅里叶系数计算如下:

$$a_0=\frac{1}{\pi}\int_{-\pi}^{\pi}f(x)\mathrm{d}x=\frac{1}{\pi}\int_{-\pi}^{0}(-\pi)\mathrm{d}x+\frac{1}{\pi}\int_{0}^{\pi}x\mathrm{d}x=-\frac{\pi}{2},$$

$$a_n = \frac{1}{\pi}\int_{-\pi}^{\pi} f(x)\cos nx\,dx = \frac{1}{\pi}\int_{-\pi}^{0}(-\pi)\cos nx\,dx + \frac{1}{\pi}\int_{0}^{\pi} x\cos nx\,dx$$

$$= -\frac{1}{n}[\sin nx]_{-\pi}^{0} + \frac{1}{\pi}\left[\frac{x\sin nx}{n} + \frac{\cos nx}{n^2}\right]_{0}^{\pi} = \frac{1}{n^2\pi}(\cos n\pi - 1)$$

$$= \begin{cases} -\dfrac{1}{n^2\pi}, & n=1,3,5,\cdots \\ 0, & n=2,4,6,\cdots \end{cases}$$

$$b_n = \frac{1}{\pi}\int_{-\pi}^{\pi} f(x)\sin nx\,dx = \frac{1}{\pi}\int_{-\pi}^{0}(-\pi)\sin nx\,dx + \frac{1}{\pi}\int_{0}^{\pi} x\sin nx\,dx$$

$$= \frac{1}{n}[\cos nx]_{-\pi}^{0} + \frac{1}{\pi}\left[-\frac{x\cos nx}{n} + \frac{\sin nx}{n^2}\right]_{0}^{\pi} = \frac{1}{n}[1-2(-1)^n]$$

$$= \begin{cases} \dfrac{3}{n}, & n=1,3,5,\cdots \\ -\dfrac{1}{n}, & n=2,4,6,\cdots \end{cases}$$

$f(x)$ 的傅里叶级数展开式为

$$f(x) = -\frac{\pi}{4} - \frac{2}{\pi}\left(\cos x + \frac{1}{3^2}\cos 3x + \frac{1}{5^2}\cos 5x + \cdots\right) + \left(3\sin x - \frac{1}{2}\sin 2x + \sin 3x - \frac{1}{4}\sin 4x + \cdots\right) \quad (-\infty < x < +\infty; x \neq 0, \pm\pi, \pm 2\pi, \cdots).$$

如果函数 $f(x)$ 只在 $[-\pi,\pi]$ 上有定义,并且满足收敛定理条件,那么我们可以在 $[-\pi,\pi)$ 或 $(-\pi,\pi]$ 外补充函数 $f(x)$ 的定义,使它拓广成周期为 2π 的周期函数 $F(x)$,在 $(-\pi,\pi)$ 内,$F(x)=f(x)$. 这种拓广函数的定义域的过程称为**周期延拓**.

【例 6.3】 将函数

$$f(x) = \begin{cases} -x, & -\pi \leqslant x < 0, \\ x, & 0 \leqslant x \leqslant \pi \end{cases}$$

展开成傅里叶级数.

解 所给函数在区间 $[-\pi,\pi]$ 上满足收敛定理的条件,并且拓广为周期函数时,它在每一点 x 处都连续(图 6.6),因此拓广的周期函数的傅里叶级数在 $[-\pi,\pi]$ 上收敛于 $f(x)$.

图 6.6

傅里叶系数为

$$a_0 = \frac{1}{\pi}\int_{-\pi}^{\pi} f(x)\,dx = \frac{1}{\pi}\int_{-\pi}^{0}(-x)\,dx + \frac{1}{\pi}\int_{0}^{\pi} x\,dx = \pi,$$

$$a_n = \frac{1}{\pi}\int_{-\pi}^{\pi} f(x)\cos nx\,dx = \frac{1}{\pi}\int_{-\pi}^{0}(-x)\cos nx\,dx + \frac{1}{\pi}\int_{0}^{\pi} x\cos nx\,dx$$

$$= \frac{2}{n^2\pi}(\cos n\pi - 1) = \begin{cases} -\dfrac{4}{n^2\pi}, & n=1,3,5,\cdots \\ 0, & n=2,4,6,\cdots \end{cases}$$

$$b_n = \frac{1}{\pi}\int_{-\pi}^{\pi} f(x)\sin nx\,dx = \frac{1}{\pi}\int_{-\pi}^{0}(-x)\sin nx\,dx + \frac{1}{\pi}\int_{0}^{\pi} x\sin nx\,dx = 0$$

于是 $f(x)$ 的傅里叶级数展开式为

$$f(x) = \frac{\pi}{2} - \frac{4}{\pi}\left(\cos x + \frac{1}{3^2}\cos 3x + \frac{1}{5^2}\cos 5x + \cdots\right) \quad (-\pi \leqslant x \leqslant \pi).$$

三、正弦级数和余弦级数

当 $f(x)$ 为奇函数时，$f(x)\cos nx$ 是奇函数，$f(x)\sin nx$ 是偶函数，故傅里叶系数为

$$a_n = 0 (n=0,1,2,\cdots), \quad b_n = \frac{2}{\pi}\int_0^\pi f(x)\sin nx \, dx (n=1,2,3,\cdots).$$

因此奇函数的傅里叶级数是只含有正弦项的**正弦级数** $\sum_{n=1}^{\infty} b_n \sin nx$.

当 $f(x)$ 为偶函数时，$f(x)\cos nx$ 是偶函数，$f(x)\sin nx$ 是奇函数，故傅里叶系数为

$$a_n = \frac{2}{\pi}\int_0^\pi f(x)\cos nx \, dx (n=0,1,2,3,\cdots), \quad b_n = 0 (n=1,2,\cdots).$$

因此偶函数的傅里叶级数是只含有余弦项的**余弦级数** $\frac{a_0}{2} + \sum_{n=1}^{\infty} a_n \cos nx$.

【**例 6.4**】 设 $f(x)$ 是周期为 2π 的周期函数，它在 $[-\pi,\pi)$ 上的表达式为 $f(x)=x$，将 $f(x)$ 展开成傅里叶级数.

解 首先，所给函数满足收敛定理的条件，它在点 $x=(2k+1)\pi (k=0,\pm1,\pm2,\cdots)$ 不连续，因此 $f(x)$ 的傅里叶级数在函数的连续点 $x\neq(2k+1)\pi$ 收敛于 $f(x)$，在点 $x=(2k+1)\pi (k=0,\pm1,\pm2,\cdots)$ 收敛于

$$\frac{1}{2}[f(\pi-0)+f(-\pi-0)] = \frac{1}{2}[\pi+(-\pi)] = 0.$$

和函数的图形如图 6.7 所示.

图 6.7

其次，$f(x)$ 是周期为 2π 的奇函数. 于是

$$a_n = 0 \quad (n=0,1,2,\cdots)$$

$$b_n = \frac{2}{\pi}\int_0^\pi f(x)\sin nx \, dx = \frac{2}{\pi}\int_0^\pi x\sin nx \, dx = \frac{2}{\pi}\left[-\frac{x\cos nx}{n} + \frac{\sin nx}{n^2}\right]_0^\pi$$

$$= -\frac{2}{n}\cos n\pi = \frac{2}{n}(-1)^{n+1} \quad (n=1,2,3,\cdots)$$

$f(x)$ 的傅里叶级数展开式为

$$f(x) = 2\left[\sin x - \frac{1}{2}\sin 2x + \frac{1}{3}\sin 3x - \cdots + (-1)^{n+1}\frac{1}{n}\sin nx + \cdots\right]$$

$$(-\infty < x < +\infty; x \neq \pm\pi, \pm 3\pi, \cdots)$$

【**例 6.5**】 将周期函数 $u(t) = \left|\sin\frac{1}{2}t\right|$ 展开成傅里叶级数.

解 如图 6.8 所示，所给函数满足收敛定理的条件，它在整个数轴上连续，因此 $u(t)$ 的

傅里叶级数处处收敛于 $u(t)$.

因为 $u(t)$ 是周期为 2π 的偶函数,所以 $b_n=0(n=1,2,\cdots)$,而

$$\begin{aligned}
a_n &= \frac{2}{\pi}\int_0^\pi u(t)\cos nt\,\mathrm{d}t \\
&= \frac{2}{\pi}\int_0^\pi \sin\frac{t}{2}\cos nt\,\mathrm{d}t \\
&= \frac{1}{\pi}\int_0^\pi \left[\sin\left(n+\frac{1}{2}\right)t - \sin\left(n-\frac{1}{2}\right)t\right]\mathrm{d}t \\
&= \frac{1}{\pi}\left[-\frac{\cos\left(n+\frac{1}{2}\right)t}{n+\frac{1}{2}} + \frac{\cos\left(n-\frac{1}{2}\right)t}{n-\frac{1}{2}}\right]_0^\pi \\
&= -\frac{4}{(4n^2-1)\pi} \quad (n=0,1,2,\cdots)
\end{aligned}$$

图 6.8

所以 $u(t)$ 的傅里叶级数展开式为

$$u(t) = \frac{4}{\pi}\left(\frac{1}{2} - \sum_{n=1}^\infty \frac{1}{4n^2-1}\cos nt\right) \quad (-\infty<t<+\infty).$$

设函数 $f(x)$ 定义在区间 $[0,\pi]$ 上并且满足收敛定理的条件,我们在开区间 $(-\pi,0)$ 内补充函数 $f(x)$ 的定义,得到定义在 $(-\pi,\pi]$ 上的函数 $F(x)$,使它在 $(-\pi,\pi)$ 上成为奇函数(偶函数).按这种方式拓广函数定义域的过程称为**奇延拓(偶延拓)**.限制在 $(0,\pi]$ 上,有 $F(x)=f(x)$.

【例 6.6】 将函数 $f(x)=x(0\leqslant x\leqslant \pi)$ 分别展开成正弦级数和余弦级数.

解 先求正弦级数.为此对函数 $f(x)$ 进行奇延拓(图 6.9).

$$b_n = \frac{2}{\pi}\int_0^\pi f(x)\sin nx\,\mathrm{d}x = \frac{2}{\pi}\int_0^\pi x\sin nx\,\mathrm{d}x = \frac{2}{\pi}\left[-\frac{x\cos nx}{n} + \frac{\sin nx}{n^2}\right]_0^\pi$$

$$= (-1)^{n+1}\frac{2}{n} \quad (n=1,2,3,\cdots)$$

函数的正弦级数展开式为

$$x = 2\sum_{n=1}^\infty \frac{(-1)^{n+1}}{n}\sin nx \quad (0\leqslant x<\pi).$$

在端点 $x=\pi$ 处,级数的和显然为零,它不代表原来函数 $f(x)$ 的值.

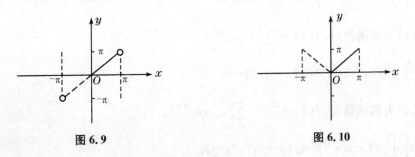

图 6.9　　　　　　　　　图 6.10

再求余弦级数.为此对 $f(x)$ 进行偶延拓(图 6.10).

$$a_0 = \frac{2}{\pi}\int_0^\pi x\,\mathrm{d}x = \frac{2}{\pi}\left[\frac{x^2}{2}\right]_0^\pi = \pi,$$

$$a_n = \frac{2}{\pi}\int_0^\pi f(x)\cos nx\,\mathrm{d}x = \frac{2}{\pi}\int_0^\pi x\cos nx\,\mathrm{d}x = \frac{2}{\pi}\left[\frac{x\sin nx}{n} + \frac{\cos nx}{n^2}\right]_0^\pi$$

$$= \frac{2}{n^2\pi}(\cos n\pi - 1) = \begin{cases} 0, & n=2,4,6,\cdots \\ -\dfrac{4}{n^2\pi}, & n=1,3,5,\cdots \end{cases}$$

函数的余弦级数展开式为

$$x = \frac{\pi}{2} - \frac{4}{\pi}\left(\cos x + \frac{1}{3^2}\cos 3x + \frac{1}{5^2}\cos 5x + \cdots\right) \quad (0 \leqslant x \leqslant \pi).$$

四、周期为 $2l$ 的周期函数的傅里叶级数

以上所讨论的周期函数都是以 2π 为周期的. 但是实际问题中所遇到的周期函数,它的周期不一定是 2π. 怎样把周期为 $2l$ 的周期函数 $f(x)$ 展开成三角级数呢?

案例 6.2 设脉冲信号函数 $f(x)$ 是周期为 4 的周期函数,它在 $[-2, 2)$ 上的表达式为

$$f(x) = \begin{cases} 0, & -2 \leqslant x < 0, \\ k, & 0 \leqslant x < 2. \end{cases} \quad (\text{常数 } k \neq 0)$$

如何将 $f(x)$ 展开成傅里叶级数?

设 $f(x)$ 是周期为 $2l$ 的周期函数,且在 $[-l, l]$ 上满足收敛定理条件. 作变换: $x = \dfrac{l}{\pi}t$ 及 $f(x) = f\left(\dfrac{l}{\pi}t\right) = F(t)$,则 $F(t)$ 是以 2π 为周期的函数,且满足收敛定理的条件. 于是 $F(t)$ 可展开成傅里叶级数:

$$F(t) = \frac{a_0}{2} + \sum_{n=1}^{\infty}(a_n\cos nt + b_n\sin nt),$$

其中 $a_n = \dfrac{1}{\pi}\int_{-\pi}^{\pi}F(t)\cos nt\,\mathrm{d}t\,(n=0,1,2,\cdots)$, $b_n = \dfrac{1}{\pi}\int_{-\pi}^{\pi}F(t)\sin nt\,\mathrm{d}t\,(n=1,2,\cdots)$.

代回原变量 $t = \dfrac{\pi}{l}x$,可得周期为 $2l$ 的周期函数 $f(x)$ 的傅里叶级数展开式为

$$f(x) = \frac{a_0}{2} + \sum_{n=1}^{\infty}\left(a_n\cos\frac{n\pi x}{l} + b_n\sin\frac{n\pi x}{l}\right),$$

其中 $a_n = \dfrac{1}{l}\int_{-l}^{l}f(x)\cos\dfrac{n\pi x}{l}\mathrm{d}x\,(n=0,1,2,\cdots)$, $b_n = \dfrac{1}{l}\int_{-l}^{l}f(x)\sin\dfrac{n\pi x}{l}\mathrm{d}x\,(n=1,2,\cdots)$.

当 $f(x)$ 为奇函数时, $f(x) = \sum_{n=1}^{\infty} b_n\sin\dfrac{n\pi x}{l}$,

其中 $b_n = \dfrac{2}{l}\int_0^l f(x)\sin\dfrac{n\pi x}{l}\mathrm{d}x\,(n=1,2,\cdots)$.

当 $f(x)$ 为偶函数时, $f(x) = \dfrac{a_0}{2} + \sum_{n=1}^{\infty} a_n\cos\dfrac{n\pi x}{l}$,

其中 $a_n = \dfrac{2}{l}\int_0^l f(x)\cos\dfrac{n\pi x}{l}\mathrm{d}x\,(n=0,1,2,\cdots)$.

【例 6.7】 将案例 6.2 中的脉冲信号函数 $f(x)$ 展开成傅里叶级数.

解 这里 $l=2$,则
$$a_0 = \frac{1}{2}\int_{-2}^{0} 0 \, dx + \frac{1}{2}\int_{0}^{2} k \, dx = k,$$
$$a_n = \frac{1}{2}\int_{0}^{2} k \cos\frac{n\pi x}{2} dx = \left[\frac{k}{n\pi}\sin\frac{n\pi x}{2}\right]_0^2 = 0 \quad (n=1,2,\cdots),$$
$$b_n = \frac{1}{2}\int_{0}^{2} k \sin\frac{n\pi x}{2} dx = \left[-\frac{k}{n\pi}\cos\frac{n\pi x}{2}\right]_0^2 = \frac{k}{n\pi}(1-\cos n\pi)$$
$$= \begin{cases} \dfrac{2k}{n\pi}, & n=1,3,5,\cdots \\ 0, & n=2,4,6,\cdots \end{cases}$$

于是
$$f(x) = \frac{k}{2} + \frac{2k}{\pi}\left(\sin\frac{\pi x}{2} + \frac{1}{3}\sin\frac{3\pi x}{2} + \frac{1}{5}\sin\frac{5\pi x}{2} + \cdots\right)$$
$$(-\infty < x < +\infty; x \neq 0, \pm 2, \pm 4, \cdots)$$

在 $x=0,\pm 2,\pm 4,\cdots$ 时,级数收敛于 $\dfrac{k}{2}$.

函数 $f(x)$ 的傅里叶级数的和函数的图形如图 6.11 所示.

图 6.11

五、傅里叶级数在频谱分析中的应用

傅里叶级数有非常明确的物理含义,若 $x=\omega t$,由(6.2)式变形可得
$$f(t) = \frac{a_0}{2} + \sum_{k=1}^{\infty}(a_k \cos k\omega t + b_k \sin k\omega t) = A_0 + \sum_{k=1}^{\infty} A_k \sin(k\omega t + \theta_k) \quad (6.4)$$

各参量之间的关系有
$$A_0 = \frac{a_0}{2}, \quad A_k = \sqrt{a_k^2 + b_k^2}, \quad a_k = A_k \sin\theta_k, \quad b_k = A_k \cos\theta_k.$$

其中,A_0 称为 $f(t)$ 的**直流分量**;$A_1(\sin\omega t + \theta_1)$ 称为**一次谐波(基波)**;$A_2(\sin 2\omega t + \theta_2)$,$A_3(\sin 3\omega t + \theta_3)$,$\cdots$,依次称为**二次谐波,三次谐波**,等等;$\omega$ 称为**基波角频率(基频)**;$k\omega$ 称为 **k 次谐波角频率**;A_k 称为**k次谐波振幅**;θ_k 称为**k次谐波的初位相**.

如果以 $f(t)$ 代表信号,则(6.4)式说明,一个周期为 T 的信号可以分解为简谐波之和.这些谐波的(角)频率分别为一个基频 ω 的倍数.换句话说,信号 $f(t)$ 并不含有各种频率成分,而仅由一系列具有离散频率的谐波所构成,其中 A_k 反映了频率为 $k\omega$ 的谐波在 $f(t)$ 中所占的份额,它取决于信号 $f(t)$ 的图形;θ_k 则反映了频率为 $k\omega$ 的谐波沿时间轴移动的大小,这两个指标完全刻画了信号 $f(t)$ 的性态.

在实际进行信号分析时,不可能去计算无限多次谐波,而只能取有限项来近似地表示信号 $f(t)$,显然,所取的谐波次数越高其误差就越小.

在电工学中,傅里叶级数主要用于周期信号的频谱分析.频谱分为幅度频谱和相位频谱.**频谱图**指的是振幅 A_k 和频率 $k\omega$ 的关系图,因频谱图像不连续,所以也称**离散频谱**.**相频图**指的是相位 θ_k 和频率 $k\omega$ 的关系图,频谱图和相谱图在工程技术中有着广泛的应用.

【例 6.8】 设矩形波 $u(t)$ 在一个周期 $[-\pi,\pi)$ 上的表达式为

$$u(t)=\begin{cases}-1, & -\pi\leqslant t<0,\\ 1, & 0\leqslant t<\pi.\end{cases}$$

求作矩形波 $u(t)$ 的频谱图.

解 由例 6.1 知,$a_n=0(n=0,1,2,\cdots)$;$b_n=\dfrac{2}{n\pi}[1-(-1)^n]=\begin{cases}\dfrac{4}{n\pi},n=1,3,5,\cdots\\ 0,n=2,4,6,\cdots\end{cases}$

所以

$$A_0=\frac{a_0}{2}=0,\ A_n=\sqrt{a_n^2+b_n^2}=b_n=\frac{2}{n\pi}[1-(-1)^n]=\begin{cases}\dfrac{4}{n\pi},n=1,3,5,\cdots\\ 0,n=2,4,6,\cdots\end{cases}$$

频谱图如图 6.12 所示.

图 6.12

习题 6.1

1. 将下列周期为 2π 的周期函数 $f(x)$ 展开成傅里叶级数,其中 $f(x)$ 在 $[-\pi,\pi]$ 上的表达式为

(1) $f(x)=3x^2+1$;　　　　(2) $f(x)=\dfrac{\pi-x}{2}$;

(3) $f(x)=|x|$;　　　　　　(4) $f(x)=\begin{cases}0, & -\pi\leqslant x<0,\\ \mathrm{e}^x, & 0\leqslant x<\pi.\end{cases}$

2. 将函数 $f(x)=x+\pi$ 在 $[-\pi,\pi]$ 上展开成傅里叶级数,并作出级数和函数的图形.

3. 将函数 $f(x)=\begin{cases}1, & 0\leqslant x<h,\\ 0, & h<x\leqslant\pi\end{cases}$(其中常数 $h>0$)分别展开成正弦级数和余弦级数.

4. 设 $f(x)$ 是周期为 6 的周期函数,它在 $[-3,3]$ 上的表达式为

$$f(x)=\begin{cases}2x+1, & -3\leqslant x<0,\\ 1, & 0\leqslant x<3,\end{cases}$$

将 $f(x)$ 展开成傅里叶级数.

5. 周期为 4 的矩形波 $u(t)$ 在 $[-2,2)$ 上的表达式为

$$u(t)=\begin{cases}0, & -2\leqslant t<0,\\ 1, & 0\leqslant t<2,\end{cases}$$

将 $u(t)$ 展开成傅里叶级数,并作出 $u(t)$ 的频谱图.

第二节　傅里叶变换的概念与性质

学习目标

1. 理解傅里叶变换的概念、性质.
2. 了解非周期信号的谐波分解的基本思想.

一、傅里叶变换的概念

在傅里叶级数中,我们知道一个周期信号函数可以展开为傅里叶级数,它主要用于周期信号的频谱分析.但在电子技术中遇到的信号函数还有非周期信号,例如:

案例 6.3　矩形脉冲信号函数 $f(t)=\begin{cases}A, & 0\leqslant t\leqslant\tau,\\ 0, & \text{其他}\end{cases}$ (图 6.13).

图 6.13　　　　　　　　　图 6.14

案例 6.4　单边指数衰减信号函数 $f(t)=\begin{cases}0, & t<0,\\ e^{-\beta t}, & t\geqslant 0\end{cases}$ $(\beta>0)$ (图 6.14).

对于非周期信号函数,则不能用傅里叶级数来表示.从物理意义上讲,傅里叶级数说明了周期为 T 的函数 $f_T(t)$ 可以由一系列以 $\omega=\dfrac{2\pi}{T}$ 为间隔的离散频率所形成的简谐波合成(求和),因此其频谱以 ω 为间隔离散取值.当 T 越来越大时,取值间隔 ω 越来越小.当 T 趋于无穷大时,周期函数变成了非周期函数,其频谱将在 ω 上连续取值,即一个非周期函数将包含所有的频率成分.这样离散函数的求和(傅里叶级数)就变成了连续函数的积分(傅里叶积分).

定理 6.3（傅氏积分存在定理）　若 $f(t)$ 在任何有限区间上满足狄里克雷条件,且在 $(-\infty,+\infty)$ 上绝对可积(即积分 $\int_{-\infty}^{+\infty}|f(t)|\mathrm{d}t<+\infty$),则有

$$f(t)=\frac{1}{2\pi}\int_{-\infty}^{+\infty}\left[\int_{-\infty}^{+\infty}f(\tau)\mathrm{e}^{-\mathrm{i}\omega\tau}\mathrm{d}\tau\right]\mathrm{e}^{\mathrm{i}\omega t}\mathrm{d}\omega \qquad (6.5)$$

成立.在 $f(t)$ 的间断点处,(6.5)式左端应为 $\dfrac{1}{2}[f(t+0)+f(t-0)]$.

定理证明从略.

称(6.5)式为非周期函数的**傅里叶积分**.在(6.5)式中,设

工科数学(上册)

$$F(\omega) = \int_{-\infty}^{+\infty} f(t) e^{-i\omega t} dt, \tag{6.6}$$

则有
$$f(t) = \frac{1}{2\pi} \int_{-\infty}^{+\infty} F(\omega) e^{i\omega t} d\omega. \tag{6.7}$$

注意:这两个式子定义了一个变换对,即对于任一已知函数 $f(t)$,通过指定的积分运算,可以得到一个与之对应的函数 $F(\omega)$,而由 $F(\omega)$ 通过类似的积分运算,可以回复到 $f(t)$.

定义 6.1 称(6.6)式为**傅里叶变换**(简称**傅氏变换**),其中函数 $F(\omega)$ 称为 $f(t)$ 的**象函数**,记为 $F(\omega) = \mathscr{F}[f(t)]$;称(6.7)式为**傅里叶逆变换**(简称**傅氏逆变换**),其中函数 $f(t)$ 称为 $F(\omega)$ 的**象原函数**,记为 $f(t) = \mathscr{F}^{-1}[F(\omega)]$.

为了方便起见,本章略去了傅里叶变换存在性的证明,一律假定所讨论的傅氏变换是存在的.

【例 6.9】 求矩形脉冲信号函数 $f(t) = \begin{cases} A, & 0 \leqslant t \leqslant \tau \\ 0, & \text{其他} \end{cases}$ 的傅氏变换.

解 $F(\omega) = \int_{-\infty}^{+\infty} f(t) e^{-i\omega t} dt = \int_{0}^{\tau} A e^{-i\omega t} dt = \frac{-A}{i\omega} e^{-i\omega t} \Big|_{0}^{\tau} = -\frac{iA}{\omega}(1 - e^{-i\omega \tau})$.

【例 6.10】 求单边指数衰减信号函数 $f(t) = \begin{cases} 0, & t < 0 \\ e^{-\beta t}, & t \geqslant 0 \end{cases}$ $(\beta > 0)$ 的傅氏变换.

解 $F(\omega) = \int_{-\infty}^{+\infty} f(t) e^{-i\omega t} dt = \int_{0}^{+\infty} e^{-(\beta + i\omega)t} dt = \frac{1}{\beta + i\omega} = \frac{\beta - i\omega}{\beta^2 + \omega^2}$.

【例 6.11】 求函数 $f(t) = \begin{cases} 1, & |t| \leqslant 1 \\ 0, & |t| > 1 \end{cases}$ 的傅氏变换.

解 $F(\omega) = \int_{-\infty}^{+\infty} f(t) e^{-i\omega t} dt = \int_{-1}^{1} e^{-i\omega t} dt = \int_{-1}^{1} (\cos \omega t - i \sin \omega t) dt = \frac{2 \sin \omega}{\omega}$.

【例 6.12】 求函数 $F(\omega) = \begin{cases} 1, & |w| \leqslant \alpha \\ 0, & |w| > \alpha \end{cases}$ $(\alpha > 0)$ 的傅氏逆变换.

解 $f(t) = \mathscr{F}^{-1}[F(\omega)] = \frac{1}{2\pi} \int_{-\infty}^{+\infty} F(\omega) e^{i\omega t} d\omega = \frac{1}{2\pi} \int_{-\alpha}^{\alpha} e^{i\omega t} d\omega = \frac{1}{2i\pi t}(e^{i\alpha t} - e^{-i\alpha t})$,

由欧拉公式可得 $\sin \alpha t = \frac{1}{2i}(e^{i\alpha t} - e^{-i\alpha t})$,于是 $F(\omega)$ 的傅氏逆变换又可写为

$$f(t) = \frac{\sin \alpha t}{\pi t}.$$

二、单位阶跃函数与单位脉冲函数

1. 单位阶跃函数

在工程技术中,经常会遇到一些实际对象需要瞬间完成从一个状态到另一个状态的转换,例如电压源在某时刻接入单位电压.这类物理过程在数学上通常用单位阶跃函数表示.

定义 6.2 函数 $u(t) = \begin{cases} 1, & t \geqslant 0 \\ 0, & t < 0 \end{cases}$ 称为**单位阶跃函数**,又叫作**开关函数**、**接通函数**,其

中 $t=0$ 称为 $u(t)$ 的**跳变点**,幅值 1 称为 $u(t)$ 的**跳变量**,其波形图如图 6.15 所示.

定义 6.3 函数 $u(t-t_0)=\begin{cases}1, & t\geqslant t_0,\\ 0, & t<t_0\end{cases}$,称为**单位延迟阶跃函数**,跳变点为 $t=t_0$,其波形图如图 6.16 所示.

图 6.15   图 6.16

单位阶跃函数具有如下性质:
(1) 从跳变点这一时刻瞬间完成状态转变;
(2) 具有切除性,即任一函数 $g(t)$ 与 $u(t)$ 相乘时,可使函数在跳变点之前的幅度变为 0. 例如,$g(t)=\dfrac{4}{\pi}\left(\sin t+\dfrac{1}{3}\sin 3t\right)$ 与 $u(t)$ 相乘,其图形如图 6.17 所示.

图 6.17

(3) 可以把许多分段定义的函数写成一个数学等式的形式. 例如

$$f(t)=\begin{cases}3, & 0\leqslant t<2,\\ -1, & 2\leqslant t<4,\\ 0, & t\geqslant 4\end{cases}$$

可以写成 $f(t)=3u(t)-4u(t-2)+u(t-4)$.

2. 单位脉冲函数（δ 函数）

在许多物理现象中,除了有连续分布的物理量外,还常会有集中到一点的量(点源),或者具有脉冲性质的物理量. 例如,瞬间作用的冲击力、电脉冲等,这些量作用的持续时间 τ 都很短,但值 $f(t)$ 却很大,致使冲击强度 $\int_0^\tau f(t)dt=1$,从而与 τ 不是同一个数量级.

例如,一个质量为 m 的物体以速度 v_0 撞击一固定的钢板时,若在时间 $[0,\tau]$(τ 是一个很小的正数)内,物体的速度由 v_0 变为 0,则由物理学动量定律知,钢板所受的冲击力为 $F=\dfrac{mv_0}{\tau}$,且作用时间越短(即 τ 的值越小),冲击力越大,于是钢板所受的冲击力 F_τ 与时间 t 的函数关系为

$$F_\tau(t) = \begin{cases} \dfrac{mv_0}{\tau}, & 0 \leqslant t \leqslant \tau, \\ 0, & \text{其他}. \end{cases}$$

当 $\tau \to 0$ 时,钢板所受的冲击力为

$$F(t) = \lim_{\tau \to 0} F_\tau(t) = \begin{cases} \infty, & t=0, \\ 0, & t \neq 0. \end{cases}$$

显然,这样的"函数"不是通常意义下的函数,必须加一个条件 $\int_{-\infty}^{+\infty} F(x)\mathrm{d}t = mv_0$.

定义 6.4 设 $\delta_\tau(t) = \begin{cases} \dfrac{1}{\tau}, & 0 \leqslant t \leqslant \tau, \\ 0, & \text{其他}. \end{cases}$ $\delta_\tau(t)$ 的图形如图 6.18 所示. 当 $\tau \to 0$ 时,$\delta_\tau(t)$ 的极限 $\delta(t) = \lim\limits_{\tau \to 0} \delta_\tau(t)$ 称为**狄拉克(Dirac)函数**,简称为 **δ 函数**.

在工程技术中,δ 函数也称为**单位脉冲函数**,即

$$\delta(t) = \lim_{\tau \to 0} \delta_\tau(t) = \begin{cases} \infty, & t=0, \\ 0, & t \neq 0. \end{cases}$$

因为 $\int_{-\infty}^{+\infty} \delta_\tau(t)\mathrm{d}t = \int_0^\tau \dfrac{1}{\tau}\mathrm{d}t = 1$,所以规定 $\int_{-\infty}^{+\infty} \delta(t)\mathrm{d}t = 1$.

工程技术上常用一个从原点出发长度为 1 的有限线段表示 $\delta(t)$ 函数(图 6.19),这个线段长度表示 $\delta(t)$ 的积分值,称为冲激强度.

图 6.18　　　　　　　　图 6.19

若脉冲发生在时刻 $t = t_0$,则定义

$$\delta(t - t_0) = \lim_{\tau \to 0} \delta_\tau(t - t_0),$$

其中 $\delta_\tau(t - t_0) = \begin{cases} \dfrac{1}{\tau}, & t_0 \leqslant t \leqslant t_0 + \tau, \\ 0, & \text{其他}. \end{cases}$

δ 函数有如下性质(证明从略):

性质 6.1 设 $f(t)$ 是定义在实数域 **R** 上的有界函数,且在 $t = 0$ 处连续,则

$$\int_{-\infty}^{+\infty} \delta(t) f(t)\mathrm{d}t = f(0). \tag{6.8}$$

注意:一般地,若 $f(t)$ 在 $t = t_0$ 点连续,则

$$\int_{-\infty}^{+\infty} \delta(t - t_0) f(t)\mathrm{d}t = f(t_0). \tag{6.9}$$

此性质表明,尽管 δ 函数本身没有普通意义下的函数值,但它与任何一个连续函数的乘

积在$(-\infty,+\infty)$上的积分都有确定的值. 因此有时也用(6.8)式来定义 δ 函数,即如果某一函数与任何一个连续函数 $f(t)$ 的乘积在$(-\infty,+\infty)$上的积分值为 $f(0)$,那么这个函数就称为 δ 函数.

性质 6.2 设 $f(t)$ 为连续可微函数,则

$$\int_{-\infty}^{+\infty} \delta'(t) f(t) \mathrm{d}t = -f'(0). \tag{6.10}$$

这里,称 $\delta'(t)$ 为 $\delta(t)$ 的导数.

一般地,设 $f(t)$ 为无穷次可微函数,则 $\int_{-\infty}^{+\infty} \delta^{(n)}(t) f(t) \mathrm{d}t = (-1)^n f^{(n)}(0)$.

性质 6.3 δ 函数是偶函数,即 $\delta(-t) = \delta(t)$.

性质 6.4 $\int_{-\infty}^{t} \delta(\tau) \mathrm{d}\tau = u(t) = \begin{cases} 1, & t>0 \\ 0, & t<0 \end{cases}$,即 $\dfrac{\mathrm{d}u(t)}{\mathrm{d}t} = \delta(t)$.

以上性质以后会经常用到,这样对于点源和脉冲量就能够像处理连续分布的量那样,以统一方式加以研究,因此 δ 函数在工程技术中有较广泛的应用.

【例 6.13】 求 δ 函数的傅氏变换.

解 $F(\omega) = \mathscr{F}[\delta(t)] = \int_{-\infty}^{+\infty} \delta(t) \mathrm{e}^{-i\omega t} \mathrm{d}t = \mathrm{e}^{-i\omega t}\big|_{t=0} = 1.$ (6.11)

由逆变换公式,有

$$\delta(t) = \mathscr{F}^{-1}[1] = \frac{1}{2\pi} \int_{-\infty}^{+\infty} \mathrm{e}^{i\omega t} \mathrm{d}\omega. \tag{6.12}$$

同理可得:$\mathscr{F}[\delta(t-t_0)] = \int_{-\infty}^{+\infty} \delta(t-t_0) \mathrm{e}^{-i\omega t} \mathrm{d}t = \mathrm{e}^{-i\omega t_0}, \delta(t-t_0) = \dfrac{1}{2\pi} \int_{-\infty}^{+\infty} \mathrm{e}^{-i\omega(t-t_0)} \mathrm{d}\omega.$

【例 6.14】 证明:单位阶跃函数 $u(t)$ 的傅氏变换为 $\dfrac{1}{i\omega} + \pi\delta(\omega)$.

证明 设 $F(\omega) = \dfrac{1}{i\omega} + \pi\delta(\omega), f(t) = \mathscr{F}^{-1}[F(\omega)]$,则

$$f(t) = \frac{1}{2\pi} \int_{-\infty}^{+\infty} \left[\frac{1}{i\omega} + \pi\delta(\omega)\right] \mathrm{e}^{i\omega t} \mathrm{d}\omega = \frac{1}{2} \int_{-\infty}^{+\infty} \delta(\omega) \mathrm{e}^{i\omega t} \mathrm{d}\omega + \frac{1}{2\pi} \int_{-\infty}^{+\infty} \frac{1}{i\omega} \mathrm{e}^{i\omega t} \mathrm{d}\omega$$

$$= \frac{1}{2} \mathrm{e}^{i\omega t}\big|_{\omega=0} + \frac{1}{2\pi} \int_{-\infty}^{+\infty} \frac{\cos\omega t + i\sin\omega t}{i\omega} \mathrm{d}\omega = \frac{1}{2} + \frac{1}{\pi} \int_{0}^{+\infty} \frac{\sin\omega t}{\omega} \mathrm{d}\omega,$$

而 $\int_{0}^{+\infty} \dfrac{\sin x}{x} \mathrm{d}x = \dfrac{\pi}{2}$,故有 $f(t) = u(t) = \begin{cases} 1, & t>0 \\ 0, & t<0 \end{cases}$,因此单位阶跃函数 $u(t)$ 的傅氏变换为 $F(\omega) = \dfrac{1}{i\omega} + \pi\delta(\omega)$.

【例 6.15】 证明:$f(t) = 1$ 的傅氏变换为 $F(\omega) = 2\pi\delta(\omega)$.

证明 $f(t) = \dfrac{1}{2\pi} \int_{-\infty}^{+\infty} 2\pi\delta(\omega) \mathrm{e}^{i\omega t} \mathrm{d}\omega = \mathrm{e}^{i\omega t}\big|_{\omega=0} = 1$,故 $f(t) = 1$ 的傅氏变换为

$$F(\omega) = 2\pi\delta(\omega).$$

同理可证:$f(t) = \mathrm{e}^{i\omega_0 t}$ 的傅氏变换为 $F(\omega) = 2\pi\delta(\omega - \omega_0)$.

【例 6.16】 求正弦函数 $f(t) = \sin\omega_0 t$ 的傅氏变换.

解 $F(\omega) = \int_{-\infty}^{+\infty} \sin\omega_0 t \cdot \mathrm{e}^{-i\omega t} \mathrm{d}t = \int_{-\infty}^{+\infty} \dfrac{1}{2i}(\mathrm{e}^{i\omega_0 t} - \mathrm{e}^{-i\omega_0 t}) \mathrm{e}^{-i\omega t} \mathrm{d}t$

$$= \frac{1}{2i} \int_{-\infty}^{+\infty} [e^{-i(\omega-\omega_0)t} - e^{-i(\omega+\omega_0)t}] dt = \frac{1}{2i} [2\pi\delta(\omega-\omega_0) - 2\pi\delta(\omega+\omega_0)]$$
$$= i\pi[\delta(\omega+\omega_0) - \delta(\omega-\omega_0)].$$

三、傅里叶变换的性质

1. 线性性质

设 $F_1(\omega) = \mathscr{F}[f_1(t)], F_2(\omega) = \mathscr{F}[f_2(t)], \alpha, \beta$ 为常数，则
$$\mathscr{F}[\alpha f_1(t) + \beta f_2(t)] = \alpha F_1(\omega) + \beta F_2(\omega);$$
$$\mathscr{F}^{-1}[\alpha F_1(\omega) + \beta F_2(\omega)] = \alpha f_1(t) + \beta f_2(t).$$

【例 6.17】 求下列函数的傅氏变换：

(1) $f(t) = 1 + 3\sin 2t$;　　　　(2) $f(t) = \begin{cases} 0, & t < 0, \\ 5e^{-3t} - 3e^{-t}, & t \geq 0. \end{cases}$

解 (1) 利用线性性质以及例 6.15 和例 6.16 的结论,可得
$$\mathscr{F}[1 + 3\sin 2t] = \mathscr{F}[1] + 3\mathscr{F}[\sin 2t] = 2\pi\delta(\omega) + 3i\pi[\delta(\omega+2) - \delta(\omega-2)].$$

(2) 记 $f_1(t) = \begin{cases} 0, & t < 0, \\ e^{-3t}, & t \geq 0, \end{cases}$　$f_2(t) = \begin{cases} 0, & t < 0, \\ e^{-t}, & t \geq 0. \end{cases}$

则由例 6.10 可得, $\mathscr{F}[f_1(t)] = \dfrac{1}{3+i\omega}, \mathscr{F}[f_2(t)] = \dfrac{1}{1+i\omega}$, 所以由线性性质得
$$\mathscr{F}[f(t)] = 5\mathscr{F}[f_1(t)] - 3\mathscr{F}[f_2(t)] = \frac{5}{3+i\omega} - \frac{3}{1+i\omega} = \frac{-4+2i\omega}{3-\omega^2+4i\omega}.$$

2. 位移性质

设 $F(\omega) = \mathscr{F}[f(t)], t_0, \omega_0$ 为实常数,则
$$\mathscr{F}[f(t \pm t_0)] = F(\omega) e^{\pm i\omega t_0};$$
$$\mathscr{F}^{-1}[F(\omega \mp \omega_0)] = f(t) e^{\pm i\omega_0 t} \text{ 或 } \mathscr{F}[f(t) e^{\pm i\omega_0 t}] = F(\omega \mp \omega_0).$$

注意：此性质在无线电技术中分别称为**时移性**和**频移性**。它表明时间函数 $f(t)$ 沿 t 轴向左（或向右）移动 t_0 的傅氏变换等于 $f(t)$ 的傅氏变换乘以因子 $e^{i\omega t_0}$（或 $e^{-i\omega t_0}$）。同理，函数 $F(\omega)$ 沿 ω 轴向右（或向左）移动 ω_0 的傅氏逆变换等于 $f(t)$ 乘以因子 $e^{i\omega_0 t}$（或 $e^{-i\omega_0 t}$）。

【例 6.18】 设 $F(\omega) = \mathscr{F}[f(t)], \omega_0$ 为实常数,求 $\mathscr{F}[f(t)\cos\omega_0 t]$ 和 $\mathscr{F}[f(t)\sin\omega_0 t]$.

解 由 $\cos\omega_0 t = \dfrac{1}{2}(e^{i\omega_0 t} + e^{-i\omega_0 t}), \sin\omega_0 t = \dfrac{1}{2i}(e^{i\omega_0 t} - e^{-i\omega_0 t})$, 得

$$\mathscr{F}[f(t)\cos\omega_0 t] = \frac{1}{2}\mathscr{F}[f(t)(e^{i\omega_0 t} + e^{-i\omega_0 t})] = \frac{1}{2}[F(\omega+\omega_0) + F(\omega-\omega_0)];$$

$$\mathscr{F}[f(t)\sin\omega_0 t] = \frac{1}{2i}\mathscr{F}[f(t)(e^{i\omega_0 t} - e^{-i\omega_0 t})] = \frac{i}{2}[F(\omega+\omega_0) - F(\omega-\omega_0)].$$

【例 6.19】 求函数 $F(\omega) = \dfrac{1}{\beta + i(\omega+\omega_0)}$ 的傅氏逆变换, 其中 $\beta > 0, \omega_0$ 为实常数.

解 因为 $F(\omega - \omega_0) = \dfrac{1}{\beta + i\omega}$, 所以由例 6.10 知:

$$\mathscr{F}^{-1}[F(\omega-\omega_0)]=\mathscr{F}^{-1}\left[\frac{1}{\beta+i\omega}\right]=\begin{cases}0, & t<0,\\ e^{-\beta t}, & t\geqslant 0.\end{cases}$$

再由频移性质可得 $\mathscr{F}^{-1}[F(\omega-\omega_0)]=e^{i\omega_0 t}f(t)=e^{i\omega_0 t}\mathscr{F}^{-1}[F(\omega)]=\begin{cases}0, & t<0,\\ e^{-\beta t}, & t\geqslant 0.\end{cases}$

所以
$$\mathscr{F}^{-1}[F(\omega)]=\begin{cases}0, & t<0,\\ e^{-(\beta+i\omega_0)t}, & t\geqslant 0.\end{cases}$$

3. 微分性质

设 $F(\omega)=\mathscr{F}[f(t)]$,且 $\lim\limits_{|t|\to+\infty}f(t)=0$,则 $\mathscr{F}[f'(t)]=i\omega F(\omega)$.

一般地,若 $\lim\limits_{|t|\to+\infty}f^{(k)}(t)=0(k=0,1,2,\cdots,n-1)$,则 $\mathscr{F}[f^{(n)}(t)]=(i\omega)^n F(\omega)$.

象函数的微分性:设 $F(\omega)=\mathscr{F}[f(t)]$,则 $\dfrac{\mathrm{d}}{\mathrm{d}\omega}F(\omega)=-i\mathscr{F}[tf(t)]$.

一般地,有 $\dfrac{\mathrm{d}^n}{\mathrm{d}\omega^n}F(\omega)=(-i)^n\mathscr{F}[t^n f(t)]$.

【例 6.20】 证明 $\mathscr{F}[\delta'(t)]=i\omega$.

证明 因为 $\mathscr{F}[\delta(t)]=1$,所以利用微分性质得
$$\mathscr{F}[\delta'(t)]=i\omega\mathscr{F}[\delta(t)]=i\omega.$$

类似可得
$$\mathscr{F}[\delta''(t)]=(i\omega)^2\mathscr{F}[\delta(t)]=-\omega^2;$$
$$\mathscr{F}[\delta^{(n)}(t)]=(i\omega)^n\mathscr{F}[\delta(t)]=(i\omega)^n.$$

【例 6.21】 求函数 $f(t)=t^4$ 的傅氏变换.

解 设 $g(t)=1$,则 $\mathscr{F}[g(t)]=2\pi\delta(\omega)$,利用象函数的微分性质可得
$$\mathscr{F}[t^4]=\mathscr{F}[t^4 g(t)]=i^4\frac{\mathrm{d}^4}{\mathrm{d}\omega^4}\mathscr{F}[g(t)]=2\pi\delta^{(4)}(\omega).$$

4. 积分性质

设 $F(\omega)=\mathscr{F}[f(t)]$,且 $\lim\limits_{t\to+\infty}\int_{-\infty}^{t}f(\tau)\mathrm{d}\tau=0$,则 $\mathscr{F}\left[\int_{-\infty}^{t}f(\tau)\mathrm{d}\tau\right]=\dfrac{1}{i\omega}F(\omega)$.

5. 相似性质

设 $F(\omega)=\mathscr{F}[f(t)]$,$a$ 为非零常数,则 $\mathscr{F}[f(at)]=\dfrac{1}{|a|}F\left(\dfrac{\omega}{a}\right)$.

【例 6.22】 已知抽样信号 $f(t)=\dfrac{\sin 2t}{\pi t}$ 的傅氏变换为 $F(\omega)=\begin{cases}1, & |\omega|\leqslant 2,\\ 0, & |\omega|>2,\end{cases}$ 求信号 $g(t)=f\left(\dfrac{t}{2}\right)$ 的傅氏变换 $G(\omega)$.

解 由相似性质,得
$$G(\omega)=\mathscr{F}[g(t)]=\mathscr{F}\left[f\left(\frac{t}{2}\right)\right]=2F(2\omega)=\begin{cases}2, & |\omega|\leqslant 1,\\ 0, & |\omega|>1.\end{cases}$$

6. 对称性质

设 $\mathscr{F}[f(t)]=F(\omega)$，则 $\mathscr{F}[F(t)]=2\pi f(-\omega)$.

【例 6.23】 求函数 $F(t)=\dfrac{2\sin t}{t}$ 的傅氏变换.

解 由例 6.11 知，函数 $f(t)=\begin{cases}1, & |t|\leqslant 1,\\ 0, & |t|>1\end{cases}$ 的傅氏变换为 $F(\omega)=2\dfrac{\sin\omega}{\omega}$，所以利用对称性质可得

$$\mathscr{F}\left[\frac{2\sin t}{t}\right]=2\pi f(-\omega)=\begin{cases}2\pi, & |\omega|\leqslant 1,\\ 0, & |\omega|>1.\end{cases}$$

表 6.1 和表 6.2 列出了傅氏变换的六个性质和常用函数的傅氏变换. 在今后实际工作中，也可以利用查表的方法间接求一个函数的傅氏变换，还可以利用 MATLAB 数学软件包非常方便地求出某函数的傅氏变换和傅氏逆变换.

表 6.1 傅氏变换的性质

序号	设 $F(\omega)=\mathscr{F}[f(t)]$	
1. 线性性质	$\mathscr{F}[\alpha f_1(t)+\beta f_2(t)]=\alpha F_1(\omega)+\beta F_2(\omega)$	
2. 位移性质	$\mathscr{F}[f(t\pm t_0)]=F(\omega)\mathrm{e}^{\pm i\omega t_0}$，$\mathscr{F}[f(t)\mathrm{e}^{\pm i\omega_0 t}]=F(\omega\mp\omega_0)$	
3. 微分性质	$\mathscr{F}[f'(t)]=i\omega F(\omega)$，$\mathscr{F}[f^{(n)}(t)]=(i\omega)^n F(\omega)$	
4. 积分性质	$\mathscr{F}\left[\displaystyle\int_{-\infty}^{t}f(\tau)\mathrm{d}\tau\right]=\dfrac{1}{i\omega}F(\omega)$	
5. 相似性质	$\mathscr{F}[f(at)]=\dfrac{1}{\|a\|}F\left(\dfrac{\omega}{a}\right)$	
6. 对称性质	$\mathscr{F}[F(t)]=2\pi f(-\omega)$	

表 6.2 常用函数的傅氏变换表

序号	函数 $f(t)$	傅氏变换 $F(\omega)$
1	矩形单脉冲 $f(t)=\begin{cases}E, & \|t\|\leqslant\dfrac{\tau}{2}\\ 0, & 其他\end{cases}$	$2E\dfrac{\sin\dfrac{\omega\tau}{2}}{\omega}$
2	指数衰减函数 $f(t)=\begin{cases}0, & t<0,\\ \mathrm{e}^{-\beta t}, & t\geqslant 0\end{cases}(\beta>0)$	$\dfrac{1}{\beta+i\omega}$
3	单位脉冲函数 $\delta(t)$	1
4	$\sin\omega_0 t$	$i\pi[\delta(\omega+\omega_0)-\delta(\omega-\omega_0)]$
5	$\cos\omega_0 t$	$\pi[\delta(\omega+\omega_0)+\delta(\omega-\omega_0)]$
6	单位阶跃函数 $u(t)$	$\dfrac{1}{i\omega}+\pi\delta(\omega)$

(续表)

序号	函数 $f(t)$	傅氏变换 $F(\omega)$
7	$u(t-c)$	$\dfrac{1}{i\omega}e^{-i\omega c}+\pi\delta(\omega)$
8	$t^n u(t)$	$\dfrac{n!}{(i\omega)^{n+1}}+i^n\pi\delta^{(n)}(\omega)$
9	$u(t)\sin\alpha t$	$\dfrac{\alpha}{\alpha^2-\omega^2}+\dfrac{\pi}{2i}[\delta(\omega-\alpha)-\delta(\omega+\alpha)]$
10	$u(t)\cos\alpha t$	$\dfrac{i\omega}{\alpha^2-\omega^2}+\dfrac{\pi}{2}[\delta(\omega-\alpha)+\delta(\omega+\alpha)]$
11	$e^{-\beta|t|}\,(\beta>0)$	$\dfrac{2\beta}{\omega^2+\beta^2}$
12	$\delta(t-c)$	$e^{-i\omega c}$
13	$\delta^{(n)}(t)$	$(i\omega)^n$
14	1	$2\pi\delta(\omega)$
15	t^n	$2\pi i^n\delta^{(n)}(\omega)$
16	$e^{i\alpha t}$	$2\pi\delta(\omega-\alpha)$
17	$\dfrac{1}{a^2+t^2},\text{Re}(a)<0$	$-\dfrac{\pi}{a}e^{a|\omega|}$
18	$\text{sgn}\,t$	$\dfrac{2}{i\omega}$
19	$|t|$	$-\dfrac{2}{\omega^2}$
20	$\dfrac{1}{\sqrt{|t|}}$	$\dfrac{\sqrt{2\pi}}{\sqrt{|\omega|}}$

习题 6.2

1. 用定义求下列函数的傅氏变换：

(1) $f(t)=\begin{cases} E, & |t|<2, \\ 0, & |t|\geqslant 2; \end{cases}$

(2) $f(t)=\begin{cases} -1, & -1<t<0, \\ 1, & 0<t<1, \\ 0, & \text{其他}; \end{cases}$

(3) $f(t)=e^{-\beta|t|}\,(\beta>0)$;

(4) $f(t)=\begin{cases} 1-t^2, & |t|\leqslant 1, \\ 0, & |t|\geqslant 1. \end{cases}$

2. 求下列函数的傅氏变换：

(1) $f(t)=\dfrac{1}{2}\left[\delta(t+a)+\delta\left(t+\dfrac{a}{2}\right)\right]$; (2) $f(t)=\sin t\cos t$;

(3) $f(t)=\mathrm{e}^{-2t}\sin 3t$; (4) $f(t)=t\cos t$;

(5) $f(t)=\sin^3 t$; (6) $f(t)=\sin\left(5t+\dfrac{\pi}{3}\right)$.

3. 已知 $\mathscr{F}[f(t)]=F(\omega)$，求下列函数的傅氏变换：

(1) $tf(2t)$; (2) $tf'(t)$;

(3) $f(2t-5)$; (4) $f(t-1)$.

4. 求下列函数的傅氏逆变换：

(1) $F(\omega)=\delta(\omega+2)-\delta(\omega-2)$; (2) $F(\omega)=\dfrac{i\omega}{2+i\omega}$;

(3) $F(\omega)=\dfrac{1}{i\omega}\mathrm{e}^{-i\omega}+\pi\delta(\omega)$; (4) $F(\omega)=\dfrac{1}{(\omega-3i)(-3\omega+4i)}$.

第三节　傅里叶变换的应用

学习目标

了解傅里叶变换在频谱分析和求解线性微分积分方程中的应用.

傅氏变换在数学领域和工程技术方面都有着广泛的应用. 本节仅介绍傅氏变换在频谱分析和求解线性微分积分方程中的应用.

一、非周期函数的频谱

傅里叶变换 $F(\omega)=\mathscr{F}[f(t)]$ 将时域信号 $f(t)$ 变为频域信号 $F(\omega)$；反之，傅里叶逆变换 $f(t)=\mathscr{F}^{-1}[F(\omega)]$ 将频域信号 $F(\omega)$ 变为时域信号 $f(t)$. 它构成了一个傅里叶变换对. 与傅氏级数一样，傅氏变换也有明确的物理含义. 对于非周期函数 $f(t)$，它包含了从零到无穷大的所有频率分量. 而 $F(\omega)$ 是 $f(t)$ 中各频率分量的分布密度，因此称 $F(\omega)$ 为**频谱密度函数**（简称**频谱**或**连续频谱**），称 $|F(\omega)|$ 为**振幅频谱**，$|F(\omega)|$ 的图形称为**频谱图**，其图形特点是连续曲线，$\mathrm{Arg}F(\omega)$ 为**相位频谱**.

【例 6.24】 求指数衰减函数 $f(t)=\begin{cases}\mathrm{e}^{-\beta t}, & t\geq 0,\\ 0, & t<0\end{cases}$ $(\beta>0)$ 的频谱、振幅频谱，并画出频谱图.

解 由例 6.10 知 $f(t)$ 的频谱为

$$F(\omega)=\mathscr{F}[f(t)]=\dfrac{\beta-i\omega}{\beta^2+\omega^2},$$

振幅频谱为 $|F(\omega)|=\dfrac{1}{\sqrt{\beta^2+\omega^2}}$，频谱图如图 6.20 所示，可以证明：$|F(\omega)|$ 是 ω 的偶函数.

图 6.20

【例 6.25】 求单位脉冲函数 $\delta(t)$ 的频谱、振幅频谱，并画出频谱图.

解 由例 6.13 可知 $\delta(t)$ 的频谱为
$$F(\omega) = \mathscr{F}[\delta(t)] = 1,$$
振幅频谱为 $|F(\omega)| = 1$,频谱图如图 6.21 所示.

图 6.21

图 6.22

【例 6.26】 求单个矩形脉冲函数 $f(t) = \begin{cases} E, & |t| \leqslant \dfrac{\tau}{2} \\ 0, & |t| > \dfrac{\tau}{2} \end{cases}$ 的频谱、振幅频谱,并画出频谱图.

解 $f(t)$ 的频谱为 $F(\omega) = \int_{-\infty}^{+\infty} f(t) \mathrm{e}^{-i\omega t} \mathrm{d}t = \int_{-\frac{\tau}{2}}^{\frac{\tau}{2}} E \mathrm{e}^{-i\omega t} \mathrm{d}t = \dfrac{-E}{i\omega} \mathrm{e}^{-i\omega t} \Big|_{-\frac{\tau}{2}}^{\frac{\tau}{2}} = \dfrac{2E}{\omega} \sin \dfrac{\omega \tau}{2},$

振幅频谱为 $|F(\omega)| = 2E \left| \dfrac{\sin \dfrac{\omega \tau}{2}}{\omega} \right|$,频谱图如图 6.22 所示(由于 $|F(\omega)|$ 是偶函数,故只画出 $\omega \geqslant 0$ 这一半).

二、傅氏变换在求解线性微分积分方程中的应用举例

运用傅氏变换的性质,可以求解常系数线性微分方程,其解法的步骤是将方程两边取傅氏变换,使它转化为代数方程,通过求解代数方程和傅氏逆变换,就可求出微分方程的解. 傅氏变换还可以用来求解某些积分方程,另外还可以用来求解某些偏微分方程.

【例 6.27】 求微分方程 $y''(t) - y(t) = -\delta(t)$ 的解.

解 设 $\mathscr{F}[y(t)] = Y(\omega)$,将方程两边取傅氏变换,利用微分性质和线性性质得
$$(i\omega)^2 Y(\omega) - Y(\omega) = -1, \text{ 即 } Y(\omega) = \dfrac{1}{1+\omega^2} = \dfrac{1}{2}\left(\dfrac{1}{1+i\omega} + \dfrac{1}{1-i\omega}\right).$$

再将上式两边取傅氏逆变换,得
$$y(t) = \mathscr{F}^{-1}[Y(\omega)] = \dfrac{1}{2}\mathscr{F}^{-1}\left[\dfrac{1}{1+i\omega}\right] + \dfrac{1}{2}\mathscr{F}^{-1}\left[\dfrac{1}{1-i\omega}\right]$$
$$= \dfrac{1}{2}\begin{cases} 0, & t<0 \\ \mathrm{e}^{-t}, & t \geqslant 0 \end{cases} + \dfrac{1}{2}\begin{cases} \mathrm{e}^{t}, & t \leqslant 0 \\ 0, & t > 0 \end{cases} = \begin{cases} \dfrac{1}{2}\mathrm{e}^{t}, & t<0 \\ \dfrac{1}{2}, & t=0 \\ \dfrac{1}{2}\mathrm{e}^{-t}, & t>0 \end{cases} = \dfrac{1}{2}\mathrm{e}^{-|t|},$$

【例 6.28】 求微分积分方程 $ax'(t) + bx(t) + c\int_{-\infty}^{t} x(\tau) \mathrm{d}\tau = h(t)$ 的解,其中 $-\infty < t <$

$+\infty$, a, b, c 均为常数，$h(t)$ 为已知函数.

解 设 $\mathscr{F}[x(t)] = X(\omega)$，$\mathscr{F}[h(t)] = H(\omega)$，将方程两边取傅氏变换，得

$$a \cdot i\omega X(\omega) + bX(\omega) + \frac{c}{i\omega}X(\omega) = H(\omega)，即 X(\omega) = \frac{H(\omega)}{b + i\left(a\omega - \frac{c}{\omega}\right)}.$$

再将上式两边取傅氏逆变换，得

$$x(t) = \frac{1}{2\pi}\int_{-\infty}^{+\infty} X(\omega) e^{i\omega t} d\omega = \frac{1}{2\pi}\int_{-\infty}^{+\infty} \frac{H(\omega)}{b + i\left(a\omega - \frac{c}{\omega}\right)} e^{i\omega t} d\omega.$$

习题 6.3

1. 求下列函数的频谱、振幅频谱，并画出频谱图：

(1) 矩形脉冲函数 $f(t) = \begin{cases} A, & 0 \leq t \leq \tau, \\ 0, & \text{其他}; \end{cases}$

(2) 三角形脉冲函数 $f(t) = \begin{cases} \dfrac{2E}{\tau}\left(t + \dfrac{\tau}{2}\right), & -\dfrac{\tau}{2} < t < 0, \\ -\dfrac{2E}{\tau}\left(t - \dfrac{\tau}{2}\right), & 0 \leq t < \dfrac{\tau}{2}, \\ 0, & |t| \geq \dfrac{\tau}{2}. \end{cases}$

2. 求下列微分积分方程的解：

(1) $x'(t) + x(t) = \delta(t) \quad (-\infty < t < +\infty)$；

(2) $f'(t) - \int_{-\infty}^{t} f(x) dx = \delta(t)$；

(3) $2y'(t) - 6\int_{-\infty}^{t} y(x) dx = e^{-\beta|t|}$.

第四节 拉普拉斯变换的概念与性质

学习目标

1. 理解拉氏变换的概念、性质，并会求较简单的信号函数的拉氏变换.
2. 掌握拉氏变换的性质，并会利用性质求一些函数的拉氏变换式. 会查表求拉氏变换像函数.

拉普拉斯(Laplace)变换(简称拉氏变换)在电学、力学、控制论等许多工程与科学领域中有着广泛的应用. 特别针对某些问题，它要比傅氏变换的应用更广，这是因为它对于原函数 $f(t)$ 要求的条件比起傅氏变换来要弱得多.

一、拉普拉斯变换的概念

在本章第二节中已知，可以进行傅氏变换的函数必须在整个实轴上有定义. 在许多物理

现象中,所考虑到的是以时间为自变量的函数,例如,一个外加电动势 $E(t)$ 从某一时刻接到电路中去,假如把接通的瞬间作为计算时间的原点 $t=0$,那么要研究的是电流在 $t>0$(接通以后)的变化情况,而对 $t<0$ 的情况就不必考虑了.因此,常会遇到仅定义于$[0,+\infty)$上的函数,或者约定当 $t<0$ 时函数值恒为零的函数.

另外,一个函数除了满足狄里克雷条件外,还要求在$(-\infty,+\infty)$上绝对可积的条件下,才存在古典意义下的傅氏变换,但绝对可积的条件是很强的,即使最简单常用的函数,如单位阶跃函数、正弦函数、余弦函数以及线性函数等都不满足这个条件.因此,傅氏变换的应用范围要受到较大的限制.

能否对某些函数 $\Phi(t)$ 作适当的加工,使它们在进行傅氏变换时能避免这两个限制呢?

首先,根据单位阶跃函数的特点,可将 $\Phi(t)$ 乘以 $u(t)$,这样得到的函数 $\Phi(t)u(t)$ 在 $t<0$ 时就等于零,在 $t>0$ 时仍为 $\Phi(t)$.

其次,某个函数 $\Phi(t)$ 之所以不是绝对可积,往往是因为当 $t\to+\infty$ 时,其绝对值减小太慢的缘故.而用指数衰减函数 $e^{-\sigma t}$ $(\sigma>0)$ 去乘以 $\Phi(t)u(t)$,则得到的函数 $e^{-\sigma t}\Phi(t)u(t)$ 当 $t\to+\infty$ 时,其绝对值减小得快了.对于在实际中所遇到的一些常用的函数,经过这样的加工,就能保证绝对可积.

对经过加工得到的函数 $e^{-\sigma t}\Phi(t)u(t)$ $(\sigma>0)$ 再进行傅氏变换,便得到函数 $\Phi(t)$ 的拉氏变换:

$$F_\sigma(\omega)=\int_{-\infty}^{+\infty}\Phi(t)u(t)e^{-\sigma t}e^{-i\omega t}dt=\int_0^{+\infty}f(t)e^{-st}dt,$$

其中 $f(t)=\Phi(t)u(t),s=\sigma+i\omega$.

定义 6.5 设 $f(t)$ 是定义在$[0,+\infty)$上的实值(或复值)函数,如果积分

$$\int_0^{+\infty}f(t)e^{-st}dt \quad (\text{其中 } s=\sigma+i\omega \text{ 为复数参量})$$

在 s 平面的某一区域内收敛,则由此积分就确定了一个复变数 s 的复函数 $F(s)$,即

$$F(s)=\int_0^{+\infty}f(t)e^{-st}dt. \tag{6.13}$$

则称 $F(s)$ 为 $f(t)$ 的**拉普拉斯(Laplace)变换**(简称**拉氏变换**,简写为 LT)**或象函数**,记为 $F(s)=\mathscr{L}[f(t)]$;相应地,称 $f(t)$ 为 $F(s)$ 的**拉普拉斯逆变换**(简称**拉氏逆变换**,简写为 ILT)**或象原函数**,记为 $f(t)=\mathscr{L}^{-1}[F(s)]$.

注意:① 拉氏变换的象函数 $F(s)$ 是复变数 $s=\sigma+i\omega$ 的复值函数,而傅氏变换 $F(\omega)$ 是实自变量 ω 的复值函数.为了方便起见,本章只讨论 s 是实数的情形;

② 在拉氏变换的定义中,只要求 $f(t)$ 当 $t\geq 0$ 时有定义.为了研究问题的方便,以后总假定当 $t<0$ 时,$f(t)\equiv 0$.

③ 由于在实际问题中的函数,它们的拉氏变换总是存在的,故略去拉氏变换存在性的讨论,即假定所讨论的函数的拉氏变换总是存在的.

【例 6.29】 求单位阶跃函数 $u(t)$ 和 $u(t-b)$ $(b>0)$ 的 LT.

解 $\mathscr{L}[u(t)]=\int_0^{+\infty}u(t)e^{-st}dt=\int_0^{+\infty}e^{-st}dt=-\dfrac{1}{s}e^{-st}\Big|_0^{+\infty}=\dfrac{1}{s}$ $(s>0)$.

$\mathscr{L}[u(t-b)]=\int_0^{+\infty}u(t-b)e^{-st}dt=\int_b^{+\infty}e^{-st}dt=\dfrac{1}{s}e^{-bs}$ $(s>0)$.

【例6.30】 求指数函数 $f(t)=e^{at}$ 的LT，其中 a 为常数．

解 $\mathscr{L}[e^{at}]=\int_0^{+\infty}e^{at}e^{-st}dt=\int_0^{+\infty}e^{-(s-a)t}dt=\dfrac{1}{s-a}.$

【例6.31】 求正弦函数 $f(t)=\sin kt$ 的LT，其中 k 为常数．

解 $\mathscr{L}[\sin kt]=\int_0^{+\infty}\sin kt e^{-st}dt=\dfrac{-e^{-st}}{s^2+k^2}(s\sin kt+k\cos kt)\Big|_0^{+\infty}=\dfrac{k}{s^2+k^2}\quad(s>0).$

同理可得 $\mathscr{L}[\cos kt]=\dfrac{s}{s^2+k^2}\quad(s>0).$

【例6.32】 求单位脉冲函数 $\delta(t)$ 的LT．

解 $\mathscr{L}[\delta(t)]=\int_0^{+\infty}\delta(t)e^{-st}dt=e^{-st}\Big|_{t=0}=1\quad(s>0).$

【例6.33】 求单位斜坡函数 $f(t)=t$ 的LT．

解 $\mathscr{L}[t]=\int_0^{+\infty}te^{-st}dt=-\dfrac{1}{s}te^{-st}\Big|_0^{+\infty}-\dfrac{1}{s^2}e^{-st}\Big|_0^{+\infty}=\dfrac{1}{s^2}\quad(s>0).$

在实际工作中，并不一定需要用广义积分的方法来求函数的拉氏变换，有现成的变换表可查，就如同微积分中的积分表一样．表6.3给出了一些常用函数拉氏变换，以便读者查用．

表6.3 常用函数的拉氏变换

序号	函数 $f(t)$	拉氏变换 $F(s)$
1	$\delta(t)$	1
2	$u(t)$	$\dfrac{1}{s}$
3	t	$\dfrac{1}{s^2}$
4	$t^n\ (n=1,2,\cdots)$	$\dfrac{n!}{s^{n+1}}$
5	e^{at}	$\dfrac{1}{s-a}$
6	$1-e^{-at}$	$\dfrac{a}{s(s+a)}$
7	te^{at}	$\dfrac{1}{(s-a)^2}$
8	$t^n e^{at}\ (n=1,2,\cdots)$	$\dfrac{n!}{(s-a)^{n+1}}$
9	$\sin at$	$\dfrac{a}{s^2+a^2}$
10	$\cos at$	$\dfrac{s}{s^2+a^2}$
11	$\sin(at+b)$	$\dfrac{s\sin b+a\cos b}{s^2+a^2}$
12	$\cos(at+b)$	$\dfrac{s\cos b-a\sin b}{s^2+b^2}$
13	$t\sin at$	$\dfrac{2as}{(s^2+a^2)^2}$

(续表)

序号	函数 $f(t)$	拉氏变换 $F(s)$
14	$t\cos at$	$\dfrac{s^2-a^2}{(s^2+a^2)^2}$
15	$e^{-bt}\sin at$	$\dfrac{a}{(s+b)^2+a^2}$
16	$e^{-bt}\cos at$	$\dfrac{s+b}{(s+b)^2+a^2}$
17	$\dfrac{1}{a^2}(1-\cos at)$	$\dfrac{1}{s(s^2+a^2)}$
18	$e^{at}-e^{bt}$	$\dfrac{a-b}{(s-a)(s-b)}$
19	$\dfrac{1}{\sqrt{\pi t}}$	$\dfrac{1}{\sqrt{s}}$
20	$2\sqrt{\dfrac{t}{\pi}}$	$\dfrac{1}{s\sqrt{s}}$

【例 6.34】 求函数 $f(t)=t\cos 2t$ 的 LT.

解 查表 6.3 中公式 14,可得 $\mathscr{L}[t\cos 2t]=\dfrac{s^2-2^2}{(s^2+2^2)^2}=\dfrac{s^2-4}{(s^2+4)^2}.$

二、拉氏变换的性质

对于较复杂的函数,利用拉氏变换的定义来求其象函数就显得不方便,有时甚至不可能求出来. 如果利用本节的性质以及现成的拉氏变换表,就会给计算带来方便.

1. 线性性质

设 α,β 为常数,且有 $\mathscr{L}[f_1(t)]=F_1(s),\mathscr{L}[f_2(t)]=F_2(s)$,则

$$\mathscr{L}[\alpha f_1(t)+\beta f_2(t)]=\alpha F_1(s)+\beta F_2(s),\mathscr{L}^{-1}[\alpha F_1(s)+\beta F_2(s)]=\alpha f_1(t)+\beta f_2(t).$$

【例 6.35】 求函数 $f(t)=5e^{2t}+2\sin 3t$ 的 LT.

解 因为 $\mathscr{L}[e^{2t}]=\dfrac{1}{s-2}(s>2),\mathscr{L}[\sin 3t]=\dfrac{3}{s^2+3^2}(s>0)$,所以

$$\mathscr{L}[f(t)]=5\mathscr{L}[e^{2t}]+2\mathscr{L}[\sin 3t]=\dfrac{5}{s-2}+\dfrac{2\times 3}{s^2+9}=\dfrac{5s^2+6s+33}{(s-2)(s^2+9)}.$$

【例 6.36】 求 $f(t)=\sin^2 t$ 的 LT.

解 因为 $\sin^2 t=\dfrac{1}{2}(1-\cos 2t)$,所以

$$\mathscr{L}[\sin^2 t]=\dfrac{1}{2}\{\mathscr{L}[1]-\mathscr{L}[\cos 2t]\}=\dfrac{1}{2}\left(\dfrac{1}{s}-\dfrac{s}{s^2+4}\right).$$

【例 6.37】 求 $\mathscr{L}^{-1}\left[\dfrac{s}{(s+2)(s+4)}\right].$

解 因为 $\dfrac{s}{(s+2)(s+4)}=\dfrac{2}{s+4}-\dfrac{1}{s+2}$,所以

$$\mathscr{L}^{-1}\left[\frac{s}{(s+2)(s+4)}\right]=\mathscr{L}^{-1}\left[\frac{2}{s+4}\right]-\mathscr{L}^{-1}\left[\frac{1}{s+2}\right]=2\mathrm{e}^{-4t}-\mathrm{e}^{-2t}.$$

2. 延迟性质(时移性质)

设 $\mathscr{L}[f(t)]=F(s)$，当 $t<0$ 时 $f(t)=0$，则对于任一非负实数 $\tau>0$，有
$$\mathscr{L}[f(t-\tau)]=\mathrm{e}^{-s\tau}F(s) \text{ 或 } \mathscr{L}^{-1}[\mathrm{e}^{-s\tau}F(s)]=f(t-\tau)(\tau>0).$$

【例6.38】 求函数 $u(t-\tau)=\begin{cases}0, & t<\tau,\\ 1, & t>\tau\end{cases}$ 的 LT.

解 因为 $\mathscr{L}[u(t)]=\dfrac{1}{s}$，所以
$$\mathscr{L}[u(t-\tau)]=\frac{1}{s}\mathrm{e}^{-s\tau}.$$

【例6.39】 求矩形脉冲 $f(t)=\begin{cases}1, & 0<t<\tau,\\ 0, & \text{其他}\end{cases}$ 的 LT.

解 因为 $f(t)=u(t)-u(t-\tau)$，所以
$$\mathscr{L}[f(t)]=\frac{1}{s}[1-\mathrm{e}^{-s\tau}].$$

3. 平移性质(位移性质)

设 $\mathscr{L}[f(t)]=F(s)$，则对于任意常数 a，有 $\mathscr{L}[\mathrm{e}^{at}f(t)]=F(s-a).$

【例6.40】 求 $\mathscr{L}[t^n\mathrm{e}^{-\lambda t}]$，其中 $n=1,2,\cdots$

解 因为 $\mathscr{L}[t^n]=\dfrac{n!}{s^{n+1}}$(表6.3公式4)，所以
$$\mathscr{L}[t^n\mathrm{e}^{-\lambda t}]=\frac{n!}{(s+\lambda)^{n+1}}.$$

同理可得：$\mathscr{L}[\mathrm{e}^{-\lambda t}\sin at]=\dfrac{a}{(s+\lambda)^2+a^2}$，$\mathscr{L}[\mathrm{e}^{-\lambda t}\cos at]=\dfrac{s+\lambda}{(s+\lambda)^2+a^2}.$

4. 象原函数的微分性质

设 $\mathscr{L}[f(t)]=F(s)$，则 $\mathscr{L}[f'(t)]=sF(s)-f(0).$
一般地，$\mathscr{L}[f^{(n)}(t)]=s^nF(s)-s^{n-1}f(0)-s^{n-2}f'(0)-\cdots-f^{(n-1)}(0).$

【例6.41】 求 $\mathscr{L}[t^n]$，其中 n 为正整数.

解 由 $f(t)=t^n$ 可得 $f^{(n)}(t)=n!$，且 $f(0)=f'(0)=\cdots=f^{(n-1)}(0)=0$，则
$$\mathscr{L}[f^{(n)}(t)]=s^n\mathscr{L}[f(t)],\mathscr{L}[f(t)]=\frac{1}{s^n}\mathscr{L}[f^{(n)}(t)]=\frac{1}{s^n}\mathscr{L}[n!]=\frac{n!}{s^{n+1}}.$$

5. 象函数的微分性质

设 $\mathscr{L}[f(t)]=F(s)$，则 $\mathscr{L}[(-t)^nf(t)]=F^{(n)}(s) \quad (n=0,1,2,\cdots)$

【例6.42】 求 $\mathscr{L}[t\sin kt].$

解 $\mathscr{L}[t\sin kt]=-\left(\dfrac{k}{s^2+k^2}\right)'=\dfrac{2ks}{(s^2+k^2)^2}.$

同理可得：$\mathscr{L}[t\cos kt] = -\left(\dfrac{s}{s^2+k^2}\right)' = \dfrac{s^2-k^2}{(s^2+k^2)^2}$.

6. 象原函数的积分性质

设 $\mathscr{L}[f(t)] = F(s)$，则 $\mathscr{L}\left[\int_0^t f(\tau)\,\mathrm{d}\tau\right] = \dfrac{1}{s}F(s)$.

一般地，有 $\mathscr{L}\left[\int_0^t \mathrm{d}t \int_0^t \mathrm{d}t \cdots \int_0^t f(t)\,\mathrm{d}t\right] = \dfrac{1}{s^n}F(s)$.

【例 6.43】 求正弦积分 $sit = \int_0^t \dfrac{\sin\tau}{\tau}\,\mathrm{d}\tau$ 的 LT.

解 $\mathscr{L}[sit] = \mathscr{L}\left[\int_0^t \dfrac{\sin\tau}{\tau}\,\mathrm{d}\tau\right] = \dfrac{1}{s}\mathscr{L}\left[\dfrac{\sin t}{t}\right] = \dfrac{1}{s}\int_s^\infty \mathscr{L}[\sin t]\,\mathrm{d}s = \dfrac{1}{s}\int_s^\infty \dfrac{1}{s^2+1}\,\mathrm{d}s = \dfrac{\operatorname{arccot} s}{s}$.

注意：在式 $\mathscr{L}\left[\dfrac{f(t)}{t}\right] = \int_0^{+\infty} \dfrac{f(t)}{t}\mathrm{e}^{-st}\,\mathrm{d}t = \int_s^\infty F(u)\,\mathrm{d}u$ 中，令 $s=0$，得 $\int_0^{+\infty} \dfrac{f(t)}{t}\,\mathrm{d}t = \int_s^\infty F(u)\,\mathrm{d}u$；同理还可以得到 $\int_0^{+\infty} f(t)\,\mathrm{d}t = F(0)$，$\int_0^{+\infty} tf(t)\,\mathrm{d}t = -F'(0)$.

7. 象函数的积分性质

设 $\mathscr{L}[f(t)] = F(s)$，积分 $\int_s^\infty F(u)\,\mathrm{d}u$ 收敛，则 $\dfrac{f(t)}{t}$ 的 LT 存在，且 $\mathscr{L}\left[\dfrac{f(t)}{t}\right] = \int_s^\infty F(u)\,\mathrm{d}u$.

一般地，有 $\int_s^\infty \mathrm{d}s \int_s^\infty \mathrm{d}s \cdots \int_s^\infty F(s)\,\mathrm{d}s = \mathscr{L}\left[\dfrac{f(t)}{t^n}\right]$.

【例 6.44】 计算 $\int_0^{+\infty} \dfrac{1-\cos t}{t}\mathrm{e}^{-t}\,\mathrm{d}t$.

解 $\mathscr{L}\left[\dfrac{1-\cos t}{t}\right] = \int_s^\infty \mathscr{L}[1-\cos t]\,\mathrm{d}s = \int_s^\infty \left[\dfrac{1}{s} - \dfrac{s}{s^2+1}\right]\mathrm{d}s = \dfrac{1}{2}\ln\dfrac{s^2}{s^2+1}\bigg|_s^\infty = \dfrac{1}{2}\ln\dfrac{s^2+1}{s^2}$，即

$$\int_0^{+\infty} \dfrac{1-\cos t}{t}\mathrm{e}^{-st}\,\mathrm{d}t = \dfrac{1}{2}\ln\dfrac{s^2+1}{s^2},$$

取 $s=1$，得

$$\int_0^{+\infty} \dfrac{1-\cos t}{t}\mathrm{e}^{-t}\,\mathrm{d}t = \dfrac{1}{2}\ln 2.$$

8. 相似性质

设 $\mathscr{L}[f(t)] = F(s)$，$a>0$ 为常数，则 $\mathscr{L}[f(at)] = \dfrac{1}{a}F\left(\dfrac{s}{a}\right)$.

【例 6.45】 求单位阶跃函数 $u(at-b) = \begin{cases} 0, & t < \dfrac{b}{a}, \\ 1, & t \geq \dfrac{b}{a} \end{cases}$ 的 LT，其中常数 $a>0, b>0$.

解 由延迟性质和相似性质,得

$$\mathscr{L}[u(at-b)] = \mathscr{L}\left[ua\left(t-\frac{b}{a}\right)\right] = e^{-\frac{b}{a}s}\mathscr{L}[u(at)] = e^{-\frac{b}{a}s}\frac{1}{a}\frac{a}{s} = \frac{1}{s}e^{-\frac{b}{a}s}.$$

习题 6.4

1. 用定义求下列函数的拉氏变换:

(1) $f(t) = e^{-3t}$;

(2) $f(t) = \cos 2t$;

(3) $f(t) = \begin{cases} 3, & 0 \leqslant t < 3, \\ 2, & t \geqslant 3; \end{cases}$

(4) $f(t) = t^2$.

2. 用查表的方法求下列函数的拉氏变换:

(1) $f(t) = \sin\dfrac{t}{2}$;

(2) $f(t) = \cos^2 t$;

(3) $f(t) = \sin t \cos t$;

(4) $f(t) = t\cos 2t$.

3. 求下列函数的拉氏变换:

(1) $f(t) = t^2 + 2t + 3$;

(2) $f(t) = 1 - te^t$;

(3) $f(t) = 2u(t-1) + 3u(t-2)$;

(4) $f(t) = e^{3t} + 2\delta(t)$;

(5) $f(t) = e^{-2t}\cos 6t$;

(6) $f(t) = \int_0^t te^{-3t}\sin 2t\,dt$;

(7) $f(t) = t^2 \cos 2t$;

(8) $f(t) = \dfrac{e^{2t}-1}{t}$.

4. 设 $f(t) = t\sin at$,则

(1) 验证 $f''(t) + a^2 f(t) = 2a\cos at$;

(2) 利用(1)及拉氏变换的微分性质,求 $\mathscr{L}[f(t)]$.

第五节 拉普拉斯变换的应用

学习目标

1. 掌握拉氏逆变换的性质,并会求较简单的信号函数的拉氏逆变换. 会查表求拉氏逆变换的像原函数.

2. 能利用拉氏变换求解二阶常系数线性微分方程,了解用拉氏变换解方程组的初值问题的方法(一阶、二阶).

一、拉氏逆变换的计算

前面讨论了由已知函数 $f(t)$ 求它的象函数 $F(s)$ 的问题,但在实际应用中常常遇到相反的问题,即已知象函数 $F(s)$,求象原函数 $f(t)$. 这就是拉氏逆变换问题.

对于比较简单的象函数 $F(s)$ 的拉氏逆变换可以从拉氏变换表 6.3 中查得,对于比较复杂的象函数 $F(s)$ 的拉氏逆变换,一般方法是运用拉氏变换的性质,再借助表 6.3. 为方便起见,下面将常用的拉氏变换的性质用逆变换的形式表示.

1. 线性性质
$$\mathscr{L}^{-1}[\alpha F_1(s)+\beta F_2(s)]=\alpha f_1(t)+\beta f_2(t).$$

2. 延迟性质(时移性质)
$$\mathscr{L}^{-1}[e^{-s\tau}F(s)]=f(t-\tau)(\tau>0).$$

3. 频移性质(位移性质)
$$\mathscr{L}^{-1}[F(s-a)]=e^{at}f(t).$$

【例 6.46】 求 $F(s)=\dfrac{1}{s^2(s+1)}$ 的拉氏逆变换.

解 分解 $F(s)$ 为部分分式:$F(s)=\dfrac{1}{s^2(s+1)}=-\dfrac{1}{s}+\dfrac{1}{s^2}+\dfrac{1}{s+1}$,故

$$f(t)=\mathscr{L}^{-1}\left[\dfrac{1}{s^2(s+1)}\right]=-\mathscr{L}^{-1}\left[\dfrac{1}{s}\right]+\mathscr{L}^{-1}\left[\dfrac{1}{s^2}\right]+\mathscr{L}^{-1}\left[\dfrac{1}{s+1}\right]=-1+t+e^{-t}.$$

【例 6.47】 设 $F(s)=\dfrac{1}{(s-1)(s^2+4s+8)}$,求 $f(t)=\mathscr{L}^{-1}[F(s)]$.

解 $F(s)=\dfrac{1}{(s-1)(s^2+4s+8)}=\dfrac{1}{13(s-1)}-\dfrac{1}{13}\dfrac{s+2}{(s+2)^2+2^2}-\dfrac{1}{13}\dfrac{3}{2}\dfrac{2}{(s+2)^2+2^2},$

$$f(t)=\dfrac{1}{13}e^t-\dfrac{1}{13}e^{-2t}\cos 2t-\dfrac{3}{26}e^{-2t}\sin 2t.$$

【例 6.48】 设 $F(s)=\dfrac{2s+5}{s^2+4s+13}$,求 $f(t)=\mathscr{L}^{-1}[F(s)]$.

解 因为 $\mathscr{L}[e^{at}f(t)]=F(s-a)$,所以 $\mathscr{L}^{-1}[F(s-a)]=e^{at}f(t)$,则有

$$f(t)=\mathscr{L}^{-1}\left[\dfrac{2s+5}{(s+2)^2+3^2}\right]=\mathscr{L}^{-1}\left[\dfrac{2(s+2)}{(s+2)^2+3^2}+\dfrac{1}{3}\dfrac{3}{(s+2)^2+3^2}\right]$$
$$=2\mathscr{L}^{-1}\left[\dfrac{s+2}{(s+2)^2+3^2}\right]+\dfrac{1}{3}\mathscr{L}^{-1}\left[\dfrac{3}{(s+2)^2+3^2}\right]$$
$$=2e^{-2t}\cos 3t+\dfrac{1}{3}e^{-2t}\sin 3t=e^{-2t}\left[2\cos 3t+\dfrac{1}{3}\sin 3t\right].$$

当象函数是比较复杂的有理分式函数时,一般可将其化为部分分式,然后再用性质求解.

【例 6.49】 设 $F(s)=\dfrac{2s^2-4}{(s+1)(s-2)(s-3)}$,求 $f(t)=\mathscr{L}^{-1}[F(s)]$.

解 根据有理函数化为部分分式的性质,可设

$$F(s)=\dfrac{A}{(s+1)}+\dfrac{B}{(s-2)}+\dfrac{C}{(s-3)},$$

用待定系数法求得 $A=-\dfrac{1}{6}, B=-\dfrac{4}{3}, C=\dfrac{7}{2}$,于是

$$F(s)=-\dfrac{1}{6(s+1)}-\dfrac{4}{3(s-2)}+\dfrac{7}{2(s-3)},$$

故

$$f(t)=-\dfrac{1}{6}e^{-t}-\dfrac{4}{3}e^{2t}\cos 2t+\dfrac{7}{2}e^{3t}.$$

二、拉氏变换的应用

在电路理论与自动控制理论的研究中,常常要对一个系统进行分析和研究,以建立这些系统的数学模型.在许多情况下,这种数学模型可以用一个线性微分方程来描述,这样的系统即为线性系统.根据拉氏变换的线性性质、微分性质及其他性质,可以将一个未知函数所满足的常系数线性微分方程的初值问题经过拉氏变换后,转化为它的象函数所满足的代数方程,解此代数方程,然后再取拉氏逆变换,就得到原微分方程的解.

用拉氏变换法解常系数线性常微分方程初值问题的步骤如下:

与经典方法先求微分方程的通解,然后再根据初始条件确定其任意常数的求特解的方法相比,拉氏变换法有以下几个优点:

(1) 拉氏变换法把常系数线性微分方程转化为象函数的代数方程,这个代数方程已"包含"了预先给定的初始条件,因而省去了经典方法中由通解求特解的步骤;

(2) 当初始条件全部为零时(这在工程实际中是常见的),用拉氏变换求解更为简便.

【例 6.50】 求方程 $y''+4y'+3y=e^{-t}, y(0)=y'(0)=1$ 的解.

解 设 $\mathscr{L}[y(t)]=Y(s)$,对方程两边取拉氏变换,并考虑到初始条件,得

$$(s^2+4s+3)Y(s)-s-5=\frac{1}{s+1}.$$

解之得

$$Y(s)=\frac{s^2+6s+6}{(s+1)^2(s+3)}=\frac{7}{4}\frac{1}{s+1}+\frac{1}{2}\frac{1}{(s+1)^2}-\frac{3}{4}\frac{1}{s+3}.$$

取逆变换,得 $y(t)=\frac{1}{4}[(7+2t)e^{-t}-3e^{-3t}]$,即为所求方程且满足初始条件的解.

【例 6.51】 求方程 $y'+y=u(t-b)(b>0)$ 满足初始条件 $y(0)=y_0$ 的解.

解 设 $\mathscr{L}[y(t)]=Y(s)$,则象方程为 $sY(s)-y_0+Y(s)=\frac{1}{s}e^{-bs}$,于是象函数为 $Y(s)=\frac{e^{-bs}}{s(s+1)}+\frac{y_0}{s+1}$.取逆变换得

$$y(t)=[1-e^{-(t-b)}]u(t-b)+y_0e^{-t}=\begin{cases} y_0e^{-t}, & 0<t\leq b, \\ 1+(y_0-e^b)e^{-t}, & t>b. \end{cases}$$

【例 6.52】 求方程组 $\begin{cases} y''-x''+x'-y=e^t-2 \\ 2y''-x''-2y'+x=-t \end{cases}$ 满足初始条件 $\begin{cases} y(0)=y'(0)=0 \\ x(0)=x'(0)=0 \end{cases}$ 的解.

解 设 $\mathscr{L}[y(t)]=Y(s), \mathscr{L}[x(t)]=X(s)$,对方程组两边取拉氏变换,并考虑到初始条件得

$$\begin{cases} s^2Y(s)-s^2X(s)+sX(s)-Y(s)=\frac{1}{s-1}-\frac{2}{s} \\ 2s^2Y(s)-s^2X(s)-2sY(s)+X(s)=-\frac{1}{s^2} \end{cases}$$

整理化简后得 $\begin{cases}(s+1)Y(s)-sX(s)=\dfrac{-s+2}{s(s-1)^2}\\ 2sY(s)-(s+1)X(s)=-\dfrac{1}{s^2(s-1)}\end{cases}$

解此代数方程组,得 $Y(s)=\dfrac{1}{s(s-1)^2},X(s)=\dfrac{2s-1}{s^2(s-1)^2}.$

取逆变换可得 $y(t)=1+e^t(t-1),x(t)=-t+te^t.$

【例 6.53】 求方程 $y''-2y'+y=0$ 满足边值条件 $y(0)=0,y(1)=2$ 的特解.

解 设 $\mathscr{L}[y(t)]=\bar{y}(s)$,象方程为 $s^2Y(s)-sy(0)+y'(0)-2sY(s)+y(0)+Y(s)=0 \Rightarrow$ $Y(s)=\dfrac{y'(0)}{(s-1)^2}.$

取逆变换,得 $y(t)=y'(0)te^t.$

令 $t=1$,得 $y'(0)=2e^{-1}$,故所求解为 $y(t)=2te^{t-1}.$

【例 6.54】 解方程 $y(t)=\sin t-2\int_0^t y(\tau)\cos(t-\tau)\mathrm{d}\tau.$

解 设 $\mathscr{L}[y(t)]=\bar{y}(s)$,象方程为 $Y(s)=\dfrac{1}{s^2+1}-2Y(s)\dfrac{s}{s^2+1}\Rightarrow Y(s)=\dfrac{1}{(s+1)^2}.$

取逆变换,得 $y(t)=te^{-t}.$

习题 6.5

1. 求下列函数的拉氏逆变换:

(1) $F(s)=\dfrac{s}{s+2}$;

(2) $F(s)=\dfrac{2}{s-3}$;

(3) $F(s)=\dfrac{2s+3}{s^2+4}$;

(4) $F(s)=\dfrac{s+1}{s^2+s-6}$;

(5) $F(s)=\dfrac{2s+1}{s(s+1)(s+2)}$;

(6) $F(s)=\dfrac{s+2}{s^3+6s^2+9s}$;

(7) $F(s)=\dfrac{1}{(s+1)^4}$;

(8) $F(s)=\dfrac{s^2+1}{s(s-1)^2}.$

2. 利用拉氏变换解下列微分方程:

(1) $\dfrac{\mathrm{d}i}{\mathrm{d}t}+5i=10e^{-3t},i(0)=0$;

(2) $y''+4y'+3y=e^{-t},y(0)=y'(0)=1$;

(3) $y''+3y'+y=3\cos t,y(0)=0,y'(0)=1$;

(4) $y^{(4)}+2y'''-2y'-y=\delta(t),y(0)=y'(0)=y''(0)=y'''(0)=0.$

3. 利用拉氏变换解下列微分方程组:

(1) $\begin{cases}y'-2x-y=1\\ x'-x-y=1\end{cases},x(0)=2,y(0)=4$;

(2) $\begin{cases}x'+x-y=e^t\\ x'+3x-2y=2e^t\end{cases},x(0)=y(0)=1.$

4. 设在原点处质量为 m 的一质点,在 $t=0$ 时在 x 方向上受到冲击力 $k\delta(t)$ 的作用,其

中 k 为常数,假定质点的初速度为零,求其运动规律.

第六节 积分变换实验

一、实验目的

(1) 会利用 MATLAB 求傅氏变换和傅氏逆变换.
(2) 会利用 MATLAB 求拉氏变换和拉氏逆变换.

二、实验指导

基本命令见表 6.4：

表 6.4

命 令	功 能
$F=\text{laplace}(f)$	函数 $f(t)$ 的 Laplace 变换,默认返回 s 的函数
$f=\text{ilaplace}(F)$	函数 $F(s)$ 的 Laplace 逆变换,默认返回 t 的函数
$\text{fourier}(f)$	函数 $f(t)$ 的 Fourier 变换,默认返回自变量为 ω 的函数
$\text{fourier}(f,v)$	函数 $f(t)$ 的 Fourier 变换,返回自变量为 v 的函数
$\text{ifourier}(F)$	函数 $F(\omega)$ 的 Fourier 逆变换,默认返回自变量为 x 的函数
$\text{ifourier}(F,t)$	函数 $F(\omega)$ 的 Fourier 逆变换,返回自变量为 t 的函数

【例 6.55】 分别求函数 $f_1(t)=\dfrac{1}{t}$、$f_2(t)=\mathrm{e}^{-t^2}$ 的傅氏变换.

解 输入以下程序：

syms t
$F1=\text{fourier}(1/t)$
$F2=\text{fourier}(\exp(-t\hat{\ }2))$

输出结果为
$F1=$
$i*\text{pi}*(1-2*\text{Heaviside}(\omega))$
$F2=$
$\text{pi}\hat{\ }(1/2)*\exp(-1/4*\omega\hat{\ }2)$

说明

$$\mathscr{F}\left[\frac{1}{t}\right]=i\pi[1-2u(\omega)],\ \mathscr{F}[\mathrm{e}^{-t^2}]=\sqrt{\pi}\mathrm{e}^{-\frac{\omega^2}{4}}.$$

【例 6.56】 求函数 $F(\omega)=\mathrm{e}^{-\frac{\omega^2}{4a^2}}$ 的傅氏逆变换.

解 输入以下程序：

syms $a\ \omega\ t$
$F=\exp(-\omega\hat{\ }2/(4*a\hat{\ }2))$

f=ifourier(F,t)
f=simple(f)
输出结果为：
F=
exp(−1/4*ω^2/a^2)
f=
ifourier(exp(−1/4*ω^2/a^2),ω,t)
f=
a*exp(−t^2*a^2)/pi^(1/2)
说明：
$$\mathscr{F}\left[\mathrm{e}^{-\frac{\omega^2}{4a^2}}\right]=\frac{a}{\sqrt{\pi}}\mathrm{e}^{-a^2t^2}.$$

【例 6.57】 求函数 $f_1(t)=t^5$，$f_2(t)=\mathrm{e}^{at}$、$f_3(t)=\sin kt$ 的拉氏变换.

解 输入以下程序：
syms *a k t*　　%生成三个符号变量
L1=laplace(t^5)
L2=laplace(exp(a*t))
L3=laplace(sin(k*t))
输出结果为
L1=
120/s^6
L2=
1/(s−a)
L3=
k/(s^2+k^2)
说明：
$$\mathscr{L}[t^5]=\frac{120}{s^6}, \mathscr{L}[\mathrm{e}^{at}]=\frac{1}{s-a}, \mathscr{L}[\sin kt]=\frac{k}{s^2+k^2}.$$

【例 6.58】 求函数 $f(t)=\delta''(t)$ 的拉氏变换.

解 输入以下程序：
syms *t s*
f=sym('Dirac(2,t)');
F=laplace(f,t,s)
输出结果为
F=s^2
说明：
$$\mathscr{L}[\delta''(t)]=s^2.$$

【例 6.59】 求函数 $F_1(s)=\dfrac{1}{s-1}$，$F_2(s)=\dfrac{1}{s^2+1}$，$F_3(s)=s^{-\frac{5}{2}}$，$F_4(s)=\dfrac{s}{s^2+a^2}$ 的拉氏逆

变换.

解 输入以下程序：

syms s a
f1=ilaplace(1/(s−1))
f2=ilaplace(1/(s^2+1))
f3=ilaplace(s^(−5/2))
f4=ilaplace(s/(s^2+a^2))

输出结果为
f1=
exp(t)
f2=
sin(t)
f3=
4/3*t^(3/2)/pi^(1/2)
f4=
cos(a*t)

说明：

$$\mathscr{L}^{-1}\left[\frac{1}{s-1}\right]=e^t,\ \mathscr{L}^{-1}\left[\frac{1}{s^2+1}\right]=\sin t,\ \mathscr{L}^{-1}\left[s^{-\frac{5}{2}}\right]=\frac{4}{3\sqrt{\pi}}t^{\frac{3}{2}},\ \mathscr{L}^{-1}\left[\frac{s}{s^2+a^2}\right]=\cos at.$$

习题 6.6

1. 利用 MATLAB 求下列函数的傅氏变换：

(1) $f(t)=\dfrac{1}{4+t^2}$； (2) $f(t)=\sin\alpha t \cdot u(t)$.

2. 利用 MATLAB 求下列函数的傅氏逆变换：

(1) $F(\omega)=\dfrac{i\omega\pi}{2}e^{-2|\omega|}$； (2) $F(\omega)=\dfrac{1}{i\omega}+\pi\delta(\omega)$.

3. 利用 MATLAB 求下列函数的拉氏变换：

(1) $f(t)=(t-1)^2 e^t$； (2) $f(t)=te^{-3t}\sin 2t$.

4. 利用 MATLAB 求函数的拉氏逆变换：

(1) $F(s)=\dfrac{s}{s+2}$； (2) $F(s)=\dfrac{2s+3}{s^2+9}$.

本章小结

1. 一个定义在 $(-\infty,+\infty)$ 上周期为 2π 的函数 $f(x)$，如果它在一个周期上可积，则一定可以作出 $f(x)$ 的傅里叶级数.

将周期函数 $f(x)$ 展开成傅里叶级数的步骤如下：

(1) 判断函数 $f(x)$ 是否满足收敛定理条件；

(2) 在函数满足收敛定理条件时,求出傅里叶系数;

(3) 写出傅里叶级数,并注明该级数在何处收敛于 $f(x)$.

周期为 2π 的函数 $f(x)$ 的傅里叶级数为 $\dfrac{a_0}{2}+\sum\limits_{n=1}^{\infty}(a_n\cos nx+b_n\sin nx)$,

其中 $a_n=\dfrac{1}{\pi}\int_{-\pi}^{\pi}f(x)\cos nx\mathrm{d}x(n=0,1,2,\cdots),b_n=\dfrac{1}{\pi}\int_{-\pi}^{\pi}f(x)\sin nx\,\mathrm{d}x(n=1,2,\cdots)$.

周期为 $2l$ 的函数 $f(x)$ 的傅里叶级数为 $\dfrac{a_0}{2}+\sum\limits_{n=1}^{\infty}\left(a_n\cos\dfrac{n\pi x}{l}+b_n\sin\dfrac{n\pi x}{l}\right)$,

其中 $a_n=\dfrac{1}{l}\int_{-l}^{l}f(x)\cos\dfrac{n\pi x}{l}\mathrm{d}x(n=0,1,2,\cdots),b_n=\dfrac{1}{l}\int_{-l}^{l}f(x)\sin\dfrac{n\pi x}{l}\mathrm{d}x(n=1,2,\cdots)$.

2. 傅氏变换的定义与性质

(1) 傅氏变换是通过积分把一个函数化为另一个函数的运算,其实质是积分运算:

$$F(\omega)=\int_{-\infty}^{+\infty}f(t)\mathrm{e}^{-i\omega t}\mathrm{d}t,f(t)=\dfrac{1}{2\pi}\int_{-\infty}^{+\infty}F(w)\mathrm{e}^{i\omega t}\mathrm{d}\omega.$$

(2) 傅氏变换有六个基本性质:线性性质、位移性质、微分性质、积分性质、对称性质及相似性质,即表 6.1.

(3) 单位阶跃函数 $u(t)$ 与单位脉冲函数 $\delta(t)$ 的定义、性质及其傅氏变换.

(4) 常用函数的傅氏变换表,即表 6.2.

(5) 傅氏变换的求法:一是利用定义;一是利用性质.

3. 傅氏变换的应用

(1) 非周期函数的频谱、振幅频谱及频谱图.

(2) 傅氏变换在求解微分积分方程中的应用.

4. 拉氏变换的定义与性质

(1) 拉氏变换是对函数经过适当加工后的傅氏变换,是比傅氏变换应用更广泛的一种积分变换:$F(s)=\int_{0}^{+\infty}f(t)\mathrm{e}^{-st}\mathrm{d}t$.

(2) 拉氏变换有六个基本性质:线性性质、延迟性质、平移性质、微分性质、积分性质、相似性质.

(3) 常用函数的拉氏变换表,即表 6.3.

(4) 拉氏逆变换的计算.

5. 拉氏变换的应用

用拉氏变换求解微分方程的方法步骤如下:

(1) 对线性微分方程进行拉氏变换,同时结合其初始条件;

(2) 求解象函数满足的微分方程,得到象函数;

(3) 对所得到的象函数作拉氏逆变换,得到原微分方程的解.

附录一 初等数学中的常用公式

（一）乘法与因式分解公式

1. $(x+a)(x+b)=x^2+(a+b)x+ab$
2. $(a\pm b)^2=a^2\pm 2ab+b^2$
3. $(a\pm b)^3=a^3\pm 3a^2b+3ab^2\pm b^3$
4. $(a+b+c)^2=a^2+b^2+c^2+2ab+bc+2ca$
5. $a^2-b^2=(a+b)(a-b)$
6. $a^3\pm b^3=(a\pm b)(a^2\mp ab+b^2)$

（二）一元二次方程

$ax^2+bx+c=0(a\neq 0)$

设 x_1,x_2 为方程的两根，根的判别式 $\Delta=b^2-4ac$，则

① 当 $\Delta>0$ 时，方程有两个不同的实根，求根公式为

$$x_1=\frac{-b+\sqrt{\Delta}}{2a}=\frac{-b+\sqrt{b^2-4ac}}{2a},\ x_2=\frac{-b-\sqrt{\Delta}}{2a}=\frac{-b-\sqrt{b^2-4ac}}{2a}$$

② 当 $\Delta=0$ 时，方程有一个实根，求根公式为

$$x_1=x_2=\frac{-b}{2a}$$

③ 当 $\Delta<0$ 时，方程有一对共轭复根，求根公式为

$$x_1=\frac{-b+i\sqrt{4ac-b^2}}{2a},\ x_2=\frac{-b-i\sqrt{4ac-b^2}}{2a}$$

韦达定理(Vieta's Theorem)：$x_1+x_2=-\frac{b}{a},\ x_1\cdot x_2=\frac{c}{a}$

（三）阶乘和有限项级数求和公式

1. $n!=1\times 2\times 3\cdots(n-1)\times n(n\in\mathbf{N}),0!=1$

2. $1+2+3+\cdots+(n-1)+n=\dfrac{n(n+1)}{2}$

3. $1^2+2^2+3^2+\cdots+(n-1)^2+n^2=\dfrac{n(n+1)(2n+1)}{6}$

4. $1^3+2^3+3^3+\cdots+(n-1)^3+n^3=\dfrac{1}{4}n^2(n+1)^2$

5. $1\times 2+2\times 3+3\times 4+\cdots+n\times(n+1)=\dfrac{1}{3}n(n+1)(n+2)$

6. $a+(a+d)+(a+2d)+\cdots+(a+nd)=(n+1)\left(a+\dfrac{1}{2}nd\right)$

7. $a+aq+aq^2+\cdots+aq^{n-1}=\dfrac{a(1-q^n)}{1-q}(q\neq 1)$

(四)指数运算

设 a, b 是正实数，m, n 是任意实数，则

$$a^m \cdot a^n = a^{m+n} \quad \frac{a^m}{a^n} = a^{m-n} \quad (a^m)^n = a^{mn} \quad \left(\frac{a}{b}\right)^m = \frac{a^m}{a^m} \quad (ab)^m = a^m \cdot b^m$$

(五)对数

1. $a^{\log_a N} = N(a>0, a\neq 1, N>0)$
2. $\log_a(M \cdot N) = \log_a M + \log_a N (M>0, N>0)$
3. $\log_a\left(\frac{M}{N}\right) = \log_a M - \log_a N$
4. $\log_a M^b = b \cdot \log_a M$
5. $\log_a M = \frac{\log_b M}{\log_b a}(a>0, a\neq 1, b>0, b\neq 1)$——换底公式

(六)二项式定理

$(a+b)^n = C_n^0 a^n + C_n^1 a^{n-1}b + C_n^2 a^{n-2}b^2 + \cdots + C_n^{n-1}ab^{n-1} + C_n^n b^n$，其中 n 为正整数

$C_n^k = \frac{n!}{(n-k)! \cdot k!} = \frac{n \cdot (n-1)\cdots(n-k+1)}{k!}, k=0,1,2,\cdots,n$

(七)初等几何

1. 圆周长＝圆周率×直径$(C=\pi d=2\pi r)$
2. 圆面积＝圆周率×半径×半径$(S=\pi r^2)$
3. 扇形面积＝$\frac{1}{2}$×半径×半径×圆心角$\left(S=\frac{1}{2}r^2\theta\right)$，其中 θ 以弧度为单位，且 $1°=\frac{\pi}{180}$rad
4. 圆柱体体积＝底面积×高$(V=S \cdot h=\pi r^2 h)$
5. 圆锥体体积＝$\frac{1}{3}$×底面积×高$\left(V=\frac{1}{3}S \cdot h=\frac{1}{3}\pi r^2 h\right)$
6. 球体的体积＝$\frac{4}{3}$×圆周率×半径×半径×半径$\left(V=\frac{4}{3}\pi r^3\right)$
7. 球的表面积＝4×圆周率×半径×半径$(S=4\pi r^2)$

(八)三角公式

1. 三角恒等式

$$\sin^2\alpha + \cos^2\alpha = 1 \quad \sec^2\alpha - \tan^2\alpha = 1 \quad \csc^2\alpha - \cot^2\alpha = 1$$

$$\frac{\sin\alpha}{\cos\alpha} = \tan\alpha \quad \frac{\cos\alpha}{\sin\alpha} = \cot\alpha \quad \frac{1}{\cos\alpha} = \sec\alpha \quad \frac{1}{\sin\alpha} = \csc\alpha$$

2. 加法与减法公式

$$\sin(\alpha \pm \beta) = \sin\alpha\cos\beta \pm \cos\alpha\sin\beta \quad \cos(\alpha \pm \beta) = \cos\alpha\cos\beta \mp \sin\alpha\sin\beta$$

$$\tan(\alpha \pm \beta) = \frac{\tan\alpha \pm \tan\beta}{1 \mp \tan\alpha\tan\beta}$$

3. 倍角公式

$$\sin 2\alpha = 2\sin\alpha\cos\alpha \quad \cos 2\alpha = \cos^2\alpha - \sin^2\alpha = 2\cos^2\alpha - 1 = 1 - 2\sin^2\alpha$$

$$\tan 2\alpha = \frac{2\tan\alpha}{1 - \tan^2\alpha}$$

4. 半角公式

$$\sin\frac{\alpha}{2}=\pm\sqrt{\frac{1-\cos\alpha}{2}} \qquad \cos\frac{\alpha}{2}=\pm\sqrt{\frac{1+\cos\alpha}{2}}$$

$$\tan\frac{\alpha}{2}=\pm\sqrt{\frac{1-\cos\alpha}{1+\cos\alpha}}=\frac{1-\cos\alpha}{\sin\alpha}=\frac{\sin\alpha}{1+\cos\alpha}$$

5. 和差化积公式

$$\sin\alpha+\sin\beta=2\sin\frac{\alpha+\beta}{2}\cos\frac{\alpha-\beta}{2} \qquad \sin\alpha-\sin\beta=2\cos\frac{\alpha+\beta}{2}\sin\frac{\alpha-\beta}{2}$$

$$\cos\alpha+\cos\beta=2\cos\frac{\alpha+\beta}{2}\cos\frac{\alpha-\beta}{2} \qquad \cos\alpha-\cos\beta=-2\sin\frac{\alpha+\beta}{2}\sin\frac{\alpha-\beta}{2}$$

6. 积化和差公式

$$\sin\alpha\sin\beta=\frac{1}{2}[\sin(\alpha+\beta)+\sin(\alpha-\beta)]$$

$$\cos\alpha\sin\beta=\frac{1}{2}[\sin(\alpha+\beta)-\sin(\alpha-\beta)]$$

$$\cos\alpha\cos\beta=\frac{1}{2}[\cos(\alpha+\beta)+\cos(\alpha-\beta)]$$

$$\sin\alpha\sin\beta=-\frac{1}{2}[\cos(\alpha+\beta)-\cos(\alpha-\beta)]$$

(九) 复数

复数 z 一般表示 $z=a+bi$，其中 $i=\sqrt{-1}$ 称为虚数单位，a、b 均为实数，分别称为 z 的实部和虚部，记为 $a=\mathrm{Re}z$，$b=\mathrm{Im}z$.

$|z|=\sqrt{a^2+b^2}$ 称为复数 z 的模.

$\mathrm{Arg}\,z=\arctan\frac{b}{a}$ 称为复数 z 的辐角. $\theta=\arg z\in[0,2\pi)$ 称为主辐角.

$z=a+bi=|z|(\cos\theta+i\sin\theta)=r(\cos\theta+i\sin\theta)=|z|\mathrm{e}^{i\theta}=r\mathrm{e}^{i\theta}$

(十) 不等式

1. $|a\pm b|\leqslant|a|+|b|$

2. $|a|-|b|\leqslant|a-b|\leqslant|a|+|b|$

3. $\left|\dfrac{a_1+a_2+\cdots+a_n}{n}\right|\leqslant\sqrt{\dfrac{a_1^2+a_2^2+\cdots+a_n^2}{n}}$

4. $\sqrt[n]{a_1\cdot a_2\cdots a_n}\leqslant\dfrac{a_1+a_2+\cdots+a_n}{n}\;(a_i>0,i=1,2,\cdots,n)$

附录二　常用平面曲线及其方程

1. 概率曲线　$y = e^{-ax^2}$ $(a>0)$.

图 b-1

2. 笛卡儿叶形线　$x^3+y^3-3axy=0$.

图 b-2

3. 抛物线　$x^{\frac{1}{2}}+y^{\frac{1}{2}}=a^{\frac{1}{2}}$.

图 b-3

4. 伯努利双纽线　$r^2=a^2\cos 2\theta$.

图 b-4

5. 摆线　$\begin{cases} x=a(t-\sin t), \\ y=a(1-\cos t). \end{cases}$

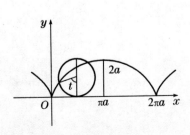

图 b-5

6. 内摆线（星形线）　$\begin{cases} x=a\cos^3 t, \\ y=a\sin^3 t. \end{cases}$

图 b-6

7. 心脏形线 $r=a(1+\cos\theta)$.

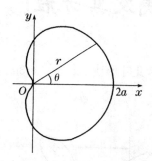

图 b-7

8. 圆的渐伸线（渐开线）
$$\begin{cases} x=a(\cos t+t\sin t), \\ y=a(\sin t-t\cos t). \end{cases}$$

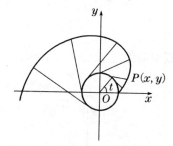

图 b-8

9. 阿基米德螺线 $r=a\theta(r\geqslant 0)$.

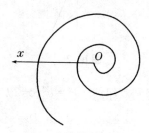

图 b-9

10. 三叶玫瑰线 $r=a\sin 3\theta$.

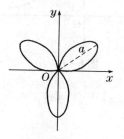

图 b-10

11. 四叶玫瑰线 $r=a\cos 2\theta$.

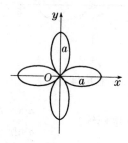

图 b-11

12. 双曲螺线 $r=\dfrac{a}{\theta}(r>0)$.

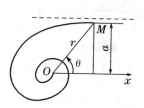

图 b-12

13. 对数螺线 $r=e^{a\theta}(a>0)$.

图 b-13

习题参考答案与提示

第一章

习题 1.1

1. (1) $(-5,5)$ (2) $\left[\frac{17}{6},\frac{19}{6}\right]$ (3) $(-\infty,-10)\cup(10,+\infty)$ (4) $(0.99,1)\cup(1,1.01)$

2. (1) $(3,+\infty)$ (2) $(4,5)$

3. (1) 不同 (2) 不同 (3) 相同 (4) 不同

4. (1) $(0,3)$ (2) $(-\infty,1)\cup(1,2)\cup(2,+\infty)$ (3) $[-5,5]$ (4) $[-1,2]$

5. (1) 奇函数 (2) 奇函数 (3) 非奇非偶函数 (4) 偶函数

6. (1) $y=\ln u, u=\tan x$ (2) $y=e^u, u=x^3$ (3) $y=\cos u, u=e^v, v=\sqrt{x}$ (4) $y=\sqrt{u}, u=\ln v, v=\sqrt{x}$
(5) $y=\tan u, u=x^2+1$ (6) $y=\arctan u, u=\frac{x-1}{x+1}$

7. $f[g(x)]=\begin{cases}2\ln x, & 1\leqslant x\leqslant e\\ \ln^2 x, & e<x\leqslant e^2\end{cases}$ $g[f(x)]=\begin{cases}\ln 2x, & 0\leqslant x\leqslant 1\\ 2\ln x, & 1<x\leqslant 2\end{cases}$

8. $y=\begin{cases}150x, & 0\leqslant x\leqslant 800\\ 12\,000+120(x-800), & 800<x\leqslant 1\,600\end{cases}$

9. $P=P(r)=a\left(5\pi r^2+\frac{80}{r}\pi\right)$(元)

10. $y=-\frac{x^2}{25}+4$ ($-10<x<10$)

习题 1.2

1. (1) 收敛 0 (2) 收敛 0 (3) 收敛 3 (4) 收敛 1 (5) 发散 (6) 发散

2. 不存在

3. $b=2$

4. (1) 无穷小 (2) 无穷大 (3) 既不是无穷小也不是无穷大 (4) 无穷小

5. (1) 0 (2) 0

6. (1) -1 (2) $\frac{2}{3}$ (3) 12 (4) $\frac{1}{2}$ (5) 2 (6) 1

7. (1) $2\sqrt{5}$ (2) $\frac{\pi}{4}$ (3) 0 (4) $\sqrt{2}$

8. $a=-3$ $b=2$

9. (1) 4 (2) $\frac{2}{5}$ (3) $\frac{9}{2}$ (4) x

10. (1) e^{-3} (2) e^3 (3) e^{-1} (4) e^2

习题 1.3

1. (1) 1 (2) $\Delta x^2+2\Delta x$ (3) $\Delta x^2+2x_0\Delta x-2\Delta x$

2. 连续

3. e^{-1}

4. $a=3$ $b=2$

5. 是连续函数. $\lim\limits_{x\to 7}f(x)=13.4$

6. (1) $x=-1$ 是第一类可去间断点;$x=3$ 是第二类无穷间断点　(2) $x=2k\pi\pm\dfrac{\pi}{2}$,$k\in\mathbf{N}$ 是第二类振荡间断点　(3) $x=1$ 是第一类跳跃间断点

7. 函数 $f(x)$ 在 $x=0$ 处不连续. 冰化成水要吸收大量的热量,但温度始终为 0℃

8. $x=1$　$x=4$

9. $f(x)$ 在 $(-\infty,-1)$ 与 $(-1,+\infty)$ 内连续,$x=-1$ 为第一类跳跃间断点

10. 略

习题 1.4

1. (1) 8　(2) 0　(3) $\dfrac{1}{2}$　(4) e^5　(5) e^4　(6) e^{-1}

2. 不连续

第二章

习题 2.1

1. (1) $3x^2$　(2) $-\dfrac{2}{x^2}$

2. (1) 不可导　(2) 可导

3. (1) $-f'(x_0)$　(2) $2f'(x_0)$　(3) $2f'(x_0)$

4. $a=2$　$b=-2$

5. 连续　可导

6. 切线方程 $4x-y-4=0$,法线方程 $x+4y-18=0$

7. $x=0$　$x=\dfrac{2}{3}$

8. 18

9. $m'(x_0)$

习题 2.2

1. (1) $\pi x^{\pi-1}+\pi^x\ln\pi-\dfrac{1}{x}$　(2) $\ln x+1$　(3) $\dfrac{1-x}{2\sqrt{x}(1+x)^2}$　(4) $\dfrac{\cos x-\sin x-1}{(1-\cos x)^2}$　(5) $\tan x\cdot\sec x\cdot\arcsin x+\dfrac{1+\sec x}{\sqrt{1-x^2}}$　(6) $\dfrac{9}{2}\sqrt{x}-\dfrac{1}{\sqrt{x}}-\dfrac{1}{2}x^{-\frac{3}{2}}$　(7) $e^x\csc x+xe^x\csc x-xe^x\cot x\cdot\csc x$　(8) $\dfrac{1}{3}x^{-\frac{2}{3}}e^x+\sqrt[3]{x}e^x+3^x\ln 3\cdot\log_2 x+\dfrac{3^x}{x\ln 2}$

2. (1) $900x^8(x^9-1)^{99}$　(2) $\dfrac{x}{\sqrt{1+x^2}}$　(3) $\dfrac{1}{\sqrt{1+x^2}}$　(4) $\dfrac{1}{2\sqrt{x+\sqrt{x}}}\left(1+\dfrac{1}{2\sqrt{x}}\right)$　(5) $\sqrt{x^2+1}+\dfrac{(x-1)x}{\sqrt{x^2+1}}$　(6) $3\sin(4-3x)$　(7) $-\dfrac{2}{(1+x)^2}\sec^2\dfrac{1-x}{1+x}$　(8) $-\dfrac{\sin(2x+1)}{\sqrt{1+\cos(2x+1)}}$

3. (1) $\dfrac{1}{2}$　(2) 0,2　(3) $\ln 7$　(4) $4\ln 2$　(5) -2　(6) $n!$　(7) $\dfrac{1}{3}$　(8) $-\dfrac{1}{2}$

4. $a=2$　$b=-3$

5. $\dfrac{1}{4\pi}$ (cm/s)

6. 600

习题 2.3

1. (1) $\dfrac{e^{x+y}-y}{x-e^{x+y}}$　(2) $\dfrac{e^y}{1+xe^y}$　(3) $\dfrac{1-ye^{xy}}{xe^{xy}+2y}$　(4) $\dfrac{x}{\cos\dfrac{y}{x}}+\dfrac{y}{x}$　(5) 0　(6) $\dfrac{\ln 2}{1-2\ln 2}$

2. $y-8x+9=0$

3. (1) $x^{\sin x}\left[\cos x \cdot \ln x+\dfrac{\sin x}{x}\right]$ (2) $\left(\dfrac{x}{x+1}\right)^x\left[\ln\dfrac{x}{x+1}+\dfrac{1}{x+1}\right]$ (3) $\dfrac{1}{2}\sqrt{x\sin x\sqrt{e^x}}\left(\dfrac{1}{x}-\cot x+\dfrac{1}{2}\right)$ (4) $-\dfrac{1}{x^2}(1+\cos x)^{\frac{1}{x}}\left[\ln(1+\cos x)+\dfrac{x\sin x}{1+\cos x}\right]$

4. (1) $\dfrac{\sin t}{1-\cos t}$ (2) 0

5. $a=\dfrac{1}{2}e-2$ $b=1-\dfrac{1}{2}e$ $c=1$

习题 2.4

1. (1) $20(x+10)^3$ (2) $4+9\cos 3x$ (3) $\dfrac{-3+6x^2}{\sqrt{1-x^2}}$ (4) $2x(3+2x^2)e^{x^2}$

2. (1) $y'=5x^4+3x^2+1$ $y''=20x^3+6x$ $y'''=60x^2+6$ $y^{(4)}=120x$ $y^{(5)}=120$ $y^{(n)}=0(n=6,7,\cdots)$ (2) $\dfrac{(-1)^n 2n!}{(1+x)^{n+1}}(n=1,2,\cdots)$ (3) $2^{n-1}\sin\left[2x+(n-1)\dfrac{\pi}{2}\right](n\geqslant 1)$ (4) $(-1)^{n-1}\dfrac{(n-1)!}{x^n}$

3. $-\dfrac{\sqrt{3}}{6}\pi A$ $-\dfrac{1}{18}\pi^2 A$

习题 2.5

1. (1) $\dfrac{1}{2}x^2+C$ (2) $\dfrac{1}{3}\sin 3x+C$ (3) x^3+C (4) $\arctan x+C$ (5) $\ln(x-1)+C$ (6) $\dfrac{1}{2}e^{x^2}+C$

2. -1.414 -1.2 $0.119\,401$ 0.12

3. (1) $\dfrac{1}{2}\cot\dfrac{x}{2}dx$ (2) $\ln x dx$ (3) $e^{-x}[\sin(3-x)-\cos(3-x)]dx$ (4) $(2x\cos 2x-2x^2\sin 2x)dx$ (5) $\dfrac{y\cos(xy)}{2y-x\cos(xy)}dx$ (6) $(1+x)^{\sec x}\left[\sec x\cdot\tan x\cdot\ln(1+x)+\dfrac{\sec x}{1+x}\right]dx$

4. (1) 1.05 (2) 5.013

5. 39.27 cm³

习题 2.6

1. $\xi=1$

2. $\xi=e-1$

4. (1) 提示：将 $f(x)=e^x$ 在 $[0,x]$ 上用拉格朗日中值定理 (2) 提示：将 $f(x)=\sin x$ 在以 a,b 为端点的区间上用拉格朗日中值定理

6. (1) $\dfrac{5}{8}$ (2) $-\dfrac{3}{5}$ (3) $1-\ln 2$ (4) 1 (5) $\dfrac{1}{6}$ (6) 1 (7) $+\infty$ (8) $\dfrac{1}{3}$ (9) $-\dfrac{1}{4}$ (10) 0 (11) $\dfrac{1}{2}$ (12) 1

7. (1) 极限为 1 (2) 极限为 0

习题 2.7

1. (1) 单调增区间为 $(-\infty,0)$ 单调减区间为 $(0,+\infty)$ (2) 单调增区间为 $\left(-\dfrac{1}{2},0\right)$ 和 $\left(\dfrac{1}{2},+\infty\right)$ 单调减区间为 $\left(-\infty,-\dfrac{1}{2}\right)$ 和 $\left(0,\dfrac{1}{2}\right)$ (3) 单调增区间为 $(0,1)$ 单调减区间为 $(1,2)$ (4) 单调增区间为 $(-\infty,-1]$ 和 $[3,+\infty)$ 单调减区间为 $(-1,3)$

3. (1) 极大值为 $y(0)=7$ 极小值为 $y(2)=3$ (2) 极大值为 $y(2)=\dfrac{4}{e^2}$ 极小值为 $y(0)=0$ (3) 极大值为 $y(\pm 1)=1$ (4) 极大值为 $y\left(\dfrac{1}{3}\right)=\dfrac{\sqrt[3]{4}}{3}$ 极小值为 $y(0)=y(1)=0$

4. (1) 最大值为 $f(2)=\ln5$ 最小值为 $f(0)=0$ (2) 最大值为 $f\left(\frac{\pi}{4}\right)=-1$ 最小值为 $f\left(-\frac{\pi}{4}\right)=-3$ (3) 最大值为 $f(4)=8$ 最小值为 $f(0)=0$ (4) 最大值为 $f(1)=\frac{1}{2}$ 最小值为 $f(0)=0$

5. $r=\frac{2}{\sqrt[3]{\pi}}$ $h=\frac{4}{\sqrt[3]{\pi}}$

6. 长为 10 m,宽为 5 m

7. 这两个数均为 4 时,它们的立方和最大

8. 经过 5 小时,两船相距最近

习题 2.8

1. (1) 凸区间为 $(-\infty,2)$ 凹区间为 $(2,+\infty)$,拐点为 $(2,12)$ (2) 凸区间为 $(-\infty,2)$ 凹区间为 $(2,+\infty)$,拐点为 $\left(2,\frac{2}{e^2}\right)$ (3) 凸区间为 $(-\infty,-1)\bigcup(1,+\infty)$ 凹区间为 $(-1,1)$,拐点为 $(\pm1,\ln2)$ (4) 凸区间为 $(-\infty,3)$ 凹区间为 $(3,+\infty)$,拐点为 $(3,1)$

2. (1) 水平渐近线为 $y=0$ (2) 铅直渐近线为 $x=-3$ (3) 水平渐近线为 $y=0$,铅直渐近线为 $x=1$ (4) 水平渐近线为 $y=2$,铅直渐近线为 $x=\pm1$

3. $a=-1$ $b=3$

4. $a=-3$ $b=0$ $c=1$

习题 2.9

1. (1) $y'=6x^2(x^3+1), y''=30x^4+12x$ (2) $y'=2^x\ln2\cdot\cos2^x, y''=2^x(\ln2)^2\cos2^x-(2^x\ln2)^2\sin2^x$

2. (1) 0.761 3 (2) 2.773

3. (1) 极大值为 $y\left(-\frac{1}{2}\right)=\frac{15}{4}$ 极小值为 $y(1)=-3$ (2) 极小值为 $y(0)=0$

第三章

习题 3.1

1. (1) $-\frac{1}{2x^2}+C$ (2) $\frac{1}{2}x^6-2x^2+x+C$ (3) $\frac{2}{7}x^3\sqrt{x}+C$ (4) $e^x-3\sin x+C$ (5) $\frac{2^x e^x}{1+\ln2}+C$ (6) $\frac{1}{3}x^3-2x^2+4x+C$ (7) $2\arcsin x+3\arctan x+C$ (8) $2\sin x-3\cot x+C$

2. (1) $\frac{1}{2}x^2-3x+3\ln|x|+\frac{1}{x}+C$ (2) $x+2\arctan x+C$ (3) $\frac{1}{2}(x-\sin x)+C$ (4) $-\frac{1}{x}-\arctan x+C$ (5) $\frac{1}{3}x^3+\frac{1}{2}x^2-2x+C$ (6) $\tan x-\sec x+C$ (7) $\sin x-\cos x+C$ (8) $-\cot x-\tan x+C$ (9) $x-\cos x+C$ (10) $2(x+\sin x)+C$

3. $f(x)=x^4+C, f(x)=x^4$

习题 3.2

1. (1) $-\frac{1}{3}\cos(3x+4)+C$ (2) $\frac{1}{8}(2x+1)^4+C$ (3) $-\frac{1}{3(3x+2)}+C$ (4) $\frac{1}{2}\ln|2x+5|+C$ (5) $\frac{1}{2}(3x+2)^{\frac{2}{3}}+C$ (6) $-\frac{1}{5}e^{-5x}+C$

2. (1) $2e^{\sqrt{x}}+C$ (2) $-\frac{1}{3}(1-x^2)^{\frac{3}{2}}+C$ (3) $e^{x^2}+c$ (4) $\ln|\ln x|+c$ (5) $-\frac{1}{\ln x}-\frac{1}{x}+C$ (6) $\frac{1}{2}x-\frac{3}{4}\ln|2x+3|+C$ (7) $\frac{1}{\ln2}\ln(1+2^x)+C$ (8) $\frac{1}{2}x^2-x-2\ln|x+1|+C$ (9) $\frac{1}{3}\cos\frac{3}{x}+C$ (10) $\ln|x-1|-\frac{2}{x-1}+C$ (11) $\frac{1}{2}[\ln(x^2+1)+\arctan^2 x]+C$ (12) $\frac{1}{2}[x^2-\ln(1+x^2)]+C$

3. (1) $-\cos x+\frac{1}{3}\cos^3 x+C$ (2) $\frac{1}{3}\sin^3 x-\frac{2}{5}\sin^5 x+\frac{1}{7}\sin^7 x+C$ (3) $\frac{1}{2}x+\frac{1}{4}\sin 2x+C$ (4) $\frac{3}{8}x+\frac{1}{4}\sin 2x+\frac{1}{32}\sin 4x+C$ (5) $\frac{1}{2}\tan^2 x+C$ (6) $-\cot x+\csc x+C$ (7) $-\frac{1}{2}\ln(1+\cos^2 x)+C$ (8) $\ln|\cos x|+\frac{1}{2}\tan^2 x+C$ (9) $3\tan x+\cot x+C$ (10) $\ln|x-\sin x|+C$ (11) $\frac{1}{\sqrt{2}}\arcsin\left(\frac{\sin x}{2}\right)+C$ (12) $\tan x-\sec x+C$

4. (1) $\frac{1}{2}\arctan 2x+C$ (2) $\frac{1}{6}\arctan\frac{x^3}{2}+C$ (3) $\arctan(e^x)+C$ (4) $\arctan\ln x+C$ (5) $\arcsin\frac{x}{3}+C$ (6) $\frac{1}{2}\arcsin\frac{2}{3}x+\frac{1}{4}\sqrt{9-4x^2}+C$ (7) $\frac{1}{3}\ln\left|\frac{x-4}{x-1}\right|+C$ (8) $\frac{1}{4a^2}\ln\left|\frac{x^2+a^2}{x^2-a^2}\right|+C$ (9) $\arcsin\frac{x+1}{\sqrt{2}}+C$ (10) $\frac{1}{2}\arctan\frac{x+1}{2}+C$

5. (1) $2(\sqrt{x-1}-\arctan\sqrt{x-1})+C$ (2) $\frac{3}{2}\sqrt[3]{(x+2)^2}-3\sqrt[3]{x+2}+\ln|1+\sqrt[3]{x+2}|+C$ (3) $2[\sqrt{x}-2\ln(\sqrt{x}+2)]+C$ (4) $-2\sqrt{\frac{1+x}{x}}-\ln\frac{\sqrt{1+x}-\sqrt{x}}{\sqrt{1+x}+\sqrt{x}}+C$ (5) $\ln\left|\frac{1-\sqrt{1-x^2}}{x}\right|+\sqrt{1-x^2}+C$ (6) $\sqrt{x^2-1}-\arccos\frac{1}{x}+C$ (7) $-\frac{\sqrt{1-x^2}}{x}-\arcsin x+C$ (8) $-\ln\frac{\sqrt{1+x^2}-1}{x}+C$ (9) $\frac{x}{4\sqrt{4+x^2}}+C$ (10) $\frac{2-x^2}{\sqrt{1-x^2}}+C$ (11) $\frac{2x-1}{10(3-x)^6}+C$ (12) $\frac{1}{25}\left[\frac{1}{17}(5x-1)^{17}+\frac{1}{16}(5x-1)^{16}\right]+C$

习题 3.3

1. (1) $x\tan x+\ln|\cos x|+C$ (2) $x\tan x+\ln|\cos x|-\frac{1}{2}x^2+C$ (3) $x\sin x+\cos x+C$ (4) $x^2\sin x+2x\cos x-2\sin x+C$ (5) $-\frac{1}{4}x\cos 2x+\frac{1}{8}\sin 2x+C$ (6) $\frac{1}{4}x^2-\frac{x}{4}\sin 2x-\frac{1}{8}\cos 2x+C$ (7) $-2\sqrt{x}\cos\sqrt{x}+2\sin\sqrt{x}+C$ (8) $-\frac{1}{2}x^4\cos x^2+x^2\sin x^2+\cos x^2+C$ (9) $-\frac{1}{2}\left(\frac{x}{\sin^2 x}+\cot x\right)+C$ (10) $-\sqrt{1-x^2}\arcsin x+x+C$

2. (1) $\frac{1}{4}x^4\ln x-\frac{1}{16}x^4+C$ (2) $-\frac{\ln x+1}{x}+C$ (3) $x\ln(1+x^2)-2x+2\arctan x+C$ (4) $\frac{1}{2}\left[x^2\ln(x-1)-\frac{1}{2}x^2-x-\ln(x-1)\right]+C$

3. (1) xe^x-e^x+C (2) $-\frac{1}{2}xe^{-2x}-\frac{1}{4}e^{-2x}+C$ (3) $\frac{5^x}{\ln 5}\left(x-1-\frac{1}{\ln 5}\right)+C$ (4) $-\frac{x^2+1}{2}e^{-x^2}+C$ (5) $-2\sqrt{x}e^{\sqrt{x}}+4e^{\sqrt{x}}+C$ (6) $2xe^{\sqrt{x}}-4\sqrt{x}e^{\sqrt{x}}+4e^{\sqrt{x}}+C$

4. (1) $x\arcsin x+\sqrt{1-x^2}+C$ (2) $2\sqrt{x}\arcsin\sqrt{x}+2\sqrt{1-x}+C$ (3) $x\arctan x-\frac{1}{2}\ln|1+x^2|+C$ (4) $\frac{1}{2}x^2\arctan x-\frac{1}{2}x+\frac{1}{2}\arctan x+C$ (5) $(x+1)\arctan\sqrt{x}-\sqrt{x}+C$ (6) $\frac{1}{3}x^3\arctan x-\frac{1}{6}x^2+\frac{1}{6}\ln(1+x^2)+C$

5. (1) $\frac{1}{2}e^x(\cos x+\sin x)+C$ (2) $\frac{1}{5}e^x(\sin 2x-2\cos 2x)+C$ (3) $\frac{1}{5}e^x+\frac{1}{5}e^x(\cos 2x+2\sin 2x)+C$ (4) $\frac{1}{2}x(\cos\ln x+\sin\ln x)+C$

习题 3.4

(1) $\frac{1}{2}\ln\left|\frac{x}{x+2}\right|+C$ (2) $\frac{1}{3}x^3-\frac{3}{2}x^2+9x-27\ln|x+3|+C$ (3) $\frac{1}{2}[\ln x^2-\ln(x^2+1)]+C$

(4) $7\ln|x-2|-4\ln|x-1|+C$ (5) $\frac{1}{2}\ln(x^2+2x+3)-\frac{3}{\sqrt{2}}\arctan\frac{x+1}{\sqrt{2}}+C$ (6) $\frac{1}{x+1}+\frac{1}{2}\ln|x^2-1|+C$

(7) $\frac{1}{2}x^2+x+\frac{1}{3}\arctan\frac{x}{3}+C$ (8) $\ln\frac{(x+1)^2}{x^2+2}-\frac{3}{x+1}+C$ (9) $2\ln|x+2|-\frac{1}{2}\ln|x+1|-\frac{3}{2}\ln|x+3|+C$

(10) $\ln|x|-\frac{1}{2}\ln|x+1|-\frac{1}{4}\ln|x^2+1|-\frac{1}{2}\arctan x+C$

习题 3.5

1. (1) 正 (2) 正

2. (1) ≤ (2) ≥ (3) ≥ (4) ≥

3. (1) $\int_0^1(x^2+1)dx$ (2) $\int_1^e\ln x dx$ (3) $\int_0^2 x dx-\int_0^1(x-x^2)dx$ 或 $\int_0^1 x^2 dx+\int_1^2 x dx$

4. (1) $[1,\sqrt{2}]$ (2) $\left[\frac{\pi}{2},\pi\right]$

5. (1) 1 (2) $f(x)=x^2+\frac{2}{3}$

习题 3.6

1. (1) e^{-x} (2) $2xe^{-x^2}$ (3) $2xe^{-x^2}-e^{-x}$

2. (1) $\frac{1}{2}$ (2) e (3) $\frac{1}{2e}$

3. (1) $-\ln 2$ (2) $\frac{3}{8}$ (3) $2\ln 3-3\ln 2$ (4) $\pi-\frac{4}{3}$ (5) $\frac{\pi}{4}$ (6) $\frac{\pi}{3}$ (7) $\frac{1}{2}$ (8) $\frac{3}{2}$ (9) $\frac{4}{3}$

(10) $\frac{1}{100}$ (11) 2 (12) $\frac{5}{2}$

4. $\frac{\sqrt{3}}{3}$

5. $-\arctan 2$

6. $\frac{17}{2}$

习题 3.7

1. (1) $2(2-\ln 3)$ (2) $\frac{5}{2}$ (3) π (4) $\frac{1}{5}$ (5) $\frac{4}{5}$ (6) $\frac{\pi}{4}+\frac{\sqrt{2}}{2}-1$ (7) $\frac{4}{5}$ (8) $\frac{\pi}{2}$

2. (1) 2 (2) $\frac{1}{2}(1-\ln 2)$ (3) $\frac{3}{5}(e^\pi-1)$ (4) $\frac{1}{4}\pi^2$ (5) $5\ln 5-3\ln 3-2$ (6) $\frac{9-4\sqrt{3}}{36}\pi+\frac{1}{2}\ln\frac{3}{2}$

3. (1) 0 (2) $\frac{\pi}{2}$ (3) $4-\pi$ (4) $\frac{2\sqrt{3}}{3}\pi-2\ln 2$

4. $\ln 2-\frac{1}{2}e^{-4}+\frac{1}{2}$

5. (1) 略 (2) $\frac{\pi^2}{4}$

习题 3.8

1. (1) $\frac{1}{6}$ (2) 2 (3) $\left(\frac{3}{2}-\ln 2\right)a^2$ (4) $2\sqrt{2}$ (5) 2 (6) $2\pi+\frac{4}{3}, 6\pi-\frac{4}{3}$ (7) $\frac{49}{15}$ (8) $\frac{1}{2}(6-$

$3\sqrt{3}+\pi)$

2. (1) $8\pi a^3$　(2) $\dfrac{\pi}{2}(e^2-1)$　(3) $\dfrac{3}{10}\pi$　(4) 56π　(5) $\dfrac{43}{96}\pi$　(6) $\dfrac{16}{3}\pi,\pi$　(7) $\dfrac{\pi}{2},2\pi$

3. (1) $1+\dfrac{1}{2}\ln\dfrac{3}{2}$　(2) $\dfrac{1}{2}-\ln3$　(3) $\dfrac{1}{2}\pi^2$　(4) $\ln(1+\sqrt{2})$

4. (1) 10 m　(2) 1 250 焦耳　(3) $\dfrac{14}{3}$

习题 3.9

(1) $\dfrac{1}{3}$　(2) 发散　(3) 发散　(4) $\dfrac{1}{2}\ln3$　(5) π　(6) $\dfrac{1}{2}$

习题 3.10

1. (1) $\dfrac{1}{100}(x^2-1)^{50}+C$　(2) $e^{\sin x}+C$　(3) $e^x(x^2-2x+2)+C$　(4) $x\arctan x-\dfrac{1}{2}\ln(x^2+1)+C$

2. (1) $\ln\dfrac{3}{2}$　(2) $\dfrac{\sqrt{3}}{2}-\dfrac{1}{6}$　(3) 2　(4) $\dfrac{1}{4}(e^2+1)$

3. (1) $\dfrac{1}{2}$　(2) 发散

第四章

习题 4.1

1. (1) 1　(2) 2　(3) 2　(4) 1
2. (1) 不是解　(2) 不是解　(3) 不是解　(4) 是通解　(5) 是解但不是通解

习题 4.2

1. (1) $y\sqrt{x^2+1}=C$　(2) $(e^x+C)e^y+1=0$　(3) $\ln|y|=\dfrac{x^2}{2y^2}+C$　(4) $\ln|y|=x\ln x-x+C$

2. (1) $y=(x+C)e^x$　(2) $y=(x+C)\cos x$　(3) $y=x^2\left(\dfrac{1}{2}\ln|x|+C\right)$　(4) $y=(x+C)e^{-\sin x}$

3. (1) $\cos y=\dfrac{\sqrt{2}}{2}\cos x$　(2) $y=\dfrac{2}{3}(4-e^{-3x})$

4. $y=x-x\ln x$

5. 现存量 M 与时间 t 的关系为 $M=M_0\cdot e^{-0.000\,433t}$

习题 4.3

1. (1) $y=C_1e^{5x}+C_2e^{-x}$　(2) $y=C_1+C_2e^{-2x}$　(3) $y=(C_1+C_2x)e^{3x}$　(4) $y=e^{\frac{1}{2}x}\left(C_1\cos\dfrac{\sqrt{3}}{2}x+C_2\sin\dfrac{\sqrt{3}}{2}x\right)$

2. (1) $y=(2+x)e^{-\frac{x}{2}}$　(2) $y=e^{-x}(\cos 3x+\sin 3x)$

3. (1) $y=-2x+C_1\cos x+C_2\sin x$　(2) $y=C_1e^{-2x}+C_2e^{2x}+\dfrac{1}{4}xe^{2x}$　(3) $y=C_1e^x+C_2e^{2x}+2xe^{2x}$

(4) $y=C_1+C_2e^{4x}+\left(-\dfrac{1}{3}x+\dfrac{2}{9}\right)e^x$　(5) $y=C_1e^{-x}+C_2e^{-2x}-\cos 2x+3\sin 2x$　(6) $y=C_1\cos 2x+C_2\sin 2x-\dfrac{1}{4}x\cos 2x$

4. $y=\dfrac{1}{2}(e^x-e^{-x})$

5. $x(t)=a+\dfrac{A}{m\cdot\omega^2}(1-\cos\omega t)$

习题 4.4

1. $\dfrac{1}{y} = Ce^x + x + 1$

2. $y = -2 + 2e^x - \dfrac{1}{2}x^2 - x$

第五章

习题 5.1

1. (1) $S_n = \dfrac{1}{2}\left(1 - \dfrac{1}{2n+1}\right), S = \dfrac{1}{2}$ (2) $S_n = \dfrac{1}{3}\left[1 - \left(-\dfrac{1}{2}\right)^n\right], S = \dfrac{1}{3}$ (3) $S_n = \sqrt{n+1} - 1$ (4) $S_n = \dfrac{1}{4} - \dfrac{1}{n+4}, S = \dfrac{1}{4}$

2. (1) 收敛   (2) 发散   (3) 发散   (4) 收敛   (5) 发散   (6) 发散   (7) 发散   (8) 收敛

习题 5.2

1. (1) 收敛   (2) 发散   (3) 收敛   (4) 收敛

2. (1) 发散   (2) 收敛   (3) 收敛   (4) 当 $0 < q < e$ 时,收敛;当 $q \geqslant e$ 时,发散

3. (1) 绝对收敛   (2) 条件收敛   (3) 绝对收敛   (4) 绝对收敛

习题 5.3

1. 不是   是   收敛   发散

2. (1) $R=1, (-1,1)$ (2) $R=6, (-6,6)$ (3) $R=3, [-3,3]$ (4) $R=\dfrac{1}{2}, \left[-\dfrac{1}{2}, \dfrac{1}{2}\right]$ (5) $R=+\infty, (-\infty, +\infty)$ (6) $R=0$,仅在 $x=0$ 处收敛   (7) $R=\sqrt{2}, (-\sqrt{2}, \sqrt{2})$ (8) $R=2, (0,4)$

3. (1) $\displaystyle\sum_{n=1}^{+\infty} \dfrac{x^n}{n} = -\ln(1-x)$, $\displaystyle\sum_{n=1}^{+\infty} \dfrac{1}{n \cdot 2^n} = \ln 2$ (2) $\displaystyle\sum_{n=1}^{+\infty}(n \cdot x^{n-1}) = \dfrac{1}{(1-x)^2}$, $\displaystyle\sum_{n=1}^{+\infty} \dfrac{n}{3^{n-1}} = \dfrac{9}{4}$

习题 5.4

2. $\displaystyle\sum_{n=0}^{\infty} x^n = \dfrac{1}{1-x}, x \in (-1,1)$

3. $\arctan x = \displaystyle\sum_{n=0}^{\infty} (-1)^n \dfrac{x^{2n+1}}{2n+1}, x \in [-1,1]$

第六章

习题 6.1

1. (1) $3x^2 + 1 = \pi^2 + 1 + 12\displaystyle\sum_{n=1}^{\infty} \dfrac{(-1)^n}{n^2}\cos nx \ (-\infty < x < +\infty)$ (2) $\dfrac{\pi - 2}{2} = \dfrac{\pi}{2} + \displaystyle\sum_{n=1}^{\infty} \dfrac{(-1)^n}{n}\sin nx \ (x \neq (2k+1)\pi \ (k=0, \pm 1, \pm 2, \cdots))$ (3) $|x| = \dfrac{\pi}{2} - \dfrac{4}{\pi}\displaystyle\sum_{n=1}^{\infty} \dfrac{1}{(2n-1)^2}\cos(2n-1)x \ (-\infty < x < +\infty)$ (4) $f(x) = \dfrac{e^\pi - 1}{2\pi} + \dfrac{1}{\pi}\displaystyle\sum_{n=1}^{\infty}\left[\dfrac{(-1)^n e^\pi - 1}{n^2 + 1}\cos nx + \dfrac{n(-1)^{n+1} e^\pi + 1}{n^2 + 1}\sin nx\right] (x \neq (2k+1)\pi \ (k=0, \pm 1, \pm 2, \cdots))$

2. $x + \pi = \pi + 2\displaystyle\sum_{n=1}^{\infty} \dfrac{(-1)^{n+1}}{n}\sin nx, x \in (-\pi, \pi)$

3. $f(x) = \dfrac{2}{\pi}\displaystyle\sum_{n=1}^{\infty} \dfrac{1 - \cos nh}{n}\sin nx, x \in (0,h) \cup (h,\pi)$ $f(x) = \dfrac{h}{\pi} + \dfrac{2}{\pi}\displaystyle\sum_{n=1}^{\infty} \dfrac{\sin nh}{n}\cos nx, x \in [0,h) \cup (h, \pi]$

4. $f(x) = -\dfrac{1}{2} + \displaystyle\sum_{n=1}^{\infty}\left[\dfrac{6}{n^2 \pi^2}(1 - (-1)^n)\cos\dfrac{n\pi}{3}x + \dfrac{6(-1)^{n+1}}{n\pi}\sin\dfrac{n\pi}{3}x\right], (x \neq 3(2k+1)\pi \ (k = 0, \pm 1,$

$\pm 2, \cdots))$

5. $u(t) = \dfrac{1}{2} + \sum\limits_{n=1}^{\infty}\left[\dfrac{2}{(2n-1)\pi}\sin\left(n-\dfrac{1}{2}\right)\pi t\right], (t\neq 2k(k=0,\pm 1,\pm 2,\cdots))$

习题 6.2

1. (1) $F(\omega) = \dfrac{2E}{\omega}\sin 2\omega$ (2) $F(\omega) = \dfrac{1}{i\omega}(2-e^{i\omega}-e^{-i\omega})$ (3) $F(\omega) = \dfrac{2\beta}{\beta^2+\omega^2}$

(4) $F(\omega) = \dfrac{4(\sin\omega - \omega\cos\omega)}{\omega^3}$

2. (1) $F(\omega) = \dfrac{1}{2}(e^{i\omega a}+e^{i\omega\frac{a}{2}})$ (2) $F(\omega) = \dfrac{\pi i}{2}[\delta(\omega+2)-\delta(\omega-2)]$ (3) $F(\omega) = \pi i[\delta(\omega+5)-\delta(\omega-1)]$ (4) $F(\omega) = \pi i[\delta'(\omega+1)+\delta'(\omega-1)]$ (5) $F(\omega) = \dfrac{\pi i}{4}[3\delta(\omega+1)-\delta(\omega+3)+\delta(\omega-3)-3\delta(\omega-1)]$

(6) $F(\omega) = \dfrac{\pi}{2}[(\sqrt{3}+i)\delta(\omega+5)+(\sqrt{3}-i)\delta(\omega-5)]$

3. (1) $\dfrac{d}{d\omega}\left[\dfrac{i}{2}F\left(\dfrac{\omega}{2}\right)\right]$ (2) $-F(\omega)-\omega F'(\omega)$ (3) $\dfrac{1}{2}e^{-\frac{5}{2}i\omega}F\left(\dfrac{\omega}{2}\right)$ (4) $e^{-i\omega}F(\omega)$

4. (1) $f(t) = \dfrac{\sin 2t}{i\pi}$ (2) $f(t) = \delta(t)-2u(t)e^{-2t}$ (3) $f(t) = u(t-1)$ (4) $f(t) = \begin{cases}\dfrac{1}{5}(e^{-\frac{4}{3}t}-e^{-3t}), & t\geq 0,\\ 0, & t<0.\end{cases}$

习题 6.3

1. (1) $F(\omega) = \dfrac{2A}{\omega}e^{-i\omega\frac{\tau}{2}}\sin\dfrac{\omega\tau}{2}$ (2) $F(\omega) = \dfrac{4E}{\tau\omega^2}\left(1-\cos\dfrac{\omega\tau}{2}\right)$

2. (1) $x(t) = \begin{cases}e^{-t}, & t\geq 0,\\ 0, & t<0.\end{cases}$ (2) $f(t) = \dfrac{1}{2}\begin{cases}e^t, & t>0,\\ 0, & t=0,\\ -e^t, & t<0.\end{cases}$ (3) $y(t) = \dfrac{\beta}{2(\beta^2-3)}\begin{cases}e^{\sqrt{3}t}-e^{\beta t}, & t<0,\\ 0, & t=0,\\ e^{-\beta t}-e^{-\sqrt{3}t}, & t>0.\end{cases}$

习题 6.4

1. (1) $F(s) = \dfrac{1}{s+3}$ (2) $F(s) = \dfrac{s}{s^2+4}$ (3) $F(s) = \dfrac{1}{3}(3-e^{-3s})$ (4) $F(s) = \dfrac{2}{s^3}$

2. (1) $F(s) = \dfrac{2}{4s^2+1}$ (2) $F(s) = \dfrac{1}{2}\left(\dfrac{1}{s}+\dfrac{s}{s^2+4}\right)$ (3) $F(s) = \dfrac{1}{s^2+4}$ (4) $F(s) = \dfrac{s^2-4}{(s^2+4)^2}$

3. (1) $F(s) = \dfrac{2s^2+3s+2}{s^2}$ (2) $F(s) = \dfrac{1}{s}-\dfrac{1}{(s-1)^2}$ (3) $F(s) = \dfrac{1}{s}(2e^{-s}+3e^{-2s})$

(4) $F(s) = 2+\dfrac{1}{s-3}$ (5) $F(s) = \dfrac{s+2}{(s+2)^2+36}$ (6) $F(s) = \dfrac{4(s+3)}{s[(s+3)^2+4]^2}$ (7) $F(s) = \dfrac{2s^3-24s}{(s^2+4)^2}$ (8) $F(s) = \ln\dfrac{s}{s-2}$

习题 6.5

1. (1) $f(t) = \delta(t)-2e^{-2t}$ (2) $f(t) = 2e^{3t}$ (3) $f(t) = 2\cos 2t+\dfrac{3}{2}\sin 2t$ (4) $f(t) = \dfrac{3}{5}e^{2t}+\dfrac{2}{5}e^{-3t}$

(5) $f(t) = \dfrac{1}{2}(1+2e^{-t}-3e^{-2t})$ (6) $f(t) = \dfrac{1}{9}(2+3te^{-3t}-2e^{-3t})$ (7) $f(t) = \dfrac{1}{6}t^3e^{-t}$ (8) $f(t) = u(t)+2te^t$

2. (1) $i(t)=e^{-3t}-5e^{-5t}$ (2) $y(t)=\frac{1}{2}te^{-t}+\frac{7}{4}e^{-t}-\frac{3}{4}e^{-3t}$ (3) $y(t)=\sin t$ (4) $y(t)=\frac{1}{8}e^{t}-\frac{1}{8}e^{-t}(2t^2+2t+1)$

3. (1) $x(t)=-\frac{1}{3}+\frac{10}{3}e^{3t}-e^{-t}$ $y(t)=-\frac{1}{3}+\frac{10}{3}e^{3t}+e^{-t}$ (2) $x(t)=y(t)=e^{t}$

4. $x(t)=\frac{k}{m}t$

习题 6.6

1. (1) $\frac{\pi}{2}e^{-2|\omega|}$ (2) $\frac{\alpha}{\alpha^2-\omega^2}+\frac{\pi}{2i}[\delta(\omega-\alpha)-\delta(\omega+\alpha)]$

2. (1) $-\frac{2t}{(4+t^2)^2}$ (2) $u(t)$

3. (1) $\frac{2}{(s-1)^3}-\frac{2}{(s-1)^2}+\frac{1}{s-1}$ (2) $\frac{4(s+3)}{[(s+3)^2+4]^2}$

4. (1) $\delta(t)-2te^{-2t}$ (2) $2\cos 3t+\sin 3t$

高等职业教育课程改革示范教材
江苏省高等学校精品教材

工科数学

(下册) 第三版

●主编 杨 军

南京大学出版社

图书在版编目(CIP)数据

工科数学 / 杨军主编. —3 版. —南京：南京大学出版社，2017.6
高等职业教育课程改革示范教材
ISBN 978-7-305-18891-6

Ⅰ. ①工… Ⅱ. ①杨… Ⅲ. ①高等数学—高等职业教育—教材 Ⅳ. ①O13

中国版本图书馆 CIP 数据核字(2017)第 140689 号

出版发行	南京大学出版社
社　　址	南京市汉口路 22 号　邮　编　210093
出 版 人	金鑫荣
丛 书 名	高等职业教育课程改革示范教材
书　　名	工科数学（下册）
主　 编	杨　军
责任编辑	揭维光　吴　汀　　编辑热线　025-83686531
照　　排	南京南琳图文制作有限公司
印　　刷	南京京新印刷有限公司
开　　本	787×1092　1/16　印张 15.25　字数 376 千
版　　次	2017 年 6 月第 3 版　2017 年 6 月第 1 次印刷
ISBN	978-7-305-18891-6
定　　价	60.00 元（上、下册）

网址：http://www.njupco.com
官方微博：http://weibo.com/njupco
官方微信号：njupress
销售咨询热线：(025) 83594756

* 版权所有，侵权必究
* 凡购买南大版图书，如有印装质量问题，请与所购
　图书销售部门联系调换

第三版前言

本书第一版在2011年7月被评为江苏省高等学校精品教材。随着高职数学课程教学改革的不断深入,针对高职教育工科专业的特点,结合编者多年的教学实践,我们修订了本书。在修订过程中,我们始终遵循"数学为基,工程为用"的原则,力求做到"深化概念、强化运算、淡化理论、加强应用"。

本书的设计理念是"从专业中来,到专业中去"。即从专业课程中的实际问题精选与数学有关的案例或模型,将案例所涉及的数学知识加工整理成若干数学模块,再用案例驱动数学模块内容,最后将所学数学知识应用于解决实际问题。具体做到以下几个方面:

1. 抓住知识点,注意数学知识的深度和广度。基础知识和基本理论以"必需、够用"为度。把重点放在概念、方法和结论的实际应用上。多用图形、图表表达信息,多用有实际应用价值的案例、示例促进对概念、方法的理解。对基础理论不做论证,必要时只作简单的几何解释。

2. 强化系统性,力争从体系、内容、方法上进行改革,有所创新。将教材的结构、体系进一步优化,强调数学思想方法的突出作用,强化与实际应用联系较多的基础知识和基本方法。加强基础知识的案例教学,力求突出在解决实际问题中应用数学思想方法,揭示重要的数学概念和方法的本质,着眼于提高学生的数学素质,培养学生的睿智、细致、创新的品格。

3. 突出实践性,注重数学建模思想、方法的渗透。通过应用实例介绍数学建模过程,从而引入数学概念。在每章的最后一节设计了数学实验,以培养学生运用计算机及相应的数学软件求解数学模型的能力。

4. 注重复合性,采用"案例驱动"的教学模式。教材体系突出与各工科专业紧密结合,体现数学知识专业化,工程问题数学化,尽可能应用数学知识解释工程应用中的现象,并用数学方法解决实际的问题。实现"教、学、做"一体的教学改革精神。

5. 加大训练力度,增加课堂练习的力度。采用"三讲一练"的方式(即按照数学教学规律,采用讲练结合的方式),加强学生应用创新能力的培养。本书针对不同专业的需求,共设计了十二个模块。在每一节前增加了学习目标,每一节后配备了类型合理、深度和广度适中的习题。每一章后增加了小结与复习的内容,帮助学生总结重要的知识点。另还编写了专门与本书配备的案例与习题练习册,方便学生在做课堂练习时使用。

6. 以学生为主体,以教师为主导。在内容处理上要便于组织教学,在保证教学要求的同时,让教师比较容易组织教学内容,学生也比较容易理解,并能让学生积极主动地参与到教学中,从而使学生在知识、能力、素质方面均有大的提高。

本书的修订过程中,对原有的章节进行适当的调整。例如,把原来的第八章"多元函数微积分学"分为两章重新编写,原来的"图论基础"一章也进行了重新编写。另外,删掉了一些难度较大且不是必需的知识点,还删掉了一些难度较大的例题与习题;增补了一些与知识点对应易于理解的例题和习题,以及"初等数学常用公式"等内容。

参与本书编写的有:陆峰(第一章、第七章、第十章)、杨军(第二章、第六章、第八章、第九章)、盛秀兰(第三章、第十一章)、俞金元(第四章、第五章)、凌佳(第十二章)。全书由杨军修改、统稿、定稿。

为了加快实现高职教育与远程开放教育的深度融合,本书增设了若干知识点的教学视频资料,以满足广大读者自学的需求。在此,特别感谢叶惠英副教授、徐薇副教授、张洁讲师等许多教学一线的教师提供高质量的教学视频资料。本书的出版得到江苏城市职业学院通识教育学院、教务处以及南京大学出版社的大力支持,在此谨表示衷心感谢!

限于编者水平,加上时间仓促,书中难免有不当之处,敬请广大师生和读者批评指正。

编 者

2017 年 4 月

目 录

第七章 向量代数与空间解析几何 ············ 1
- 第一节 向量及其运算 ············ 1
- 第二节 平面与直线 ············ 11
- 第三节 空间曲面与空间曲线 ············ 19
- 本章小结 ············ 27

第八章 多元函数微分学及应用 ············ 31
- 第一节 多元函数的基本概念 ············ 31
- 第二节 偏导数 ············ 35
- 第三节 全微分及其应用 ············ 40
- 第四节 多元复合函数及隐函数的求导法则 ············ 42
- 第五节 多元函数的极值及其求法 ············ 48
- 第六节 多元函数微分运算实验 ············ 52
- 本章小结 ············ 53

第九章 多元函数积分学及应用 ············ 55
- 第一节 二重积分的概念与性质 ············ 55
- 第二节 二重积分的计算法 ············ 59
- 第三节 二重积分的应用 ············ 65
- 第四节 多元函数积分运算实验 ············ 71
- 本章小结 ············ 71

第十章 线性代数初步 ············ 73
- 第一节 行列式 ············ 73
- 第二节 矩阵 ············ 86
- 第三节 线性方程组 ············ 102
- 第四节 线性代数初步实验 ············ 113
- 本章小结 ············ 117

第十一章　概率论与数理统计初步 ... 120

- 第一节　随机事件与概率 ... 120
- 第二节　随机变量及其分布 ... 131
- 第三节　随机变量的数字特征 ... 143
- 第四节　样本及抽样分布 ... 150
- 第五节　参数估计 ... 156
- 第六节　参数的假设检验 ... 164
- 第七节　一元线性回归 ... 171
- 第八节　概率论与数理统计初步实验 ... 178
- 本章小结 ... 182

第十二章　图论初步 ... 185

- 第一节　基本概念 ... 186
- 第二节　路与图的连通性 ... 194
- 第三节　图的矩阵表示 ... 197
- 第四节　欧拉图与哈密尔顿图 ... 203
- 第五节　应用——最短路问题 ... 209
- 本章小结 ... 215

附　表 ... 216

- 附表一　泊松分布数值表 ... 216
- 附表二　标准正态分布函数数值表 ... 218
- 附表三　χ^2 分布临界值表 ... 219
- 附表四　t 分布临界值表 ... 220
- 附表五　F 分布临界值表 ... 221
- 附表六　相关系数显著性检验表 ... 226

习题参考答案与提示 ... 227

参考文献 ... 237

第七章　向量代数与空间解析几何

我们生活的空间是一个三维世界.空间中各种事物其外形的基本构件是直线、平面、曲线和曲面.如何描述空间中的平面和直线以及一些简单的曲面和曲线,是本章的基本内容.为了进行这种描述,需要建立空间直角坐标系,还需引入一个特殊的量——向量.

第一节　向量及其运算

学习目标

1. 理解空间直角坐标系的概念,向量的概念及其表示,掌握空间两点间的距离公式.
2. 理解向量坐标的概念,会用坐标表示向量的模、方向余弦及单位向量.
3. 知道向量的线性运算、数量积和向量积的定义,并掌握用坐标进行向量的运算(线性运算、数量积、向量积).
4. 掌握两向量的夹角公式,一向量在另一向量上的投影公式及用向量的坐标表示两向量平行和垂直的充要条件.

一、空间直角坐标系

在空间内取定一点 O,过点 O 作三条具有相同的长度单位,且两两互相垂直的数轴,依次记为 x 轴(横轴)、y 轴(纵轴)、z 轴(竖轴),统称为**坐标轴**,它们构成一个空间直角坐标系,称为 O-xyz **坐标系**.点 O 称为**坐标原点**.数轴的正向通常符合右手法则,即以右手握住 z 轴,当右手的四个手指从 x 轴正向以 $\frac{\pi}{2}$ 角度转向 y 轴正向时,大拇指的指向是 z 轴的正方向(如图 7.1).

图 7.1　　　　　　　　　　图 7.2

1. 点的空间直角坐标

设点 M 是空间的一点,过点 M 分别作与三条坐标轴垂直的平面,分别交 x 轴、y 轴和 z 轴于点 P,Q,R.点 P,Q,R 叫作点 M **在坐标轴上的投影**(如图 7.2).设点 P,Q,R 在三条坐标轴上的坐标依次为 x,y,z,于是点 M 唯一地确定有序数组 x,y,z. 反之,给定有序数组 x,y,z,总能在三条坐标轴上找到以它们为坐标的点 P,Q,R. 过这三个点分别作垂直于三条坐标轴的平面,三个平面必然交于点 M. 由此可见,空间中的点与三个有序实数是一一对应的. 有序数组 x,y,z 称为**点 M 的坐标**,可记作 $M(x,y,z)$.

2. 坐标面

在空间直角坐标系中,任意两个坐标轴可以确定一个平面,这种平面称为**坐标面**. x 轴及 y 轴所确定的坐标面叫作 xOy **面**,另两个坐标面是 yOz **面**和 zOx **面**(如图 7.3).

图 7.3

3. 卦限

三个坐标面把空间分成八个部分,每一部分叫作**卦限**,八个卦限分别用字母Ⅰ、Ⅱ、Ⅲ、Ⅳ、Ⅴ、Ⅵ、Ⅶ、Ⅷ表示(如图 7.3),各卦限中点的坐标有如下特点:

Ⅰ$(+,+,+)$; Ⅱ$(-,+,+)$;
Ⅲ$(-,-,+)$; Ⅳ$(+,-,+)$;
Ⅴ$(+,+,-)$; Ⅵ$(-,+,-)$;
Ⅶ$(-,-,-)$; Ⅷ$(+,-,-)$.

二、向量及其运算

1. 向量的概念

微课

在研究力学、物理学以及其他应用科学时,常会遇到这样一类量,它们既有大小,又有方向. 例如力、力矩、位移、速度、加速度等,这一类量叫作**向量**或**矢量**. 在数学上,用一条有方向的线段(称为**有向线段**)来表示向量. 有向线段的长度表示向量的大小,有向线段的方向表示向量的方向. 以 A 为起点、B 为终点的有向线段所表示的向量记作$\overrightarrow{AB}$. 向量也常用一个字母表示,印刷上常用粗体字母表示,如 $\boldsymbol{a}$、$\boldsymbol{r}$、$\boldsymbol{v}$、$\boldsymbol{F}$ 等,书写时,常在字母上方标上箭头来表示,如 $\vec{a}$、$\vec{r}$、$\vec{v}$、$\vec{F}$ 等.

起点为原点 O、终点在点 M 的向量 $\overrightarrow{OM}$ 称为点 M 的**向径**,记作 $\boldsymbol{r}$. 不考虑向量起点在何处,即一个向量可以在空间任意地平行移动,这种向量称为**自由向量**. 如果两个向量大小相等,方向相同,则称 $\boldsymbol{a}$ 与 $\boldsymbol{b}$ **相等**,记作 $\boldsymbol{a}=\boldsymbol{b}$.

向量的大小叫作向量的**模**. 向量 $\boldsymbol{a}$、$\vec{a}$、$\overrightarrow{AB}$ 的模分别记为 $|\boldsymbol{a}|$、$|\vec{a}|$、$|\overrightarrow{AB}|$. 模等于 1 的向

量叫作**单位向量**. 与向量 a 方向相同的单位向量,记作 a^0. 模等于 0 的向量叫作**零向量**,记作 $\mathbf{0}$ 或 $\vec{0}$. 零向量的起点与终点重合,它的方向可以看作是任意的. 若两个向量 a 与 b 的方向相同或相反,则称 a 与 b 平行,记作 $a /\!/ b$. 由于零向量的方向可以是任意的,因此可以认为零向量与任何向量平行.

2. 向量的线性运算

(1) 向量的加法与减法运算

仿照物理学中关于力和速度合成的平行四边形法则,我们对一般向量规定加法运算如下:对任意两向量 a 与 b,将它们的始点放在一起,并以 a 及 b 为邻边,作一平行四边形,则与 a、b 有共同始点的对角线 c(如图 7.4)就叫作向量 a 与 b 的和,记作

$$c = a + b,$$

这样规定的两个向量的和的方法叫作向量加法的**平行四边形法则**.

从图 7.4 中可看出 $b = \overrightarrow{OB} = \overrightarrow{AC}$,从而 $c = \overrightarrow{OC} = \overrightarrow{OA} + \overrightarrow{AC}$. 这表明,若由 a 的终点为始点作向量 b,则以 a 的始点为始点,以 b 的终点为终点的向量 c 就是向量 a 与 b 的和,这一法则叫作**三角形法则**. 按三角形法则,可以规定有限个向量的和(如图 7.5 所示),把有限多个向量首尾相连,其和为以第一向量始点为始点,最后一个向量的终点为终点的向量.

图 7.4　　　　　图 7.5　　　　　图 7.6

如果一个向量的模与向量 b 相等,而方向相反,则称此向量为向量 b 的**负向量**,记作 $-b$. 向量 a 与 $-b$ 的和称为 a 与 b 的**差**,记作 $a - b$. $a - b$ 可按图 7.6 的方法作出.

(2) 数与向量的乘法运算

设 a 为任意向量,λ 为任意实数,规定 λ 与 a 的乘积 λa 是一个平行于 a 的向量,它的模为:$|\lambda a| = |\lambda| |a|$. 当 $\lambda > 0$ 时,λa 的方向与 a 同向;当 $\lambda < 0$ 时,λa 的方向与 a 反向;当 $\lambda = 0$ 时,λa 为零向量.

向量的加法、数与向量的乘法有以下**运算性质**:

① 交换律　$a + b = b + a$;

② 结合律　$(a + b) + c = a + (b + c)$,

　　　　　$\lambda(\mu a) = (\lambda \mu) a$($\lambda$,$\mu$ 是实数);

③ 分配律　$(\lambda + \mu) a = \lambda a + \mu a$($\lambda$,$\mu$ 是实数),

　　　　　$\lambda(a + b) = \lambda a + \lambda b$($\lambda$ 是实数).

根据数与向量的乘法,可以得出下面的定理.

定理 7.1　向量 b 与非零向量 a 平行的充要条件是存在唯一的实数 λ,使 $b = \lambda a$.

证明　充分性是显然的,下面证明必要性.

设 $b /\!/ a$. 当 b 与 a 同方向时,取 $\lambda = \dfrac{|b|}{|a|}$;当 b 与 a 反方向时,取 $\lambda = -\dfrac{|b|}{|a|}$,则 b 与 λa 同

向,且
$$|\lambda\boldsymbol{a}|=|\lambda||\boldsymbol{a}|=\frac{|\boldsymbol{b}|}{|\boldsymbol{a}|}|\boldsymbol{a}|=|\boldsymbol{b}|.$$

因此 $\boldsymbol{b}=\lambda\boldsymbol{a}$.

再证数 λ 的唯一性. 另有数 μ 使 $\boldsymbol{b}=\mu\boldsymbol{a}$, 则
$$\lambda\boldsymbol{a}-\mu\boldsymbol{a}=\boldsymbol{b}-\boldsymbol{b}=\boldsymbol{0}, \text{即}(\lambda-\mu)\boldsymbol{a}=\boldsymbol{0}.$$

因 $|\boldsymbol{a}|\neq 0$, 故 $\lambda-\mu=0$, 即 $\lambda=\mu$.

【例 7.1】 已知平行四边形 $ABCD$ 的对角线向量为 $\overrightarrow{AC}=\boldsymbol{a}$, $\overrightarrow{BD}=\boldsymbol{b}$, 试用向量 $\boldsymbol{a}$ 和 $\boldsymbol{b}$ 表示向量 $\overrightarrow{AB}$ 和 $\overrightarrow{DA}$.

图 7.7

解 设 $\overrightarrow{AC}, \overrightarrow{BD}$ 的交点为 O(如图 7.7), 由于平行四边形对角线互相平分, 故
$$\overrightarrow{AO}=\frac{1}{2}\overrightarrow{AC}=\frac{1}{2}\boldsymbol{a}, \overrightarrow{BO}=\overrightarrow{OD}=\frac{1}{2}\overrightarrow{BD}=\frac{1}{2}\boldsymbol{b}.$$

根据三角形法则,有
$$\overrightarrow{AB}=\overrightarrow{AO}+\overrightarrow{OB}=\overrightarrow{AO}-\overrightarrow{BO}=\frac{1}{2}(\boldsymbol{a}-\boldsymbol{b}),$$
$$\overrightarrow{DA}=-\overrightarrow{AD}=-(\overrightarrow{AO}+\overrightarrow{OD})=-\frac{1}{2}(\boldsymbol{a}+\boldsymbol{b}).$$

(3) 向量的坐标表示式

在空间直角坐标系中,设向量 $\boldsymbol{i}, \boldsymbol{j}, \boldsymbol{k}$ 分别表示方向与 x, y, z 轴正向相同的单位向量,它们又称为直角坐标系 $O-xyz$ 的**基本单位向量**. 下面我们将给出空间内任一向量如何用基本单位向量表示的方法.

任给向量 $\boldsymbol{r}$,对应有点 $M(x, y, z)$,使 $\overrightarrow{OM}=\boldsymbol{r}$. 以 OM 为对角线、三条坐标轴为棱作长方体(如图 7.8),有
$$\boldsymbol{r}=\overrightarrow{OM}=\overrightarrow{ON}+\overrightarrow{NM}=\overrightarrow{OP}+\overrightarrow{PN}+\overrightarrow{NM}=\overrightarrow{OP}+\overrightarrow{OQ}+\overrightarrow{OR},$$
根据数与向量的乘法,易证
$$\overrightarrow{OP}=x\boldsymbol{i}, \overrightarrow{OQ}=y\boldsymbol{j}, \overrightarrow{OR}=z\boldsymbol{k},$$
则
$$\boldsymbol{r}=\overrightarrow{OM}=x\boldsymbol{i}+y\boldsymbol{j}+z\boldsymbol{k}.$$

图 7.8

图 7.9

设向量 $\boldsymbol{a}=\overrightarrow{M_1M_2}$ 的起点坐标为 $M_1=(x_1, y_1, z_1)$, 终点坐标为 $M_2=(x_2, y_2, z_2)$, 由图 7.9 可看到
$$\boldsymbol{a}=\overrightarrow{M_1M_2}=\overrightarrow{OM_2}-\overrightarrow{OM_1}=(x_2\boldsymbol{i}+y_2\boldsymbol{j}+z_2\boldsymbol{k})-(x_1\boldsymbol{i}+y_1\boldsymbol{j}+z_1\boldsymbol{k})$$
$$=(x_2-x_1)\boldsymbol{i}+(y_2-y_1)\boldsymbol{j}+(z_2-z_1)\boldsymbol{k}.$$

记 $a_x=x_2-x_1, a_y=y_2-y_1, a_z=z_2-z_1$,则有
$$a=a_x\boldsymbol{i}+a_y\boldsymbol{j}+a_z\boldsymbol{k}, \qquad (7.1)$$
或
$$a=(a_x,a_y,a_z). \qquad (7.1)'$$

式(7.1)称为向量 a 的**基本单位向量的分解表示式**,式(7.1)′称为向量 a 的**坐标表示式**. $a_x\boldsymbol{i}$, $a_y\boldsymbol{j}$, $a_z\boldsymbol{k}$ 称为向量 a 在三坐标轴上的**分向量**,有序数组 a_x,a_y,a_z 称为向量 a 的**坐标**(又称为 a 在三坐标轴上的**投影**). 显然,向量 a 与它的三个坐标是一一对应的,因此它的坐标表示式(基本单位向量的分解表示式)是唯一的.

引入向量的坐标表示式后,我们能方便地用坐标来进行向量的线性运算.

设 $\boldsymbol{a}=(a_x,a_y,a_z)$, $\boldsymbol{b}=(b_x,b_y,b_z)$,即
$$\boldsymbol{a}=a_x\boldsymbol{i}+a_y\boldsymbol{j}+a_z\boldsymbol{k}, \boldsymbol{b}=b_x\boldsymbol{i}+b_y\boldsymbol{j}+b_z\boldsymbol{k},$$
则
$$\begin{aligned}\boldsymbol{a}+\boldsymbol{b}&=(a_x\boldsymbol{i}+a_y\boldsymbol{j}+a_z\boldsymbol{k})+(b_x\boldsymbol{i}+b_y\boldsymbol{j}+b_z\boldsymbol{k})=(a_x+b_x)\boldsymbol{i}+(a_y+b_y)\boldsymbol{j}+(a_z+b_z)\boldsymbol{k}\\&=(a_x+b_x,a_y+b_y,a_z+b_z).\end{aligned}$$
$$\begin{aligned}\boldsymbol{a}-\boldsymbol{b}&=(a_x\boldsymbol{i}+a_y\boldsymbol{j}+a_z\boldsymbol{k})-(b_x\boldsymbol{i}+b_y\boldsymbol{j}+b_z\boldsymbol{k})=(a_x-b_x)\boldsymbol{i}+(a_y-b_y)\boldsymbol{j}+(a_z-b_z)\boldsymbol{k}\\&=(a_x-b_x,a_y-b_y,a_z-b_z).\end{aligned}$$
$$\begin{aligned}\lambda\boldsymbol{a}&=\lambda(a_x\boldsymbol{i}+a_y\boldsymbol{j}+a_z\boldsymbol{k})=(\lambda a_x)\boldsymbol{i}+(\lambda a_y)\boldsymbol{j}+(\lambda a_z)\boldsymbol{k}\\&=(\lambda a_x,\lambda a_y,\lambda a_z). (\lambda\text{ 是实数})\end{aligned}$$

定理7.1指出,向量 $\boldsymbol{b}$ 与非零向量 $\boldsymbol{a}$ 平行的充要条件为:存在实数 λ,使 $\boldsymbol{b}=\lambda\boldsymbol{a}$.用坐标表示式,上述的充要条件能表示成
$$(b_x,b_y,b_z)=\lambda(a_x,a_y,a_z),$$
即
$$b_x=\lambda a_x, b_y=\lambda a_y, b_z=\lambda a_z, \qquad (7.2)$$
或
$$\frac{b_x}{a_x}=\frac{b_y}{a_y}=\frac{b_z}{a_z}=\lambda. \qquad (7.3)$$

注意:若 a_x,a_y,a_z 中某一个或两个为零时,则式(7.3)只是式(7.2)书写的简洁形式,应理解为相应的分子也为零.例如 $\dfrac{b_x}{0}=\dfrac{b_y}{a_y}=\dfrac{b_z}{a_z}$,应理解为 $b_x=0, \dfrac{b_y}{a_y}=\dfrac{b_z}{a_z}$.

【**例 7.2**】 求解以向量为未知元的线性方程组 $\begin{cases}5\boldsymbol{x}-3\boldsymbol{y}=\boldsymbol{a},\\3\boldsymbol{x}-2\boldsymbol{y}=\boldsymbol{b},\end{cases}$ 其中 $\boldsymbol{a}=(2,1,2)$, $\boldsymbol{b}=(-1,1,-2)$.

解 如同解二元一次线性方程组,可得
$$\boldsymbol{x}=2\boldsymbol{a}-3\boldsymbol{b}, \boldsymbol{y}=3\boldsymbol{a}-5\boldsymbol{b}.$$
以 $\boldsymbol{a}$、$\boldsymbol{b}$ 的坐标表示式代入,即得
$$\boldsymbol{x}=2(2,1,2)-3(-1,1,-2)=(7,-1,10),$$
$$\boldsymbol{y}=3(2,1,2)-5(-1,1,-2)=(11,-2,16).$$

(4) 用坐标表示向量的模与两点间的距离公式

如图 7.8 所示,在向量的坐标表示式中,设向量 $r=(x,y,z)$,作 $\overrightarrow{OM}=r$,则
$$r=\overrightarrow{OM}=\overrightarrow{OP}+\overrightarrow{OQ}+\overrightarrow{OR},$$
按勾股定理可得
$$|r|=|OM|=\sqrt{|OP|^2+|OQ|^2+|OR|^2},$$
而
$$\overrightarrow{OP}=x\boldsymbol{i},\overrightarrow{OQ}=y\boldsymbol{j},\overrightarrow{OR}=z\boldsymbol{k},$$
有
$$|OP|=|x|,|OQ|=|y|,|OR|=|z|,$$
于是得向量模的坐标表示式
$$|r|=\sqrt{x^2+y^2+z^2}.$$
设有点 $A(x_1,y_1,z_1)$、$B(x_2,y_2,z_2)$,则
$$\overrightarrow{AB}=\overrightarrow{OB}-\overrightarrow{OA}=(x_2,y_2,z_2)-(x_1,y_1,z_1)=(x_2-x_1,y_2-y_1,z_2-z_1),$$
于是点 A 与点 B 间的距离为
$$|AB|=|\overrightarrow{AB}|=\sqrt{(x_2-x_1)^2+(y_2-y_1)^2+(z_2-z_1)^2}.$$

【例 7.3】 证明以 $M_1(4,3,1)$、$M_2(7,1,2)$、$M_3(5,2,3)$ 三点为顶点的三角形是一个等腰三角形.

证明 因为
$$|M_1M_2|^2=(7-4)^2+(1-3)^2+(2-1)^2=14,$$
$$|M_2M_3|^2=(5-7)^2+(2-1)^2+(3-2)^2=6,$$
$$|M_1M_3|^2=(5-4)^2+(2-3)^2+(3-1)^2=6,$$
所以 $|M_2M_3|=|M_1M_3|$,即 $\triangle M_1M_2M_3$ 为等腰三角形.

(5) 方向角与方向余弦

当把两个非零向量 a 与 b 的起点放到同一点时,两个向量之间的不超过 π 的夹角称为**向量 a 与 b 的夹角**,记作 $(\widehat{a,b})$ 或 $(\widehat{b,a})$. 如果向量 a 与 b 中有一个是零向量,规定它们的夹角可以在 0 与 π 之间任意取值.

类似地,可以规定向量与一轴的夹角或空间两轴的夹角.

非零向量 r 与三条坐标轴的夹角 $\alpha、\beta、\gamma$ 称为向量 r 的**方向角** (如图 7.10). 把 $\cos\alpha、\cos\beta、\cos\gamma$ 叫作向量 a 的**方向余弦**.

图 7.10

设 $r=(x,y,z)$,则 $x=|r|\cos\alpha,y=|r|\cos\beta,z=|r|\cos\gamma$.

即
$$\cos\alpha=\frac{x}{|r|},\cos\beta=\frac{y}{|r|},\cos\gamma=\frac{z}{|r|}.$$

从而
$$(\cos\alpha,\cos\beta,\cos\gamma)=\frac{1}{|r|}r=r^0.$$

上式表明,以向量 r 的方向余弦为坐标的向量就是与 r 同方向的单位向量 r^0. 因此

$$\cos^2\alpha+\cos^2\beta+\cos^2\gamma=1.$$

【例 7.4】 设已知两点 $A(2,2\sqrt{2})$ 和 $B(1,3,0)$,计算向量 $\overrightarrow{AB}$ 的模、方向余弦和方向角.

解 $\overrightarrow{AB}=(1-2,3-2,0-\sqrt{2})=(-1,1,-\sqrt{2})$,则

$$|\overrightarrow{AB}|=\sqrt{(-1)^2+1^2+(-\sqrt{2})^2}=2,$$

$$\cos\alpha=-\frac{1}{2},\cos\beta=\frac{1}{2},\cos\gamma=-\frac{\sqrt{2}}{2},$$

$$\alpha=\frac{2\pi}{3},\beta=\frac{\pi}{3},\gamma=\frac{3\pi}{4}.$$

3. 两向量的数量积和向量积

案例 7.1（**常力做功**） 设一物体在常力 F 作用下沿直线从点 M_1 移动到点 M_2. 以 s 表示位移 $\overrightarrow{M_1M_2}$. 由物理学知道,力 F 所做的功为

$$W=|F||s|\cos\theta,$$

其中 θ 为 F 与 s 的夹角(如图 7.11).

(1) 数量积

对于两个向量 a 和 b,它们的模 $|a|$、$|b|$ 及它们夹角的余弦的乘积称为向量 a 和 b 的**数量积**,记作 $a \cdot b$,即

$$a \cdot b=|a||b|\cos(\widehat{a,b}).$$

因此,力 F 所做的功为 W 可简记为 $W=F \cdot s$.

(2) 向量的投影

由图 7.12 可看出,数 $|a|\cos(\widehat{a,b})$ 等于有向线段 OB 的值,这个数称为向量 a 在 b 上**投影**,记作 $\mathrm{Prj}_b a$,即 $Prj_b a=|a|\cos(\widehat{a,b})$;同理,数 $|b|\cos(\widehat{a,b})$ 称为向量 b 在 a 上的**投影**,记作 $\mathrm{Prj}_a b$,即 $\mathrm{Prj}_a b=|b|\cos(\widehat{a,b})$. 于是数量积 $a \cdot b$ 可写成

$$a \cdot b=|b|\mathrm{Prj}_b a=|a|\mathrm{Prj}_a b.$$

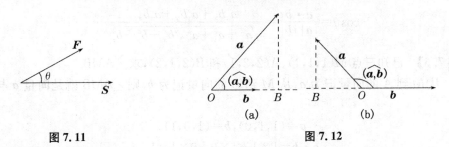

图 7.11　　　　图 7.12

(3) 数量积的运算性质

数量积有以下运算性质:

① $a \cdot a=|a|^2.$

② $a \cdot \mathbf{0}=0.$

③ 对于两个非零向量 a、b,$a \cdot b=0 \Leftrightarrow a \perp b.$

④ 交换律　$a \cdot b=b \cdot a.$

⑤ 结合律　$(\lambda a) \cdot b=a \cdot (\lambda b)=\lambda(a \cdot b)$,其中 λ 是数.

⑥ 分配律 $(a+b)\cdot c = a\cdot c + b\cdot c$.

【例 7.5】 试用向量证明三角形的余弦定理.

证 设在 $\triangle ABC$ 中,$\angle BCA=\theta$(如图 7.13),$|CB|=a$,$|CA|=b$,$|AB|=c$,要证
$$c^2 = a^2+b^2-2ab\cos\theta.$$
记 $\overrightarrow{CB}=\boldsymbol{a}$,$\overrightarrow{CA}=\boldsymbol{b}$,$\overrightarrow{AB}=\boldsymbol{c}$,则有
$$\boldsymbol{c}=\boldsymbol{a}-\boldsymbol{b},$$

图 7.13

从而
$$|\boldsymbol{c}|^2 = \boldsymbol{c}\cdot\boldsymbol{c} = (\boldsymbol{a}-\boldsymbol{b})(\boldsymbol{a}-\boldsymbol{b}) = \boldsymbol{a}\cdot\boldsymbol{a}+\boldsymbol{b}\cdot\boldsymbol{b}-2\boldsymbol{a}\cdot\boldsymbol{b}$$
$$= |\boldsymbol{a}|^2+|\boldsymbol{b}|^2-2|\boldsymbol{a}||\boldsymbol{b}|\cos(\widehat{\boldsymbol{a},\boldsymbol{b}}),$$
即
$$c^2 = a^2+b^2-2ab\cos\theta.$$

(4) 数量积的坐标表示

设 $\boldsymbol{a}=(a_x,a_y,a_z)$,$\boldsymbol{b}=(b_x,b_y,b_z)$,按数量积的运算规律可得
$$\boldsymbol{a}\cdot\boldsymbol{b} = (a_x\boldsymbol{i}+a_y\boldsymbol{j}+a_z\boldsymbol{k})\cdot(b_x\boldsymbol{i}+b_y\boldsymbol{j}+b_z\boldsymbol{k})$$
$$= a_xb_x\boldsymbol{i}\cdot\boldsymbol{i}+a_xb_y\boldsymbol{i}\cdot\boldsymbol{j}+a_xb_z\boldsymbol{i}\cdot\boldsymbol{k}+a_yb_x\boldsymbol{j}\cdot\boldsymbol{i}+a_yb_y\boldsymbol{j}\cdot\boldsymbol{j}+$$
$$a_yb_z\boldsymbol{j}\cdot\boldsymbol{k}+a_zb_x\boldsymbol{k}\cdot\boldsymbol{i}+a_zb_y\boldsymbol{k}\cdot\boldsymbol{j}+a_zb_z\boldsymbol{k}\cdot\boldsymbol{k}.$$

由于
$$\boldsymbol{i}\cdot\boldsymbol{i}=|\boldsymbol{i}|^2=1,\boldsymbol{j}\cdot\boldsymbol{j}=|\boldsymbol{j}|^2=1,\boldsymbol{k}\cdot\boldsymbol{k}=|\boldsymbol{k}|^2=1,$$
$$\boldsymbol{i}\cdot\boldsymbol{j}=\boldsymbol{j}\cdot\boldsymbol{i}=0,\boldsymbol{i}\cdot\boldsymbol{k}=\boldsymbol{k}\cdot\boldsymbol{i}=0,\boldsymbol{j}\cdot\boldsymbol{k}=\boldsymbol{k}\cdot\boldsymbol{j}=0,$$
所以
$$\boldsymbol{a}\cdot\boldsymbol{b} = a_xb_x+a_yb_y+a_zb_z.$$

(5) 两向量夹角的余弦的坐标表示

设 $\theta=(\widehat{\boldsymbol{a},\boldsymbol{b}})$,则当 $\boldsymbol{a}\neq\boldsymbol{0}$、$\boldsymbol{b}\neq\boldsymbol{0}$ 时,有
$$\cos\theta = \frac{\boldsymbol{a}\cdot\boldsymbol{b}}{|\boldsymbol{a}||\boldsymbol{b}|} = \frac{a_xb_x+a_yb_y+a_zb_z}{\sqrt{a_x^2+a_y^2+a_z^2}\sqrt{b_x^2+b_y^2+b_z^2}}.$$

【例 7.6】 已知三点 $M(1,1,1)$、$A(2,2,1)$ 和 $B(2,1,2)$,求 $\angle AMB$.

解 从 M 到 A 的向量记为 $\boldsymbol{a}$,从 M 到 B 的向量记为 $\boldsymbol{b}$,则 $\angle AMB$ 就是向量 $\boldsymbol{a}$ 与 $\boldsymbol{b}$ 的夹角.
$$\boldsymbol{a}=(1,1,0),\boldsymbol{b}=(1,0,1),$$
$$\boldsymbol{a}\cdot\boldsymbol{b}=1\times 1+1\times 0+0\times 1=1,$$
$$|\boldsymbol{a}|=\sqrt{1^2+1^2+0^2}=\sqrt{2},$$
$$|\boldsymbol{b}|=\sqrt{1^2+0^2+1^2}=\sqrt{2},$$
所以
$$\cos\angle AMB = \frac{\boldsymbol{a}\cdot\boldsymbol{b}}{|\boldsymbol{a}||\boldsymbol{b}|} = \frac{1}{\sqrt{2}\cdot\sqrt{2}} = \frac{1}{2}.$$

从而

$$\angle AMB = \frac{\pi}{3}.$$

案例 7.2（常力对支点 O 的力矩） 设 O 为一根杠杆 L 的支点. 有一个力 F 作用于这杠杆上 P 点处. F 与 $\overrightarrow{OP}$ 的夹角为 θ（如图 7.14）. 由力学规定，力 F 对支点 O 的力矩是一向量 M，它的模

$$|M| = |\overrightarrow{OP}||F|\sin\theta.$$

而 M 的方向同时垂直于 $\overrightarrow{OP}$ 与 F，M 的指向是按右手规则从 $\overrightarrow{OP}$ 以不超过 π 的角转向 F 来确定，即当右手的四个手指从 $\overrightarrow{OP}$ 以不超过 π 的角转向 F 握拳时，大拇指所指的方向（如图 7.15）.

图 7.14　　　　　图 7.15

(6) 向量积

设向量 c 是由两个向量 a 与 b 按下列方式给出：

① $|c| = |a||b|\sin(\widehat{a,b})$；

② c 与 a 和 b 都垂直，其指向按右手规则来确定（如图 7.16）. 那么，向量 c 叫作向量 a 与 b 的**向量积**，记作 $a \times b$，即

$$c = a \times b.$$

根据向量积的定义，力矩 M 等于 $\overrightarrow{OP}$ 与 F 的向量积，即 $M = \overrightarrow{OP} \times F$.

几何上，向量积的模 $|a \times b|$ 表示以 a 和 b 为邻边的平行四边形的面积（如图 7.17）.

图 7.16　　　　　图 7.17

(7) 向量积的运算性质

向量积有以下运算性质：

① $a \times a = 0, a \times 0 = 0$；

② 对于两个非零向量 a、b，$a \parallel b \Leftrightarrow a \times b = 0$；

③ $a \times b = -b \times a$；

④ 结合律：$(\lambda a) \times b = a \times (\lambda b) = \lambda(a \times b)$，其中 λ 为数；

⑤ 分配律：$(a+b) \times c = a \times c + b \times c$.

(8) 向量积的坐标表示

设 $a = a_x i + a_y j + a_z k$，$b = b_x i + b_y j + b_z k$，按向量积的运算规律可得

$$a \times b = (a_x i + a_y j + a_z k) \times (b_x i + b_y j + b_z k)$$
$$= a_x b_x i \times i + a_x b_y i \times j + a_x b_z i \times k + a_y b_x j \times i + a_y b_y j \times j +$$
$$a_y b_z j \times k + a_z b_x k \times i + a_z b_y k \times j + a_z b_z k \times k.$$

由于 $i \times i = j \times j = k \times k = 0, i \times j = k, j \times k = i, k \times i = j$,所以
$$a \times b = (a_y b_z - a_z b_y) i + (a_z b_x - a_x b_z) j + (a_x b_y - a_y b_x) k.$$

为了帮助记忆,利用行列式符号,上式可写成
$$a \times b = \begin{vmatrix} i & j & k \\ a_x & a_y & a_z \\ b_x & b_y & b_z \end{vmatrix} = \begin{vmatrix} a_y & a_z \\ b_y & b_z \end{vmatrix} i - \begin{vmatrix} a_x & a_z \\ b_x & b_z \end{vmatrix} j + \begin{vmatrix} a_x & a_y \\ b_x & b_y \end{vmatrix} k.$$
$$= (a_y b_z - a_z b_y) i + (a_z b_x - a_x b_z) j + (a_x b_y - a_y b_x) k.$$

【例 7.7】 已知三角形 ABC 的顶点分别是 $A(1,2,3)$、$B(3,4,5)$、$C(2,4,7)$,求三角形 ABC 的面积.

解 根据向量积模的几何意义,可知三角形 ABC 的面积
$$S_{\triangle ABC} = \frac{1}{2} |\overrightarrow{AB} \times \overrightarrow{AC}|.$$

由于 $\overrightarrow{AB} = (2,2,2), \overrightarrow{AC} = (1,2,4)$,因此
$$\overrightarrow{AB} \times \overrightarrow{AC} = \begin{vmatrix} i & j & k \\ 2 & 2 & 2 \\ 1 & 2 & 4 \end{vmatrix} = \begin{vmatrix} 2 & 2 \\ 2 & 4 \end{vmatrix} i - \begin{vmatrix} 2 & 2 \\ 1 & 4 \end{vmatrix} j + \begin{vmatrix} 2 & 2 \\ 1 & 2 \end{vmatrix} k = 4i - 6j + 2k.$$

于是
$$S_{\triangle ABC} = \frac{1}{2} |4i - 6j + 2k| = \frac{1}{2} \sqrt{4^2 + (-6)^2 + 2^2} = \sqrt{14}.$$

习题 7.1

1. 在空间直角坐标系中,指出下列各点在哪个卦限?
$$A(2,-1,-5), B(1,2,4), C(1,-1,5), D(1,3,-5).$$

2. 求点 $(2,-1,-5)$ 关于(1) 各坐标面;(2) 各坐标轴;(3) 坐标原点的对称点的坐标.

3. 已知两点 $M_1(0,1,2)$ 和 $M_2(1,-1,0)$.试求向量 $\overrightarrow{M_1 M_2}$ 的坐标,模及与向量同方向的单位向量.

4. 已知 $\overrightarrow{AB} = (1,-2,7)$,它的终点坐标为 $B(3,-2,4)$,求它的起点 A 的坐标.

5. $a = 3i - j - 2k, b = i + 2j - k$,求:(1) $a \cdot b$;(2) $a \times b$;(3) a, b 夹角的余弦.

6. 证明:以点 $A(4,1,9), B(10,-1,6), C(2,4,3)$ 为顶点的三角形为等腰直角三角形.

7. 已知点 $A(1,-3,4), B(-2,1,-1), C(-3,-1,1)$,求:(1) $\angle ABC$;(2) $\overrightarrow{AB}$ 在 $\overrightarrow{AC}$ 上的投影.

8. 已知 $\overrightarrow{AB} = (2,5,1), \overrightarrow{AC} = (-3,2,2)$,求 $\triangle ABC$ 的面积.

9. 已知 $a = (m,5,-1), b = (3,1,n)$ 互相平行,求 m, n.

10. 已知三点 $A(1,-1,2), B(3,3,1), C(3,1,3)$,求与 $\overrightarrow{AB}, \overrightarrow{BC}$ 同时垂直的单位向量.

第二节 平面与直线

学习目标

1. 掌握平面方程,会根据简单的几何条件求平面的方程.
2. 掌握直线方程,会根据简单的几何条件求直线的方程.
3. 会求平面与平面、平面与直线、直线与直线之间的夹角,并会利用平面、直线的相互关系(平行、垂直、相交等)解决有关问题.
4. 掌握点到平面的距离公式.

一、点的轨迹方程的概念

与平面解析几何类似,在空间解析几何中,曲面被看作点的轨迹并可用三元方程表示. 在这样的意义下,如果曲面 S 与三元方程

$$F(x,y,z)=0$$

有下述关系:

(1) 曲面 S 上任一点的坐标都满足方程 $F(x,y,z)=0$;

(2) 不在曲面 S 上的点的坐标都不满足方程 $F(x,y,z)=0$,

那么,方程 $F(x,y,z)=0$ 就叫作**曲面 S 的方程**,而曲面 S 就叫作**方程 $F(x,y,z)=0$ 的图形**(如图 7.18).

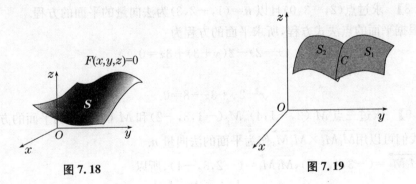

图 7.18　　　　　　　图 7.19

空间曲线可以看作两个曲面的交线. 设 $S_1:F(x,y,z)=0$ 和 $S_2:G(x,y,z)=0$ 是两个曲面方程,它们的交线为 C(如图 7.19). 因为曲线 C 上的任何点的坐标应同时满足这两个方程,所以应满足方程组

$$\begin{cases} F(x,y,z)=0, \\ G(x,y,z)=0. \end{cases} \tag{7.4}$$

反过来,如果点 M 不在曲线 C 上,那么它不可能同时在两个曲面上,所以它的坐标不满足方程组(7.4). 因此,曲线 C 可以用上述方程组(7.4)来表示. 上述方程组(7.4)叫作**空间曲线 C 的一般方程**,而空间曲线 C 称为**方程组(7.4)的图形**.

本节先来讨论最简单的曲面——平面和最简单的空间曲线——直线.

二、平面

1. 平面的点法式方程

如果一非零向量垂直于一平面,这向量就叫作该平面的**法向量**. 容易知道,平面上的任一向量均与该平面的法向量垂直.

当平面 Π 上一点 $M_0(x_0, y_0, z_0)$ 和它的一个法向量 $\boldsymbol{n} = (A, B, C)$ 为已知时,平面 Π 的位置就完全确定了. 设 $M(x, y, z)$ 是平面 Π 上的任一点. 那么向量 $\overrightarrow{M_0 M}$ 必与平面 Π 的法向量 $\boldsymbol{n}$ 垂直,即它们的数量积等于零:

$$\boldsymbol{n} \cdot \overrightarrow{M_0 M} = 0.$$

由于

$$\boldsymbol{n} = (A, B, C), \overrightarrow{M_0 M} = (x - x_0, y - y_0, z - z_0),$$

所以

$$A(x - x_0) + B(y - y_0) + C(z - z_0) = 0. \tag{7.5}$$

这就是平面 Π 上任一点 M 的坐标 x, y, z 所满足的方程.

反过来,如果 $M(x, y, z)$ 不在平面 Π 上,那么向量 $\overrightarrow{M_0 M}$ 与法向量 $\boldsymbol{n}$ 不垂直,从而

$$\boldsymbol{n} \cdot \overrightarrow{M_0 M} \neq 0,$$

即不在平面 Π 上的点 M 的坐标 x, y, z 不满足方程(7.5). 由此可知,方程(7.5)就是平面 Π 的方程. 而平面 Π 就是平面方程的图形. 由于方程(7.5)是由平面 Π 上的一点 $M_0(x_0, y_0, z_0)$ 及它的一个法线向量 $\boldsymbol{n} = (A, B, C)$ 确定的,所以此方程叫作平面的**点法式方程**.

【例 7.8】 求过点 $(2, -3, 0)$ 且以 $\boldsymbol{n} = (1, -2, 3)$ 为法向量的平面的方程.

解 根据平面的点法式方程,所求平面的方程为

$$(x - 2) - 2(y + 3) + 3z = 0,$$

即

$$x - 2y + 3z - 8 = 0.$$

【例 7.9】 求过三点 $M_1(2, -1, 4)$、$M_2(-1, 3, -2)$ 和 $M_3(0, 2, 3)$ 的平面的方程.

解 我们可以用 $\overrightarrow{M_1 M_2} \times \overrightarrow{M_1 M_3}$ 作为平面的法向量 $\boldsymbol{n}$.

因为 $\overrightarrow{M_1 M_2} = (-3, 4, -6), \overrightarrow{M_1 M_3} = (-2, 3, -1)$,所以

$$\boldsymbol{n} = \overrightarrow{M_1 M_2} \times \overrightarrow{M_1 M_3} = \begin{vmatrix} \boldsymbol{i} & \boldsymbol{j} & \boldsymbol{k} \\ -3 & 4 & -6 \\ -2 & 3 & -1 \end{vmatrix} = 14\boldsymbol{i} + 9\boldsymbol{j} - \boldsymbol{k}.$$

根据平面的点法式方程,得所求平面的方程为

$$14(x - 2) + 9(y + 1) - (z - 4) = 0,$$

即

$$14x + 9y - z - 15 = 0.$$

2. 平面的一般方程

在式(7.5)中,令 $D = -(Ax_0 + By_0 + Cz_0)$,那么式(7.5)便能写成

$$Ax+By+Cz+D=0. \tag{7.6}$$

反过来,设有三元一次方程
$$Ax+By+Cz+D=0.$$

我们任取满足该方程的一组数 x_0, y_0, z_0,即
$$Ax_0+By_0+Cz_0+D=0.$$

把上述两等式相减,得
$$A(x-x_0)+B(y-y_0)+C(z-z_0)=0,$$

这正是通过点 $M_0(x_0, y_0, z_0)$ 且以 $\boldsymbol{n}=(A,B,C)$ 为法向量的平面方程. 由于方程
$$Ax+By+Cz+D=0.$$

与方程
$$A(x-x_0)+B(y-y_0)+C(z-z_0)=0$$

同解,所以任一三元一次方程(7.6)的图形总是一个平面. 方程(7.6)称为**平面的一般方程**,其中 x, y, z 的系数就是该平面的一个法向量 $\boldsymbol{n}$ 的坐标,即 $\boldsymbol{n}=(A,B,C)$.

例如,方程 $3x-4y+z-9=0$ 表示一个平面,$\boldsymbol{n}=(3,-4,1)$ 是这平面的一个法向量.

下面讨论一些特殊的三元一次方程所表示的平面,研究它们的位置有些什么特点.

当 $D=0$ 时,式(7.6)成为
$$Ax+By+Cz=0,$$

显然,原点 $O(0,0,0)$ 的坐标满足此方程,所以它表示通过原点的平面方程.

当 $A=0$ 时,式(7.6)成为
$$By+Cz+D=0,$$

它所表示的平面法向量为 $\boldsymbol{n}=(0,B,C)$,法向量垂直于 x 轴,所以该平面平行于 x 轴(或与 yOz 面垂直). 同样,当 $B=0$ 或 $C=0$ 时,式(7.6)分别成为
$$Ax+Cz+D=0 \quad \text{或} \quad Ax+By+D=0,$$

它们分别表示与 y 轴或与 z 轴平行的平面.

当 $A=B=0$ 时,式(7.6)又成为
$$Cz+D=0,$$

它所表示的平面法向量为 $\boldsymbol{n}=(0,0,C)$ 法向量既垂直于 x 轴也垂直于 y 轴,即与 xOy 面垂直,所以该平面与 xOy 面平行. 同样,当 $B=C=0$ 或 $A=C=0$ 时,式(7.6)成为
$$Ax+D=0 \quad \text{或} \quad By+D=0,$$

它们分别表示与 yOz 面或与 zOx 面平行的平面.

特别地,方程 $z=0, x=0, y=0$ 分别表示三个坐标面:xOy 面,yOz 面,zOx 面.

【例 7.10】 求通过 x 轴和点 $(4,-3,-1)$ 的平面的方程.

解 平面通过 x 轴,一方面表明它的法向量垂直于 x 轴,即 $A=0$;另一方面表明它必通过原点,即 $D=0$. 因此可设这平面的方程为
$$By+Cz=0.$$

又因为这平面通过点 $(4,-3,-1)$,所以有
$$-3B-C=0,$$

或
$$C=-3B.$$

将其代入所设方程并除以 $B(B\neq 0)$，便得所求的平面方程为
$$y-3z=0.$$

【例 7.11】 设一平面与 x、y、z 轴的交点依次为 $P(a,0,0)$、$Q(0,b,0)$、$R(0,0,c)$ 三点，求这平面的方程(其中 $a\neq 0, b\neq 0, c\neq 0$).

解 设所求平面的方程为
$$Ax+By+Cz+D=0.$$
因为点 $P(a,0,0)$、$Q(0,b,0)$、$R(0,0,c)$ 都在这平面上，所以点 P、Q、R 的坐标都满足所设方程，即有
$$\begin{cases} aA+D=0, \\ bB+D=0, \\ cC+D=0, \end{cases}$$
由此得
$$A=-\frac{D}{a}, B=-\frac{D}{b}, C=-\frac{D}{c}.$$
将其代入所设方程，得
$$-\frac{D}{a}x-\frac{D}{b}y-\frac{D}{c}z+D=0,$$
即
$$\frac{x}{a}+\frac{y}{b}+\frac{z}{c}=1.$$
上述方程叫作**平面的截距式方程**，而 a、b、c 依次叫作平面在 x、y、z 轴上的**截距**.

三、直线

1. 空间直线的一般方程

微课

空间直线 L 可以看作是两个平面 Π_1 和 Π_2 的交线.

如果两个相交平面 Π_1 和 Π_2 的方程分别为 $A_1x+B_1y+C_1z+D_1=0$ 和 $A_2x+B_2y+C_2z+D_2=0$，那么直线 L 上的任一点的坐标应同时满足这两个平面的方程，即应满足方程组
$$\begin{cases} A_1x+B_1y+C_1z+D_1=0, \\ A_2x+B_2y+C_2z+D_2=0. \end{cases} \tag{7.7}$$

反过来，如果点 M 不在直线 L 上，那么它不可能同时在平面 Π_1 和 Π_2 上，所以它的坐标不满足方程组(7.7). 因此，直线 L 可以用方程组(7.7)来表示. 方程组(7.7)叫作**空间直线的一般方程**.

通过空间一直线 L 的平面有无限多个，只要在这无限多个平面中任意选取两个，把它们的方程联立起来，所得的方程组就表示空间直线 L.

2. 空间直线的对称式方程与参数方程

由立体几何知道，过空间一点作平行于已知直线的直线是唯一的. 因此，如果知道直线上一点及与直线平行的某一向量，那么该直线的位置也就完全确定. 下面，我们根据这个几何条件来建立直线的方程.

如果一个非零向量平行于一条已知直线,这个向量就叫作这条直线的**方向向量**. 容易知道,直线上任一向量都平行于该直线的方向向量.

若已知直线 L 通过点 $M_0(x_0,y_0,z_0)$,且直线的方向向量为 $s=(m,n,p)$,我们来建立直线 L 的方程. 设 $M(x,y,z)$ 为直线 L 上的任一点(如图 7.20),由于向量 $\overrightarrow{M_0M}=(x-x_0,y-y_0,z-z_0)$ 在直线上,它是直线 L 的一个方向向量,故 $\overrightarrow{M_0M} /\!/ s$,根据向量平行的充要条件,有

图 7.20

$$\frac{x-x_0}{m}=\frac{y-y_0}{n}=\frac{z-z_0}{p}. \tag{7.8}$$

这就是直线 L 的方程,式(7.8)叫作**直线的对称式方程**或**点向式方程**.

注意:式(7.8)中,若有个别分母为零,应理解为相应的分子也为零. 例如,当 m,n,p 中有一个为零,如 $m=0$,而 $n,p\neq 0$ 时,这方程组应理解为

$$\begin{cases} x=x_0, \\ \dfrac{y-y_0}{n}=\dfrac{z-z_0}{p}. \end{cases}$$

当 m,n,p 中有两个为零,如 $m=n=0$,而 $p\neq 0$ 时,这方程组应理解为

$$\begin{cases} x-x_0=0, \\ y-y_0=0. \end{cases}$$

由直线的对称式方程容易导出直线的参数方程. 设 $\dfrac{x-x_0}{m}=\dfrac{y-y_0}{n}=\dfrac{z-z_0}{p}=t$,得方程组

$$\begin{cases} x=x_0+mt, \\ y=y_0+nt, \\ z=z_0+pt, \end{cases}$$

此方程组就是**直线的参数方程**,t 为**参数**.

【**例 7.12**】 用对称式方程及参数方程表示直线 $\begin{cases} x+y+z=1, \\ 2x-y+3z=4. \end{cases}$

解 先求直线上的一点. 取 $x=1$,有

$$\begin{cases} y+z=0, \\ -y+3z=2. \end{cases}$$

解此方程组,得 $y=-\dfrac{1}{2},z=\dfrac{1}{2}$,即 $\left(1,\dfrac{1}{2},\dfrac{1}{2}\right)$ 就是直线上的一点.

再求这直线的方向向量 s. 以平面 $x+y+z=-1$ 和 $2x-y+3z=4$ 的法线向量的向量积作为直线的方向向量 s:

$$s=(i+j+k)\times(2i-j+3k)=\begin{vmatrix} i & j & k \\ 1 & 1 & 1 \\ 2 & -1 & 3 \end{vmatrix}=4i-j-3k.$$

因此,所给直线的对称式方程为

$$\frac{x-1}{4}=\frac{y+\dfrac{1}{2}}{-1}=\frac{z-\dfrac{1}{2}}{-3}.$$

令 $\dfrac{x-1}{4}=\dfrac{y+2}{-1}=\dfrac{z}{-3}=t$，得所给直线的参数方程为

$$\begin{cases} x=1+4t, \\ y=-2-t, \\ z=-3t. \end{cases}$$

四、平面、直线间的夹角

1. 两平面的夹角

两平面法向量的夹角中的锐角，称为**两平面的夹角**.

设平面 Π_1 和 Π_2 的方程依次为 $A_1x+B_1y+C_1z+D_1=0$ 和 $A_2x+B_2y+C_2z+D_2=0$，则它们的法向量分别为 $\boldsymbol{n}_1=(A_1,B_1,C_1)$ 和 $\boldsymbol{n}_2=(A_2,B_2,C_2)$，那么平面 Π_1 和 Π_2 的夹角 θ 应是 $(\widehat{\boldsymbol{n}_1,\boldsymbol{n}_2})$ 和 $(\widehat{-\boldsymbol{n}_1,\boldsymbol{n}_2})=\pi-(\widehat{\boldsymbol{n}_1,\boldsymbol{n}_2})$ 两者中的锐角，如图 7.21 所示.

因此，$\cos\theta=|\cos(\widehat{\boldsymbol{n}_1,\boldsymbol{n}_2})|$. 按两向量夹角余弦的坐标表示式，平面 Π_1 和 Π_2 的夹角 θ 可由

$$\cos\theta=|\cos(\widehat{\boldsymbol{n}_1,\boldsymbol{n}_2})|=\dfrac{|A_1A_2+B_1B_2+C_1C_2|}{\sqrt{A_1^2+B_1^2+C_1^2}\cdot\sqrt{A_2^2+B_2^2+C_2^2}}$$

图 7.21

来确定.

从两向量垂直、平行的充分必要条件可推得下列结论：

平面 Π_1 和 Π_2 垂直的充要条件为

$$A_1A_2+B_1B_2+C_1C_2=0;$$

平面 Π_1 和 Π_2 平行（或重合）充要条件为

$$\dfrac{A_1}{A_2}=\dfrac{B_1}{B_2}=\dfrac{C_1}{C_2}\left(=\dfrac{D_1}{D_2}\right).$$

【**例 7.13**】 求两平面 $x-y+2z-6=0$ 和 $2x+y+z-5=0$ 的夹角.

解 $\boldsymbol{n}_1=(A_1,B_1,C_1)=(1,-1,2)$，$\boldsymbol{n}_2=(A_2,B_2,C_2)=(2,1,1)$，

$$\cos\theta=\dfrac{|A_1A_2+B_1B_2+C_1C_2|}{\sqrt{A_1^2+B_1^2+C_1^2}\cdot\sqrt{A_2^2+B_2^2+C_2^2}}=\dfrac{|1\times 2+(-1)\times 1+2\times 1|}{\sqrt{1^2+(-1)^2+2^2}\cdot\sqrt{2^2+1^2+1^2}}=\dfrac{1}{2},$$

所以，所求夹角为 $\theta=\dfrac{\pi}{3}$.

2. 两直线的夹角

两直线的方向向量的夹角中的锐角，叫作**两直线的夹角**.

设直线 L_1 和 L_2 的方向向量分别为 $\boldsymbol{s}_1=(m_1,n_1,p_1)$ 和 $\boldsymbol{s}_2=(m_2,n_2,p_2)$，那么 L_1 和 L_2 的夹角 φ 就是 $(\widehat{\boldsymbol{s}_1,\boldsymbol{s}_2})$ 和 $(\widehat{-\boldsymbol{s}_1,\boldsymbol{s}_2})=\pi-(\widehat{\boldsymbol{s}_1,\boldsymbol{s}_2})$ 两者中的锐角，如图 7.22 所示.

因此 $\cos\varphi=|\cos(\widehat{\boldsymbol{s}_1,\boldsymbol{s}_2})|$. 根据两向量的夹角的余弦公式，直线 L_1 和 L_2 的夹角 φ 可由

图 7.22

$$\cos\varphi = |\cos(\widehat{\boldsymbol{s}_1, \boldsymbol{s}_2})| = \frac{|m_1 m_2 + n_1 n_2 + p_1 p_2|}{\sqrt{m_1^2 + n_1^2 + p_1^2} \cdot \sqrt{m_2^2 + n_2^2 + p_2^2}}$$

来确定.

从两向量垂直、平行的充分必要条件可推得下列结论：

直线 L_1 和 L_2 垂直的充要条件为
$$m_1 m_2 + n_1 n_2 + p_1 p_2 = 0;$$

直线 L_1 和 L_2 平行的充要条件为
$$\frac{m_1}{m_2} = \frac{n_1}{n_2} = \frac{p_1}{p_2}.$$

【例 7.14】 求直线 $L_1: \dfrac{x-1}{1} = \dfrac{y}{-4} = \dfrac{z+3}{1}$ 和 $L_2: \dfrac{x}{2} = \dfrac{y+2}{-2} = \dfrac{z}{-1}$ 的夹角.

解 两直线的方向向量分别为 $\boldsymbol{s}_1 = (1, -4, 1)$ 和 $\boldsymbol{s}_2 = (2, -2, -1)$. 设两直线的夹角为 φ，则

$$\cos\varphi = \frac{|1 \times 2 + (-4) \times (-2) + 1 \times (-1)|}{\sqrt{1^2 + (-4)^2 + 1^2} \cdot \sqrt{2^2 + (-2)^2 + (-1)^2}} = \frac{1}{\sqrt{2}} = \frac{\sqrt{2}}{2},$$

所以 $\varphi = \dfrac{\pi}{4}$.

3. 直线与平面的夹角

当直线与平面不垂直时,直线和它在平面上的投影直线的夹角 φ 称为**直线与平面的夹角**(如图 7.23),当直线与平面垂直时,规定直线与平面的夹角为 $\dfrac{\pi}{2}$.

设直线 L 的方向向量 $\boldsymbol{s} = (m, n, p)$，平面 Π 的法线向量为 $\boldsymbol{n} = (A, B, C)$，直线与平面的夹角为 φ，那么 $\varphi = \left|\dfrac{\pi}{2} - (\widehat{\boldsymbol{s}, \boldsymbol{n}})\right|$，因此 $\sin\varphi = |\cos(\widehat{\boldsymbol{s}, \boldsymbol{n}})|$. 按两向量夹角余弦的坐标表示式,有

$$\sin\varphi = \frac{|Am + Bn + Cp|}{\sqrt{A^2 + B^2 + C^2} \cdot \sqrt{m^2 + n^2 + p^2}}.$$

图 7.23

从两向量垂直、平行的充分必要条件可推得下列结论：

直线 L 与平面 Π 垂直的充要条件为
$$\frac{A}{m} = \frac{B}{n} = \frac{C}{p};$$

直线 L 与平面 Π 平行的充要条件为
$$Am + Bn + Cp = 0.$$

【例 7.15】 求直线 $\begin{cases} x + y + 3z = 0, \\ x - y - z = 0 \end{cases}$ 与平面 $x - y - z + 1 = 0$ 的夹角.

解 直线的方向向量为

$$s = n_1 \times n_2 = \begin{vmatrix} i & j & k \\ 1 & 1 & 3 \\ 1 & -1 & -1 \end{vmatrix} = 2(1,2,-1),$$

$$\sin\varphi = |\cos(\widehat{s,n})| = \frac{|s \cdot n|}{|s||n|} = \frac{|1 \times 1 + 2 \times (-1) + (-1) \times (-1)|}{\sqrt{6} \cdot \sqrt{3}} = 0.$$

所以 $\varphi = 0$.

五、点到平面的距离

设 $P_0(x_0, y_0, z_0)$ 是平面 $\Pi: Ax + By + Cz + D = 0$ 外一点,求 P_0 到这平面的距离.

设 n 是平面上的法向量.在平面上任取一点 $P_1(x_1, y_1, z_1)$,则 P_0 到平面 Π 的距离为向量 $\overrightarrow{P_1 P_0}$ 在法向量 n 上的投影,如图 7.24 所示. 所以点 P_0 到平面 Π 的距离为

图 7.24

$$d = |\text{Prj}_n \overrightarrow{P_1 P_0}| = \frac{|\overrightarrow{P_1 P_0} \cdot n|}{|n|} = \frac{|A(x_0 - x_1) + B(y_0 - y_1) + C(z_0 - z_1)|}{\sqrt{A^2 + B^2 + C^2}}$$

$$= \frac{|Ax_0 + By_0 + Cz_0 - (Ax_1 + By_1 + Cz_1)|}{\sqrt{A^2 + B^2 + C^2}} = \frac{|Ax_0 + By_0 + Cz_0 + D|}{\sqrt{A^2 + B^2 + C^2}}.$$

【例 7.16】 求点 $(2,1,1)$ 到平面 $x + y - z + 1 = 0$ 的距离.

解 $d = \frac{|Ax_0 + By_0 + Cz_0 + D|}{\sqrt{A^2 + B^2 + C^2}} = \frac{|1 \times 2 + 1 \times 1 - (-1) \times 1 + 1|}{\sqrt{1^2 + 1^2 + (-1)^2}} = \frac{3}{\sqrt{3}} = \sqrt{3}.$

习题 7.2

1. 平面 $4x - y + 3z + 1 = 0$ 是否经过下列各点?

$A(-1, 6, 3)$; $\quad B(3, -2, -5)$; $\quad C(2, 0, 5)$; $\quad D(0, 1, 0)$.

2. 指出下列平面位置的特点.

(1) $2x + z + 1 = 0$;   (2) $y - z = 0$;

(3) $x + 2y - z = 0$;   (4) $9y - 1 = 0$;

(5) $x = 0$.

3. 求下列平面方程.

(1) 求过点 $(-2, 7, 3)$,且平行于平面 $x - 4y + 5z - 1 = 0$ 的平面方程.

(2) 求过原点且垂直于两平面 $2x - y + 5z + 3 = 0$ 和 $x + 3y - z - 7 = 0$ 的平面方程.

(3) 求过点 $(2, 0, -1)$,且平行于向量 $a = (2, 1, -1)$ 及 $b = (3, 0, 4)$ 的平面方程.

4. 求经过下列各组三点的平面方程.

(1) $(2, 3, 0), (-2, -3, 4), (0, 6, 0)$;

(2) $(1, 1, -1), (-2, -2, 2), (1, -1, 2)$.

5. 求满足下列条件的直线方程.

(1) 过点 $(2, -1, 4)$,且与直线 $\frac{x-1}{3} = \frac{y}{-1} = \frac{z+1}{2}$ 平行.

(2) 过点 $(2,-3,5)$,且与平面 $9x-4y+2z-1=0$ 垂直.

(3) 过点 $(3,4,-4)$ 和 $(3,-2,2)$.

6. 将下列直线的一般方程化为点向式方程.

(1) $\begin{cases} x+2y-3z=4, \\ 3x-y+5z=-9; \end{cases}$ (2) $\begin{cases} x=2z-5, \\ y=6z+7; \end{cases}$ (3) $\begin{cases} z=1, \\ 2x+3y=1. \end{cases}$

7. 确定下列各组中的直线和平面间的位置关系.

(1) $\dfrac{x-3}{2}=\dfrac{y+4}{-7}=\dfrac{z}{3}$ 和 $4x-2y-2z=3$;

(2) $\dfrac{x}{3}=\dfrac{y}{-2}=\dfrac{z}{7}$ 和 $3x-2y+7z=8$;

(3) $\dfrac{x-2}{3}=\dfrac{y+2}{1}=\dfrac{z-3}{-4}$ 和 $x+y+z=3$.

8. 求直线 $\begin{cases} 5x-3y+3z-9=0, \\ 3x-2y+z-1=0 \end{cases}$ 与直线 $\begin{cases} 2x+2y-z+23=0, \\ 3x+8y+z-18=0 \end{cases}$ 的夹角的余弦.

9. 求过直线 $\dfrac{x-2}{5}=\dfrac{y+1}{2}=\dfrac{z-2}{4}$ 且与平面 $x+4y-3z+7=0$ 垂直的平面方程.

10. 求点 $(3,1,-1)$ 到平面 $22x+4y-20z-45=0$ 的距离.

第三节 空间曲面与空间曲线

学习目标

1. 了解常用二次曲面的方程及其图形,会求以坐标轴为旋转轴的旋转曲面方程及母线平行于坐标轴的柱面方程.

2. 了解空间曲线的参数方程和一般方程.

3. 了解空间曲线在坐标平面上的投影,并会求其方程.

一、几种常见的曲面及其方程

1. 球面

空间一动点到定点的距离为定值,该动点的轨迹称为**球面**,定点叫作**球心**,定值叫作**半径**(如图 7.25).

设 $M(x,y,z)$ 是球面上的任一动点,定点为 $M_0(x_0,y_0,z_0)$,定值为 R,那么根据两点间距离公式有

$$\sqrt{(x-x_0)^2+(y-y_0)^2+(z-z_0)^2}=R,$$

即

$$(x-x_0)^2+(y-y_0)^2+(z-z_0)^2=R^2. \quad (7.9)$$

图 7.25

这就是球面上的点的坐标所满足的方程.而不在球面上的点的坐标都不满足这个方程.所以式(7.9)就是球心在点 $M_0(x_0,y_0,z_0)$、半径为 R **的球面方程**.

特殊地，球心在原点 $O(0,0,0)$、半径为 R 的球面方程为
$$x^2+y^2+z^2=R^2.$$

【例 7.17】 方程 $x^2+y^2+z^2-2x+4y=0$ 表示怎样的曲面？

解 通过配方，原方程可以改写成
$$(x-1)^2+(y+2)^2+z^2=5.$$
这是一个球面方程，球心在点 $M_0(1,-2,0)$、半径为 $R=\sqrt{5}$.

一般地，设有三元二次方程
$$Ax^2+Ay^2+Az^2+Dx+Ey+Fz+G=0,$$
这个方程的特点是缺 xy，yz，zx 各项，而且平方项系数相同，只要将方程经过配方就可以化成方程
$$(x-x_0)^2+(y-y_0)^2+(z-z_0)^2=R^2$$
的形式，它的图形就是一个球面.

2. 柱面

案例 7.3 方程 $x^2+y^2=R^2$ 表示怎样的曲面？

分析 方程 $x^2+y^2=R^2$ 在 xOy 面上表示圆心在原点 O、半径为 R 的圆. 在空间直角坐标系中，这方程不含竖坐标 z，即不论空间点的竖坐标 z 怎样，只要它的横坐标 x 和纵坐标 y 能满足这方程，那么这些点就在这曲面上. 也就是说，过 xOy 面上的圆 $x^2+y^2=R^2$，且平行于 z 轴的直线一定在 $x^2+y^2=R^2$ 表示的曲面上. 所以这个曲面可以看成是由平行于 z 轴的直线 l 沿 xOy 面上的圆 $x^2+y^2=R^2$ 移动而形成的. 这曲面叫作**圆柱面**，xOy 面上的圆 $x^2+y^2=R^2$ 叫作它的**准线**，这平行于 z 轴的直线 l 叫作它的**母线**（如图 7.26）.

一般地，平行于定直线并沿定曲线 C 移动的直线 l 形成的轨迹叫作**柱面**，定曲线 C 叫作**柱面的准线**，动直线 l 叫作**柱面的母线**（如图 7.27）.

上面我们看到，不含 z 的方程 $x^2+y^2=R^2$ 在空间直角坐标系中表示圆柱面，它的母线平行于 z 轴，它的准线是 xOy 面上的圆 $x^2+y^2=R^2$.

一般地，只含 x、y 而缺 z 的方程 $F(x,y)=0$，在空间直角坐标系中表示母线平行于 z 轴的柱面，其准线是 xOy 面上的曲线 $C:F(x,y)=0$.

例如，方程 $y^2=2x$ 表示母线平行于 z 轴的柱面，它的准线是 xOy 面上的抛物线 $y^2=2x$，该柱面叫作**抛物柱面**（如图 7.28）.

图 7.26　　　　图 7.27　　　　图 7.28

又如，方程 $x-y=0$ 表示母线平行于 z 轴的柱面，其准线是 xOy 面的直线 $x-y=0$，所以它是过 z 轴的平面.

类似地，只含 x、z 而缺 y 的方程 $G(x,z)=0$ 和只含 y、z 而缺 x 的方程 $H(y,z)=0$ 分别表示母线平行于 y 轴和 x 轴的柱面.

例如，方程 $x-z=0$ 表示母线平行于 y 轴的柱面，其准线是 zOx 面上的直线 $x-z=0$，所以它是过 y 轴的平面.

3. 旋转曲面

以一条平面曲线绕其平面上的一条定直线旋转一周所成的曲面叫作**旋转曲面**，曲线叫作**旋转曲面的母线**，定直线叫作**旋转曲面的轴**（或称**旋转轴**）.

设在 yOz 坐标面上有一已知曲线 C，它的方程为
$$f(y,z)=0,$$
把这曲线绕 z 轴旋转一周，就得到一个以 z 轴为旋转轴的旋转曲面. 它的方程可以求得如下：

设 $M(x,y,z)$ 为曲面上任一点，它是曲线 C 上点 $M_1(0,y_1,z_1)$ 绕 z 轴旋转而得到的（如图 7.29）. 因此有如下关系等式
$$f(y_1,z_1)=0, z=z_1, |y_1|=\sqrt{x^2+y^2},$$
从而得
$$f(\pm\sqrt{x^2+y^2},z)=0,$$
这就是所求旋转曲面的方程.

同理，曲线 C 绕 y 轴旋转所成的旋转曲面的方程为
$$f(y,\pm\sqrt{x^2+z^2})=0.$$

其他坐标面上的曲线，绕该坐标面上一条坐标轴旋转而成的旋转曲面的方程也可用类似的方法得到.

直线 L 绕另一条与 L 相交的直线旋转一周，所得旋转曲面叫作**圆锥面**（如图 7.30）. 两直线的交点叫作**圆锥面的顶点**，两直线的夹角 $\alpha\left(0<\alpha<\dfrac{\pi}{2}\right)$ 叫作圆锥面的**半顶角**.

图 7.29   图 7.30

【**例 7.18**】 试建立顶点在坐标原点 O，旋转轴为 z 轴，半顶角为 α 的圆锥面的方程.

解 在 yOz 坐标面内，直线 L 的方程为

$$z = y\cot\alpha,$$

将方程 $z = y\cot\alpha$ 中的 y 改成 $\pm\sqrt{x^2+y^2}$，就得到所要求的圆锥面的方程

$$z = \pm\sqrt{x^2+y^2}\cot\alpha,$$

或

$$z^2 = a^2(x^2+y^2),$$

其中 $a = \cot\alpha$.

【例 7.19】 将 zOx 坐标面上的双曲线 $\dfrac{x^2}{a^2} - \dfrac{z^2}{c^2} = 1$ 分别绕 x 轴和 z 轴旋转一周，求所生成的旋转曲面的方程.

解 绕 x 轴旋转所生成的旋转曲面的方程为

$$\frac{x^2}{a^2} - \frac{y^2+z^2}{c^2} = 1,$$

绕 z 轴旋转所生成的旋转曲面的方程为

$$\frac{x^2+y^2}{a^2} - \frac{z^2}{c^2} = 1.$$

这两种曲面分别叫作**双叶旋转双曲面**（如图 7.31）和**单叶旋转双曲面**（如图 7.32）.

【例 7.20】 将 yOz 面上的抛物线 $y^2 = 2pz(p > 0)$ 绕对称轴 z 轴旋转一周，所生成的旋转曲面的方程为

$$x^2 + y^2 = 2pz.$$

这个旋转曲面称为**旋转抛物面**（如图 7.33），它与 yOz 面及 xOz 面的交线都是抛物线，而与垂直于 z 轴的平面的交线为圆 $(z > 0)$.

图 7.31　　　　　图 7.32　　　　　图 7.33

4. 二次曲面

与平面解析几何中规定的二次曲线相类似，我们把三元二次方程所表示的曲面叫作**二次曲面**.

怎样了解三元方程 $F(x,y,z) = 0$ 所表示的曲面的形状呢？方法之一是用坐标面和平行于坐标面的平面与曲面相截，考察其交线的形状，然后加以综合，从而了解曲面的立体形状. 这种方法叫作**截痕法**.

（1）椭球面

由方程

$$\frac{x^2}{a^2}+\frac{y^2}{b^2}+\frac{z^2}{c^2}=1 \tag{7.10}$$

所表示的曲面称为**椭球面**. 其中 a、b、c 是大于零的常数,称为**椭球面的半轴**. 椭球面与三个坐标轴的交点叫作顶点,显然 $|x|\leqslant a$、$|y|\leqslant b$、$|z|\leqslant c$,所以椭球面完全包含在一个以原点 O 为中心的六个面的方程为 $x=\pm a$、$y=\pm b$、$z=\pm c$ 的长方体内.

当 $a=b=c$ 时,椭球面就变成了中心在坐标原点、半径为 a 的球面.

当 $a=b\neq c$ 时,椭球面就变成了一个旋转椭球面,它是椭球面的一种特殊情形.

由此推知,椭球面的形状与旋转椭球面相类似,不同的是,它与三个坐标面及与它们平行的平面的交线(如果存在的话)都是椭圆.

下面用截痕法来讨论椭球面的形状.

首先,考察三个坐标面与椭球面的交线. 交线的方程分别为

$$\begin{cases}\dfrac{x^2}{a^2}+\dfrac{y^2}{b^2}=1,\\ z=0;\end{cases} \quad \begin{cases}\dfrac{y^2}{b^2}+\dfrac{z^2}{c^2}=1,\\ x=0;\end{cases} \quad \begin{cases}\dfrac{x^2}{a^2}+\dfrac{z^2}{c^2}=1,\\ y=0.\end{cases}$$

这些交线分别是三个坐标面上的椭圆.

其次,用平行于 xOy 坐标面的平面 $z=z_1(|z_1|\leqslant c)$ 去截椭球面,其截痕(即交线)为

$$\begin{cases}\dfrac{x^2}{\dfrac{a^2}{c^2}(c^2-z_1^2)}+\dfrac{y^2}{\dfrac{b^2}{c^2}(c^2-z_1^2)}=1,\\ z=z_1,\end{cases}$$

这是位于平面 $z=z_1$ 内的椭圆,它的两个半轴分别等于 $\dfrac{a}{c}\sqrt{c^2-z_1^2}$ 与 $\dfrac{b}{c}\sqrt{c^2-z_1^2}$,其椭圆中心均在 z 轴上,当 $|z_1|$ 由 0 渐增大到 c 时,椭圆的截面由大到小,最后缩成一点.

以平面 $y=y_1(|y_1|\leqslant b)$ 或 $x=x_1(|x_1|\leqslant a)$ 去截椭球面分别可得与上述类似的结果.

综上讨论知,椭球面的形状如图 7.34 所示.

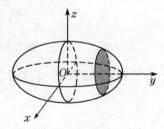

图 7.34

(2) 椭圆抛物面

由方程

$$\frac{x^2}{2p}+\frac{y^2}{2q}=z \text{(p 与 q 同号)} \tag{7.11}$$

所表示的曲面叫作**椭圆抛物面**.

由式(7.11)容易看出,椭圆抛物面关于 xOz 面、yOz 面及 z 轴都对称. 当 $p>0$, $q>0$ 时,$z\geqslant 0$,它在 xOy 的上方;当 $p<0$, $q<0$ 时,$z\leqslant 0$,它在 xOy 的下方.

设 $p>0$, $q>0$,下面用截痕法来考察它的形状.

首先用平行于 xOy 坐标面的平面 $z=z_1(z_1>0)$ 与该曲面相截,所得截痕为

$$\begin{cases}\dfrac{x^2}{2pz_1}+\dfrac{y^2}{2qz_1}=1,\\ z=z_1.\end{cases}$$

这是中心在 z 轴,半轴分别为 $\sqrt{2pz_1}$ 与 $\sqrt{2qz_1}$ 的椭圆. 当 z_1 逐渐由小变大时,椭圆也逐渐由

小变大，这些椭圆就形成了椭圆抛物面．

用坐标面 $xOz(y=0)$ 与该曲面相截，其截痕为
$$\begin{cases} x^2=2pz, \\ y=0. \end{cases}$$
这是一条抛物线，它的轴与 z 轴相重合，顶点为 $O(0,0,0)$．

用平行于 xOz 坐标面的平面 $y=y_1$ 与该曲面相截，其截痕为
$$\begin{cases} x^2=2p\left(z-\dfrac{y_1^2}{2q}\right), \\ y=y_1. \end{cases}$$
这是一条抛物线，它的轴平行于 z 轴，顶点为 $\left(0,y_1,\dfrac{y_1^2}{2q}\right)$．

类似地，用坐标面 $yOz(x=0)$ 以及平行于 yOz 面的平面 $x=x_1$ 去截该曲面时，其截痕也是抛物线．

因此，方程(7.11)所表示的曲面形状如图 7.35 和图 7.36 所示．

图 7.35　　　　　　图 7.36

特别地，如果 $p=q$，那么方程(7.10)变为
$$\dfrac{x^2}{2p}+\dfrac{y^2}{2p}=z$$
这一曲面可看成是 xOz 面上的抛物线 $x^2=2pz$ 绕 z 轴旋转而成的旋转曲面，这曲面叫作**旋转抛物面**．

二、空间曲线及其方程

1. 空间曲线的一般方程

空间曲线可以看作两个曲面的交线．设
$$F(x,y,z)=0 \text{ 和 } G(x,y,z)=0$$
是两个曲面方程，它们的交线为 C．因此，**空间曲线 C 的一般方程**为
$$\begin{cases} F(x,y,z)=0, \\ G(x,y,z)=0. \end{cases} \tag{7.12}$$

【例 7.21】 方程组 $\begin{cases} z=\sqrt{a^2-x^2-y^2}, \\ \left(x-\dfrac{a}{2}\right)^2+y^2=\left(\dfrac{a}{2}\right)^2 \end{cases}$ 表示怎样的曲线？

解 方程组中第一个方程表示球心在坐标原点 O,半径为 a 的上半球面. 第二个方程表示母线平行于 z 轴的圆柱面,它的准线是 xOy 面上的圆,这圆的圆心在点 $\left(\dfrac{a}{2},0\right)$,半径为 $\dfrac{a}{2}$. 方程组就表示上述半球面与圆柱面的交线(如图 7.37).

图 7.37

2. 空间曲线的参数方程

空间曲线 C 的方程除了一般方程之外,也可以用参数形式表示,只要将 C 上动点的坐标 x、y、z 表示为参数 t 的函数

$$\begin{cases} x=x(t), \\ y=y(t), \\ z=z(t). \end{cases} \tag{7.13}$$

当给定 $t=t_1$ 时,就得到 C 上的一个点 (x_1,y_1,z_1);随着 t 的变动便得曲线 C 上的全部点. 方程组(7.13)叫作**空间曲线 C 的参数方程**.

【**例 7.22**】 如果空间一点 M 在圆柱面 $x^2+y^2=a^2$ 上以角速度 ω 绕 z 轴旋转,同时又以线速度 v 沿平行于 z 轴的正方向上升(其中 ω、v 都是常数),那么点 M 的几何轨迹叫作**螺旋线**. 试建立其参数方程.

解 取时间 t 为参数. 设当 $t=0$ 时,动点位于 x 轴上的一点 $A(a,0,0)$ 处. 经过时间 t,动点由 A 运动到 $M(x,y,z)$(如图 7.38). 记 M 在 xOy 面上的投影为 M',M' 的坐标为 $(x,y,0)$. 由于动点在圆柱面上以角速度 ω 绕 z 轴旋转,所以经过时间 t,$\angle AOM'=\omega t$. 从而

$$x=|OM'|\cos\angle AOM'=a\cos\omega t,$$
$$y=|OM'|\sin\angle AOM'=a\sin\omega t,$$

图 7.38

由于动点同时以线速度 v 沿平行于 z 轴的正方向上升,所以

$$z=|MM'|=vt.$$

因此螺旋线的参数方程为

$$\begin{cases} x=a\cos\omega t, \\ y=a\sin\omega t, \\ z=vt. \end{cases}$$

也可以用其他变量作参数. 例如令 $\theta=\omega t$,则螺旋线的参数方程可写为

$$\begin{cases} x=a\cos\theta, \\ y=a\sin\theta, \\ z=b\theta, \end{cases}$$

其中 $b=\dfrac{v}{\omega}$,而参数为 θ.

3. 空间曲线在坐标面上的投影

设空间曲线 C 的一般方程为

$$\begin{cases} F(x,y,z)=0, \\ G(x,y,z)=0. \end{cases} \quad (7.14)$$

从式(7.14)的两个方程中消去变量 z 后得方程
$$H(x,y)=0$$
这就是曲线 C 关于 xOy 面的投影柱面.

这是因为,一方面方程 $H(x,y)=0$ 表示一个母线平行于 z 轴的柱面,另一方面方程 $H(x,y)=0$ 是由方程组消去变量 z 后所得的方程,因此当 x、y、z 满足方程组时,前两个数 x、y 必定满足方程 $H(x,y)=0$,这就说明曲线 C 上的所有点都在方程 $H(x,y)=0$ 所表示的曲面上,即曲线 C 在方程 $H(x,y)=0$ 表示的柱面上. 所以方程 $H(x,y)=0$ 表示的柱面就是曲线 C 关于 xOy 面的投影柱面.

类似地,曲线 C 在 xOy 面上的投影曲线的方程为
$$\begin{cases} H(x,y)=0, \\ z=0. \end{cases}$$

以曲线 C 为准线、母线平行于 z 轴的柱面叫作曲线 C 关于 xOy 面的**投影柱面**,投影柱面与 xOy 面的交线叫作空间曲线 C 在 xOy 面上的**投影曲线**,或简称**投影**(类似地可以定义曲线 C 在其他坐标面上的投影).

从式(7.14)两个方程中消去变量 x 或 y 后所得的方程分别为
$$R(y,z)=0 \quad \text{或} \quad P(x,z)=0.$$
它们分别是曲线 C 关于 yOz 面或 zOx 面的投影柱面所满足的方程,而
$$\begin{cases} R(y,z)=0, \\ x=0 \end{cases} \quad \text{和} \quad \begin{cases} P(x,z)=0, \\ y=0 \end{cases}$$
分别是曲线 C 在 yOz 面和 zOx 面的投影所满足的方程.

【**例 7.23**】 求由上半球面 $z=\sqrt{4-x^2-y^2}$ 和锥面 $z=\sqrt{3(x^2+y^2)}$ 所围成立体在 xOy 面上的投影.

解 由方程 $z=\sqrt{4-x^2-y^2}$ 和 $z=\sqrt{3(x^2+y^2)}$ 消去 z 得到 $x^2+y^2=1$. 这是一个母线平行于 z 轴的圆柱面,容易看出,这恰好是半球面与锥面的交线 C 关于 xOy 面的投影柱面,因此交线 C 在 xOy 面上的投影曲线为
$$\begin{cases} x^2+y^2=1, \\ z=0. \end{cases}$$
这是 xOy 面上的一个圆,于是所求立体在 xOy 面上的投影,就是该圆在 xOy 面上所围的部分:
$$x^2+y^2\leqslant 1.$$

习题 7.3

1. 建立以点 $(1,3,-2)$ 为球心,且通过坐标原点的球面方程.
2. 求 yOz 面上的曲线 $2y^2+z=1$ 绕 z 轴旋转一周所形成的曲面方程.
3. 指出下列方程表示什么曲面.

(1) $\dfrac{x^2}{4}+\dfrac{y^2}{9}+\dfrac{z^2}{16}=1$； (2) $\dfrac{x^2}{4}+\dfrac{y^2}{9}=\dfrac{z}{3}$；

(3) $4x^2+9y^2=-z$； (4) $9x^2+9y^2+9z^2=36$.

4．说明下列旋转曲面是怎样形成的．

(1) $\dfrac{x^2}{4}+\dfrac{y^2}{9}+\dfrac{z^2}{9}=1$； (2) $x^2-\dfrac{y^2}{4}+z^2=1$；

(3) $x^2-y^2-z^2=1$； (4) $x^2+y^2=(z-a)^2$.

5．画出下列方程所表示的曲面．

(1) $4x^2+y^2-z^2=4$； (2) $x^2-y^2=1$；

(3) $y=2x^2$； (4) $\dfrac{x^2}{4}+\dfrac{y^2}{9}=1$.

6．下列方程各表示什么曲线？

(1) $\begin{cases}\dfrac{x^2}{a^2}+\dfrac{y^2}{b^2}=1,\\ z=C;\end{cases}$ (2) $\begin{cases}x^2+y^2+z^2=36,\\ (x-1)^2+(y+2)^2+(z-1)^2=25;\end{cases}$

(3) $\begin{cases}x=\cos\varphi,\\ y=\sin\varphi,\\ z=5\end{cases}$ 其中 φ 为参数．

7．求球面 $x^2+y^2+z^2=9$ 与平面 $x+z=1$ 的交线在 xOy 面上的投影的方程．

8．求曲线 $\begin{cases}3x^2+y^2+z^2=16,\\ x^2-y^2+z^2=0\end{cases}$ 分别在 xOy, yOz, zOx 面上的投影的曲线方程．

9．化曲线的一般方程 $\begin{cases}x^2+(y-2)^2+(z+1)^2=8,\\ x=2\end{cases}$ 为参数方程．

10．化曲线的参数方程 $\begin{cases}x=4\cos t,\\ y=3\sin t,\\ z=2\sin t\end{cases}$ 为一般方程．

本章小结

一、基本概念

空间直角坐标系；向量；向量的模；单位向量；向量的加减法；数与向量的乘法；向量的坐标；向径；方向角；方向余弦；向量的数量积；向量的向量积；平面；空间直线；平面与平面的夹角；直线与直线的夹角；直线与平面的夹角；点到平面的距离；曲面；空间曲线；空间曲线的投影．

二、基本知识

1．空间直角坐标系

(1) 定义：过空间一定点 O，按右手法则作三条相互垂直的数轴：x 轴（横轴）、y 轴（纵轴）、z 轴（竖轴），这样的三条坐标轴称为一个空间直角坐标系，点 O 称为坐标原点．

(2) 空间两点间的距离：设 $M_1(x_1,y_1,z_1), M_2(x_2,y_2,z_2)$ 为空间两点，则 M_1 与 M_2 之间的距离为 $d=|M_1M_2|=\sqrt{(x_2-x_1)^2+(y_2-y_1)^2+(z_2-z_1)^2}$.

2. 向量

(1) 定义:既有大小又有方向的量,称为向量.

(2) 向量的线性运算

① 向量的加法:把向量 b 的起点移到向量 a 的终点,则以 a 的起点为起点,b 的终点为终点的向量 c,称为 a 与 b 的和,记作 $c=a+b$.

② 向量的减法:若把两向量 a 与 b 移到同一起点 O,则以 a 的终点为起点,b 的终点为终点的向量 c,称为 a 与 b 的差,记作 $c=b-a$.

③ 数与向量的乘法:实数 λ 与向量 a 的乘积是一个向量,记作 λa,它的模为 $|\lambda a|=|\lambda||a|$. 方向为如下规定:当 $\lambda>0$ 时,λa 与 a 同向;当 $\lambda<0$ 时,λa 与 a 反向;当 $\lambda=0$ 时,λa 为零向量.

(3) 向量的运算性质

设 λ,μ 为实数,则

① $a+b=b+a$;

② $(a+b)+c=a+(b+c)$;

③ $\lambda(\mu a)=\mu(\lambda a)=(\lambda\mu)a$;

④ $(\lambda+\mu)a=\lambda a+\mu a,\lambda(a+b)=\lambda a+\lambda b$;

⑤ 设 b 是非零向量,则 $a /\!/ b \Leftrightarrow$ 存在实数 λ,使 $a=\lambda b$.

(4) 向量运算的坐标表示

设 $a=(a_x,a_y,a_z),b=(b_x,b_y,b_z)$,则

① $a\pm b=(a_x\pm b_x,a_y\pm b_y,a_z\pm b_z)$;

② $\lambda a=(\lambda a_x,\lambda a_y,\lambda a_z)$;

③ $|a|=\sqrt{a_x^2+a_y^2+a_z^2}$;

④ 当 $|a|\neq 0$ 时,$\cos\alpha=\dfrac{a_x}{\sqrt{a_x^2+a_y^2+a_z^2}},\cos\beta=\dfrac{a_y}{\sqrt{a_x^2+a_y^2+a_z^2}}$,

$\cos\gamma=\dfrac{a_z}{\sqrt{a_x^2+a_y^2+a_z^2}}$(其中 α,β,γ 为 a 的方向角);

⑤ 当 $|a|\neq 0$ 时,与 a 同向的单位向量为 $a^0=\dfrac{a}{|a|}=(\cos\alpha,\cos\beta,\cos\gamma)$.

(5) 向量的数量积

① 定义:$a\cdot b=|a|\cdot|b|\cos(\widehat{a,b})$ 为向量 a 与 b 的数量积.

② 数量积的坐标表达式 $a\cdot b=a_x b_x+a_y b_y+a_z b_z$.

③ 两向量夹角余弦的坐标表达式 $\cos(\widehat{a,b})=\dfrac{a_x b_x+a_y b_y+a_z b_z}{\sqrt{a_x^2+a_y^2+a_z^2}\sqrt{b_x^2+b_y^2+b_z^2}}$.

④ 数量积的性质

(a) $a\cdot b=b\cdot a$;

(b) $(a+b)\cdot c=a\cdot c+b\cdot c$;

(c) $(\lambda a)\cdot b=\lambda(a\cdot b)=a\cdot(\lambda b)$;

(d) $a\perp b \Leftrightarrow a\cdot b=0 \Leftrightarrow a_x b_x+a_y b_y+a_z b_z=0$.

(6) 向量的向量积

① 向量积定义：$|c|=|a||b|\sin(\widehat{a,b})$；$c$ 的方向垂直 a 与 b 所确定的平面，且 a、b、c 符合右手法则，则称 c 为 a 与 b 的向量积，记作 $c=a\times b$.

② 向量积坐标表示：$a\times b=\begin{vmatrix} i & j & k \\ a_x & a_y & a_z \\ b_x & b_y & b_z \end{vmatrix}$.

③ 向量积的性质

(a) $a\times b=-b\times a$；

(b) $(\lambda a)\times b=a\times(\lambda b)=\lambda(a\times b)$；

(c) $(a+b)\times c=a\times c+b\times c$；

(d) $a /\!/ b \Leftrightarrow a\times b=0 \Leftrightarrow \dfrac{a_x}{b_x}=\dfrac{a_y}{b_y}=\dfrac{a_z}{b_z}$ $(b\neq 0)$.

3. 平面

(1) 平面的点法式方程：$A(x-x_0)+B(y-y_0)+C(z-z_0)=0$.

(2) 平面的一般方程：$Ax+By+Cz+D=0$.

(3) 平面的截距式方程：$\dfrac{x}{a}+\dfrac{y}{b}+\dfrac{z}{c}=1$.

4. 空间直线

(1) 空间直线的一般方程

两平面交线 $L:\begin{cases} A_1x+B_1y+C_1z+D_1=0, \\ A_2x+B_2y+C_2z+D_2=0. \end{cases}$

L 的方向向量为 $(A_1,B_1,C_1)\times(A_2,B_2,C_2)$.

(2) 空间直线的对称式方程

$$L:\dfrac{x-x_0}{m}=\dfrac{y-y_0}{n}=\dfrac{z-z_0}{p},$$

其中 $M_0(x_0,y_0,z_0)$ 为 L 上一点，$s=(m,n,p)$ 为 L 的方向向量.

(3) 空间直线的参数式方程

$$L:\begin{cases} x=x_0+mt, \\ y=y_0+nt, \\ z=z_0+pt, \end{cases}$$

其中 t 是参数.

5. 平面、直线间的夹角

(1) 两平面的夹角：两平面法向量的夹角中的锐角.

设平面 Π_1 和 Π_2 的法向量分别为 $n_1=(A_1,B_1,C_1)$ 和 $n_2=(A_2,B_2,C_2)$，它们的夹角的余弦为

$$\cos\theta=|\cos(\widehat{n_1,n_2})|=\dfrac{|A_1A_2+B_1B_2+C_1C_2|}{\sqrt{A_1^2+B_1^2+C_1^2}\cdot\sqrt{A_2^2+B_2^2+C_2^2}}.$$

(2) 两直线的夹角：两直线的方向向量的夹角（锐角）.

设两直线 L_1 与 L_2 的方向向量分别为 $s_1=(m_1,n_1,p_1)$，$s_2=(m_2,n_2,p_2)$，它们的夹角的余弦为

$$\cos\varphi = \frac{|m_1 m_2 + n_1 n_2 + p_1 p_2|}{\sqrt{m_1^2 + n_1^2 + p_1^2} \cdot \sqrt{m_2^2 + n_2^2 + p_2^2}}.$$

(3) 直线与平面的夹角:直线与它在平面上的投影直线的夹角 $\theta\left(0 \leqslant \theta \leqslant \frac{\pi}{2}\right)$.

设直线 L 的方向向量为 $\boldsymbol{s} = (m, n, p)$,平面 Π 的法向量为 $\boldsymbol{n} = (A, B, C)$,则它们的夹角的正弦为

$$\sin\theta = \frac{|Am + Bn + Cp|}{\sqrt{A^2 + B^2 + C^2} \cdot \sqrt{m^2 + n^2 + p^2}}.$$

(4) 点到平面的距离:点 $P_0(x_0, y_0, z_0)$ 到平面 $\Pi: Ax + By + Cz + D = 0$ 的距离为

$$d = \frac{|Ax_0 + By_0 + Cz_0 + D|}{\sqrt{A^2 + B^2 + C^2}}.$$

6. 几种常见的二次曲面

(1) 球面:$(x - x_0)^2 + (y - y_0)^2 + (z - z_0)^2 = R^2$.

(2) 椭球面:$\dfrac{x^2}{a^2} + \dfrac{y^2}{b^2} + \dfrac{z^2}{c^2} = 1$.

(3) 柱面:圆柱面 $x^2 + y^2 = a^2$,椭圆柱面 $\dfrac{x^2}{a^2} + \dfrac{y^2}{b^2} = 1$,抛物柱面 $y^2 = 2px$ 等.

(4) 旋转曲面:xOy 平面上曲线 $f(x, y) = 0$,绕 y 轴旋转而得到曲面方程为 $f(\pm\sqrt{x^2 + z^2}, y) = 0$,其他类同.

7. 空间曲线

(1) 空间曲线的一般方程:$\begin{cases} F(x, y, z) = 0, \\ G(x, y, z) = 0. \end{cases}$

(2) 空间曲线的参数方程 $C: \begin{cases} x = x(t), \\ y = y(t), \\ z = z(t), \end{cases}$ 其中 t 为参数.

第八章 多元函数微分学及应用

在很多实际问题中,往往涉及多方面的因素,反映到数学上就是一个变量依赖于多个变量的情形,这就是多元函数.本章以二元函数为主讨论多元函数的微分法及其应用,其方法和结论可以类推到二元以上函数.

第一节 多元函数的基本概念

学习目标

1. 理解多元函数的概念.
2. 了解二元函数的极限与连续以及有界闭区域上连续函数的性质.

在第一章中,重点介绍的是一元函数的函数、极限、连续等基本概念,下面将它们推广到多元函数.

一、多元函数的概念

案例 8.1 长方形的面积 S 与它的长 a 和宽 b 之间有关系
$$S=ab,$$
式中,S,a,b 是三个变量,面积 S 随着变量 a、b 的变化而变化. 当变量 a、b 在一定范围($a>0,b>0$)内取一对数值时,S 就有唯一确定的值与之对应.

案例 8.2 一根截面为矩形的梁,其抗弯截面系数 W 与截面的高 h 和宽 b 之间有关系
$$W=\frac{1}{6}bh^2,$$
当变量 b,h 在一定范围($b>0,h>0$)内取一对数值时,W 就有唯一确定的值与之对应.

案例 8.3 在物理学中,一定质量的理想气体,其压强 P、体积 V 和热力学温度 T 之间有关系
$$P=\frac{RT}{V},$$
其中 R 是常量. 当变量 T、V 在一定范围($T>T_0,V>0$)内取一对数值时,P 就有唯一确定的值与之对应.

以上三例,来自于不同实际问题,但有共同的性质,由这些共性,可以抽象出以下二元函数的定义.

定义 8.1 设有三个变量 x,y,z,如果变量 x,y 在它们的变化范围 D 内任意取定一对数值时,变量 z 按照一定的法则 f 总有唯一确定的值和它对应,则称 z 是变量 x,y 的**二元函数**,记为

$$z=f(x,y),$$

其中 x,y 称为**自变量**，z 称为**因变量**. 自变量 x,y 的变化范围 D 称为函数 $z=f(x,y)$ 的**定义域**，数集 $\{z \mid z=f(x,y),(x,y)\in D\}$ 称为函数 $z=f(x,y)$ 的**值域**.

当自变量 x,y 分别取 x_0,y_0 时，函数 z 对应的值为 z_0，记为 $z_0=f(x_0,y_0)$，$z\big|_{\substack{x=x_0\\y=y_0}}$ 或 $z\big|_{(x_0,y_0)}$，称为函数 $z=f(x,y)$ 当 $x=x_0,y=y_0$ 时的函数值.

也可以用 xOy 平面上的点 $P(x,y)$ 表示一对有序数组 (x,y)，于是二元函数 $z=f(x,y)$ 可简记为 $z=f(P)$.

类似地可定义三元函数 $u=f(x,y,z)$ 及三元以上函数. 二元及二元以上的函数统称为**多元函数**.

二元函数 $z=f(x,y)$ 的定义域 D 可以是整个 xOy 平面，也可以是 xOy 平面的一部分，通常由一条或几条曲线及一些点围成，这样的部分平面称为**区域**. 围成平面区域的曲线称为该区域的**边界**，包含边界的区域称为**闭区域**，不包含边界的区域称为**开区域**. 如果区域可以被包含在一个以原点为圆心，半径适当大的圆内，那么这个区域就称为**有界区域**；否则，称为**无界区域**.

设 $P_0(x_0,y_0)$ 是 xOy 平面上的一个点，δ 是某一正数，与点 $P_0(x_0,y_0)$ 距离小于 δ 的点 $P(x,y)$ 的全体，称为点 P_0 的 δ 邻域(图 8.1)，记为 $U(P_0,\delta)$，即

$$U(P_0,\delta)=\{(x,y)\mid\sqrt{(x-x_0)^2+(y-y_0)^2}<\delta\}.$$

点 P_0 的去心邻域，记为 $\mathring{U}(P_0,\delta)$，即

$$\mathring{U}(P_0,\delta)=\{(x,y)\mid 0<\sqrt{(x-x_0)^2+(y-y_0)^2}<\delta\}.$$

图 8.1

求一个给定函数的定义域，就是求出使函数有意义的自变量的取值范围. 从实际问题提出的函数，一般根据自变量所表示的实际意义确定函数的定义域. 而对于由数学式子表示的函数 $z=f(x,y)$，它的定义域就是能使该数学式子有意义的那些自变量取值的全体.

【例 8.1】 求下列函数的定义域，并画出图形.

(1) $z=\arcsin\left|\dfrac{x}{2}\right|+\arcsin\left|\dfrac{y}{3}\right|$； (2) $z=\sqrt{4-x^2-y^2}+\dfrac{1}{\sqrt{x^2+y^2-1}}$.

解 (1) 因为 $\left|\dfrac{x}{2}\right|\leqslant 1,\left|\dfrac{y}{3}\right|\leqslant 1$，所以 $\begin{cases}-2\leqslant x\leqslant 2,\\ -3\leqslant y\leqslant 3,\end{cases}$ 定义域为一含边界的矩形(图 8.2).

(2) 因为 $\begin{cases}4-x^2-y^2\geqslant 0,\\ x^2+y^2-1>0,\end{cases}$ 所以 $1<x^2+y^2\leqslant 4$，定义域为一环形区域(图 8.3).

图 8.2

图 8.3

已经知道,一元函数 $y=f(x)$ 的图形在 xOy 面上一般表示一条曲线. 对于二元函数 $z=f(x,y)$,设其定义域为 D,对于任意取定的 $P(x,y)\in D$,对应的函数值为 $z=f(x,y)$,这样,以 x 为横坐标、y 为纵坐标、z 为竖坐标在空间就确定一点 $M(x,y,z)$. 当 $P(x,y)$ 取遍 D 上一切点时,得一个空间点集 $\{(x,y,z)|z=f(x,y),(x,y)\in D\}$,这个点集称为二元函数的**图形**(图 8.4). 它通常是一张曲面,而定义域 D 正好是这张曲面在 xOy 面上的投影.

【**例 8.2**】 作出函数 $z=\sqrt{1-x^2-y^2}$ 的图形.

解 函数 $z=\sqrt{1-x^2-y^2}$ 的定义域为 $x^2+y^2\leqslant 1$,即为单位圆的内部及其边界.

对表达式 $z=\sqrt{1-x^2-y^2}$ 两边平方,再移项得
$$x^2+y^2+z^2=1,$$
它表示以点 $(0,0,0)$ 为球心、1 为半径的球面. 因此,函数 $z=\sqrt{1-x^2-y^2}$ 的图形是位于 xOy 平面上方的半球面(图 8.5).

图 8.4

图 8.5

微课

二、二元函数的极限

与一元函数极限的情况类似,对于二元函数 $z=f(x,y)$,需要考察当自变量 x,y 无限趋于某定点 $P_0(x_0,y_0)$ 时,对应函数值的变化趋势,这就是二元函数的极限问题.

定义 8.2 设函数 $z=f(x,y)$ 在点 $P_0(x_0,y_0)$ 的某去心邻域内有定义,如果动点 $P(x,y)$ 以任意方式无限接近 $P_0(x_0,y_0)$ 时,对应的函数值 $f(x,y)$ 总是趋近于一个确定的常数 A,则称 A 为函数 $z=f(x,y)$ 当 $(x,y)\to(x_0,y_0)$ 时的极限,记为
$$\lim_{\substack{x\to x_0\\ y\to y_0}}f(x,y)=A \text{ 或 } f(x,y)\to A((x,y)\to(x_0,y_0)).$$

也可记为
$$\lim_{P\to P_0}f(x,y)=A \text{ 或 } f(P)\to A(P\to P_0).$$

为了区别于一元函数的极限,把二元函数的极限称为**二重极限**.

二元函数的极限运算法则与一元函数类似. 有时通过变量代换把二元函数的二重极限化为一元函数的极限来计算.

【**例 8.3**】 求极限 $\lim\limits_{\substack{x\to 0\\ y\to 0}}\dfrac{\sin(x^2+y^2)}{x^2+y^2}$.

解 令 $t=x^2+y^2$,因为当 $x\to 0,y\to 0$ 时,$t\to 0$,所以
$$\lim_{\substack{x\to 0\\ y\to 0}}\frac{\sin(x^2+y^2)}{x^2+y^2}=\lim_{t\to 0}\frac{\sin t}{t}=1.$$

【例 8.4】 考察函数 $f(x,y)=\begin{cases}\dfrac{xy}{x^2+y^2}, & (x,y)\neq(0,0)\\ 0, & (x,y)=(0,0)\end{cases}$ 当 $(x,y)\to(0,0)$ 时的极限是否存在？

解 当点 (x,y) 沿 x 轴趋于原点时，有

$$\lim_{\substack{x\to 0\\y\to 0}}f(x,y)=\lim_{\substack{x\to 0\\y=0}}\frac{xy}{x^2+y^2}=\lim_{x\to 0}\frac{x\cdot 0}{x^2+0^2}=0;$$

当点 (x,y) 沿 y 轴趋于原点时，有

$$\lim_{\substack{x\to 0\\y\to 0}}f(x,y)=\lim_{\substack{x=0\\y\to 0}}\frac{xy}{x^2+y^2}=\lim_{y\to 0}\frac{0\cdot y}{0^2+y^2}=0;$$

当点 (x,y) 沿直线 $y=kx(k\neq 0)$ 趋于原点时，有

$$\lim_{\substack{x\to 0\\y\to 0}}f(x,y)=\lim_{\substack{x\to 0\\y=kx}}\frac{xy}{x^2+y^2}=\lim_{x\to 0}\frac{kx^2}{x^2+k^2x^2}=\frac{k}{1+k^2}\neq 0,$$

其值随 k 的不同而变化，故二重极限 $\lim\limits_{\substack{x\to 0\\y\to 0}}f(x,y)$ 不存在.

三、二元函数的连续性

定义 8.3 设函数 $z=f(x,y)$ 在点 $P_0(x_0,y_0)$ 的某邻域内有定义，如果

$$\lim_{\substack{x\to x_0\\y\to y_0}}f(x,y)=f(x_0,y_0),$$

则称函数 $f(x,y)$ 在点 (x_0,y_0) 处连续.

如果函数 $z=f(x,y)$ 在区域 D 内每一点都连续，则称函数 $f(x,y)$ 在区域 D 内连续.

如果函数 $z=f(x,y)$ 在点 $P_0(x_0,y_0)$ 处不连续，则称该点是函数 $z=f(x,y)$ 的**间断点**.

定义 8.4 由变量 x,y 的基本初等函数经过有限次的四则运算与复合运算而构成的且由一个数学式子表示的函数称为**二元初等函数**.

与一元函数相类似，二元连续函数的和、差、积、商（分母不为零）及二元连续函数的复合函数也是连续函数. 由此可以得到结论：二元初等函数在其定义区域（指包含在定义域内的区域）内是连续的.

【例 8.5】 求下列二重极限.

(1) $\lim\limits_{\substack{x\to 1\\y\to 0}}\dfrac{2x-\cos y}{x^2+y^2}$; (2) $\lim\limits_{\substack{x\to 0\\y\to 0}}\dfrac{1-\sqrt{xy+1}}{xy}$.

解 (1) 因为 $(1,0)$ 是初等函数 $f(x,y)=\dfrac{2x-\cos y}{x^2+y^2}$ 的定义域内的一点，所以

$$\lim_{\substack{x\to 1\\y\to 0}}\frac{2x-\cos y}{x^2+y^2}=f(1,0)=\frac{2\times 1-\cos 0}{1^2+0^2}=1.$$

(2) $\lim\limits_{\substack{x\to 0\\y\to 0}}\dfrac{1-\sqrt{xy+1}}{xy}=\lim\limits_{\substack{x\to 0\\y\to 0}}\dfrac{(1-\sqrt{xy+1})(1+\sqrt{xy+1})}{xy(1+\sqrt{xy+1})}=\lim\limits_{\substack{x\to 0\\y\to 0}}\dfrac{1-(1+xy)}{xy(1+\sqrt{xy+1})}$

$=\lim\limits_{\substack{x\to 0\\y\to 0}}\dfrac{-1}{1+\sqrt{xy+1}}=-\dfrac{1}{2}.$

与闭区间上一元连续函数的性质相类似,在有界闭区域上的二元连续函数有如下性质:

性质 8.1（最大值和最小值定理） 如果函数 $f(x,y)$ 在有界闭区域 D 上连续,则 $f(x,y)$ 在 D 上有界,且至少取得它的最大值和最小值各一次.

性质 8.2（介值定理） 如果函数 $f(x,y)$ 在有界闭区域 D 上连续,则 $f(x,y)$ 在 D 上必可取得介于它的两个不同函数值之间的任何值至少一次.

习题 8.1

1. 设 $f(x,y)=2xy-\dfrac{x+y}{2x}$,试求 $f(1,1)$ 和 $f(x-y,x+y)$.

2. 设 $f(x,y)=\sqrt{x^4+y^4-2xy}$,证明:$f(tx,ty)=t^2 f(x,y)$.

3. 求下列函数的定义域,并在平面上作图表示.

    (1) $z=\dfrac{1}{\sqrt{9-x^2-y^2}}$;

    (2) $z=\ln(x-y^2)$;

    (3) $z=\sqrt{1-x^2}+\sqrt{y^2-1}$;

    (4) $z=\dfrac{1}{\sqrt{x-y}}+\arcsin y$.

4. 求下列极限.

    (1) $\lim\limits_{\substack{x\to 2\\ y\to -1}}\dfrac{xy+3y^2}{2x+y^3}$;

    (2) $\lim\limits_{\substack{x\to 2\\ y\to 2}}\dfrac{x^2-y^2}{\sqrt{x-y+1}-1}$;

    (3) $\lim\limits_{\substack{x\to 3\\ y\to 0}}\dfrac{\sin(xy)}{y}$;

    (4) $\lim\limits_{\substack{x\to 0\\ y\to 2}}(1+xy)^{\frac{1}{x}}$.

第二节 偏 导 数

学习目标

理解偏导数的概念,掌握求二元初等函数的偏导数的方法.

一、偏导数的定义及其计算方法

1. 偏导数的定义

微课

一元函数 $y=f(x)$ 的导数是当自变量 x 变化时,讨论函数相应的变化率 $\dfrac{\Delta y}{\Delta x}$ 的极限问题.

与一元函数相比,二元函数 $z=f(x,y)$ 当自变量 x,y 同时变化时,函数的变化情况要复杂得多.因此,我们往往采用先考虑一个自变量的变化,而把另一个变量暂时看作常量的方法来讨论函数相应的变化率的极限问题,这就是二元函数的偏导数.

定义 8.5 设函数 $z=f(x,y)$ 在点 (x_0,y_0) 的某一邻域内有定义,当 y 固定在 y_0 而 x 在 x_0 处有增量 Δx 时,相应地函数有增量

$$f(x_0+\Delta x, y_0)-f(x_0,y_0),$$

如果极限 $\lim\limits_{\Delta x \to 0}\dfrac{f(x_0+\Delta x, y_0)-f(x_0,y_0)}{\Delta x}$ 存在,则称此极限为函数 $z=f(x,y)$ 在点 (x_0,y_0) 处**对 x 的偏导数**,记为

$$\left.\dfrac{\partial z}{\partial x}\right|_{\substack{x=x_0\\y=y_0}}, \left.\dfrac{\partial f}{\partial x}\right|_{\substack{x=x_0\\y=y_0}}, z_x\big|_{\substack{x=x_0\\y=y_0}} \text{ 或 } f_x(x_0,y_0).$$

即

$$f_x(x_0,y_0)=\lim_{\Delta x \to 0}\dfrac{f(x_0+\Delta x, y_0)-f(x_0,y_0)}{\Delta x}.$$

同理可定义函数 $z=f(x,y)$ 在点 (x_0,y_0) 处**对 y 的偏导数**,记为

$$\left.\dfrac{\partial z}{\partial y}\right|_{\substack{x=x_0\\y=y_0}}, \left.\dfrac{\partial f}{\partial y}\right|_{\substack{x=x_0\\y=y_0}}, z_y\big|_{\substack{x=x_0\\y=y_0}} \text{ 或 } f_y(x_0,y_0).$$

即

$$f_y(x_0,y_0)=\lim_{\Delta y \to 0}\dfrac{f(x_0, y_0+\Delta y)-f(x_0,y_0)}{\Delta y}.$$

如果函数 $z=f(x,y)$ 在区域 D 内任一点 (x,y) 处对 x 的偏导数都存在,那么这个偏导数也是 x、y 的函数,它就称为函数 $z=f(x,y)$ 对自变量 x 的偏导数,记作

$$\dfrac{\partial z}{\partial x}, \dfrac{\partial f}{\partial x}, z_x \text{ 或 } f_x(x,y).$$

同理可以定义函数 $z=f(x,y)$ 对自变量 y 的偏导数,记作 $\dfrac{\partial z}{\partial y}, \dfrac{\partial f}{\partial y}, z_y$ 或 $f_y(x,y)$。

偏导数的概念可以推广到二元以上函数,如 $u=f(x,y,z)$ 在 (x,y,z) 处,

$$f_x(x,y,z)=\lim_{\Delta x \to 0}\dfrac{f(x+\Delta x, y, z)-f(x,y,z)}{\Delta x},$$

$$f_y(x,y,z)=\lim_{\Delta y \to 0}\dfrac{f(x, y+\Delta y, z)-f(x,y,z)}{\Delta y},$$

$$f_z(x,y,z)=\lim_{\Delta z \to 0}\dfrac{f(x, y, z+\Delta z)-f(x,y,z)}{\Delta z}.$$

2. 偏导数的求法

由偏导数的定义可以看出,对某一个变量求偏导,就是将其余变量看作常数,而对该变量求导.所以,求函数的偏导数不需要建立新的运算方法.

【**例 8.6**】 求 $z=x^2+3xy+y^2$ 在点 $(1,2)$ 处的偏导数.

解 因为 $\dfrac{\partial z}{\partial x}=2x+3y, \dfrac{\partial z}{\partial y}=3x+2y$,所以

$$\left.\dfrac{\partial z}{\partial x}\right|_{\substack{x=1\\y=2}}=2\times 1+3\times 2=8, \left.\dfrac{\partial z}{\partial y}\right|_{\substack{x=1\\y=2}}=3\times 1+2\times 2=7.$$

【**例 8.7**】 设 $z=x^y(x>0, x\neq 1)$,求证:$\dfrac{x}{y}\dfrac{\partial z}{\partial x}+\dfrac{1}{\ln x}\dfrac{\partial z}{\partial y}=2z.$

证明 $\dfrac{\partial z}{\partial x}=yx^{y-1},\dfrac{\partial z}{\partial y}=x^y\ln x$，将它们代入等式左边，得

$$\dfrac{x}{y}\dfrac{\partial z}{\partial x}+\dfrac{1}{\ln x}\dfrac{\partial z}{\partial y}=\dfrac{x}{y}yx^{y-1}+\dfrac{1}{\ln x}x^y\ln x=x^y+x^y=2z.$$

结论成立.

【例 8.8】 已知理想气体的状态方程 $pV=RT$（R 为常数），求证：$\dfrac{\partial p}{\partial V}\cdot\dfrac{\partial V}{\partial T}\cdot\dfrac{\partial T}{\partial p}=-1$.

证明 因为

$$p=\dfrac{RT}{V}\Rightarrow\dfrac{\partial p}{\partial V}=-\dfrac{RT}{V^2},\ V=\dfrac{RT}{p}\Rightarrow\dfrac{\partial V}{\partial T}=\dfrac{R}{p},\ T=\dfrac{pV}{R}\Rightarrow\dfrac{\partial T}{\partial p}=\dfrac{V}{R},$$

所以

$$\dfrac{\partial p}{\partial V}\cdot\dfrac{\partial V}{\partial T}\cdot\dfrac{\partial T}{\partial p}=-\dfrac{RT}{V^2}\cdot\dfrac{R}{p}\cdot\dfrac{V}{R}=-\dfrac{RT}{pV}=-1.$$

上式结果说明，偏导数 $\dfrac{\partial z}{\partial x}$ 是一个整体记号，不能拆分. 另外，求分界点、不连续点处的偏导数要用定义求.

【例 8.9】 设 $f(x,y)=\begin{cases}\dfrac{xy}{x^2+y^2},&(x,y)\neq(0,0),\\ 0,&(x,y)=(0,0),\end{cases}$ 求 $f(x,y)$ 的偏导数.

解 当 $(x,y)\neq(0,0)$ 时，

$$f_x(x,y)=\dfrac{y(x^2+y^2)-2x\cdot xy}{(x^2+y^2)^2}=\dfrac{y(y^2-x^2)}{(x^2+y^2)^2},$$

$$f_y(x,y)=\dfrac{x(x^2+y^2)-2y\cdot xy}{(x^2+y^2)^2}=\dfrac{x(x^2-y^2)}{(x^2+y^2)^2}.$$

当 $(x,y)=(0,0)$ 时，按定义 8.5 可得

$$f_x(0,0)=\lim_{\Delta x\to 0}\dfrac{f(\Delta x,0)-f(0,0)}{\Delta x}=\lim_{\Delta x\to 0}\dfrac{0}{\Delta x}=0,$$

$$f_y(0,0)=\lim_{\Delta y\to 0}\dfrac{f(0,\Delta y)-f(0,0)}{\Delta y}=\lim_{\Delta y\to 0}\dfrac{0}{\Delta y}=0.$$

所以

$$f_x(x,y)=\begin{cases}\dfrac{y(y^2-x^2)}{(x^2+y^2)^2},&(x,y)\neq(0,0),\\ 0,&(x,y)=(0,0),\end{cases}$$

$$f_y(x,y)=\begin{cases}\dfrac{x(x^2-y^2)}{(x^2+y^2)^2},&(x,y)\neq(0,0),\\ 0,&(x,y)=(0,0).\end{cases}$$

3. 偏导数存在与连续的关系

一元函数中在某点可导，函数在该点一定连续，但多元函数中在某点偏导数存在，函数未必连续. 例如，例 8.9 中的函数 $f(x,y)$ 在 $(0,0)$ 点处两个偏导数都存在，$f_x(0,0)=f_y(0,0)=0$，但 $f(x,y)$ 在点 $(0,0)$ 处并不连续（例 8.4）.

4. 偏导数的几何意义

设 $M_0(x_0, y_0, f(x_0, y_0))$ 是曲面 $z=f(x,y)$ 上一点，过 M_0 作平面 $y=y_0$，截此曲面得一曲线
$$\begin{cases} z=f(x,y), \\ y=y_0, \end{cases}$$
此曲线在平面 $y=y_0$ 上的方程为 $z=f(x,y_0)$，则导数 $\dfrac{\mathrm{d}}{\mathrm{d}x}f(x,y_0)\Big|_{x=x_0}$，即偏导数 $f_x(x_0,y_0)$ 就是曲面在点 M_0 处的切线 M_0T_x 对 x 轴的斜率(图 8.6)。同理偏导数 $f_y(x_0,y_0)$ 就是曲面被平面 $x=x_0$ 所截得的曲线在点 M_0 处的切线 M_0T_y 对 y 轴的斜率(图 8.6)。

图 8.6

二、高阶偏导数

设函数 $z=f(x,y)$ 在区域 D 内有偏导数
$$\frac{\partial z}{\partial x}=f_x(x,y), \quad \frac{\partial z}{\partial y}=f_y(x,y).$$

一般情况下，它们仍是 x,y 的函数，如果这两个函数的偏导数也存在，则称它们是函数 $z=f(x,y)$ 的**二阶偏导数**。二元函数的二阶偏导数为下列四种：

$$\frac{\partial}{\partial x}\left(\frac{\partial z}{\partial x}\right)=\frac{\partial^2 z}{\partial x^2}=f_{xx}(x,y), \quad \frac{\partial}{\partial y}\left(\frac{\partial z}{\partial y}\right)=\frac{\partial^2 z}{\partial y^2}=f_{yy}(x,y),$$

$$\frac{\partial}{\partial y}\left(\frac{\partial z}{\partial x}\right)=\frac{\partial^2 z}{\partial x \partial y}=f_{xy}(x,y), \quad \frac{\partial}{\partial x}\left(\frac{\partial z}{\partial y}\right)=\frac{\partial^2 z}{\partial y \partial x}=f_{yx}(x,y).$$

其中 $f_{xy}(x,y)$ 与 $f_{yx}(x,y)$ 称为**混合偏导数**。类似地，可给出三阶、四阶以及 n 阶偏导数的定义和记号。二阶及二阶以上的偏导数统称为**高阶偏导数**。

【例 8.10】 设 $z=x^3y^2-3xy^3-xy+1$，求 $\dfrac{\partial^2 z}{\partial x^2}$、$\dfrac{\partial^2 z}{\partial y \partial x}$、$\dfrac{\partial^2 z}{\partial x \partial y}$、$\dfrac{\partial^2 z}{\partial y^2}$ 及 $\dfrac{\partial^3 z}{\partial x^3}$。

解 $\dfrac{\partial z}{\partial x}=3x^2y^2-3y^3-y, \quad \dfrac{\partial z}{\partial y}=2x^3y-9xy^2-x;$

$\dfrac{\partial^2 z}{\partial x^2}=6xy^2, \quad \dfrac{\partial^3 z}{\partial x^3}=6y^2, \quad \dfrac{\partial^2 z}{\partial y^2}=2x^3-18xy;$

$\dfrac{\partial^2 z}{\partial x \partial y}=6x^2y-9y^2-1, \quad \dfrac{\partial^2 z}{\partial y \partial x}=6x^2y-9y^2-1.$

【例 8.11】 设 $u=\mathrm{e}^{ax}\cos by$ (a,b 为常数)，求它的二阶偏导数。

解 $\dfrac{\partial u}{\partial x}=a\mathrm{e}^{ax}\cos by, \quad \dfrac{\partial u}{\partial y}=-b\mathrm{e}^{ax}\sin by,$

$\dfrac{\partial^2 u}{\partial x^2}=a^2\mathrm{e}^{ax}\cos by, \quad \dfrac{\partial^2 u}{\partial y^2}=-b^2\mathrm{e}^{ax}\cos by,$

$$\frac{\partial^2 u}{\partial x \partial y} = -abe^{ax}\sin by, \quad \frac{\partial^2 u}{\partial y \partial x} = -abe^{ax}\sin by.$$

在上例中，两个混合偏导数相等，但是这个结论不具有普遍性，只有在满足一定条件后才成立. 以下定理给出成立的一个充分条件.

定理 8.1 如果函数 $z = f(x,y)$ 的两个二阶混合偏导数 $\dfrac{\partial^2 z}{\partial y \partial x}$ 及 $\dfrac{\partial^2 z}{\partial x \partial y}$ 在区域 D 内连续，那么在该区域内这两个二阶混合偏导数必相等.

定理证明从略.

【例 8.12】 验证函数 $u(x,y) = \ln\sqrt{x^2+y^2}$ 满足拉普拉斯方程 $\dfrac{\partial^2 u}{\partial x^2} + \dfrac{\partial^2 u}{\partial y^2} = 0$.

证明 因为 $\ln\sqrt{x^2+y^2} = \dfrac{1}{2}\ln(x^2+y^2)$，所以

$$\frac{\partial u}{\partial x} = \frac{x}{x^2+y^2}, \quad \frac{\partial u}{\partial y} = \frac{y}{x^2+y^2},$$

$$\frac{\partial^2 u}{\partial x^2} = \frac{(x^2+y^2)-x\cdot 2x}{(x^2+y^2)^2} = \frac{y^2-x^2}{(x^2+y^2)^2},$$

$$\frac{\partial^2 u}{\partial y^2} = \frac{(x^2+y^2)-y\cdot 2y}{(x^2+y^2)^2} = \frac{x^2-y^2}{(x^2+y^2)^2}.$$

$$\frac{\partial^2 u}{\partial x^2} + \frac{\partial^2 u}{\partial y^2} = \frac{y^2-x^2}{(x^2+y^2)^2} + \frac{x^2-y^2}{(x^2+y^2)^2} = 0.$$

证毕.

习题 8.2

1. 若函数 $f(x,y)$ 在点 $P_0(x_0,y_0)$ 连续，能否断定 $f(x,y)$ 在点 $P_0(x_0,y_0)$ 的偏导数必定存在？

2. 求下列函数的偏导数.

(1) $z = \arctan(xy)$； (2) $z = xy + \dfrac{x}{y}$；

(3) $z = \dfrac{\ln(xy)}{y}$； (4) $z = (1+xy)^y$；

(5) $z = e^x\cos(x+y^2)$； (6) $u = xy^2 + yz^2 + zx^2$.

3. 求下列函数的二阶偏导数.

(1) $z = 2x^2y + 3xy^2$； (2) $z = e^x\sin y$；

(3) $z = y^x$； (4) $z = x\ln(xy)$.

4. 设 $f(x,y) = \sin(x^2y)$，求 $f_x\left(\dfrac{\pi}{4},0\right)$.

5. 设 $f(x,y) = e^{xy} + \sin(x+y)$，求 $f_{xx}\left(\dfrac{\pi}{2},0\right), f_{xy}\left(\dfrac{\pi}{2},0\right)$.

6. 设 $f(x,y,z) = xy^2 + yz^2 + zx^2$，求 $f_{xx}(0,0,1), f_{xz}(1,0,2), f_{yz}(0,-1,0), f_{zx}(2,0,1)$.

第三节　全微分及其应用

学习目标

1. 理解全微分的概念,了解全微分存在的必要条件和充分条件.
2. 掌握求二元初等函数全微分的方法.

微课

一、全微分的概念

案例 8.4　一矩形金属薄片受温度变化的影响,其长由 x 变化到 $x+\Delta x$,宽由 y 变化到 $y+\Delta y$,试问此薄片的面积改变了多少?

薄片的面积 $S=xy$,面积的改变量 ΔS 称为当自变量 x 和 y 分别取得增量 Δx 和 Δy 时,函数 S 相应的**全增量**,即

$$\Delta S=(x+\Delta x)(y+\Delta y)-xy=y\Delta x+x\Delta y+\Delta x\Delta y.$$

上式右端包括了两部分:一部分是关于 $\Delta x,\Delta y$ 的线性函数 $y\Delta x+x\Delta y$;另一部分是 $\Delta x\Delta y$. 令 $\rho=\sqrt{(\Delta x)^2+(\Delta y)^2}$,则当 $\Delta x\to 0,\Delta y\to 0$ 时,$\rho\to 0$ 且 $\lim\limits_{\substack{\Delta x\to 0\\\Delta y\to 0}}\dfrac{\Delta x\Delta y}{\rho}=0$,即 $\Delta x\Delta y$ 是比 ρ 更高阶的无穷小,亦即 $\Delta x\Delta y=o(\rho)$. 因此全增量 ΔS 可以表示为

$$\Delta S=y\Delta x+x\Delta y+o(\rho).$$

当 $|\Delta x|$,$|\Delta y|$ 很小时,便有

$$\Delta S\approx y\Delta x+x\Delta y.$$

类似于一元函数微分的概念,关于 $\Delta x,\Delta y$ 的线性函数 $y\Delta x+x\Delta y$ 称为函数 S 的全微分.

定义 8.6　如果函数 $z=f(x,y)$ 在点 (x,y) 的全增量

$$\Delta z=f(x+\Delta x,y+\Delta y)-f(x,y)$$

可以表示为

$$\Delta z=A\Delta x+B\Delta y+o(\rho),$$

其中 A,B 不依赖于 $\Delta x,\Delta y$ 而仅与 x,y 有关,$\rho=\sqrt{(\Delta x)^2+(\Delta y)^2}$,则称函数 $z=f(x,y)$ 在点 (x,y) 可微分,$A\Delta x+B\Delta y$ 称为函数 $z=f(x,y)$ 在点 (x,y) 的**全微分**,记为 $\mathrm{d}z$,即

$$\mathrm{d}z=A\Delta x+B\Delta y.$$

函数 $z=f(x,y)$ 若在某区域 D 内各点处处可微分,则称该函数在 D 内可微分.

在一元函数中,可导必连续,可微和可导是等价的,且 $\mathrm{d}y=f'(x)\mathrm{d}x$,那么二元函数 $z=f(x,y)$ 在点 (x,y) 处可微分与连续以及偏导数之间有什么关系呢?全微分定义中的 A,B 又如何确定呢?下面的定理给出了回答.

定理 8.2(必要条件)　如果函数 $z=f(x,y)$ 在点 (x,y) 可微分,则它在点 (x,y) 处连续,且两个偏导数 $\dfrac{\partial z}{\partial x}$、$\dfrac{\partial z}{\partial y}$ 都存在,并有

$$\mathrm{d}z=\dfrac{\partial z}{\partial x}\Delta x+\dfrac{\partial z}{\partial y}\Delta y.$$

定理证明从略.

但是，若二元函数的两个偏导数存在，并不能保证全微分一定存在. 例如在第二节中已指出，函数

$$f(x,y)=\begin{cases}\dfrac{xy}{x^2+y^2}, & (x,y)\neq(0,0)\\ 0, & (x,y)=(0,0)\end{cases}$$

在点$(0,0)$处有$f_x(0,0)=f_y(0,0)=0$，但它在$(0,0)$处不连续，所以它在$(0,0)$处不可微. 那么，在什么条件下，偏导数存在能保证可微呢？下面定理给出回答.

定理 8.3（充分条件） 如果函数$z=f(x,y)$的偏导数$\dfrac{\partial z}{\partial x},\dfrac{\partial z}{\partial y}$在点$(x,y)$连续，则该函数在点$(x,y)$可微分.

定理证明从略.

习惯上，记全微分为

$$dz=\frac{\partial z}{\partial x}dx+\frac{\partial z}{\partial y}dy\,(dx=\Delta x,dy=\Delta y).$$

上述二元函数的全微分的概念和公式，均可以类推到三元及三元以上的函数. 例如，如果三元函数$u=f(x,y,z)$的全微分存在，则有

$$du=\frac{\partial u}{\partial x}dx+\frac{\partial u}{\partial y}dy+\frac{\partial u}{\partial z}dz.$$

【例 8.13】 计算函数$z=e^{xy}$在点$(2,1)$处的全微分.

解 $\dfrac{\partial z}{\partial x}=ye^{xy},\dfrac{\partial z}{\partial y}=xe^{xy},\dfrac{\partial z}{\partial x}\bigg|_{(2,1)}=e^2,\dfrac{\partial z}{\partial y}\bigg|_{(2,1)}=2e^2$，所以全微分

$$dz\big|_{(2,1)}=e^2dx+2e^2dy.$$

【例 8.14】 函数$z=y\cos(x-2y)$，求当$x=\dfrac{\pi}{4},y=\pi,\Delta x=\dfrac{\pi}{4},\Delta y=\pi$时的全微分.

解 $\dfrac{\partial z}{\partial x}=-y\sin(x-2y),\dfrac{\partial z}{\partial y}=\cos(x-2y)+2y\sin(x-2y)$，所以全微分

$$dz\big|_{(\frac{\pi}{4},\pi)}=\frac{\partial z}{\partial x}\bigg|_{(\frac{\pi}{4},\pi)}\Delta x+\frac{\partial z}{\partial y}\bigg|_{(\frac{\pi}{4},\pi)}\Delta y=\frac{\sqrt{2}}{8}\pi(4-7\pi).$$

【例 8.15】 求函数$u=x+\sin\dfrac{y}{2}+e^{yz}$的全微分.

解 $\dfrac{\partial u}{\partial x}=1,\dfrac{\partial u}{\partial y}=\dfrac{1}{2}\cos\dfrac{y}{2}+ze^{yz},\dfrac{\partial u}{\partial z}=ye^{yz}$，所以全微分

$$du=dx+\left(\frac{1}{2}\cos\frac{y}{2}+ze^{yz}\right)dy+ye^{yz}dz.$$

二、全微分在近似计算中的应用

当二元函数$z=f(x,y)$在点(x,y)的两个偏导数$f_x(x,y),f_y(x,y)$连续，并且$|\Delta x|$，$|\Delta y|$都较小时，有近似等式

$$\Delta z\approx dz=f_x(x,y)\Delta x+f_y(x,y)\Delta y,$$

即

$$f(x+\Delta x, y+\Delta y) \approx f(x,y) + f_x(x,y)\Delta x + f_y(x,y)\Delta y.$$

我们可以利用上述近似等式对二元函数作近似计算.

【例 8.16】 有一圆柱体,受压后发生形变,它的半径由 20 cm 增大到 20.05 cm,高度由 100 cm 减少到 99 cm. 求此圆柱体体积变化的近似值.

解 设圆柱体的半径、高和体积依次为 r、h 和 V,则有
$$V = \pi r^2 h.$$
已知 $r=20, h=100, \Delta r=0.05, \Delta h=-1$. 根据近似公式,有
$$\begin{aligned}\Delta V &\approx dV = V_r \Delta r + V_h \Delta h = 2\pi r h \Delta r + \pi r^2 \Delta h \\ &= 2\pi \times 20 \times 100 \times 0.05 + \pi \times 20^2 \times (-1) = -200\pi (\text{cm}^3).\end{aligned}$$
即此圆柱体在受压后体积约减少了 200π cm³.

【例 8.17】 计算 $1.04^{2.02}$ 的近似值.

解 设函数 $f(x,y)=x^y$. 显然,要计算的值就是函数在 $x=1.04, y=2.02$ 时的函数值 $f(1.04, 2.02)$. 取 $x=1, y=2, \Delta x=0.04, \Delta y=0.02$. 由于
$$\begin{aligned}f(x+\Delta x, y+\Delta y) &\approx f(x,y) + f_x(x,y)\Delta x + f_y(x,y)\Delta y \\ &= x^y + y x^{y-1} \Delta x + x^y \ln x \Delta y,\end{aligned}$$
所以
$$1.04^{2.02} \approx 1^2 + 2 \times 1^{2-1} \times 0.04 + 1^2 \times \ln 1 \times 0.02 = 1.08.$$

习题 8.3

1. 求下列函数的全微分.

   (1) $z = xy + \dfrac{x}{y}$; (2) $z = \arctan \dfrac{y}{x}$;

   (3) $z = e^{xy} \cos(x+y)$; (4) $u = z^{xy}$.

2. 求函数 $z = \dfrac{x}{y}$ 在点 $(1,2)$ 处当 $\Delta x = -0.2, \Delta y = 0.1$ 时全增量与全微分.

3. 求函数 $u = xy^2 + yz^3 + zx^2$ 在点 $(0,1,2)$ 处的全微分.

4. 计算 $1.97^{1.05}$ 的近似值 ($\ln 2 \approx 0.693$).

5. 已知边长为 $x = 6$ m 与 $y = 8$ m 的矩形,如果 x 增加 5 cm,而 y 减少 10 cm,问这个矩形对角线的近似变化怎样?

第四节 多元复合函数及隐函数的求导法则

学习目标

1. 掌握复合函数一阶偏导数的求法.
2. 会求隐函数的偏导数或导数.

微课

一、多元复合函数的求导法则

设函数 $z = f(u,v)$ 是变量 u, v 的函数,而 u, v 又是变量 x, y 的函数,$u = \varphi(x,y), v=$

$\psi(x,y)$,则 $z=f[\varphi(x,y),\psi(x,y)]$ 是 x,y 的复合函数,其中 u,v 是中间变量.与一元复合函数的链导法类似,求二元复合函数的偏导数有如下定理.

定理 8.4 如果函数 $u=\varphi(x,y)$ 及 $v=\psi(x,y)$ 都在点 (x,y) 具有对 x 和 y 的偏导数,函数 $z=f(u,v)$ 在对应点 (u,v) 处具有连续偏导数,则复合函数 $z=f[\varphi(x,y),\psi(x,y)]$ 在点 (x,y) 的两个偏导数存在,且

$$\frac{\partial z}{\partial x}=\frac{\partial z}{\partial u}\frac{\partial u}{\partial x}+\frac{\partial z}{\partial v}\frac{\partial v}{\partial x}, \tag{8.1}$$

$$\frac{\partial z}{\partial y}=\frac{\partial z}{\partial u}\frac{\partial u}{\partial y}+\frac{\partial z}{\partial v}\frac{\partial v}{\partial y}. \tag{8.2}$$

定理证明从略.

注 这种求偏导数的方法可以通过图 8.7 的链式来表达.

图 8.7

【例 8.18】 设 $z=\mathrm{e}^u\sin v$,而 $u=xy,v=x+y$,求 $\dfrac{\partial z}{\partial x}$ 和 $\dfrac{\partial z}{\partial y}$.

解 因为 $\dfrac{\partial z}{\partial u}=\mathrm{e}^u\sin v, \dfrac{\partial z}{\partial v}=\mathrm{e}^u\cos v, \dfrac{\partial u}{\partial x}=y, \dfrac{\partial v}{\partial x}=1, \dfrac{\partial u}{\partial y}=x, \dfrac{\partial v}{\partial y}=1$,

所以

$$\frac{\partial z}{\partial x}=\frac{\partial z}{\partial u}\cdot\frac{\partial u}{\partial x}+\frac{\partial z}{\partial v}\cdot\frac{\partial v}{\partial x}=\mathrm{e}^u\sin v\cdot y+\mathrm{e}^u\cos v\cdot 1=\mathrm{e}^{xy}[y\sin(xy)+\cos(x+y)],$$

$$\frac{\partial z}{\partial y}=\frac{\partial z}{\partial u}\cdot\frac{\partial u}{\partial y}+\frac{\partial z}{\partial v}\cdot\frac{\partial v}{\partial y}=\mathrm{e}^u\sin v\cdot x+\mathrm{e}^u\cos v\cdot 1=\mathrm{e}^{xy}[x\sin(xy)+\cos(x+y)].$$

【例 8.19】 设 $z=\left(\dfrac{x}{y}\right)^2\ln(2x-3y^2)$,求 $\dfrac{\partial z}{\partial x}$ 和 $\dfrac{\partial z}{\partial y}$.

解 引进中间变量 $u=\dfrac{x}{y},v=2x-3y^2$,则 $z=u^2\ln v$. 于是

$$\frac{\partial z}{\partial u}=2u\ln v,\frac{\partial z}{\partial v}=\frac{u^2}{v},\frac{\partial u}{\partial x}=\frac{1}{y},\frac{\partial v}{\partial x}=2,\frac{\partial u}{\partial y}=-\frac{x}{y^2},\frac{\partial v}{\partial y}=-6y,$$

所以

$$\frac{\partial z}{\partial x}=\frac{\partial z}{\partial u}\cdot\frac{\partial u}{\partial x}+\frac{\partial z}{\partial v}\cdot\frac{\partial v}{\partial x}=\frac{1}{y}2u\ln v+\frac{2u^2}{v}$$

$$=\frac{2x\ln(2x-3y^2)}{y^2}+\frac{2x^2}{y^2(2x-3y^2)},$$

$$\frac{\partial z}{\partial y}=\frac{\partial z}{\partial u}\cdot\frac{\partial u}{\partial y}+\frac{\partial z}{\partial v}\cdot\frac{\partial v}{\partial y}=-\frac{2xu\ln v}{y^2}-\frac{6yu^2}{v}$$

$$=-\frac{2x^2\ln(2x-3y^2)}{y^3}-\frac{6x^2}{y(2x-3y^2)}.$$

多元复合函数的求导法则具有如下规律:

(1) 公式右端求和的项数,等于连接自变量与因变量的线路数;

(2) 公式右端每一项的因子数,等于该条路线上函数的个数.

上述两条规律具有一般性,对于中间变量或自变量不是两个,或复合步骤多于一次的复合函数,都可以按照此规律得到相应的复合函数求导法则.下面就来介绍几种常用的复合函

数求导公式.

1. 多元复合函数为自变量的一元函数

如果函数 $u=\varphi(t)$ 及 $v=\psi(t)$ 都在点 t 可导,函数 $z=f(u,v)$ 在对应点 (u,v) 具有连续偏导数,则复合函数 $z=f[\varphi(t),\psi(t)]$ 在点 t 可导,且

$$\frac{\mathrm{d}z}{\mathrm{d}t}=\frac{\partial z}{\partial u}\frac{\mathrm{d}u}{\mathrm{d}t}+\frac{\partial z}{\partial v}\frac{\mathrm{d}v}{\mathrm{d}t}. \tag{8.3}$$

图 8.8

注意:公式(8.3)中的导数 $\dfrac{\mathrm{d}z}{\mathrm{d}t}$ 称为**全导数**. 这种求全导数的方法可以通过图 8.8 的链式来表达.

【例 8.20】 设 $z=uv+\sin t$,而 $u=\mathrm{e}^t, v=\cos t$,求全导数 $\dfrac{\mathrm{d}z}{\mathrm{d}t}$.

解 $\dfrac{\mathrm{d}z}{\mathrm{d}t}=\dfrac{\partial z}{\partial u}\cdot\dfrac{\mathrm{d}u}{\mathrm{d}t}+\dfrac{\partial z}{\partial v}\cdot\dfrac{\mathrm{d}v}{\mathrm{d}t}+\dfrac{\partial z}{\partial t}=v\mathrm{e}^t-u\sin t+\cos t$
$=\mathrm{e}^t(\cos t-\sin t)+\cos t.$

2. 多元复合函数的中间变量一个为二元函数另一个为一元函数

如果函数 $u=\varphi(x,y)$ 在点 (x,y) 具有对 x 和 y 的偏导数,$v=\psi(y)$ 对 y 可导,函数 $z=f(u,v)$ 在对应点 (u,v) 处具有连续偏导数,则复合函数 $z=f[\varphi(x,y),\psi(y)]$ 在点 (x,y) 的两个偏导数存在,且

$$\frac{\partial z}{\partial x}=\frac{\partial z}{\partial u}\frac{\partial u}{\partial x}, \tag{8.4}$$

$$\frac{\partial z}{\partial y}=\frac{\partial z}{\partial u}\frac{\partial u}{\partial y}+\frac{\partial z}{\partial v}\frac{\mathrm{d}v}{\mathrm{d}y}. \tag{8.5}$$

图 8.9

注 这种求偏导数的方法可以通过图 8.9 的链式来表达.

【例 8.21】 设 $z=\mathrm{e}^u\sin y$,而 $u=x^2 y^3$,求 $\dfrac{\partial z}{\partial x}$ 和 $\dfrac{\partial z}{\partial y}$.

解 在这个复合函数中,y 既是中间变量又是自变量,于是设 $v=y$,利用公式(8.4)和公式(8.5),可得

$\dfrac{\partial z}{\partial x}=\dfrac{\partial z}{\partial u}\cdot\dfrac{\partial u}{\partial x}=\mathrm{e}^u\sin y\cdot 2xy^3=2xy^3\mathrm{e}^{x^2y^3}\sin y,$

$\dfrac{\partial z}{\partial y}=\dfrac{\partial z}{\partial u}\cdot\dfrac{\partial u}{\partial y}+\dfrac{\partial z}{\partial v}\cdot\dfrac{\mathrm{d}v}{\mathrm{d}y}=\mathrm{e}^u\sin y\cdot 3x^2y^2+\mathrm{e}^u\cos y$
$=\mathrm{e}^{x^2y^3}(3x^2y^2\sin y+\cos y).$

注意:虽然 $v=y$,但式中 $\dfrac{\partial z}{\partial y}$ 和 $\dfrac{\partial z}{\partial v}$ 的含义不一样.

【例 8.22】 设 $z=\ln(xy+\tan x)$,求 $\dfrac{\partial z}{\partial x}$ 和 $\dfrac{\partial z}{\partial y}$.

解 设 $u=xy, v=\tan x$,则 $z=\ln(u+v)$. 在这个复合函数中,求偏导数的方法可以通过图 8.10 的链式来表达,可得

$$\frac{\partial z}{\partial x}=\frac{\partial z}{\partial u}\cdot\frac{\partial u}{\partial x}+\frac{\partial z}{\partial v}\cdot\frac{\mathrm{d}v}{\mathrm{d}x}=\frac{1}{u+v}y+\frac{1}{u+v}\sec^2 x=\frac{y+\sec^2 x}{xy+\tan x},$$

$$\frac{\partial z}{\partial y}=\frac{\partial z}{\partial u}\cdot\frac{\partial u}{\partial y}=\frac{x}{u+v}=\frac{x}{xy+\tan x}.$$

图 8.10

3. 多元复合函数的中间变量为一元函数

如果函数 $u=\varphi(x,y)$ 在点 (x,y) 具有对 x 和 y 的偏导数,函数 $z=f(u)$ 在对应点 u 处可微,则复合函数 $z=f[\varphi(x,y)]$ 在点 (x,y) 的两个偏导数存在,且

$$\frac{\partial z}{\partial x}=\frac{\mathrm{d}z}{\mathrm{d}u}\frac{\partial u}{\partial x}=f'(u)\frac{\partial u}{\partial x}, \tag{8.6}$$

$$\frac{\partial z}{\partial y}=\frac{\mathrm{d}z}{\mathrm{d}u}\frac{\partial u}{\partial y}=f'(u)\frac{\partial u}{\partial y}. \tag{8.7}$$

注意:这种求偏导数的方法可以通过图 8.11 的链式来表达.

图 8.11

【**例 8.23**】 设 $z=f\left(\dfrac{x}{y}\right)$,其中 f 可微,求 $\dfrac{\partial z}{\partial x}$ 和 $\dfrac{\partial z}{\partial y}$.

解 令 $u=\dfrac{x}{y}$,则 $z=f(u)$,利用公式(8.6)和公式(8.7),可得

$$\frac{\partial z}{\partial x}=\frac{\mathrm{d}z}{\mathrm{d}u}\cdot\frac{\partial u}{\partial x}=f'(u)\frac{1}{y}=\frac{1}{y}f'\left(\frac{x}{y}\right),$$

$$\frac{\partial z}{\partial y}=\frac{\mathrm{d}z}{\mathrm{d}u}\cdot\frac{\partial u}{\partial y}=f'(u)\left(-\frac{x}{y^2}\right)=-\frac{x}{y^2}f'\left(\frac{x}{y}\right).$$

【**例 8.24**】 设 $z=f(xy,x^2+y^3)$,其中 f 可微,求 $\dfrac{\partial z}{\partial x}$ 和 $\dfrac{\partial z}{\partial y}$.

解 令 $u=xy,v=x^2+y^3$,则 $z=f(u,v)$.因为

$$\frac{\partial u}{\partial x}=y,\frac{\partial v}{\partial x}=2x,\frac{\partial u}{\partial y}=x,\frac{\partial v}{\partial y}=3y^2,$$

所以

$$\frac{\partial z}{\partial x}=f_u\frac{\partial u}{\partial x}+f_v\frac{\partial v}{\partial x}=f_u y+f_v 2x=yf'_1+2xf'_2,$$

$$\frac{\partial z}{\partial y}=f_u\frac{\partial u}{\partial y}+f_v\frac{\partial v}{\partial y}=f_u x+f_v 3y^2=xf'_1+3y^2 f'_2.$$

注意:这里 f'_1,f'_2 分别是 f_u,f_v 的简便记法.

二、隐函数的求导公式

1. 一元隐函数的情形

微课

设方程 $F(x,y)=0$ 确定了隐函数 $y=f(x)$,如果函数 $F(x,y)$ 具有连续的偏导数 $F_x(x,y),F_y(x,y)$,且 $F_y(x,y)\neq 0$.将 $y=f(x)$ 代入 $F(x,y)=0$ 得

$$F[x,f(x)]\equiv 0,$$

上式两边对求 x 导得

$$F_x + F_y \frac{dy}{dx} = 0,$$

即

$$\frac{dy}{dx} = -\frac{F_x}{F_y}. \tag{8.8}$$

这就是一元隐函数的求导公式.

【例 8.25】 求由方程 $\ln\sqrt{x^2+y^2} = \arctan\frac{y}{x}$ 所确定的隐函数的导数 $\frac{dy}{dx}$.

解 令 $F(x,y) = \ln\sqrt{x^2+y^2} - \arctan\frac{y}{x}$,则

$$F_x(x,y) = \frac{x+y}{x^2+y^2}, \quad F_y(x,y) = \frac{y-x}{x^2+y^2},$$

所以

$$\frac{dy}{dx} = -\frac{F_x}{F_y} = -\frac{x+y}{y-x}.$$

2. 二元隐函数的情形

设方程 $F(x,y,z)=0$ 确定了隐函数 $z=f(x,y)$,如果函数 $F(x,y,z)$ 具有连续的偏导数 $F_x(x,y,z), F_y(x,y,z), F_z(x,y,z)$,且 $F_z(x,y,z) \neq 0$. 将 $z=f(x,y)$ 代入 $F(x,y,z)=0$ 得

$$F[x,y,f(x,y)] \equiv 0,$$

上式两边对 x 求偏导得

$$F_x + F_z \frac{\partial z}{\partial x} = 0,$$

即

$$\frac{\partial z}{\partial x} = -\frac{F_x}{F_z}, \tag{8.9}$$

同理可得

$$\frac{\partial z}{\partial y} = -\frac{F_y}{F_z} \tag{8.10}$$

这就是二元隐函数的求导公式.

【例 8.26】 设方程 $x^2+y^2+z^2-4z=0$ 确定隐函数 $z=f(x,y)$,求 $\frac{\partial z}{\partial x}, \frac{\partial z}{\partial y}$.

解 令 $F(x,y,z) = x^2+y^2+z^2-4z$,则

$$F_x = 2x, \quad F_y = 2y, \quad F_z = 2z-4,$$

所以

$$\frac{\partial z}{\partial x} = -\frac{F_x}{F_z} = \frac{x}{2-z}, \quad \frac{\partial z}{\partial y} = -\frac{F_y}{F_z} = \frac{y}{2-z}.$$

【例 8.27】 设 $z=f(x+y+z, xyz)$,其中 f 可微,求 $\frac{\partial z}{\partial x}, \frac{\partial x}{\partial y}, \frac{\partial y}{\partial z}$.

解 令 $u=x+y+z, v=xyz$,则 $z=f(u,v)$,把 z 看成 x,y 的函数对 x 求偏导数得

$$\frac{\partial z}{\partial x} = f_u \cdot \left(1 + \frac{\partial z}{\partial x}\right) + f_v \cdot \left(yz + xy\frac{\partial z}{\partial x}\right),$$

所以
$$\frac{\partial z}{\partial x} = \frac{f_u + yzf_v}{1 - f_u - xyf_v}.$$

把 x 看成 z, y 的函数对 y 求偏导数得
$$0 = f_u \cdot \left(\frac{\partial x}{\partial y} + 1\right) + f_v \cdot \left(xz + yz\frac{\partial x}{\partial y}\right),$$

所以
$$\frac{\partial x}{\partial y} = -\frac{f_u + xzf_v}{f_u + yzf_v}.$$

把 y 看成 x, z 的函数对 z 求偏导数得
$$1 = f_u \cdot \left(\frac{\partial y}{\partial z} + 1\right) + f_v \cdot \left(xy + xz\frac{\partial y}{\partial z}\right),$$

所以
$$\frac{\partial y}{\partial z} = \frac{1 - f_u - xyf_v}{f_u + xzf_v}.$$

习题 8.4

1. 设 $z = e^u \sin v, u = x + y, v = x - y^2$,求 $\dfrac{\partial z}{\partial x}$ 和 $\dfrac{\partial z}{\partial y}$.

2. 设 $z = (1 + x^2 + y^2)^{xy}$,求 $\dfrac{\partial z}{\partial x}$ 和 $\dfrac{\partial z}{\partial y}$.

3. 设 $z = \ln(u + v), u = t^3 + 1, v = 3t^2$,求 $\dfrac{\mathrm{d}z}{\mathrm{d}t}$.

4. 设 $z = x^2 + \sqrt{y}, y = \sin x$,求 $\dfrac{\mathrm{d}z}{\mathrm{d}x}$.

5. 设 $z = f(u, y), u = x^2 + 2y^2$,其中 f 可微,求 $\dfrac{\partial z}{\partial x}$ 和 $\dfrac{\partial z}{\partial y}$.

6. 设 f 为可微函数,求下列复合函数的偏导数 $\dfrac{\partial z}{\partial x}$ 和 $\dfrac{\partial z}{\partial y}$.

  (1) $z = f\left(x, \dfrac{y}{x}\right)$; (2) $z = xf(\sin x, xy)$.

7. 设 $y = f(x)$ 是由方程 $x^3 + 4y^2 - x^2y^4 = 0$ 所确定的隐函数,求 $\dfrac{\mathrm{d}y}{\mathrm{d}x}$.

8. 设 $y = f(x)$ 是由方程 $\ln\sqrt{x^2 + y^2} = \arctan\dfrac{x}{y}$ 所确定的隐函数,求 $\dfrac{\mathrm{d}y}{\mathrm{d}x}$.

9. 设 $z = f(x, y)$ 是由方程 $e^z - xyz = 12$ 所确定的隐函数,求 $\dfrac{\partial z}{\partial x}$ 和 $\dfrac{\partial z}{\partial y}$.

10. 设 $z = f(x, y)$ 是由方程 $\sqrt{xz} + y^5 + 2xyz = 0$ 所确定的隐函数,求 $\dfrac{\partial z}{\partial x}$ 和 $\dfrac{\partial z}{\partial y}$.

第五节　多元函数的极值及其求法

学习目标

1. 理解多元函数的极值和条件极值的概念,掌握二元函数极值存在的必要条件.
2. 了解二元函数极值的充分条件,会求二元函数的极值.
3. 会用拉格朗日乘数法求条件极值,会求简单函数的最大值和最小值,会求解一些简单应用问题.

案例 8.5　某超市卖两种牌子的果汁,本地牌子每瓶进价 1 元,外地牌子每瓶进价 1.2 元,店主估计,如果本地牌子的每瓶卖 x 元,外地牌子的每瓶卖 y 元,则每天可卖出 $50(y-x)$ 瓶本地牌子的果汁,$700+50(x-2y)$ 瓶外地牌子的果汁,问店主每天以什么价格卖两种牌子的果汁可取得最大收益?

分析:每天的收益为
$$f(x,y)=50(x-1)(y-x)+(y-1.2)[700+50(x-2y)],$$
求最大收益即为求二元函数 $f(x,y)$ 当 $x>0,y>0$ 时的最大值.

下面以二元函数为例,先来介绍多元函数的极值问题.

一、二元函数极值的概念与求法

定义 8.7　设函数 $z=f(x,y)$ 在点 (x_0,y_0) 的某邻域内有定义,对于该邻域内异于 (x_0,y_0) 的点 (x,y),都有
$$f(x,y)<f(x_0,y_0)(\text{或 } f(x,y)>f(x_0,y_0)),$$
则称函数 $f(x,y)$ 在 (x_0,y_0) 有**极大值**(或**极小值**)$f(x_0,y_0)$. 点 (x_0,y_0) 称为函数 $f(x,y)$ 的**极大值点**(或**极小值点**). 函数的极大值与极小值统称为**极值**. 极大值点和极小值点统称为**极值点**. 例如,依定义可判断,函数 $z=3x^2+4y^2$ 在 $(0,0)$ 处有极小值 0(如图 8.12 所示);函数 $z=-\sqrt{x^2+y^2}$ 在 $(0,0)$ 处有极大值 0(如图 8.13 所示);函数 $z=x^2-y^2$ 在 $(0,0)$ 处没有极值(如图 8.14 所示).

图 8.12　　　　　图 8.13　　　　　图 8.14

我们知道,一元函数极值的必要条件是,可导函数的极值点必为驻点.再利用一阶、二阶导数,可以判定极值.与一元函数相类似,利用偏导数可以得到二元函数取极值的必要条件和充分条件.

定理 8.5(必要条件)　设函数 $z=f(x,y)$ 在点 (x_0,y_0) 具有偏导数,且在点 (x_0,y_0) 处有极值,则必有

$$f_x(x_0,y_0)=0, f_y(x_0,y_0)=0.$$

定理证明从略.

仿照一元函数,凡能使一阶偏导数同时为零的点,均称为函数的**驻点**. 由定理8.5可知,对于偏导数存在的函数,极值点为驻点;但是驻点不一定是极值点. 例如,点$(0,0)$是函数$z=x^2-y^2$的驻点,但不是极值点. 如何判定一个驻点是否为极值点?

定理8.6(充分条件) 设函数$z=f(x,y)$在点(x_0,y_0)的某邻域内有连续的一阶及二阶偏导数,且

$$f_x(x_0,y_0)=0, f_y(x_0,y_0)=0,$$

令

$$f_{xx}(x_0,y_0)=A, f_{xy}(x_0,y_0)=B, f_{yy}(x_0,y_0)=C,$$

则$f(x,y)$在点(x_0,y_0)处是否取得极值的条件如下:

(1) 当$AC-B^2>0$时具有极值,当$A<0$时有极大值,当$A>0$时有极小值;

(2) 当$AC-B^2<0$时没有极值;

(3) 当$AC-B^2=0$时可能有极值,也可能没有极值,需另作讨论.

定理证明从略.

根据以上两个定理,把求二元函数$z=f(x,y)$极值的一般步骤归纳如下:

(1) 解方程组$f_x(x,y)=0, f_y(x,y)=0$,求出实数解,得驻点.

(2) 对于每一个驻点(x_0,y_0),求出$f(x,y)$的二阶偏导数的值A、B、C.

(3) 定出$AC-B^2$的符号,再判定是否是极值.

【**例8.28**】 求函数$f(x,y)=y^3-x^2+6x-12y+1$的极值.

解 解方程组

$$\begin{cases} f_x(x,y)=-2x+6=0, \\ f_y(x,y)=3y^2-12=0, \end{cases}$$

得驻点为$(3,2),(3,-2)$;

求$f(x,y)$的二阶偏导数

$$f_{xx}(x,y)=-2, f_{xy}(x,y)=0, f_{yy}(x,y)=6y.$$

在点$(3,2)$处,有$A=-2,B=0,C=12$. $AC-B^2=-24<0$,由极值的充分条件知,$f(x,y)$在$(3,2)$处没有极值.

在点$(3,-2)$处,有$A=-2,B=0,C=-12$. $AC-B^2=24>0$,而$A=-2<0$,由极值的充分条件知,$f(3,-2)=26$是函数的极大值.

二、二元函数的最值

与一元函数相类似,我们可以利用多元函数的极值来求多元函数的最大值和最小值.

在本章第一节中,我们知道,若函数$z=f(x,y)$在有界闭区域D上连续,则$f(x,y)$在D上必取得最大值和最小值. 而取得最大值和最小值的点既可能是区域内部的点也可能是区域边界上的点. 具体做法是,将函数在D内的所有驻点处的函数值以及在D的边界上的最大值和最小值相互比较,其中最大者即为最大值,最小者即为最小值.

【**例8.29**】 求二元函数$z=f(x,y)=x^2y(4-x-y)$在直线$x+y=6$,x轴和y轴所围

成的闭区域 D(图 8.15)上的最大值与最小值.

解 先求函数在区域 D 内的驻点,解方程组
$$\begin{cases} f_x(x,y)=2xy(4-x-y)-x^2y=0, \\ f_y(x,y)=x^2(4-x-y)-x^2y=0 \end{cases}$$
得区域 D 内唯一驻点 $(2,1)$,且 $f(2,1)=4$.

再求 $f(x,y)$ 在区域 D 边界上的最值,在边界 $x=0$ 和 $y=0$ 上 $f(x,y)=0$.在边界 $x+y=6$ 上,即 $y=6-x$,于是
$$f(x,y)=x^2(6-x)(-2),$$
由 $f_x=4x(x-6)+2x^2=0$,得 $x_1=0, x_2=4, y=(6-x)|_{x=4}=2$,比较后可知 $f(2,1)=4$ 为最大值,$f(4,2)=-64$ 为最小值.

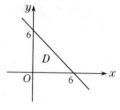

图 8.15

在解决实际问题时,常常根据问题的性质来判断最大值或最小值一定在区域内取得.这时,如果知道函数 $f(x,y)$ 在区域 D 内只有唯一驻点,则可以断定该驻点处的函数值,就是函数 $f(x,y)$ 在区域 D 上的最大值或最小值.

【例 8.30】 某工厂要用钢板制作一个容器体积 V 一定的无盖长方体盒子,问怎样选取长、宽、高,才能使所用的钢板最省?

解 设盒子长为 x,宽为 y,则高为 $z=\dfrac{V}{xy}$,因此无盖长方体的表面积为
$$S=xy+\dfrac{V}{xy}(2x+2y)=xy+2V\left(\dfrac{1}{x}+\dfrac{1}{y}\right) \quad (x>0,y>0),$$
当表面积 S 最小时,所用钢板最省.为此,求函数在 D 内的驻点,令
$$\begin{cases} \dfrac{\partial S}{\partial x}=y-\dfrac{2V}{x^2}=0, \\ \dfrac{\partial S}{\partial y}=x-\dfrac{2V}{y^2}=0, \end{cases}$$
解此方程组,得定义区域 D 内唯一驻点 $(\sqrt[3]{2V},\sqrt[3]{2V})$.

根据实际情况可以断定,S 一定存在最小值且在区域 D 内取得,而函数 S 在区域 D 内只有唯一驻点 $(\sqrt[3]{2V},\sqrt[3]{2V})$,则该点就是最小值点,即当长 $x=\sqrt[3]{2V}$,宽 $y=\sqrt[3]{2V}$,高为 $z=\dfrac{V}{xy}=\dfrac{1}{2}\sqrt[3]{2V}$ 时,盒子所用钢板最省.

在案例 8.5 中,总收益函数
$$f(x,y)=10(10xy-5x^2-10y^2-x+77y-84),$$
令
$$\begin{cases} f_x=10(10y-10x-1)=0, \\ f_y=10(10x-20y+77)=0, \end{cases}$$
解得唯一驻点 $(7.5,7.6)$,根据实际情况可以断定,$f(x,y)$ 在 $x>0, y>0$ 时存在最大值,所以当 $x=7.5$ 元,$y=7.6$ 元时总收益最大.

三、条件极值

案例 8.6 有一个过水渠道,其断面 $ABCD$ 为等腰梯形(图 8.16),在过

微课

水断面面积为常数 S 的条件下,求润周 $L=AB+BC+CD$ 的最小值.

分析:这是一个带有约束条件的最值问题.

设断面等腰梯形底边 BC 之长为 x,高 BH 之长为 y,$\angle BAH=\theta$,则该过水渠道的润周为

$$L=AB+BC+CD=x+2y\csc\theta\left(x>0,y>0,0<\theta<\frac{\pi}{2}\right),$$

这就是目标函数,而约束条件是

$$S=xy+y^2\cot\theta.$$

像这种对自变量有约束条件的极值问题称为**条件极值**.

图 8.16

有些条件极值可以转化为无条件极值来处理. 例如,例 8.30 中,从 $xyz=V$ 中解出 $z=\dfrac{V}{xy}$,代入 $f(x,y,z)=xy+z(2x+2y)$ 中,于是问题转化为求 $S=xy+2V\left(\dfrac{1}{x}+\dfrac{1}{y}\right)$ 的无条件极值.

但在很多时候,将条件极值转化为无条件极值往往行不通. 为此下面要介绍一种直接求条件极值的方法,这种方法称为**拉格朗日乘数法**.

要找函数 $z=f(x,y)$ 在条件 $\varphi(x,y)=0$ 下的可能极值点,步骤如下:

(1) 先构造拉格朗日函数

$$F(x,y,\lambda)=f(x,y)+\lambda\varphi(x,y),$$

其中 λ 称为**拉格朗日乘数**.

(2) 求函数 $F(x,y,\lambda)$ 对 x,y,λ 的偏导数,求解以下联立方程组:

$$\begin{cases} F_x=f_x(x,y)+\lambda\varphi_x(x,y)=0,\\ F_y=f_y(x,y)+\lambda\varphi_y(x,y)=0,\\ F_\lambda=\varphi(x,y)=0. \end{cases}$$

解出 x,y,λ,其中驻点 (x,y) 就是可能的极值点.

(3) 确定第(2)步求出的驻点 (x,y) 是否是极值点,对于实际问题,常常可以根据问题本身的性质来确定.

拉格朗日乘数法可推广到自变量多于两个的情况. 要找函数

$$u=f(x,y,z)$$

在条件

$$\varphi(x,y,z)=0,\psi(x,y,z)=0$$

下的极值,先构造拉格朗日函数

$$F(x,y,z,\lambda_1,\lambda_2)=f(x,y,z)+\lambda_1\varphi(x,y,z)+\lambda_2\psi(x,y,z),$$

再求函数 $F(x,y,z,\lambda_1,\lambda_2)$ 的一阶偏导数,并令其为零,得联立方程组,求解方程组得出的点 (x,y,z) 就是可能的极值点.

【例 8.31】 求解案例 8.6 中的条件极值.

解 作拉格朗日函数 $F(x,y,\theta,\lambda)=x+2y\csc\theta+\lambda(S-xy-y^2\cot\theta)$,令

$$\begin{cases} F_x=1-\lambda y=0,\\ F_y=2\csc\theta-\lambda x-2\lambda y\cot\theta=0,\\ F_\theta=\lambda y^2\csc^2\theta-2y\csc\theta\cot\theta=0,\\ F_\lambda=S-xy-y^2\cot\theta=0. \end{cases}$$

解得 $\theta = \dfrac{\pi}{3}$, $x = \dfrac{2\sqrt{S}}{\sqrt[4]{27}}$, $y = \dfrac{\sqrt{S}}{\sqrt[4]{3}}$,根据实际意义可知,这时有最小润周 $L_{\min} = 2\sqrt[4]{3}\sqrt{S}$.

【例 8.32】 将正数 12 分成三个正数 x, y, z 之和,使得 $u = x^3 y^2 z$ 为最大.

解 令

$$F(x, y, z, \lambda) = x^3 y^2 z + \lambda(x + y + z - 12),$$

则

$$\begin{cases} F_x = 3x^2 y^2 z + \lambda = 0, \\ F_y = 2x^3 yz + \lambda = 0, \\ F_z = x^3 y^2 + \lambda = 0, \\ x + y + z = 12. \end{cases}$$

解得唯一驻点 $(6, 4, 2)$,故最大值为 $u_{\max} = 6^3 \cdot 4^2 \cdot 2 = 6\,912$.

习题 8.5

1. 求下列函数的极值.
   (1) $z = x^2 - xy + y^2 + 9x - 6y + 10$;
   (2) $z = e^x(x + 2y + y^2)$.

2. 求函数 $z = (x^2 + y^2 - 2x)^2$ 在圆域 $x^2 + y^2 - 2x \leqslant 2$ 上的最大值和最小值.

3. 平面 $x + 2y - 2z - 9 = 0$ 上哪一点到原点的距离最短?

4. 要造一个容积为 V 的圆柱形无盖茶缸,问茶缸的底半径与高各为多少时,才能使其用料最省?

5. 在半径为 R 的半球内,内接一长方体,问其边长各为多少时,体积最大?

6. 求函数 $z = x^2 + y^2 + 1$ 在条件 $x + y - 3 = 0$ 下的极值.

7. 已知矩形的周长为 $2p$,将它绕某一边旋转成一圆柱体,问矩形的长与宽各为多少时,其体积最大?

8. 将一宽为 L cm 的长方形铁皮的两边折起,做成一个断面为等腰梯形的水槽(图 8.17),求此水槽的最大过水面积(断面为等腰梯形的面积).

图 8.17

第六节 多元函数微分运算实验

一、实验目的

会利用 MATLAB 求多元函数极限、偏导数以及二元函数的极值.

二、实验指导

多元函数的极限要比一元函数的极限复杂,MATLAB 没有提供专门的命令函数来计算多元函数的极限,这一功能是由命令函数 limit( ) 来完成.

求偏导函数使用命令函数 diff( ).

【例 8.33】 已知 $f(x,y)=\dfrac{x^2+y^2}{\sin(x^2+y^2)}(x^2+y^2\neq 0)$, 计算 $\lim\limits_{\substack{x\to 0\\y\to 0}}f(x,y)$.

解 在 MATLAB 中输入以下命令：
```
>> clear
>> syms x y
>> f=(x^2+y^2)/sin(x^2+y^2)
f=
    (x^2+y^2)/sin(x^2+y^2)
>> fx=limit(f,x,0)
fx=
    y^2/sin(y^2)
>> fxy=limit(fx,y,0)
fxy=
    1
```

【例 8.34】 已知函数 $F(x,y)=\arctan\dfrac{y}{x}-\ln\sqrt{x^2+y^2}$, 求 $\dfrac{\partial F}{\partial x}$、$\dfrac{\partial F}{\partial y}$.

解 在 MATLAB 中输入以下命令：
```
>> clear
>> syms x y
>> F=atan(y/x)-log(sqrt(x^2+y^2));
>> pretty(diff(F,x))
```
$$-\dfrac{y}{x^2\left(1+\dfrac{y^2}{x^2}\right)}-\dfrac{x}{x^2+y^2}$$

```
>> pretty(diff(F,y))
```
$$\dfrac{1}{x\left(1+\dfrac{y^2}{x^2}\right)}-\dfrac{y}{x^2+y^2}$$

习题 8.6

1. 利用 MATLAB 计算下列各极限.

   (1) $\lim\limits_{\substack{x\to 0\\y\to 1}}\arcsin\sqrt{x^2+y^2}$； (2) $\lim\limits_{\substack{x\to 0\\y\to 0}}\dfrac{\sin(xy)}{x}$.

2. 利用 MATLAB 计算下列函数的偏导数.

   (1) $z=\dfrac{\cos x^2}{y}$； (2) $z=(1+xy)^x$.

本章小结

多元函数微分学是一元函数微分学的推广, 学习时应对照一元函数相应的概念.

1. 多元函数的概念(以二元函数为例)

(1) 二元函数的定义:$z=f(x,y)$(定义域、法则);二元函数的几何意义:通常表示空间的一张曲面,而定义域 D 正好是这张曲面在 xOy 面上的投影.

(2) 二元函数极限的定义:$\lim\limits_{\substack{x\to x_0\\y\to y_0}}f(x,y)=A$(二重极限);它与一元函数的极限很相似,但要复杂得多,动点 $P(x,y)$ 必须要以各种方式趋于定点 $P_0(x_0,y_0)$ 时,函数 $f(x,y)$ 的极限都要存在且相等.

(3) 二元函数连续的定义:$\lim\limits_{\substack{x\to x_0\\y\to y_0}}f(x,y)=f(x_0,y_0)$;有界闭区域上连续函数的最大值和最小值定理以及介值定理.

2. 多元函数的偏导数

(1) 二元函数偏导数的定义和几何意义;对某变量求偏导时,只要将其他变量视为常数,对该变量求导数.

(2) 偏导数与连续的关系:连续未必有偏导数存在,偏导数存在也未必连续.

(3) 求多元复合函数偏导数的链导法则:设函数 $z=f(u,v)$ 的偏导数连续,且 $u=\varphi(x,y),v=\psi(x,y)$ 的偏导数存在,则复合函数 $z=f[\varphi(x,y),\psi(x,y)]$ 的偏导数存在,且有

$$\frac{\partial z}{\partial x}=\frac{\partial z}{\partial u}\cdot\frac{\partial u}{\partial x}+\frac{\partial z}{\partial v}\cdot\frac{\partial v}{\partial x},\frac{\partial z}{\partial y}=\frac{\partial z}{\partial u}\cdot\frac{\partial u}{\partial y}+\frac{\partial z}{\partial v}\cdot\frac{\partial v}{\partial y}.$$

此法则可以推广到多元复合函数的其他情况,通常先画链式图,再写出公式.

(4) 多元隐函数的求导公式:

① 由方程 $F(x,y)=0$ 确定 $y=f(x)$,则 $\dfrac{\mathrm{d}y}{\mathrm{d}x}=-\dfrac{F_x}{F_y}$;

② 由方程 $F(x,y,z)=0$ 确定 $z=f(x,y)$,则 $\dfrac{\partial z}{\partial x}=-\dfrac{F_x}{F_z},\dfrac{\partial z}{\partial y}=-\dfrac{F_y}{F_z}$.

(5) 高阶偏导数的定义及计算;注意二阶混合偏导数相等的条件是二阶混合偏导数连续.

3. 全微分

(1) 二元函数全微分的定义:$\mathrm{d}z=\dfrac{\partial z}{\partial x}\mathrm{d}x+\dfrac{\partial z}{\partial y}\mathrm{d}y$.

(2) 可微、偏导数、连续的关系:偏导数连续 $\Rightarrow$ 可微 $\Rightarrow$ 偏导数存在,可微 $\Rightarrow$ 连续,箭头反过来一般不对.

(3) 全微分在近似计算中的应用:$\Delta z\approx\mathrm{d}z$.

4. 多元函数的极值

(1) 二元函数极值的定义;二元函数极值存在的必要条件以及充分条件.

(2) 二元函数极值的计算:

① 无条件极值:先求驻点,再利用二元函数极值存在的充分条件判别.

② 条件极值:拉格朗日乘数法,或化为无条件极值.

(3) 二元函数的最大值和最小值:先建立数学模型,再求解;注意在唯一驻点的情况下,可根据问题性质直接给出结论.

第九章 多元函数积分学及应用

第一节 二重积分的概念与性质

学习目标

理解二重积分的概念,了解二重积分的性质.

在第三章中,我们知道定积分是某种和式结构的极限,如果把这种和式结构的极限推广到定义在区域 D 上的二元函数的情形,便得到二重积分的概念.

一、二重积分的概念

案例 9.1(曲顶柱体的体积) 设有一空间立体 V,它的底是 xOy 面上的有界区域 D,它的侧面是以 D 的边界曲线为准线,而母线平行于 z 轴的柱面,它的顶是曲面 $z=f(x,y)$($f(x,y)$ 在 D 上连续),且 $f(x,y) \geqslant 0$,这种立体称为**曲顶柱体**(图 9.1).下面来求该曲顶柱体的体积 V.

图 9.1

对于平顶柱体,有体积公式:体积=底面积×高. 而曲顶柱体的高 $f(x,y)$ 是变量,它的体积不能直接用平顶柱体的体积公式来计算. 但我们可以像在定积分中求曲边梯形面积那样,采用"分割、近似、求和、取极限"的方法来求解,步骤如下:

(1) 分割. 用任意一组曲线网将区域 D 分成 n 个小闭区域 $\Delta\sigma_1, \Delta\sigma_2, \cdots, \Delta\sigma_n$,以这些小区域的边界曲线为准线,作母线平行于 z 轴的柱面,这些柱面将原来的曲顶柱体 V 分划成 n 个小曲顶柱体 $\Delta V_1, \Delta V_2, \cdots, \Delta V_n$(假设 $\Delta\sigma_i$ 所对应的小曲顶柱体为 ΔV_i,这里 $\Delta\sigma_i$ 既代表第 i 个小区域,又表示它的面积值,ΔV_i 既代表第 i 个小曲顶柱体,又代表它的体积值). 从而 $V = \sum_{i=1}^{n} \Delta V_i$.

(2) 近似. 由于 $f(x,y)$ 连续,对于同一个小区域来说,函数值的变化不大,因此,可以将小曲顶柱体近似地看作小平顶柱体,于是 $\Delta V_i \approx f(\xi_i, \eta_i) \Delta\sigma_i (\forall (\xi_i, \eta_i) \in \Delta\sigma_i)$.

(3) 求和. 整个曲顶柱体的体积近似值为 $V \approx \sum_{i=1}^{n} f(\xi_i, \eta_i) \Delta\sigma_i$.

(4) 取极限. 为得到 V 的精确值,只需让这 n 个小区域越来越小,即让每个小区域向某点收缩. 为此,我们引入区域直径的概念,一个闭区域的直径是指区域上任意两点距离的最大者. 所谓让区域向一点收缩性地变小,意指让区域的直径趋向于零. 设 n 个小区域直径中的最大者为 λ,则

$$V = \lim_{\lambda \to 0} \sum_{i=1}^{n} f(\xi_i, \eta_i) \Delta \sigma_i.$$

案例 9.2（平面薄片的质量） 如图 9.2,设有一平面薄片占有 xOy 面上的区域 D,它在 (x,y) 处的面密度为 $\mu(x,y)$,这里 $\mu(x,y) > 0$,而且 $\mu(x,y)$ 在 D 上连续,现计算该平面薄片的质量 M.

图 9.2

质量分布均匀的平面薄片有质量公式:质量=面密度×薄片面积. 而对于质量分布非均匀的薄片,其面密度 $\mu(x,y)$ 是变量,其质量不能直接用上面的公式来计算. 还是采用"分割、近似、求和、取极限"的方法来求解,步骤如下:

(1) 分割. 将 D 任意分成 n 个小区域 $\Delta\sigma_1, \Delta\sigma_2, \cdots, \Delta\sigma_n, \Delta\sigma_i (i=1,2,\cdots,n)$ 既代表第 i 个小区域又代表它的面积.

(2) 近似. 当 $\Delta\sigma_i$ 的直径很小时,由于 $\mu(x,y)$ 连续,第 i 个小区域的质量分布可近似地看作是均匀的,那么第 i 个小薄片的近似质量可取为 $\mu(\xi_i, \eta_i) \cdot \Delta\sigma_i (\forall (\xi_i, \eta_i) \in \Delta\sigma_i)$.

(3) 求和. $M \approx \sum_{i=1}^{n} \mu(\xi_i, \eta_i) \Delta\sigma_i$.

(4) 取极限. 用 λ_i 表示 $\Delta\sigma_i$ 的直径,$\lambda = \max_{1 \le i \le n} \{\lambda_i\}$,则

$$M = \lim_{\lambda \to 0} \sum_{i=1}^{n} \mu(\xi_i, \eta_i) \Delta\sigma_i.$$

两种实际意义完全不同的问题,最终都归结为同一形式的极限问题. 因此,有必要撇开这类极限问题的实际背景,给出一个更广泛、更抽象的数学概念——二重积分.

定义 9.1 设 $f(x,y)$ 是有界闭区域 D 上的有界函数,用曲线网将区域 D 任意分成 n 个小闭区域:$\Delta\sigma_1, \Delta\sigma_2, \cdots, \Delta\sigma_n$,其中 $\Delta\sigma_i$ 既表示第 i 个小闭区域,也表示它的面积. 在每个 $\Delta\sigma_i$ 上任取一点 (ξ_i, η_i),作乘积

$$f(\xi_i, \eta_i) \Delta\sigma_i (i=1,2,\cdots,n),$$

并作和

$$\sum_{i=1}^{n} f(\xi_i, \eta_i) \Delta\sigma_i.$$

如果当各小闭区域的直径中的最大值 λ 趋于零时,此和式的极限总存在,则称此极限为函数 $f(x,y)$ 在闭区域 D 上的**二重积分**,记作 $\iint_D f(x,y) d\sigma$,即

$$\iint_D f(x,y) d\sigma = \lim_{\lambda \to 0} \sum_{i=1}^{n} f(\xi_i, \eta_i) \Delta\sigma_i,$$

其中 $f(x,y)$ 称为**被积函数**,$f(x,y) d\sigma$ 称为**被积表达式**,$d\sigma$ 称为**面积元素**,x 与 y 称为**积分变量**,D 称为**积分区域**,$\sum_{i=1}^{n} f(\xi_i, \eta_i) \Delta\sigma_i$ 称为**积分和**.

可以证明,若 $f(x,y)$ 在有界闭区域 D 上连续,则 $f(x,y)$ 在 D 上的二重积分存在. 以下均假设所讨论的函数 $f(x,y)$ 在有界闭区域 D 上是连续的,从而 $f(x,y)$ 在 D 上的二重积分都存在.

根据二重积分的定义,曲顶柱体体积 V 是曲顶面函数 $f(x,y)$ 在其底面区域 D 上的二

重积分

$$V = \iint\limits_{D} f(x,y) \mathrm{d}\sigma.$$

平面薄片质量 M 是其质量面密度 $\mu(x,y)$ 在平面薄片所占区域 D 上的二重积分

$$M = \iint\limits_{D} \mu(x,y) \mathrm{d}\sigma.$$

如果在区域 D 上，$f(x,y) \geqslant 0$，二重积分 $\iint\limits_{D} f(x,y) \mathrm{d}\sigma$ 的几何意义就是，以 $z = f(x,y)$ 为顶，以 D 为底的曲顶柱体的体积. 如果在区域 D 上，$f(x,y) \leqslant 0$，柱体就在 xOy 面的下方，二重积分的绝对值仍等于柱体的体积，但二重积分的值是负的. 如果 $f(x,y)$ 在 D 的若干部分区域上是正的，而在其他的部分区域上是负的，我们可以把 xOy 面上方的柱体体积取成正，xOy 面下方的柱体体积取成负，则 $f(x,y)$ 在 D 上的二重积分就等于这些部分区域上的柱体体积的代数和.

二、二重积分的性质

二重积分与定积分有相类似的性质.

性质 9.1 $\iint\limits_{D} [f(x,y) \pm g(x,y)] \mathrm{d}\sigma = \iint\limits_{D} f(x,y) \mathrm{d}\sigma \pm \iint\limits_{D} g(x,y) \mathrm{d}\sigma.$

性质 9.2 $\iint\limits_{D} kf(x,y) \mathrm{d}\sigma = k \iint\limits_{D} f(x,y) \mathrm{d}\sigma$，其中 k 为常数.

性质 9.3（对区域的可加性） 若有界闭区域 D 分为两个部分闭区域 D_1 与 D_2，且它们除边界外无公共点，则

$$\iint\limits_{D} f(x,y) \mathrm{d}\sigma = \iint\limits_{D_1} f(x,y) \mathrm{d}\sigma + \iint\limits_{D_2} f(x,y) \mathrm{d}\sigma.$$

性质 9.4 若在有界闭区域 D 上，$f(x,y) = 1$，σ 为区域 D 的面积，则 $\iint\limits_{D} 1 \mathrm{d}\sigma = \iint\limits_{D} \mathrm{d}\sigma = \sigma.$

该性质的几何意义为：高为 1 的平顶柱体的体积在数值上等于柱体的底面积 σ.

性质 9.5 若在有界闭区域 D 上，$f(x,y) \leqslant \varphi(x,y)$，则

$$\iint\limits_{D} f(x,y) \mathrm{d}\sigma \leqslant \iint\limits_{D} \varphi(x,y) \mathrm{d}\sigma.$$

特别地，由于 $-|f(x,y)| \leqslant f(x,y) \leqslant |f(x,y)|$，有

$$\left| \iint\limits_{D} f(x,y) \mathrm{d}\sigma \right| \leqslant \iint\limits_{D} |f(x,y)| \mathrm{d}\sigma.$$

性质 9.6（估值定理） 设 M 与 m 分别是 $f(x,y)$ 在有界闭区域 D 上最大值和最小值，σ 是 D 的面积，则

$$m\sigma \leqslant \iint\limits_{D} f(x,y) \mathrm{d}\sigma \leqslant M\sigma.$$

性质 9.7（二重积分的中值定理） 设函数 $f(x,y)$ 在有界闭区域 D 上连续，σ 是 D 的面积，则在 D 上至少存在一点 (ξ,η)，使得

$$\iint_D f(x,y)\mathrm{d}\sigma = f(\xi,\eta)\sigma.$$

【例 9.1】 估计二重积分 $I = \iint_D (x^2+4y^2+9)\mathrm{d}\sigma$ 的值,其中 D 是圆域:$x^2+y^2 \leqslant 4$.

解 易知被积函数 $f(x,y)=x^2+4y^2+9$ 在区域 D 上的最大值为 25,最小值为 9,圆域 D 的面积 $\sigma = 4\pi$,于是利用性质 8.8(估值定理)得
$$9 \times 4\pi \leqslant I \leqslant 25 \times 4\pi,$$
即 $I \in [36\pi, 100\pi]$.

【例 9.2】 比较积分 $\iint_D \ln(x+y)\mathrm{d}\sigma$ 与 $\iint_D [\ln(x+y)]^2\mathrm{d}\sigma$ 的大小,其中 D 是以 $(1,0),(1,1),(2,0)$ 为顶点的三角形闭区域.

图 9.3

解 如图 9.3,三角形斜边方程 $x+y=2$,在 D 内有 $1 \leqslant x+y \leqslant 2 < e$,故 $0 \leqslant \ln(x+y) < 1$,于是 $\ln(x+y) > [\ln(x+y)]^2$,因此
$$\iint_D \ln(x+y)\mathrm{d}\sigma > \iint_D [\ln(x+y)]^2 \mathrm{d}\sigma.$$

习题 9.1

1. 填空题.

(1) 设有一平面薄片,占有 xOy 面上的闭区域 D. 如果该薄片上分布有面密度为 $q(x,y)$ 的电荷,且 $q(x,y)$ 在 D 上连续,则该薄片上的全部电荷 Q 用二重积分可表示为_____.

(2) 由平面 $x+y+z=1$ 和三坐标面所围成的立体体积用二重积分可表示为_____.

(3) 由二重积分的几何意义,$\iint_D 5\mathrm{d}\sigma = $ _____,其中 D 为圆域:$x^2+y^2 \leqslant 9$.

(4) 由二重积分的几何意义,$\iint_D \sqrt{25-x^2-y^2}\mathrm{d}\sigma = $ _____,其中 D 为圆域:$x^2+y^2 \leqslant 25$.

2. 利用二重积分的性质比较下列积分的大小.

(1) $\iint_D (x+y)\mathrm{d}\sigma$ 与 $\iint_D \sqrt{x+y}\mathrm{d}\sigma$,其中 D 是由 x 轴,y 轴以及直线 $x+y=1$ 所围成的闭区域;

(2) $\iint_D (x+y)^2\mathrm{d}\sigma$ 与 $\iint_D (x+y)^3\mathrm{d}\sigma$,其中 D 是圆域:$(x-2)^2+(y-1)^2 \leqslant 2$.

3. 估计下列二重积分的值.

(1) $\iint_D (x+y+1)\mathrm{d}\sigma$,其中 $D = \{(x,y) \mid 0 \leqslant x \leqslant 1, 0 \leqslant y \leqslant 2\}$;

(2) $\iint_D (x^2+y^2+1)\mathrm{d}\sigma$,其中 $D = \{(x,y) \mid 1 \leqslant x^2+y^2 \leqslant 2\}$.

第二节　二重积分的计算法

学习目标

1. 熟练掌握在直角坐标下计算二重积分的方法.
2. 掌握在极坐标系下计算二重积分的方法.

利用二重积分的定义来计算二重积分通常很困难,所以必须寻找一种比较方便的计算方法.一般,二重积分的计算是通过两个定积分的计算(即二次积分)来实现的.

一、利用直角坐标计算二重积分

由于二重积分的定义中对区域 D 的划分是任意的,若用一组平行于坐标轴的直线来划分区域 D,那么除了靠近边界曲线的一些小区域之外,绝大多数的小区域都是矩形,因此,可以将 $d\sigma$ 记作 $dxdy$(并称 $dxdy$ 为**直角坐标系下的面积元素**),于是二重积分也可表示成为

微课

$$\iint\limits_{D} f(x,y) dxdy.$$

如果积分区域 D 可表示为 $\varphi_1(x) \leqslant y \leqslant \varphi_2(x)$, $a \leqslant x \leqslant b$,其中函数 $\varphi_1(x)$, $\varphi_2(x)$ 在区间 $[a,b]$ 上连续,这种区域称为 **X 型区域**(图 9.4).

如果积分区域 D 可表示为 $\psi_1(y) \leqslant x \leqslant \psi_2(y)$, $c \leqslant y \leqslant d$,其中函数 $\psi_1(y)$, $\psi_2(y)$ 在区间 $[c,d]$ 上连续,这种区域称为 **Y 型区域**(图 9.5).

图 9.4

图 9.5

X 型区域的特点是:穿过区域内部且平行于 y 轴的直线与区域边界相交不多于两个交点;Y 型区域的特点是:穿过区域内部且平行于 x 轴的直线与区域边界相交不多于两个交点.

下面,首先来讨论 X 型区域上的二重积分的计算问题.

设区域 D 是 X 型区域,连续函数 $f(x,y) \geqslant 0$,由二重积分的几何意义可知,$\iint\limits_{D} f(x,y) dxdy$ 的值等于以 D 为底,以曲面 $z=f(x,y)$ 为顶的曲顶柱体的体积 V(图 9.6).

在区间 $[a,b]$ 上任取一点 x(先将 x 视为一定值),过点 $(x,0,0)$ 作垂直于 x 轴的平面与曲顶柱体相截,所得截面是一个以区间 $[\varphi_1(x),\varphi_2(x)]$ 为底,以曲线 $z=f(x,y)$ 为曲边

图 9.6

的曲边梯形(图 9.6 中阴影部分). 设其面积为 $S(x)$,根据定积分的几何意义得

$$S(x)=\int_{\varphi_1(x)}^{\varphi_2(x)} f(x,y)\mathrm{d}y.$$

再由定积分应用中介绍的计算"平行截面面积为已知的立体体积"的方法可得,曲顶柱体的体积为

$$V=\int_a^b S(x)\mathrm{d}x=\int_a^b \left[\int_{\varphi_1(x)}^{\varphi_2(x)} f(x,y)\mathrm{d}y\right]\mathrm{d}x,$$

从而有

$$\iint_D f(x,y)\mathrm{d}x\mathrm{d}y=\int_a^b \left[\int_{\varphi_1(x)}^{\varphi_2(x)} f(x,y)\mathrm{d}y\right]\mathrm{d}x,$$

记作

$$\iint_D f(x,y)\mathrm{d}x\mathrm{d}y=\int_a^b \mathrm{d}x\int_{\varphi_1(x)}^{\varphi_2(x)} f(x,y)\mathrm{d}y. \tag{9.1}$$

公式(9.1)表明,二重积分可以通过两次定积分进行计算,第一次计算 $\int_{\varphi_1(x)}^{\varphi_2(x)} f(x,y)\mathrm{d}y$ 时,把 x 看作常数,y 是积分变量. 所以公式(9.1)也称为先对 y 后对 x 的二次积分公式.

以上讨论中,假定 $f(x,y)\geqslant 0$,但实际上公式(9.1)的成立并不受此限制.

类似地,当积分区域 D 是 Y 型区域时,连续函数 $f(x,y)$ 在 D 上的二重积分化作(先对 x 后对 y 的)二次积分的计算公式为

$$\iint_D f(x,y)\mathrm{d}\sigma=\int_c^d \mathrm{d}y\int_{\psi_1(y)}^{\psi_2(y)} f(x,y)\mathrm{d}x. \tag{9.2}$$

如果积分区域 D 既是 X 型区域,又是 Y 型区域,这时 D 上的二重积分,既可以用公式(9.1)计算,又可以用公式(9.2)计算.

如果积分区域 D 既不是 X 型区域,又不是 Y 型区域(图 9.7),则可把 D 分成几部分,使每个部分是 X 型区域或是 Y 型区域,每部分上的二重积分求得后,根据二重积分对于积分区域具有可加性,它们的和就是在 D 上的二重积分.

图 9.7

【例 9.3】 计算二重积分 $\iint_D (x^2+y)\mathrm{d}x\mathrm{d}y$,其中 D 是由曲线 $y=x^2$ 与 $y^2=x$ 所围成的区域.

解 如图 9.8 所示,积分区域 D 既是 X 型区域,又是 Y 型区域. 如果将 D 看作 X 型区域,则 $D=\{(x,y)\,|\,x^2\leqslant y\leqslant \sqrt{x},0\leqslant x\leqslant 1\}$,因此有

$$\begin{aligned}
\iint_D (x^2+y)\mathrm{d}x\mathrm{d}y &= \int_0^1 \mathrm{d}x\int_{x^2}^{\sqrt{x}} (x^2+y)\mathrm{d}y \\
&= \int_0^1 \left(x^2 y+\frac{1}{2}y^2\right)\Big|_{x^2}^{\sqrt{x}} \mathrm{d}x \\
&= \int_0^1 \left(x^{\frac{5}{2}}+\frac{x}{2}-\frac{3}{2}x^4\right)\mathrm{d}x \\
&= \left(\frac{2}{7}x^{\frac{7}{2}}+\frac{x^2}{4}-\frac{3}{10}x^5\right)\Big|_0^1=\frac{33}{140}.
\end{aligned}$$

图 9.8

【例9.4】 计算二重积分 $\iint\limits_{D} xy\,\mathrm{d}x\mathrm{d}y$,其中 D 是由直线 $y=x-2$ 与曲线 $y^2=x$ 所围成的区域.

解 先求解方程组 $\begin{cases} y=x-2, \\ y^2=x, \end{cases}$ 得到区域 D 边界曲线的交点坐标 $A(4,2)$ 和 $B(1,-1)$,作区域 D 的示意图(图 9.9).

如果将 D 看作 Y 型区域,则 $D=\{(x,y)\mid y^2\leqslant x\leqslant y+2,-1\leqslant y\leqslant 2\}$,因此有

$$\iint\limits_{D} xy\,\mathrm{d}x\mathrm{d}y = \int_{-1}^{2} \mathrm{d}y \int_{y^2}^{y+2} xy\,\mathrm{d}x$$
$$= \int_{-1}^{2} y\left(\frac{x^2}{2}\right)\bigg|_{y^2}^{y+2} \mathrm{d}y$$
$$= \frac{1}{2}\int_{-1}^{2} [y(y+2)^2 - y^5]\mathrm{d}y$$
$$= \frac{1}{2}\left(\frac{y^4}{4} + \frac{4y^3}{3} + 2y^2 - \frac{y^6}{6}\right)\bigg|_{-1}^{2}$$
$$= \frac{45}{8}.$$

图 9.9

如果将 D 看作 X 型区域,因 D 的下边曲线是由 $y=-\sqrt{x}$ 和 $y=x-2$ 组成,应该用直线 $x=1$ 将 D 分成 D_1 和 D_2 两个区域,其中

$$D_1=\{(x,y)\mid -\sqrt{x}\leqslant y\leqslant \sqrt{x},0\leqslant x\leqslant 1\},\ D_2=\{(x,y)\mid x-2\leqslant y\leqslant \sqrt{x},1\leqslant x\leqslant 4\},$$

于是有

$$\iint\limits_{D} xy\,\mathrm{d}x\mathrm{d}y = \iint\limits_{D_1} xy\,\mathrm{d}x\mathrm{d}y + \iint\limits_{D_2} xy\,\mathrm{d}x\mathrm{d}y$$
$$= \int_0^1 \mathrm{d}x \int_{-\sqrt{x}}^{\sqrt{x}} xy\,\mathrm{d}y + \int_1^4 \mathrm{d}x \int_{x-2}^{\sqrt{x}} xy\,\mathrm{d}y$$
$$= \cdots = \frac{45}{8}.$$

可见,选择积分次序是很重要的.

【例9.5】 计算二重积分 $\iint\limits_{D} \mathrm{e}^{-y^2}\mathrm{d}x\mathrm{d}y$,其中 D 是以 $(0,0),(1,1),(0,1)$ 为顶点的三角形.

解 因为积分 $\int \mathrm{e}^{-y^2}\mathrm{d}y$ 无法用初等函数表示,所以积分时必须考虑次序,应先对 x 积分.作区域 D 的示意图(图 9.10).将 D 看作 Y 型区域,则

$$D=\{(x,y)\mid 0\leqslant x\leqslant y, 0\leqslant y\leqslant 1\},$$

因此有

$$\iint\limits_{D} \mathrm{e}^{-y^2}\mathrm{d}x\mathrm{d}y = \int_0^1 \mathrm{d}y \int_0^y \mathrm{e}^{-y^2}\mathrm{d}x = \int_0^1 \mathrm{e}^{-y^2} \cdot y\,\mathrm{d}y$$
$$= -\frac{1}{2}\mathrm{e}^{-y^2}\bigg|_0^1 = \frac{1}{2}(1-\mathrm{e}^{-1}).$$

图 9.10

在化二重积分为二次积分时,为了计算简便,需要选择恰当的二次积分的次序.这时,即要考虑积分区域 D 的形状,又要考虑被积函数 $f(x,y)$ 的特性.

【例 9.6】 交换二次积分 $I=\int_{-1}^{0}\mathrm{d}x\int_{x+1}^{\sqrt{1-x^2}}f(x,y)\mathrm{d}y$ 的积分次序.

解 由给定二次积分的上、下限,得到积分区域 D 为
$$D=\{(x,y)|x+1\leqslant y\leqslant\sqrt{1-x^2},-1\leqslant x\leqslant 0\},$$
即 D 是由直线 $y=x+1$ 和圆 $y=\sqrt{1-x^2}$ 所围成的区域(图 9.11).再将 D 看作 Y 型区域,
$$D=\{(x,y)|-\sqrt{1-y^2}\leqslant x\leqslant y-1,0\leqslant y\leqslant 1\},\text{于是}$$
$$I=\int_{0}^{1}\mathrm{d}y\int_{-\sqrt{1-y^2}}^{y-1}f(x,y)\mathrm{d}x.$$

图 9.11

二、利用极坐标计算二重积分

某些二重积分,积分区域 D 的边界曲线用极坐标方程来表示比较方便,且被积函数 $f(x,y)$ 在极坐标系下的表达式比较简单,这时就想到利用极坐标来计算二重积分.

在极坐标系下,假定从极点 O 出发且穿过有界闭区域 D 内部的射线与 D 的边界曲线相交不多于两点.用极坐标系中的两组曲线 $\rho=$ 常数和 $\theta=$ 常数(即一组同心圆和一组过极点的射线)来划分 D,把 D 分成 n 个小闭区域(图 9.12).每个小闭区域的面积
$$\Delta\sigma_i=\frac{1}{2}(\rho_i+\Delta\rho_i)^2\cdot\Delta\theta_i-\frac{1}{2}\rho_i^2\cdot\Delta\theta_i$$
$$=\frac{1}{2}(2\rho_i+\Delta\rho_i)\Delta\rho_i\cdot\Delta\theta_i\approx\rho_i\cdot\Delta\rho_i\cdot\Delta\theta_i,$$

因此,面积元素 $\mathrm{d}\sigma=\rho\mathrm{d}\rho\mathrm{d}\theta$,称为**极坐标系中的面积元素**.再根据直角坐标与极坐标之间的关系 $x=\rho\cos\theta,y=\rho\sin\theta$,可得
$$\iint\limits_{D}f(x,y)\mathrm{d}x\mathrm{d}y=\iint\limits_{D}f(\rho\cos\theta,\rho\sin\theta)\rho\mathrm{d}\rho\mathrm{d}\theta.$$

图 9.12

图 9.13

极坐标系中的二重积分,同样可以化归为二次积分来计算.在化二次积分时,通常是选择先对 ρ 积分,再对 θ 积分.下面分三种情况讨论.

(1) 极点 O 在区域 D 的外部,如图 9.13 所示,这时区域 D 可表示为
$$D=\{(\rho,\theta)|\rho_1(\theta)\leqslant\rho\leqslant\rho_2(\theta),\alpha\leqslant\theta\leqslant\beta\},$$
其中函数 $\rho_1(\theta),\rho_2(\theta)$ 在 $[\alpha,\beta]$ 上连续,于是

$$\iint\limits_D f(\rho\cos\theta,\rho\sin\theta)\rho\mathrm{d}\rho\mathrm{d}\theta=\int_\alpha^\beta \mathrm{d}\theta\int_{\rho_1(\theta)}^{\rho_2(\theta)} f(\rho\cos\theta,\rho\sin\theta)\rho\mathrm{d}\rho.$$

(2) 极点 O 在区域 D 的边界上,如图 9.14 所示,这时区域 D 可表示为
$$D=\{(\rho,\theta)\mid 0\leqslant\rho\leqslant\rho(\theta),\alpha\leqslant\theta\leqslant\beta\}$$
其中函数 $\rho(\theta)$ 在 $[\alpha,\beta]$ 上连续,于是
$$\iint\limits_D f(\rho\cos\theta,\rho\sin\theta)\rho\mathrm{d}\rho\mathrm{d}\theta=\int_\alpha^\beta \mathrm{d}\theta\int_0^{\rho(\theta)} f(\rho\cos\theta,\rho\sin\theta)\rho\mathrm{d}\rho.$$

(3) 极点 O 在区域 D 的内部,如图 9.15 所示,这时区域 D 可表示为
$$D=\{(\rho,\theta)\mid 0\leqslant\rho\leqslant\rho(\theta),0\leqslant\theta\leqslant 2\pi\},$$
其中函数 $\rho(\theta)$ 在 $[\alpha,\beta]$ 上连续,于是
$$\iint\limits_D f(\rho\cos\theta,\rho\sin\theta)\rho\mathrm{d}\rho\mathrm{d}\theta=\int_0^{2\pi} \mathrm{d}\theta\int_0^{\rho(\theta)} f(\rho\cos\theta,\rho\sin\theta)\rho\mathrm{d}\rho.$$

图 9.14　　　　　　　　图 9.15

【例 9.7】 计算二重积分 $\iint\limits_D \mathrm{e}^{-x^2-y^2}\mathrm{d}x\mathrm{d}y$,其中 D 是圆 $x^2+y^2=a^2$ 所围成的闭区域.

解 在极坐标系下,$D=\{(\rho,\theta)\mid 0\leqslant\rho\leqslant a,0\leqslant\theta\leqslant 2\pi\}$,于是
$$\iint\limits_D \mathrm{e}^{-x^2-y^2}\mathrm{d}x\mathrm{d}y=\iint\limits_D \mathrm{e}^{-\rho^2}\rho\mathrm{d}\rho\mathrm{d}\theta=\int_0^{2\pi}\mathrm{d}\theta\int_0^a \mathrm{e}^{-\rho^2}\rho\mathrm{d}\rho=\pi(1-\mathrm{e}^{-a^2}).$$

可利用上述结果来计算工程上常用的反常积分 $\int_0^{+\infty}\mathrm{e}^{-x^2}\mathrm{d}x=\dfrac{\sqrt{\pi}}{2}$.

【例 9.8】 计算二重积分 $\iint\limits_D x^2 \mathrm{d}x\mathrm{d}y$,其中 D 是圆环 $1\leqslant x^2+y^2\leqslant 4$ 所围成的闭区域.

解 在极坐标系下,$D=\{(\rho,\theta)\mid 1\leqslant\rho\leqslant 2,0\leqslant\theta\leqslant 2\pi\}$,于是
$$\begin{aligned}\iint\limits_D x^2\mathrm{d}x\mathrm{d}y&=\iint\limits_D (\rho\cos\theta)^2\rho\mathrm{d}\rho\mathrm{d}\theta=\int_0^{2\pi}\mathrm{d}\theta\int_1^2 \rho^3\cos^2\theta\mathrm{d}\theta\\ &=\int_1^2 \rho^3\mathrm{d}\rho\int_0^{2\pi}\cos^2\theta\mathrm{d}\theta=\frac{1}{4}\rho^4\bigg|_1^2\cdot\frac{1}{2}\int_0^{2\pi}(1+\cos 2\theta)\mathrm{d}\theta\\ &=\frac{15}{4}\cdot\frac{1}{2}\left(\theta+\frac{1}{2}\sin 2\theta\right)\bigg|_0^{2\pi}=\frac{15}{4}\pi.\end{aligned}$$

【例 9.9】 计算二重积分 $\iint\limits_D \sqrt{x^2+y^2}\mathrm{d}x\mathrm{d}y$,其中 D 是圆 $x^2+y^2=2x$ 所围成的闭区域.

解 在极坐标系下,$D=\left\{(\rho,\theta)\mid 0\leqslant\rho\leqslant 2\cos\theta,-\dfrac{\pi}{2}\leqslant\theta\leqslant\dfrac{\pi}{2}\right\}$,如图 9.16 所示,于是
$$\iint\limits_D \sqrt{x^2+y^2}\mathrm{d}x\mathrm{d}y=\iint\limits_D \rho\cdot\rho\mathrm{d}\rho\mathrm{d}\theta$$

$$= \int_{-\frac{\pi}{2}}^{\frac{\pi}{2}} d\theta \int_{0}^{2\cos\theta} \rho^2 d\rho$$

$$= \frac{8}{3} \int_{-\frac{\pi}{2}}^{\frac{\pi}{2}} \cos^3\theta d\theta$$

$$= \frac{16}{3} \int_{0}^{\frac{\pi}{2}} (1-\sin^2\theta) d\sin\theta$$

$$= \frac{16}{3} \left(\sin\theta - \frac{1}{3}\sin^3\theta\right)\bigg|_{0}^{\frac{\pi}{2}}$$

$$= \frac{32}{9}.$$

图 9.16

一般,如果二重积分中被积函数是以 $x^2+y^2, \frac{y}{x}, \frac{x}{y}$ 为变量的函数,积分区域为环形域、扇形域等,则利用极坐标计算二重积分比较方便些.

习题 9.2

1. 把二重积分 $\iint_D f(x,y) d\sigma$ 化为二次积分,其中区域 D 是:

(1) 由直线 $x=2, x=3, y=1, y=4$ 所围成的矩形区域;

(2) 由曲线 $y^2=2x$ 与直线 $y=x$ 所围成的区域.

2. 在直角坐标系下,计算下列二重积分.

(1) $\iint_D \frac{y}{x} dxdy$,其中 D 由直线 $y=x, y=2x, x=2, x=4$ 所围成的区域;

(2) $\iint_D \frac{\sin y}{y} dxdy$,其中 D 由直线 $y=x, y=\frac{\pi}{2}, y=\pi, x=0$ 所围成的区域;

(3) $\iint_D (3x+2y) dxdy$,其中 D 由直线 $x+y=2$ 和两坐标轴所围成的区域;

(4) $\iint_D xy^2 dxdy$,其中 $D=\{(x,y) | x^2+y^2 \leqslant 4, x \geqslant 0\}$;

(5) $\iint_D \cos(x+y) dxdy$,其中 D 由直线 $y=x, y=\pi, x=0$ 所围成的区域;

(6) $\iint_D \frac{x^2}{y^3} dxdy$,其中 D 由直线 $y=x, x=2$ 和双曲线 $xy=1$ 所围成的区域.

3. 交换下列二次积分的次序.

(1) $\int_0^1 dx \int_x^{2x} f(x,y) dy$;

(2) $\int_0^1 dy \int_{-\sqrt{1-y^2}}^{\sqrt{1-y^2}} f(x,y) dx$;

(3) $\int_1^e dx \int_0^{\ln x} f(x,y) dy$;

(4) $\int_0^1 dx \int_0^{x^2} f(x,y) dy + \int_1^3 dx \int_0^{\frac{1}{2}(3-x)} f(x,y) dy.$

4. 将二重积分 $\int_0^2 dy \int_0^{\sqrt{2y-y^2}} f(x^2+y^2) dx$ 化为极坐标系下的二次积分.

5. 在极坐标系下,计算下列二重积分.

(1) $\iint_D y d\sigma$,其中 $D=\{(x,y) | x^2+y^2 \leqslant 9, x \geqslant 0, y \geqslant 0\}$;

(2) $\iint_D \sqrt{4-x^2-y^2} d\sigma$,其中 $D=\{(x,y) | x^2+y^2 \leqslant 2x\}$;

(3) $\iint_D \sqrt{x^2+y^2} dxdy$,其中 $D=\{(x,y) | a^2 \leqslant x^2+y^2 \leqslant b^2\} (b>a>0)$;

(4) $\iint_D \arctan \frac{y}{x} dxdy$,其中 $D=\{(x,y) | 1 \leqslant x^2+y^2 \leqslant 4, y \geqslant 0, y \leqslant x\}$.

第三节　二重积分的应用

学习目标

会用二重积分计算一些几何量(立体体积,曲面面积)和一些物理量(质量与质心,转动惯量).

一、二重积分在几何上的应用

微课

1. 空间立体体积

由二重积分的几何意义可知,当在区域 D 上的连续函数 $f(x,y) \geqslant 0$ 时,以 D 为底、曲面 $z=f(x,y)$ 为曲顶、母线平行于 z 轴的曲顶柱体体积为

$$V = \iint_D f(x,y) d\sigma;$$

当 $f(x,y) \leqslant 0$ 时,

$$V = -\iint_D f(x,y) d\sigma.$$

总之,

$$V = \iint_D |f(x,y)| d\sigma.$$

【例 9.10】 求由四个平面 $x=0, y=0, x=1, y=1$ 所围成的柱体被平面 $z=0$ 及 $2x+3y+z=6$ 所截的立体体积.

解 空间立体如图 9.17 所示,该立体的曲顶面方程是 $z=6-2x-3y$,它在 xOy 面上的投影区域 D 为

$$D = \{(x,y) | 0 \leqslant x \leqslant 1, 0 \leqslant y \leqslant 1\}.$$

故所求体积为

$$V = \iint_D (6-2x-3y) d\sigma = \int_0^1 dx \int_0^1 (6-2x-3y) dy$$

$$= \int_0^1 \left(6y - 2xy - \frac{3}{2}y^2\right)\Big|_0^1 dx = \int_0^1 \left(\frac{9}{2} - 2x\right)dx$$

$$= \left(\frac{9}{2}x - x^2\right)\Big|_0^1 = \frac{7}{2}.$$

【例 9.11】 求锥面 $z = \sqrt{3(x^2+y^2)}$ 和上半球面 $z = \sqrt{4-x^2-y^2}$ 所围成的立体体积.

解 空间立体如图 9.18 所示,该立体的顶面是上半球面
$$z = \sqrt{4-x^2-y^2},$$
底面为锥面
$$z = \sqrt{3(x^2+y^2)}.$$

锥面与上半球面的交线为 $C: \begin{cases} z = \sqrt{3(x^2+y^2)}, \\ z = \sqrt{4-x^2-y^2}, \end{cases}$ 消去 z,得到 $x^2+y^2=1$. 于是该立体在 xOy 面上的投影区域 D 为
$$D = \{(x,y) \mid x^2+y^2 \leqslant 1\} = \{(\rho,\theta) \mid 0 \leqslant \rho \leqslant 1, 0 \leqslant \theta \leqslant 2\pi\}.$$

故所求体积为
$$V = \iint_D [\sqrt{4-x^2-y^2} - \sqrt{3(x^2+y^2)}] d\sigma$$

$$= \int_0^{2\pi} d\theta \int_0^1 (\sqrt{4-\rho^2} - \sqrt{3}\rho) \rho d\rho$$

$$= 2\pi \left[-\frac{1}{3}(1-\rho^2)^{\frac{3}{2}} - \frac{\sqrt{3}}{3}\rho^3\right]\Big|_0^1 = \frac{2\pi}{3}(8 - 4\sqrt{3}).$$

图 9.17

图 9.18

2. 曲面的面积

设曲面 S 由方程 $z = f(x,y)$ 给出,D_{xy} 为曲面 S 在 xOy 面上的投影区域,函数 $f(x,y)$ 在 D_{xy} 上具有连续偏导数 $f_x(x,y), f_y(x,y)$,则曲面 S 的面积为

$$A = \iint_{D_{xy}} \sqrt{1 + f_x^2(x,y) + f_y^2(x,y)} d\sigma \quad \text{或} \quad A = \iint_{D_{xy}} \sqrt{1 + \left(\frac{\partial z}{\partial x}\right)^2 + \left(\frac{\partial z}{\partial y}\right)^2} d\sigma.$$

【例 9.12】 求球面 $x^2+y^2+z^2=a^2$ 含在柱面 $x^2+y^2=ax(a>0)$ 内部的面积.

解 空间立体如图 9.19(a)所示,由对称性知,所求面积是它在第一卦限内面积的 4 倍.

在第一卦限内,球面方程为 $z = \sqrt{a^2-x^2-y^2}$,它在 xOy 面的投影区域(图 9.19(b))

$$D=\{(x,y)\,|\,x^2+y^2\leqslant ax, y\geqslant 0\}=\left\{(\rho,\theta)\,\Big|\,0\leqslant\rho\leqslant a\cos\theta, 0\leqslant\theta\leqslant\frac{\pi}{2}\right\}.$$

由 $\dfrac{\partial z}{\partial x}=\dfrac{-x}{\sqrt{a^2-x^2-y^2}}, \dfrac{\partial z}{\partial y}=\dfrac{-y}{\sqrt{a^2-x^2-y^2}}$,故得

$$A=4\iint_D\sqrt{1+\left(\frac{\partial z}{\partial x}\right)^2+\left(\frac{\partial z}{\partial y}\right)^2}\,\mathrm{d}\sigma=4\iint_D\frac{a}{\sqrt{a^2-x^2-y^2}}\,\mathrm{d}\sigma$$

$$=4\int_0^{\frac{\pi}{2}}\mathrm{d}\theta\int_0^{a\cos\theta}\frac{a\rho}{\sqrt{a^2-\rho^2}}\,\mathrm{d}\rho=4a\int_0^{\frac{\pi}{2}}\left(-\sqrt{a^2-\rho^2}\right)\bigg|_0^{a\cos\theta}\mathrm{d}\theta$$

$$=4a^2\int_0^{\frac{\pi}{2}}(1-\sin\theta)\,\mathrm{d}\theta=4a^2(\theta+\cos\theta)\bigg|_0^{\frac{\pi}{2}}=2a^2(\pi-2).$$

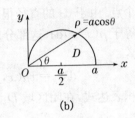

图 9.19

二、二重积分在物理上的应用

1. 平面薄片的质量

设一平面薄片占有 xOy 面上的有界闭区域 D,它在点 (x,y) 处的质量面密度 $\mu(x,y)$ 在 D 上连续,由本章案例 9.2 知,该平面薄片的质量为

$$M=\iint_D\mu(x,y)\,\mathrm{d}\sigma.$$

【例 9.13】 设平面薄片在 xOy 面上所占的闭区域 D 是由螺线 $\rho=2\theta$ 上一段弧 $\left(0\leqslant\theta\leqslant\dfrac{\pi}{2}\right)$ 与直线 $\theta=\dfrac{\pi}{2}$ 所围成(如图 9.20 所示).它的质量面密度 $\mu(x,y)=x^2+y^2$,求该薄片的质量.

图 9.20

解 因为平面薄片在 xOy 面上所占的闭区域

$$D=\left\{(\rho,\theta)\,\Big|\,0\leqslant\rho\leqslant 2\theta, 0\leqslant\theta\leqslant\frac{\pi}{2}\right\}.$$

所以该薄片的质量为

$$M=\iint_D\mu(x,y)\,\mathrm{d}\sigma=\iint_D(x^2+y^2)\,\mathrm{d}\sigma=\iint_D\rho^2\rho\,\mathrm{d}\rho\,\mathrm{d}\theta$$

$$=\int_0^{\frac{\pi}{2}}\mathrm{d}\theta\int_0^{2\theta}\rho^3\,\mathrm{d}\rho=\int_0^{\frac{\pi}{2}}4\theta^4\,\mathrm{d}\theta=\frac{\pi^5}{40}(\text{单位质量}).$$

2. 平面薄片的质心(重心)

由物理学知道，xOy 面上质点系的质心(重心)坐标为

$$\bar{x} = \frac{M_y}{M}, \bar{y} = \frac{M_x}{M},$$

其中 M 为该质点系的总质量，M_x, M_y 分别表示质点系关于 x 轴和 y 轴的静力矩. 如果一质点位于 xOy 面上点 (x,y) 处，其质量为 m，则该质点关于 x 轴和 y 轴的静力矩分别为

$$M_x = my, M_y = mx.$$

设一平面薄片占有 xOy 面上的有界闭区域 D，在点 (x,y) 处的面密度为 $\mu(x,y)$，假定 $\mu(x,y)$ 在 D 上连续，如何确定该薄片的质心坐标 $(\bar{x}, \bar{y})$？

在闭区域 D 上任取一直径很小的闭区域 $\mathrm{d}\sigma$（这小闭区域的面积也记作 $\mathrm{d}\sigma$），(x,y) 是这小闭区域上的一个点. 由于 $\mathrm{d}\sigma$ 的直径很小，且 $\mu(x,y)$ 在 D 上连续，所以薄片中相应于 $\mathrm{d}\sigma$ 的部分的质量近似等于 $\mu(x,y)\mathrm{d}\sigma$，这部分质量可近似看作集中在点 (x,y) 上. 于是可写出静矩元素 $\mathrm{d}M_y$ 及 $\mathrm{d}M_x$：

$$\mathrm{d}M_y = x\mu(x,y)\mathrm{d}\sigma, \mathrm{d}M_x = y\mu(x,y)\mathrm{d}\sigma,$$

以这些元素为被积表达式，在闭区域 D 上积分，便得

$$M_y = \iint_D x\mu(x,y)\mathrm{d}\sigma, M_x = \iint_D y\mu(x,y)\mathrm{d}\sigma.$$

又由于平面薄片的质量为 $M = \iint_D \mu(x,y)\mathrm{d}\sigma$，从而薄片的质心坐标为

$$\bar{x} = \frac{M_y}{M} = \frac{\iint_D x\mu(x,y)\mathrm{d}\sigma}{\iint_D \mu(x,y)\mathrm{d}\sigma}, \bar{y} = \frac{M_x}{M} = \frac{\iint_D y\mu(x,y)\mathrm{d}\sigma}{\iint_D \mu(x,y)\mathrm{d}\sigma}.$$

如果薄片是均匀的，即面密度为常量，则

$$\bar{x} = \frac{1}{\sigma}\iint_D x\mathrm{d}\sigma, \bar{y} = \frac{1}{\sigma}\iint_D y\mathrm{d}\sigma \quad \left(\sigma = \iint_D \mathrm{d}\sigma \text{ 为闭区域 } D \text{ 的面积}\right).$$

显然，这时薄片的质心完全由闭区域 D 的形状所决定，因此，习惯上将均匀薄片的质心称之为该平面薄片所占平面图形的**形心**.

【**例 9.14**】 一平面薄片占有 xOy 面上由曲线 $x = y^2$ 和直线 $x = 1$ 所围成的闭区域 D，它在点 (x,y) 处的面密度为 $\mu(x,y) = y^2$，求该薄片的质心.

解 闭区域 D 的图形如图 9.21 所示，该薄片的质量为

$$M = \iint_D y^2\mathrm{d}\sigma = \int_{-1}^{1} \mathrm{d}y \int_{y^2}^{1} y^2\mathrm{d}x = \int_{-1}^{1}(y^2 - y^4)\mathrm{d}y = \frac{4}{15}.$$

静力矩 M_y 和 M_x 分别为

$$M_y = \iint_D xy^2\mathrm{d}\sigma = \int_{-1}^{1} \mathrm{d}y \int_{y^2}^{1} xy^2\mathrm{d}x = \frac{1}{2}\int_{-1}^{1}(y^2 - y^6)\mathrm{d}y = \frac{4}{21},$$

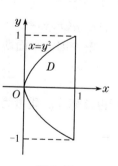

图 9.21

$$M_x = \iint\limits_D y \cdot y^2 d\sigma = \int_{-1}^{1} dy \int_{y^2}^{1} y^3 dx = \int_{-1}^{1} (y^3 - y^5) dy = 0.$$

所以

$$\bar{x} = \frac{M_y}{M} = \frac{5}{7}, \quad \bar{y} = \frac{M_x}{M} = 0,$$

所求质心坐标为 $\left(\dfrac{5}{7}, 0\right)$.

【例 9.15】 求位于两圆 $\rho = 2\sin\theta$ 和 $\rho = 4\sin\theta$ 之间的均匀薄片的形心.

图 9.22

解 如图 9.22 所示,因为积分区域 D 对称于 y 轴,所以 $\bar{x} = 0$,而

$$\bar{y} = \frac{1}{\sigma} \iint\limits_D y d\sigma = \frac{\int_0^{\pi} \sin\theta d\theta \int_{2\sin\theta}^{4\sin\theta} \rho^2 d\rho}{3\pi} = \frac{7}{3},$$

所求形心坐标为 $\left(0, \dfrac{7}{3}\right)$.

3. 转动惯量

如果一质点位于 xOy 面上点 (x, y) 处,其质量为 m,则该质点关于 x 轴和 y 轴以及坐标原点 O 的转动惯量分别为

$$I_x = y^2 m, \quad I_y = x^2 m, \quad I_O = (x^2 + y^2) m.$$

设一平面薄片占有 xOy 面上的有界闭区域 D,在点 (x, y) 处的面密度为 $\mu(x, y)$,假定 $\mu(x, y)$ 在 D 上连续,如何求该薄片对于 x 轴、y 轴以及坐标原点 O 的转动惯量 I_x, I_y, I_O?

在闭区域 D 上任取一直径很小的闭区域 $d\sigma$(这小闭区域的面积也记作 $d\sigma$),(x, y) 是这小闭区域上的一个点. 由于 $d\sigma$ 的直径很小,且 $\mu(x, y)$ 在 D 上连续,所以薄片中相应于 $d\sigma$ 的部分的质量近似等于 $\mu(x, y) d\sigma$,这部分质量可近似看作集中在点 (x, y) 上,于是可写出薄片对于 x 轴、y 轴以及坐标原点 O 的转动惯量元素:

$$dI_x = y^2 \mu(x, y) d\sigma,$$
$$dI_y = x^2 \mu(x, y) d\sigma,$$
$$dI_O = (x^2 + y^2) \mu(x, y) d\sigma.$$

以这些元素为被积表达式,在闭区域 D 上积分,便得

$$I_x = \iint\limits_D y^2 \mu(x, y) d\sigma,$$
$$I_y = \iint\limits_D x^2 \mu(x, y) d\sigma,$$
$$I_O = \iint\limits_D (x^2 + y^2) \mu(x, y) d\sigma.$$

注意: $I_O = I_x + I_y$.

【例 9.16】 设密度为 μ 的均匀薄片在 xOy 平面上占有闭区域 $D: x^2 + y^2 \leqslant R^2$,求薄片

关于原点的转动惯量 I_O.

解 闭区域 D 的图形如图 9.23 所示,转动惯量为
$$I_O = \iint_D (x^2+y^2)\mu d\sigma = \mu \int_0^{2\pi} d\theta \int_0^R \rho^3 d\rho = \frac{1}{2}\pi\mu R^4.$$

【**例 9.17**】 求由抛物线 $y=x^2$ 及直线 $y=1$ 所围成的均匀薄片(面密度为常数 μ)对于直线 $y=-1$ 的转动惯量.

解 闭区域 D 的图形如图 9.24 所示,转动惯量元素为 $dI=(y+1)^2\mu d\sigma$,所以
$$I = \iint_D (y+1)^2 \mu d\sigma = \mu \int_{-1}^1 dx \int_{x^2}^1 (y+1)^2 dy = \frac{368}{105}\mu.$$

图 9.23

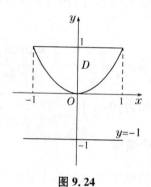

图 9.24

习题 9.3

1. 求由下列曲面所围成的立体体积:
(1) $x=0, y=0, z=0, x+y=1, x+y-z+1=0$;
(2) $x=0, x=2, y=0, y=3, z=0, x+y+z-4=0$;
(3) $z=\sqrt{x^2+y^2}, x^2+y^2=2x, z=0$;
(4) $z=x^2+y^2, z=4$.

2. 求锥面 $z=\sqrt{x^2+y^2}$ 被柱面 $z^2=2x$ 所割下部分的曲面面积.

3. 求球面 $x^2+y^2+z^2=16$ 被平面 $z=2$ 所截上半部分曲面的面积.

4. 求由两条抛物线 $y=x^2$ 和 $x=y^2$ 所围成的平面薄片的质量,其面密度为 $\mu(x,y)=xy$.

5. 求由三直线 $x+y=2, y=x$ 和 $y=0$ 所围成的平面薄片的质量,其面密度为 $\mu(x,y)=x^2+y^2$.

6. 设平面薄片在 xOy 面所占闭区域 D 由抛物线 $y=x^2$ 和直线 $y=x$ 围成,其面密度为 $\mu(x,y)=x^2y$,求该薄片的质心.

7. 求圆 $x^2+y^2=4R^2$ 和 $x^2+y^2=9R^2$ 所围成的均匀圆环薄片在第一象限部分的形心.

8. 设平面薄片在 xOy 面所占闭区域 D 由抛物线 $y=\sqrt{x}$ 和直线 $x=9, y=0$ 围成,其面密度为 $\mu(x,y)=x+y$,求转动惯量 I_x, I_y, I_O.

9. 求边长为 a 的正方形均匀薄片(设面密度 $\mu(x,y)=1$)对它的一条边的转动惯量.

第四节　多元函数积分运算实验

一、实验目的

会利用 MATLAB 计算二重积分.

二、实验指导

二重积分计算是转化为两次定积分来进行的,因此关键是确定积分限. MATLAB 没有提供专门的命令函数来处理这些积分,仍然使用 int( ) 命令来处理它们,只是在处理之前先根据积分公式将这些积分转化为二次积分.

【例9.18】 计算二重积分 $\iint\limits_{D} \dfrac{x}{1+xy}\mathrm{d}x\mathrm{d}y$,其中 $D: 0 \leqslant x \leqslant 1, 0 \leqslant y \leqslant 1$.

解　在 MATLAB 中输入以下命令:
≫ clear
≫ syms x y;
≫ f=x/(1+x*y);
≫ Ax=int(f,x,0,1)
Ax=
　　$-1/y^2*\log(1+y)+1/y$
≫ Ay=int(Ax,y,0,1)
Ay=
　　$2*\log(2)-1$

习题 9.4

利用 MATLAB 计算下列二重积分.

(1) $\iint\limits_{D} \dfrac{x^2}{y}\mathrm{d}\sigma$,其中 D 是由曲线 $xy=1$ 和直线 $y=x, x=2$ 所围区域;

(2) $\iint\limits_{D} (x^2+y^2)\mathrm{d}\sigma$,其中 D 是由圆 $x^2+y^2=2y$ 所围区域.

本章小结

多元函数积分学是一元函数积分学的推广,学习时应对照一元函数相应的概念.

1. 二重积分的概念

(1) 二重积分的定义:$\iint\limits_{D} f(x,y)\mathrm{d}\sigma = \lim\limits_{\lambda \to 0} \sum\limits_{i=1}^{n} f(\xi_i, \eta_i) \Delta\sigma_i$.

(2) 二重积分的几何意义:曲顶柱体体积;物理意义:平面薄片的质量.

(3) 二重积分的性质(七个).

2. 二重积分的计算(化为二次积分)

(1) 在直角坐标系下二重积分的计算:先画区域 D 的图形,再选择积分次序,然后确定积分限,最后计算之.

① 若 D 为 X 型区域 $D=\{(x,y)|\varphi_1(x)\leqslant y\leqslant\varphi_2(x),a\leqslant x\leqslant b\}$,则

$$\iint_D f(x,y)\mathrm{d}\sigma=\int_a^b \mathrm{d}x\int_{\varphi_1(x)}^{\varphi_2(x)}f(x,y)\mathrm{d}y(\text{先对 }y\text{ 积分},\text{后对 }x\text{ 积分});$$

② 若 D 为 Y 型区域 $D=\{(x,y)|\psi_1(y)\leqslant x\leqslant\psi_2(y),c\leqslant y\leqslant d\}$,则

$$\iint_D f(x,y)\mathrm{d}x\mathrm{d}y=\int_c^d \mathrm{d}y\int_{\psi_1(y)}^{\psi_2(y)}f(x,y)\mathrm{d}x(\text{先对 }x\text{ 积分},\text{后对 }y\text{ 积分}).$$

(2) 在极坐标系下二重积分的计算:先画区域 D 的图形,确定积分限,最后计算之.

若 $D=\{(\rho,\theta)|\rho_1(\theta)\leqslant\rho\leqslant\rho_2(\theta),\alpha\leqslant\theta\leqslant\beta\}$,则

$$\iint_D f(x,y)\mathrm{d}x\mathrm{d}y=\int_\alpha^\beta \mathrm{d}\theta\int_{\rho_1(x)}^{\rho_2(x)}f(\rho\cos\theta,\rho\sin\theta)\rho\mathrm{d}\rho.$$

3. 二重积分的应用

(1) 二重积分的几何应用:立体体积、曲面面积的计算.

(2) 二重积分的物理应用:平面薄片质量、质心、转动惯量的计算.

第十章 线性代数初步

本章将介绍行列式和矩阵的概念及其运算,并用它们求解线性方程组,解决一些实际问题.

第一节 行 列 式

学习目标

1. 理解二阶、三阶行列式的定义.
2. 知道 n 阶行列式的定义.
3. 理解行列式的性质,并掌握用其性质和按行(列)展开来计算行列式.
4. 掌握用克莱姆法则来判别线性方程组有解的条件.

行列式在线性代数学中占有重要的地位,它不仅是研究矩阵理论和线性方程组求解理论的重要工具,而且在工程技术领域中也有着极其广泛的应用.正确理解行列式的基本概念,熟练掌握计算 n 阶行列式的基本方法,会对今后的课程内容学习带来很大方便.本节将根据三阶行列式的展开规律来定义 n 阶行列式,介绍行列式的基本性质和按行(列)展开定理,从而给出行列式的计算方法,并介绍行列式在解线性方程组中的应用——克莱姆法则.

一、n 阶行列式的定义

1. 二阶、三阶行列式

微课

行列式的概念是在解线性方程组的问题中引入的.对于二元线性方程组

$$\begin{cases} a_{11}x_1 + a_{12}x_2 = b_1, \\ a_{21}x_1 + a_{22}x_2 = b_2, \end{cases} \tag{10.1}$$

我们采用加减消元法从方程组里消去一个未知数来求解.

第一个方程乘以 a_{22} 与第二个方程乘以 a_{12} 相减得

$$(a_{11}a_{22} - a_{21}a_{12})x_1 = b_1a_{22} - b_2a_{12},$$

第二个方程乘以 a_{11} 与第一个方程乘以 a_{21} 相减得

$$(a_{11}a_{22} - a_{21}a_{12})x_2 = b_2a_{11} - b_1a_{21}.$$

若设 $a_{11}a_{22} - a_{21}a_{12} \neq 0$,则方程组的解为

$$x_1 = \frac{b_1a_{22} - b_2a_{12}}{a_{11}a_{22} - a_{21}a_{12}}, \quad x_2 = \frac{b_2a_{11} - b_1a_{21}}{a_{11}a_{22} - a_{21}a_{12}}. \tag{10.2}$$

容易验证式(10.2)是方程组(10.1)的解.

在式(10.2)中的两个等式右端的分母是相等的,我们把分母引进一个记号,记

$$\begin{vmatrix} a_{11} & a_{12} \\ a_{21} & a_{22} \end{vmatrix} = a_{11}a_{22} - a_{21}a_{12}. \tag{10.3}$$

式(10.3)左端称为**二阶行列式**,记为 D,即

$$D = \begin{vmatrix} a_{11} & a_{12} \\ a_{21} & a_{22} \end{vmatrix}.$$

而式(10.3)右端称为二阶行列式 D 的展开式. 上述二阶行列式的定义,可用**对角线法则**来识记(如图 10.1),把 a_{11} 到 a_{22} 的实连线称为**主对角线**,a_{12} 到 a_{21} 的虚连线称为**副对角线**,于是二阶行列式便是主对角线上的两元素之积减去副对角线上两元素之积所得的差.

图 10.1

对于二阶行列式 D,我们也称为方程组(10.1)的**系数行列式**. 若用二阶行列式记

$$D_1 = \begin{vmatrix} b_1 & a_{12} \\ b_2 & a_{22} \end{vmatrix} = b_1 a_{22} - b_2 a_{12}, \quad D_2 = \begin{vmatrix} a_{11} & b_1 \\ a_{21} & b_2 \end{vmatrix} = b_2 a_{11} - b_1 a_{21},$$

方程组的解式(10.2)可写成

$$x_1 = \frac{D_1}{D}, \quad x_2 = \frac{D_2}{D}. \tag{10.4}$$

【**例 10.1**】 解方程组

$$\begin{cases} -3x_1 + 4x_2 = 6, \\ 2x_1 - 5x_2 = -7. \end{cases}$$

解 利用式(10.4)来求解方程组

$$D = \begin{vmatrix} -3 & 4 \\ 2 & -5 \end{vmatrix} = (-3) \times (-5) - 4 \times 2 = 15 - 8 = 7 \neq 0,$$

$$D_1 = \begin{vmatrix} 6 & 4 \\ -7 & -5 \end{vmatrix} = 6 \times (-5) - 4 \times (-7) = -2,$$

$$D_2 = \begin{vmatrix} -3 & 6 \\ 2 & -7 \end{vmatrix} = (-3) \times (-7) - 6 \times 2 = 9,$$

所以

$$x_1 = \frac{D_1}{D} = -\frac{2}{7}, \quad x_2 = \frac{D_2}{D} = \frac{9}{7}.$$

对于三元线性方程组

$$\begin{cases} a_{11}x_1 + a_{12}x_2 + a_{13}x_3 = b_1, \\ a_{21}x_1 + a_{22}x_2 + a_{23}x_3 = b_2, \\ a_{31}x_1 + a_{32}x_2 + a_{33}x_3 = b_3, \end{cases} \tag{10.5}$$

与二元线性方程组类似,当

$$a_{11}a_{22}a_{33} + a_{12}a_{23}a_{31} + a_{13}a_{21}a_{32} - a_{11}a_{23}a_{32} - a_{12}a_{21}a_{33} - a_{13}a_{22}a_{31} \neq 0,$$

用加减消元法可求得它的解:

$$x_1 = \frac{a_{22}a_{33}b_1 + a_{13}a_{32}b_2 + a_{12}a_{23}b_3 - a_{13}a_{22}b_3 - a_{12}a_{33}b_2 - a_{23}a_{32}b_1}{a_{11}a_{22}a_{33} + a_{12}a_{23}a_{31} + a_{13}a_{21}a_{32} - a_{11}a_{23}a_{32} - a_{12}a_{21}a_{33} - a_{13}a_{22}a_{31}},$$

$$x_2=\frac{a_{11}a_{33}b_2+a_{13}a_{21}b_3+a_{23}a_{31}b_1-a_{13}a_{31}b_2-a_{11}a_{23}b_3-a_{21}a_{33}b_1}{a_{11}a_{22}a_{33}+a_{12}a_{23}a_{31}+a_{13}a_{21}a_{32}-a_{11}a_{23}a_{32}-a_{12}a_{21}a_{33}-a_{13}a_{22}a_{31}},$$

$$x_3=\frac{a_{11}a_{22}b_3+a_{12}a_{31}b_2+a_{21}a_{32}b_1-a_{22}a_{31}b_1-a_{11}a_{32}b_2-a_{12}a_{21}b_3}{a_{11}a_{22}a_{33}+a_{12}a_{23}a_{31}+a_{13}a_{21}a_{32}-a_{11}a_{23}a_{32}-a_{12}a_{21}a_{33}-a_{13}a_{22}a_{31}}.$$

若对上面解的分母引进记号,记

$$\begin{vmatrix} a_{11} & a_{12} & a_{13} \\ a_{21} & a_{22} & a_{23} \\ a_{31} & a_{32} & a_{33} \end{vmatrix}=a_{11}a_{22}a_{33}+a_{12}a_{23}a_{31}+a_{13}a_{21}a_{32}-a_{11}a_{23}a_{32}-a_{12}a_{21}a_{33}-a_{13}a_{22}a_{31},$$

(10.6)

则式(10.6)的左边称为**三阶行列式**,通常也记为 D. 在 D 中,横的称为**行**,纵的称为**列**,其中 $a_{ij}(i,j=1,2,3)$ 是实数,称它为此行列式的第 i 行第 j 列的元素.

引进了三阶行列式,方程组(10.5)的解就可写成

$$x_1=\frac{D_1}{D}, x_2=\frac{D_2}{D}, x_3=\frac{D_3}{D}.$$

(10.7)

D 也称为方程组(10.5)的系数行列式,它是由未知数的所有系数组成的行列式,$D_j(j=1,2,3)$ 是将 D 的第 j 列换成方程组(10.5)右端的常数项而得到的三阶行列式.

式(10.6)给出三阶行列式的一种定义方式,而式(10.7)为我们提供了一种求解三元线性方程组的方法(在系数行列式不为零的情况下).

图 10.2

三阶行列式也可用对角线法则计算,如图 10.2.

图中有三条实线看作平行于主对角线的连线,三条虚线看作平行于副对角线的连线,实线上三元素的乘积冠正号,虚线上三元素的乘积冠负号.

【**例 10.2**】 计算三阶行列式

$$\begin{vmatrix} -1 & 3 & 2 \\ 3 & 0 & -2 \\ -2 & 1 & 3 \end{vmatrix}.$$

解 用对角线法则计算

$$\begin{vmatrix} -1 & 3 & 2 \\ 3 & 0 & -2 \\ -2 & 1 & 3 \end{vmatrix}=(-1)\times 0\times 3+3\times(-2)\times(-2)+2\times 3\times 1-2\times 0\times(-2)-$$
$$3\times 3\times 3-(-1)\times(-2)\times 1$$
$$=0+12+6-0-27-2$$
$$=-11.$$

2. n 阶行列式

类似于三元线性方程组的讨论,n 元线性方程组

$$\begin{cases} a_{11}x_1 + a_{12}x_2 + \cdots + a_{1n}x_n = b_1, \\ a_{21}x_1 + a_{22}x_2 + \cdots + a_{2n}x_n = b_2, \\ \cdots\cdots \\ a_{n1}x_1 + a_{n2}x_2 + \cdots + a_{nn}x_n = b_n \end{cases} \quad (10.8)$$

的所有未知数的系数也可以组成一个系数行列式

$$\begin{vmatrix} a_{11} & a_{12} & \cdots & a_{1n} \\ a_{21} & a_{22} & \cdots & a_{2n} \\ \cdots & \cdots & \cdots & \cdots \\ a_{n1} & a_{n2} & \cdots & a_{nn} \end{vmatrix}. \quad (10.9)$$

定义 10.1 由 n^2 个数排成 n 行 n 列的式(10.9)称为 **n 阶行列式**.

它代表一个由特定的运算关系所得到的算式. 为了获得这个算式,我们引入下面的两个概念.

定义 10.2 在 n 阶行列式(10.9)中,划去元素 a_{ij} 所在的第 i 行第 j 列的元素,所余下的元素按原位置组成的 $n-1$ 阶行列式,即

$$\begin{vmatrix} a_{11} & \cdots & a_{1,j-1} & a_{1,j+1} & \cdots & a_{1n} \\ \cdots & \cdots & \cdots & \cdots & \cdots & \cdots \\ a_{i-1,1} & \cdots & a_{i-1,j-1} & a_{i-1,j+1} & \cdots & a_{i-1,n} \\ a_{i+1,1} & \cdots & a_{i+1,j-1} & a_{i+1,j+1} & \cdots & a_{i+1,n} \\ \cdots & \cdots & \cdots & \cdots & \cdots & \cdots \\ a_{n1} & \cdots & a_{n,j-1} & a_{n,j+1} & \cdots & a_{nn} \end{vmatrix},$$

称为元素 a_{ij} 的**余子式**,记为 M_{ij}. 称 $A_{ij}=(-1)^{i+j}M_{ij}$ 为元素 a_{ij} 的**代数余子式**.

定理 10.1 n 阶行列式 D 的值等于它任意一行(列)的各元素与其对应的代数余子式乘积之和,即

$$D = \begin{vmatrix} a_{11} & \cdots & a_{1j} & \cdots & a_{1n} \\ \cdots & \cdots & \cdots & \cdots & \cdots \\ a_{i1} & \cdots & a_{ij} & \cdots & a_{in} \\ \cdots & \cdots & \cdots & \cdots & \cdots \\ a_{n1} & \cdots & a_{nj} & \cdots & a_{nn} \end{vmatrix} = a_{i1}A_{i1} + a_{i2}A_{i2} + \cdots + a_{in}A_{in}$$

$$= \sum_{k=1}^{n} a_{ik}A_{ik} \ (i=1,2,\cdots,n),$$

或

$$D = \begin{vmatrix} a_{11} & \cdots & a_{1j} & \cdots & a_{1n} \\ \cdots & \cdots & \cdots & \cdots & \cdots \\ a_{i1} & \cdots & a_{ij} & \cdots & a_{in} \\ \cdots & \cdots & \cdots & \cdots & \cdots \\ a_{n1} & \cdots & a_{nj} & \cdots & a_{nn} \end{vmatrix} = a_{1j}A_{1j} + a_{2j}A_{2j} + \cdots + a_{nj}A_{nj}$$

$$= \sum_{k=1}^{n} a_{kj}A_{kj} \ (j=1,2,\cdots,n).$$

定理证明从略.

推论 n 阶行列式 D 的任意一行(列)元素与另一行(列)的对应元素的代数余子式乘积之和等于零. 即

$$a_{i1}A_{j1}+a_{i2}A_{j2}+\cdots+a_{in}A_{jn}=0(i\neq j),$$
$$a_{1i}A_{1j}+a_{2i}A_{2j}+\cdots+a_{ni}A_{nj}=0(i\neq j).$$

综合定理 10.1 和推论可得出如下表达式：

$$\sum_{k=1}^{n}a_{ik}A_{jk}=\begin{cases}D, & \text{当 } i=j, \\ 0, & \text{当 } i\neq j,\end{cases}$$

或

$$\sum_{k=1}^{n}a_{ki}A_{kj}=\begin{cases}D, & \text{当 } i=j, \\ 0, & \text{当 } i\neq j.\end{cases}$$

有了上述的定理，我们可以用来计算 n 阶行列式.

【例 10.3】 计算四阶行列式

$$D_4=\begin{vmatrix}3 & 0 & 0 & -5 \\ -4 & 1 & 0 & 2 \\ 6 & 5 & 7 & 0 \\ -3 & 4 & -2 & -1\end{vmatrix}.$$

解

$$D_4=\begin{vmatrix}3 & 0 & 0 & -5 \\ -4 & 1 & 0 & 2 \\ 6 & 5 & 7 & 0 \\ -3 & 4 & -2 & -1\end{vmatrix}=3(-1)^{1+1}\begin{vmatrix}1 & 0 & 2 \\ 5 & 7 & 0 \\ 4 & -2 & -1\end{vmatrix}+(-5)(-1)^{1+4}\begin{vmatrix}-4 & 1 & 0 \\ 6 & 5 & 7 \\ -3 & 4 & -2\end{vmatrix}$$

$$=3\left[1\cdot(-1)^{1+1}\begin{vmatrix}7 & 0 \\ -2 & -1\end{vmatrix}+2\cdot(-1)^{1+3}\begin{vmatrix}5 & 7 \\ 4 & -2\end{vmatrix}\right]+$$

$$5\left[(-4)\cdot(-1)^{1+1}\begin{vmatrix}5 & 7 \\ 4 & -2\end{vmatrix}+1\cdot(-1)^{1+2}\begin{vmatrix}6 & 7 \\ -3 & -2\end{vmatrix}\right]$$

$$=3(-7-76)+5(152-9)=466$$

下面我们计算几个特殊行列式.

【例 10.4】 计算下列行列式.

(1) 对角行列式 $\begin{vmatrix}a_{11} & 0 & 0 & 0 \\ 0 & a_{22} & 0 & 0 \\ 0 & 0 & a_{33} & 0 \\ 0 & 0 & 0 & a_{44}\end{vmatrix}$； (2) 下三角行列式 $\begin{vmatrix}a_{11} & 0 & 0 & 0 \\ a_{21} & a_{22} & 0 & 0 \\ a_{31} & a_{32} & a_{33} & 0 \\ a_{41} & a_{42} & a_{43} & a_{44}\end{vmatrix}.$

解

(1) $\begin{vmatrix}a_{11} & 0 & 0 & 0 \\ 0 & a_{22} & 0 & 0 \\ 0 & 0 & a_{33} & 0 \\ 0 & 0 & 0 & a_{44}\end{vmatrix}=a_{11}(-1)^{1+1}\begin{vmatrix}a_{22} & 0 & 0 \\ 0 & a_{33} & 0 \\ 0 & 0 & a_{44}\end{vmatrix}$

$$=a_{11}a_{22}(-1)^{1+1}\begin{vmatrix} a_{33} & 0 \\ 0 & a_{44} \end{vmatrix}$$

$$=a_{11}a_{22}a_{33}a_{44}.$$

用归纳的方法,可证得 n 阶对角行列式

$$\begin{vmatrix} a_{11} & 0 & \cdots & 0 \\ 0 & a_{22} & \cdots & 0 \\ \cdots & \cdots & \cdots & \cdots \\ 0 & 0 & \cdots & a_{nn} \end{vmatrix}=a_{11}a_{22}\cdots a_{nn}.$$

(2) $\begin{vmatrix} a_{11} & 0 & 0 & 0 \\ a_{21} & a_{22} & 0 & 0 \\ a_{31} & a_{32} & a_{33} & 0 \\ a_{41} & a_{42} & a_{43} & a_{44} \end{vmatrix}=a_{11}(-1)^{1+1}\begin{vmatrix} a_{22} & 0 & 0 \\ a_{32} & a_{33} & 0 \\ a_{42} & a_{43} & a_{44} \end{vmatrix}$

$$=a_{11}a_{22}(-1)^{1+1}\begin{vmatrix} a_{33} & 0 \\ a_{43} & a_{44} \end{vmatrix}$$

$$=a_{11}a_{22}a_{33}a_{44}.$$

用归纳的方法,可证得 n 阶下三角行列式

$$\begin{vmatrix} a_{11} & 0 & \cdots & 0 \\ a_{21} & a_{22} & \cdots & 0 \\ \cdots & \cdots & \cdots & \cdots \\ a_{n1} & a_{n2} & \cdots & a_{nn} \end{vmatrix}=a_{11}a_{22}\cdots a_{nn}.$$

二、n 阶行列式的性质

按一行(列)展开公式计算 n 阶行列式,当 n 较大时计算是比较麻烦的. 而我们学习了下面的 n 阶行列式的基本性质,只要能灵活地应用这些性质和定理,就可以大大简化 n 阶行列式的计算.

定义 10.3 将行列式 D 的行、列位置互换后所得到的行列式称为 D 的**转置行列式**,记为 D^T,即若

$$D=\begin{vmatrix} a_{11} & a_{12} & \cdots & a_{1n} \\ a_{21} & a_{22} & \cdots & a_{2n} \\ \cdots & \cdots & \cdots & \cdots \\ a_{n1} & a_{n2} & \cdots & a_{nn} \end{vmatrix},$$

则

$$D^T=\begin{vmatrix} a_{11} & a_{21} & \cdots & a_{n1} \\ a_{12} & a_{22} & \cdots & a_{n2} \\ \cdots & \cdots & \cdots & \cdots \\ a_{1n} & a_{2n} & \cdots & a_{nn} \end{vmatrix}.$$

性质 10.1 行列式 D 与它的转置行列式 D^T 值相等,即 $D=D^T$.

这个性质也说明在行列式中行与列的地位是对称的,凡是行列式对行成立的性质,对列也成立.

利用性质 10.1 我们不难得出上三角行列式

$$\begin{vmatrix} a_{11} & a_{12} & \cdots & a_{1n} \\ 0 & a_{22} & \cdots & a_{2n} \\ \cdots & \cdots & \cdots & \cdots \\ 0 & 0 & \cdots & a_{nn} \end{vmatrix} = a_{11}a_{22}\cdots a_{nn}.$$

性质 10.2 行列式中任意两行(列)互换后,行列式的值仅改变符号.

推论 若行列式中有两行(列)元素完全相同,则行列式值等于零.

证 设行列式

$$D = \begin{vmatrix} a_{11} & a_{12} & \cdots & a_{1n} \\ \cdots & \cdots & \cdots & \cdots \\ a_{i1} & a_{i2} & \cdots & a_{in} \\ \cdots & \cdots & \cdots & \cdots \\ a_{j1} & a_{j2} & \cdots & a_{jn} \\ \cdots & \cdots & \cdots & \cdots \\ a_{n1} & a_{n2} & \cdots & a_{nn} \end{vmatrix},$$

将 i 行与 j 行交换,由性质 10.2 得 $D=-D$,于是 $2D=0$,即 $D=0$.

性质 10.3 以数 k 乘行列式的某一行(列)中所有元素,就等于用 k 去乘此行列式,即

$$\begin{vmatrix} a_{11} & a_{12} & \cdots & a_{1n} \\ \cdots & \cdots & \cdots & \cdots \\ ka_{i1} & ka_{i2} & \cdots & ka_{in} \\ \cdots & \cdots & \cdots & \cdots \\ a_{n1} & a_{n2} & \cdots & a_{nn} \end{vmatrix} = k \begin{vmatrix} a_{11} & a_{12} & \cdots & a_{1n} \\ \cdots & \cdots & \cdots & \cdots \\ a_{i1} & a_{i2} & \cdots & a_{in} \\ \cdots & \cdots & \cdots & \cdots \\ a_{n1} & a_{n2} & \cdots & a_{nn} \end{vmatrix}.$$

或者说,若行列式的某一行(列)中所有元素有公因子,则可将公因子提取到行列式记号外面.

由性质 10.3 可得下面的推论:

推论 1 若行列式中有一行(列)的元素全为零,则行列式的值等于零.

推论 2 若行列式中有两行(列)的元素成比例,则行列式的值等于零.

性质 10.4 若行列式的某一行(列)的元素都是两数之和,则这个行列式等于两个行列式之和,即

$$\begin{vmatrix} a_{11} & a_{12} & \cdots & a_{1n} \\ \cdots & \cdots & \cdots & \cdots \\ a_{i1}+a_{j1} & a_{i2}+a_{j2} & \cdots & a_{in}+a_{jn} \\ \cdots & \cdots & \cdots & \cdots \\ a_{n1} & a_{n2} & \cdots & a_{nn} \end{vmatrix} = \begin{vmatrix} a_{11} & a_{12} & \cdots & a_{1n} \\ \cdots & \cdots & \cdots & \cdots \\ a_{i1} & a_{i2} & \cdots & a_{in} \\ \cdots & \cdots & \cdots & \cdots \\ a_{n1} & a_{n2} & \cdots & a_{nn} \end{vmatrix} + \begin{vmatrix} a_{11} & a_{12} & \cdots & a_{1n} \\ \cdots & \cdots & \cdots & \cdots \\ a_{j1} & a_{j2} & \cdots & a_{jn} \\ \cdots & \cdots & \cdots & \cdots \\ a_{n1} & a_{n2} & \cdots & a_{nn} \end{vmatrix}.$$

由性质 10.3 及推论 2、性质 10.4 可得:

性质 10.5 若在行列式的某一行(列)元素上加上另一行(列)对应元素的 k 倍,则行列式的值不变.即

$$\begin{vmatrix} a_{11} & a_{12} & \cdots & a_{1n} \\ \cdots & \cdots & \cdots & \cdots \\ a_{i1} & a_{i2} & \cdots & a_{in} \\ \cdots & \cdots & \cdots & \cdots \\ a_{j1} & a_{j2} & \cdots & a_{jn} \\ \cdots & \cdots & \cdots & \cdots \\ a_{n1} & a_{n2} & \cdots & a_{nn} \end{vmatrix} = \begin{vmatrix} a_{11} & a_{12} & \cdots & a_{1n} \\ \cdots & \cdots & \cdots & \cdots \\ a_{i1} & a_{i2} & \cdots & a_{in} \\ \cdots & \cdots & \cdots & \cdots \\ a_{j1}+ka_{i1} & a_{j2}+ka_{i2} & \cdots & a_{jn}+ka_{in} \\ \cdots & \cdots & \cdots & \cdots \\ a_{n1} & a_{n2} & \cdots & a_{nn} \end{vmatrix}.$$

以上诸性质证明从略.

三、n 阶行列式的计算

在计算行列式时，为了便于检查运算的正确性，一般注明每一步运算的依据. 为此我们约定采用如下的记号:

用 r_i 表示行列式的第 i 行，用 c_i 表示行列式的第 i 列.

用 $r_i \leftrightarrow r_j$ 表示交换 i, j 两行，用 $c_i \leftrightarrow c_j$ 表示交换 i, j 两列.

用 kr_i 表示用数 k 乘以第 i 行，用 kc_i 表示用数 k 乘以第 i 列.

用 $r_i + kr_j (r_i - kr_j)$ 表示在行列式的第 i 行元素上加上(减去)第 j 行对应元素的 k 倍.

用 $c_i + kc_j (c_i - kc_j)$ 表示在行列式的第 i 列元素上加上(减去)第 j 列对应元素的 k 倍.

利用行列式的基本性质一般可以简化行列式的计算，通常是用行列式的基本性质把行列式化成上三角行列式再求值.

【例 10.5】 计算行列式

$$D_4 = \begin{vmatrix} 3 & 1 & -1 & 2 \\ -5 & 1 & 3 & -4 \\ 2 & 0 & 1 & -1 \\ 1 & -5 & 3 & -3 \end{vmatrix}.$$

解

$$D_4 \xrightarrow{c_1 \leftrightarrow c_2} - \begin{vmatrix} 1 & 3 & -1 & 2 \\ 1 & -5 & 3 & -4 \\ 0 & 2 & 1 & -1 \\ -5 & 1 & 3 & -3 \end{vmatrix} \xrightarrow[r_4+5r_1]{r_2-r_1} - \begin{vmatrix} 1 & 3 & -1 & 2 \\ 0 & -8 & 4 & -6 \\ 0 & 2 & 1 & -1 \\ 0 & 16 & -2 & 7 \end{vmatrix} \xrightarrow{r_2 \leftrightarrow r_3} \begin{vmatrix} 1 & 3 & -1 & 2 \\ 0 & 2 & 1 & -1 \\ 0 & -8 & 4 & -6 \\ 0 & 16 & -2 & 7 \end{vmatrix}$$

$$\xrightarrow[r_4-8r_2]{r_3+4r_2} \begin{vmatrix} 1 & 3 & -1 & 2 \\ 0 & 2 & 1 & -1 \\ 0 & 0 & 8 & -10 \\ 0 & 0 & -10 & 15 \end{vmatrix} \xrightarrow{r_4+\frac{5}{4}r_3} \begin{vmatrix} 1 & 3 & -1 & 2 \\ 0 & 2 & 1 & -1 \\ 0 & 0 & 8 & -10 \\ 0 & 0 & 0 & \frac{5}{2} \end{vmatrix} = 40.$$

【例 10.6】 计算行列式

$$D_4 = \begin{vmatrix} 4 & 1 & 1 & 1 \\ 1 & 4 & 1 & 1 \\ 1 & 1 & 4 & 1 \\ 1 & 1 & 1 & 4 \end{vmatrix}.$$

解 这个行列式的特点是各列 4 个数之和都是 7,可把第 2,3,4 行同时加到第 1 行,提出公因子 7,然后各行减去第一行.

$$D_4 \xrightarrow{r_1+r_2+r_3+r_4} \begin{vmatrix} 7 & 7 & 7 & 7 \\ 1 & 4 & 1 & 1 \\ 1 & 1 & 4 & 1 \\ 1 & 1 & 1 & 4 \end{vmatrix} = 7 \begin{vmatrix} 1 & 1 & 1 & 1 \\ 1 & 4 & 1 & 1 \\ 1 & 1 & 4 & 1 \\ 1 & 1 & 1 & 4 \end{vmatrix} \xrightarrow[r_4-r_1]{\substack{r_2-r_1 \\ r_3-r_1}} 7 \begin{vmatrix} 1 & 1 & 1 & 1 \\ 0 & 3 & 0 & 0 \\ 0 & 0 & 3 & 0 \\ 0 & 0 & 0 & 3 \end{vmatrix} = 189.$$

【例 10.7】 解方程 $\begin{vmatrix} x & b & b & \cdots & b & b \\ b & x & b & \cdots & b & b \\ b & b & x & \cdots & b & b \\ \cdots & \cdots & \cdots & \cdots & \cdots & \cdots \\ b & b & b & \cdots & x & b \\ b & b & b & \cdots & b & x \end{vmatrix} = 0.$

解 这是一个用 n 阶行列式表示的方程,在这个方程中,未知量 x 的最高次是 n,所以方程有 n 个根. 解这类方程的基本思路是先用行列式的性质将其化简,写出未知量 x 的多项式,然后再求出它的根. 这个方程左端是一个 n 阶字母行列式设为 D_n,计算时需要一些技巧. 先化简行列式.

$$D_n \xrightarrow{c_1 + \sum_{i=2}^{n} c_i} \begin{vmatrix} x+(n-1)b & b & \cdots & b & b \\ x+(n-1)b & x & \cdots & b & b \\ x+(n-1)b & b & \cdots & b & b \\ \cdots & \cdots & \cdots & \cdots & \cdots \\ x+(n-1)b & b & \cdots & x & b \\ x+(n-1)b & b & \cdots & b & x \end{vmatrix} \xrightarrow{\text{提取公因子}} [x+(n-1)b] \begin{vmatrix} 1 & b & b & \cdots & b \\ 1 & x & b & \cdots & b \\ 1 & b & x & \cdots & b \\ \cdots & \cdots & \cdots & \cdots & \cdots \\ 1 & b & b & \cdots & x \end{vmatrix}$$

$$\xrightarrow[\vdots \atop r_n-r_1]{\substack{r_2-r_1 \\ r_3-r_1}} [x+(n-1)] \begin{vmatrix} 1 & b & b & \cdots & b \\ 0 & a-b & 0 & \cdots & 0 \\ 0 & 0 & a-b & \cdots & 0 \\ \cdots & \cdots & \cdots & \cdots & \cdots \\ 0 & 0 & 0 & \cdots & a-b \end{vmatrix} = [x+(n-1)b](x-b)^{n-1}.$$

于是原方程式为

$$[x+(n-1)b](x-b)^{n-1} = 0,$$

解得

$$x_1 = (1-n)b, x_2 = x_3 = \cdots = x_n = b.$$

四、克莱姆法则

含有 n 个未知数 $x_1, x_2, \cdots, x_n$ 的 n 个线性方程的方程组

$$\begin{cases} a_{11}x_1 + a_{12}x_2 + \cdots + a_{1n}x_n = b_1, \\ a_{21}x_1 + a_{22}x_2 + \cdots + a_{2n}x_n = b_2, \\ \cdots \cdots \\ a_{n1}x_1 + a_{n2}x_2 + \cdots + a_{nn}x_n = b_n \end{cases} \tag{10.10}$$

微课

与二、三元线性方程组相类似,它的解可以用 n 阶行列式表示,即有

定理 10.2(克莱姆法则) 若 n 元线性方程组(10.10)的系数行列式不等于零,即

$$D=\begin{vmatrix} a_{11} & a_{12} & \cdots & a_{1n} \\ a_{21} & a_{22} & \cdots & a_{2n} \\ \cdots & \cdots & \cdots & \cdots \\ a_{n1} & a_{n2} & \cdots & a_{nn} \end{vmatrix}\neq 0,$$

则它有唯一的解

$$x_1=\frac{D_1}{D}, x_2=\frac{D_2}{D}, \cdots, x_n=\frac{D_n}{D}. \tag{10.11}$$

其中 $D_j(j=1,2,\cdots,n)$ 是将 D 中的第 j 列换成方程组(10.10)右端的常数项所得到的 n 阶行列式.

定理证明从略.

【例 10.8】 解线性方程组

$$\begin{cases} x_1-x_2+x_3-2x_4=2, \\ 2x_1-x_3+4x_4=4, \\ 3x_1+2x_2+x_3=-1, \\ -x_1+2x_2-x_3+2x_4=-4. \end{cases}$$

解 利用克莱姆法则

$$D=\begin{vmatrix} 1 & -1 & 1 & -2 \\ 2 & 0 & -1 & 4 \\ 3 & 2 & 1 & 0 \\ -1 & 2 & -1 & 2 \end{vmatrix} \xlongequal{r_1+r_4} \begin{vmatrix} 0 & 1 & 0 & 0 \\ 2 & 0 & -1 & 4 \\ 3 & 2 & 1 & 0 \\ -1 & 2 & -1 & 2 \end{vmatrix} = -\begin{vmatrix} 2 & -1 & 4 \\ 3 & 1 & 0 \\ -1 & -1 & 2 \end{vmatrix}$$

$$\xlongequal{r_1-2r_3} -\begin{vmatrix} 4 & 1 & 0 \\ 3 & 1 & 0 \\ -1 & -1 & 2 \end{vmatrix} = -2\begin{vmatrix} 4 & 1 \\ 3 & 1 \end{vmatrix} = -2\neq 0.$$

所以方程组有唯一解. 又计算得

$$D_1=\begin{vmatrix} 2 & -1 & 1 & -2 \\ 4 & 0 & -1 & 4 \\ -1 & 2 & 1 & 0 \\ -4 & 2 & -1 & 2 \end{vmatrix}=-2, \quad D_2=\begin{vmatrix} 1 & 2 & 1 & -2 \\ 2 & 4 & -1 & 4 \\ 3 & -1 & 1 & 0 \\ -1 & -4 & -1 & 2 \end{vmatrix}=4,$$

$$D_3=\begin{vmatrix} 1 & -1 & 2 & -2 \\ 2 & 0 & 4 & 4 \\ 3 & 2 & -1 & 0 \\ -1 & 2 & -4 & 2 \end{vmatrix}=0, \quad D_4=\begin{vmatrix} 1 & -1 & 1 & 2 \\ 2 & 0 & -1 & 4 \\ 3 & 2 & 1 & -1 \\ -1 & 2 & -1 & -4 \end{vmatrix}=-1.$$

于是方程组的解为

$$x_1=\frac{D_1}{D}=1, x_2=\frac{D_2}{D}=-2, x_3=\frac{D_3}{D}=0, x_4=\frac{D_4}{D}=\frac{1}{2}.$$

【例 10.9】 一个土建师,一个电气师和一个机械师,组成一个技术服务队.假设在一段时间内,每人收入 1 元人民币需要其他两人的服务费用和实际收入如表 10.1 所示,问这段时间内,每人的总收入分别是多少?(总收入=支付服务费+实际上收入)

表 10.1

服务者＼被服务者	土建师	电气师	机械师	实际收入
土建师	0	0.2	0.3	500
电气师	0.1	0	0.4	700
机械师	0.3	0.4	0	600

解 设土建师、电气师、机械师的总收入分别是 x_1, x_2, x_3;根据题意和表 10.1,列出下列方程组:

$$\begin{cases} 0.2x_2+0.3x_3+500=x_1, \\ 0.1x_1+0.4x_3+700=x_2, \\ 0.3x_1+0.4x_2+600=x_3, \end{cases}$$

即

$$\begin{cases} x_1-0.2x_2-0.3x_3=500, \\ -0.1x_1+x_2-0.4x_3=700, \\ -0.3x_1-0.4x_2+x_3=600. \end{cases}$$

利用克莱姆法则求得方程组的解,就能求出土建师、电气师、机械师的总收入.因为

$$D=\begin{vmatrix} 1 & -0.2 & -0.3 \\ -0.1 & 1 & -0.4 \\ -0.3 & -0.4 & 1 \end{vmatrix}=0.694, \quad D_1=\begin{vmatrix} 500 & -0.2 & -0.3 \\ 700 & 1 & -0.4 \\ 600 & -0.4 & 1 \end{vmatrix}=872,$$

$$D_2=\begin{vmatrix} 1 & 500 & -0.3 \\ -0.1 & 700 & -0.4 \\ -0.3 & 600 & 1 \end{vmatrix}=1\,005, \quad D_3=\begin{vmatrix} 1 & -0.2 & 500 \\ -0.1 & 1 & 700 \\ -0.3 & -0.4 & 600 \end{vmatrix}=1\,080,$$

所以

$$x_1=\frac{D_1}{D}\approx 1\,256.48, x_2=\frac{D_2}{D}\approx 1\,448.13, x_3=\frac{D_3}{D}\approx 1\,556.20.$$

注意: 应用克莱姆法则解 n 元线性方程组时必须满足两个条件:

(1) 方程个数与未知数个数相等;

(2) 系数行列式不等于零.

当一个方程组满足以上两个条件时,该方程组的解是唯一的,其解可用式(10.11)表示.但我们应注意到,用克莱姆法则解 n 元线性方程组,需要计算 $n+1$ 个 n 阶行列式,当 n 较大时计算量是很大的,所以在一般情况下我们不轻易采用克莱姆法则解线性方程组.但克莱姆法则的作用确是很重要的.首先,克莱姆法则在理论上是相当重要的,因为它告诉我们当由 n 个 n 元线性方程组成的方程组的系数行列式不等于零时,方程组有唯一解,这说明只要考

察方程组的系数就能分析出解的情况；其次，克莱姆法则给出当方程组有唯一解时的求解公式，通过此公式充分体现出线性方程组的解与它的系数、常数项之间的依赖关系.

克莱姆法则的逆否命题为：

定理 10.2′ 如果线性方程组(10.10)无解或有两个不同的解，则它的系数行列式必为零.

线性方程组(10.10)中，当常数项 $b_1, b_2, \cdots, b_n$ 不全都为零时，线性方程组(10.10)叫作**非齐次线性方程组**，当常数项 $b_1, b_2, \cdots, b_n$ 全为零时，线性方程组(10.10)叫作**齐次线性方程组**.

对于齐次线性方程组

$$\begin{cases} a_{11}x_1+a_{12}x_2+\cdots+a_{1n}x_n=0, \\ a_{21}x_1+a_{22}x_2+\cdots+a_{2n}x_n=0, \\ \cdots\cdots \\ a_{n1}x_1+a_{n2}x_2+\cdots+a_{nn}x_n=0, \end{cases} \quad (10.12)$$

$x_1=x_2=\cdots=x_n=0$ 一定是它的解，这个解叫作齐次线性方程组(10.12)的**零解**. 如果一组不全为零的数是方程组(10.12)的解，则它叫作齐次线性方程组(10.12)的**非零解**. 齐次线性方程组(10.12)一定有零解. 但不一定有非零解.

把定理 10.2 应用于齐次线性方程组(10.12)，可得

定理 10.3 齐次线性方程组(10.12)有非零解的充分必要条件是：方程组的系数行列式 $D=0$.

推论 若齐次线性方程组(10.12)系数行列式 $D\neq 0$，则方程组(10.12)只有零解.

【**例 10.10**】 判定齐次线性方程组

$$\begin{cases} 2x_1 & +x_2 & -5x_3 & +x_4 & =0 \\ x_1 & -3x_2 & & -6x_4 & =0 \\ & 2x_2 & -x_3 & & =0 \\ x_1 & +4x_2 & -7x_3 & +6x_4 & =0 \end{cases}$$

是否有非零解？

解 由于系数行列式

$$\begin{vmatrix} 2 & 1 & -5 & 1 \\ 1 & -3 & 0 & -6 \\ 0 & 2 & -1 & 0 \\ 1 & 4 & -7 & 6 \end{vmatrix} = 2(-1)^{3+2}\begin{vmatrix} 2 & -5 & 1 \\ 1 & 0 & -6 \\ 1 & -7 & 6 \end{vmatrix} - (-1)^{3+3}\begin{vmatrix} 2 & 1 & 1 \\ 1 & -3 & -6 \\ 1 & 4 & 6 \end{vmatrix}$$

$$= -2\times 31-7=-69\neq 0,$$

所以该齐次线性方程组只有零解，没有非零解.

【**例 10.11**】 问 k 为何值时，方程组

$$\begin{cases} 3x-y=kx, \\ -x+3y=ky \end{cases}$$

有非零解？

解 将方程组整理得

$$\begin{cases} (3-k)x - y = 0, \\ -x + (3-k)y = 0. \end{cases}$$

根据定理 10.3,当且仅当系数行列式等于零时,齐次线性方程组有非零解,即

$$\begin{vmatrix} 3-k & -1 \\ -1 & 3-k \end{vmatrix} = 0,$$

$$(3-k)^2 - 1 = 0.$$

故当 $k=2$ 和 $k=4$ 时方程组有非零解.

习题 10.1

1. 利用对角线法则计算下列行列式.

(1) $\begin{vmatrix} 1 & 3 \\ 1 & 4 \end{vmatrix}$；

(2) $\begin{vmatrix} a & b \\ a^2 & b^2 \end{vmatrix}$；

(3) $\begin{vmatrix} 1 & 2 & 3 \\ 3 & 1 & 2 \\ 2 & 3 & 1 \end{vmatrix}$；

(4) $\begin{vmatrix} 0 & a & 0 \\ b & 0 & c \\ 0 & d & 0 \end{vmatrix}$.

2. 利用行列式的性质计算下列行列式.

(1) $\begin{vmatrix} 1 & 0 & -1 \\ 3 & 5 & 0 \\ 0 & 4 & 1 \end{vmatrix}$；

(2) $\begin{vmatrix} 1 & 2 & 3 & 4 \\ 2 & 3 & 4 & 1 \\ 3 & 4 & 1 & 2 \\ 4 & 1 & 2 & 3 \end{vmatrix}$；

(3) $\begin{vmatrix} a & 1 & 0 & 0 \\ -1 & b & 1 & 0 \\ 0 & -1 & c & 1 \\ 0 & 0 & -1 & d \end{vmatrix}$；

(4) $\begin{vmatrix} a & b & \cdots & b \\ b & a & \cdots & b \\ \vdots & \vdots & & \vdots \\ b & b & \cdots & a \end{vmatrix}$ (n 阶).

3. 当 x 为何值时,$\begin{vmatrix} 3 & 1 & x \\ 4 & x & 0 \\ 1 & 0 & x \end{vmatrix} \neq 0$.

4. 解方程 $\begin{vmatrix} 3 & 1 & 1 \\ x & 1 & 0 \\ x^2 & 3 & 1 \end{vmatrix} = 0$.

5. 证明:

(1) $\begin{vmatrix} a^2 & ab & b^2 \\ 2a & a+b & 2b \\ 1 & 1 & 1 \end{vmatrix} = (a-b)^3$;

(2) $\begin{vmatrix} a^2 & (a+1)^2 & (a+2)^2 & (a+3)^2 \\ b^2 & (b+1)^2 & (b+2)^2 & (b+3)^2 \\ c^2 & (c+1)^2 & (c+2)^2 & (c+3)^2 \\ d^2 & (d+1)^2 & (d+2)^2 & (d+3)^2 \end{vmatrix} = 0.$

6. 求行列式 $\begin{vmatrix} -3 & 0 & 4 \\ 5 & 0 & 3 \\ 2 & -2 & 1 \end{vmatrix}$ 中元素 2 和 −2 的代数余子式.

7. 求四阶行列式 $D = \begin{vmatrix} 1 & 0 & 4 & 0 \\ 2 & -1 & -1 & 2 \\ 0 & -6 & 0 & 0 \\ 2 & 4 & -1 & 2 \end{vmatrix}$ 的第四行各元素的代数余子式之和,即求 $A_{41} + A_{42} + A_{43} + A_{44}$ 之值,其中 $A_{4j}(j=1,2,3,4)$ 为 D 的第 4 行第 j 列元素的代数余子式.

8. 用克莱姆法则解下列方程组.

(1) $\begin{cases} x_1 + x_2 - 2x_3 = -3, \\ 5x_1 - 2x_2 + 7x_3 = 22, \\ 2x_1 - 5x_2 + 4x_3 = 4; \end{cases}$ (2) $\begin{cases} x_1 + x_2 + x_3 + x_4 = 5, \\ x_1 + 2x_2 - x_3 + 4x_4 = -2, \\ 2x_1 - 3x_2 - x_3 - 5x_4 = -2, \\ 3x_1 + x_2 + 2x_3 + 11x_4 = 0. \end{cases}$

9. 问 λ, μ 取何值时,齐次线性方程组 $\begin{cases} \lambda x_1 + x_2 + x_3 = 0, \\ x_1 + \mu x_2 + x_3 = 0, \\ x_1 + 2\mu x_2 + x_3 = 0 \end{cases}$ 有非零解?

10. 问 k 取何值时,齐次线性方程组 $\begin{cases} kx_1 + x_2 - x_3 = 0, \\ x_1 + kx_2 - x_3 = 0, \\ 2x_1 - x_2 + x_3 = 0 \end{cases}$ 仅有零解?

第二节 矩 阵

学习目标

1. 理解矩阵的概念,掌握用矩阵表示实际量的方法.
2. 熟练掌握矩阵的线性运算、乘法运算、转置及运算规律.
3. 了解零矩阵、单位矩阵、数量矩阵、对角矩阵、上(下)三角矩阵、对称矩阵的定义.
4. 掌握方阵行列式的概念及运算.
5. 熟练掌握矩阵的初等变换,理解可逆矩阵和逆矩阵的概念及性质,掌握矩阵可逆的充分必要条件.
6. 熟练掌握求逆矩阵的初等行变换法,会用伴随矩阵法求逆矩阵,会解简单的矩阵方程.
7. 理解矩阵秩的概念,掌握矩阵秩的求法.

矩阵是研究线性方程组、二次型不可缺少的工具,是线性代数的基础内容,在工程技术各领域中有着广泛的应用.它不仅在经济模型中有着很实际的应用,而且目前国际认可的最优化的科技应用软件——MATLAB 就是以矩阵作为基本的数据结构,从矩阵的数据分析、处理发展起来的被广泛应用的软件包.本节将介绍矩阵的概念及其运算,矩阵的初等变换,可逆矩阵及求法,矩阵的秩等内容.

一、矩阵的概念

案例 10.1（**物资调运方案**） 在物资调运中,某物资(如煤)有两个产地(分别用 1,2 表示),三个销售地(分别用 1,2,3 表示),调运方案见表 10.2.

微课

表 10.2

数量 销售地 产地	1	2	3
1	17	25	20
2	26	32	23

解 这个调运方案可以简写成一个 2 行 3 列的数表

$$\begin{pmatrix} 17 & 25 & 20 \\ 26 & 32 & 23 \end{pmatrix}$$

其中第 $i(i=1,2)$ 行第 $j(j=1,2,3)$ 列的数表示从第 i 个产地运往第 j 个销售地的运量.

案例 10.2（**产值表**） 某企业生产 5 种产品(分别用 A,B,C,D,E 表示),各种产品的季度产值(单位:万元)见表 10.3.

表 10.3

季度 产品	A	B	C	D	E
一	78	58	75	78	64
二	90	70	85	84	76
三	95	75	90	90	80
四	89	70	82	80	76

四个季度五种产品的产值可排成一个 4 行 5 列的产值数表

$$\begin{bmatrix} 78 & 58 & 75 & 78 & 64 \\ 90 & 70 & 85 & 84 & 76 \\ 95 & 75 & 90 & 90 & 80 \\ 89 & 70 & 82 & 80 & 76 \end{bmatrix}.$$

它具体描述了这家企业各种产品在各季度的产值,同时也揭示了产值随季节变化规律的季增长及年产量等情况.

定义 10.4 由 $m \times n$ 个数排成的 m 行 n 列的表

$$\begin{pmatrix} a_{11} & a_{12} & \cdots & a_{1n} \\ a_{21} & a_{22} & \cdots & a_{2n} \\ \cdots & \cdots & \cdots & \cdots \\ a_{m1} & a_{m2} & \cdots & a_{mn} \end{pmatrix}$$

称为 m 行 n 列**矩阵**,简称 $m\times n$ 矩阵. 这 $m\times n$ 个数 $a_{ij}(i=1,2,\cdots,m;j=1,2,\cdots,n)$ 叫作矩阵的元素. 当元素都是实数时称为**实矩阵**,当元素为复数时称为**复矩阵**. 本书一般都指实矩阵.

一般地,矩阵通常用大写字母 $\boldsymbol{A},\boldsymbol{B},\boldsymbol{C},\cdots$ 来表示,以 a_{ij} 为元素的矩阵可简记为 $\boldsymbol{A}=(a_{ij})$,有时强调矩阵的阶数,也可写成 $\boldsymbol{A}=(a_{ij})_{m\times n}$.

在矩阵 $\boldsymbol{A}=(a_{ij})_{m\times n}$ 中,当 $m=n$ 时,$\boldsymbol{A}$ 称为 n 阶**方阵**.

只有一行的矩阵

$$\boldsymbol{A}=(a_1 \quad a_2 \quad \cdots \quad a_n)$$

叫作**行矩阵**,也称为**行向量**;只有一列的矩阵

$$\boldsymbol{B}=\begin{pmatrix}b_1\\b_2\\\vdots\\b_m\end{pmatrix}$$

叫作**列矩阵**,也称为**列向量**.

元素都是零的矩阵称作**零矩阵**,记作 $\boldsymbol{O}$. 有时零矩阵也用数零 $\boldsymbol{0}$ 表示,根据上下文是不难分辨的.

两个矩阵的行数相等、列数也相等时,就称它们是**同型矩阵**. 如果两个矩阵是同型矩阵并且它们的对应元素相等,那么就称这两个**矩阵相等**.

【例 10.12】 变量 $y_1,y_2,\cdots,y_m$ 用另一些变量 $x_1,x_2,\cdots,x_n$ 线性表示为

$$\begin{cases}y_1=a_{11}x_1+a_{12}x_2+\cdots+a_{1n}x_n,\\y_2=a_{21}x_1+a_{22}x_2+\cdots+a_{2n}x_n,\\\cdots\cdots\\y_m=a_{m1}x_1+a_{m2}x_2+\cdots+a_{mn}x_n,\end{cases} \tag{10.13}$$

其中 a_{ij} 为常数 $(i=1,2,\cdots,m;j=1,2,\cdots,n)$. 这种从变量 $x_1,x_2,\cdots,x_n$ 到变量 $y_1,y_2,\cdots,y_m$ 的变换称为**线性变换**. 线性变换(10.13)中的系数是一个 $m\times n$ 矩阵

$$\begin{pmatrix}a_{11}&a_{12}&\cdots&a_{1n}\\a_{21}&a_{22}&\cdots&a_{2n}\\\cdots&\cdots&\cdots&\cdots\\a_{m1}&a_{m2}&\cdots&a_{mn}\end{pmatrix},$$

称为**线性变换的系数矩阵**.

我们还会经常遇到一些特殊的矩阵.

【例 10.13】 线性变换

$$\begin{cases}y_1=\lambda_1 x_1,\\y_2=\lambda_2 x_2,\\\cdots\cdots\\y_n=\lambda_n x_n\end{cases}$$

中变量 $x_1,x_2,\cdots,x_n$ 的系数对应一个 n 阶方阵

$$\begin{pmatrix} \lambda_1 & 0 & \cdots & 0 \\ 0 & \lambda_2 & \cdots & 0 \\ \cdots & \cdots & \cdots & \cdots \\ 0 & 0 & \cdots & \lambda_n \end{pmatrix}$$

称为**对角矩阵**,记作 $\mathrm{diag}(\lambda_1,\lambda_2,\cdots,\lambda_n)$. 在对角矩阵中,当
$$\lambda_1=\lambda_2=\cdots=\lambda_n=\lambda$$
时,有
$$\begin{pmatrix} \lambda & 0 & \cdots & 0 \\ 0 & \lambda & \cdots & 0 \\ \cdots & \cdots & \cdots & \cdots \\ 0 & 0 & \cdots & \lambda \end{pmatrix},$$

称为**标量矩阵**. 在标量矩阵中,当 $\lambda=1$ 时有
$$\boldsymbol{E}=\begin{pmatrix} 1 & 0 & \cdots & 0 \\ 0 & 1 & \cdots & 0 \\ \cdots & \cdots & \cdots & \cdots \\ 0 & 0 & \cdots & 1 \end{pmatrix},$$

称为 n 阶**单位矩阵**.

【**例 10.14**】 由线性方程组
$$\begin{cases} a_{11}x_1+a_{12}x_2+\cdots+a_{1n}x_n=b_1, \\ \quad\quad a_{22}x_2+\cdots+a_{2n}x_n=b_2, \\ \quad\quad\quad\quad \cdots\cdots \\ \quad\quad\quad\quad\quad\quad a_{mn}x_n=b_n \end{cases}$$

的系数组成一个矩阵
$$\boldsymbol{A}=\begin{pmatrix} a_{11} & a_{12} & \cdots & a_{1n} \\ 0 & a_{22} & \cdots & a_{2n} \\ \cdots & \cdots & \cdots & \cdots \\ 0 & 0 & \cdots & a_{mn} \end{pmatrix},$$

称为**上三角矩阵**. 类似地,
$$\boldsymbol{A}=\begin{pmatrix} a_{11} & 0 & \cdots & 0 \\ a_{21} & a_{22} & \cdots & 0 \\ \cdots & \cdots & \cdots & \cdots \\ a_{n1} & a_{n2} & \cdots & a_{mn} \end{pmatrix}$$

称为**下三角矩阵**.

二、矩阵的运算

矩阵的运算在矩阵的理论中起着重要的作用. 矩阵虽然不是数,但用来处理实际问题时往往要进行矩阵的代数运算.

1. 矩阵的加法与减法

案例 10.3 某工厂生产甲、乙、丙三种产品,各种产品每天所需的各类成本(单位:元)如表 10.4 和表 10.5 所示.

表 10.4 2005 年 3 月 4 日

产品名目	甲	乙	丙
原材料	1 024	989	1 003
劳动力	596	477	610
管理费	32	29	38

表 10.5 2005 年 3 月 5 日

产品名目	甲	乙	丙
原材料	1 124	1 089	1 093
劳动力	616	577	610
管理费	34	32	36

三种产品每天所需的各类成本也可用矩阵表示为

$$\boldsymbol{A} = \begin{pmatrix} 1\,024 & 989 & 1\,003 \\ 596 & 477 & 610 \\ 32 & 29 & 38 \end{pmatrix}, \boldsymbol{B} = \begin{pmatrix} 1\,124 & 1\,089 & 1\,093 \\ 616 & 577 & 610 \\ 34 & 32 & 36 \end{pmatrix}.$$

这样甲、乙、丙三种产品 4 日、5 日两天所用各类成本的和可以表示成矩阵

$$\boldsymbol{C} = \begin{pmatrix} 1\,024+1\,124 & 989+1\,089 & 1\,003+1\,093 \\ 596+616 & 477+577 & 610+610 \\ 32+34 & 29+32 & 38+36 \end{pmatrix},$$

我们把矩阵 $\boldsymbol{C}$ 称为**矩阵 $\boldsymbol{A}$ 与矩阵 $\boldsymbol{B}$ 的和**.

定义 10.5 设有两个 $m \times n$ 矩阵 $\boldsymbol{A} = (a_{ij}), \boldsymbol{B} = (b_{ij})$,则矩阵 $\boldsymbol{A}$ 与矩阵 $\boldsymbol{B}$ 的和规定为

$$\boldsymbol{A} + \boldsymbol{B} = \begin{pmatrix} a_{11}+b_{11} & a_{12}+b_{12} & \cdots & a_{1n}+b_{1n} \\ a_{21}+b_{21} & a_{22}+b_{22} & \cdots & a_{2n}+b_{2n} \\ \cdots & \cdots & \cdots & \cdots \\ a_{m1}+b_{m1} & a_{m2}+b_{m2} & \cdots & a_{mn}+b_{mn} \end{pmatrix},$$

即两个矩阵相加等于把这两个矩阵的对应元素相加.

注意: 并非任何两个矩阵都可以相加,只有当两个矩阵是同型矩阵时才能相加.

我们称矩阵

$$\begin{pmatrix} -a_{11} & -a_{12} & \cdots & -a_{1n} \\ -a_{21} & -a_{22} & \cdots & -a_{2n} \\ \cdots & \cdots & \cdots & \cdots \\ -a_{m1} & -a_{m2} & \cdots & -a_{mn} \end{pmatrix}$$

为 $\boldsymbol{A} = (a_{ij})_{m \times n}$ 的负矩阵,记作 $-\boldsymbol{A}$.

按照矩阵的加法定义可得出矩阵的减法如下:

$$\boldsymbol{A} - \boldsymbol{B} = \boldsymbol{A} + (-\boldsymbol{B}) = \begin{pmatrix} a_{11}-b_{11} & a_{12}-b_{12} & \cdots & a_{1n}-b_{1n} \\ a_{21}-b_{21} & a_{22}-b_{22} & \cdots & a_{2n}-b_{2n} \\ \cdots & \cdots & \cdots & \cdots \\ a_{m1}-b_{m1} & a_{m2}-b_{m2} & \cdots & a_{mn}-b_{mn} \end{pmatrix}.$$

矩阵的加法满足下列运算律(设 A,B,C 都是 $m\times n$ 矩阵)：

(1) $A+B=B+A$；

(2) $(A+B)+C=A+(B+C)$；

(3) $A+O=A$.

【例 10.15】 设两矩阵 $A=\begin{pmatrix} 2 & -3 & 1 \\ 1 & 4 & -2 \end{pmatrix}, B=\begin{pmatrix} -2 & 1 & 5 \\ 0 & 2 & 3 \end{pmatrix}$，求 $A+B$.

解 $A+B=\begin{pmatrix} 2-2 & -3+1 & 1+5 \\ 1+0 & 4+2 & -2+3 \end{pmatrix}=\begin{pmatrix} 0 & -2 & 6 \\ 1 & 6 & 1 \end{pmatrix}$.

2. 数与矩阵的乘法

在案例 10.3 的问题中，由于进行了技术革新，甲、乙、丙三种产品在 4 月 4 日的各类成本都降为 3 月 4 日成本的 80%，这时 4 月 4 日的各类成本可用矩阵表示为

$$\begin{bmatrix} 0.8\times 1\,024 & 0.8\times 989 & 0.8\times 1\,003 \\ 0.8\times 596 & 0.8\times 477 & 0.8\times 610 \\ 0.8\times 32 & 0.8\times 29 & 0.8\times 38 \end{bmatrix},$$

这个矩阵就称为数 0.8 与矩阵 A 的乘积，记为 $0.8A$.

定义 10.6 设矩阵 $A=(a_{ij})_{m\times n}$，λ 是一个数，则数 λ 与矩阵 A 的乘积规定为

$$\lambda A=A\lambda=\begin{bmatrix} \lambda a_{11} & \lambda a_{12} & \cdots & \lambda a_{1n} \\ \lambda a_{21} & \lambda a_{22} & \cdots & \lambda a_{2n} \\ \cdots & \cdots & \cdots & \cdots \\ \lambda a_{m1} & \lambda a_{m2} & \cdots & \lambda a_{mn} \end{bmatrix},$$

即一个数与矩阵相乘等于用这个数去乘矩阵的每一个元素.

数与矩阵的乘法满足下列运算律(设 A,B 为 $m\times n$ 矩阵，λ,μ 为数)：

(1) $(\lambda\mu)A=\lambda(\mu A)$；

(2) $(\lambda+\mu)A=\lambda A+\mu A$；

(3) $\lambda(A+B)=\lambda A+\lambda B$.

【例 10.16】 设 $A=\begin{pmatrix} 3 & -1 & 2 \\ 0 & 4 & 1 \end{pmatrix}, B=\begin{pmatrix} 3 & 0 & 2 \\ -3 & -4 & 0 \end{pmatrix}$，求 $3A-2B$.

解 $3A-2B=3\begin{pmatrix} 3 & -1 & 2 \\ 0 & 4 & 1 \end{pmatrix}-2\begin{pmatrix} 3 & 0 & 2 \\ -3 & -4 & 0 \end{pmatrix}$

$=\begin{pmatrix} 9 & -3 & 6 \\ 0 & 12 & 3 \end{pmatrix}-\begin{pmatrix} 6 & 0 & 4 \\ -6 & -8 & 0 \end{pmatrix}$

$=\begin{pmatrix} 3 & -3 & 2 \\ 6 & 20 & 3 \end{pmatrix}$.

3. 矩阵的乘法

案例 10.4 设某工厂由 1 车间、2 车间、3 车间生产甲、乙两种产品，用矩阵 A 表示该厂三个车间一天内生产甲产品和乙产品的产量(kg)，矩阵 B 表示甲产品和乙产品的单价

(元)和单位利润(元).

$$A = \begin{pmatrix} 110 & 200 \\ 140 & 190 \\ 120 & 210 \end{pmatrix} \begin{matrix} 1\ 车间 \\ 2\ 车间 \\ 3\ 车间 \end{matrix} \quad B = \begin{pmatrix} 50 & 15 \\ 45 & 10 \end{pmatrix} \begin{matrix} 甲产品 \\ 乙产品 \end{matrix}$$

(甲 乙 上方标注于 A；单价 利润 上方标注于 B)

那么该厂三个车间一天各自的总产值(元)和总利润(元)可用矩阵 C 表示为

$$C = \begin{pmatrix} 110\times 50 + 200\times 45 & 110\times 15 + 200\times 10 \\ 140\times 50 + 190\times 45 & 140\times 15 + 190\times 10 \\ 120\times 50 + 210\times 45 & 120\times 15 + 210\times 10 \end{pmatrix} \begin{matrix} 1\ 车间 \\ 2\ 车间 \\ 3\ 车间 \end{matrix}$$

(总产值 总利润 为列标题)

这时我们把矩阵 C 称为矩阵 A 与矩阵 B 的乘积,可记为 $C=AB$.

定义 10.7 设两个矩阵 $A=(a_{ij})_{m\times s}$,$B=(b_{ij})_{s\times n}$,则矩阵 A 与矩阵 B 的乘积记为 $C=AB$,规定 $C=(c_{ij})_{m\times n}$,其中

$$c_{ij} = a_{i1}b_{1j} + a_{i2}b_{2j} + \cdots + a_{is}b_{sj} = \sum_{k=1}^{s} a_{ik}b_{kj} \quad (i=1,2,\cdots,m; j=1,2,\cdots,n).$$

注意:只有当左矩阵 A 的列数与右矩阵 B 的行数相同时,A 与 B 才能作乘积,并且乘积矩阵的行数与 A 的行数相等,乘积矩阵的列数与 B 的列数相等.

利用矩阵的乘法,例 10.12 中的线性变换可写成

$$\begin{pmatrix} y_1 \\ y_2 \\ \vdots \\ y_m \end{pmatrix} = \begin{pmatrix} a_{11} & a_{12} & \cdots & a_{1n} \\ a_{21} & a_{22} & \cdots & a_{2n} \\ \cdots & \cdots & \cdots & \cdots \\ a_{m1} & a_{m2} & \cdots & a_{mn} \end{pmatrix} \begin{pmatrix} x_1 \\ x_2 \\ \vdots \\ x_n \end{pmatrix}.$$

若令

$$Y = \begin{pmatrix} y_1 \\ y_2 \\ \vdots \\ y_m \end{pmatrix}, A = \begin{pmatrix} a_{11} & a_{12} & \cdots & a_{1n} \\ a_{21} & a_{22} & \cdots & a_{2n} \\ \cdots & \cdots & \cdots & \cdots \\ a_{m1} & a_{m2} & \cdots & a_{mn} \end{pmatrix}, X = \begin{pmatrix} x_1 \\ x_2 \\ \vdots \\ x_n \end{pmatrix},$$

则此线性变换可写成矩阵形式

$$Y = AX.$$

【例 10.17】 设 $A = \begin{pmatrix} 1 & 1 \\ -1 & -1 \end{pmatrix}, B = \begin{pmatrix} 1 & -1 \\ -1 & 1 \end{pmatrix}, C = \begin{pmatrix} -1 & 1 \\ 1 & -1 \end{pmatrix}$,求 AB, BA 与 AC.

解
$$AB = \begin{pmatrix} 1 & 1 \\ -1 & -1 \end{pmatrix} \begin{pmatrix} 1 & -1 \\ -1 & 1 \end{pmatrix} = \begin{pmatrix} 0 & 0 \\ 0 & 0 \end{pmatrix},$$

$$BA = \begin{pmatrix} 1 & -1 \\ -1 & 1 \end{pmatrix} \begin{pmatrix} 1 & 1 \\ -1 & -1 \end{pmatrix} = \begin{pmatrix} 2 & 2 \\ -2 & -2 \end{pmatrix},$$

$$AC = \begin{pmatrix} 1 & 1 \\ -1 & -1 \end{pmatrix} \begin{pmatrix} -1 & 1 \\ 1 & -1 \end{pmatrix} = \begin{pmatrix} 0 & 0 \\ 0 & 0 \end{pmatrix}.$$

从上面的例题中,我们可以得出下面的结论:

(1) 矩阵的乘法不满足交换律,即一般地说,$AB \neq BA$. 对于两个 n 阶方阵 A, B. 若 $AB = BA$,则称方阵 A 与 B 是**可交换**的. 对任一方阵 A,有 $EA = AE$.

(2) 两个非零矩阵的乘积可能等于零矩阵,即 $A \neq 0, B \neq 0$ 而 $AB = 0$. 因此一般说来,$AB = 0$ 不能推出 $A = 0$ 或 $B = 0$.

(3) 矩阵乘法中消去律不成立,即 $AB = AC$,且 $A \neq 0$,不一定有 $B = C$.

矩阵的乘法满足下列运算律(假设运算都是成立的):

(1) 结合律:$(AB)C = A(BC)$;$\lambda(AB) = (\lambda A)B = A(\lambda B)$.($\lambda$ 是数)

(2) 分配律:$(A+B)C = AC + BC$;$C(A+B) = CA + CB$.

作为矩阵乘法运算的一个特例,下面给出矩阵的幂运算.

定义 10.8 设 A 是一个 n 阶方阵,规定

$$A^0 = E, A^k = \underbrace{AA \cdots A}_{k \text{ 个 } A} (k \text{ 是正整数}),$$

称 A^k 为 A 的 k **次方幂**. 显然只有方阵,它的幂才有意义.

由于矩阵的乘法适合结合律,所以方阵的幂满足下列运算律:

$$A^k \cdot A^l = A^{k+l}; (A^k)^l = A^{kl},$$

其中 k, l 为正整数. 又因为矩阵乘法一般不满足交换律,所以对两个 n 阶方阵 A 与 B,一般说来 $(AB)^k \neq A^k B^k$. 只有当 A 与 B 可交换时,才有 $(AB)^k = A^k B^k$. 类似可知,例如 $(A+B)^2 = A^2 + 2AB + B^2$、$(A-B)(A+B) = A^2 - B^2$ 等公式,也只有当 A 与 B 可交换时才成立.

【例 10.18】 设 $A = \begin{pmatrix} 1 & a \\ 0 & 1 \end{pmatrix}^n$,$n$ 为正整数,求 A^n.

解 设 $B = \begin{pmatrix} 0 & a \\ 0 & 0 \end{pmatrix}$,$E = \begin{pmatrix} 1 & 0 \\ 0 & 1 \end{pmatrix}$,有 $A = E + B$,而 $B^2 = 0$,$EB = BE$,所以有

$$A^n = (E+B)^n = E^n + C_n^1 E^{n-1} B + C_n^2 E^{n-2} B^2 + \cdots + B^n$$
$$= E + nEB = E + nB$$
$$= \begin{pmatrix} 1 & 0 \\ 0 & 1 \end{pmatrix} + \begin{pmatrix} 0 & na \\ 0 & 0 \end{pmatrix} = \begin{pmatrix} 1 & na \\ 0 & 1 \end{pmatrix}.$$

4. 矩阵的转置

定义 10.9 设

$$A = \begin{pmatrix} a_{11} & a_{12} & \cdots & a_{1n} \\ a_{21} & a_{22} & \cdots & a_{2n} \\ \cdots & \cdots & \cdots & \cdots \\ a_{m1} & a_{m2} & \cdots & a_{mn} \end{pmatrix},$$

则矩阵

$$\begin{pmatrix} a_{11} & a_{21} & \cdots & a_{m1} \\ a_{12} & a_{22} & \cdots & a_{m2} \\ \cdots & \cdots & \cdots & \cdots \\ a_{1n} & a_{2n} & \cdots & a_{mn} \end{pmatrix}$$

称为 A 的**转置矩阵**,记作 A^T 或 A'.

转置矩阵就是把 A 的行换成同序号的列得到的一个新矩阵.例如,矩阵
$$A=\begin{pmatrix} 1 & 2 & 3 \\ 3 & 1 & 0 \end{pmatrix}$$
的转置矩阵为
$$A^T=\begin{pmatrix} 1 & 3 \\ 2 & 1 \\ 3 & 0 \end{pmatrix}.$$

矩阵的转置满足下列运算律(假设运算都是可行的):

(1) $(A^T)^T=A$;

(2) $(A+B)^T=A^T+B^T$;

(3) $(\lambda A)^T=\lambda A^T$($\lambda$ 是数);

(4) $(AB)^T=B^T A^T$.

【**例 10.19**】 已知 $A=\begin{pmatrix} 2 & 0 & 1 \\ 1 & -3 & -2 \end{pmatrix}, B=\begin{pmatrix} 1 & 0 & 2 & 4 \\ 2 & -3 & 1 & 0 \\ -1 & 0 & 3 & -2 \end{pmatrix}$,求 $(AB)^T$.

解 法 1: $AB=\begin{pmatrix} 2 & 0 & 1 \\ 1 & -3 & -2 \end{pmatrix}\begin{pmatrix} 1 & 0 & 2 & 4 \\ 2 & -3 & 1 & 0 \\ -1 & 0 & 3 & -2 \end{pmatrix}=\begin{pmatrix} 1 & 0 & 7 & 6 \\ -3 & 9 & -7 & 8 \end{pmatrix}$,

$$(AB)^T=\begin{pmatrix} 1 & -3 \\ 0 & 9 \\ 7 & -7 \\ 6 & 8 \end{pmatrix}.$$

法 2:
$$(AB)^T=B^T A^T=\begin{pmatrix} 1 & 2 & -1 \\ 0 & -3 & 0 \\ 2 & 1 & 3 \\ 4 & 0 & -2 \end{pmatrix}\begin{pmatrix} 2 & 1 \\ 0 & -3 \\ 1 & -2 \end{pmatrix}=\begin{pmatrix} 1 & -3 \\ 0 & 9 \\ 7 & -7 \\ 6 & 8 \end{pmatrix}.$$

【**例 10.20**】 设 $B^T=B$,证明 $(ABA^T)^T=ABA^T$.

证 因为 $B^T=B$,所以
$$(ABA^T)^T=[(AB)A^T]^T=(A^T)^T(AB)^T=AB^T A^T=ABA^T.$$

5. 方阵的行列式

定义 10.10 由 n 阶方阵 A 所有元素构成的行列式(各元素的位置不变),称为 n 阶方阵 A 的**行列式**,记作 $|A|$ 或 $\det A$.

应该注意,方阵与行列式是两个不同的概念,n 阶方阵是 n^2 个数按一定方式排列的数表,而 n 阶行列式是这些数(数表)按一定的运算法则所确定的一个数.

n 阶方阵行列式的运算满足下列运算律(设 A,B 为 n 阶方阵,λ 为数):

(1) $|A^T|=|A|$;

(2) $|\lambda \boldsymbol{A}| = \lambda^n |\boldsymbol{A}|$;
(3) $|\boldsymbol{AB}| = |\boldsymbol{A}| |\boldsymbol{B}|$.

对于(3)可以推广为：设 $\boldsymbol{A}_1, \boldsymbol{A}_2, \cdots, \boldsymbol{A}_S$ 都是 n 阶方阵,则有
$$|\boldsymbol{A}_1 \boldsymbol{A}_2 \cdots \boldsymbol{A}_S| = |\boldsymbol{A}_1| |\boldsymbol{A}_2| \cdots |\boldsymbol{A}_S|.$$

【例 10.21】 设 $\boldsymbol{A} = \begin{pmatrix} 1 & 3 \\ 2 & -1 \end{pmatrix}, \boldsymbol{B} = \begin{pmatrix} 2 & 5 \\ 0 & 4 \end{pmatrix}$,求 $|\boldsymbol{AB}|$.

解 $|\boldsymbol{AB}| = |\boldsymbol{A}| |\boldsymbol{B}| = \begin{vmatrix} 1 & 3 \\ 2 & -1 \end{vmatrix} \cdot \begin{vmatrix} 2 & 5 \\ 0 & 4 \end{vmatrix} = (-7) \times 8 = -56.$

三、逆矩阵

微课

定义 10.11 设 $\boldsymbol{A}$ 为 n 阶方阵,若存在 n 阶方阵 $\boldsymbol{B}$,使
$$\boldsymbol{AB} = \boldsymbol{BA} = \boldsymbol{E},$$
则称 $\boldsymbol{A}$ 是**可逆矩阵**. 并称 $\boldsymbol{B}$ 为 $\boldsymbol{A}$ 的**逆矩阵**,记为 $\boldsymbol{A}^{-1}$,即 $\boldsymbol{B} = \boldsymbol{A}^{-1}$.

如果矩阵 $\boldsymbol{A}$ 是可逆的,则 $\boldsymbol{A}$ 的逆矩阵是唯一的. 事实上,设 $\boldsymbol{B}_1, \boldsymbol{B}_2$ 都是 $\boldsymbol{A}$ 的可逆矩阵,则有
$$\boldsymbol{AB}_1 = \boldsymbol{B}_1 \boldsymbol{A} = \boldsymbol{E}, \boldsymbol{AB}_2 = \boldsymbol{B}_2 \boldsymbol{A} = \boldsymbol{E}.$$
于是
$$\boldsymbol{B}_1 = \boldsymbol{B}_1 \boldsymbol{E} = \boldsymbol{B}_1 (\boldsymbol{AB}_2) = (\boldsymbol{B}_1 \boldsymbol{A}) \boldsymbol{B}_2 = \boldsymbol{E} \boldsymbol{B}_2 = \boldsymbol{B}_2,$$
所以 $\boldsymbol{A}$ 的逆矩阵是唯一的.

为了计算逆矩阵,我们给出伴随矩阵的定义及如下的定理.

定义 10.12 设 n 阶方阵
$$\boldsymbol{A} = \begin{pmatrix} a_{11} & a_{12} & \cdots & a_{1n} \\ a_{21} & a_{22} & \cdots & a_{2n} \\ \cdots & \cdots & \cdots & \cdots \\ a_{n1} & a_{n2} & \cdots & a_{nn} \end{pmatrix},$$

令 A_{ij} 为 $|\boldsymbol{A}|$ 中元素 a_{ij} 的代数余子式 $(i, j = 1, 2, \cdots, n)$,则称方阵
$$\boldsymbol{A}^* = \begin{pmatrix} A_{11} & A_{21} & \cdots & A_{n1} \\ A_{12} & A_{22} & \cdots & A_{n2} \\ \cdots & \cdots & \cdots & \cdots \\ A_{1n} & A_{2n} & \cdots & A_{nn} \end{pmatrix}$$

为 $\boldsymbol{A}$ 的**伴随矩阵**.

定理 10.4 方阵 $\boldsymbol{A}$ 可逆的充分必要条件是 $|\boldsymbol{A}| \neq 0$,并且 $\boldsymbol{A}^{-1} = \dfrac{\boldsymbol{A}^*}{|\boldsymbol{A}|}$.

定理证明从略.
由定义 10.11 可直接证明可逆矩阵具有下列性质：

性质 10.6 若 $\boldsymbol{A}$ 可逆,则 $\boldsymbol{A}^{-1}$ 亦可逆,且 $(\boldsymbol{A}^{-1})^{-1} = \boldsymbol{A}$;

性质 10.7 若 $\boldsymbol{A}$ 可逆,数 $\lambda \neq 0$,则 $(\lambda \boldsymbol{A})^{-1} = \dfrac{1}{\lambda} \boldsymbol{A}^{-1}$;

性质 10.8 若 $\boldsymbol{A}, \boldsymbol{B}$ 为同阶可逆矩阵,则 $\boldsymbol{AB}$ 亦可逆,且 $(\boldsymbol{AB})^{-1} = \boldsymbol{B}^{-1} \boldsymbol{A}^{-1}$;

性质 10.9 若 A 可逆,则 $(A^T)^{-1}=(A^{-1})^T$.

由定理 10.4 知 $A^{-1}=\dfrac{A^*}{|A|}$,我们可利用矩阵的伴随矩阵来求其逆矩阵.

【例 10.22】 求方阵 $A=\begin{pmatrix} 1 & 2 & 3 \\ 2 & 2 & 1 \\ 3 & 4 & 3 \end{pmatrix}$ 的逆阵.

解 因为

$$|A|=\begin{vmatrix} 1 & 2 & 3 \\ 2 & 2 & 1 \\ 3 & 4 & 3 \end{vmatrix}=2\ne 0,$$

所以 A^{-1} 存在,又

$$A_{11}=\begin{vmatrix} 2 & 1 \\ 4 & 3 \end{vmatrix}=2, A_{12}=-\begin{vmatrix} 2 & 1 \\ 3 & 3 \end{vmatrix}=-3, A_{13}=\begin{vmatrix} 2 & 2 \\ 3 & 4 \end{vmatrix}=2,$$

$$A_{21}=-\begin{vmatrix} 2 & 3 \\ 4 & 3 \end{vmatrix}=6, A_{22}=\begin{vmatrix} 1 & 3 \\ 3 & 3 \end{vmatrix}=-6, A_{23}=-\begin{vmatrix} 1 & 2 \\ 3 & 4 \end{vmatrix}=2,$$

$$A_{31}=\begin{vmatrix} 2 & 3 \\ 2 & 1 \end{vmatrix}=-4, A_{32}=-\begin{vmatrix} 1 & 3 \\ 2 & 1 \end{vmatrix}=5, A_{33}=\begin{vmatrix} 1 & 2 \\ 2 & 2 \end{vmatrix}=-2,$$

于是

$$A^*=\begin{pmatrix} 2 & 6 & -4 \\ -3 & -6 & 5 \\ 2 & 2 & -2 \end{pmatrix}.$$

所以

$$A^{-1}=\dfrac{1}{|A|}A^*=\begin{pmatrix} 1 & 3 & -2 \\ -\dfrac{3}{2} & -3 & \dfrac{5}{2} \\ 1 & 1 & -1 \end{pmatrix}.$$

【例 10.23】 设 $A=\begin{pmatrix} 2 & 3 & 3 \\ 1 & -1 & 0 \\ -1 & 2 & 1 \end{pmatrix}, B=\begin{pmatrix} 2 & 1 \\ 5 & 3 \end{pmatrix}, C=\begin{pmatrix} 1 & 3 \\ 2 & 0 \\ 3 & 1 \end{pmatrix}$,求矩阵 X,使满足 $AXB=C$.

解 若 A^{-1},B^{-1} 存在,则用 A^{-1} 左乘上式,B^{-1} 右乘上式,有

$$A^{-1}AXBB^{-1}=A^{-1}CB^{-1},$$

即

$$X=A^{-1}CB^{-1}.$$

而 $|A|=-2\ne 0$,可知 A^{-1} 存在,又计算得

$$A_{11}=-1, A_{12}=-1, A_{13}=1,$$
$$A_{21}=3,\quad A_{22}=5,\quad A_{23}=-7,$$
$$A_{31}=3,\quad A_{32}=3,\quad A_{33}=-5,$$

$$A^* = \begin{pmatrix} -1 & 3 & 3 \\ -1 & 5 & 3 \\ 1 & -7 & -5 \end{pmatrix},$$

$$A^{-1} = \frac{1}{|A|}A^* = \begin{pmatrix} 1/2 & -3/2 & -3/2 \\ 1/2 & -5/2 & -3/2 \\ -1/2 & 7/2 & 5/2 \end{pmatrix}.$$

$|B|=1\neq 0$,知 B^{-1} 存在,又

$$B_{11}=3, \quad B_{12}=-5,$$
$$B_{21}=-1, B_{22}=2,$$
$$B^* = \begin{pmatrix} 3 & -1 \\ -5 & 2 \end{pmatrix},$$
$$B^{-1} = \frac{1}{|B|}B^* = \begin{pmatrix} 3 & -1 \\ -5 & 2 \end{pmatrix},$$

于是

$$X = A^{-1}CB^{-1} = \begin{pmatrix} 1/2 & -3/2 & -3/2 \\ 1/2 & -5/2 & -3/2 \\ -1/2 & 7/2 & 5/2 \end{pmatrix} \begin{pmatrix} 1 & 3 \\ 2 & 0 \\ 3 & 1 \end{pmatrix} \begin{pmatrix} 3 & -1 \\ -5 & 2 \end{pmatrix}$$

$$= \begin{pmatrix} -7 & 0 \\ -9 & 0 \\ 14 & 1 \end{pmatrix} \begin{pmatrix} 3 & -1 \\ -5 & 2 \end{pmatrix} = \begin{pmatrix} -21 & 7 \\ -27 & 9 \\ 7 & -12 \end{pmatrix}.$$

微课

四、矩阵的初等变换

矩阵的初等变换是一种奇妙的运算,它在线性代数中有着极其广泛的应用,借助它我们可以得到很多有用的结论.

定义 10.13 矩阵的初等行(列)变换是指对矩阵作如下三种变换的任何一种:

(1) 互换矩阵中任意两行(列)的位置;

(2) 以一个非零数 k 乘矩阵的某一行(列);

(3) 将矩阵的某一行(列)乘以一个常数 k 加到另一行(列)对应元素上.

矩阵的初等行变换与列变换统称为**矩阵的初等变换**.若矩阵 A 经过若干次的初等变换化为矩阵 B,则称 A 和 B 是**等价矩阵**,记为 $A \sim B$.

易验证矩阵之间的这种等价关系具有下面三个性质:

性质 10.10 反身性:$A \sim B$;

性质 10.11 对称性:若 $A \sim B$,则 $B \sim A$;

性质 10.12 传递性:若 $A \sim B, B \sim C$,则 $A \sim C$.

为便于矩阵初等变换的计算,我们引进以下的记号:

用 $r_i \leftrightarrow r_j$ 表示互换 i,j 两行元素的位置;用 $c_i \leftrightarrow c_j$ 表示互换 i,j 两列元素的位置.

用 kr_i 表示以非零数 k 乘矩阵的第 i 行的元素;用 kc_i 表示用非零数 k 乘矩阵的第 i 列.

用 $r_i + kr_j$ 表示将矩阵的第 j 行元素乘以 k 加到第 i 行的对应元素上;用 $c_i + kc_j$ 表示将

矩阵的第 j 列元素乘以 k 加到第 i 列的对应元素上.

矩阵的初等变换可用来求可逆方阵的逆矩阵,方法是将 n 阶矩阵 A 与 n 阶单位矩阵 E 并列,构成一个 $n\times 2n$ 的矩阵 $(A\vdots E)$,对矩阵 $(A\vdots E)$ 实施初等行变换,当把左边的矩阵 A 变成单位矩阵 E 时,右边的单位矩阵 E 随之就变成 A 的逆矩阵 A^{-1} 了,即

$$(A\vdots E) \xrightarrow{\text{初等行变换}} (E\vdots A^{-1}).$$

如果经过若干次初等变换后,发现在左边的方阵中有某一行(列)的元素全变成零了,则可以判断 A 不可逆,此时 A^{-1} 不存在.

【例 10.24】 设

$$A = \begin{pmatrix} 1 & 2 & -1 \\ 3 & 4 & -2 \\ 5 & -4 & 1 \end{pmatrix},$$

求 A^{-1}.

解

$$(A\vdots E) = \begin{pmatrix} 1 & 2 & -1 & \vdots & 1 & 0 & 0 \\ 3 & 4 & -2 & \vdots & 0 & 1 & 0 \\ 5 & -4 & 1 & \vdots & 0 & 0 & 1 \end{pmatrix} \xrightarrow[r_3-5r_1]{r_2-3r_1} \begin{pmatrix} 1 & 2 & -1 & \vdots & 1 & 0 & 0 \\ 0 & -2 & 1 & \vdots & -3 & 1 & 0 \\ 0 & -14 & 6 & \vdots & -5 & 0 & 1 \end{pmatrix}$$

$$\xrightarrow[(-1)r_3]{r_3-7r_2} \begin{pmatrix} 1 & 2 & -1 & \vdots & 1 & 0 & 0 \\ 0 & -2 & 1 & \vdots & -3 & 1 & 0 \\ 0 & 0 & 1 & \vdots & -16 & 7 & -1 \end{pmatrix} \xrightarrow[r_2-r_3]{r_1+r_3} \begin{pmatrix} 1 & 2 & 0 & \vdots & -15 & 7 & -1 \\ 0 & -2 & 1 & \vdots & 13 & -6 & 1 \\ 0 & 0 & 1 & \vdots & -16 & 7 & -1 \end{pmatrix}$$

$$\xrightarrow[-\frac{1}{2}r_2]{r_1+r_2} \begin{pmatrix} 1 & 0 & 0 & \vdots & -2 & 1 & 0 \\ 0 & 1 & 0 & \vdots & -\frac{13}{2} & 3 & -\frac{1}{2} \\ 0 & 0 & 1 & \vdots & -16 & 7 & -1 \end{pmatrix} = (E\vdots A^{-1}).$$

所以

$$A^{-1} = \begin{pmatrix} -2 & 1 & 0 \\ -\frac{13}{2} & 3 & -\frac{1}{2} \\ -16 & 7 & -1 \end{pmatrix}.$$

五、矩阵的秩

1. 矩阵的秩的概念

微课

为了建立矩阵秩的概念,我们先定义矩阵的子式.

定义 10.14 设 A 是一个 $m\times n$ 矩阵,在 A 中任取 k 行、k 列,位于这些行和列交叉处的元素按原来的次序组成一个 k 阶行列式,称为矩阵 A 的一个 k **阶子式**.

例如:矩阵

$$A = \begin{pmatrix} 2 & -4 & 5 & 3 \\ 0 & 5 & 8 & 2 \\ 0 & 0 & 1 & -2 \\ 0 & 0 & 0 & 0 \\ 0 & 0 & 0 & 0 \end{pmatrix},$$

由 1、2 行与 2、3 三列组成一个二阶子式

$$\begin{vmatrix} -4 & 5 \\ 5 & 8 \end{vmatrix} = -57 \neq 0,$$

由 1、2、3 行与 1、2、3 列构成的三阶子式

$$A = \begin{vmatrix} 2 & -4 & 5 \\ 0 & 5 & 8 \\ 0 & 0 & 1 \end{vmatrix} = 10 \neq 0.$$

在矩阵 A 中有一个三阶子式不为零,而其所有的四阶子式全为零,这时我们可以称矩阵 A 的秩是 3.

定义 10.15 矩阵 A 中的非零子式的最高阶数称为**矩阵的秩**,记作 $r(A)$.

零矩阵的所有子式全为零,所以规定零矩阵的秩为零.

设 A 是 n 阶方阵,若 A 的秩等于 n,则称 A 为**满秩矩阵**,否则称 A 为**降秩矩阵**.

2. 矩阵的秩的性质

定理 10.5 矩阵经过初等变换后其秩不变.

定理证明从略.

定理 10.6 对于任意一个非零的 $m \times n$ 矩阵 $A = (a_{ij})$,若 $r(A) = r < \min\{m, n\}$,则 A 可与一个形如

$$F_{m \times n} = \begin{pmatrix} E_r & 0 \\ 0 & 0 \end{pmatrix}$$

的矩阵等价,$F_{m \times n}$ 称为与矩阵 A 等价的**标准形矩阵**. 其主对角线上 1 的个数等于 A 的秩.

定理证明从略.

由定义 10.15 可知,A 的标准形的秩等于它主对角线上 1 的个数,再由定理 10.5 可得如下推论:

推论 1 矩阵 A 的秩等于其标准形中 1 的个数.

推论 2 两个同型矩阵等价的充分必要条件是它们的秩相等.

推论 3 n 阶可逆矩阵的秩等于 n.

3. 矩阵的秩的求法

定义 10.16 如果矩阵每行的第一个非零元素所在列中,在这个非零元素的下方元素全为零,则称此矩阵为**行阶梯形矩阵**.

行阶梯形矩阵的特点是:可画出一条阶梯线,线的下方全为零;每个台阶只有一行,台阶数即是非零行的行数,阶梯线的竖线(每段竖线的长度为一行)后面的第一个元素为非

零元,也就是非零行的第一个非零元.

例如,矩阵 $\begin{pmatrix} 2 & 1 & -2 & 3 & 4 & 5 \\ 0 & 3 & 1 & -1 & 2 & 0 \\ 0 & 0 & 0 & 1 & 0 & 1 \\ 0 & 0 & 0 & 0 & 0 & 0 \\ 0 & 0 & 0 & 0 & 0 & 0 \end{pmatrix}$ 就是一个行阶梯形矩阵.

形如

$$\begin{pmatrix} 1 & 0 & \cdots & 0 & c_{1,r+1} & \cdots & c_{1n} \\ 0 & 1 & \cdots & 0 & c_{2,r+1} & \cdots & c_{2n} \\ \cdots & \cdots & \cdots & \cdots & \cdots & \cdots & \cdots \\ 0 & 0 & \cdots & 1 & c_{r,r+1} & \cdots & c_{rn} \\ 0 & 0 & \cdots & 0 & 0 & \cdots & 0 \\ \cdots & \cdots & \cdots & \cdots & \cdots & \cdots & \cdots \\ 0 & 0 & \cdots & 0 & 0 & \cdots & 0 \end{pmatrix}$$

的矩阵称为**行最简形矩阵**,其特点是:非零行的第一个非零元为1,且这些非零元所在的列的其他元素都为0.

根据矩阵秩的相关性质我们可得到一个求矩阵秩的方法:对矩阵进行初等行变换,使其化成行阶梯形矩阵,这个行阶梯形矩阵中的非零元素的行数等于该矩阵的秩.

【例 10.25】 求矩阵 $\boldsymbol{B}=\begin{pmatrix} 1 & 2 & -3 & 4 & 0 \\ 0 & 1 & 2 & 1 & 1 \\ -1 & -1 & 5 & -3 & 1 \end{pmatrix}$ 的秩.

解

$$\boldsymbol{B} \xrightarrow{r_3+r_1} \begin{pmatrix} 1 & 2 & -3 & 4 & 0 \\ 0 & 1 & 2 & 1 & 1 \\ 0 & 1 & 2 & 1 & 1 \end{pmatrix} \xrightarrow{r_3-r_2} \begin{pmatrix} 1 & 2 & -3 & 4 & 0 \\ 0 & 1 & 2 & 1 & 1 \\ 0 & 0 & 0 & 0 & 0 \end{pmatrix}.$$

故有 $r(\boldsymbol{B})=2$.

习题 10.2

1. 计算.

(1) $\begin{pmatrix} 1 & 6 & 4 \\ -4 & 2 & 8 \end{pmatrix} + \begin{pmatrix} -2 & 0 & 1 \\ 2 & -3 & 4 \end{pmatrix}$;

(2) $\begin{pmatrix} 1 & 2 \\ 0 & 1 \end{pmatrix} - \begin{pmatrix} 2 & -2 \\ 0 & 3 \end{pmatrix}$;

(3) $a\begin{pmatrix} 2 & 0 \\ 0 & 1 \\ 3 & -1 \end{pmatrix} - b\begin{pmatrix} 0 & 4 \\ 2 & -1 \\ 1 & 5 \end{pmatrix} + c\begin{pmatrix} 3 & 1 \\ -1 & 0 \\ 8 & 0 \end{pmatrix}$.

2. 计算下列矩阵的乘积.

(1) $\begin{pmatrix} 4 & 3 & 1 \\ 1 & -2 & 3 \\ 5 & 7 & 0 \end{pmatrix} \begin{pmatrix} 7 \\ 2 \\ 1 \end{pmatrix}$; (2) $(1,2,3) \begin{pmatrix} 3 \\ 2 \\ 1 \end{pmatrix}$; (3) $\begin{pmatrix} 2 \\ 1 \\ 3 \end{pmatrix} (-1,2)$;

(4) $\begin{pmatrix} 2 & 1 & 4 & 0 \\ 1 & -1 & 3 & 4 \end{pmatrix} \begin{pmatrix} 1 & 3 & 1 \\ 0 & -1 & 2 \\ 1 & -3 & 1 \\ 4 & 0 & -2 \end{pmatrix}$;

(5) $(x_1, x_2, x_3) \begin{pmatrix} a_{11} & a_{12} & a_{13} \\ a_{12} & a_{22} & a_{23} \\ a_{13} & a_{23} & a_{33} \end{pmatrix} \begin{pmatrix} x_1 \\ x_2 \\ x_3 \end{pmatrix}$.

3. 设 $A = \begin{pmatrix} 1 & 1 & 1 \\ 1 & 1 & -1 \\ 1 & -1 & 1 \end{pmatrix}, B = \begin{pmatrix} 1 & 2 & 3 \\ -1 & -2 & 4 \\ 0 & 5 & 1 \end{pmatrix}$,求 $3AB - 2A$ 及 $A^{\mathrm{T}}B$.

4. 四个工厂均能生产甲、乙、丙三种产品,其单位成本如表 10.6 所示:

表 10.6

单位成本＼产品　　　工厂	甲	乙	丙
I	3	5	6
II	2	4	8
III	4	5	5
IV	4	3	7

现要生产产品甲 600 件,产品乙 500 件,产品丙 200 件,问由哪个工厂生产成本最低?(请用矩阵来表示,并用矩阵的运算来求出结果)

5. 求下列矩阵的逆矩阵.

(1) $\begin{pmatrix} 1 & 2 \\ 2 & 5 \end{pmatrix}$; (2) $\begin{pmatrix} 1 & 2 & -1 \\ 3 & 4 & -2 \\ 5 & -4 & 1 \end{pmatrix}$;

(3) $\begin{pmatrix} 1 & 0 & 1 & -1 \\ 2 & 0 & 1 & 0 \\ 3 & 1 & 2 & 0 \\ -3 & 1 & 0 & 4 \end{pmatrix}$; (4) $\begin{pmatrix} 3 & -1 & 0 & 5 \\ 2 & 0 & 5 & 0 \\ 3 & 1 & 5 & 4 \\ 3 & 0 & 5 & 2 \end{pmatrix}$.

6. 解下列矩阵方程.

(1) $\begin{pmatrix} 2 & 5 \\ 1 & 3 \end{pmatrix} X = \begin{pmatrix} 4 & -6 \\ 2 & 1 \end{pmatrix}$; (2) $X \begin{pmatrix} 2 & 1 & -1 \\ 2 & 1 & 0 \\ 1 & -1 & 1 \end{pmatrix} = \begin{pmatrix} 1 & -1 & 3 \\ 4 & 3 & 2 \end{pmatrix}$;

(3) $\begin{pmatrix} 1 & 4 \\ -1 & 2 \end{pmatrix} X \begin{pmatrix} 2 & 0 \\ -1 & 1 \end{pmatrix} = \begin{pmatrix} 3 & 1 \\ 0 & -1 \end{pmatrix}$;

(4) $\begin{pmatrix} 0 & 1 & 0 \\ 1 & 0 & 0 \\ 0 & 0 & 1 \end{pmatrix} X \begin{pmatrix} 1 & 0 & 0 \\ 0 & 0 & 1 \\ 0 & 1 & 0 \end{pmatrix} = \begin{pmatrix} 1 & -4 & 3 \\ 2 & 0 & -1 \\ 1 & -2 & 0 \end{pmatrix}$.

7. 利用逆矩阵解下列线性方程组.

(1) $\begin{cases} x_1 + 2x_2 + 3x_3 = 1, \\ 2x_1 + 2x_2 + 5x_3 = 2, \\ 3x_1 + 5x_2 + x_3 = 3; \end{cases}$
(2) $\begin{cases} x_1 - x_2 - x_3 = 2, \\ 2x_1 - x_2 - 3x_3 = 1, \\ 3x_1 + 2x_2 - 5x_3 = 0. \end{cases}$

8. 设方阵 A 满足 $A^2 - A - 2E = 0$,证明 A 及 $A + 2E$ 都可逆,并求 A^{-1} 及 $(A+2E)^{-1}$.

9. 求下列矩阵的秩.

(1) $\begin{pmatrix} 1 & 2 & 3 & 4 \\ 1 & -2 & 4 & 5 \\ 1 & 10 & 1 & 2 \end{pmatrix}$;
(2) $\begin{pmatrix} 0 & 1 & 1 & -1 & 2 \\ 0 & 2 & 2 & 2 & 0 \\ 0 & -1 & -1 & 1 & 1 \\ 1 & 1 & 0 & 0 & -1 \end{pmatrix}$;

(3) $\begin{pmatrix} 2 & 4 & 1 & 0 \\ 1 & 0 & 3 & 2 \\ -1 & 5 & -3 & 1 \\ 0 & 1 & 0 & 2 \end{pmatrix}$;
(4) $\begin{pmatrix} 1 & 0 & 0 & 1 & 4 \\ 0 & 1 & 0 & 2 & 5 \\ 0 & 0 & 1 & 3 & 6 \\ 1 & 2 & 3 & 14 & 32 \\ 4 & 5 & 6 & 32 & 77 \end{pmatrix}$.

10. 设 $A = \begin{pmatrix} 1 & -1 & 2 & 1 \\ -1 & a & 2 & 1 \\ 3 & 1 & b & -1 \end{pmatrix}$,且 $r(A) = 2$,求 a,b 的值.

第三节 线性方程组

学习目标

1. 了解线性方程组的相容性定理.
2. 熟练掌握用初等行变换求线性方程组解的方法.

在第一节中,我们从解线性方程组的需要引进了行列式,然后,利用行列式给出了解线性方程组的克莱姆法则. 但是,应用克莱姆法则是有条件的,它要求线性方程组的个数与未知量的个数相等且系数行列式不等于零. 在一些实际问题中,所遇到的线性方程组并不这样简单. 在本节中,我们将利用第二节的矩阵理论,研究线性方程组在什么条件下有解,以及在有解时如何求解.

一、线性方程组的消元解法

案例 10.5（**百鸡问题**） 公鸡每只值五文钱,母鸡每只值三文钱,小鸡三

微课

只只值一文钱.现在用一百文钱买一百只鸡,问:在这一百只鸡中,公鸡、母鸡、小鸡各有多少只?

解 设有公鸡 x_1 只,母鸡 x_2 只,小鸡 x_3 只,则

$$\begin{cases} x_1+x_2+x_3=100, \\ 5x_1+3x_2+\dfrac{1}{3}x_3=100. \end{cases}$$

消去 x_3 得

$$x_2=25-\frac{7x_1}{4}.$$

因为 x_2 是整数,所以 x_1 必须是 4 的倍数.设 $x_1=4k$,

$$\begin{cases} x_1=4k, \\ x_2=25-7k, \\ x_3=75+3k, \end{cases}$$

又由 $x_2>0$,可知 k 只能取 $1,2,3$.所以有

$$\begin{cases} x_1=4, \\ x_2=18, \\ x_3=78; \end{cases} \quad \begin{cases} x_1=8, \\ x_2=11, \\ x_3=81; \end{cases} \quad \begin{cases} x_1=12, \\ x_2=4, \\ x_3=84. \end{cases}$$

注意:线性方程组中包含的未知量的个数与方程组的个数不一定相等.线性方程组可以有很多的解.还要考虑线性方程组在实际问题中的约束条件.

【例 10.26】 用消元法解线性方程组

$$\begin{cases} 5x_1+2x_2+3x_3+2x_4=-1, \\ 2x_1+4x_2+x_3-2x_4=5, \\ x_1-3x_2+4x_3+3x_4=4, \\ 3x_1+2x_2+2x_3+8x_4=-6. \end{cases}$$

解 第一步.先将第一个方程与第三个方程交换顺序,即将原方程组写成

$$\begin{cases} x_1-3x_2+4x_3+3x_4=4, \\ 2x_1+4x_2+x_3-2x_4=5, \\ 5x_1+2x_2+3x_3+2x_4=-1, \\ 3x_1+2x_2+2x_3+8x_4=-6. \end{cases}$$

第二步.用 -2、-5、-3 乘第一个方程的两端后分别加到第二、三、四个方程上去,可得

$$\begin{cases} x_1-3x_2+4x_3+3x_4=4, \\ 10x_2-7x_3-8x_4=-3, \\ 17x_2-17x_3-13x_4=-21, \\ 11x_2-10x_3-x_4=-18. \end{cases}$$

第三步.用 -1 乘第二个方程的两端,并把第四个方程加到第二个方程上,使 x_2 的系数变成 1,得

$$\begin{cases} x_1-3x_2+4x_3+3x_4=4, \\ x_2-3x_3+7x_4=-15, \\ 17x_2-17x_3-13x_4=-21, \\ 11x_2-10x_3-x_4=-18. \end{cases}$$

第四步. 用-17、-11乘第二个方程的两端,分别加到第三、四个方程上,得

$$\begin{cases} x_1-3x_2+4x_3+3x_4=4, \\ x_2-3x_3+7x_4=-15, \\ 34x_3-132x_4=234, \\ 23x_3-78x_4=147. \end{cases}$$

第五步. 为使第三个方程中x_3的系数化为1,先将第三个方程乘-1后加到第四个方程(即得$-11x_3+54x_4=-87$),再将变换后的第四个方程的3倍加到第三个方程上(可得$x_3+30x_4=-27$),于是方程组变为

$$\begin{cases} x_1-3x_2+4x_3+3x_4=4, \\ x_2-3x_3+7x_4=-15, \\ x_3+30x_4=-27, \\ -11x_3+54x_4=-87. \end{cases}$$

第六步. 用11乘第三个方程后加到第四个方程上,消去第四个方程中的未知数x_3,得

$$\begin{cases} x_1-3x_2+4x_3+3x_4=4, \\ x_2-3x_3+7x_4=-15, \\ x_3+30x_4=-27, \\ 384x_4=-384. \end{cases}$$

第七步. 第四个方程的两端同乘以$\dfrac{1}{384}$,即得方程组

$$\begin{cases} x_1-3x_2+4x_3+3x_4=4, \\ x_2-3x_3+7x_4=-15, \\ x_3+30x_4=-27, \\ x_4=-1. \end{cases}$$

以上逐步消去未知数的过程称为消元过程. 其方法是,自上而下,每次保留上面一个方程,用它来消去下面其余方程中前面的一个未知数,继续这样做,使最后的方程含有尽可能少的未知数,从而使原方程组化为阶梯形方程组.

第八步. 自下而上依次求出各未知数的值.

$x_4=-1$,
$x_3=-27-30x_4=-27+30=3$,
$x_2=-15+3x_2-7x_4=-15+3\times3-7\times(-1)=1$,
$x_1=4+3x_2-4x_3-3x_4=4+3\times1-4\times3-3\times(-1)=-2$.

所以,原方程组的唯一一组解是

$$x_1=-2, x_2=1, x_3=3, x_4=-1.$$

这一步骤称为回代过程.

分析上述求解过程,我们对方程组施行了一系列的变换,这些变换包括:

(1) 互换两个方程的位置;

(2) 用一个非零的数乘某个方程的两边;

(3) 用一个数乘一个方程后加到另一个方程上.

上述三种变换称为**线性方程组的初等变换**.容易看出,线性方程组的初等变换是同解变换.

二、用矩阵的初等变换求解线性方程组

在例 10.26 的变换过程中,实际上只对方程组的系数和常数进行运算,未知数并未参与运算,因此我们可利用线性方程组的矩阵来求解线性方程组.

设线性方程组

$$\begin{cases} a_{11}x_1+a_{12}x_2+\cdots+a_{1n}x_n=b_1, \\ a_{12}x_1+a_{22}x_2+\cdots+a_{2n}x_n=b_2, \\ \cdots\cdots \\ a_{m1}x_1+a_{m2}x_2+\cdots+a_{mn}x_n=b_m, \end{cases} \quad (10.14)$$

若记

$$A=\begin{pmatrix} a_{11} & a_{13} & \cdots & a_{1n} \\ a_{21} & a_{22} & \cdots & a_{2n} \\ \cdots & \cdots & \cdots & \cdots \\ a_{m1} & a_{m2} & \cdots & a_{mn} \end{pmatrix}, X=\begin{pmatrix} x_1 \\ x_2 \\ \vdots \\ x_n \end{pmatrix}, b=\begin{pmatrix} b_1 \\ b_2 \\ \vdots \\ b_m \end{pmatrix},$$

则方程组(10.14)可写成矩阵形式

$$AX=b.$$

其中矩阵 A 称为**系数矩阵**,$B=(A\vdots b)$ 称为**增广矩阵**.当 $b\neq 0$ 时,称线性方程组(10.14)为**非齐次线性方程组**;当 $b=0$ 时,称线性方程组(10.14)为**齐次线性方程组**.

定理 10.7 若将线性方程组 $AX=b$ 的增广矩阵 $B=(A\vdots b)$ 用初等行变换化为 $(U\vdots V)$,则方程组 $AX=b$ 与 $UX=V$ 是同解方程组.

定理证明从略.

由矩阵的理论可知,我们应用矩阵的初等变换可以把线性方程组(10.14)的增广矩阵 B 化为行阶梯形矩阵(或行最简形矩阵),根据定理 10.7 可知行阶梯形矩阵(或行最简形矩阵)所对应的方程组与原方程组(10.14)同解,这样通过解行阶梯形矩阵(或行最简形矩阵)所对应的方程组就求出原方程组(10.14)的解.

【**例 10.27**】 解线性方程组 $\begin{cases} x_1-x_2+x_3-x_4=0, \\ 2x_1-x_2+3x_3-2x_4=-1, \\ 3x_1-2x_2-x_3+2x_4=4. \end{cases}$

解 将方程组的增广矩阵用初等变换化为标准形

$$B=\begin{pmatrix} 1 & -1 & 1 & -1 & 0 \\ 2 & -1 & 3 & -2 & -1 \\ 3 & -2 & -1 & 2 & 4 \end{pmatrix} \xrightarrow[r_3-3r_1]{r_2-2r_1} \begin{pmatrix} 1 & -1 & 1 & -1 & 0 \\ 0 & 1 & 1 & 0 & -1 \\ 0 & 1 & -4 & 5 & 4 \end{pmatrix}$$

$$\xrightarrow{r_3-r_2}\begin{pmatrix}1 & -1 & 1 & -1 & 0\\ 0 & 1 & 1 & 0 & -1\\ 0 & 0 & -5 & 5 & 5\end{pmatrix}\xrightarrow{-\frac{1}{5}r_3}\begin{pmatrix}1 & -1 & 1 & -1 & 0\\ 0 & 1 & 1 & 0 & -1\\ 0 & 0 & 1 & -1 & -1\end{pmatrix}$$

$$\xrightarrow[r_2-r_3]{r_1-r_3}\begin{pmatrix}1 & -1 & 0 & 0 & 1\\ 0 & 1 & 0 & 1 & 0\\ 0 & 0 & 1 & -1 & -1\end{pmatrix}\xrightarrow{r_1+r_2}\begin{pmatrix}1 & 0 & 0 & 1 & 1\\ 0 & 1 & 0 & 1 & 0\\ 0 & 0 & 1 & -1 & -1\end{pmatrix}.$$

这时矩阵所对应的方程组

$$\begin{cases}x_1\qquad\quad +x_4=1,\\ \quad x_2\quad +x_4=0,\\ \qquad x_3-x_4=-1.\end{cases}$$

与原方程组同解,将 x_4 移到等号右端得

$$\begin{cases}x_1=1-x_4,\\ x_2=0-x_4,\\ x_3=-1+x_4,\end{cases}$$

其中 x_4 称为**自由未知数**或**自由元**. 令 $x_4=c$,则

$$\begin{cases}x_1=1-c,\\ x_2=-c,\\ x_3=-1+c,\\ x_4=c,\end{cases}\quad(c\text{ 为任意常数})$$

称为原方程组的**通解**或**一般解**.

【**例 10.28**】 解线性方程组

$$\begin{cases}x_1-x_2+2x_3=1,\\ 3x_1+x_2+2x_3=3,\\ x_1-2x_2+x_3=-1,\\ 2x_1-2x_2-3x_3=-5.\end{cases}$$

解

$$\boldsymbol{B}=\begin{pmatrix}1 & -1 & 2 & 1\\ 3 & 1 & 2 & 3\\ 1 & -2 & 1 & -1\\ 2 & -2 & -3 & -5\end{pmatrix}\xrightarrow[\substack{r_3-r_1\\ r_4-2r_1}]{r_2-3r_1}\begin{pmatrix}1 & -1 & 2 & 1\\ 0 & 4 & -4 & 0\\ 0 & -1 & -1 & -2\\ 0 & 0 & -7 & -7\end{pmatrix}\xrightarrow[\substack{(-1)r_3\\ \left(-\frac{1}{7}\right)r_4}]{\frac{1}{4}r_2}\begin{pmatrix}1 & -1 & 2 & 1\\ 0 & 1 & -1 & 0\\ 0 & 1 & 1 & 2\\ 0 & 0 & 1 & 1\end{pmatrix}$$

$$\xrightarrow[r_3-r_2]{r_1+r_2}\begin{pmatrix}1 & 0 & 1 & 1\\ 0 & 1 & -1 & 0\\ 0 & 0 & 2 & 2\\ 0 & 0 & 1 & 1\end{pmatrix}\xrightarrow[\substack{r_2+r_4\\ r_3-2r_4}]{r_1-r_4}\begin{pmatrix}1 & 0 & 0 & 0\\ 0 & 1 & 0 & 1\\ 0 & 0 & 0 & 0\\ 0 & 0 & 1 & 1\end{pmatrix}\xrightarrow{r_3\leftrightarrow r_4}\begin{pmatrix}1 & 0 & 0 & 0\\ 0 & 1 & 0 & 1\\ 0 & 0 & 1 & 1\\ 0 & 0 & 0 & 0\end{pmatrix}.$$

矩阵对应的方程组

$$\begin{cases} x_1=0, \\ x_2=1, \\ x_3=1. \end{cases}$$

与原方程组同解,因此原方程组有唯一的解.

【例 10.29】 解线性方程组

$$\begin{cases} x_1-2x_2+3x_3+2x_4=1, \\ 3x_1-x_2+5x_3-x_4=-1, \\ 2x_1+x_2+2x_3-3x_4=3. \end{cases}$$

解

$$B=\begin{pmatrix} 1 & -2 & 3 & 2 & 1 \\ 3 & -1 & 5 & -1 & -1 \\ 2 & 1 & 2 & -3 & 3 \end{pmatrix} \xrightarrow[r_3-2r_1]{r_2-3r_1} \begin{pmatrix} 1 & -2 & 3 & 2 & 1 \\ 0 & 5 & -4 & -7 & -4 \\ 0 & 5 & -4 & -7 & 1 \end{pmatrix}$$

$$\xrightarrow{r_3-r_2} \begin{pmatrix} 1 & -2 & 3 & 2 & 1 \\ 0 & 5 & -4 & -7 & -4 \\ 0 & 0 & 0 & 0 & 5 \end{pmatrix}.$$

矩阵所对应的方程组

$$\begin{cases} x_1-2x_2+3x_3+2x_4=1, \\ 5x_2-4x_3-7x_4=-4, \\ 0 \cdot x_4=5. \end{cases} \tag{10.15}$$

与原方程组同解. 但方程组(10.15)由最后一个方程可知它无解,故原方程组无解.

由上述例题可得,求解线性方程组的方法如下:

对于非齐次线性方程组,将其增广矩阵实行初等行变换化成行阶梯形矩阵,便可判断其是否有解. 若有解,化成行最简形矩阵,写出其通解.

对于齐次线性方程组,将其系数矩阵实行初等行变换化成行最简形矩阵,写出其通解.

三、线性方程组有解的判定条件

在例 10.27、例 10.28 中方程组都存在解,我们称它们是**相容的**. 同时我们会发现它们的系数矩阵的秩等于增广矩阵的秩,即 $r(A)=r(B)$,且例 10.27 中 $r(A)=r(B)=3<4$,方程组有无穷多解,例 10.28 中 $r(A)=r(B)=3$,方程组有唯一的解. 在例 10.29 中方程组无解,因此是**不相容的**,此时 $r(A)=2<r(B)=3$,即 $r(A)\neq r(B)$. 通过对上述例题的分析,我们给出线性方程组的**相容性定理**.

定理 10.8 n 元线性方程组 $AX=b$

(1) 无解的充分必要条件是 $R(A)<R(B)$;

(2) 有唯一解的充分必要条件是 $R(A)=R(B)=n$;

(3) 有无穷多解的充分必要条件是 $R(A)=R(B)<n$.

定理证明从略.

定理 10.9 n 元齐次线性方程组 $AX=0$

(1) 只有零解的充分必要条件是 $R(A)=n$;

(2) 有非零解的充分必要条件是 $R(A)<n$.

定理证明从略.

【例 10.30】 对方程组
$$\begin{cases} kx_1+x_2+x_3=5, \\ 3x_1+2x_2+kx_3=18-5k, \\ x_2+2x_3=2, \end{cases}$$

问 k 取何值时方程组有唯一解？无解？无穷多解？在有无穷多解时求出通解.

解

$$B=\begin{pmatrix} k & 1 & 1 & 5 \\ 3 & 2 & k & 18-5k \\ 0 & 1 & 2 & 2 \end{pmatrix} \xrightarrow{\substack{r_1-r_3 \\ r_2-2r_3}} \begin{pmatrix} k & 0 & -1 & 3 \\ 3 & 0 & k-4 & 14-5k \\ 0 & 1 & 2 & 2 \end{pmatrix}$$

$$\xrightarrow{r_1-\frac{k}{3}r_2} \begin{pmatrix} 0 & 0 & \frac{4}{3}k-\frac{1}{2}k^2-1 & \frac{5}{3}k^2-\frac{14}{3}k+3 \\ 3 & 0 & k-4 & 14-5k \\ 0 & 1 & 2 & 2 \end{pmatrix}$$

$$\xrightarrow{\substack{r_1\leftrightarrow r_2 \\ r_2\leftrightarrow r_3}} \begin{pmatrix} 3 & 0 & k-4 & 14-5k \\ 0 & 1 & 2 & 2 \\ 0 & 0 & \frac{4}{3}k-\frac{1}{3}k^2-1 & \frac{5}{3}k^2-\frac{14}{3}k+3 \end{pmatrix}.$$

(1) 当 $\frac{4}{3}k-\frac{1}{3}k^2-1\neq 0$ 时，即当 $k\neq 1$ 且 $k\neq 3$ 时，$r(A)=r(B)=3$，方程组有唯一解.

(2) 当 $k=3$ 时，$r(A)=2<3=r(B)$，方程组无解.

(3) 当 $k=1$ 时，也有 $\frac{5}{3}k^2-\frac{14}{3}k+3=0$，故 $r(A)=r(B)=2$，方程组有无穷多解，此时矩阵对应的方程组为
$$\begin{cases} 3x_1-3x_3=9, \\ x_2+2x_3=2. \end{cases}$$

与原方程组同解，其通解为
$$\begin{cases} x_1=3+c, \\ x_2=2-2c, \quad (c\text{ 为任意常数}). \\ x_3=c \end{cases}$$

【例 10.31】 求齐次线性方程组的通解
$$\begin{cases} x_1-3x_2+x_3-2x_4=0, \\ -5x_1+x_2-2x_3+3x_4=0, \\ -x_1-11x_2+2x_3-5x_4=0, \\ 3x_1+5x_2+x_4=0. \end{cases}$$

解

$$A = \begin{pmatrix} 1 & -3 & 1 & -2 \\ -5 & 1 & -2 & 3 \\ -1 & -11 & 2 & -5 \\ 3 & 5 & 0 & 1 \end{pmatrix} \xrightarrow[r_4-3r_1]{\substack{r_2+5r_1 \\ r_3+r_1}} \begin{pmatrix} 1 & -3 & 1 & -2 \\ 0 & -14 & 3 & -7 \\ 0 & -14 & 3 & -7 \\ 0 & 14 & -3 & 7 \end{pmatrix}$$

$$\xrightarrow[r_4+r_2]{r_3-r_2} \begin{pmatrix} 1 & -3 & 1 & -2 \\ 0 & -14 & 3 & -7 \\ 0 & 0 & 0 & 0 \\ 0 & 0 & 0 & 0 \end{pmatrix} \xrightarrow{-\frac{1}{14}r_2} \begin{pmatrix} 1 & -3 & 1 & -2 \\ 0 & 1 & -\frac{3}{14} & \frac{1}{2} \\ 0 & 0 & 0 & 0 \\ 0 & 0 & 0 & 0 \end{pmatrix}$$

$$\xrightarrow{r_1+3r_2} \begin{pmatrix} 1 & 0 & \frac{5}{14} & -\frac{1}{2} \\ 0 & 1 & -\frac{3}{14} & \frac{1}{2} \\ 0 & 0 & 0 & 0 \\ 0 & 0 & 0 & 0 \end{pmatrix}.$$

此矩阵对应的方程组为

$$\begin{cases} x_1 + \frac{5}{14}x_3 - \frac{1}{2}x_4 = 0, \\ x_2 - \frac{3}{14}x_3 + \frac{1}{2}x_4 = 0. \end{cases}$$

即

$$\begin{cases} x_1 = -\frac{5}{14}x_3 + \frac{1}{2}x_4, \\ x_2 = \frac{3}{14}x_3 - \frac{1}{2}x_4 \end{cases} \quad (\text{其中 } x_3, x_4 \text{ 为自由未知数}).$$

取 $x_3 = c_1, x_4 = c_2$（c_1, c_2 为任意常数），则原方程组的通解可写成

$$\begin{cases} x_1 = -\frac{5}{14}c_1 + \frac{1}{2}c_2, \\ x_2 = \frac{3}{14}c_1 - \frac{1}{2}c_2, \\ x_3 = c_1, \\ x_4 = c_2. \end{cases}$$

四、应用举例

【例 10.32】(打印行数) 有三台打印机同时工作，一分钟共打印 1 580 行字；如果第二台打印机工作 2 分钟，第三台打印机工作 3 分钟，共打印 2 740 行字；如果第一台打印机工作 1 分钟，第二台打印机工作 2 分钟，第三台打印机工作 3 分钟，共可打印 3 280 行字. 问：每台打印机每分钟可打印多少行字？

解 设第 i 台打印机一分钟打印 x_i 行字 ($i=1,2,3$)，由题意得

$$\begin{cases} x_1+x_2+x_3=1\,580, \\ 2x_2+3x_3=2\,740, \\ x_1+2x_2+3x_3=3\,280. \end{cases}$$

该方程组的增广矩阵为

$$B=\begin{pmatrix} 1 & 1 & 1 & 1\,580 \\ 0 & 2 & 3 & 2\,740 \\ 1 & 2 & 3 & 3\,280 \end{pmatrix}.$$

将该方程组的求解转化为对增广矩阵化简

$$B=\begin{pmatrix} 1 & 1 & 1 & 1\,580 \\ 0 & 2 & 3 & 2\,740 \\ 1 & 2 & 3 & 3\,280 \end{pmatrix} \xrightarrow{r_3-r_1} \begin{pmatrix} 1 & 1 & 1 & 1\,580 \\ 0 & 2 & 3 & 2\,740 \\ 0 & 1 & 2 & 1\,700 \end{pmatrix}$$

$$\xrightarrow{r_2 \leftrightarrow r_3} \begin{pmatrix} 1 & 1 & 1 & 1\,580 \\ 0 & 1 & 2 & 1\,700 \\ 0 & 2 & 3 & 2\,740 \end{pmatrix} \xrightarrow{r_3-2\times r_2} \begin{pmatrix} 1 & 1 & 1 & 1\,580 \\ 0 & 1 & 2 & 1\,700 \\ 0 & 0 & -1 & -660 \end{pmatrix}$$

$$\xrightarrow{r_2+2\times r_3} \begin{pmatrix} 1 & 1 & 0 & 920 \\ 0 & 1 & 0 & 380 \\ 0 & 0 & -1 & -660 \end{pmatrix} \xrightarrow{r_1-r_2} \begin{pmatrix} 1 & 0 & 0 & 540 \\ 0 & 1 & 0 & 380 \\ 0 & 0 & -1 & -660 \end{pmatrix}$$

$$\xrightarrow{-r_3} \begin{pmatrix} 1 & 0 & 0 & 540 \\ 0 & 1 & 0 & 380 \\ 0 & 0 & 1 & 660 \end{pmatrix}.$$

因此,三台打印机每分钟可打印的行数分别为 540 行,380 行,660 行.

【例 10.33】(T 恤销售量) 一百货商店出售四种型号的 T 恤:小号、中号、大号和加大号. 四种型号的 T 恤的售价分别为:22(元)、24(元)、26(元)、30(元). 若商店某周共售出了 13 件 T 恤,毛收入为 320 元. 并已知大号的销售量为小号和加大号销售量的总和,大号的销售收入(毛收入)也为小号和加大号销售收入(毛收入)的总和. 问各种型号的 T 恤各售出多少件?

解 设该 T 恤小号、中号、大号和加大号的销售量分别为 $x_i(i=1,2,3,4)$,由题意得

$$\begin{cases} x_1+x_2+x_3+x_4=13, \\ 22x_1+24x_2+26x_3+30x_4=320, \\ x_3=x_1+x_4, \\ 26x_3=22x_1+30x_4. \end{cases}$$

$$B=\begin{pmatrix} 1 & 1 & 1 & 1 & 13 \\ 22 & 24 & 26 & 30 & 320 \\ 1 & 0 & -1 & 1 & 0 \\ 22 & 0 & -26 & 30 & 0 \end{pmatrix} \xrightarrow[\substack{r_3-r_1\\r_4-22\times r_1}]{r_2-22\times r_1} \begin{pmatrix} 1 & 1 & 1 & 1 & 13 \\ 0 & 2 & 4 & 8 & 34 \\ 0 & -1 & -2 & 0 & -13 \\ 0 & -22 & -48 & 8 & -286 \end{pmatrix}$$

$$\xrightarrow{r_3 \leftrightarrow r_2} \begin{pmatrix} 1 & 1 & 1 & 1 & 13 \\ 0 & -1 & -2 & 0 & -13 \\ 0 & 2 & 4 & 8 & 34 \\ 0 & -22 & -48 & 8 & -286 \end{pmatrix} \xrightarrow[\substack{r_4-22\times r_2}]{r_3+2\times r_2} \begin{pmatrix} 1 & 1 & 1 & 1 & 13 \\ 0 & -1 & -2 & 0 & -13 \\ 0 & 0 & 0 & 8 & 8 \\ 0 & 0 & -4 & 8 & 0 \end{pmatrix}$$

$$\xrightarrow{r_3 \leftrightarrow r_4} \begin{pmatrix} 1 & 1 & 1 & 1 & 13 \\ 0 & -1 & -2 & 0 & -13 \\ 0 & 0 & -4 & 8 & 0 \\ 0 & 0 & 0 & 8 & 8 \end{pmatrix} \xrightarrow[\substack{-\frac{1}{4}r_3 \\ \frac{1}{8}r_4}]{-r_2} \begin{pmatrix} 1 & 1 & 1 & 1 & 13 \\ 0 & 1 & 2 & 0 & 13 \\ 0 & 0 & 1 & -2 & 0 \\ 0 & 0 & 0 & 1 & 1 \end{pmatrix}$$

$$\xrightarrow[r_1 - r_4]{r_3 + 2r_4} \begin{pmatrix} 1 & 1 & 1 & 0 & 12 \\ 0 & 1 & 2 & 0 & 13 \\ 0 & 0 & 1 & 0 & 2 \\ 0 & 0 & 0 & 1 & 1 \end{pmatrix} \xrightarrow[r_1 - r_3]{r_2 - 2r_3} \begin{pmatrix} 1 & 1 & 0 & 0 & 10 \\ 0 & 1 & 0 & 0 & 9 \\ 0 & 0 & 1 & 0 & 2 \\ 0 & 0 & 0 & 1 & 1 \end{pmatrix}$$

$$\xrightarrow{r_1 - r_2} \begin{pmatrix} 1 & 0 & 0 & 0 & 1 \\ 0 & 1 & 0 & 0 & 9 \\ 0 & 0 & 1 & 0 & 2 \\ 0 & 0 & 0 & 1 & 1 \end{pmatrix}.$$

因此小号、中号、大号和加大号 T 衫的销售量分别为 1 件、9 件、2 件和 1 件.

【例 10.34】(**电路分析**) 在如图 10.3 所示的电路中应用基尔霍夫定律,得到如下的方程:

$$\begin{cases} I_A + I_B + I_C + I_D = 0, \\ I_A - I_B = -1, \\ 2I_C - 2I_D = -2, \\ I_B - 2I_C = 6. \end{cases}$$

图 10.3

求各个部分的电流强度(单位:A).

解 题中的电路方程可表示为增广矩阵

$$\begin{pmatrix} 1 & 1 & 1 & 1 & 0 \\ 1 & -1 & 0 & 0 & -1 \\ 0 & 0 & 2 & -2 & -2 \\ 0 & 1 & -2 & 0 & 6 \end{pmatrix} \xrightarrow{r_2 - r_1} \begin{pmatrix} 1 & 1 & 1 & 1 & 0 \\ 0 & -2 & -1 & -1 & -1 \\ 0 & 0 & 2 & -2 & -2 \\ 0 & 1 & -2 & 0 & 6 \end{pmatrix}$$

$$\xrightarrow{r_2 \leftrightarrow r_4} \begin{pmatrix} 1 & 1 & 1 & 1 & 0 \\ 0 & 1 & -2 & 0 & 6 \\ 0 & 0 & 2 & -2 & -2 \\ 0 & -2 & -1 & -1 & -1 \end{pmatrix} \xrightarrow[r_1 - r_2]{r_4 + 2r_2} \begin{pmatrix} 1 & 0 & 3 & 1 & -6 \\ 0 & 1 & -2 & 0 & 6 \\ 0 & 0 & 2 & -2 & -2 \\ 0 & 0 & -5 & -1 & 11 \end{pmatrix}$$

$$\xrightarrow{\frac{1}{2} \times r_3} \begin{pmatrix} 1 & 0 & 3 & 1 & -6 \\ 0 & 1 & -2 & 0 & 6 \\ 0 & 0 & 1 & -1 & -1 \\ 0 & 0 & -5 & -1 & 11 \end{pmatrix} \xrightarrow[\substack{r_4 + 5r_3 \\ r_2 + 2r_3 \\ r_1 - 3r_3}]{} \begin{pmatrix} 1 & 0 & 0 & 4 & -3 \\ 0 & 1 & 0 & -2 & 4 \\ 0 & 0 & 1 & -1 & -1 \\ 0 & 0 & 0 & -6 & 6 \end{pmatrix}$$

$$\xrightarrow{-\frac{1}{6} \times r_4} \begin{pmatrix} 1 & 0 & 0 & 4 & -3 \\ 0 & 1 & 0 & -2 & 4 \\ 0 & 0 & 1 & -1 & -1 \\ 0 & 0 & 0 & 1 & -1 \end{pmatrix} \xrightarrow[\substack{r_1 - 4r_4 \\ r_2 + 2r_4 \\ r_3 + r_4}]{} \begin{pmatrix} 1 & 0 & 0 & 0 & 1 \\ 0 & 1 & 0 & 0 & 2 \\ 0 & 0 & 1 & 0 & -2 \\ 0 & 0 & 0 & 1 & -1 \end{pmatrix}.$$

所以各个部分的电流强度为 $I_A=1, I_B=2, I_C=-2, I_D=-1$.

习题 10.3

1. 求解下列齐次线性方程组.

(1) $\begin{cases} x_1+x_2+2x_3-x_4=0, \\ 2x_1+x_2+x_3-x_4=0, \\ 2x_1+2x_2+x_3+2x_4=0; \end{cases}$
(2) $\begin{cases} x_1+2x_2+x_3-x_4=0, \\ 3x_1+6x_2-x_3-3x_4=0, \\ 5x_1+10x_2+x_3-5x_4=0; \end{cases}$

(3) $\begin{cases} 2x_1+3x_2-x_3+5x_4=0, \\ 3x_1+x_2+2x_3-7x_4=0, \\ 4x_1+x_2-3x_3+6x_4=0, \\ x_1-2x_2+4x_3-7x_4=0; \end{cases}$
(4) $\begin{cases} 3x_1+4x_2-5x_3+7x_4=0, \\ 2x_1-3x_2+3x_3-2x_4=0, \\ 4x_1+11x_2-13x_3+16x_4=0, \\ 7x_1-2x_2+x_3+3x_4=0. \end{cases}$

2. 求解下列非齐次线性方程组.

(1) $\begin{cases} 4x_1+2x_2-x_3=2, \\ 3x_1-1x_2+2x_3=10, \\ 11x_1+3x_2=8; \end{cases}$
(2) $\begin{cases} 2x+3y+z=4, \\ x-2y+4z=-5, \\ 3x+8y-2z=13, \\ 4x-y+9z=-6; \end{cases}$

(3) $\begin{cases} 2x+y-z+w=1, \\ 4x+2y-2z+w=2, \\ 2x+y-z-w=1; \end{cases}$
(4) $\begin{cases} 2x+y-z+w=1, \\ 3x-2y+z-3w=4, \\ x+4y-3z+5w=-2. \end{cases}$

3. 对 a 讨论,确定齐次线性方程组解的情况,并求解.
$$\begin{cases} ax_1+x_2+x_3=0, \\ x_1+ax_2+x_3=0, \\ x_1+x_2+ax_3=0. \end{cases}$$

4. 设齐次线性方程组 $\begin{cases} (m-2)x_1+x_2=0, \\ x_1+(m-2)x_2+x_3=0, \\ x_2+(m-2)x_3=0 \end{cases}$,有非零解,求 m.

5. λ 取何值时,非齐次线性方程组 $\begin{cases} \lambda x_1+x_2+x_3=1, \\ x_1+\lambda x_2+x_3=\lambda, \\ x_1+x_2+\lambda x_3=\lambda^2, \end{cases}$

(1) 有唯一解;(2) 无解;(3) 有无穷多个解?

6. 非齐次线性方程组
$$\begin{cases} -2x_1+x_2+x_3=-2, \\ x_1-2x_2+x_3=\lambda, \\ x_1+x_2-2x_3=\lambda^2, \end{cases}$$
当 λ 取何值时有解?并求出它的解.

7. 设

$$\begin{cases}(2-\lambda)x_1+2x_2-2x_3=1,\\ 2x_1+(5-\lambda)x_2-4x_3=2,\\ -2x_1-4x_2+(5-\lambda)x_3=-\lambda-1,\end{cases}$$

问 λ 为何值时,此方程组有唯一解、无解或有无穷多解?并在有无穷多解时求通解.

8. 一工厂有 1 000 h 用于生产、维修和检验. 各工序的工作时间分别为 P,M,I,且满足: $P+M+I=1\,000,P=I-100,P+I=M+100$,求各工序所用时间分别为多少.

9. 有甲、乙、丙三种化肥,甲种化肥每千克含氮 70 克,磷 8 克,钾 2 克;乙种化肥每千克含氮 64 克,磷 10 克,钾 0.6 克;丙种化肥每千克含氮 70 克,磷 5 克,钾 1.4 克.若把此三种化肥混合,要求总重量 23 千克且含磷 149 克,钾 30 克,问三种化肥各需多少千克?

10. 如图 10.4 所示是某地区的交通网络图,设所有道路均为单行道,且道路边不能停车,图中的箭头标志了交通的方向,标志的数为高峰期每小时进出道路网络的车辆数. 设进出道路网络的车辆相同,总数各有 800 辆,若进入每个交叉点的车辆数等于离开该点的车辆数,则交通流量平衡条件得到满足,交通就不会出现堵塞.求各支路交通流量为多少时,此交通网络交通流量达到平衡.

图 10.4

第四节 线性代数初步实验

一、实验目的

1. 熟悉 MATLAB 中关于矩阵运算的各种命令.
2. 会利用 MATLAB 计算行列式.
3. 会利用 MATLAB 求解线性方程组.

二、实验指导

表 10.7 矩阵的基本运算

命 令	功 能	命 令	功 能
$A+B$	矩阵 A 加矩阵 B 之和	inv(A)	求矩阵 A 的逆
$A-B$	矩阵 A 减矩阵 B 之差	det(A)	求矩阵 A 的行列式
$k*A$	常数 k 乘以矩阵 A	$A\char`\^n$	求矩阵 A 的 n 次幂
A'	求矩阵 A 的转置	$A.\char`\^n$	矩阵 A 每个元素的 n 次幂所得的矩阵
$A*B$	矩阵 A 为矩阵 B 相乘	$a.\char`\^A$	以 a 为底取矩阵 A 每个元素次幂所得矩阵
$A\backslash B$	矩阵 A 左除矩阵 B	zeros(m,n)	$m\times n$ 阶全 0 矩阵
$A.\backslash B$ 或 $B./A$	矩阵 A,B 对应元素相除	ones(m,n)	$m\times n$ 阶全 1 矩阵
B/A	矩阵 B 右除矩阵 A	eye(n)	n 阶单位矩阵(方阵)
rank(A)	求矩阵 A 的秩	sym('[ ]')	构造符号矩阵 A

工科数学(下)

矩阵的输入格式:
$$A=[a_{11}\cdots a_{1n};\cdots;a_{m1}\cdots a_{mn}]$$

输入矩阵时要注意:

(1) 用中标号[ ]把所有矩阵元素标起来;

(2) 同一行的不同数据元素之间用空格或逗号隔开;

(3) 用分号指定一行结束.

【例10.35】 已知矩阵 $A=\begin{pmatrix}1&2&3\\4&5&6\\7&8&9\end{pmatrix}, B=\begin{pmatrix}1&1&1\\2&2&2\\3&3&3\end{pmatrix}$.

求:(1) $A+B, A-B, A'$;

(2) $3A, AB$;

(3) $A, A-E$ 的行列式(其中 E 为单位矩阵).

解 首先输入矩阵 A 和 B:

≫$A=[1\ 2\ 3;4\ 5\ 6;7\ 8\ 9]$　　　%输入矩阵 A

$A=$

  1 2 3

  4 5 6

  7 8 9

≫$B=[1\ 1\ 1;2\ 2\ 2;3\ 3\ 3]$　　　%输入矩阵 B

$B=$

  1 1 1

  2 2 2

  3 3 3

≫$c1=A+B$　　　%求矩阵 $A+B$

$c1=$

  2 3 4

  6 7 8

  10 11 12

≫$c2=A-B$　　　%求矩阵 $A-B$

$c2=$

  0 1 2

  2 3 4

  4 5 6

≫$c3=A'$　　　%求矩阵 A 的转置

$c3=$

  1 4 7

  2 5 8

  3 6 9

≫$c4=3*A$　　　%求矩阵 $3A$

c4=
  3 6 9
  12 15 18
  21 24 27
≫c5=A*B   %求矩阵 **AB**
c5=
  14 14 14
  32 32 32
  50 50 50
≫d=det(A)   %求矩阵 **A** 的行列式
D=
  0
≫D=det(A−eye(3))   %求矩阵 **A**−**E** 的行列式
D=
  32

【例 10.36】 已知矩阵 $A = \begin{pmatrix} 3 & 1 & 1 \\ 2 & 1 & 2 \\ 1 & 2 & 3 \end{pmatrix}$,求矩阵 A 的秩和逆.

解 程序如下:
≫A=[3 1 1;2 1 2;1 2 3];
≫R=rank(A)   %求矩阵 **A** 的秩
R=
  3
≫Ainv=inv(A)   %求矩阵 **A** 的逆阵
Ainv=
  0.2500 0.2500 −0.2500
  1.0000 −2.0000 1.0000
  −0.7500 1.2500 −0.2500

【例 10.37】 解线性方程组

$$\begin{cases} 2x_1+x_2-5x_3+x_4=8, \\ x_1-3x_2-6x_4=9, \\ 2x_2-x_3+2x_4=-5, \\ x_1+4x_2-7x_3+6x_4=0. \end{cases}$$

解 程序如下:
≫A=[2 1 −5 1;1 −3 0 −6;0 2 −1 2;1 4 −7 6]; %输入矩阵 **A**
≫b=[8 9 −5 0]';   %输入右端向量 **b**
≫x1=A\b   %求方程组的解,注意是反除号"\"
x1=
  3.0000

$$-4.0000$$
$$-1.0000$$
$$1.0000$$

≫$x2 = \text{inv}(A) * b$ %同样是求方程组的解,注意是 **A** 的逆与 **b** 相乘

$x2 =$
$$3.0000$$
$$-4.0000$$
$$-1.0000$$
$$1.0000$$

即
$$x_1 = 3, \ x_2 = -4, \ x_3 = -1, \ x_4 = 1.$$

【例 10.38】 解线性方程组
$$\begin{cases} 2x_1 - 7x_2 + 3x_3 + x_4 = 6, \\ 3x_1 + 5x_2 + 2x_3 + 2x_4 = 4, \\ 9x_1 + 4x_2 + x_3 + 7x_4 = 2. \end{cases}$$

解 程序如下:

≫$A = [2\ -7\ 3\ 1; 3\ 5\ 2\ 2; 9\ 4\ 1\ 7];$
≫$b = [6\ 4\ 2]';$
≫$RA = \text{rank}(A)$ %求矩阵 **A** 的秩
≫$RB = \text{rank}([A\ b])$ %求增广矩阵 **B** = [**A b**] 的秩

结果为:

$RA =$
$$3$$
$RB =$
$$3$$

由于系数矩阵与增广矩阵有相同的秩 3,且秩 3 小于未知量的个数 4,故方程组有无穷多解. 再输入

≫$\text{rref}([A\ b])$

ans=

1.0000	0	0	0.8000	0
0	1.0000	0	0	0
0	0	1.0000	−0.2000	2.0000

表示行最简形矩阵,得通解为
$$x_1 = -0.8x_4, \ x_2 = 0, \ x_3 = 2 + 0.2x_4 \ (x_4 \text{ 为自由未知量}).$$

习题 10.4

1. 已知 $A=\begin{pmatrix} 3 & 2 & 5 \\ 1 & 6 & 1 \\ 4 & 5 & 7 \end{pmatrix}, B=\begin{pmatrix} 4 & 3 & 7 \\ 1 & 8 & 1 \\ 6 & 7 & 10 \end{pmatrix}$,利用 MATLAB 计算 $3A+2B$ 及 $3A-2B$.

2. 已知 $A=\begin{pmatrix} -1 & 3 & 1 \\ 0 & 4 & 2 \end{pmatrix}, B=\begin{pmatrix} 4 & 1 \\ 2 & 5 \\ 3 & 4 \end{pmatrix}$,利用 MATLAB 计算 $(AB)^T$ 及 $B^T A^T$.

3. 利用 MATLAB 计算矩阵 $A=\begin{pmatrix} 1 & 2 & -3 \\ 2 & 1 & 0 \\ -2 & -1 & 3 \\ -1 & 4 & -2 \end{pmatrix}$ 的秩.

4. 利用 MATLAB 计算矩阵 $A=\begin{pmatrix} 1 & -1 & 2 \\ 0 & 1 & -1 \\ 2 & 1 & 0 \end{pmatrix}$ 的逆矩阵.

5. 利用 MATLAB 求解下列线性方程组:

(1) $\begin{cases} x_1+x_2+2x_3+x_4=5, \\ 2x_1+3x_2-x_3-2x_4=2, \\ 4x_1+5x_2+3x_3=7; \end{cases}$
(2) $\begin{cases} x_1-2x_2+3x_3-x_4=1, \\ 3x_1-x_2+5x_3-3x_4=2, \\ 2x_1+x_2+2x_3-2x_4=1. \end{cases}$

本章小结

1. 基本概念

n 阶行列式,克莱姆法则,n 阶矩阵,矩阵的初等变换,逆矩阵,方程组的系数矩阵,增广矩阵,矩阵的秩,线性方程组的解的判定及求解.

2. 基础知识

(1) 行列式

① n 阶行列式的定义:用 n^2 个元素 $a_{ij}(i,j=1,2,\cdots,n)$ 组成的记号

$$\begin{vmatrix} a_{11} & a_{12} & \cdots & a_{1n} \\ a_{21} & a_{23} & \cdots & a_{2n} \\ \cdots & \cdots & \cdots & \cdots \\ a_{n1} & a_{n3} & \cdots & a_{nm} \end{vmatrix}.$$

n 阶行列式 D 的值等于它任意一行(列)的各元素与其对应的代数余子式乘积之和.

② 行列式的性质:

(ⅰ) 行列式 D 与它的转置行列式 D^T 值相等,即 $D=D^T$.

(ⅱ) 行列式中任意两行(列)互换后,行列式的值仅改变符号.

(ⅲ) 以数 k 乘行列式的某一行(列)中所有元素,就等于用 k 去乘此行列式.

(ⅳ) 若行列式的某一行(列)的元素都是两数之和,则这个行列式等于两个行列式

之和.

（Ⅴ）若在行列式的某一行(列)元素上加上另一行(列)对应元素的 k 倍,则行列式的值不变.

(2) 矩阵

① 矩阵的概念:由 $m \times n$ 个数 $a_{ij}(i=1,2,\cdots,m;j=1,2,\cdots,n)$ 排列成的一个 m 行 n 列的矩形表,称为一个 $m \times n$ 矩阵,记作

$$\begin{bmatrix} a_{11} & a_{12} & \cdots & a_{1n} \\ a_{21} & a_{22} & \cdots & a_{2n} \\ \cdots & \cdots & \cdots & \cdots \\ a_{m1} & a_{m2} & \cdots & a_{mn} \end{bmatrix},$$

其中 a_{ij} 称为矩阵第 i 行第 j 列的元素.

② 矩阵的运算

（ⅰ）矩阵的加法和数乘矩阵

同型矩阵才能相加.

（ⅱ）矩阵的乘法

两个非零矩阵相乘结果可能是零矩阵.矩阵不满足交换律,消去律.

（ⅲ）逆矩阵

对于 n 阶方阵 A,如果存在 n 阶方阵 B,使得

$$AB = BA = E,$$

那么矩阵 A 称为可逆矩阵,而 B 称为 A 的逆矩阵.

方阵 A 可逆的充分必要条件是 $|A| \neq 0$,并且 $A^{-1} = \dfrac{A^*}{|A|}$.

③ 矩阵的初等变换

对矩阵施以下列 3 种变换,称为矩阵的初等变换.

（ⅰ）互换矩阵的任意两行(列)；

（ⅱ）以一个非零的数 k 乘矩阵的某一行(列)；

（ⅲ）把矩阵的某一行(列)的 k 倍加于另一行(列)上.

初等行变换可用来求方阵的可逆阵,方法是:将 n 阶矩阵 A 与 n 阶单位矩阵 E 并列,构成一个 $n \times 2n$ 的矩阵 $(A \vdots E)$,对矩阵 $(A \vdots E)$ 实施初等行变换,当把左边的矩阵 A 变成单位矩阵 E 时,右边的单位矩阵 E 随之就变成 A 的逆矩阵 A^{-1} 了,即

$$(A \vdots E) \xrightarrow{\text{初等行变换}} (E \vdots A^{-1}).$$

如果经过若干次初等变换后,发现在左边的方阵中有某一行(列)的元素全变成零了,则可以判断 A 不可逆,此时 A^{-1} 不存在.

④ 矩阵的秩

如果 A 中存在 r 阶子式不为零,而任何 $r+1$ 阶子式皆为零,则称 r 为矩阵 A 的秩,记作 $r(A) = r$.

(3) 线性方程组

① 线性方程组解的判定定理

对 n 元非齐次线性方程组 $AX = b$,

（ⅰ）无解的充分必要条件是 $r(\boldsymbol{A})<r(\boldsymbol{B})$；
（ⅱ）有唯一解的充分必要条件是 $r(\boldsymbol{A})=r(\boldsymbol{B})=n$；
（ⅲ）有无穷多解的充分必要条件是 $r(\boldsymbol{A})=r(\boldsymbol{B})<n$.
对 n 元齐次线性方程组 $\boldsymbol{AX}=\boldsymbol{0}$，
（ⅰ）只有零解的充分必要条件是 $r(\boldsymbol{A})=n$；
（ⅱ）有非零解的充分必要条件是 $r(\boldsymbol{A})<n$.
② 求解线性方程组的步骤

非齐次线性方程组：增广矩阵化成行阶梯形矩阵，便可判断其是否有解．若有解，化成行最简形矩阵，写出其通解．

齐次线性方程组：系数矩阵化成行最简形矩阵，写出其通解．

第十一章　概率论与数理统计初步

概率论与数理统计是研究随机现象所呈现的数量规律性的一门数学学科.由于随机现象的普遍性,使得概率论与数理统计在自然科学、社会科学、工程技术、经济管理等诸多领域中都有广泛的应用.本章主要介绍概率论与数理统计的一些基本概念和基本方法.

第一节　随机事件与概率

学习目标

1. 理解事件之间的关系,掌握古典概型的两个特征和古典概型中概率的计算方法.
2. 理解条件概率和样本空间部分的概念,掌握概率乘法公式和全概率公式.
3. 掌握贝努利公式,会解决简单的问题.

一、随机事件

1. 随机现象

案例 11.1　考察下面的现象:
A. 在标准大气压下,水加热到 100 摄氏度,必然会沸腾;
B. 明天的最高温度;
C. 上抛物体一定下落;
D. 新生婴儿的性别.

从案例 11.1 中可以发现 A、C 一定能发生,而 B、D 却很难确定,像这类现象称之为确定性现象和随机现象.即在一定条件下必然发生或必然不发生的现象称为**确定性现象**.在同样条件下进行一系列重复试验或观察,每次出现的结果并不完全一样,而且在每次试验或观察前无法预料确切的结果,其结果呈现出不确定性,称为**随机现象**.

2. 统计规律

案例 11.2　(1) 在相同的条件下抛同一枚硬币,其结果可能是正面朝上,也可能是反面朝上;(2) 当我们走到十字路口时,可能遇到红灯也可能遇到绿灯.

随机现象从表面上看,似乎是杂乱无章的、没有什么规律的现象.但实践证明,如果同类的随机现象大量重复出现,它的总体就呈现出一定的规律性.大量同类随机现象所呈现的这种规律性,随着观察次数的增多而愈加明显.比如掷硬币,每一次投掷很难判断是哪一面朝上,但是如果多次重复的掷这枚硬币,就会越来越清楚地发现它们朝上的次数大体相同.这种在大量重复试验或观察下,其结果所呈现出的固有规律称为**统计规律**.

3. 随机试验、样本空间和随机事件

案例 11.3 看下面几个具体试验.

E_1：将一枚硬币抛掷两次，观察正面 H、反面 T 出现的情况；

E_2：将一枚硬币抛掷三次，观察正面出现的次数；

E_3：在一批灯泡中任意抽取一支，测试它的寿命.

上述试验具有下列共同的特点：

(1) 试验可以在相同的条件下重复进行；

(2) 每次试验的可能结果不止一个，并且能事先明确试验的所有可能的结果；

(3) 进行一次试验之前不能确定哪一个结果会出现.

在概率论中将具有上述特点的试验称为**随机试验**，通常用字母 E 表示.

一个随机试验 E 的所有结果构成的集合称为 E 的**样本空间**，通常用字母 U 表示. 样本空间中的元素，即 E 的每个结果，称为**样本点**，用字母 ω 表示. 如 E_1 中样本空间 $U=\{(H,H),(H,T),(T,H),(T,T)\}$，在每次试验中必有一个样本点出现且仅有一个样本点出现. 如 E_2 中样本空间为 $U=\{0,1,2,3\}$，由以上两个例子可见，样本空间的元素是由试验的目的所确定的.

案例 11.4 如图 11.1 所示，抛一颗骰子，观察出现的点数.

图 11.1

此案例的样本空间为 $U=\{1,2,3,4,5,6\}$，$\{掷出 1 点\}=\{1\}$，$\{掷出奇数点\}=\{1,3,5\}$，$\{出现的点数大于 4\}=\{5,6\}$.

上述几个集合实际都是样本空间 U 的子集. 我们称试验 E 的样本空间 U 的子集为 E 的**随机事件**，简称**事件**，常用 A、B、C 等大写字母表示.

每次试验中，当且仅当这一子集中的一个样本点出现时，称这一**事件发生**；如 $\{掷出奇数点\}=\{1,3,5\}$，这一事件发生当且仅当该事件中的样本点 1,3,5 某一个出现.

由于样本空间是它本身的一个子集，在每次试验中一定有它的某一个样本点出现，因此把样本空间 U 称为**必然事件**；空集 $\varnothing$ 也是样本空间 U 的子集，显然它在每次试验中都不发生，称为**不可能事件**. 例如，在抛骰子试验中，"抛出点数小于 7"是必然事件；而"抛出点数 8"则是不可能事件.

4. 事件间的关系和运算

(1) 事件的包含与相等

若事件 A 发生，必然导致事件 B 发生，则说事件 B **包含事件** A，或称事件 A 是事件 B 的**子事件**，记为 $A \subset B$；若 $A \subset B$ 且 $B \subset A$，则称事件 A 与 B **相等**，记为 $A=B$. 如 $A=\{1,2,3,4,5\}$，$B=\{3,4\}$，显然 $B \subset A$. 图 11.2 表示了事件 A,B 的包含关系：$A \subset B$.

(2) 事件的和

两个事件 A 与 B 至少有一个发生的事件,称为事件 A 与 B 的**和**,记为 $A\cup B$(或 $A+B$),如图 11.3 中的阴影部分.例如,设 $A=\{1,2,3,4,5\}$,$B=\{3,4,6,7\}$,$C=\{1,2,3,4,5,6,7\}$,则 $C=A\cup B$.

一般,$A_1\cup A_2\cup\cdots\cup A_n = \bigcup_{i=1}^{n} A_i$ 表示 n 个事件 $A_1,A_2,\cdots,A_n$ 至少有一个发生.

图 11.2 事件的包含

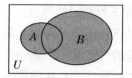

图 11.3 事件的和

(3) 事件的积

两个事件 A 与 B 同时发生的事件,称为事件 A 与 B 的**积**(或**交**),记为 $A\cap B$(或 AB),如图 11.4 中的阴影部分.例如,设 $A=\{1,2,3,4,5\}$,$B=\{3,4,6,7\}$,$C=\{3,4\}$,则 $C=A\cap B$.

(4) 事件的差

事件 A 发生而事件 B 不发生的事件,称为事件 A 与 B 的**差**,记为 $A-B$.如图 11.5 中的阴影部分.例如设 $A=\{1,2,3,4,5\}$,$B=\{3,4\}$,$C=\{1,2,5\}$,则 $C=A-B$.

图 11.4 事件的积

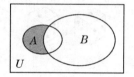

图 11.5 事件的差

(5) 互不相容事件

事件 A 与 B 不能同时发生,即 $AB=\varnothing$,称事件 A 与 B **互不相容**(或互斥),如图 11.6 所示.如果在 n 个事件 $A_1,A_2,\cdots,A_n$ 中任意两事件互不相容,即 $A_iA_j=\varnothing$($i\neq j$,$i,j=1,2,\cdots,n$),则称这 n 件事件两两互不相容(或两两互斥).显然,同一试验中,各基本事件(样本点)是两两互不相容的.例如,设 $A=\{3,4\}$,$B=\{1,2,5\}$,则 A 与 B **互不相容**.

(6) 对立事件与完备事件组

若事件 A 与 B 互不相容,且二者必有其一发生,即 $AB=\varnothing$,$A\cup B=U$,则称事件 A 与事件 B 为**互逆事件**(或**对立事件**).事件 A 的对立事件记为 $\overline{A}$.图 11.7 中的阴影部分表示 $\overline{A}$.

图 11.6 互不相容事件

图 11.7 对立事件

注意:对立事件一定是互斥事件,但是互斥事件不一定是对立事件.例如,设样本空间为 $U=\{1,2,3,4,5\}$,$A=\{3,4,5\}$,$B=\{1,2\}$,则 $B=\overline{A}$,$A\cup B=U$,即 A,B 互为对立事件.

若 n 个事件 $A_1, A_2, \cdots, A_n$ 满足：① $A_1, A_2, \cdots, A_n$ 两两互斥；② $A_1 + A_2 + \cdots + A_n = U$，则称 $A_1, A_2, \cdots, A_n$ 构成一个**完备事件组**.

事件的运算满足如下规律：

(i) 交换律：$A \cup B = B \cup A, AB = BA$；

(ii) 结合律：$(A \cup B) \cup C = A \cup (B \cup C), (AB)C = A(BC)$；

(iii) 分配律：$(A \cup B)C = AC \cup BC, (AB) \cup C = (A \cup C)(B \cup C)$；

(iv) 德·摩根律（对偶律）：$\overline{A \cup B} = \overline{A}\,\overline{B}, \overline{AB} = \overline{A} \cup \overline{B}$；

(v) $(\overline{A}) = A, A \cup \overline{A} = U, A\overline{A} = \varnothing$；

(vi) $A = AB + A\overline{B}, A - B = A - AB = A\overline{B}$.

微课

二、随机事件的概率

研究随机现象，不仅关心试验中会出现哪些事件，更重要的是想知道事件出现的可能性大小，也就是事件的概率.

1. 概率的统计定义

定义 11.1 在一组相同的条件下重复 n 次试验，事件 A 在 n 次试验中发生的次数 m 称为事件 A 发生的**频数**，比值 $\dfrac{m}{n}$ 称为事件 A 发生的**频率**，记为 $f_n(A)$，即 $f_n(A) = \dfrac{m}{n}$.

显然 $0 \leqslant f_n(A) \leqslant 1$.

以抛掷硬币的试验为例，法国生物学家蒲丰(Buffon)和英国统计学家皮尔逊(Pearson)等都做过抛掷硬币的试验，所得数据如表 11.1 所示.

表 11.1

试验者	抛币次数 n	"正面向上"次数	频率
Buffon	4 040	2 048	0.506 9
Pearson	12 000	6 019	0.501 6
Pearson	24 000	12 012	0.500 5

可见，在大量重复的试验中，随机事件出现的频率具有稳定性，即通常所说的统计规律性.

定义 11.2 在一组相同的条件下重复 n 次试验，若事件 A 发生的频数 $f_n(A)$ 在某个常数 p 附近摆动，而且随试验次数 n 的增大，摆动的幅度将减小，则称常数 p 为事件 A 的**概率**，记为 $P(A) = p$.

注意： 这种定义 11.2 称为**概率的统计定义**. 它具有如下性质：

(1) $0 \leqslant P(A) \leqslant 1$；

(2) $P(U) = 1, P(\varnothing) = 0$.

2. 加法公式

定理 11.1 对于任意两个事件 A, B，有
$$P(A \cup B) = P(A) + P(B) - P(AB).$$

此公式可推广到 n 个事件相加的情形. 例如, 当 $n=3$ 时,有

$$P(A\cup B\cup C)=P(A)+P(B)+P(C)-P(AB)-P(AC)-P(BC)+P(ABC).$$

特别有,

(1) 若两个事件 A,B 互不相容,则

$$P(A\cup B)=P(A)+P(B);$$

(2) 若有 k 个两两互不相容的事件 $A_1,A_2,\cdots,A_n,\cdots$,则

$$P(\bigcup_k A_k)=\sum_k P(A_k).$$

【例 11.1】 掷一枚骰子, 求出现 1 点或 6 点事件的概率是多少.

解 设 $A=\{$出现 1 点$\}, B=\{$出现 6 点$\}$, 则

$$P(A)=\frac{1}{6}, P(B)=\frac{1}{6}.$$

由于 A 与 B 互不相容, 故

$$P(A\cup B)=P(A)+P(B)=\frac{1}{6}+\frac{1}{6}=\frac{1}{3}.$$

推论 1 设 A 是随机事件, 则 $P(\overline{A})=1-P(A)$.

推论 2 设 A,B 是随机事件, 且 $B\subset A$, 则 $P(A-B)=P(A)-P(B)$.

【例 11.2】 甲、乙两炮同时向目标射击, 已知甲炮的击中概率是 0.7, 乙炮的击中概率是 0.8, 甲乙两炮同时击中目标的概率是 0.56, 求目标被击中的概率.

解 设 $A=\{$甲炮击中目标$\}, B=\{$乙炮击中目标$\}$, 则

$$P(A)=0.7, P(B)=0.8, P(AB)=0.56.$$

于是目标被击中的概率为

$$P(A\cup B)=P(A)+P(B)-P(AB)=0.7+0.8-0.56=0.94.$$

【例 11.3】 设 $A、B$ 是两个随机事件, 且已知 $P(A)=\frac{1}{4}, P(B)=\frac{1}{2}$, 就下列三种情况求概率 $P(B\overline{A})$.

(1) A 与 B 互不相容;

(2) $A\subset B$;

(3) $P(AB)=\frac{1}{9}$.

解 (1) 由于 $A、B$ 互不相容, 所以

$$B\subset\overline{A}\Rightarrow B\overline{A}=B\Rightarrow P(B\overline{A})=P(B)=\frac{1}{2}.$$

(2) 因为 $A\subset B$, 所以

$$P(B\overline{A})=P(B-A)=P(B)-P(A)=\frac{1}{2}-\frac{1}{4}=\frac{1}{4}.$$

(3) $P(B\overline{A})=P(B-AB)=P(B)-P(AB)=\frac{1}{2}-\frac{1}{9}=\frac{7}{18}.$

三、古典概型

案例 11.5 一个袋子中装有 10 个大小、形状完全相同的球, 将球编号为 1~10 并搅

匀,蒙上眼睛,从中任取一球.因为抽取时这些球是完全平等的,没有理由认为10个球中的某一个会比另一个更容易取得,即10个球中的任一个被取出的机会是相等的,均为1/10,常常把这样的试验结果称为"等可能的".把满足以下条件的试验模型称为**古典概型**:

(1) 试验结果的个数有限,即基本事件总数有限;
(2) 每次试验结果出现的可能性相同,即基本事件发生的概率相等.

定义 11.3 若古典概型中的基本事件的总数是 n,事件 A 包含的基本事件的个数是 m,则事件 A 的概率为 $P(A) = \dfrac{m}{n}$.

【**例 11.4**】 将一枚硬币抛掷三次.

(1) 设事件 $A_1 = \{$恰有一次正面朝上$\}$,求 $P(A_1)$;
(2) 设事件 $A_2 = \{$至少有一次正面朝上$\}$,求 $P(A_2)$.

解 此试验的样本空间为
$$U = \{HHH, HHT, HTH, HTT, THH, THT, TTH, TTT\}.$$

(1) 因为 $A_1 = \{HTT, THT, TTH\}$,所以 $P(A_1) = \dfrac{3}{8}$.

(2) 因为 $A_2 = \{HHH, HHT, HTH, HTT, THH, THT, TTH\}$,所以 $P(A_2) = \dfrac{7}{8}$.

【**例 11.5**】 设盒中有 8 个球,其中红球 3 个,白球 5 个.

(1) 若从中随机取出 1 球,记 $A = \{$取出的是红球$\}$,$B = \{$取出的是白球$\}$,求 $P(A)$,$P(B)$;

(2) 若从中随机取出 2 球,记 $C = \{2$ 个球都是白球$\}$,$D = \{2$ 个球中一红球一白球$\}$,求 $P(C)$,$P(D)$;

(3) 若从中随机取出 5 球,记 $E = \{$取到的 5 球中恰有 2 白球$\}$,求 $P(E)$.

解 (1) 从 8 个球中任取 1 个球,取出方式共 C_8^1 种,即基本事件的总数为 C_8^1,而事件 A,B 包含的基本事件的个数分别为 C_3^1 和 C_5^1,故
$$P(A) = \dfrac{C_3^1}{C_8^1} = \dfrac{3}{8},\quad P(B) = \dfrac{C_5^1}{C_8^1} = \dfrac{5}{8}.$$

(2) 从 8 个球中随机取出 2 球,共有方法 C_8^2 种,即基本事件的总数为 C_8^2,取出 2 个白球的方法有 C_5^2 种,即事件 C 包含的基本事件的个数为 C_5^2,故
$$P(C) = \dfrac{C_5^2}{C_8^2} = \dfrac{5}{14}.$$

取出一个红球和一个白球的方法有 $C_3^1 C_5^1$ 种,即事件 D 包含的基本事件的个数为 $C_3^1 C_5^1$,故
$$P(D) = \dfrac{C_3^1 C_5^1}{C_8^2} = \dfrac{15}{28}.$$

(3) 从 8 个球中随机取出 5 球,共有方法 C_8^5 种,即基本事件的总数为 C_8^5. 事件 E 包含的基本事件的个数为 $C_5^2 C_3^3$. 故
$$P(E) = \dfrac{C_5^2 C_3^3}{C_8^5} = \dfrac{5}{28}.$$

【**例 11.6**】 将 15 名新生随机地平均分配到三个班级中去,这 15 名新生中有 3 名是优

秀生,问

(1) 每个班级各分配到一名优秀生的概率是多少?

(2) 3 名优秀生分配在同一班级的概率是多少?

解 15 名新生平均分配到三个班级中的分法总数为 $C_{15}^5 C_{10}^5 C_5^5$,每一种分法为一个基本事件,且由对称性易知每个基本事件发生的可能性相同.

(1) 将 3 名优秀生分配到三个班级使每个班级都有一名优秀生的分法共有 6 种,对于这每一种分法,其余 12 名新生平均分配到三个班级中的分法共有 $C_{12}^4 C_8^4 C_4^4$ 种,因此每个班级分配到一名优秀生的分法共有 $6C_{12}^4 C_8^4 C_4^4$,则所求的概率为

$$P_1 = \frac{6C_{12}^4 C_8^4 C_4^4}{C_{15}^5 C_{10}^5 C_5^5} = \frac{25}{91}.$$

(2) 将 3 名优秀生分配到同一个班级的分法共有 3 种,对于这每一种分法,其余 12 名新生平均分配到三个班级中的分法共有 $C_{12}^2 C_{10}^5 C_5^5$ 种,因此 3 名优秀生分配到同一个班级的分法共有 $3C_{12}^2 C_{10}^5 C_5^5$ 种,则所求的概率为

$$P_2 = \frac{3C_{12}^2 C_{10}^5 C_5^5}{C_{15}^5 C_{10}^5 C_5^5} = \frac{6}{91}.$$

【例 11.7】 在 1~2 000 的整数中,随机的抽取一个数,问取到的整数既不能被 6 整除,也不能被 8 整除的概率是多少?

解 设 $A = \{$取到的数能被 6 整除$\}$,$B = \{$取到的数能被 8 整除$\}$,所求的概率为 p,则

$$P(\overline{A}\overline{B}) = P(\overline{A \cup B}) = 1 - P(A \cup B) = 1 - P(A) - P(B) + P(AB),$$

$$P(A) = \frac{333}{2\,000}, P(B) = \frac{250}{2\,000}, P(AB) = \frac{83}{2\,000},$$

$$p = 1 - \frac{333}{2\,000} - \frac{250}{2\,000} + \frac{83}{2\,000} = \frac{3}{4}.$$

四、条件概率与乘法公式

1. 条件概率

微课

在解决许多概率问题时,往往需要在某些附加信息(条件)下求事件的概率. 如在事件 B 发生的条件下求事件 A 发生的概率,将此概率记作 $P(A|B)$.

案例 11.6 将一枚硬币抛掷两次,观察其出现正反面的情况,设事件 A 为"至少有一次为 H",事件 B 为"两次掷出同一面",求已知事件 A 发生的条件下事件 B 发生的概率.

分析:此题样本空间为 $U = \{HH, HT, TH, TT\}$,$A = \{HH, HT, TH\}$,$B = \{HH, TT\}$. 已知事件 A 已经发生,有了这一信息,知道 TT 不可能发生,即知道试验所有可能结果所形成的集合就是 A,A 中共有 3 个元素,其中只有 $HH \in B$,所以在 A 发生的条件下 B 发生的概率 $P(B|A) = \frac{1}{3}$. 同时知道

$$P(A) = \frac{3}{4}, P(AB) = \frac{1}{4},$$

所以

$$P(B|A) = \frac{\frac{1}{4}}{\frac{3}{4}} = \frac{P(AB)}{P(A)}.$$

定义 11.4 设 A, B 是两个随机事件,且 $P(B) \neq 0$,则称

$$P(A|B) = \frac{P(AB)}{P(B)}$$

为事件 B 发生的条件下,事件 A 发生的条件概率.

称 $P(B|A) = \frac{P(AB)}{P(A)} (P(A) \neq 0)$ 为事件 A 发生的条件下,事件 B 发生的条件概率.

【例 11.8】 掷两颗均匀骰子,已知第一颗掷出 6 点,问"掷出点数之和不小于 10"的概率是多少?

解 设 $A = \{$掷出点数之和不小于 10$\}$, $B = \{$第一颗掷出 6 点$\}$,则
$B = \{(6,1),(6,2),(6,3),(6,4),(6,5),(6,6)\}$, $AB = \{(6,4),(6,5),(6,6)\}$,所以

$$P(A|B) = \frac{P(AB)}{P(B)} = \frac{\frac{3}{36}}{\frac{6}{36}} = \frac{1}{2}.$$

2. 乘法公式

定理 11.2(乘法公式) 对于任意事件 A, B,有
$P(AB) = P(A)P(B|A)(P(A) \neq 0)$;
$P(AB) = P(B)P(A|B)(P(B) \neq 0)$.

【例 11.9】 已知 100 件产品中有 4 件次品,无放回地从中抽取 2 次,每次抽取 1 件,求下列事件的概率:

(1) 第一次取得次品,第二次取得正品;
(2) 两次都取得正品;
(3) 两次抽取中恰有一次取到正品.

解 设 $A_i = \{$第 i 次取得正品$\}(i=1,2)$.

(1) 第一次取得次品,第二次取得正品的概率为

$$P(\overline{A_1}A_2) = P(\overline{A_1})P(A_2|\overline{A_1}) = \frac{4}{100} \cdot \frac{96}{99} = \frac{32}{825} \approx 0.0388;$$

(2) 两次都取得正品的概率为

$$P(A_1A_2) = P(A_1)P(A_2|A_1) = \frac{96}{100} \cdot \frac{96}{99} \approx 0.9212;$$

(3) 两次抽取中恰有一次取到正品的概率为

$$P(\overline{A_1}A_2) + P(A_1\overline{A_2}) = P(\overline{A_1})P(A_2|\overline{A_1}) + P(A_1)P(\overline{A_2}|A_1)$$
$$= \frac{4}{100} \cdot \frac{96}{99} + \frac{96}{100} \cdot \frac{4}{99} \approx 0.0388 + 0.0388$$
$$= 0.0776.$$

五、全概率公式

案例 11.7 有三个箱子,分别编号为1、2、3,1号箱装有1个红球4个白球,2号箱装有2个红球3个白球,3号箱装有3个红球.某人从三箱中任取一箱,从中任意摸出一球,求取得红球的概率.

分析:记 $A_i=\{$球取自 i 号箱$\}(i=1,2,3)$,其中 A_1、A_2、A_3 两两互斥;$B=\{$取得红球$\}$,B 发生总是伴随着 A_1,A_2,A_3 之一同时发生,即 $B=A_1B \cup A_2B \cup A_3B$,且 A_1B、A_2B、A_3B 两两互斥,则

$$P(B)=P(A_1B)+P(A_2B)+P(A_3B),$$

也可以写成

$$P(B)=\sum_{i=1}^{3}P(A_i)P(B|A_i).$$

将此例中所用的方法推广到一般的情形,就得到在概率计算中常用的全概率公式.

定义 11.5（全概率公式） 若 $A_1,A_2,\cdots,A_n$ 构成一个完备事件组,且 $P(A_i)>0$ $(i=1,2,\cdots,n)$,则对任意事件 B,有

$$P(B)=\sum_{i=1}^{n}P(A_i)P(B|A_i).$$

利用全概率公式,可解案例 11.7. 已知 $P(A_1)=P(A_2)=P(A_3)=\frac{1}{3}$,$P(B|A_1)=\frac{1}{5}$,$P(B|A_2)=\frac{2}{5}$,$P(B|A_3)=1$,则

$$P(B)=P(A_1)P(B|A_1)+P(A_2)P(B|A_2)+P(A_3)P(B|A_3)$$
$$=\frac{1}{3}\times\frac{1}{5}+\frac{1}{3}\times\frac{2}{5}+\frac{1}{3}\times 1=\frac{8}{15}.$$

特别地,当 $i=2$ 时,可将 A_1 记为 A,A_2 记为 $\bar{A}$,则全概率公式变为

$$P(B)=P(A)P(B|A)+P(\bar{A})P(B|\bar{A}).$$

【例 11.10】 设袋中有2只红球,8只白球,两人分别从袋中任取一球.求第二人取得红球的概率(第一人取出的球不放回袋中).

解 设 $A=\{$第一人取得红球$\}$,$B=\{$第二人取得红球$\}$,则

$$P(B)=P(BA+B\bar{A})=P(BA)+P(B\bar{A})$$
$$=P(A)P(B|A)+P(\bar{A})P(B|\bar{A})$$
$$=\frac{2}{10}\cdot\frac{1}{9}+\frac{8}{10}\cdot\frac{2}{9}=\frac{1}{5}.$$

六、事件的独立性

1. 事件的独立性定义

微课

案例 11.8 将一颗均匀骰子连掷两次,设 $A=\{$第一次掷出6点$\}$,$B=\{$第二次掷出6点$\}$,求 $P(B|A)$ 与 $P(B)$.

分析：显然 $P(B|A)=P(B)$，这就是说，已知事件 A 发生，并不影响事件 B 发生的概率．由此得出如下定义．

定义 11.6 若 $P(A|B)=P(A)(P(B)>0)$ 或 $P(B|A)=P(B)(P(A)>0)$，则称事件 A 与 B **相互独立**，简称 A,B 独立．

定理 11.3 (1) 两个事件 A 与 B 相互独立的充要条件是 $P(AB)=P(A)P(B)$．

(2) 必然事件 U 和不可能事件 $\varnothing$ 与任何事件相互独立．

(3) 若 A,B 相互独立，则 A 与 $\overline{B}$，$\overline{A}$ 与 B，$\overline{A}$ 与 $\overline{B}$ 也相互独立．

【例 11.11】 设 A 与 B 相互独立，已知 $P(A)=0.4$，$P(A\cup B)=0.7$，求 $P(B)$．

解 由已知条件和加法公式得
$$P(A\cup B)=P(A)+P(B)-P(A)P(B),$$
于是
$$P(B)=\frac{P(A\cup B)-P(A)}{1-P(A)}=\frac{0.7-0.4}{1-0.4}=\frac{1}{2}=0.5.$$

定义 11.7 设 $A_1,A_2,\cdots,A_n$ 为 $n(n\geqslant 2)$ 个随机事件，若对任何正整数 $k(1\leqslant k\leqslant n)$ 及 $1\leqslant i_1<i_2<\cdots<i_k\leqslant n$ 都有
$$P(A_{i_1}A_{i_2}\cdots A_{i_k})=P(A_{i_1})P(A_{i_2})\cdots P(A_{i_k}),$$
则称事件 $A_1,A_2,\cdots,A_n$ **相互独立**．

n 个相互独立的随机事件 $A_1,A_2,\cdots,A_n$ 具有以下性质：

(1) $P(A_1A_2\cdots A_n)=P(A_1)P(A_2)\cdots P(A_n)$；

(2) $P(A_1\cup A_2\cup\cdots\cup A_n)=1-P(\overline{A_1\cup A_2\cup\cdots\cup A_n})=1-P(\overline{A_1}\cdot\overline{A_2}\cdots\overline{A_n})$
$$=1-P(\overline{A_1})P(\overline{A_2})\cdots P(\overline{A_n}).$$

【例 11.12】 三人独立地去破译一份密码，已知各人能译出的概率分别为 $\dfrac{1}{5},\dfrac{1}{3},\dfrac{1}{4}$，问三人中至少有一人能将密码译出的概率是多少？

解 将三人编号为 $1,2,3$，记 $A_i=\{$第 i 个人破译出密码$\}$，$i=1,2,3$．

已知 $P(A_1)=\dfrac{1}{5}$，$P(A_2)=\dfrac{1}{3}$，$P(A_3)=\dfrac{1}{4}$，所求为 $P(A_1\cup A_2\cup A_3)$，
$$P(A_1\cup A_2\cup A_3)=1-P(\overline{A_1\cup A_2\cup A_3})=1-P(\overline{A_1}\overline{A_2}\overline{A_3})$$
$$=1-P(\overline{A_1})P(\overline{A_2})P(\overline{A_3})=1-[1-P(A_1)][1-P(A_2)][1-P(A_3)]$$
$$=1-\frac{4}{5}\cdot\frac{2}{3}\cdot\frac{3}{4}=\frac{3}{5}.$$

2. 贝努利概型

在实际问题中，常常要进行多次条件完全相同并且相互独立的试验，例如在相同条件下独立射击或投篮，有放回的抽取产品等，称这种类型的试验为独立重复试验．

案例 11.9 设有一批产品不合格率为 p，现进行有放回的抽取，即任取 1 件产品，检查其是否合格后，仍放回去，再进行第 2 次抽取．问任取 n 次后发现 2 个不合格品的概率是多少？

分析：我们先取当 $n=4$ 时的情况，设事件 $A_i=\{$第 i 次抽得的是不合格品$\}(i=1,2,3,4)$，则 $\overline{A_i}=\{$第 i 次抽得的是合格品$\}(i=1,2,3,4)$．

设 $A=\{$在 4 次试验中,抽得 2 件不合格品$\}$,则事件 A 的结果共有 $C_4^2=6$ 种,即为
$A_1A_2\overline{A_3}\overline{A_4}, A_1\overline{A_2}A_3\overline{A_4}, A_1\overline{A_2}\overline{A_3}A_4, \overline{A_1}A_2A_3\overline{A_4}, \overline{A_1}A_2\overline{A_3}A_4, \overline{A_1}\overline{A_2}A_3A_4.$

因每次抽得的不合格品的概率都是 p,而且每次试验是相互独立的,所以有

$$P(A_1A_2\overline{A_3}\overline{A_4})=P(A_1\overline{A_2}A_3\overline{A_4})=P(A_1\overline{A_2}\overline{A_3}A_4)$$
$$=P(\overline{A_1}A_2A_3\overline{A_4})=P(\overline{A_1}A_2\overline{A_3}A_4)$$
$$=P(\overline{A_1}\overline{A_2}A_3A_4)=p^2(1-p)^{4-2}.$$

在上面的几种方式中,任何两种方式都是互不相容的,因此事件 A 的概率是
$$P(A)=P(A_1A_2\overline{A_3}\overline{A_4})+P(A_1\overline{A_2}A_3\overline{A_4})+P(A_1\overline{A_2}\overline{A_3}A_4)+P(\overline{A_1}A_2A_3\overline{A_4})+$$
$$P(\overline{A_1}A_2\overline{A_3}A_4)$$
$$=C_4^2 p^2(1-p)^{4-2}.$$

把上式推广到一般情形,事件 A 发生 $k(0\leqslant k\leqslant n)$ 次的概率就可以表述为
$$P(A)=C_n^k p^k(1-p)^{n-k} \quad (k=0,1,2,\cdots,n). \tag{11.1}$$

若试验 E 中一次试验的结果只有 A 与 $\overline{A}$,且 $P(A)=p$,则将试验 E 在相同条件下重复 n 次独立试验,这个试验模型称为**贝努利概型**. 式(11.1)即为其计算公式,有时也称式(11.1)为**二项概型计算公式**.

【**例 11.13**】 已知 100 个产品中有 5 个次品,现从中有放回地取 3 次,每次任取 1 个,求在所取的 3 个中恰有 2 个次品的概率.

解 因为这是有放回地取 3 次,因此这 3 次试验的条件完全相同且独立,是贝努利试验. 依题意,每次试验取到次品的概率为 0.05,设 X 为所取的 3 个中的次品数,则所求概率为
$$P(X=2)=C_3^2(0.05)^2(0.95)=0.007\ 125.$$

注意:若将本例中的"有放回"改为"无放回",那么各次试验条件就不同了,此试验就不是贝努利试验,此时,只能用古典概型求解.

习题 11.1

1. 设 A,B,C 为三个事件,用 A,B,C 的运算关系表示下列各事件.
   (1) A 发生,B 与 C 不发生; (2) A 与 B 都发生,而 C 不发生;
   (3) A,B,C 至少有一个发生; (4) A,B,C 都发生;
   (5) A,B,C 都不发生; (6) A,B,C 中不多于一个发生;
   (7) A,B,C 中不多于两个发生; (8) A,B,C 中至少有两个发生.

2. 设 $A、B、C$ 是三事件,且 $P(A)=P(B)=P(C)=\frac{1}{4}, P(AB)=P(BC)=0, P(AC)=\frac{1}{8}$. 求 $A、B、C$ 至少有一个发生的概率.

3. 掷一枚骰子,$A=\{$点数大于 2$\}$,$B=\{$点数大于 5$\}$,求 $P(A-B)$.

4. 同时抛掷两只骰子,求点数和是 5 的概率.

5. 设有 5 件相同的产品,其中有 4 件正品,1 件次品,现从中随机抽取 2 件,求抽取到的 2 件都是正品的概率.

6. 某设备由甲、乙两个部件组成,当超载负荷时,各自出故障的概率分别为 0.82 和 0.74,同时出故障的概率是 0.63.求超载负荷时,至少有一个部件出故障的概率.

7. 某班级有 6 人是 1985 年 9 月出生的,求其中至少有 2 人是同一天生的概率.

8. 某家庭中有两个小孩,已知其中有男孩,问有两个男孩的概率.

9. 已知盒子中装 10 只晶体管,6 只正品,4 只次品,从其中不放回地任取两次,每次取一只.问两次都取得正品的概率是多少?

10. 甲乙两人考大学,甲考上大学的概率是 0.7,乙考上大学的概率是 0.8.问:(1) 两人都考上大学的概率是多少?(2) 两人至少有一人考上大学的概率是多少?

11. 某射手每次击中目标的概率是 0.6,如果射击 5 次,试求至少击中一次的概率.

12. 设在 10 个同一型号的元件中有 7 个一等品,从这些元件中不放回地连续取三次,每次取一个元件,求:(1) 三次都取得一等品的概率;(2) 三次中至少有一次取得一等品的概率.

13. 某厂有四条流水线生产同一产品,产量分别占总产量的 15%,20%,30%,35%,各流水线的次品率分别为 0.05,0.04,0.03,0.02.从产品中随机抽一件,求此产品为次品的概率.

14. 甲,乙,丙三台机床独立工作,在同一时段内它们不需要工人照管的概率分别是 0.7,0.8 和 0.9,求同一时段内最多只有一台机床需要工人照管的概率.

第二节 随机变量及其分布

学习目标

1. 了解随机变量的概念.
2. 理解离散型随机变量及其概率分布(分布律)的概念与性质,掌握二点分布、二项分布、泊松分布的特征.
3. 理解连续型随机变量及其概率密度的概念与性质,掌握均匀分布、指数分布,熟练掌握正态分布,会查标准正态分布表.
4. 了解随机变量的分布函数的概念及性质,会用概率分布(分布律)、概率密度以及分布函数计算有关事件的概率,会求简单的随机变量函数的概率分布.

为了进一步研究随机现象,全面深入地讨论随机事件及其概率,现引进概率讨论中另一个重要概念——随机变量.

一、随机变量的概念

案例 11.10 设有产品 100 件,其中有 5 件次品,95 件正品,现从中随机抽取 20 件,问其中的次品数是多少?

分析:次品数可能是 1,也可能是 2,3,4,5,甚至是 0,它随着不同的抽样批数而可能不同.这就是说,一方面次品数的值无法在抽样前给出确定性的答案,它具有不确定性;另一方面作为任何一批抽样的结果,次品数又是完全确定的.因此次品数是个变量,它是随着抽样结果而变的变量,称为随机变量.下面给出它的确切意义.

定义 11.8 如果一个变量,它的取值随着试验结果的不同而变化着,当试验结果确定后,它所取得的值也就相应地确定,这种变量称为**随机变量**.随机变量可用大写字母 $X,Y,Z,\cdots$(或 $\xi,\eta,\cdots$)表示.

值得注意的是,用随机变量描述随机现象时,若随机现象比较容易用数量来描述,则直接可以令随机变量 X 为某一数值.例如:测量误差的大小,电子管的使用时间,产品的合格数,某一地区的降雨量等.实际中还常遇到一些似乎与数量无关的随机现象,则可以用 X 的不同取值作为记号加以区分.例如:某人打靶一次能否打中,可以用随机变量取值 1 时代表子弹中靶,取值 0 时代表子弹脱靶来加以描述.下面将看到,由于"随机变量"的引入,就可以直接应用高等数学的知识来研究随机事件,从而带来更多的方便.

根据随机变量取值的情况,可以把随机变量分为两类:离散型随机变量和非离散型随机变量.若随机变量 X 的所有可能取值可以一一列举,也就是所取的值是有限个或可列多个时,则称之为离散型随机变量;若随机变量 X 的所有可能取值充满一个区间时,则称为连续性随机变量.

对于随机变量,我们在本章中主要介绍离散型随机变量和连续型随机变量两种.

二、随机变量的分布函数

定义 11.9 设 X 是随机变量,x 是任意实数,则称函数
$$F(x)=P(X\leqslant x)(-\infty<x<+\infty)$$
为随机变量 X 的**分布函数**.

由定义知,分布函数是一个普通函数,其定义域是整个实数轴.在几何上,它表示随机变量 X 落在实数 x 左边的概率,当我们知道一个随机变量 X 的分布函数时,就知道 X 落在一个区间上的概率,如
$$P(X\leqslant a)=F(a).$$

分布函数 $F(x)$ 具有如下的性质:

(1) $0\leqslant F(x)\leqslant 1(-\infty<x<+\infty)$;

(2) $F(x)$ 单调不减,且 $F(+\infty)=\lim\limits_{x\to+\infty}F(x)=1, F(-\infty)=\lim\limits_{x\to-\infty}F(x)=0$;

(3) $P(a<X\leqslant b)=F(b)-F(a)$.

【**例 11.14**】 袋中装有 6 个球,其中 3 个红球,2 个黑球,1 个白球.从袋中任取一球,分别用 $X=0,1,2$ 表示取出的球为黑、白、红球,求 X 的分布函数 $F(x)$.

解 根据古典概型,可知 $P(X=0)=\dfrac{1}{3}, P(X=1)=\dfrac{1}{6}, P(X=2)=\dfrac{1}{2}$.

$F(x)=P(X\leqslant x)$,

当 $x<0$ 时,$P\{X\leqslant x\}=P(\varnothing)=0$,即 $F(x)=0$;

当 $0\leqslant x<1$ 时,$F(x)=P\{X\leqslant x\}=P(X=0)=\dfrac{1}{3}$;

当 $1\leqslant x<2$ 时,$F(x)=P(X=0)+P(X=1)=\dfrac{1}{3}+\dfrac{1}{6}=\dfrac{1}{2}$;

当 $x\geqslant 2$ 时,$F(x)=P(X=0)+P(X=1)+P(X=2)=\dfrac{1}{3}+\dfrac{1}{6}+\dfrac{1}{2}=1.$

所以
$$F(x)=\begin{cases}0, & x<0, \\ \dfrac{1}{3}, & 0\leqslant x<1, \\ \dfrac{1}{2}, & 1\leqslant x<2, \\ 1, & x\geqslant 2.\end{cases}$$

三、离散型随机变量

1. 离散型随机变量及其概率分布

定义 11.10 设随机变量 X 的所有可能取值为 $x_1,x_2,\cdots,x_k,\cdots$，并且 X 取值相应的概率分别为 $p_k=P(X=x_k)(k=1,2,\cdots)$，则称 X 为**离散型随机变量**，$p_k(k=1,2,\cdots)$ 称为离散型随机变量 X 的**概率分布**或**分布律**，简称**分布**。

离散型随机变量 X 的分布律可用如下形式表示：

X	x_1	x_2	$\cdots$	x_k	$\cdots$
P	p_1	p_2	$\cdots$	p_k	$\cdots$

或 $X\sim\begin{pmatrix}x_1 & x_2 & \cdots & x_k & \cdots \\ p_1 & p_2 & \cdots & p_k & \cdots\end{pmatrix}$.

概率分布具有下列性质：

(1) 非负性：$p_k\geqslant 0, k=1,2,\cdots$

(2) 归一性：$\sum\limits_k p_k=1$.

【例 11.15】 掷一只骰子，掷出的点数为 X，求 X 的分布。

解 X 的可能取值是 $1,2,3,4,5,6$，易知 X 的分布律如下：

X	1	2	3	4	5	6
P	$\dfrac{1}{6}$	$\dfrac{1}{6}$	$\dfrac{1}{6}$	$\dfrac{1}{6}$	$\dfrac{1}{6}$	$\dfrac{1}{6}$

【例 11.16】 袋中有两个白球和三个黑球，每次从其中任取一个球，直至取得白球为止。假定每次取出的黑球不再放回去，求取球次数的概率分布与分布函数。

解 设随机变量 X 是取球次数，因为每次取出的黑球不再放回去，所以 X 的可能取值是 $1,2,3,4$。易知

$$P(X=1)=\frac{2}{5}=0.4, \quad P(X=2)=\frac{3}{5}\cdot\frac{2}{4}=0.3,$$

$$P(X=3)=\frac{3}{5}\cdot\frac{2}{4}\cdot\frac{2}{3}=0.2, \quad P(X=4)=\frac{3}{5}\cdot\frac{2}{4}\cdot\frac{1}{3}\cdot\frac{2}{2}=0.1.$$

因此，所求概率分布为

X	1	2	3	4
P	0.4	0.3	0.2	0.1

(3) 由上面的概率分布,易得到 X 的分布函数

$$F(x)=\begin{cases} 0, & x<1, \\ 0.4, & 1\leqslant x<2, \\ 0.7, & 2\leqslant x<3, \\ 0.9, & 3\leqslant x<4, \\ 1, & x\geqslant 4. \end{cases}$$

2. 常见的离散型随机变量的概率分布

(1) 两点分布

定义 11.11 如果随机变量 X 只能取两个数值 0 与 1,它的概率分布是

$$P(X=k)=p^k q^{1-k} \quad (k=0,1),$$

其中 $0<p<1, p+q=1$,则称 X 服从以 p 为参数的 **(0—1)分布** 或 **两点分布**,记为 $X\sim(0-1)$.

两点分布的分布律也可写成

X	0	1
P	q	p

【例 11.17】 设有产品 100 件,其中有 5 件次品,95 件正品,现从中随机抽取一件,假设抽得的机会都是一样,求抽得正品与抽得次品的概率分布.

解 假设随机变量 $X=\begin{cases} 1, & \text{当取得正品}, \\ 0, & \text{当取得次品}, \end{cases}$ 则 X 的分布律为

X	0	1
P	0.05	0.95

两点分布适用于一次试验中,仅有两个结果的随机现象. 在日常生活中,可以用两点分布描述的有很多,如对新生婴儿的性别进行登记,检查产品的质量是否合格,抛掷硬币正反面等等.

(2) 二项分布

定义 11.12 如果随机变量 X 的概率分布如下:

$$P(X=k)=C_n^k p^k q^{n-k} \quad (k=0,1,2,\cdots,n),$$

其中 $q=1-p, 0<p<1$,则称随机变量 X 服从参数为 n,p 的 **二项分布**,记作 $X\sim B(n,p)$.

注意,当 $n=1$ 时,二项分布即为两点分布. 可以验证

$$\sum_{k=0}^{n} P(X=k) = \sum_{k=0}^{n} C_n^k p^k q^{n-k} = 1.$$

【例 11.18】 某篮球运动员投中篮圈概率是 0.9,求他两次独立投篮投中次数 X 的概率分布.

解 因为 $X\sim B(2,0.9)$,所以

$$P(X=0)=C_2^0(0.9)^0(0.1)^2=0.01,$$
$$P(X=1)=C_2^1(0.9)^1(0.1)^1=0.18,$$
$$P(X=2)=C_2^2(0.9)^2(0.1)^0=0.81,$$

则 X 的分布律为

X	0	1	2
P	0.01	0.18	0.81

【例 11.19】 某类灯泡使用时数在 1 000 小时以上的概率是 0.2,求三个灯泡在使用 1 000 小时以后最多只有一个坏了的概率.

解 设 X 为三个灯泡在使用 1 000 小时已坏的灯泡数,则 $X \sim B(3, 0.8)$.
$$P(X=k)=C_3^k(0.8)^k(0.2)^{3-k},$$
$$P(X \leqslant 1) = P(X=0)+P(X=1)$$
$$= (0.2)^3 + 3(0.8)(0.2)^2$$
$$= 0.104.$$

二项分布是离散型随机变量的概率分布中最重要的分布之一,它有三个重要条件:一是各次试验的条件是稳定的,这保证了事件 A 的概率在各次试验中保持不变;二是每次试验相互独立;三是每次试验只有两种可能的结果.

(3) 泊松(Poisson)分布

定义 11.13 设随机变量 X 的可能值是一切非负整数,它的概率分布是
$$P(X=k)=\frac{\lambda^k}{k!}e^{-\lambda}(k=0,1,2,\cdots),$$

其中 $\lambda > 0$,则称随机变量 X 服从参数为 λ 的**泊松分布**,记作 $X \sim P(\lambda)$.

可以验证
$$\sum_{k=0}^{\infty} P(X=k) = e^{-\lambda} \sum_{k=0}^{\infty} \frac{\lambda^k}{k!} = e^{-\lambda} e^{\lambda} = 1.$$

【例 11.20】 某城市每天发生火灾的次数服从参数为 0.2 泊松分布,求:
(1) 每天恰好发生 3 次火灾的概率;
(2) 每天发生 2 次以上的火灾的概率.

解 (1) 设该城市每天发生火灾的次数为随机变量 X,则由题意知 $X \sim P(0.2)$,于是
$$P(X=3)=\frac{0.2^3}{3!}e^{-0.2}=0.001\ 1(可以查泊松分布表).$$

(2) $P(X \geqslant 2)=1-P(X<2)=1-P(X=0)-P(X=1)$,查附表一得到
$$P(X=0)=0.818\ 7, P(X=1)=0.163\ 7,$$

所以
$$P(X \geqslant 2)=1-0.818\ 7-0.163\ 7=0.017\ 6.$$

下面介绍泊松分布与二项分布的关系.

定理 11.4 如果随机变量 X 服从二项分布 $B(n,p)$,当 $n \to \infty$ 时,p 很小,且 $\lambda = np$ 时,则 X 近似的服从泊松分布 $P(\lambda)$,即
$$C_n^k p^k q^{n-k} \approx \frac{\lambda^k}{k!}e^{-\lambda}.$$

【例 11.21】 若一年中某类保险者里面每个意外死亡的概率为 0.005,现有 1 000 个这类人参加人寿保险,试求在未来一年中,在这些保险者里面,

(1) 有 10 个人死亡的概率;

(2) 死亡人数不超过 15 个人的概率.

解 我们把一年中每个人是否死亡看作 $p=0.005$ 的贝努利试验,则 1 000 个这类人在这一年的死亡人数 $X \sim B(1\,000, 0.005)$.

(1) $P(X=10) = C_{1\,000}^{10}(0.005)^{10}(0.995)^{990} \approx \dfrac{5^{10}}{10!}e^{-5} = 0.018\,133$,而实际计算

$$P(X=10) = 0.017\,996\,229;$$

(2) $P(X \leqslant 15) \approx \sum_{k=0}^{15} \dfrac{5^k}{k!}e^{-5} = 0.999\,932.$

一般来说 n 较大,p 接近 0 与 1($p<0.1$ 或 $p>0.9$),公式的近似程度都较高.

具有泊松分布的随机变量在实际应用中是很多的,例如:一本书一页中的印刷错误,某地区在一天内邮递遗失的信件数,某一医院在一天内的急诊病人数,某一地区一个时间间隔内发生交通事故的次数等.

四、连续型随机变量

1. 连续型随机变量及其密度函数

微课

定义 11.14 设随机变量 X,如果存在非负可积函数 $f(x)(-\infty < x < +\infty)$,使得对任意实数 $a,b(a<b)$,有

$$P(a < X \leqslant b) = \int_a^b f(x)\mathrm{d}x,$$

则称 X 为**连续型随机变量**,称 $f(x)$ 为连续型随机变量的**概率密度函数**,简称**概率密度**或**密度函数**,记作 $X \sim f(x)$.

概率密度函数 $f(x)$ 有如下的性质:

(1) 非负性: $f(x) \geqslant 0$;

(2) 归一性: $\int_{-\infty}^{+\infty} f(x)\mathrm{d}x = 1$;

(3) $P(a < X \leqslant b) = F(b) - F(a) = \int_a^b f(x)\mathrm{d}x$;

(4) 若 $f(x)$ 在点 x 处连续,则有 $F'(X) = f(x)$.

由性质(2)知道介于曲线 $y=f(x)$ 与 x 轴之间的面积为 1(如图 11.8). 由性质(3)知 X 落在区间 $(a,b]$ 的概率 $P(a<X \leqslant b)$ 等于区间 $(a,b]$ 上曲线 $y=f(x)$ 之下的曲边梯形的面积(如图 11.9). 这里需要指出的是,对于连续型随机变量 X 来说,它取任一指定实数值 a 的概率均为 0,即 $P(X=a)=0$,所以在计算连续型随机变量落在某一个区间的概率时,可以不必区分该区间是开区间还是闭区间,即有

$$P(a<X<b) = P(a<X \leqslant b) = P(a \leqslant X<b) = P(a \leqslant X \leqslant b).$$

图 11.8

图 11.9

【例 11.22】 设连续型随机变量 X 的概率密度是 $f(x)=\begin{cases}\dfrac{A}{\sqrt{1-x^2}}, & |x|<1, \\ 0, & |x|\geqslant 1,\end{cases}$ 求：

(1) 常数 A；(2) $P\left(-\dfrac{1}{2}<X<\dfrac{1}{2}\right)$；(3) $P\left(-\dfrac{\sqrt{3}}{2}<X<2\right)$；(4) X 的分布函数.

解 (1) 因为 $\displaystyle\int_{-\infty}^{+\infty}f(x)\mathrm{d}x=\int_{-1}^{1}\dfrac{A}{\sqrt{1-x^2}}\mathrm{d}x=2A\arcsin x\Big|_{0}^{1}=A\pi=1$，所以 $A=\dfrac{1}{\pi}$.

(2) $P\left(-\dfrac{1}{2}<X<\dfrac{1}{2}\right)=\displaystyle\int_{-\frac{1}{2}}^{\frac{1}{2}}f(x)\mathrm{d}x=\int_{-\frac{1}{2}}^{\frac{1}{2}}\dfrac{\mathrm{d}x}{\pi\sqrt{1-x^2}}=\dfrac{1}{3}$.

(3) $P\left(-\dfrac{\sqrt{3}}{2}<X<2\right)=\displaystyle\int_{-\frac{\sqrt{3}}{2}}^{2}f(x)\mathrm{d}x=\int_{-\frac{\sqrt{3}}{2}}^{1}\dfrac{\mathrm{d}x}{\pi\sqrt{1-x^2}}+\int_{1}^{2}0\mathrm{d}x=\dfrac{5}{6}$.

(4) 由 $F(x)=P(X\leqslant x)=\displaystyle\int_{-\infty}^{x}f(x)\mathrm{d}x$ 可得

$$F(X)=\begin{cases}\displaystyle\int_{-\infty}^{x}0\mathrm{d}x, & x<-1, \\ \displaystyle\int_{-1}^{x}\dfrac{\mathrm{d}x}{\pi\sqrt{1-x^2}}, & -1\leqslant x<1, \\ \displaystyle\int_{-\infty}^{-1}0\mathrm{d}x+\int_{-1}^{1}\dfrac{\mathrm{d}x}{\pi\sqrt{1-x^2}}+\int_{1}^{x}0\mathrm{d}x, & x\geqslant 1,\end{cases}$$

所以

$$F(x)=\begin{cases}0, & x<-1, \\ \dfrac{1}{\pi}\left(\arcsin x+\dfrac{\pi}{4}\right), & -1\leqslant x<1, \\ 1, & x\geqslant 1.\end{cases}$$

2. 常见的连续型随机变量的概率分布

(1) 均匀分布

定义 11.15 若随机变量 X 的概率密度函数为

$$f(x)=\begin{cases}\dfrac{1}{b-a}, & a\leqslant x\leqslant b, \\ 0, & 其他,\end{cases}$$

则称 X 服从 $[a,b]$ 上的**均匀分布**，记为 $X\sim U(a,b)$. 其分布函数为

$$F(x)=\begin{cases}0, & x<a,\\ \dfrac{x-a}{b-a}, & a\leqslant x<b,\\ 1, & x\geqslant b.\end{cases}$$

在区间$[a,b]$上服从均匀分布的随机变量X,具有下述意义的等可能性:它落在区间中任意等长度的子区间$[a,b]$内的可能性是相同的,或者说它落在$[a,b]$的子区间内的概率只依赖于子区间的长度而与子区间的位置无关.

【例 11.23】 在区间$[-1,2]$上随机取一数X,试写出X的概率密度,并求$P(X>0)$.

解 由题意可知X在区间$[-1,2]$上服从均匀分布,则概率密度为

$$f(x)=\begin{cases}\dfrac{1}{3}, & -1\leqslant x\leqslant 2,\\ 0, & \text{其他}.\end{cases}$$

所以

$$P(X>0)=\int_0^2 \dfrac{1}{3}\mathrm{d}x=\dfrac{2}{3}.$$

均匀分布在实际问题中较为常见,例如:在数值计算中,由于四舍五入,小数点后某一位小数引入的误差;公交线路上两辆公共汽车前后通过某停车站的时间,即乘客的候车时间等.

(2) 指数分布

定义 11.16 若随机变量X的概率密度函数为

$$f(x)=\begin{cases}\lambda \mathrm{e}^{-\lambda x}, & x\geqslant 0,\\ 0, & x<0,\end{cases}$$

则称X服从参数为λ的**指数分布**,记为$X\sim E(\lambda)$.

【例 11.24】 设某电子元件使用寿命X(小时)服从参数$\lambda=\dfrac{1}{1\,000}$的指数分布,求:

(1) 该电子元件使用 1 000 小时而不坏的概率;

(2) 在使用 500 小时没坏的条件下,再使用 1 000 小时不坏的概率.

解 由题意知随机变量X的密度函数为

$$f(x)=\begin{cases}\dfrac{1}{1\,000}\mathrm{e}^{-\frac{x}{1\,000}}, & x>0,\\ 0, & x\leqslant 0.\end{cases}$$

(1) 电子元件使用 1 000 小时不坏的概率为

$$P(X>1\,000)=\int_{1\,000}^{+\infty}\dfrac{1}{1\,000}\mathrm{e}^{-\frac{x}{1\,000}}=\dfrac{1}{\mathrm{e}};$$

(2) 这是一个条件概率问题,

$$P(X>1\,500\mid X>500)=\dfrac{P(\{X>1\,500\}\cap\{X>500\})}{P(X>500)}$$

$$=\dfrac{P(X>1\,500)}{P(X>500)}=\dfrac{\int_{1\,500}^{+\infty}\dfrac{1}{1\,500}\mathrm{e}^{-\frac{x}{1\,500}}\mathrm{d}x}{\int_{500}^{+\infty}\dfrac{1}{500}\mathrm{e}^{-\frac{x}{500}}\mathrm{d}x}=\dfrac{1}{\mathrm{e}}.$$

我们发现已经使用了 s 小时,与它至少能再使用 t 小时的概率相等. 也就是说,元件对它已经使用 s 小时没有记忆,具有这一性质是指数分布具有广泛应用的重要原因.

(3) 正态分布

定义 11.16 若随机变量 X 的概率密度函数为

$$f(x)=\frac{1}{\sigma\sqrt{2\pi}}\mathrm{e}^{-\frac{(x-\mu)^2}{2\sigma^2}}\quad(-\infty<x<+\infty),$$

则称 X 服从参数为 $\mu,\sigma(\sigma>0)$ 的**正态分布**,记为 $X\sim N(\mu,\sigma^2)$.

正态分布的概率密度函数 $f(x)$ 具有如下性质:

(1) $f(x)$ 以 $x=\mu$ 为对称轴,并在 $x=\mu$ 处达到最大,且最大值为 $\dfrac{1}{\sigma\sqrt{2\pi}}$;

(2) 当 $x\to\pm\infty$ 时,$f(x)\to 0$,即 $f(x)$ 以 x 轴为渐近线;

(3) $x=\mu\pm\sigma$ 为曲线 $y=f(x)$ 的两个拐点的横坐标;

(4) X 的取值呈中间多,两头少,对称的特性.

当 σ 固定,μ 变动时,则函数 $f(x)$ 图形左右移动而形状相同(如图 11.10);当固定 μ 时,σ 越大(小),曲线的峰越低(高),落在 μ 附近的概率越小(大),取值就越分散(集中)(如图 11.11). 我们称 μ 为位置参数(决定对称轴位置),σ 为尺度参数(决定曲线分散性).

图 11.10

图 11.11

正态分布是所有概率分布中最重要的分布,在自然现象和社会现象中,大量随机变量服从或近似服从正态分布. 例如:测量误差,灯泡寿命,农作物的收获量,海洋波浪的高度,半导体零件中的热噪声电流或电压等都服从正态分布. 同时也可以通过正态分布导出其他一些分布. 因此正态分布在应用及理论研究中都有非常重要的地位.

特别的是当 $\mu=0,\sigma=1$ 时,称随机变量 X 服从**标准正态分布**,其概率密度和分布函数分别用 $\varphi(x),\Phi(x)$ 表示,即

$$\varphi(x)=\frac{1}{\sqrt{2\pi}}\mathrm{e}^{-\frac{x^2}{2}}\quad(-\infty<x<+\infty),$$

$$\Phi(x)=P(X\leqslant x)=\int_{-\infty}^{x}\varphi(t)\mathrm{d}t=\int_{-\infty}^{x}\frac{1}{\sqrt{2\pi}}\mathrm{e}^{-\frac{t^2}{2}}\mathrm{d}t.$$

易证:

$$P(a<X\leqslant b)=\Phi(b)-\Phi(a),$$
$$\Phi(-x)=1-\Phi(x)\quad\text{或}\quad\Phi(x)=1-\Phi(-x),$$
$$\Phi(0)=0.5.$$

标准正态分布,已经编制了 $\Phi(x)$ 的函数值表(附表二).

【例 11.25】 设随机变量 $X \sim N(0,1)$,求:
$$P(X<1.65);P(1.65 \leqslant X<2.09);P(X \geqslant 2.09).$$

解 $P(X<1.65)=\Phi(1.65)=0.9505$;

$P(1.65 \leqslant X<2.09)=\Phi(2.09)-\Phi(1.65)=0.9817-0.9505=0.0312$;

$P(X \geqslant 2.09)=1-P(X<2.09)=1-\Phi(2.09)=1-9.9817=0.0183.$

对于一般的正态分布没有现成的正态分布表,因此要通过一个线性变换将它化成标准正态分布就可以直接应用.

定理 11.5 若 $X \sim N(\mu,\sigma^2)$,则 $\dfrac{X-\mu}{\sigma} \sim N(0,1)$.

定理证明从略.

【例 11.26】 设 $X \sim N(1,0.2^2)$,求:(1) $P(X<1.2)$;(2) $P(0.7 \leqslant X<1.1)$.

解 (1) $P(X<1.2)=P\left(\dfrac{X-1}{0.2}<\dfrac{1.2-1}{0.2}\right)=P\left(\dfrac{X-1}{0.2}<1\right)=\Phi(1)=0.8413$;

(2) $P(0.7 \leqslant X<1.1)=P\left(\dfrac{0.7-1}{0.2} \leqslant \dfrac{X-1}{0.2}<\dfrac{1.1-1}{0.2}\right)=P\left(-1.5 \leqslant \dfrac{X-1}{0.2}<0.5\right)$

$=\Phi(0.5)-\Phi(-1.5)=\Phi(0.5)-1+\Phi(1.5)$

$=0.6915-1+0.9332=0.6247.$

【例 11.27】 已知某车间工人完成某道工序的时间 X 服从正态分布 $N(10,3^2)$.

(1) 求从该车间工人中任选一人,其完成该道工序的时间不到 7 分钟的概率;

(2) 为了保证生产连续进行,要求以 95% 的概率保证该道工序上工人完成工作时间不多于 15 分钟,这一要求能否得到保证?

解 (1) $P(X \leqslant 7)=P\left(\dfrac{X-10}{3} \leqslant \dfrac{7-10}{3}\right)=P\left(\dfrac{X-10}{3} \leqslant -1\right)$

$=\Phi(-1)=1-\Phi(1)=1-0.8413=0.1587$;

(2) $P(X \leqslant 15)=P\left(\dfrac{X-10}{3} \leqslant \dfrac{15-10}{3}\right)=P\left(\dfrac{X-10}{3} \leqslant \dfrac{5}{3}\right)$

$=\Phi(1.67)=0.9525>0.95.$

因此可以保证生产连续进行.

五、随机变量函数的分布

在实际中,人们常常对随机变量的函数更感兴趣. 例如,在统计物理学中,已知分子运动速度 X 的分布,求其动能 $Y=\dfrac{1}{2}mX^2$ 的分布. 下面分两种情况讨论.

1. 离散型随机变量函数的分布

设离散型随机变量 X 的概率分布为

X	x_1	x_2	⋯	x_n	⋯
P	p_1	p_2	⋯	p_n	⋯

求随机变量 $Y=g(X)$ 的概率分布如下

Y	$y_1=g(x_1)$	$y_2=g(x_2)$	$\cdots$	$y_n=g(x_n)$	$\cdots$
P	p_1	p_2	$\cdots$	p_n	$\cdots$

如果 $y_1,y_2,\cdots,y_n,\cdots$ 的值全不相等,则上表就是随机变量函数 Y 的概率分布表;但是,若 $y_1,y_2,\cdots,y_n,\cdots$ 的值中有相等的,则把相等的值合并起来,并把对应的概率相加,即得到随机变量函数 Y 的概率分布.

【例 11.28】 设离散型随机变量 X 的概率分布为

X	-2	-1	0	1	2	3
P	0.10	0.20	0.25	0.20	0.15	0.10

求:(1) 随机变量 $Y_1=-2X$ 的概率分布;

(2) 随机变量 $Y_2=X^2$ 的概率分布.

解 (1) 由已知条件,得到

$Y_1=-2X$	4	2	0	-2	-4	-6
P	0.10	0.20	0.25	0.20	0.15	0.10

整理后,得到随机变量函数 Y_1 的概率分布

$Y_1=-2X$	-6	-4	-2	0	2	4
P	0.10	0.15	0.20	0.25	0.20	0.10

(2) 利用已知条件得到

$Y_2=x^2$	4	1	0	1	4	9
P	0.10	0.20	0.25	0.20	0.15	0.10

整理后,得到随机变量函数 Y_2 的概率分布如下(相同的则需合并)

Y_2	0	1	4	9
P	0.25	0.40	0.25	0.10

2. 连续型随机变量函数的分布

一般是在已知连续随机变量 X 的概率密度 $f_X(x)$ 的情况下,去求随机变量 $Y=g(X)$ 的概率密度函数 $f_Y(y)$.

$$F_Y(y)=P(Y\leqslant y)=P[g(X)\leqslant y], f_Y(y)=F_Y'(y).$$

【例 11.29】 设连续随机变量 X 的概率密度为 $f_X(x)$,求随机变量函数 $Y=a+bX$ 的概率密度 $f_Y(y)$,其中 $a,b\neq 0$ 都是常数.

解 对于任意的实数 y,随机变量 Y 的分布函数

$$F_Y(y)=P(Y\leqslant y)=P(a+bX\leqslant y).$$

(1) 设 $b>0$,则有
$$F_Y(y) = P\left(X < \frac{y-a}{b}\right) = \int_{-\infty}^{\frac{y-a}{b}} f_X(x)\,\mathrm{d}x.$$

从而 Y 的概率密度
$$f_Y(y) = \frac{1}{b} f_X\left(\frac{y-a}{b}\right).$$

(2) 设 $b<0$,同理可得
$$f_Y(y) = -\frac{1}{b} f_X\left(\frac{y-a}{b}\right).$$

综上,随机变量函数 $Y=a+bX$ 的概率密度为
$$f_Y(y) = \frac{1}{|b|} f_X\left(\frac{y-a}{b}\right).$$

习题 11.2

1. 一袋中有 4 只乒乓球,编号为 1、2、3、4. 在其中同时取三只,以 X 表示取出的三只球中的最大号码,写出随机变量 X 的分布律.

2. 设在 15 只同类型零件中有 2 只是次品,在其中取三次,每次任取一只,作不放回抽样,以 X 表示取出次品的只数.(1) 求 X 的分布律;(2) 画出分布律的图形.

3. 一大楼装有 5 个同类型的供水设备,调查表明在任一时刻 t 每个设备使用的概率为 0.1,问在同一时刻,
  (1) 恰有 2 个设备被使用的概率是多少?
  (2) 至少有 3 个设备被使用的概率是多少?
  (3) 至多有 3 个设备被使用的概率是多少?
  (4) 至少有一个设备被使用的概率是多少?

4. 设随机变量 X 的分布律是 $\begin{pmatrix} -1 & 0 & 1 \\ 0.3 & 0.5 & 0.2 \end{pmatrix}$,求 X 的分布函数 $F(x)$.

5. 一电话总机每分钟收到呼唤的次数服从参数为 4 的泊松分布,求:(1) 某一分钟恰有 8 次呼唤的概率;(2) 某一分钟的呼唤次数大于 3 的概率.

6. 设连续型随机变量 X 的概率密度为 $f(x) = \begin{cases} \dfrac{1}{k}, & 0 \leqslant x < 3, \\ 2 - \dfrac{x}{2}, & 3 \leqslant x \leqslant 4, \\ 0, & \text{其他}, \end{cases}$ 求参数 k,并求其分布函数.

7. 设连续型随机变量 X 的概率密度 $f(x) = \begin{cases} k e^{-3x}, & x > 0, \\ 0, & x \leqslant 0, \end{cases}$ (1) 确定常数 k;(2) 求 X 的分布函数,并求 $P(X>0.1)$.

8. 假设打一次电话所用时间(分)是以 $\lambda = \dfrac{1}{5}$ 为参数的指数分布的随机变量. 如某人刚好在你面前走进公用电话亭,求你将等待时间超过 10 分钟的概率.

9. 查表求 $\Phi(1.65)$,$\Phi(0.21)$,$\Phi(-1.96)$.

10. 设随机变量 $X\sim N(3,4)$,试求:(1) $P(X>3)$;(2) $P(|X|>2)$;(3) 若 $P(X>c)=P(X\leqslant c)$,则 c 为何值?

11. 已知随机变量 X 的分布律是

$$X\sim\begin{pmatrix} -1 & 0 & 1 & 2 \\ 0.2 & 0.3 & 0.4 & k \end{pmatrix},$$

试求:(1) 常数 k;(2) $Y_1=X^2$;(3) $Y_2=2X-1$ 的分布.

12. 设随机变量 X 的分布律为

X	1	3	5	7
P	0.5	0.1	0.15	0.25

若 $Y=(X-3)^2+1$,则求 Y 的概率分布.

13. 设连续随机变量 X 在 $[0,\pi]$ 上服从均匀分布,即 $f_X(x)=\begin{cases}\dfrac{1}{\pi},0\leqslant x\leqslant\pi,\\ 0,\text{其他},\end{cases}$ 求随机变量函数 $Y=\sin X$ 的概率密度.

14. 设随机变量 X 的概率密度函数为 $f_X(x)=\begin{cases}2x,0<x<1,\\ 0,\text{其他},\end{cases}$ 求 $Y=3X+5$ 的概率密度.

第三节 随机变量的数字特征

学习目标

1. 理解数学期望与方差的概念,掌握它们的性质与计算.
2. 掌握二项分布、泊松分布、正态分布、均匀分布、指数分布的数学期望与方差.
3. 了解中心极限定理,会用它处理简单的实际问题.

案例 11.11 甲、乙两人比赛射击,各射击 100 次,其中甲、乙成绩如下:

甲(环数)	8	9	10
次数	8	80	12

乙(环数)	8	9	10
次数	20	60	20

请评定他们的成绩好坏.

对于上述离散型的随机变量,分布律已给出了它的概率全貌,但这个问题的答案却不是一眼就能看出来的,这说明分布律虽然完整地描述了随机变量,但太详细了反而不清楚,它不够集中地反映它的情况,因此,有必要找到一些量来更集中,更概括地描述随机变量.

分析:计算甲的平均成绩为

$$\frac{8\times 8+9\times 80+10\times 12}{100}=8\times\frac{8}{100}+9\times\frac{80}{100}+10\times\frac{12}{100}=9.04.$$

计算乙的平均成绩为

$$\frac{8\times20+9\times60+10\times20}{100}=8\times\frac{20}{100}+9\times\frac{60}{100}+10\times\frac{20}{100}=9.$$

所以甲的成绩好于乙的成绩.

对于甲来说,$\frac{8}{100}$、$\frac{80}{100}$、$\frac{12}{100}$分别是 8 环、9 环、10 环的概率;对于乙来说,$\frac{20}{100}$、$\frac{60}{100}$、$\frac{20}{100}$分别是 8 环、9 环、10 环的概率.

案例 11.12 两个赌徒各有赌本 a 元,约定谁先赢满 5 局,谁就获得全部赌金 $2a$ 元. 假定两人在每局中取胜的机会是相等的,赌了半天,A 赢了 4 局,B 赢了 3 局,时间很晚了, 他们都不想再赌下去. 那么,这个赌金应该怎么分?

分析:是不是把钱分成 7 份,赢了 4 局的就拿 4 份,赢了 3 局的就拿 3 份呢? 或者,因为最早说的是满 5 局,而谁也没达到,所以就一人分一半呢? 其实这两种分法都不对. 正确的答案是:赢了 4 局的拿全部赌金的$\frac{3}{4}$,赢了 3 局的拿这个赌金的$\frac{1}{4}$.

为什么呢? 假定他们俩再赌一局,或者 A 赢,或者 B 赢. 若是 A 赢满了 5 局,钱应该全归他;A 如果输了,即 A、B 各赢 4 局,这个钱应该对半分. 现在 A 赢、输的可能性都是$\frac{1}{2}$,所以他拿的赌金应该是$\frac{1}{2}\times2a+\frac{1}{2}\times\frac{1}{2}\times2a=\frac{3}{2}a$ 当然,B 就应该得$\frac{1}{2}a$.

由以上两个案例我们得到了概率论当中一个重要的概念——数学期望.

一、数学期望

1. 离散型随机变量的数学期望

微课

定义 11.18 设离散型随机变量 X 的分布律为 $P(X=x_i)=p_i(i=1,2,\cdots)$,若 $\sum_i x_i p_i$ 绝对收敛,则称 $\sum_i x_i p_i$ 为离散型随机变量 X 的**数学期望**,简称**期望**(或**均值**),记为 $E(X)$,即

$$E(X)=\sum_i x_i p_i.$$

一般地,若 $Y=g(X)$,则

$$E(Y)=E[g(X)]=\sum_i g(x_i)p_i.$$

【例 11.30】 设随机变量 X 的概率分布为

$$X\sim\begin{pmatrix}3 & 4 & 5 \\ \frac{1}{10} & \frac{3}{10} & \frac{3}{5}\end{pmatrix},$$

求 $E(X),E(X^2),E(2X-5)$.

解 $E(X)=3\times\frac{1}{10}+4\times\frac{3}{10}+5\times\frac{3}{5}=4.5,$

$E(X^2)=3^2\times\frac{1}{10}+4^2\times\frac{3}{10}+5^2\times\frac{3}{5}=20.7,$

$$E(2X-5)=(2\times3-5)\times\frac{1}{10}+(2\times4-5)\times\frac{3}{10}+(2\times5-5)\times\frac{3}{5}=4.$$

2. 连续型随机变量的数学期望

定义 11.19 设连续型随机变量 X 的概率密度是 $f(x)$,若积分 $\int_{-\infty}^{+\infty}|x|f(x)\mathrm{d}x$ 收敛,则称积分 $\int_{-\infty}^{+\infty}xf(x)\mathrm{d}x$ 为随机变量 X 的**数学期望**,记为 $E(X)$,即

$$E(X)=\int_{-\infty}^{+\infty}xf(x)\mathrm{d}x.$$

一般地,若 $Y=g(X)$,则

$$E(Y)=E[g(X)]=\int_{-\infty}^{+\infty}g(x)f(x)\mathrm{d}x.$$

【例 11.31】 设随机变量 X 服从均匀分布,密度函数为 $f(x)=\begin{cases}\dfrac{1}{a},&0<x<a,\\0,&\text{其他,}\end{cases}$ 求 $E(X),E(5X^2)$.

解 $E(X)=\int_{-\infty}^{+\infty}xf(x)\mathrm{d}x=\int_{0}^{a}x\cdot\dfrac{1}{a}\mathrm{d}x=\dfrac{a}{2};$

$E(5X^2)=\int_{-\infty}^{+\infty}5x^2f(x)\mathrm{d}x=\int_{0}^{a}5x^2\cdot\dfrac{1}{a}\mathrm{d}x=\dfrac{5}{3}a^2.$

3. 数学期望的性质

性质 11.1 设 c 为常数,则 $E(c)=c$.
性质 11.2 设 k 为常数,则 $E(kX)=kE(X)$.
性质 11.3 设 a,b 为常数,则 $E(aX+b)=aE(X)+b$.

【例 11.32】 设 X,Y 为随机变量,且已知 $E(X)=3,E(Y)=4$,求 $E(3X+1),E(4X-2Y)$.

解 $E(3X+1)=E(3X)+E(1)=3E(X)+1=10,$
$E(4X-2Y)=4E(X)-2E(Y)=4.$

二、方差

微课

1. 方差的概率

随机变量的数学期望体现了随机变量取值的平均大小,是分布的最重要的和最基本的数字特征,但只知道数学期望还远远不够.

案例 11.13 已知一批零件的平均长度服从某一分布,它的期望 $E(X)=20$ cm,仅仅由这样的一个指标还不能断定这批零件的长度是否合格,这是因为可能其中一部分长度比较长,而另一部分的长度比较短,它们的平均数也可能是 20 cm. 为了评定这批零件的长度是否合格,还应该考察零件长度与平均长度的偏离程度. 若偏离较小,说明这批零件的长度基本稳定在它的期望附近,整体质量比较好;反之,若偏离较大,说明这批零件的长度参差不

齐,整体质量比较差. 那么到底如何考虑随机变量 X 与期望 $E(X)$ 之间的偏离程度呢?

我们知道 $X-E(X)$ 有正有负,$E[X-E(X)]$ 正负相抵会掩盖其真实性. 所以想到应该用 $E|X-E(X)|$ 来度量它们之间的偏离程度,但因为有绝对值,运算不方便,因此常用其平方来运算,即 $E[X-E(X)]^2$. 下面引进方差概念.

定义 11.20 设 X 是随机变量,若 $E[X-E(X)]^2$ 存在,则称 $E[X-E(X)]^2$ 为 X 的**方差**,记为 $D(X)$. 称 $\sqrt{D(X)}$ 为 X 的**标准差**.

若 X 是离散型随机变量,则
$$D(X) = E[X-E(X)]^2 = \sum_k [x_k - E(X)]^2 \cdot p_k.$$

若 X 是连续型随机变量,则
$$D(X) = E[X-E(X)]^2 = \int_{-\infty}^{+\infty} [x-E(X)]^2 f(x) dx.$$

上述两个式子经过运算后,方差的计算公式也可以写成
$$D(X) = E(X^2) - [E(X)]^2.$$

【例 11.33】 设随机变量 X 的概率分布为

X	3	4	5
P	$\frac{1}{10}$	$\frac{3}{10}$	$\frac{3}{5}$

,求 $D(X)$.

解 因为
$$E(X) = 3 \times \frac{1}{10} + 4 \times \frac{3}{10} + 5 \times \frac{3}{5} = 4.5,$$
$$E(X^2) = 3^2 \times \frac{1}{10} + 4^2 \times \frac{3}{10} + 5^2 \times \frac{3}{5} = 20.7,$$

所以
$$D(X) = E(X^2) - [E(X)]^2 = 20.7 - 4.5^2 = 0.45.$$

【例 11.34】 已知标准正态分布 X 的密度函数为 $f(x) = \frac{1}{\sqrt{2\pi}} e^{-\frac{x^2}{2}}$,求 $D(X)$.

解 $E(X) = \int_{-\infty}^{+\infty} \frac{x}{\sqrt{2\pi}} e^{-\frac{x^2}{2}} dx = 0,$

$$E(X^2) = \int_{-\infty}^{+\infty} \frac{x^2}{\sqrt{2\pi}} e^{-\frac{x^2}{2}} dx = -\int_{-\infty}^{+\infty} \frac{x}{\sqrt{2\pi}} de^{-\frac{x^2}{2}}$$
$$= -\frac{x}{\sqrt{2\pi}} de^{-\frac{x^2}{2}} \Big|_{-\infty}^{+\infty} + \int_{-\infty}^{+\infty} \frac{1}{\sqrt{2\pi}} e^{-\frac{x^2}{2}} dx = 0 + 1 = 1,$$

于是
$$D(X) = E(X^2) - [E(X)]^2 = 1 - 0 = 1.$$

2. 方差的性质

性质 11.5 设 c 为常数,则 $D(c) = 0$.

性质 11.6 设 k 为常数,则 $D(kX) = k^2 D(X)$.

性质 11.7 设 a, b 为常数,则 $D(aX+b) = a^2 D(X)$.

【例 11.35】 设离散型随机变量 X 的分布律为

X	-1	0	0.5	1	2
P	0.1	0.5	0.1	0.1	0.2

求 $D(X), D(2X+1)$.

解:$E(X)=(-1)\times 0.1+0\times 0.5+0.5\times 0.1+1\times 0.1+2\times 0.2=0.45$,

$E(X)^2=(-1)^2\times 0.1+0^2\times 0.5+(0.5)^2\times 0.1+1^2\times 0.1+2^2\times 0.2=1.025$

$D(X)=E(X^2)-E^2(X)=1.025-(0.45)^2=0.8225$

$D(2X+1)=4D(X)=4\times 0.8225=3.29$.

数学期望和方差在概率统计中经常用到,为了便于应用,将常用分布的数学期望和方差汇集于表 11.2.

表 11.2 常用分布的数字特征

名称	概率分布或密度函数	参数范围	数学期望	方差
两点分布 $X\sim(0-1)$	$P(X=1)=p, P(X=0)=q$	$0<p<1, p+q=1$	p	pq
二项分布 $X\sim B(n,p)$	$P(X=k)=C_n^k p^k(1-p)^{n-k}$ $(k=0,1,2,\cdots,n)$	$0<p<1, q=1-p,$ $n\in \mathbf{N}$	np	npq
泊松分布 $X\sim P(\lambda)$	$P(X=k)=\dfrac{\lambda^k}{k!}e^{-\lambda}$ $(k=0,1,2,\cdots)$	$\lambda>0$	λ	λ
均匀分布 $X\sim U(a,b)$	$f(x)=\begin{cases}\dfrac{1}{b-a}, a\leqslant x\leqslant b,\\ 0, \text{其他}\end{cases}$	$a<b$	$\dfrac{a+b}{2}$	$\dfrac{(b-a)^2}{12}$
指数分布 $X\sim E(\lambda)$	$f(x)=\begin{cases}\lambda e^{-\lambda x}, x>0,\\ 0, x\leqslant 0\end{cases}$	$\lambda>0$	$\dfrac{1}{\lambda}$	$\dfrac{1}{\lambda^2}$
正态分布 $X\sim N(\mu,\sigma^2)$	$f(x)=\dfrac{1}{\sqrt{2\pi}\sigma}e^{-\frac{(x-\mu)^2}{2\sigma^2}}$	$-\infty<\mu<+\infty,$ $\sigma>0$	μ	σ^2

注意:随机变量的数字特征除了数学期望和方差之外,还有众数、中位数、矩等. 若 $E(X^k)$(k 为正整数)存在,则称它为随机变量 X 的 k 阶原点矩;若 $E[X-E(X)]^k$($k\geqslant 2$ 为正整数)存在,则称它为随机变量 X 的 k 阶中心矩. 数学期望 $E(X)$ 是 X 的一阶原点矩;方差 $D(X)$ 是 X 的二阶中心矩.

三、中心极限定理

在实际中有许多随机变量,它们是大量的相互独立的随机因素的综合影响所形成的,而其中的每个个别因素在总的影响中所起的作用都是微小的,这种随机变量往往近似地服从正态分布. 这种现象就是中心极限定理的客观背景. 下面我们只列出常用的两个中心极限定理,不作证明.

定理 11.6(莱维-林德伯格中心极限定理) 设随机变量 $X_1, X_2, \cdots, X_k, \cdots$ 相互独立并服从同一分布,且具有相同的数学期望和方差

$$E(X_k)=\mu, D(X_k)=\sigma^2\neq 0 (k=1,2,\cdots),$$

则随机变量

的分布函数 $F_n(x)$ 对任意的 x 满足

$$\lim_{n\to\infty}F_n(x)=\lim_{n\to\infty}P\left\{X_n=\frac{\sum_{k=1}^{n}X_k-n\mu}{\sqrt{n}\sigma}<x\right\}=\int_{-\infty}^{x}\frac{1}{\sqrt{2\pi}}e^{-\frac{t^2}{2}}dt.$$

这就是说明数学期望为 μ 和方差为 σ^2 的独立同分布的随机变量 $X_1,X_2,\cdots,X_k,\cdots$，当 n 充分大时，不管 $X_1,X_2,\cdots,X_n$ 同服从什么分布，这些随机变量之和 $\sum_{k=1}^{n}X_k$ 的标准化变量近似地服从标准正态分布，即

$$X_n=\frac{\sum_{k=1}^{n}X_k-n\mu}{\sqrt{n}\sigma}\sim N(0,1).$$

在一般情况下，很难求出 n 个随机变量之和的概率分布的确切形式，定理 11.6 告诉我们，当 n 充分大时，可以通过标准正态分布给出其近似形式.

【例 11.36】 检查员逐个地检查某种产品，每次花 10 秒检查一个，但也可能有的产品需要重复检查再用 10 秒. 假设每个产品需要重复检查的概率为 0.5，求在 8 小时内检查的产品多于 1 900 个的概率.

解 设 A_k 为事件"第 k 个产品没有重复检查"，T_k 为检查第 k 个产品所需要的时间，则 $T_1,T_2,\cdots,T_n$ 为独立同分布的随机变量，$T=\sum_{k=1}^{n}T_k$ 为检查 n 个产品所需要的总时间，因为

$$T_k=\begin{cases}10,&\text{事件 }A_k\text{ 发生,}\\20,&\text{事件 }A_k\text{ 没有发生,}\end{cases}$$

且 $P(A_k)=\frac{1}{2}$，所以

$$\mu=E(T_k)=10\times0.5+20\times0.5=15,$$
$$\sigma^2=E(T_k^2)-[E(T_k)]^2=100\times0.5+400\times0.5-15^2=25,$$
$$T=\sum_{k=1}^{n}T_k=8\times60\times60=28\,800.$$

由定理 11.6 知

$$\lim_{n\to\infty}P\left\{\frac{T-1\,900\times15}{\sqrt{1\,900}\times5}\leqslant\frac{28\,800-1\,900\times15}{\sqrt{1\,900}\times5}\right\}=\lim_{n\to\infty}P\left\{\frac{T-28\,500}{\sqrt{19}\times50}\leqslant\frac{300}{\sqrt{19}\times50}\right\}$$
$$\approx\Phi\left(\frac{6}{\sqrt{19}}\right)=0.916\,2.$$

二项分布 $B(n,p)$ 也是概率论中的一种重要分布，而且二项分布可以看成 n 个独立的 $(0-1)$ 分布的和

$$X=X_1+X_2+\cdots+X_k+\cdots+X_n,$$

其中 X_k 服从 $(0-1)$ 分布. 把上述定理应用于 n 个独立的 $(0-1)$ 分布的情况，就是下面的定理.

定理 11.7（德莫佛-拉普拉斯中心极限定理） 设随机变量 X 服从二项分布 $B(n,p)$，则对任意的 x，有

$$\lim_{n\to\infty}P\left\{\frac{X-np}{\sqrt{np(1-p)}}<x\right\}=\int_{-\infty}^{x}\frac{1}{\sqrt{2\pi}}e^{-\frac{t^2}{2}}dt.$$

这个定理表明当 n 充分大时，二项分布近似于正态分布，这个结果不仅有理论意义，而且可以简化计算.

【例 11.37】 已知某产品的次品率为 0.1，试求 1 000 件该产品中次品在 100 至 110 件之间的概率.

解 设 X 为 1 000 件产品中的次品数，则 $X\sim B(1\,000,0.1)$，

$$E(X)=np=1\,000\times0.1=100,$$
$$D(X)=np(1-p)=1\,000\times0.1\times0.9=90,$$

则由定理 11.7 得

$$P(100<X<110)=P\left(\frac{100-100}{\sqrt{90}}<\frac{X-100}{\sqrt{90}}<\frac{110-100}{\sqrt{90}}\right)$$
$$=P\left(0<\frac{X-100}{\sqrt{90}}<1.05\right)$$
$$=\Phi(1.05)-\Phi(0)=0.853\,1-0.5=0.353\,1.$$

习题 11.3

1. 设随机变量 X 的概率分布为

X	-2	0	1	3
P_i	1/3	1/2	1/12	1/12

求：(1) $E(-X+1)$；(2) $E(2X^3+5)$.

2. 设随机变量 $X\sim U\left(0,\dfrac{\pi}{2}\right)$，求 $E(2X+1)$，$E(\cos X)$.

3. 设随机变量 X 的密度函数为

$$f(x)=\begin{cases}\int_a^b\dfrac{1}{\pi}\dfrac{1}{\sqrt{1-x^2}}dx, & -1<x<1,\\ 0, & \text{其他},\end{cases}$$

求 $E(X),D(X)$.

4. 设随机变量 $X\sim B(n,p)$，$E(X)=2.4$，$D(X)=1.44$，求 n 和 p.

5. 设随机变量 $X\sim N(1,2)$，$Y\sim N(2,1)$，且 X,Y 相互独立，求 $E(3X-Y+4)$，$D(X-Y)$.

6. 设随机变量 X 的密度函数为

$$f(x)=\begin{cases}1+x, & -1\leqslant x<0,\\ 1-x, & 0<x<1,\\ 0, & \text{其他},\end{cases}$$

求 $E(X), D(X), E(2X-1), D(2X-1)$.

7. 设随机变量 X 的概率密度为

$$f(x)=\begin{cases} ax^2+bx+c, & 0<x<1, \\ 0, & \text{其他}, \end{cases}$$

且已知 $E(X)=0.5, D(X)=0.15$, 求系数 a, b, c.

8. 设活塞的直径(单位:厘米) X 随从正态分布 $N(22.40, 0.03^2)$, 汽缸的直径 Y 服从正态分布 $N(22.50, 0.04^2)$, X 和 Y 相互独立, 现任取一批活塞和一个汽缸, 求活塞能装入汽缸的概率.

9. 一船舶在某航海区航行, 已知每遭受一次波浪的冲击, 纵摇角度大于 3 度的概率为 $\frac{1}{3}$, 若船舶遭受了 90 000 次波浪的冲击, 问其中有 29 500 至 30 500 次纵摇角度大于 3 度的概率是多少?

第四节　样本及抽样分布

学习目标

1. 理解总体、样本和统计量的概念.
2. 掌握常用统计量的计算.
3. 知道 χ^2 分布、t 分布、F 分布, 会查表.

通过前面的学习, 学会了用随机事件或随机变量来描述随机现象. 注意到, 概率论中研究随机变量时, 总是假设随机变量的概率分布或某些数字特征为已知, 而在实际问题中, 随机变量的概率分布或某些数字特征往往不知道或知道的很少, 这时如何用概率知识来分析处理这些问题呢? 通常的做法是, 对要研究的随机现象进行观察和试验, 从中收集一些与我们研究的问题有关的数据, 以此对随机现象的客观规律做出推断. 由于只能依靠有限的数据去推断总体的规律, 因而所作出的结论不可能绝对准确, 总带有一定的不确定性. 在数理统计学中, 这种方法就称为统计推断.

一、总体、样本、统计量

1. 总体和样本

案例 11.14　考察某市职工的年收入情况.

案例 11.15　灯泡厂一天生产 5 万个 25 瓦白炽灯泡, 按规定, 使用寿命不足 1 000 小时的为次品. 考察这批灯泡的质量情况.

上述两个案例都有一个共同的特点, 就是为了研究某个对象的性质, 不是一一研究对象包含的全部个体, 而是只研究其中的一部分, 通过对这部分个体的研究, 推断全体对象的性质, 这就引出了总体和样本的概念.

在数理统计中, 将所研究对象的某个特性指标的全体称为**总体**, 记为 X; 组成总体的基本单位称为**个体**,从总体中抽取出来的个体称为**样品**.若干个样品组成的集合称为**样本**.一个样本中所含样品的个数 n 称为**样本容量**.由 n 个样品组成的样本用 $X_1, X_2, \cdots, X_n$ 表示. $X_1, X_2, \cdots, X_n$ 是一组独立且与总体 X 同分布的随机变量,称为**简单随机样本**.样品的一个测试观测值称为**样品值**.组成样本的若干个样品的测试观测值称为**样本值**,记为 $x_1, x_2, \cdots, x_n$.容量为有限的总体称为**有限总体**,容量为无限的总体称为**无限总体**.

如案例 11.14 中某市职工的年收入构成一个总体,每一位职工的年收入是一个个体,总体中抽取出来的每一位职工的收入是一个样品,所有抽取出来的职工收入构成一个样本.案例 11.15 中该天生产 5 万个 25 瓦白炽灯泡的全体使用寿命组成一个总体,每一个灯泡使用寿命是总体中的一个个体,所抽取出来的灯泡使用寿命组成一个样本.

在实际中,总体分布一般是未知的,或只是知道它具有某种形式而其中还包含着未知参数.在数理统计中,人们都是通过从总体中抽取一部分个体,根据获得的数据来对总体分布做出推断.对于有限总体,采用放回抽样就能得到简单随机样本,但放回抽样使用起来不方便,当总体的总数比要得到的样本容量大得多时,在实际中可将不放回抽样近似地当作放回抽样来处理.至于无限总体,因抽取一个个体不影响它的分布,所以总是用不放回抽样.目的是要根据测到的样本值对总体的某些特性进行估计、推断,这就需要对样本的抽取提出一些要求.因为独立观察是一种最简单的观察方法,所以自然要求样本是相互独立的随机变量;又因为选取的样本对总体来说具有代表性,所以要求每个样品必须与总体具有相同的概率分布.因此,今后我们提到的样本,都是指简单随机样本,即是一组独立且同分布的随机变量.怎样才能知道简单的随机样本呢?通常样本的容量相对于总体的数目都是很小的,取了一个样品,再取一个,总体分布可以认为毫无变化,因此样品之间彼此是相互独立的且同分布.

2. 统计量

数理统计中的任务就是对样本值进行加工、分析,然后得出结论来说明总体.为了把总体中样本所包含的我们所关心的信息都集中起来,就需要针对不同的问题构造出样本的某种函数,这种函数在数理统计中称为统计量.

定义 11.21 设 $X_1, X_2, \cdots, X_n$ 是总体 X 的样本,则样本的不含任何未知参数的连续函数 $f(X_1, X_2, \cdots, X_n)$ 称为样本 $X_1, X_2, \cdots, X_n$ 的一个**统计量**.称 $f(x_1, x_2, \cdots, x_n)$ 为统计量 $f(X_1, X_2, \cdots, X_n)$ 的一个观测值.

例如:设 $X_1, X_2, \cdots, X_n$ 是总体 $N(\mu, \sigma^2)$ 的样本,若 μ, σ^2 未知,则 $X_2 + \mu$, $\sum_{i=1}^{n} \frac{X_i}{\sigma}$ 都不是统计量,而 $\min\{X_1, X_2, \cdots, X_n\}$, $X_1 + X_2 + \cdots + X_n$ 是统计量.统计量 $f(X_1, X_2, \cdots, X_n)$ 是随机变量 $X_1, X_2, \cdots, X_n$ 的函数,因而统计量是随机变量.

下面给出一些常用的统计量.

设 $X_1, X_2, \cdots, X_n$ 是来自总体 X 的一个样本, $x_1, x_2, \cdots, x_n$ 是这一样本的一组观测值.

(1) **样本均值**: $\overline{X} = \frac{1}{n} \sum_{i=1}^{n} X_i$,其观测值为 $\overline{x} = \frac{1}{n} \sum_{i=1}^{n} x_i$.

(2) **样本方差**: $S^2 = \frac{1}{n-1} \sum_{i=1}^{n} (X_i - \overline{X})^2 = \frac{1}{n-1} \left(\sum_{i=1}^{n} X_i^2 - n\overline{X}^2 \right)$,其观测值为

$$s^2 = \frac{1}{n-1}\sum_{i=1}^{n}(x_i - \overline{x})^2.$$

(3) **样本标准差**：$S = \sqrt{S^2} = \sqrt{\dfrac{1}{n-1}\sum_{i=1}^{n}(X_i - \overline{X})^2}$，其观测值为 $s = \sqrt{\dfrac{1}{n-1}\sum_{i=1}^{n}(x_i - \overline{x})^2}$.

(4) **k 阶样本原点矩**：$A_k = \dfrac{1}{n}\sum_{i=1}^{n}X_i^k$，其观测值为 $\dfrac{1}{n}\sum_{i=1}^{n}x_i^k (k=1,2,\cdots)$.

(5) **k 阶样本中心矩**：$B_k = \dfrac{1}{n}\sum_{i=1}^{n}(X_i - \overline{X})^k$，其观察值为 $b_k = \dfrac{1}{n}\sum_{i=1}^{n}(x_i - \overline{x})^k (k=2,3,\cdots)$.

注意：样本均值是一阶样本原点矩，但样本方差不是二阶样本中心矩.

【**例 11.38**】 从总体 X 中抽取容量为 10 的样本，其观测值分别为 54，67，68，78，70，66，67，70，65，69，求样本均值和样本方差的观测值.

解 $\overline{x} = \dfrac{1}{n}\sum_{i=1}^{n}x_i = \dfrac{1}{10}(54+67+68+78+70+66+67+70+65+69) = 67.4$,

$$s^2 = \frac{1}{n-1}\sum_{i=1}^{n}(x_i - \overline{x})^2$$

$$= \frac{1}{10-1}\big[(54-67.4)^2 + (67-67.4)^2 + (68-67.4)^2 + (78-67.4)^2 +$$

$$(70-67.4)^2 + (66-67.4)^2 + (67-67.4)^2 + (70-67.4)^2 +$$

$$(65-67.4)^2 + (69-67.4)^2\big]$$

$$= 35.2.$$

定理 11.8 设总体 $X \sim U(\mu, \sigma^2)$，则样本均值 $\overline{X} \sim N\left(\mu, \dfrac{\sigma^2}{n}\right)$.

证明 $E(\overline{X}) = E\left(\dfrac{1}{n}\sum_{i=1}^{n}X_i\right) = \dfrac{1}{n}E\left(\sum_{i=1}^{n}X_i\right) = \dfrac{1}{n}\cdot n\cdot\mu = \mu$,

$D(\overline{X}) = D\left(\dfrac{1}{n}\sum_{i=1}^{n}X_i\right) = \dfrac{1}{n^2}D\left(\sum_{i=1}^{n}X_i\right) = \dfrac{1}{n^2}\cdot n\cdot\sigma^2 = \dfrac{\sigma^2}{n}$,

所以样本均值 $\overline{X} \sim N\left(\mu, \dfrac{\sigma^2}{n}\right)$.

注意：$\dfrac{\overline{X} - \mu}{\sigma/\sqrt{n}} \sim N(0,1)$，记 $U = \dfrac{\overline{X} - \mu}{\sigma/\sqrt{n}}$，当 μ, σ 已知时，称统计量 $U = \dfrac{\overline{X} - \mu}{\sigma/\sqrt{n}}$ 为 U 统计量.

二、抽样分布

统计量的分布称为**抽样分布**，在使用统计量进行推断时常需要知道它的分布. 但总体的分布函数已知时，抽样分布是确定的，然而要求出统计量的精确分布，一般来说是困难的. 下面介绍来自正态分布总体的几个常用的分布，即 χ^2 分布、t 分布和 F 分布.

1. χ^2 分布

定义 11.22 设 $X_1, \cdots, X_n$ 是来自总体 $N(0,1)$ 的样本，则称统计量

$$\chi^2 = \sum_{i=1}^{n} X_i^2 \qquad (11.1)$$

服从自由度为 n 的 χ^2 **分布**，记为 $\chi^2 \sim \chi^2(n)$.

此处，自由度指的是式(11.1)右端包含的独立变量的个数. χ^2 分布的密度函数 $f(x)$ 的图像与自由度 n 有关(如图11.12).

定义 11.23 对于给定的正数 $\alpha(0<\alpha<1)$，称满足

$$P\{X \geqslant \chi_\alpha^2(n)\} = \int_{\chi_\alpha^2(n)}^{+\infty} f(x)\mathrm{d}x = \alpha$$

图 11.12

的点 $\chi_\alpha^2(n)$ 为 $\chi^2(n)$ 分布的**上 α 分位点**(或**临界值**)(如图 11.13).

对于不同的 α 和 n，上 α 分位点的值已经制成表格(参见附表三)，可以查用.

【**例 11.39**】 查 χ^2 分布表，写出 $\chi_{0.05}^2(25)$ 的值.

解 $\alpha = 0.05, n = 25$，查得 $\chi_{0.05}^2(25) = 37.652$.

图 11.13

定理 11.9 设 $X_1, X_2, \cdots, X_k$ 是总体 $N(\mu, \sigma^2)$ 的样本，$\overline{X}, S^2$ 分别是样本均值与样本方差，则有

(1) $\dfrac{(n-1)S^2}{\sigma^2} \sim \chi^2(n-1)$；

(2) $\overline{X}, S^2$ 相互独立.

定理证明从略.

【**例 11.40**】 在正态总体 $X \sim N(80, 9)$ 中，随机抽取一个样本容量为 36 的样本，求：

(1) 样本均值 $\overline{X}$ 的分布；

(2) $\overline{X}$ 落在区间 $[79, 80.5]$ 内的概率.

解 (1) 因为 $X \sim N(80, 9)$，$\mu = 80, \sigma^2 = 3^2, n = 36$，由定理 11.8 得到

$$\overline{X} \sim N(80, 0.5^2).$$

(2) 因为 $\overline{X} \sim N(80, 0.5^2)$，所以

$$\begin{aligned}
P(79 \leqslant \overline{X} \leqslant 80.5) &= P\left(\frac{79-80}{0.5} \leqslant \frac{\overline{X}-\mu}{\sigma} \leqslant \frac{80.5-80}{0.5}\right) \\
&= \Phi\left(\frac{80.5-80}{0.5}\right) - \Phi\left(\frac{79-80}{0.5}\right) \\
&= \Phi(1) - \Phi(-2) \\
&= \Phi(1) - 1 + \Phi(2) = 0.8185.
\end{aligned}$$

2. t 分布

定义 11.24 设 $X \sim N(0,1), Y \sim \chi^2(n)$，且 X, Y 相互独立，则称随机变量

$$t = \frac{X}{\sqrt{Y/n}}$$

服从自由度为 n 的 t **分布**，记为 $t \sim t(n)$.

t 分布又称为学生氏分布,它的概率密度函数 $f(x)$ 的图形关于直线 $x=0$ 对称,其函数图形与标准正态分布的密度函数图形类似(如图 11.14).当 n 很大时,t 分布近似服从标准正态分布,即

$$\lim_{n\to\infty}f(x)=\varphi(x)=\frac{1}{\sqrt{2\pi}}e^{-\frac{x^2}{2}}\ (-\infty<x<\infty),$$

但对于小的样本容量,t 分布与标准正态分布相差很大.

图 11.14

定义 11.24 对于给定的 $\alpha(0<\alpha<1)$,称满足条件

$$P(t\geqslant t_\alpha(n))=\int_{t_\alpha(n)}^{+\infty}f(t)\mathrm{d}t=\alpha$$

的点 $t_\alpha(n)$ 为 t 分布的**上 α 分位点**(或**单侧临界值**),称满足条件

$$P(|t|\geqslant t_{\frac{\alpha}{2}}(n))=\int_{-\infty}^{-t_{\frac{\alpha}{2}}(n)}f(t)\mathrm{d}t+\int_{t_{\frac{\alpha}{2}}(n)}^{+\infty}f(x)\mathrm{d}t=\alpha$$

的点 $t_{\frac{\alpha}{2}}(n)$ 为 t 分布的**双侧分位点**(或**双侧临界值**).t 分布上 α 分位点可由附表四查得.上 α 分位点、双侧分位点的几何意义分别如图 11.15、图 11.16 所示.

图 11.15　　　　　图 11.16

由 t 分布上 α 分位点的定义及概率密度函数图形的对称性知

$$t_{1-\alpha}(n)=-t_\alpha(n).$$

【例 11.41】 设随机变量 $t\sim t_{0.05}(25)$,查表求 $t_{0.05}(25)$ 的值.

解 查附表四,得 $t_{0.05}(25)=1.7081$.即

$$P(t\geqslant t_{0.05}(25))=\int_{1.7081}^{+\infty}f(t)\mathrm{d}t=0.05.$$

定理 11.10 设 $X_1,X_2,\cdots,X_n(n\geqslant 2)$ 是总体 $N(\mu,\sigma^2)$ 的样本,$\overline{X},S^2$ 分别是样本均值与样本方差,则有

$$T=\frac{\overline{X}-\mu}{S/\sqrt{n}}\sim t(n-1).$$

其中 $T=\dfrac{\overline{X}-\mu}{S/\sqrt{n}}$ 称为自由度为 $(n-1)$ 的 **T 统计量**.

3. F 分布

定义 11.26 设 $X \sim \chi^2(n_1), Y \sim \chi^2(n_2)$，且 X, Y 相互独立，则称随机变量

$$F = \frac{X/n_1}{Y/n_2}$$

服从自由度为 (n_1, n_2) 的 F 分布，记为 $F \sim F(n_1, n_2)$.

F 分布的密度函数图形如图 11.17 所示，图中曲线随 n_1, n_2 取值不同而变化.

定义 11.27 对 $0 < \alpha < 1$，称满足条件

$$P(F \geqslant F_\alpha(n_1, n_2)) = \int_{F_\alpha(n_1, n_2)}^{+\infty} f(x) \mathrm{d}x = \alpha$$

的点 $F_\alpha(n_1, n_2)$ 为 $F(n_1, n_2)$ 分布的上 α 分位点（或临界值）（如图 11.18）.

F 分布上 α 分位点可由附表五查得.

图 11.17

图 11.18

【例 11.42】 查 F 分布表，求 $F_{0.05}(4, 6)$ 的值.

解 经查附表五，得 $F_{0.05}(4, 6) = 4.53$.

F 分布的上 α 分位点有如下性质：

$$F_\alpha(n_1, n_2) = \frac{1}{F_{1-\alpha}(n_2, n_1)}.$$

利用此式可以求出 F 分布表中没有列出的某些值. 例如 $F_{0.90}(12, 15)$，查表得 $F_{0.10}(15, 12) = 2.10$，所以

$$F_{0.90}(12, 15) = \frac{1}{F_{0.10}(15, 12)} = \frac{1}{2.10} = 0.476.$$

定理 11.11 设 $X_1, X_2, \cdots, X_{n_1}$ 是总体 $N(\mu_1, \sigma_1^2)$ 的样本，$Y_1, Y_2, \cdots, Y_{n_2}$ 是总体 $N(\mu_2, \sigma_2^2)$ 的样本，且两样本相互独立，$\overline{X}, \overline{Y}, S_1^2, S_2^2$ 分别是两样本均值与样本方差，则有

$$F = \frac{\sigma_2^2 S_1^2}{\sigma_1^2 S_2^2} \sim F(n_1 - 1, n_2 - 1).$$

定理证明从略.

习题 11.4

1. 设总体 X 服从两点分布 $B(1, p)$，其中 p 是未知参数，$X_1, \cdots, X_5$ 是来自 X 的简单随机样本. 试指出 $X_1 + X_2, \max\limits_{1 \leqslant i \leqslant 5} X_i, X_5 + 2p, (X_5 - X_1)^2$ 之中哪些是统计量，哪些不是统计量，为什么？

2. 已知样本观测值为

15.8 24.2 14.5 17.4 13.2 20.8 17.9 19.1 21.0 18.5 16.4 22.6

计算样本均值、样本方差与样本二阶中心矩的观测值.

3. 设总体 $X \sim N(0,1)$,$X_1,X_2,\cdots,X_{25}$ 为总体的一个样本,试问:

(1) 样本均值 $\overline{X}$ 服从什么分布?

(2) $\overline{X}$ 落在 $(-0.4,0.2)$ 之间的概率.

4. 在总体 $N(12,4)$ 中随机抽出一容量为 5 的样本 $X_1,\cdots,X_5$,求样本均值与总体均值之差的绝对值小于 1 的概率.

5. 已知总体的数学期望 $\mu=50$,标准差 $\sigma=300$,$\overline{X}$ 为来自总体的容量为 100 的均值,试求 $\overline{X}$ 的数学期望和标准差.

6. 某厂生产的灯泡使用寿命 $X \sim N(2\,250,250^2)$,现进行质量检查,方法如下:任意挑选若干个灯泡,如果这些灯泡的平均寿命超过 2 200 小时,就认为该厂生产的灯泡质量合格.若要使检查能通过的概率超过 0.997,问至少应该检查多少只灯泡?

7. 查表求 $\chi^2_{0.99}(12)$,$\chi^2_{0.01}(12)$,$t_{0.99}(12)$,$t_{0.01}(12)$.

8. 设在总体 $N(\mu,\sigma^2)$ 种抽取一容量为 16 的样本,其中 μ,σ^2 均未知,求:

(1) $P\left(\dfrac{S^2}{\sigma^2} \leqslant 2.041\right)$,其中 S^2 为样本方差;

(2) $D(S^2)$.

9. 已知某种零件的重量服从 $N(9.6,0.3^2)$,从中任取 12 个进行检验,求下列事件的概率:

(1) 12 个零件的平均重量小于 9.4;

(2) 12 个零件的样本方差大于 0.36^2.

第五节　参数估计

学习目标

1. 理解参数的点估计的概念,掌握矩估计法.

2. 了解估计量的无偏性,有效性.

3. 了解区间估计的概念,熟练掌握求正态总体期望的置信区间.

在用数理统计方法解决实际问题时,常会碰到这类问题:由所得资料的分析能基本推断出总体的分布类型,比如其概率函数(密度或概率分布的统称)为 $f(X,\theta)$,但其中参数 θ 却未知,只知道 θ 的可能取值范围,这时需对 θ 作出估计或推断.这类问题称为参数估计问题.通常参数估计问题是通过样本估计出总体分布中的未知参数 θ 或 θ 的函数.参数估计根据估计的形式,又分为点估计和区间估计.

一、参数的点估计

设总体 X 的分布中含有未知参数 θ,θ 待估,$X_1,X_2,\cdots,X_n$ 是取自 X 的一个样本,x_1,

$x_2,\cdots,x_n$ 是相应的一个样本值. 如果构造一个统计量 $\hat{\theta}(X_1,X_2,\cdots,X_n)$，用它的估计值 $\hat{\theta}(x_1,x_2,\cdots,x_n)$ 来估计 θ，则称该统计量 $\hat{\theta}(X_1,X_2,\cdots,X_n)$ 为 θ 的**估计量**. 称 $\hat{\theta}(x_1,x_2,\cdots,x_n)$ 为的 θ **估计值**，估计值和估计量统称为 θ 的估计. 用一个统计量来估计未知参数的问题，称为参数的**点估计**. 求解点估计的方法很多，下面主要介绍矩估计法.

案例 11.16 某城市一天中着火现象次数 X 为一随机变量，若其服从以 $\lambda>0$ 为参数的泊松分布，参数 λ 未知，试用以下样本值来估计 λ.

着火次数 k	0	1	2	3	4	5	6
发生 k 次着火的天数	75	90	54	22	6	2	1

解 因为 $X\sim P(\lambda)$，所以 $\lambda=E(X)$，数学期望又是均值，所以我们想到用样本均值来估计总体均值，所以得到

$$\bar{x}=\frac{1}{250}(0\times 75+1\times 90+2\times 54+3\times 22+4\times 6+5\times 2+6\times 1)=1.22.$$

即 $\lambda=E(X)$ 的估计值为 1.22.

矩估计法就是利用样本 k 阶原点矩 $\frac{1}{n}\sum_{i=1}^{n}x_i^k$ $(k=1,2,\cdots)$ 去估计相应的总体矩 $E(X^k)$，用 k 阶样本中心矩 $\frac{1}{n}\sum_{i=1}^{n}(x_i-\bar{x})^k$ $(k=2,3,\cdots)$ 去估计相应的总体矩 $E[X-E(X)]^k$，建立估计量应满足的方程，从而求参数估计量.

【例 11.43】 设总体 X 在区间 $[0,\theta]$ 上服从均匀分布，其中 $\theta>0$ 是未知参数，如果取得样本观测值为 $x_1,x_2,\cdots,x_n$，求 θ 的矩估计值.

解 因为总体 X 的概率密度为

$$f(x,\theta)=\begin{cases}\dfrac{1}{\theta},0<x<\theta,\\ 0,\ \text{其他},\end{cases}$$

其中只有一个未知参数 θ，所以只需考虑总体 X 的一阶原点矩

$$E(X)=\int_0^{\theta}\frac{x}{\theta}\mathrm{d}x=\frac{\theta}{2}.$$

用样本一阶原点矩 $\frac{1}{n}\sum_{i=1}^{n}x_i$ 估计总体一阶原点矩 $E(X)$，即有

$$\frac{\hat{\theta}}{2}=\frac{1}{n}\sum_{i=1}^{n}x_i.$$

从而 θ 的矩估计值就是

$$\hat{\theta}=\frac{2}{n}\sum_{i=1}^{n}x_i=2\bar{x}.$$

【例 11.44】 设 $x_1,x_2,\cdots,x_n$ 是来自正态总体 $N(\mu,\sigma^2)$ 的一个样本值，试求 μ 和 σ^2 的矩估计值.

解 设正态总体 $X\sim N(\mu,\sigma^2)$，则 $E(X)=\mu, D(X)=\sigma^2$，则

$$\hat{\mu}=\bar{x}=\frac{1}{n}\sum_{i=1}^{n}x_i,$$

$$D(x) = E(x^2) - [E(x)]^2 = \frac{1}{n}\sum_{i=1}^{n} x_i^2 - \overline{x}^2.$$

得

$$\begin{cases} \hat{\mu} = \overline{x}, \\ \hat{\sigma}^2 = \frac{1}{n}\sum_{i=1}^{n} x_i^2 - \overline{x}^2 = \frac{1}{n}\sum_{i=1}^{n}(x_i - \overline{x})^2. \end{cases}$$

二、估计量的评价标准

对于同一个参数 θ,不同估计方法得到估计量可能不同.原则上任何统计量都可以作为未知参数的估计量,人们自然会问,采用哪一个估计量为好呢？这就涉及用什么样的标准来评价估计量的问题,下面只介绍两个常用的评价标准:无偏性、有效性.

1. 无偏性

定义 11.28 如果参数 θ 的估计量 $\hat{\theta}$ 满足 $E(\hat{\theta}) = \theta$,则称 $\hat{\theta}$ 为参数 θ 的**无偏估计量**.

【例 11.45】 设 $X_1, X_2, \cdots, X_n$ 是来自总体参数为 $\frac{1}{\theta}$ 的指数分布,其中 θ 未知,设有估计量

$$H_1 = \frac{1}{6}(X_1 + X_2) + \frac{1}{3}(X_3 + X_4),$$
$$H_2 = (X_1 + 2X_2 + 3X_4 + 4X_4)/5,$$
$$H_3 = (X_1 + X_2 + X_3 + X_4)/4,$$

指出 H_1, H_2, H_3 中哪几个是 θ 的无偏估计量？

解 因为样本 $X_1, X_2, \cdots, X_n$ 相互独立,且与总体 X 服从相同的分布,所以有 $E(X_i) = \theta (i = 1, 2, \cdots, n)$.

$$E(H_1) = E\left[\frac{1}{6}(X_1 + X_2) + \frac{1}{3}(X_3 + X_4)\right]$$
$$= \frac{1}{6}[E(X_1) + E(X_2)] + \frac{1}{3}[E(X_3) + E(X_4)]$$
$$= \frac{1}{6}(\theta + \theta) + \frac{1}{3}(\theta + \theta) = \theta,$$
$$E(H_2) = \frac{1}{5}E(X_1 + 2X_2 + 3X_3 + 4X_4)$$
$$= \frac{1}{5}[E(X_1) + E(2X_2) + E(3X_3) + E(4X_4)]$$
$$= \frac{1}{5}(\theta + 2\theta + 3\theta + 4\theta) = 2\theta,$$
$$E(H_3) = \frac{1}{4}E(X_1 + X_2 + X_3 + X_4)$$
$$= \frac{1}{4}[E(X_1) + E(X_2) + E(X_3) + E(X_4)]$$
$$= \frac{1}{4}(\theta + \theta + \theta + \theta) = \theta.$$

所以 H_1,H_3 为 θ 的无偏估计量.

【例 11.46】 设总体 X 的均值 $E(X)=\mu$,方差 $D(X)=\sigma^2$,证明:

(1) 样本均值是 $\overline{X}=\dfrac{1}{n}\sum\limits_{i=1}^{n}X_i$ 总体均值 μ 的无偏估计量;

(2) 样本方差 $S^2=\dfrac{1}{n-1}\sum\limits_{i=1}^{n}(X_i-\overline{X})^2$ 是总体方差 σ^2 的无偏估计量.

证明 因为样本 $X_1,X_2,\cdots,X_n$ 相互独立,且与总体 X 服从相同的分布,所以有
$$E(X_i)=\mu, D(X_i)=\sigma^2 (i=1,2,\cdots,n).$$

(1) 利用数学期望的性质得
$$E(\overline{X})=E\left(\dfrac{1}{n}\sum_{i=1}^{n}X_i\right)=\dfrac{1}{n}E\left(\sum_{i=1}^{n}X_i\right)$$
$$=\dfrac{1}{n}\sum_{i=1}^{n}E(X_i)=\dfrac{1}{n}\cdot n\mu=\mu.$$

所以,$\overline{X}$ 是 μ 的无偏估计量.

(2) 由公式
$$S^2=\dfrac{1}{n-1}\sum_{i=1}^{n}(X_i-\overline{X})^2=\dfrac{1}{n-1}\left(\sum_{i=1}^{n}X_i^2-n\overline{X}^2\right)$$

利用方差的性质得
$$E(X_i^2)=D(X_i)+[E(X_i)]^2=\sigma^2+\mu^2 (i=1,2\cdots,n),$$
$$E(\overline{X}^2)=D(\overline{X})+[E(\overline{X})]^2=D\left(\dfrac{1}{n}\sum_{i=1}^{n}X_i\right)+\mu^2$$
$$=\dfrac{1}{n^2}\sum_{i=1}^{n}D(X_i)+\mu^2=\dfrac{1}{n^2}\cdot n\sigma^2+\mu^2$$
$$=\dfrac{\sigma^2}{n}+\mu^2.$$

再利用数学期望的性质得
$$E(S^2)=E\left[\dfrac{1}{n-1}\left(\sum_{i=1}^{n}X_i^2-n\overline{X}^2\right)\right]=\dfrac{1}{n-1}\left(\sum_{i=1}^{n}E(X_i^2)-nE(\overline{X}^2)\right)$$
$$=\dfrac{1}{n-1}\left[n(\sigma^2+\mu^2)-n\left(\dfrac{\sigma^2}{n}+\mu^2\right)\right]=\sigma^2.$$

所以,S^2 是 σ^2 的无偏估计量.

2. 有效性

定义 11.29 若 $\hat{\theta}_1,\hat{\theta}_2$ 都是 θ 的无偏估计,且 $D(\hat{\theta}_1)\leqslant D(\hat{\theta}_2)$,则称 $\hat{\theta}_1$ 比 $\hat{\theta}_2$ 更有效.

【例 11.47】 指出例 11.45 中 θ 的无偏估计哪一个更有效.

解 $D(H_1)=D\left[\dfrac{1}{6}(X_1+X_2)+\dfrac{1}{3}(X_3+X_4)\right]$
$$=\dfrac{1}{36}D(X_1+X_2)+\dfrac{1}{9}D(X_3+X_4)$$
$$=\dfrac{1}{36}(\theta^2+\theta^2)+\dfrac{1}{9}(\theta^2+\theta^2)=\dfrac{5}{18}\theta^2,$$

$$D(H_3)=D\left[\frac{1}{4}(X_1+X_2+X_3+X_4)\right]=\frac{1}{16}D(X_1+X_2+X_3+X_4)$$
$$=\frac{1}{16}D(\theta^2+\theta^2+\theta^2+\theta^2)=\frac{1}{4}\theta^2.$$
$$D(H_1)>D(H_3).$$

所以 H_3 比 H_1 更有效.

三、参数的区间估计

对于一个未知量,人们在测量或计算时,常不以达到近似值为满足,还需要估计误差,即要求知道近似值的精确程度. 类似地,对于未知参数 θ,除了求出它的点估计 $\hat{\theta}$ 之外,还希望估计出一个范围,并希望知道该范围包含参数 θ 真值的可信程度,这样的范围通常以区间的形式给出,同时还给出区间包含参数真值 θ 的可信度,这种形式的估计就称为区间估计.

案例 11.17（估计某养鱼池中鱼数的问题） 若根据一个实际样本,得到某鱼池中鱼数 N 的估计为 1 000 条,实际上,N 的真值可能大于 1 000 条,也可能小于 1 000 条. 若能给出一个区间,在此区间内我们合理地相信 N 的真值位于其中,这样对鱼数的估计就有把握多了.

定义 11.30 设 θ 是总体 X 的一个未知参数,对给定的 $\alpha(0<\alpha<1)$,若由样本 X_1,$X_2,\cdots,X_n$ 确定的两个统计量
$$\hat{\theta}=\hat{\theta}_1(X_1,X_2,\cdots,X_n) \text{ 与 } \hat{\theta}_2=\hat{\theta}_2(X_1,X_2,\cdots,X_n)$$
满足
$$P(\hat{\theta}_1<\theta<\hat{\theta}_2)=1-\alpha,$$
则称随机区间 $(\hat{\theta}_1,\hat{\theta}_2)$ 是 θ 的**置信度**(或**置信水平**)为 $1-\alpha$ 的**置信区间**,$\hat{\theta}_1,\hat{\theta}_2$ 分别称为**置信下限**及**置信上限**.

置信区间的含义是在重复的随机抽样中,如果得到很多满足
$$P(\hat{\theta}_1<\theta<\hat{\theta}_2)=1-\alpha$$
的区间,则其中的 $1-\alpha$ 会含有真值 θ,而只有 α 不含有真值 θ.

求置信区间的步骤如下:

(1) 明确要估计的参数,确定置信度.

(2) 用参数的点估计,导出估计量的分布.

(3) 利用估计量的分布给出置信区间.

下面只介绍单个正态总体 $X\sim N(\mu,\sigma^2)$ 的数学期望和方差的区间估计.

1. 数学期望的区间估计

(1) 已知方差 σ^2 对 μ 进行区间估计

设 $X_1,X_2,\cdots,X_n$ 是来自总体为 $N(\mu,\sigma^2)$ 的一个样本,其中 μ 未知,σ^2 已知,现在来求 μ 的置信度为 $1-\alpha$ 的置信区间.

解 由于 $\overline{X}$ 是 μ 的无偏估计,$\overline{X}$ 的取值比较集中于 μ 附近,显然以很大概率包含 μ 的区间也应包含 $\overline{X}$,即 $\overline{X}\sim N\left(\mu,\frac{\sigma^2}{n}\right)$,所以构建样本函数 $U=\dfrac{\overline{X}-\mu}{\sigma/\sqrt{n}}$,则

$$U = \frac{\overline{X} - \mu}{\sigma/\sqrt{n}} \sim N(0,1).$$

为了得到置信度为 $1-\alpha$ 未知参数 μ 的真值所在区间,利用

$$P(\lambda_1 \leqslant U \leqslant \lambda_2) = 1 - \alpha,$$

满足上述条件的临界值可以找到无穷多个,为了方便起见,一般取对称区间,即

$$P(-\lambda \leqslant U \leqslant \lambda) = 1 - \alpha \text{(如图 11.19)},$$

亦即

$$P(|U| \leqslant \lambda) = 1 - \alpha.$$

图 11.19

于是由 $\Phi(\lambda) = 1 - \frac{\alpha}{2}$ 查标准正态分布表得 λ,即 $\lambda = u_{\frac{\alpha}{2}}$,故 μ 的置信度为 $1-\alpha$ 的置信区间为

$$\left[\overline{X} - \lambda \frac{\sigma}{\sqrt{n}}, \overline{X} + \lambda \frac{\sigma}{\sqrt{n}}\right].$$

【例 11.48】 设 X_1, X_2, X_3, X_4 是来自总体为 $N(\mu, 4)$ 的一个样本,样本均值为 $\overline{X} = 13.2$,求 μ 的置信度为 0.95 的置信区间.

解 因为 σ^2 已知,构建 $U = \frac{\overline{X} - \mu}{\sigma/\sqrt{n}}$,则

$$U = \frac{\overline{X} - \mu}{\sigma/\sqrt{n}} \sim N(0,1).$$

对于 $1-\alpha = 0.95$,由 $\Phi(\lambda) = 1 - \frac{\alpha}{2} = 0.975$,查标准正态分布表得 $\lambda = 1.96$. 计算

$$\overline{X} - \lambda \frac{\sigma}{\sqrt{n}} = 13.2 - 1.96 \times \frac{2}{2} = 11.24,$$

$$\overline{X} + \lambda \frac{\sigma}{\sqrt{n}} = 13.2 + 1.96 \times \frac{2}{2} = 15.16.$$

于是 μ 的置信度为 0.95 的置信区间为 $[11.24, 15.16]$.

(2) 未知方差 σ^2 对 μ 进行区间估计

设 $X_1, X_2, \cdots, X_n$ 是来自总体为 $N(\mu, \sigma^2)$ 的一个样本,其中 μ, σ^2 未知,现来求 μ 的置信度为 $1-\alpha$ 的置信区间.

分析:因为方差 σ^2 未知,而 S^2 是 σ^2 的无偏估计,所以用 S^2 代替 σ^2,构建样本函数

$$t = \frac{\overline{X} - \mu}{S/\sqrt{n}},$$

则由定理 11.10 知

$$t = \frac{\overline{X} - \mu}{S/\sqrt{n}} \sim t(n-1).$$

利用

$$P(\lambda_1 \leqslant t \leqslant \lambda_2) = 1 - \alpha,$$

为方便同样也取对称区间,即

$$P(-\lambda \leqslant t \leqslant \lambda) = 1 - \alpha \text{(如图 11.20)},$$

亦即 $P(|t| > \lambda) = \alpha.$

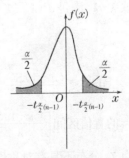

图 11.20

查 t 分布表得双侧临界值 λ，即 $\lambda = t_{\frac{\alpha}{2}}(n-1)$，则有

$$P\left(\overline{X} - \lambda \frac{\sigma}{\sqrt{n}} \leqslant \mu \leqslant \overline{X} + \lambda \frac{\sigma}{\sqrt{n}}\right) = 1 - \alpha.$$

故 μ 的置信度为 $1-\alpha$ 的置信区间为

$$\left[\overline{X} - \lambda \frac{S}{\sqrt{n}}, \overline{X} + \lambda \frac{S}{\sqrt{n}}\right].$$

【例 11.49】 从一批零件中，抽取 9 个零件，测得其直径(mm)为

19.7 20.1 19.8 19.9 20.2 20.0 19.9 20.2 20.3

设零件直径服从正态分布 $N(\mu, \sigma^2)$，其中 σ 未知，求零件直径的均值 μ 的置信度为 0.95 的置信区间.

解 样本均值与样本方差分别为

$$\overline{x} \approx 20.01 (\mathrm{mm}), s \approx 0.203 (\mathrm{mm}).$$

已给置信度 $1-\alpha = 0.95$，则 $\alpha = 0.05$，自由度 $k = 9-1 = 8$，查附表四得

$$t_{\frac{\alpha}{2}}(n-1) = t_{0.025}(8) = 2.31.$$

由此得

$$\frac{s}{\sqrt{n}} t_{\frac{\alpha}{2}}(n-1) = \frac{0.203}{\sqrt{9}} \times 2.31 \approx 0.16.$$

$$\overline{X} - \lambda \frac{s}{\sqrt{n}} = 19.85, \overline{X} + \lambda \frac{s}{\sqrt{n}} = 20.17.$$

所以得所求置信区间为 [19.85, 20.17].

2. 方差 σ^2 的区间估计

设 $X_1, X_2, \cdots, X_n$ 是来自总体为 $N(\mu, \sigma^2)$ 的一个样本，其中 μ, σ^2 均未知，现要来求 σ^2 的置信度为 $1-\alpha$ 的置信区间.

分析：因为 σ^2 的无偏估计为 S^2，由定理 11.9，构建样本函数

$$\chi^2 = \frac{(n-1)S^2}{\sigma^2} \sim \chi^2(n-1),$$

取 λ_1, λ_2 满足 $P(\lambda_1 \leqslant \chi^2 \leqslant \lambda_2) = 1-\alpha$，即

$$P\left(\lambda_1 \leqslant \frac{(n-1)S^2}{\sigma^2} \leqslant \lambda_2\right) = 1-\alpha. \tag{11.2}$$

由 $\lambda_1 \leqslant \frac{(n-1)S^2}{\sigma^2} \leqslant \lambda_2$，得到 $\frac{(n-1)S^2}{\lambda_2} \leqslant \sigma^2 \leqslant \frac{(n-1)S^2}{\lambda_1}$，现在只要确定 λ_1, λ_2 就可以得到 σ^2 的置信区间 $\left[\frac{(n-1)S^2}{\lambda_2}, \frac{(n-1)S^2}{\lambda_1}\right]$. 满足式(11.2)条件的临界值可以找到无穷多组，又因为 χ^2 分布不具有对称性，为了方便起见，通常采用使得概率对称的区间(如图 11.21)，即

$$P(\chi^2 < \lambda_1) = P(\chi^2 > \lambda_2) = \frac{\alpha}{2},$$

查附表三确定临界值

$$\lambda_1 = \chi^2_{1-\alpha/2}(n-1), \quad \lambda_2 = \chi^2_{\alpha/2}(n-1).$$

这样,就得到方差 σ^2 的一个置信度为 $1-\alpha$ 的置信区间:

$$\left[\frac{(n-1)S^2}{\chi^2_{\frac{\alpha}{2}}(n-1)}, \frac{(n-1)S^2}{\chi^2_{1-\frac{\alpha}{2}}(n-1)}\right].$$

图 11.21

注意:若当 μ 已知时,因为 $\sum_{i=1}^{n} \frac{(x_i-\mu)^2}{\sigma^2} \sim \chi^2(n)$,所以得到 σ^2 的置信区间为

$$\left[\frac{\sum_{i=1}^{n}(x_i-\mu)^2}{\chi^2_{\frac{\alpha}{2}}(n)}, \frac{\sum_{i=1}^{n}(x_i-\mu)^2}{\chi^2_{1-\frac{\alpha}{2}}(n)}\right].$$

【**例 11.50**】 测得 16 个零件的长度(mm)如下:

12.15　12.12　12.01　12.08　12.09　12.16　12.03　12.01
12.06　12.13　12.07　12.11　12.08　12.01　12.03　12.06

设零件长度服从正态分布 $N(\mu,\sigma^2)$,求零件长度的标准差 σ^2 的置信度为 0.99 的置信区间,如果(1) 已知零件长度的均值 $\mu=12.08$(mm);(2) 未知 μ.

解 (1) $\mu=12.08$,不难计算

$$\sum_{i=1}^{16}(x_i-12.08)^2 = 0.0342,$$

已给置信度 $1-\alpha=0.99$,则 $\alpha=0.01$,自由度 $k=16$. 查附表三得

$$\chi^2_{1-\frac{\alpha}{2}}(n) = \chi^2_{0.995}(16) = 5.14, \chi^2_{\frac{\alpha}{2}}(n) = \chi^2_{0.005}(16) = 34.3,$$

所以得所求置信区间为

$$\left[\frac{\sum_{i=1}^{n}(x_i-\mu)^2}{\lambda_2}, \frac{\sum_{i=1}^{n}(x_i-\mu)^2}{\lambda_1}\right] = \left[\frac{0.0342}{34.2}, \frac{0.0342}{5.14}\right].$$

即置信度为 0.99 的 σ^2 的置信区间为

$$[9.97 \times 10^{-4}, 6.65 \times 10^{-2}].$$

(2) μ 未知,计算得样本均值和样本方差的观测值分别为

$$\bar{x} = 12.075, s^2 = \frac{1}{16-1}\sum_{i=1}^{16}(x_i-\bar{x})^2 = \frac{1}{15} \times 0.036 = 0.0024,$$

已给置信水平 $1-\alpha=0.99$,则 $\alpha=0.01$,自由度 $k=16-1=15$. 查附表三得

$$\lambda_1 = \chi^2_{1-\frac{\alpha}{2}}(n-1) = \chi^2_{0.995}(15) = 4.60,$$

$$\lambda_2 = \chi^2_{\frac{\alpha}{2}}(n-1) = \chi^2_{0.005}(15) = 32.8,$$

所以得所求置信区间为

$$\left[\frac{(n-1)s^2}{\lambda_2}, \frac{(n-1)s^2}{\lambda_1}\right] = \left[\frac{0.036}{32.8}, \frac{0.036}{4.60}\right],$$

即
$$\delta^2 \in [1.096 \times 10^{-3}, 7.826 \times 10^{-3}].$$

习题 11.5

1. 设某灯泡寿命 $X \sim N(\mu, \sigma^2)$，其中 μ, σ^2 未知. 今随机抽取 5 只灯泡，测得寿命分别为（单位：小时）：1 623, 1 527, 1 287, 1 432, 1 591，求 μ 和 σ^2 的矩估计值.

2. 设 $X_1, X_2, \cdots, X_n$ 是指数分布 $f(x) = \begin{cases} \lambda e^{-\lambda x}, & x \geq 0, \\ 0, & x < 0 \end{cases}$ 的一个样本，用矩估计法估计 λ.

3. 设 $X_1, X_2, \cdots, X_n$ 是总体 $X \sim B(n, p)$ 的一个样本，用矩估计法估计 n, p.

4. 设总体 X 的概率分布为 $\begin{pmatrix} 1 & 2 & 3 \\ \theta & \theta/2 & 1-3\theta/2 \end{pmatrix}$，其中 $\theta > 0$ 未知，现得到样本观测值 2, 3, 2, 1, 3，求 θ 的矩估计.

5. 设总体 $X \sim N(\mu, 1)$，$X_1, X_2, \cdots, X_n$ 是来自 X 的一个样本，试证：下述两个估计量都是 μ 的无偏估计量，并比较哪个更有效？
$$\hat{\mu}_1 = \frac{1}{5}X_1 + \frac{3}{10}X_2 + \frac{1}{2}X_3, \quad \hat{\mu}_2 = \frac{1}{3}X_1 + \frac{1}{4}X_2 + \frac{5}{12}X_3.$$

6. 设总体 $X \sim N(\mu, 0.3^2)$，从总体 X 中抽取一个样本值如下：
$$12.6 \quad 13.4 \quad 12.8 \quad 13.2$$
求总体均值 μ 的置信度为 0.95 的置信区间.

7. 用某仪器测量温度，重复 5 次，得 1 250 ℃，1 265 ℃，1 245 ℃，1 275 ℃，1 260 ℃. 若测得的数据服从正态分布，试求温度真值的范围（$\alpha = 0.05$）.

8. 有一大批糖果. 现从中随机地取 16 袋，称得重量（以克计）如下：
$$506 \quad 508 \quad 499 \quad 503 \quad 504 \quad 510 \quad 497 \quad 512$$
$$514 \quad 505 \quad 493 \quad 496 \quad 506 \quad 502 \quad 509 \quad 496$$
设袋装糖果的重量近似地服从正态分布，试求总体标准差 σ 的置信度为 0.95 的置信区间.

第六节　参数的假设检验

学习目标

1. 知道假设检验的基本思想.
2. 理解两类错误的含义和小概率原理.
3. 掌握单正态总体均值的检验方法，会作单正态总体方差的检验.

一、假设检验的基本概念与方法

假设检验是统计推断中的另一类重要问题. 它从样本出发，对关于总体情况的某一命题是否成立做出定性的回答，比如判断产品是否合格，分布是否为某一已知分布，方差是否相等，等等.

1. 假设检验问题

首先通过一个案例介绍假设检验的基本思想和基本方法.

案例 11.18　某公司想从国外引进一种自动加工装置. 这种装置的工作温度 X 服从正态分布 $(\mu, 5^2)$，厂方说它的平均工作温度是 80℃. 从该装置试运转中随机测试 16 次，得到的平均工作温度是 83℃. 该公司考虑，样本结果与厂方所说的是否有显著差异？

类似这种根据样本观测值来判断一个有关总体的假设是否成立的问题，就是假设检验的问题. 我们把待考察的命题 $H_0: \mu = \mu_0$ 称为**零假设**（或**原假设**），是待检验的假设. H_0 的对立命题 $H_1: \mu \neq \mu_0$ 称为**对立假设**（或**备择假设**）. 案例 11.18 中，假设检验问题可以表示为

$$H_0: \mu = 80, H_1: \mu \neq 80.$$

原假设与备择假设相互对立，两者有且只有一个正确，备择假设的含义是，一旦否定原假设 H_0，备择假设 H_1 就被选择. 所谓假设检验问题就是要判断原假设 H_0 是否正确，决定接受还是拒绝原假设，若拒绝原假设，就接受备择假设.

应该如何作出判断呢？如果样本测定的结果是 100℃ 甚至更高（或很低），我们从直观上能感到原假设可疑而否定它. 因为原假设是真实时，在一次试验中出现了与 80℃ 相距甚远的小概率事件几乎是不可能的，而现在竟然出现了，当然要拒绝原假设 H_0. 现在的问题是样本平均工作温度为 83℃，结果虽然与厂方说的 80℃ 有差异，但样本具有随机性，80℃ 与 83℃ 之间的差异很可能是样本的随机性造成的. 在这种情况下，要对原假设作出接受还是拒绝的抉择，就必须根据研究的问题和决策条件，对样本值与原假设的差异进行分析. 若有充分理由认为这种差异并非是由偶然的随机因素造成的，也即认为差异是显著的，才能拒绝原假设，否则就不能拒绝原假设. 假设检验实质上是对原假设是否正确进行检验，因此，检验过程中要使原假设得到维护，使之不轻易被否定，否定原假设必须有充分的理由；同时，当原假设被接受时，也只能认为否定它的根据不充分，而不是认为它绝对正确. 下面我们具体的判断案例 11.18 是否有显著差异.

现在要根据实测的 16 个样本数据来判断这台机器工作是否正常. 一般问题的假设是

$$H_0: \mu = \mu_0, H_1: \mu \neq \mu_0.$$

如果零假设 $H_0: \mu = \mu_0$ 成立，那么 μ 的估计值 $\bar{x}$ 与 μ_0 的绝对值之差 $|\bar{x} - \mu_0|$ 应较小，如果太大了，就应该拒绝 H_0，认为零假设不成立. 但是 $|\bar{x} - \mu_0|$ 到底到什么程度才算是太大呢？这就需要一个标准，通常取一个临界值，从而我们可以选定一个正数 k，当 $|\bar{x} - \mu_0| > k$ 时，就否定 H_0，当 $|\bar{x} - \mu_0| \leq k$ 时，接受 H_0. 拒绝假设 H_0 的区域称为检验的**拒绝域**，接受假设 H_0 的区域称为检验的**接受域**.

那么如何确定 k 的值呢？如果假设 H_0 成立，则事件 $|\bar{x} - \mu_0| > k$ 发生的概率应该是非常小的，即

$$P(|\bar{x} - \mu_0| > k) = \alpha. \tag{11.3}$$

在案例 11.18 中，总体 $X \sim N(\mu, 5^2)$，若假设 $H_0: \mu = \mu_0$ 成立，则

$$\frac{\bar{x} - \mu_0}{\sigma_0 / \sqrt{n}} \sim N(0, 1),$$

则式 (11.3) 可以化为

$$P(|\bar{x}-\mu_0|>k)=P\left(\frac{|\bar{x}-\mu_0|}{\sigma_0/\sqrt{n}}>\frac{k}{\sigma_0/\sqrt{n}}\right)=P\left(|U|>\frac{k}{\sigma_0/\sqrt{n}}\right)=\alpha,$$

所以有

$$P\left(|U|\leqslant\frac{k}{\sigma_0/\sqrt{n}}\right)=P(|U|\leqslant\lambda)=1-\alpha$$

成立,其中临界值 λ 通过查正态分布值表得到(如图 11.22),即

$$\Phi(\lambda)=1-\frac{\alpha}{2},\lambda=u_{\frac{\alpha}{2}}.$$

通过已知条件计算,在本例中 $\bar{x}=83, \mu_0=80, \sigma_0=5, n=16$,查正态分布表,当 $\alpha=0.05$ 时, $\lambda=1.96$,则

$$|U|=\frac{|\bar{x}-\mu_0|}{\sigma_0/\sqrt{n}}=\left|\frac{83-80}{5/\sqrt{16}}\right|=2.8>1.96.$$

于是拒绝 H_0,认为有显著差异.

图 11.22

2. 小概率原理

小概率事件在一次试验中是不可能发生的,这个原理称为**小概率原理**,在实际生活中常被人们应用. 例如,平常我们会去购买名牌产品,是因为我们认为名牌产品出现次品的概率非常小;人们每天放心地居住在房子里,是因为房子倒塌的可能性比较小. 不过小概率事件是有可能发生的,只不过发生的概率比较小.

假设检验的依据就是小概率原理. 如果在一次试验中,小概率事件没有发生,则接受零假设,否则就拒绝零假设,那么概率 α 一般取值多少才能为小呢? α 的选定是人们对小概率事件小到什么程度的一种抉择. α 越小,统计量的值超过临界值的概率就越小,也就是说在成立时,这一事件很不容易发生,因此,一旦发生了,人们有理由怀疑 H_0 的正确性. 所以 α 越大,显著性水平就越高. 所谓显著性水平是指实际情况与 H_0 的判断之间存在差异的程度,所以有时候我们也把假设检验称为显著性试验,就是通过样本值来检验实际情况与 H_0 的结论是否有显著的差异. 按照人们长期的实际经验,一般选用 $0.005, 0.01, 0.0001$,或者 0.10.

3. 显著性水平 α 的统计意义

假设检验是根据样本的情况作的统计推断,是推断就会犯错误,因此无论接受 H_0 还是拒绝 H_0,都要承担风险. 我们的任务是控制犯错误的概率. 在假设检验中,错误有两类: 在假设 H_0 实际上为真时,我们可能拒绝 H_0,这就是"**弃真**"**错误**(又称**第一类错误**),其发生的概率记为 α,也就是**显著性水平**. α 控制的其实是生产方的风险,控制的是生产方所承担的这批质量合格而不被接受的风险. 当假设 H_0 实际上为不真时,我们也有可能接受 H_0,称这类错误为"**存伪**"**错误**(或称**第二类错误**),其发生的概率记为 β. β 控制的其实是使用方的风险,控制的是使用方所承担的接受这批质量不合格的风险.

4. 假设检验的步骤

总结上面例子的分析过程,得到如下假设检验的步骤.

(1) 提出假设.

双边检验：$H_0:\mu=\mu_0, H_1:\mu\neq\mu_0$.

单边检验：$H_0:\mu=\mu_0, H_1:\mu>\mu_0$（或 $H_1:\mu<\mu_0$）.

(2) 根据已知条件，确定检验 H_0 的统计量（这里只介绍三种检验的方法）.

$$U=\frac{\overline{X}-\mu_0}{\sigma_0/\sqrt{n}},\quad T=\frac{\overline{X}-\mu_0}{S/\sqrt{n}},\quad \chi^2=\frac{(n-1)S^2}{\sigma_0^2}.$$

(3) 确定显著性水平 α，求临界值.

α 由题设，临界值按单边、双边不同查表得出.

(4) 计算检验量的值并判断.

根据计算出的检验量的值，作出接受或拒绝 H_0 的判断.

二、单个正态总体均值的假设检验

1. 已知 σ^2 关于 μ 的检验（称为 U 检验法）

设 $X_1, X_2, \cdots, X_n$ 来自总体为 $N(\mu,\sigma^2)$ 的一个样本，其中 μ 未知，σ^2 为已知.

在案例 11.18 中揭示了 U 检验法的思想，我们已经讨论过，由案例 11.18 知道 U 检验法的步骤如下.

(1) 双边检验假设：$H_0:\mu=\mu_0, H_1:\mu\neq\mu_0$. 选检验统计量

$$U=\frac{\overline{X}-\mu_0}{\sigma/\sqrt{n}}\sim N(0,1),$$

取 α，使得

$$\Phi(\lambda)=1-\frac{\alpha}{2},\text{得到 }\lambda\text{ 值}.$$

比较 U 与 λ 的值，$\begin{cases}|U|>\lambda,\text{拒绝},\\ |U|\leqslant\lambda,\text{接受}.\end{cases}$

(2) 单边检验假设：$H_0:\mu=\mu_0, H_1:\mu>\mu_0$（或 $H_1:\mu<\mu_0$）. 选检验统计量

$$U=\frac{\overline{X}-\mu_0}{\sigma/\sqrt{n}}\sim N(0,1),$$

取 α，使得

$$\Phi(\lambda)=1-\alpha,\text{得到 }\lambda\text{ 值}.$$

比较 U 与 λ 的值，$\begin{cases}|U|>\lambda,\text{拒绝},\\ |U|\leqslant\lambda,\text{接受}.\end{cases}$

【例 11.51】已知某炼铁厂的铁水含碳量在正常情况下服从 $N(4.55,0.110^2)$. 现测了九炉铁水，其含碳量分别为 4.27, 4.32, 4.52, 4.44, 4.51, 4.55, 4.35, 4.28, 4.45. 如果标准差没有改变，问总体均值是否有显著变化？

解 假设 $H_0:\mu=4.55, H_1:\mu\neq 4.55$. 已知 $\sigma^2=0.110^2$，故选统计量

$$U=\frac{\overline{X}-\mu_0}{\sigma/\sqrt{n}}=\frac{\overline{X}-4.55}{\sigma/3}\sim N(0,1).$$

计算样本均值与统计值，得

$$\overline{x}=4.41, |U|=\left|\frac{4.41-4.55}{0.110/3}\right|=3.82,$$

取 $\alpha=0.05$,由 $\Phi(\lambda)=1-\frac{\alpha}{2}$ 查表得 $\lambda=1.96$.

因为 $|U|=3.82>1.96$,所以拒绝 H_0,即认为含碳量与原来相比有显著差异.

【**例 11.52**】 某工厂生产的固体燃料推进器的燃烧率服从正态分布 $X\sim N(40,4)$. 现在用新方法生产了一批推进器. 从中随机取 $n=25$ 只,测得燃烧率的样本均值为 $\overline{X}=41.25$ cm/s. 设在新方法下总体均方差仍为 2 cm/s. 问这批推进器的燃烧率是否较以往生产的推进器的燃烧率有显著的提高? 取显著性水平 $\alpha=0.05$.

解 假设:$H_0:\mu=\mu_0=40, H_1:\mu>\mu_0$.

已知 $\sigma=2, n=25, \alpha=0.05, \overline{X}=41.25$,因为 $u_{0.05}=1.645$,所以

$$|U|=\left|\frac{\overline{X}-\mu_0}{\sigma/\sqrt{n}}\right|=\left|\frac{41.25-40}{2/\sqrt{25}}\right|=3.125>1.645.$$

故拒绝 H_0,即认为这批推进器的燃料率较以往生产的有显著的提高.

2. σ^2 未知,关于 μ 的检验(称为 T 检验法)

设 $X_1, X_2, \cdots, X_n$ 是来自总体为 $N(\mu, \sigma^2)$ 的一个样本,其中 μ、σ^2 均未知.

分析:因为 σ^2 未知,而 S^2 是 σ^2 无偏估计,所以用 S^2 来代替 σ^2,采用

$$t=\frac{\overline{X}-\mu_0}{S/\sqrt{n}}$$

为检验统计量,对于给定的显著性水平 α,查 t 分布表可得 $t_{\frac{\alpha}{2}}(n-1)$ 或 $t_\alpha(n-1)$,使得

$$P\left\{\left|\frac{\overline{X}-\mu_0}{S/\sqrt{n}}\right|>t_{\frac{\alpha}{2}}(n-1)\right\}=\alpha \quad \text{或} \quad P\left\{\left|\frac{\overline{X}-\mu_0}{S/\sqrt{n}}\right|>t_\alpha(n-1)\right\}=\alpha,$$

这种利用 T 统计量进行检验的方法称为 T 检验法.

T 检验法的步骤如下.

(1) 双边检验假设:$H_0:\mu=\mu_0, H_1:\mu\neq\mu_0$.

$$T=\frac{\overline{X}-\mu_0}{S/\sqrt{n}}\sim t(n-1), \lambda=t_{\alpha/2}(n-1).$$

比较 T 与 λ 的值,$\begin{cases}|T|>\lambda, 拒绝,\\ |T|\leqslant\lambda, 接受.\end{cases}$

(2) 单边检验假设:$H_0:\mu=\mu_0, H_1:\mu>\mu_0$(或 $H_1:\mu<\mu_0$).

$$T=\frac{\overline{X}-\mu_0}{S/\sqrt{n}}\sim t(n-1), \lambda=t_\alpha(n-1),$$

比较 T 与 λ 的值,$\begin{cases}|T|>\lambda, 拒绝,\\ |T|\leqslant\lambda, 接受.\end{cases}$

【**例 11.53**】 由于工业排水引起附近水质污染,测得鱼的蛋白质中含汞的浓度:10 次的样本平均值为 $\overline{x}=0.2062$,样本方差是 0.0594. 鱼的蛋白质中含汞的浓度服从正态分布,理论上推算鱼的蛋白质中含汞的浓度应为 0.1. 问实测值与理论值是否符合?

解 假设 $H_0:\mu=0.1, H_1:\mu\neq 0.1$. 因为总体方差未知,所以选统计量

$$T = \frac{\overline{X} - \mu_0}{S/\sqrt{n}} = \frac{\overline{X} - 0.1}{\sqrt{0.0594/10}} \sim t(9).$$

选 $\alpha = 0.05$，按自由度 9 查 t 分布表得

$$\lambda = t_{\frac{0.05}{2}}(10-1) = 2.262,$$

已知 $\overline{x} = 0.2062, s^2 = 0.0594$，计算得

$$T = \frac{0.2062 - 0.1}{\sqrt{0.0594/10}} = 1.375.$$

因为 $|T| = 1.375 < 2.262$，所以接受 H_0，即认为鱼的蛋白质中含汞的浓度实测值与理论值相符。

【例 11.54】 计量局抽检某标称重量 100 g 的商品 9 件，重量分别为

99.3, 98.7, 110.5, 101.2, 98.3, 99.7, 101.2, 100.5, 99.5

对 $\alpha = 0.05$，问该商品是否短斤少两？

解 假设 $H_0: \mu = 100, H_1: \mu < 100$. 由于总体方差未知，故选统计量

$$T = \frac{\overline{X} - \mu_0}{S/\sqrt{n}} = \frac{\overline{X} - 100}{S/\sqrt{9}} \sim t(8).$$

对于 $\alpha = 0.05$，查 $P\{|T| > t_\alpha(n-1)\} = 2\alpha = 0.10$，得

$$\lambda = t_\alpha(n-1) = 1.860,$$

由已知条件计算得 $\overline{x} = 99.8778, s^2 = 1.082, s = 1.04$.

$$|T| = \left|\frac{99.8778 - 100}{1.04/\sqrt{9}}\right| = 0.3525.$$

因为 $|T| < \lambda$，所以接受 H_0，即认为该商品没有短斤少两.

三、单个正态总体方差的假设检验（χ^2 检验法）

设总体 $X \sim N(\mu, \sigma^2)$，μ, σ^2 均属未知，$X_1, X_2, \cdots, X_n$ 为来自 X 的样本，在显著性水平 α 下，检验

$$H_0: \sigma^2 = \sigma_0^2, H_1: \sigma^2 \neq \sigma_0^2. \ (\sigma_0^2 \text{ 为已知常数})$$

分析：由于 S^2 是 σ^2 的无偏估计，当 H_0 为真时，比值 $\frac{S^2}{\sigma_0^2}$ 一般来说在 1 附近摆动，而不应过分大于 1 或者过分小于 1，此时

$$\frac{(n-1)S^2}{\sigma_0^2} \sim \chi^2(n-1),$$

则取 $\chi^2 = \frac{(n-1)S^2}{\sigma_0^2}$ 作为检验统计量，则上述检验问题的拒绝域具有以下的形式：

$$\chi^2 = \frac{(n-1)S^2}{\sigma_0^2} \leqslant k_1 \quad \text{或} \quad \chi^2 = \frac{(n-1)S^2}{\sigma_0^2} \geqslant k_2.$$

此处 k_1, k_2 的值由下式确定，为计算方便起见，习惯上取

$$P\left(\frac{(n-1)S^2}{\sigma_0^2} \leqslant k_1\right) = \frac{\alpha}{2}, P\left(\frac{(n-1)S^2}{\sigma_0^2} \geqslant k_2\right) = \frac{\alpha}{2},$$

查附表三得
$$k_1=\chi^2_{1-\alpha/2}(n-1), k_2=\chi^2_{\alpha/2}(n-1).$$

比较 χ^2 与 k 的值，$\begin{cases}\chi^2\geqslant k_2, \chi^2\leqslant k_1, \text{拒绝}, \\ k_1<\chi^2<k_2, \quad \text{接受}.\end{cases}$

【例 11.55】 某车间生产的铜丝，生产一向比较稳定，今从产品中任抽 10 根检查折断力，得数据如下(单位：千克)578,572,570,568,572,570,572,596,584,570. 问是否可相信该车间的铜丝的折断力的方差为 64？

解 假设 $H_0: \sigma^2=64; H_1: \sigma^2\neq 64$.

$$\bar{x}=\frac{578+572+\cdots+584+570}{10}=575.2,$$

$$\chi^2=\frac{\sum_{i=1}^{10}(x_i-\bar{x})^2}{\sigma^2}$$

$$=\frac{(578-575.2)^2+(572-575.2)^2+\cdots+(570-575.2)^2}{64}$$

$$=\frac{681.6}{64}=10.65.$$

查附表三得

$$k_1=\chi^2_{1-\frac{\alpha}{2}}(n-1)=\chi^2_{0.975}(9)=2.70, k_2=\chi^2_{\frac{\alpha}{2}}(n-1)=\chi^2_{0.025}(9)=19.023.$$

则

$$2.70<10.65<19.023,$$

所以接受 H_0，相信该车间的铜丝的折断力的方差为 64.

习题 11.6

1. 切割机在正常工作时，切割出的每段金属棒长 X 服从正态分布 $N(54, 0.75^2)$，今从生产出的一批产品中随机地抽取 10 段进行测量，测得长度(单位：毫米)如下：

   53.8, 54.0, 55.1, 52.1, 54.2, 55.0, 55.8, 55.1, 55.3

   如果方差不变，试问该切割机工作是否正常？(取显著性水平为 $\alpha=0.05$)

2. 某种产品质量 $X\sim N(12,1)$(单位：克). 更新设备后，从新生产的产品中随机抽取 100 个，测得样本均值为 $\bar{x}=12.5$ 克，若方差没有发生变化，问更新设备后，产品的质量均值与原来产品的质量均值是否有显著性差异？(取显著性水平 $\alpha=0.05$)

3. 设某产品的某项质量指标服从正态分布，已知它的标准差 $\sigma=150$，现从一批产品中随机抽取了 26 个，测得该项指标的平均值为 1 637，问能否认为这批产品的该项指标值为 1 600($\alpha=0.05$)？

4. 设总体 $X\sim N(\mu,5^2)$，在 $\alpha=0.05$ 的水平上检验 $H_0: \mu=0, H_1: \mu\neq 0$，若所选取的拒绝域 $R=\{|\bar{X}|\geqslant 1.96\}$，试证样品容量 n 应取 25.

5. 某批矿砂的 5 个样品中镍含量经测定为(%)

3.25　3.27　3.24　3.26　2.24

设测定值总体服从正态分布,但参数均未知,问在 $\alpha=0.01$ 下能否接受假设:这批矿砂的镍含量的均值为 3.25?

6. 按规定,100 g 罐头番茄汁中的平均维生素 C 含量不得少于 21 mg/g,现从工厂的产品中抽取 17 个罐头,其 100 g 番茄汁中,测得维生素 C 含量 mg/g 记录如下:

16　25　21　20　23　21　19　15　13　23　17　20　29　18　22　16　22

设维生素含量服从正态分布 $N(\mu,\sigma^2)$,其中 μ,σ 未知.问这批罐头是否符合要求(取显著性水平 $\alpha=0.05$)?

7. 某厂生产的某种型号的电池,其寿命长期以来服从方差 $\sigma^2=5000$(小时^2)的正态分布.现有一批这种电池,从它的生产情况来看,寿命的波动性有所改变,现随机取 26 只电池,测出其寿命的样本方差 $s^2=9200$ 小时^2.问根据这一数据能否推断这批电池的寿命的波动性较以往的有显著的变化(取 $\alpha=0.02$)?

8. 某项考试要求成绩的标准差为 12,现从考试成绩单中,任意抽取 15 份,计算样本标准差为 16,设成绩服从正态分布,问此次考试的标准差是否符合要求(取显著性水平 $\alpha=0.05$)?

第七节　一元线性回归

学习目标

1. 了解相关与回归的概念.
2. 会用最小二乘法求回归直线方程.
3. 知道一元线性回归的相关性检验及回归预测.

在客观世界中,变量与变量之间的关系大致可以分为两类:一类是存在一种函数关系,此时变量之间的关系是确定的;另一类就是变量是随机变量,它们之间明显存在某种关系,但又不能用一个函数表达式确切地表示出来,如人的身高和体重的关系、人的血压和年龄的关系等,通常被称为**相关关系**.回归分析就是处理相关关系的数学方法.

回归一词是由英国统计学家 F. 葛尔登(F. Galton)首先使用.他在研究父子身高之间的关系时发现,高个子父亲所生的儿子比他更高的概率要小于比他矮的概率,同样矮个子的父亲所生的儿子比他更矮的概率要小于比他高的概率,这两种身高的父辈的后代,其身高有向平均身高回归的趋势.

一、散点图与回归直线

设随机变量 y 与普通变量 x 之间存在着某种相关关系,通过试验,可得到 x,y 的若干对实验数据,将这些数据在坐标系中描绘出来,所得到的图形称为**散点图**.

回归分析就是根据已得的试验结果以及以往的经验来研究变量间的相关关系,建立起变量之间关系的近似表达式,即经验公式,并由此对相应的变量进行预测和控制等.

案例 11.19　随机抽取 10 个小超市的月收入与月进货花费(万元)资料如下表所示:

月收入 x	12	18	21	14	9	11	25	28	17	16
月进货花费 y	3.2	6.1	10	3.6	1.1	1.3	14	15	5	5.9

试研究这些数据所蕴藏的规律.

为考察这些数之间的关系,将这 10 对数据对应的点在直角坐标中标出来(如图 11.23),这样的图形就是散点图. 从图中可以看出,这些点虽然不在一条直线上,但分布在一条直线附近,因此可以用这条直线来近似地表示 y 与 x 之间的关系,这条直线的方程称为 y 对 x 的**一元线性回归方程**,设该直线的方程为

$$\hat{y}=a+bx, \tag{11.4}$$

图 11.23

其中 a,b 为回归系数,$\hat{y}$ 不是 y 的真实值,而是估计值.

二、最小二乘法与回归方程

假设在一次试验中,取得 n 对观测数据 $(x_i,y_i)(i=1,2,\cdots,n)$,其中 y_i 是随机变量对应于 x_i 的观测值,而对应在回归直线上的回归值是 $\hat{y}=a+bx$. 要确定式(11.4),就等价于求 a,b 的值,使得直线 $\hat{y}=a+bx$ 总的看来与所给的 n 个观察点 (x_i,y_i) 最接近,因此我们所要求的直线应该是使所有 $|y_i-\hat{y}_i|$ 之和最小的一条直线,由于绝对值在处理上比较麻烦,所以用平方和来代替,即要求 a,b 的值,使

$$Q(a,b)=\sum_{i=1}^{n}(y_i-\hat{y}_i)^2=\sum_{i=1}^{n}(y_i-a-bx_i)^2 \tag{11.5}$$

达到最小,称 $Q(a,b)$ 为**离差平方和**. 式(11.5)是关于 a,b 的二元函数. 根据二元函数取极值的必要条件,知道应该求式(11.5)的偏导数,并令其为 0,于是得到方程

$$\begin{cases}\dfrac{\partial Q}{\partial a}=-2\sum_{i=1}^{n}(y_i-a-bx_i)=0,\\ \dfrac{\partial Q}{\partial b}=-2\sum_{i=1}^{n}(y_i-a-bx_i)x_i=0.\end{cases}$$

方程整理后,得

$$\begin{cases}na+b\left(\sum_{i=1}^{n}x_i\right)=\sum_{i=1}^{n}y_i,\\ a\left(\sum_{i=1}^{n}x_i\right)+b\left(\sum_{i=1}^{n}x_i^2\right)=\sum_{i=1}^{n}x_iy_i.\end{cases}$$

称此方程组为**正规方程组**,解正规方程组得

$$\begin{cases}a=\bar{y}-b\bar{x},\\ b=\left(\sum_{i=1}^{n}x_iy_i-n\bar{x}\,\bar{y}\right)\Big/\left(\sum_{i=1}^{n}x_i^2-n\bar{x}^2\right).\end{cases} \tag{11.6}$$

其中 $\bar{x}=\dfrac{1}{n}\sum_{i=1}^{n}x_i,\bar{y}=\dfrac{1}{n}\sum_{i=1}^{n}y_i$. 由于 Q 是离差的平方运算,故将上述求 a,b 的方法称为**最小二乘法**. 若记

$$L_{xx} = \sum_{i=1}^{n}(x_i - \overline{x})^2 = \sum_{i=1}^{n}x_i^2 - n\overline{x}^2,$$

$$L_{xy} = \sum_{i=1}^{n}(x_i - \overline{x})(y_i - \overline{y}) = \sum_{i=1}^{n}x_i y_i - n\overline{x}\,\overline{y},$$

$$L_{yy} = \sum_{i=1}^{n}(y_i - \overline{y})^2 = \sum_{i=1}^{n}y_i^2 - n\overline{y}^2,$$

L_{xx}, L_{yy} 分别称为 x, y 的离差平方和，L_{xy} 称为 x, y 的离差乘积和，则式(11.6)可写为

$$\begin{cases} a = \overline{y} - b\overline{x}, \\ b = \dfrac{L_{xy}}{L_{xx}}. \end{cases} \quad (11.7)$$

因为根据式(11.7)所求得的回归系数 a, b 是仅依据 n 组样本值对 a, b 的一种估计值，所以一般用 $\hat{a}, \hat{b}$ 表示，即

$$\begin{cases} \hat{a} = \overline{y} - \hat{b}\,\overline{x}, \\ \hat{b} = \dfrac{L_{xy}}{L_{xx}}. \end{cases}$$

由 $\hat{a}, \hat{b}$ 所确定的回归直线方程也相应地记作 $\hat{y} = \hat{a} + \hat{b}x$，称为 y 关于 x 的一元经验回归方程，简称**回归方程**，其图形称为**回归直线**。

现在来求案例 11.19 中的一元线性回归方程，为了求出 $\hat{a}, \hat{b}$，可以采用列表的方法计算 (表 11.3)。

表 11.3

序号	x_i	y_i	x_i^2	y_i^2	$x_i y_i$
1	12	3.2	144	10.24	38.4
2	18	6.1	324	37.31	109.8
3	21	10	441	100	210
4	14	3.6	196	12.96	50.4
5	9	1.1	81	1.21	9.9
6	11	1.3	121	1.69	14.3
7	25	14	625	196	350
8	28	15	784	225	420
9	17	5	289	25	85
10	16	5.9	256	34.81	94.4
合计	171	65.2	3 261	644.12	1 382.2

则

$$L_{xx} = \sum_{i=1}^{n}(x_i - \overline{x})^2 = \sum_{i=1}^{n}x_i^2 - n\overline{x}^2 = 3\,261 - \frac{171^2}{10} = 336.9,$$

$$L_{xy} = \sum_{i=1}^{n}(x_i - \overline{x})(y_i - \overline{y}) = \sum_{i=1}^{n}x_i y_i - n\overline{x}\,\overline{y} = 1\,382.2 - \frac{171 \times 65.2}{10} = 267.28,$$

$$\hat{b} = \frac{L_{xy}}{L_{xx}} = \frac{267.28}{336.9} = 0.793, \hat{a} = \bar{y} - \hat{b}\bar{x} = \frac{65.2}{10} - 0.793 \cdot \frac{171}{10} = -0.70403.$$

所以所求的线性回归方程为

$$\hat{y} = -0.70403 + 0.793x.$$

三、一元线性回归的相关性检验

由回归直线方程的计算可知,对于任意两个变量的一组观测数据,都可以用最小二乘法形式求出回归直线方程. 如果 y 与 x 之间没有内在的线性关系,那么这样得到的回归方程并不能描述 y 与 x 之间的关系,因此必须检验 y 与 x 之间是否存在线性相关性. 下面介绍两种检验的方法.

1. F 检验法

由线性回归方程 $\hat{y} = \hat{a} + \hat{b}x$ 知,若 $\hat{y}$ 与 x 之间不存在线性关系,则一次项系数 $\hat{b} = 0$,反之,$\hat{b} \neq 0$,所以检验 y 与 x 之间是否具有线性关系应归纳为检验假设

$$H_0: \hat{b} = 0, H_1: \hat{b} \neq 0.$$

为了检验 H_0 是否为真,注意到 $\hat{y} = \hat{a} + \hat{b}x$ 只反映了 x 对 y 的影响,所以回归值 $\hat{y}_i = \hat{a} + \hat{b}x_i$ 就是 y_i 中只受 x_i 影响的那部分,而 $y_i - \hat{y}_i$ 就是除去了 x_i 影响后受其他种种因素影响的部分,故将 $y_i - \hat{y}_i$ 称为**残差或剩余**,而前面介绍的离差平方和,又称为**残差平方和**(或**剩余平方和**).

因为
$$L_{yy} = \sum_{i=1}^{n}(y_i - \bar{y})^2 = \sum_{i=1}^{n}[(y_i - \hat{y}_i) + (\hat{y}_i - \bar{y})]^2$$
$$= \sum_{i=1}^{n}(y_i - \hat{y}_i)^2 + \sum_{i=1}^{n}(\hat{y}_i - \bar{y})^2 = Q + U, \tag{11.8}$$

其中 $U = \sum_{i=1}^{n}(\hat{y}_i - \bar{y})^2 = bL_{xy}$ 称为**回归平方和**. 显然,若方程(11.8)有意义,总希望 Q 尽可能小,U 尽可能大,那么 U 到底要大到什么程度才能认为方程(11.8)有意义呢?

由现有条件,可以证明:

(1) $\dfrac{Q}{\sigma^2} \sim \chi^2(n-2)$;

(2) 在 H_0 为真时,$\dfrac{U}{\sigma^2} \sim \chi^2(1)$;

(3) U 与 Q 相互独立.

于是当 H_0 为真时,

$$F = \frac{U}{Q/(n-2)} \sim F(1, n-2).$$

从而,对给定的显著性水平 α,查附表五得到临界值 $F_\alpha(1, n-2)$. 若 $F > F_\alpha(1, n-2)$,则拒绝 H_0,认为 $\hat{b} = 0$ 不真,称回归方程是显著的;反之,称回归效果不显著,即回归直线方程没有意义. 这种检验方法称为 **F 检验法**.

【例 11.56】 判断案例 11.19 中的 y 与 x 线性关系是否显著? 取显著性水平 $\alpha = 0.05$.

解 假设 $H_0: \hat{b} = 0, H_1: \hat{b} \neq 0$.

由案例 11.19 知
$$L_{xy}=267.28, L_{xx}=336.9, L_{yy}=219.02,$$
$$U=bL_{xy}=\frac{L_{xy}^2}{L_{xx}}=\frac{(267.28)^2}{336.9}=212.05,$$
$$Q=L_{yy}-U=219.02-212.05=6.97,$$
$$F=\frac{U}{Q/(n-2)}=\frac{212.05}{6.97/8}=243.38,$$

而
$$F_{0.05}(1,8)=5.32.$$

因为 $F>F_\alpha(1,n-2)$,所以在 $\alpha=0.05$ 下,认为线性相关关系显著.

2. 相关系数法

为了应用方便,把 F 检验法进行适当变形,得到了相关系数法. 因为
$$Q(\hat{a},\hat{b})=\sum_{i=1}^n(y_i-\hat{y}_i)^2=L_{yy}\left(1-\frac{L_{xy}^2}{L_{xx}L_{yy}}\right),$$

令 $r=\frac{L_{xy}}{\sqrt{L_{xx}L_{yy}}}$(称为**相关系数**),则 $Q(\hat{a},\hat{b})=L_{yy}(1-r^2)$. 因为

$$\begin{cases} Q(\hat{a},\hat{b})=\sum_{i=1}^n(y_i-\hat{y}_i)^2\geqslant 0, \\ L_{yy}=\sum_{i=1}^n(y_i-\bar{y})^2\geqslant 0, \end{cases}$$

所以 $1-r^2\geqslant 0$,即 $-1\leqslant r\leqslant 1$.

从 $Q(\hat{a},\hat{b})=L_{yy}(1-r^2)$ 可以看出,$|r|$ 的大小会引起 Q 的变化,但 $|r|$ 越接近 1 时,Q 的值就越接近 0,说明 y 与 x 之间的线性关系就越好. 如当 $|r|=1$ 时,$Q=0$,则散点图上的点完全落在回归直线 $\hat{y}=\hat{a}+\hat{b}x$ 上,称 y 对 x 完全相关;如果 $|r|$ 接近 0,Q 的值就较大,用回归直线来表达 y 与 x 之间的关系就不准确;如当 $r=0$ 时,Q 的值最大,说明 y 与 x 无线性关系. 因而 $|r|$ 的大小可以表示 y 与 x 之间具有线性关系的相对程度,我们称为 y 对 x 的相关系数,那么 $|r|$ 的值多大时才能确认 y 与 x 之间的线性关系显著呢? 若由样本值算出(x_i,y_i)的统计量 $r>r_\alpha$,则说明回归效果显著;反之,若统计量 $r\leqslant r_\alpha$,则说明回归效果不显著.

因为
$$F=\frac{U}{Q/(n-2)}=\frac{L_{xy}^2(n-2)}{L_{xx}L_{yy}(1-r^2)}=\frac{r^2(n-2)}{(1-r^2)},$$

所以
$$|r|=\sqrt{\frac{F}{F+n-2}},$$

记
$$|r_\alpha|=\sqrt{\frac{F_\alpha}{F_\alpha+n-2}}.$$

【例 11.57】 用相关系数法来检验案例 11.19 中 y 与 x 线性关系是否显著?(取显著性水平 $\alpha=0.05$)

解 假设 $H_0: \hat{b}=0, H_1: \hat{b} \neq 0$. 因为 $F_{0.05}(1,8)=5.32$, 所以

$$|r_\alpha| = \sqrt{\frac{F_\alpha}{F_\alpha+n-2}} = \sqrt{\frac{5.32}{5.32+10-2}} = 0.6319.$$

而

$$r = \sqrt{\frac{L_{xy}^2}{L_{xx}L_{yy}}} = \sqrt{0.9682} = 0.984 > r_\alpha,$$

由此判断在 $\alpha=0.05$ 下, 认为线性相关关系显著.

书后给出了相关系数临界值 r_α 表(附表六), 其自由度为 $n-2$. 以后不必再查 F 表, 通过 r_α 与 r 进行比较即可判断.

四、回归预测

在回归问题中, 若回归方程经检验效果显著, 这时回归值与实际值就拟合较好, 大致反映了 y 与 x 之间的变化规律. 对于任意值 x_0, 虽然不能精确地知道相应的 y 的真值, 但用回归方程可以估计出 y 的真值的取值范围, 这就是实际中的回归预测问题.

前面介绍了 $\frac{Q}{\sigma^2} \sim \chi^2(n-2)$, 由 χ^2 分布的期望可知 $E\left(\frac{Q}{\sigma^2}\right)=(n-2)$, 则由此得到 $E\left(\frac{Q}{n-2}\right)=\sigma^2$, 所以 σ^2 的无偏估计量为

$$\hat{\sigma}^2 = \frac{Q}{n-2} = \frac{L_{yy}(1-r^2)}{n-2}.$$

在实际问题中, 预测的真正意义就是在一定的显著性水平 α 下, 只要估计出离差 $y-\hat{y}$ 的大小即可, 而且它们服从正态分布, 即

$$y - \hat{y} \sim N(0, \sigma^2).$$

由正态分布的 3σ 法则知

$$P(|X-\mu|<\sigma) = 0.6826,$$
$$P(|X-\mu|<2\sigma) = 0.9544,$$
$$P(|X-\mu|<3\sigma) = 0.9974,$$

从而有 y 被包含在 $(\hat{y}-\hat{\sigma}, \hat{y}+\hat{\sigma})$ 区间内的概率为 0.6826, y 被包含在 $(\hat{y}-2\hat{\sigma}, \hat{y}+2\hat{\sigma})$ 区间内的概率为 0.9544, y 被包含在 $(\hat{y}-3\hat{\sigma}, \hat{y}+3\hat{\sigma})$ 区间内的概率为 0.9974, 即

(1) y 的置信度为 0.6826 的置信区间为 $(\hat{y}-\hat{\sigma}, \hat{y}+\hat{\sigma})$,

(2) y 的置信度为 0.9544 的置信区间为 $(\hat{y}-2\hat{\sigma}, \hat{y}+2\hat{\sigma})$,

(3) y 的置信度为 0.9974 的置信区间为 $(\hat{y}-3\hat{\sigma}, \hat{y}+3\hat{\sigma})$.

【例 11.58】 求案例 11.22 月收入为 20 万元时, 月进货花费的置信度为 0.9974 的置信区间.

解 由已知条件知

$$\hat{y} = -0.70403 + 0.793 \times 20 = 8.8197,$$

$$\hat{\sigma} = \sqrt{\frac{L_{yy}(1-r^2)}{n-2}} = \sqrt{\frac{219.02 \times (1-0.984)^2}{n-2}} = 0.9322,$$

$$\hat{y}-3\hat{\sigma}=6.0231, \hat{y}+3\hat{\sigma}=11.6163.$$

所以月收入为20万元时,月进货花费的置信度为0.9974的置信区间为

$$(6.0231, 11.6163).$$

习题 11.7

1. 一个工厂在某年里每月产品的总成本 y(万元)与该月产量 x(万件)之间有如下一组对应数据:

x	1.08	1.12	1.19	1.28	1.36	1.48	1.59	1.68	1.80	1.87	1.98	2.07
y	2.25	2.37	2.40	2.55	2.64	2.75	2.92	3.03	3.14	3.26	3.36	3.50

(1) 画出散点图;
(2) 求月总成本 y 与月总产量 x 之间的回归直线方程.

2. 考察某种化工厂原料在水中的溶解度与温度的关系,共作了9组试验. 其数据如下,其中 y 是溶解度(单位:克), x 表示温度(单位:摄氏度).

温度 x	0	10	20	30	40	50	60	70	80
溶解解度 y	14.0	17.5	21.2	26.1	29.2	33.3	40.0	48.0	54.8

(1) 求溶解度 y 关于温度 x 之间的线性回归方程;
(2) 利用相关系数的显著性检验来检查溶解度与温度之间的线性相关关系是否显著.

3. 研究某灌溉渠道水深 x(单位:米)与速度 y(单位:米/秒)之间的关系,测得数据如下所示:

水深 x	1.4	1.5	1.60	1.70	1.80	1.90	2.0	2.10
流速 y	1.7	1.79	1.88	1.95	2.03	2.10	2.16	2.21

(1) 求流速 y 关于水深 x 的线性回归方程.
(2) 求回归直线方程的显著性.

4. 某种合成纤维的拉伸强度与其拉伸倍数有关,经测试得到10组纤维样品的强度与相应的拉伸倍数的数据,如下表:

拉伸倍数 x	1.9	2.1	2.7	3.5	4.0	4.5	5.0	6.0	6.5	8.0
强度 y	1.4	1.8	2.8	3.0	3.5	4.2	5.5	5.5	6.0	6.5

则 y 与 x 有怎样的相关关系?相关程度如何?用拉伸倍数预测强度的误差范围有多大?求用拉伸倍数 x 为10个单位,去预测强度 y 的置信度为0.9544的置信区间.

第八节 概率论与数理统计初步实验

一、实验目的

1. 熟悉随机变量的分布律、概率密度等有关 MATLAB 命令.
2. 会利用 MATLAB 处理简单的概率及统计问题.

二、实验指导

常见的几种分布的命令字符为：

正态分布：norm　　　　　　指数分布：exp
泊松分布：poiss　　　　　　β 分布：beta
威布尔分布：weib　　　　　　χ^2 分布：chi2
t 分布：t　　　　　　　　　F 分布：F

MATLAB 工具箱对每一种分布都提供五类函数，其命令字符为：

概率密度：pdf　　　　　　　概率分布：cdf
逆概率分布：inv　　　　　　均值与方差：stat
随机数生成：rnd

当需要一种分布的某一类函数时，将以上所列的分布命令字符与函数命令字符接起来，并输入自变量(可以是标量、数组或矩阵)和参数即可. 例如，求正态分布的概率密度对应的函数名是 normpdf，通过这样的组合，可以求出常见的概率分布的各种概率特征，表 11.4 中就不一一列出了，使用时可参阅 MATLAB 帮助.

表 11.4

命令	功能
random('name', A1, A2, A3, m, n)	求指定分布的随机数
cdf('name', x, A1, A2, A3)	求以 name 为分布、随机变量 $X \leqslant x$ 的概率之和的累积概率值
pdf('name', x, A1, A2, A3)	求指定分布的概率密度值
mean(x)	均值
std(x)	标准差
var(x)	方差
normplot(X)	用图形方式对正态分布进行检验
[muhat, sigmahat] = normfit(DATA)	正态总体的参数估计和置信区间
[h, sig, ci] = ztest(x, m, sigma, alpha, tail)	总体方差 sigma 已知时，总体均值的检验使用 z - 检验
[h, sig, ci] = ttest(x, m, alpha, tail)	总体方差 sigma 未知时，总体均值的检验使用 t - 检验

【例 11.59】 画出正态分布 $N(0,1)$ 和 $N(1,2^2)$ 的概率密度函数图形.

解 程序如下:

$x=-6:0.01:6$;
$y1=\text{normpdf}(x)$ %标准正态分布的概率密度值
$y2=\text{normpdf}(x,1,2)$;   %均值为 1,方差为 2 的正态分布的概率密度值
$\text{plot}(x,y1,x,y2)$

得到图形如图 11.24 所示.

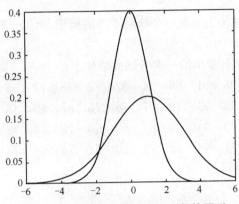

图 11.24 正态分布概率密度函数的图形

【例 11.60】 一个质量检验员每天检验 500 个零件,假设 1% 的零件有缺陷,求:

(1) 一天内检验员没有发现有缺陷零件的概率是多少?

(2) 一天内检验员发现有缺陷零件的数量最有可能是多少?

解 依题意,设每天发现有缺陷的零件的个数为随机变量 X,则 X 服从 $n=500, p=0.01$ 的二项分布,故有:

(1) 即求 $p=P\{X=0\}$

输入如下命令:

$\gg p=\text{binopdf}(0,500,0.01)$ %参数 500 和 0.01 的二项分布概率值

$p=$

 0.006 6

也可以如下编程:

$\gg p=\text{pdf}('\text{bino}',0,500,0.01)$

$p=$

 0.006 6

(2) 即求 k 使得 $p_k=P\{X=k\}, k=0,1,\cdots,500$ 最大.

输入如下命令:

$\gg y=\text{binopdf}([0:500],500,0.01)$;

$\gg [x,i]=\max(y)$

$x=$

 0.176 4

$i =$

也可以如下编程：

≫$y=$pdf('bino',[0：500],500,0.01);

≫$[x,i]=$max(y)

$x =$

   0.176 4

$i =$

   6

因为数组下标 $i=1$ 时代表发现 0 个缺陷零件的概率,所以检验员发现有缺陷零件的数量最有可能是 $i-1=5$.

【例 11.61】 某校 60 名学生的一次考试成绩如下：

    93 75 83 93 91 85 84 82 77 76 77 95 94 89 91

    88 86 83 96 81 79 97 78 75 67 69 68 84 83 81

    75 66 85 70 94 84 83 82 80 78 74 73 76 70 86

    76 90 89 71 66 86 73 80 94 79 78 77 63 53 55

(1) 计算均值、标准差；

(2) 检验分布的正态性；

(3) 若检验符合正态分布,估计正态分布的参数；

(4) 检验参数.

解 首先输入数据：

≫$x=$[93 75 83 93 91 85 84 82 77 76 77 95 94 89 91 88 86 83 96 81 79 97 78 75 67 69 68 84 83 81 75 66 85 70 94 84 83 82 80 78 74 73 76 70 86 76 90 89 71 66 86 73 80 94 79 78 77 63 53 55];

(1) 计算均值、标准差

≫mean(x)

ans$=$

   80.100 0

≫std(x)

ans$=$

   9.710 6

说明均值为 80.100 0,标准差为 9.710 6.

(2) 检验分布的正态性

图 11.25　正态分布检验图

由于上图中"＋"基本在一条直线上,故数据服从正态分布.

(3) 估计正态分布的参数并检验参数

≫[muhat, sigmahat ,muci, sigmaci]＝normfit(x)

muhat＝

　80.100 0

sigmahat＝

　9.710 6

muci＝

　77.591 5

　82.608 5

sigmaci＝

　8.231 0

　11.843 6

上述结果可估计出成绩的均值为 80.100 0,方差 9.710 6,均值的 0.95 置信区间为 [77.591 5,82.608 5],方差的 0.95 置信区间为[8.231 0,11.843 6].

(4) 检验参数

已知成绩服从正态分布,在方差未知的情况下,检验其均值 m 是否等于 80.100 0,使用 ttest 函数;在方差已知的情况下,使用 ztest 函数.

≫[h,p,ci]＝ttest(x,80.100 0)

h＝

　0

p＝

　1

ci＝

77.591 5   82.608 5

$h=0$ 意味着我们不能拒绝原假设,95%的置信区间为[77.591 5,82.608 5].

习题 11.8

1. 某人向空中抛硬币 100 次,落下为正面的概率是 $\frac{1}{2}$,设这 100 次中正面向上的次数为 X,利用 MATLAB 计算:

(1) $X=45$ 的概率,以及 $X\leq 45$ 的概率;

(2) 绘出随机数 X 的概率分布图像.

2. 设随机变量 $X\sim N(2,0.5^2)$,利用 MATLAB 计算概率 $P\{1<X<3\}$,并绘出该正态分布的分布函数和密度函数图像.

3. 有一组统计数据[10.32,15.84,16.5,14.39,17.89,17.21],利用 MATLAB 计算它的方差和标准差.

4. 设随机变量 $X\sim B(1\,000,0.1)$,利用 MATLAB 试计算 $E(X),D(X)$. 又设 $Y\sim P(\lambda),\lambda=1\,000\times 0.1=100$,试计算 $E(Y),D(Y)$.

5. 某种零件的重量服从正态分布,现从中抽得容量为 16 的样本,其重量(千克)分别为:4.8,4.7,5.0,5.2,4.7,4.9,5.0,5.0,4.6,4.7,5.0,5.1,4.7,4.5,4.9,5.1. 利用 MATLAB 求平均重量的置信区间和重量分布方差的置信区间,设置信水平为 95%.

6. 某灯泡出厂的标准寿命不少于 2 000 小时,现随机的从该厂生产一批灯泡里抽取 20 只,测得其寿命分别为:1 558,1 627,2 101,1 786,1 921,1 843,1 655,1 675,1 935,1 573,2 023,1 968,1 606,1 751,1 511,1 247,2 076,1 685,1 905,1 881. 假设灯泡的寿命 X 服从正态分布,利用 MATLAB 判断:在方差未知的情况下,问这批灯泡是否达到了出厂标准?设显著性水平为 $\alpha=0.01$.

本章小结

本章前三节介绍的主要内容为概率的最基本概念及其运算、一维随机变量的分布及其数字特征等. 后四节主要是统计部分,其主要介绍了抽样分布中的常用的三种分布及其定理、参数估计、假设检验、一元线性回归等.

一、随机事件与概率

1. 基本事件

(1) 事件的包含与相等:$A\subset B$ 与 $A=B$;

(2) 事件的和:$A\cup B$;

(3) 事件的积:AB;

(4) 事件的差:$A-B$;

(5) 互不相容事件:$AB=\emptyset$;

(6) 对立事件:$B=\overline{A},A\cup B=U$;

(7) 完备事件组:$A_1,A_2,\cdots,A_n$ 两两互斥,且 $A_1\cup A_2\cup\cdots\cup A_n=U$.

2. 常用公式

(1) 概率的性质：$0 \leqslant P(A) \leqslant 1, P(U)=1, P(\varnothing)=0$.

(2) 加法公式：$P(A \cup B) = P(A) + P(B) - P(AB)$，

(3) 减法公式：$P(\overline{A}) = 1 - P(A), P(A-B) = P(A) - P(B)(B \subset A)$.

(4) 条件公式：$P(A|B) = \dfrac{P(AB)}{P(B)}(P(B) \neq 0), P(B|A) = \dfrac{P(AB)}{P(A)}(P(A) \neq 0)$.

(5) 乘法公式：
$$P(AB) = P(A)P(B|A)(P(A) \neq 0), P(AB) = P(B)P(A|B)(P(B) \neq 0).$$

(6) 全概率公式：$P(A) = \sum\limits_{i=1}^{n} P(A_i) P(A | A_i)$.

(7) 独立公式：$P(AB) = P(A)P(B)$.

(8) 二项公式：$P(A) = C_n^k p^k (1-p)^{n-k} (k=0,1,2,\cdots,n)$.

二、随机变量及其分布

1. 随机变量的分布函数

(1) 离散型：$F(x) = P(X \leqslant x) = \sum\limits_{x_i \leqslant x} p_i$.

(2) 连续性：$F(x) = P(X \leqslant x) = \int_{-\infty}^{x} f(t) \mathrm{d}t$.

(3) 性质：

(i) $0 \leqslant F(x) \leqslant 1 (-\infty < x < +\infty)$；

(ii) $F(x)$ 单调不减，且 $F(+\infty) = \lim\limits_{x \to +\infty} F(x) = 1, F(-\infty) = \lim\limits_{x \to -\infty} F(x) = 0$；

(iii) $P(a < X \leqslant b) = F(b) - F(a)$.

2. 离散型随机变量

分布律可用如下形式表示：
$$X \sim \begin{pmatrix} x_1 & x_2 & \cdots & x_k & \cdots \\ p_1 & p_2 & \cdots & p_k & \cdots \end{pmatrix}.$$

非负性：$p(x_i) \geqslant 0 (i=1,2,\cdots,n,\cdots)$；

归一性：$\sum\limits_{i=1}^{\infty} p_i = 1$.

3. 连续型随机变量

密度函数 $f(x)$ 的性质：

(1) $f(x) \geqslant 0$；

(2) $\int_{-\infty}^{+\infty} f(x) \mathrm{d}x = 1$；

(3) $P(a < X \leqslant b) = F(b) - F(a) = \int_{a}^{b} f(x) \mathrm{d}x$；

(4) 若 $f(x)$ 在点处 x 连续，则有 $F'(X) = f(x)$.

4. 随机变量函数的分布

三、随机变量的数字特征

1. 数学期望

(1) 离散型随机变量的数学期望：$E(X) = \sum\limits_{i} x_i p_i$.

若 $Y=g(X)$,则 $E(Y)=E[g(X)]=\sum_i g(x_i)p_i$;

(2) 连续型随机变量的数学期望: $E(X)=\int_{-\infty}^{+\infty} xf(x)\mathrm{d}x$.

若 $Y=g(X)$,则 $E(Y)=E[g(X)]=\int_{-\infty}^{+\infty} g(x)f(x)\mathrm{d}x$.

(3) 性质: $E(c)=c$; $E(kX)=kE(X)$; $E(aX+b)=aE(X)+b$;

设 X、Y 为相互独立的随机变量,则 $E(XY)=E(X)E(Y)$.

2. 方差

(1) 定义: $D(X)=E\{[X-E(X)]^2\}=E(X^2)-[E(X)]^2$.

(2) 性质: $D(c)=0$; $D(kX)=k^2D(X)$; $D(aX+b)=a^2D(X)$;

设 X、Y 为相互独立的随机变量,则 $D(X+Y)=D(X)+D(Y)$.

3. 几种重要的分布及数字特征(表 11.2)

四、样本及抽样分布

1. 总体、样本、统计量

2. 几个常用的分布: χ^2 分布、t 分布和 F 分布

3. 几个重要定理

五、参数估计

1. 参数的点估计: 矩估计法

2. 衡量点估计量好坏的标准: (1) 无偏性; (2) 有效性.

3. 正态总体参数的区间估计

(1) 已知方差 σ^2,对 μ 进行区间估计: $\mu \in \left[\overline{X}-U_{\frac{\alpha}{2}}\frac{\sigma}{\sqrt{n}}, \overline{X}+U_{\frac{\alpha}{2}}\frac{\sigma}{\sqrt{n}}\right]$;

(2) 未知方差 σ^2,对 μ 进行区间估计: $\mu \in \left[\overline{X}-t_{\frac{\alpha}{2}}(n-1)\frac{S}{\sqrt{n}}, \overline{X}+t_{\frac{\alpha}{2}}(n-1)\frac{S}{\sqrt{n}}\right]$;

(3) 方差 σ^2 的区间估计(μ 未知的情况): $\sigma^2 \in \left[\frac{(n-1)S^2}{\chi^2_{\frac{\alpha}{2}}(n-1)}, \frac{(n-1)S^2}{\chi^2_{1-\frac{\alpha}{2}}(n-1)}\right]$.

六、参数的假设检验

1. 单个正态总体均值的假设检验

(1) σ^2 已知,关于 μ 的检验(称为 U 检验法);

(2) σ^2 未知,关于 μ 的检验(称为 T 检验法).

2. 单个正态总体方差的假设检验(χ^2 检验法)

七、一元线性回归

1. 线性回归方程 $\hat{y}=\hat{a}+\hat{b}x$

2. 检验线性回归方程的显著性

3. 回归预测

第十二章 图论初步

图论起源于18世纪.第一篇图论论文是瑞士数学家欧拉于1736年发表的"哥尼斯堡的七座桥". 1847年,克希霍夫为了给出电网络方程而引进了"树"的概念. 1857年,凯莱在研究烷 C_nH_{2n+2} 的同分异构体的数目时,也发现了"树". 哈密尔顿于1859年提出"周游世界"游戏,用图论的术语,就是如何找出一个连通图中的生成圈,近几十年来,计算机技术和科学的飞速发展,大大地促进了图论研究和应用,图论的理论和方法已经渗透到物理、化学、通讯科学、建筑学、生物遗传学、心理学、经济学、社会学等学科中.

图论中所谓的"图"是指某类具体事物和这些事物之间的联系. 如果我们用点表示这些具体事物,用连接两点的线段(直的或曲的)表示两个事物的特定联系,就得到了描述这个"图"的几何形象. 图论为任何一个包含了一种二元关系的离散系统提供了一个数学模型,借助于图论的概念、理论和方法,可以对该模型求解.

哥尼斯堡七桥问题就是一个典型的例子. 在哥尼斯堡有七座桥将普莱格尔河中的两个岛及岛与河岸连接起来,问题是要从这四块陆地中的任何一块开始通过每一座桥正好一次,再回到起点. 当然可以通过试验去尝试解决这个问题,但该城居民的任何尝试均未成功. 欧拉为了解决这个问题,采用了建立数学模型的方法. 他将每一块陆地用一个点来代替,将每一座桥用连接相应两点的一条线来代替,从而得到一个有四个"点",七条"线"的"图". 问题转化成从任一点出发,一笔画出七条线再回到起点. 欧拉考察了一般一笔画的结构特点,给出了一笔画的一个判定法则:这个图是连通的,且每个点都与偶数条线相关联. 欧拉将这个判定法则应用于七桥问题,得到了"不可能走通"的结果,不但彻底解决了这个问题,而且开创了图论研究的先河.

作为一门应用数学,图论已经被广泛地应用到复杂网络的研究中. 随着计算机科学的迅猛发展,在现实生活中的许多问题,如交通网络问题,运输的优化问题,社会学中某类关系的研究,都可以用图论进行研究和处理. 图论在计算机领域中,诸如算法、语言、数据库、网络理论、数据结构、操作系统、人工智能等方面都有重大贡献.

本章主要介绍图论的基本概念、基本性质和一些典型应用.

第一节 基本概念

学习目标

1. 理解图的基本概念、补图与子图、节点的度数.
2. 掌握图的握手定理.
3. 知道图的同构.

一、图的基本概念

1. 图的定义

图在现实生活中随处可见,如交通运输图、旅游图、流程图等. 此处我们只考虑由点和线所组成的图,这种图能够描述现实世界的很多事情. 例如,用点表两球队,两队之间的连线代表两者之间进行比赛,这样,各支球队的比赛情况就可以用一个图清楚地表示出来.

到底什么是图呢? 可用一句话概括:图是用点和线来刻画离散事物集合中的每对事物间以某种方式相联系的数学模型. 因为上述描述太过于抽象,难于理解,因此下面给出图作为代数结构的一个定义.

定义 12.1 一个图(Graph)是一个三元组 $\langle V(G), E(G), \varphi_G \rangle$,其中 $V(G)$ 是一个非空的节点集合,$E(G)$ 是有限的边集合,φ_G 是从边集合 E 到点集合 V 中的有序偶或无序偶的映射.

【例 12.1】 图 $G = \langle V(G), E(G), \varphi_G \rangle$,其中 $V(G) = \{a, b, c, d\}$,$E(G) = \{e_1, e_2, e_3, e_4, e_5, e_6\}$,$\varphi_G(e_1) = (a, b)$,$\varphi_G(e_2) = (a, c)$,$\varphi_G(e_3) = (b, d)$,$\varphi_G(e_4) = (b, c)$,$\varphi_G(e_5) = (d, c)$,$\varphi_G(e_6) = (a, d)$.

一个图可以用图形表示出来. 例 12.1 的图 G 可表示为图 12.1(a)或(b).

 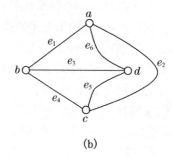

图 12.1

由于在不引起混乱的情况下,图的边可以用有序偶或无序偶直接表示,因此,图也可以简单的表示为

$$G = \langle V, E \rangle.$$

其中,V 是非空节点集,E 是连接节点的边集.

若边 e_i 与节点无序偶 (v_j, v_k) 相关联,则称该边为**无向边**(Undirected Edge).

若边 e_i 与节点有序偶 $\langle v_j, v_k \rangle$ 相关联,则称该边为**有向边**(Directed Edge),其中 v_j 称为 e_i 的**起点**(Initial Vertex), v_k 称为 e_i 的**终点**(Terminal Vertex).

定义 12.2 每一条边都是无向边的图称为**无向图**(Undirected Graph),例如图 12.2(a).

每一条边都是有向边的图称为**有向图**(Directed Graph),例如图 12.2(b).

如果在图中,一些边是有向边,一些边是无向边,则称之为**混合图**(Mixed Graph),例如图 12.2(c).

图 12.2

这些图可分别表示为
$G = \langle V, E \rangle$,其中 $V = \{v_1, v_2, v_3, v_4, v_5\}$,$E = \{(v_1, v_2), (v_2, v_3), (v_3, v_4), (v_2, v_4)\}$;
$G' = \langle V', E' \rangle$,其中 $V' = \{v_1', v_2', v_3', v_4'\}$,$E' = \{\langle v_1', v_2' \rangle, \langle v_2', v_3' \rangle, \langle v_3', v_1' \rangle, \langle v_1', v_4' \rangle, \langle v_4', v_2' \rangle\}$;
$G'' = \langle V'', E'' \rangle$,其中 $V'' = \{v_1'', v_2'', v_3'', v_4''\}$,$E'' = \{(v_1'', v_2''), (v_2'', v_4''), \langle v_1'', v_3'' \rangle, \langle v_3'', v_4'' \rangle\}$.

今后我们只讨论有向图和无向图.

2. 图 G 的节点与边之间的关系及图的分类

定义 12.3 在一个图中,若两个节点由一条有向边或一条无向边关联,则这两个节点称为**邻接点**(Adjacent Vertice).

在一个图中,不与任何节点相邻接的节点,称为**孤立节点**(Isolated Vertex),如图 12.2(a)中的节点 v_5. 仅由孤立节点组成的图称为**零图**(Null Graph),仅由一个孤立节点构成的图称为**平凡图**.

由定义知,平凡图一定是零图.

关联于同一节点的两条边称为**邻接边**(Adjacent Edges). 关联于同一节点的一条边称为**自回路**或**环**(Loop). 环的方向是没有意义的,它既可作为有向边,也可作为无向边.

如图 12.3 中的 e_1 与 e_2, e_1 与 e_4 是邻接边, e_5 是环.

在一个图中,有时一对节点间常常不止一条边,在图 12.3 中,节点 v_1 与节点 v_2 之间有两条边 e_1 与 e_2. 把连接于同一对节点间的多条边称为**平行边**(Multiple Edges).

图 12.3

定义 12.4 含有平行边的任何一个图,称为**多重图**(Multigraph). 不含有平行边和环的图称为**简单图**(Simple Graph).

例如，在图 12.4(a)中，节点 a 和 b 之间有两条平行边，节点 b 和 c 之间有三条平行边，节点 b 上有两条平行边，这两条平行边都是环. 图 12.4(a) 不是简单图，而是多重图.

又如，在图 12.4(b)中，节点 v_1 和 v_2 之间有两条平行边. v_2 和 v_3 之间的两条边，因为方向不同，所以不是平行边. 图 12.4(b)不是简单图，而是多重图.

图 12.4　多重图示例

定义 12.5　任意两个节点间都有边相连的简单图称为**完全图**(Complete Graph). n 个节点的无向完全图记为 K_n.

定理 12.1　n 个节点的无向完全图 K_n 的边数为 C_n^2.

证明　因为在无向完全图 K_n 中，任意两个节点之间都有边相连，所以 n 个节点中任取两个点的组合数为 C_n^2，故无向完全图 K_n 的边数为 C_n^2.

如果在 K_n 中，对每条边任意确定一个方向，就称该图为 n 个节点的有向完全图. 显然，有向完全图的边数也是 C_n^2.

【**例 12.2**】 图 12.5 分别给出了 1 个节点、2 个节点、3 个节点、4 个节点和 5 个节点的无向完全图.

图 12.5　$K_1 - K_5$ 的图示

【**例 12.3**】 图 12.6(a)是简单图，并且是完全图. 图 12.6(b)是多重图，因为节点 a 与 c 之间有平行边，所以不是完全图.

图 12.6

定义 12.6　给每条边都赋予权的图 $G=\langle V,E \rangle$ 称为**带权图**或**加权图**(Weighted Graph)，记为 $G=\langle V,E,W \rangle$，其中 W 为各边权的集合.

带权图在实际生活中有着广泛的应用，例如在城市交通运输图中，可以赋予每条边以公里数、耗油量、运货量等,与此类似,在表示输油管系统的图中,每条边所指定的权表示单位时间内流经输油管断面的石油数量.如图 12.7 是带权图.

图 12.7　带权图示例

需要注意,带权图中各边的权数可以是正数、负数或零.

二、补图与子图

给定任意一个含有 n 个节点的图 G,我们总可以把它补成一个具有同样节点的完全图,方法是把那些没有联上的边添加上去.

定义 12.7　给定一个图 G,由 G 中所有节点和所有能使 G 成为完全图的添加边组成的图,称为图 G 相对于完全图的**补图**(Complement),或简称为 G 的补图,记作 $\bar{G}$.

如图 12.8 中(a)和(b)互为补图.

图 12.8

【**例 12.4**】　证明:在任意 6 个人的集会上,总会有 3 个人相互认识或者有 3 个人互相不认识(假设认识是相互的).

证明　这是发表在 1958 年美国《数学月刊》上的一个数学问题.把参加某会议的人视为节点,若两人认识,则两人之间画一连线,这样得到一图 G.设 G' 是 G 的补图,这样问题就转化为证明 G 或 G' 中至少有一个三角形.

考虑完全图 K_6,顶点 u_1 与其余的 5 个节点有 5 条边相连,这 5 条边一定有其中的 3 条落在 G 或 G' 中.不妨设这 3 条边落在 G 中,且这 3 条边就是 (u_1,u_2),(u_1,u_3),(u_1,u_4)(如图 12.9 所示).

图 12.9

考虑节点 u_2,u_3,u_4,若 u_2,u_3,u_4 在 G 中无线相连,则 u_2,u_3,u_4 互相不认识,命题得证;若 u_2,u_3,u_4 在 G 中至少有一条线相连,例如 (u_2,u_3),则 u_1,u_2,u_3 就相互认识.因此,总会有 3 个人相互认识或者有 3 个人相互不认识.

下面为了给出子图的概念,首先介绍图的两种操作.

删边:删去图 G 的某一条边,但仍保留边的端点.

删点:删去图 G 的某一节点以及与该节点所关联的所有的边.

例如,图 12.10(a)删去边 e_1 和 e_2 后所得的图为图 12.10(c);图 12.10(a)删去节点 v_4 后所得的图为图 12.10(d).

定义 12.8 设 $G=\langle V,E\rangle$ 和 $G'=\langle V',E'\rangle$ 是两个图.

(1) 若 $E'\subseteq E, V'\subseteq V$,则称 G' 是 G 的**子图**(Subgraph),G 是 G' 的**母图**(Supgraph).

(2) 若 G' 是 G 的子图,且 $E'\subset E$ 或 $V'\subset V$,则称 G' 是 G 的**真子图**(Proper Subgraph).

(3) 若 $E'\subseteq E$ 且 $V'=V$,则称 G' 是 G 的**生成子图**或**支撑子图**(Spanning Subgraph).

(4) 若 G' 是 G 的子图,且 G' 中没有孤立节点,则称 G' 为图 G 的由边集 E' **导出的子图**(Derived Subgraph).

(5) 设 $V'\subseteq V$,在图 G 中删去 V' 中所有节点后所得的图称为图 G 的由节点集 $V-V'$ 导出的子图.

例如,图 12.10 (b)、(c)、(d)都是图 12.10(a)的子图,也是真子图;图 12.10(b)、(c)是图 12.10(a)的生成子图;图 12.10(b)和图 12.10(c)互为补图;图 12.10(c)是图 12.10(a)的由边集 $\{e_3,e_4,e_5,e_6\}$ 导出的子图,图 12.10(d)是图 12.10(a)的由边集 $\{e_1,e_3,e_6\}$ 导出的子图;图 12.10(d)是图 12.10(a)的由节点集 $\{v_1,v_3,v_6\}$ 导出的子图.

(a)

(b)

(c)

(d)

图 12.10

子图实际上就是从原来的图中适当地去掉一些节点和边所形成的新图,它的节点和边必须含在原来的图中,以反映图的局部.

定义 12.9 设 $G'=\langle V',E'\rangle$ 是图 $G=\langle V,E\rangle$ 的子图,并且给定另外一个图 $G''=\langle V'',E''\rangle$,如果 $E''=E-E'$,且 V'' 由两部分节点组成:(1) E'' 中的边所关联的节点,(2) 在 V 中而不在 V' 中的孤立节点,则称 G'' 是子图 G' 相对于图 G 的**补图**.

例如,在图 12.11 中,图 12.11(c)是图 12.11(b)关于图 12.11(a)的补图.

图 12.11

三、节点的度数

研究图的性质就必须研究节点与边的关联关系. 为此,我们引入节点的度的概念.

定义 12.10 在有向图 $G=\langle V,E\rangle$ 中,射入节点 $v(v\in V)$ 的边数,称为节点 v 的**入度**(In-degree),记作 $d^-(v)$;由节点 $v(v\in V)$ 射出的边数,称为节点 v 的**出度**(Out-degree),记作 $d^+(v)$. 节点 v 的入度与出度之和称为节点 v 的**度数**(degree),记作 $d(v)$ 或 $\deg(v)$.

在无向图 $G=\langle V,E\rangle$ 中,以节点 $v(v\in V)$ 为端点的边的条数称为节点 v 的度数,记作 $d(v)$ 或 $\deg(v)$. 若 v 有环,规定该节点的度数因环而增加 2.

此外,我们记 $\Delta(G)=\max\{d(v)|v\in V(G)\}$,$\delta(G)=\min\{d(v)|v\in V(G)\}$,分别称为图 $G=\langle V,E\rangle$ 的最大度和最小度.

例如,在图 12.4(a) 中,$d(a)=3$,$d(b)=9$,$\Delta(G)=9$,$\delta(G)=3$;在图 12.4(b) 中,$d^-(v_2)=3$,$d^+(v_2)=2$,$d(v_2)=5$,$\Delta(G)=5$,$\delta(G)=3$.

孤立节点的度数为 0.

下面的定理是欧拉在 1936 年给出的,称为**握手定理**,它是图论中的基本定理.

定理 12.2 每个图中,节点度数的总和等于边数的两倍,表示为

$$\sum_{v\in V}d(v)=2|E|.$$

证明 因为每条边必关联两个节点,而一条边给予关联的每个节点的度数为 1,所以,在一个图中,节点度数的总和等于边数的两倍.

对于有向图,我们还可以说得更精确一点,即若 $G=\langle V,E\rangle$ 是有向图,则

$$\sum_{v\in V}d^-(v)=\sum_{v\in V}d^+(v)=|E|.$$

定理 12.3 在任何图中,度数为奇数的节点必定是偶数个.

证明 设 V_1 和 V_2 分别是图 G 中奇数度节点和偶数度节点的集合,则由定理 12.2 有

$$\sum_{v\in V_1}d(v)+\sum_{v\in V_2}d(v)=\sum_{v\in V}d(v)=2|E|.$$

由于 $\sum_{v\in V_2}d(v)$ 是偶数之和,故必为偶数,而 $2|E|$ 是偶数,所以 $\sum_{v\in V_1}d(v)$ 是偶数. 因为 V_1 为奇数度节点的集合,所以 $\forall v\in V$,$d(v)$ 为奇数. 又奇数个奇数之和只能为奇数,故 $|V_1|$ 是偶数.

【例 12.5】 (1) 已知图 G 中有 11 条边,1 个 4 度节点,4 个 3 度节点,其余节点的度数均不大于 2,问 G 中至少有几个节点?

(2) 数列 1,3,3,4,5,6,6 能否是一个无向简单图的度数列?

解 (1) 由握手定理知,G 中的各节点度数之和为 22. 因为 1 个 4 度节点和 4 个 3 度节点共占去 16 度,所以还剩 6 度. 若其余节点全是 2 度点,还需要 3 个节点,所以 G 至少有 1+4+3=8 个节点.

(2) 如果存在这样一个无向简单图,那将它的一个 6 度节点去掉,得到的简单无向图的度数列为 0,2,2,3,4,5;再将这一图的 5 度节点去掉,得到的简单图具有度数列 0,1,1,2,3. 但这一图有 3 个奇数度节点,这与定理 12.3 相矛盾.

【例 12.6】 在一场足球比赛中,传递过奇数个球的队员人数必定为偶数个.

解 把参加球赛的队员抽象为节点,两个互相传球的队员用边相连,这样得到的图就是球赛中传递球的简单的数学模型,由定理 12.3 可知结论正确.

四、图的同构

在图论中我们只关心节点间是否有连线,而不关心节点的位置和连线的形状.因此,对于给定的图而言,如果将图的各节点安排在不同的位置上,并且用不同形状的弧线或直线表示各边,则可以得到各种不同图形.所以,同一个图的图形表示并不唯一.由于这种图形表示的任意性,可能出现这样的情况:看起来完全不同的两种图形,却表示着同一个图.

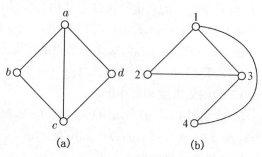

图 12.12

例如,在图 12.12 中,(a)和(b)两个图的图形不同,但它们的结构完全相同,是同一个图.

为了描述看起来不同,而其结构完全相同的图,引入了图的同构的概念.

定义 12.11 设 $G=\langle V,E \rangle$ 和 $G'=\langle V',E' \rangle$ 是两个图,如果存在着双射 $\varphi:V \to V'$ 使得 $\langle v_i,v_j \rangle \in E$(或 $(v_i,v_j) \in E$)当且仅当 $\langle \varphi(v_i),\varphi(v_j) \rangle \in E'$(或 $(\varphi(v_i),\varphi(v_j)) \in E'$),则称 G 与 G' 是**同构**的,记作 $G \cong G'$.

通过定义可以看出,对于同构的图 G 与 G' 来说,存在着一一对应,将 V 中的节点对应到 V' 中的节点,将 E 中的边对应到 E' 中的边,且保持着关联关系,即边 e 关联着节点 v_i 和 v_j,当且仅当 e 对应到 E' 中的边 e' 也关联着 v_i 和 v_j 对应到 V' 中的节点 $\varphi(v_i)$ 和 $\varphi(v_j)$. 在有向图的情况下,这种对应关系不但应该保持节点间的邻接关系,而且还应保持边的方向.

【例 12.7】 如图 12.13 所示,映射 $\varphi(a)=1, \varphi(b)=3, \varphi(c)=5, \varphi(d)=2, \varphi(e)=4, \varphi(f)=6$,在无向简单图 G_1 和 G_2 之间建立了一个同构.

 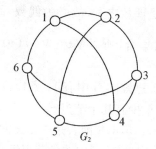

图 12.13 同构图示例

图的同构具有自反性、对称性和传递性.因此,图的同构关系是等价关系.
由图同构的定义,可以得到两图 $G=\langle V,E \rangle$ 和 $G'=\langle V',E' \rangle$ 同构的几个必要条件:
(1) 节点数目相等;
(2) 边数相等;
(3) 度数相同的节点数目相等.

需要指出的是，上述的三个条件不是两个图同构的充分条件，例如，图 12.14 中的两个图满足上述的三个条件，但这两个图并不同构。因为度数都是 3，所以图 12.14(a) 中的 x 应与图 12.14(b) 中的 y 对应。但是图 12.14(a) 中的 x 与两个度数为 1 的节点 u 和 v 邻接，而图 12.14(b) 中的 y 仅与一个度数为 1 的节点 w 邻接。

图 12.14

同理，图 12.15 中的两个图也不同构。

图 12.15

寻找一种简单而有效的方法来判定图的同构，至今仍是图论中悬而未决的重要课题。

习题 12.1

1. 设无向图 $G=\langle V,E,\varphi\rangle$，$V=\{v_1,v_2,\cdots,v_6\}$，$E=\{e_1,e_2,\cdots,e_6\}$，$\varphi(e_1)=(v_1,v_2)$，$\varphi(e_2)=(v_2,v_2)$，$\varphi(e_3)=(v_2,v_4)$，$\varphi(e_4)=(v_4,v_5)$，$\varphi(e_5)=(v_3,v_4)$，$\varphi(e_6)=(v_1,v_3)$。
   (1) 画出 G 的图形；
   (2) 求 G 的各节点的度数，并验证握手定理；
   (3) G 是否是简单图？
2. 写出图 12.16 相对于完全图的补图。

图 12.16

图 12.17

3. 给定有向图 $G=\langle V,E\rangle$ 如图 12.17 所示，求各节点的入度、出度和度。
4. 是否可画一无向简单图使各节点的度与下面所给的序列一致，如可能，画出一个符合条件的图;如不可能,请说明理由.

(1) (2,2,2,2,2,2); (2) (1,2,3,4,5,5);
(3) (1,2,3,4,5,6); (4) (2,2,3,4,5,6).

第二节 路与图的连通性

学习目标

1. 知道路与回路的基本概念.
2. 掌握图的强连通、单向连通和弱连通.

在无向图(或有向图)的研究中,常常考虑从一个节点出发,沿着一些边连续移动而到达另一个指定节点,这种依次由节点和边组成的序列,便形成了路的概念.

在图的研究中,路与回路是两个重要的概念,图是否具有连通性则是图的一个基本特征.

一、路与回路

定义 12.12 给定图 $G=\langle V,E \rangle$,设 $v_0,v_1,\cdots,v_m \in V$,边 $e_1,e_2,\cdots,e_m \in E$,其中 e_i 是关联于节点 v_{i-1},v_i 的边. 交替序列 $v_0 e_1 v_1 e_2 \cdots e_m v_m$ 称为连接 v_0 到 v_m 的**路**(Walk),v_0 和 v_m 分别称为路的**起点**(Initial Vertex)和**终点**(Terminal Vertex),路中边的数目称为该路的**长度**. 当 $v_0=v_m$ 时,称其为**回路**(Circuit).

由于无向简单图中不存在重复边与自回路,每条边可以由节点对唯一表示,所以无向简单图中一条路 $v_0 e_1 v_1 e_2 \cdots e_m v_m$ 由它的节点序列 $v_0,v_1,\cdots,v_m$ 确定,即简单图的路可表示为 $v_0 v_1 \cdots v_m$. 如图 12.1(a)表示的简单图中,路 $a e_1 b e_4 c e_5 d$ 可写成 $abcd$. 在有向图中,节点数大于 1 的一条路也可由边序列来表示.

在上述定义的路与回路中,节点和边不受限制,即节点和边都可以重复出现.下面我们讨论路与回路中节点和边受限的情况.

定义 12.13 在一条路中,若出现的所有的边互不相同,则称其为**简单路**或**迹**(Trail);若出现的节点互不相同,则称其为**基本路**或**通路**(Path).

由定义可知,基本路一定是简单路,但反之不一定成立.

定义 12.14 在一条回路中,若出现的所有的边互不相同,则称其为**简单回路**(Simple Circuit);若简单回路中除 $v_0=v_m$ 外,其余节点均不相同,则称其为**基本回路**或**初级回路**或**圈**(Cycle). 长度为奇数的圈称为**奇圈**,长度为偶数的圈称为**偶圈**.

例如在图 12.18 中,$v_5 e_8 v_4 e_5 v_2 e_6 v_5 e_7 v_3$ 是起点为 v_5,终点为 v_3,长度为 4 的一条路;$v_5 e_8 v_4 e_5 v_2 e_6 v_5 e_7 v_3 e_4 v_2$ 是简单路但不是基本路;$v_4 e_8 v_5 e_6 v_2 e_1 v_1 e_2 v_3$ 既是通路又是简单路;$v_2 e_1 v_1 e_2 v_3 e_7 v_5 e_6 v_2$ 是圈.

利用路的概念可以解决很多问题,下面是一道智力游戏题.

【**例 12.8**】"摆渡问题":一个人带有一条狼、一头羊和一捆白菜,要从河的左岸渡到右岸去,河上仅有一条小船,而且只有人能划船,船

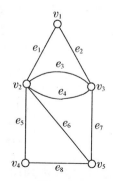

图 12.18

上每次只能由人带一件东西过河.另外,不能让狼和羊、羊和菜单独留下.问怎样安排摆渡过程?

解 河左岸允许出现的情况有以下 10 种情况:人狼羊菜、人狼羊、人狼菜、人羊菜、人羊、狼菜、狼、菜、羊及空(各物品已安全渡河),我们把这 10 种状态视为 10 个点,若一种状态通过一次摆渡后变为另一种状态,则在两种状态(点)之间画一直线,得到图 12.19.

图 12.19

这样摆渡问题就转化成在图中找出以"人狼羊菜"为起点,以"空"为终点的简单路.容易看出,只有两条简单路符合要求,即

(1) 人狼羊菜、狼菜、人狼菜、菜、人羊菜、羊、人羊、空;

(2) 人狼羊菜、狼菜、人狼菜、狼、人狼羊、羊、人羊、空.

对于简单路(1)的安排:人带羊过河;人回来;带狼过河;放下狼再将羊带回;人再带菜过河;人回来;带羊过河.

对于简单路(2)的安排:人带羊过河;人回来;带菜过河;放下菜再将羊带回;人再带狼过河;人回来;带羊过河.

上述的两种方案都是去 4 次、回 3 次,且不会再有比这更少次数的渡河办法了.

定理 12.4 在一个图中,若从节点 u 到 v 存在一条路,则必有一条从 u 到 v 的基本路.

证明 如果从节点 u 到 v 的路已经是基本路,则结论成立.否则,在 u 到 v 的路中至少有一个节点(如 w)重复出现,于是经过 w 有一条回路 C,删去回路 C 上的所有的边,如果得到的 u 到 v 的路上仍有节点重复出现,则继续此法,直到 u 到 v 的路上没有重复的节点为止,此时所得即基本路.

定理 12.5 在一个具有 n 个节点的图中,则满足:

(1) 任何基本路的长度均不大于 $n-1$;

(2) 任何基本回路的长度均不大于 n.

证明 由于在一个具有 n 个节点的图中,任何基本路中最多有 n 个节点,任何基本回路中最多有 $n+1$ 个节点,所以任何基本路的长度均不大于 $n-1$,任何基本回路的长度均不大于 n.

二、图的连通性

下面讨论图的连通性及相关性质.

定义 12.15 在无向图 G 中,若节点 u 和 v 之间存在一条路,则称节点 u 和节点 v 是**连通的**(Connected).

如果认为节点 u 与其自身也是连通的,则 G 中两节点之间的连通关系是一个等价关系,在此等价关系下,节点集合 V 可以形成一些等价类,不妨设等价类为 $V_1, V_2, \cdots, V_n$,使得节点 v_j

和 v_k 是连通的,当且仅当它们属于同一个 V_i. 我们把子图 $G(V_1), G(V_2), \cdots, G(V_n)$ 称为图 G 的**连通分支**(Connected Component),把图 G 的连通分支数记作 $W(G)$.

定义 12.16 若图 G 只有一个连通分支,则称图 G 是**连通图**(Connected Graph);否则,称图 G 是**非连通图**或**分离图**(Disconnected Graph).

【例 12.9】 如图 12.20 所示,图 12.20(a)是一个连通图,图 12.20(b)是一个具有 3 个连通分支的非连通图.

每一个连通分支中任何两个节点是连通的,而位于不同连通分支中的任何两个节点是不连通的. 即每一个连通分支都是原图的最大的连通子图.

(a)
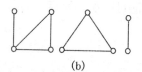
(b)

图 12.20 连通图和非连通图示例

对于有向图而言,两个节点的连通是有方向的,因此其连通性比无向图要复杂得多.

定义 12.17 在有向图 G 中,从节点 u 到 v 之间有一条路,称从 u **可达** v.

可达性是有向图节点集上的二元关系,它具有自反性和传递性,但一般说来不具有对称性,因为如果从 u 到 v 有一条路,不一定必从 v 到 u 的一条路,因此可达性不是等价关系.

定义 12.18 在简单有向图 G 中,若任何两个节点间是相互可达的,则称 G 是**强连通图**(Strongly Connected Graph);若任何两个节点之间至少从一个节点到另一个节点是可达的,则称 G 是**单向连通图**或**单侧连通图**(Unilaterally Connected Graph);若在图 G 中略去边的方向,将它看成无向图后,图是连通的,则称该图是**弱连通图**(Weakly Connected Graph).

例如,在图 12.21 中,图 12.21(a)是强连通图、单向(侧)连通图和弱连通图;图 12.21(b)是单向(侧)连通图和弱连通图,但不是强连通图;图 12.21(c)是弱连通图,但不是单向(侧)连通图,也不是强连通图.

(a)

(b)

(c)

图 12.21 强连通、单向连通和弱连通图示例

由定义可知,强连通图一定是单向连通的,单向连通图一定是弱连通的,但反之不然.

定理 12.6 一个有向图是强连通的,当且仅当 G 中有一个回路,它至少包含每个节点一次.

证明 充分性:如果 G 中有一个回路,它至少包含每个节点一次,则 G 中任两个节点都是相互可达的,故 G 是强连通图.

必要性:如果 G 是强连通图,则任何两个节点都是相互可达的,故必可作一回路经过图中所有各点. 若不然,则必有一回路不包含某一节点 v,并且 v 与回路上的各节点就不是相互可达的,与强连通条件矛盾.

定义 12.19 在图 G 中,节点 u 到节点 v 的最短路的长度称为 u 到 v 的**距离**,记作 $d\langle u,v \rangle$. 如果 u 到 v 没有路,则 $d\langle u,v \rangle = +\infty$. 它满足下列性质:

$d\langle u,v\rangle \geqslant 0$,
$d\langle u,u\rangle = 0$,
$d\langle u,v\rangle + d\langle v,w\rangle \geqslant d\langle u,w\rangle$.

注意：当 u 与 v 相互可达时，$d\langle u,v\rangle$ 不一定等于 $d\langle v,u\rangle$.

习题 12.2

1. 分析图 12.22，求：
(1) 从 A 到 F 的所有的基本路；
(2) 从 A 到 F 的所有的简单路；
(3) 从 A 到 F 的距离.

2. 给定有向图 $G=\langle V,E\rangle$ 如图 12.23 所示，求：
(1) 从 a 到 d 的所有基本路和简单路；
(2) 所有基本回路和简单回路.

图 12.22

图 12.23

3. 分别指出图 12.24 中的三个图属于哪种类型（强连通，单向连通，弱连通）.

图 12.24

第三节　图的矩阵表示

学习目标

1. 理解邻接矩阵、可达性矩阵和完全关联矩阵.
2. 掌握用矩阵判断图的连通性.
3. 会求有向图的可达性矩阵.

前面讨论了图的图形表示方法以及相关的性质，在节点与边数不太多的情况下，这种表示方法有一定的优越性，它比较直观明了，但当图的节点和边数较多时，就无法使用图形表示法. 由于矩阵在计算机中易于储存和处理，所以可以利用矩阵将图表示在计算机中，而且还可以利用矩阵中的一些运算来刻画图的一些性质,研究图论中的一些问题.

本节主要考虑三种矩阵,即邻接矩阵、可达性矩阵和完全关联矩阵.邻接矩阵反映的是节点与节点之间的关系,可达性矩阵反映的是图的连通情况,完全关联矩阵反映的是节点与边之间的关系.

一、邻接矩阵

定义 12.20 设 $G=\langle V,E\rangle$ 是一个简单图,$V=\{v_1,v_2,\cdots,v_n\}$,n 阶方阵 $A(G)=(a_{ij})$ 称为 G 的**邻接矩阵**(Adjacency Matrix).其中,

$$a_{ij}=\begin{cases}1, & \text{若 } v_i \text{ 与 } v_j \text{ 邻接,}\\ 0, & \text{若 } v_i \text{ 与 } v_j \text{ 不邻接或 } i=j.\end{cases}$$

【例 12.10】 如图 12.25 所示的图 G,其邻接矩阵 A 为

$$A=\begin{pmatrix}0 & 1 & 1 & 1 & 1\\ 1 & 0 & 1 & 0 & 0\\ 1 & 1 & 0 & 1 & 0\\ 1 & 0 & 1 & 0 & 1\\ 1 & 0 & 0 & 1 & 0\end{pmatrix}.$$

图 12.25

邻接矩阵中的元素非 0 即 1,称这种 0-1 矩阵为**布尔矩阵**.

通过例题我们容易发现,简单无向图的邻接矩阵是对称矩阵.但是当给定的图是有向图时,邻接矩阵不一定是对称的.

【例 12.11】 如图 12.26(a)所示的有向图 G,其邻接矩阵 $A(G)$ 为

$$A(G)=\begin{pmatrix}0 & 1 & 0 & 0\\ 0 & 0 & 1 & 1\\ 1 & 1 & 0 & 1\\ 1 & 0 & 0 & 0\end{pmatrix}.$$

邻接矩阵与节点在图中的标定次序有关.例如图 12.26(a)的邻接矩阵是 $A(G)$,若将图 12.26(a)中的节点 v_1 和 v_2 的标定次序调换,得到图 12.26(b),图 12.26(b)的邻接矩阵是 $A'(G)$.

(a)

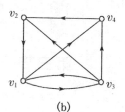
(b)

图 12.26

$$A'(G)=\begin{pmatrix}0 & 0 & 1 & 1\\ 1 & 0 & 0 & 0\\ 1 & 1 & 0 & 1\\ 0 & 1 & 0 & 0\end{pmatrix}.$$

考察 $A(G)$ 和 $A'(G)$ 发现,先将 $A(G)$ 的第一行与第二行对调,再将第一列与第二列对调可得到 $A'(G)$.

一般地说,把 n 阶方阵 A 的某些行对调,再把相应的列做同样的对调,得到一个新的 n 阶方阵 A',则称 A' 与 A 是**置换等价**的. 虽然,对于同一个图,由于节点的标定次序不同,而得到不同的邻接矩阵,但是这些邻接矩阵是置换等价的. 今后略去节点标定次序的任意性,取任意一个邻接矩阵表示该图.

对有向图来说,邻接矩阵 $A(G)$ 的第 i 行 1 的个数是节点 v_i 的出度,第 j 列 1 的个数是节点 v_j 的入度.

零图的邻接矩阵的元素全为零,叫作**零矩阵**. 反过来,如果一个图的邻接矩阵是零矩阵,则此图一定是零图.

通过图的邻接矩阵可以得到图的很多重要性质.

定理 12.7 设 G 是具有 n 个节点 $\{v_1, v_2, \cdots, v_n\}$ 的图,其邻接矩阵为 A,则 $A^k (k=1, 2, \cdots)$ 中的 (i,j) 项元素 $a_{ij}^{(k)}$ 等于从节点 v_i 到节点 v_j 的长度等于 k 的路的总数.

证明 对 k 用数学归纳法.

当 $k=1$ 时,$A^1 = A$,由 A 的定义,定理显然成立.

假设当 $k=l$ 时定理成立,

则当 $k=l+1$ 时,$A^{l+1} = A^l \cdot A$,故 $a_{aj}^{(l+1)} = \sum_{r=1}^{n} a_{ir}^{(l)} a_{rj}$.

根据邻接矩阵定义,a_{rj} 是连接 v_r 和 v_j 的长度为 1 的路的数目,$a_{ir}^{(l)}$ 是连接 v_i 和 v_r 的长度为 l 的路数目,故上式右边的每一项表示由 v_i 经过 l 条边到 v_r,再由 v_r 经过 1 条边到 v_j 的总长度为 $l+1$ 的路的数目. 对所有 r 求和,即得 $a_{ij}^{(l+1)}$ 是所有从 v_i 到 v_j 的长度等于 $l+1$ 的路的总数,故命题对 $l+1$ 成立.

【**例 12.12**】 如图 12.27 所示,$G = \langle V, E \rangle$ 为简单有向图,写出 G 的邻接矩阵 A,算出 A^2, A^3, A^4 且确定 v_1 到 v_2 有多少条长度为 3 的路?v_1 到 v_3 有多少条长度为 2 的路?v_2 到自身长度为 3 和长度为 4 的回路各多少条?

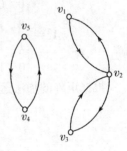

图 12.27

解 邻接矩阵 A 及 A^2, A^3, A^4 如下:

$$A = \begin{pmatrix} 0 & 1 & 0 & 0 & 0 \\ 1 & 0 & 1 & 0 & 0 \\ 0 & 1 & 0 & 0 & 0 \\ 0 & 0 & 0 & 0 & 1 \\ 0 & 0 & 0 & 1 & 0 \end{pmatrix},$$

$$A^2 = \begin{pmatrix} 1 & 0 & 1 & 0 & 0 \\ 0 & 2 & 0 & 0 & 0 \\ 1 & 0 & 1 & 0 & 0 \\ 0 & 0 & 0 & 1 & 0 \\ 0 & 0 & 0 & 0 & 1 \end{pmatrix}, \quad A^3 = \begin{pmatrix} 0 & 2 & 0 & 0 & 0 \\ 2 & 0 & 2 & 0 & 0 \\ 0 & 2 & 0 & 0 & 0 \\ 0 & 0 & 0 & 0 & 1 \\ 0 & 0 & 0 & 1 & 0 \end{pmatrix}, \quad A^4 = \begin{pmatrix} 2 & 0 & 2 & 0 & 0 \\ 0 & 4 & 0 & 0 & 0 \\ 2 & 0 & 2 & 0 & 0 \\ 0 & 0 & 0 & 1 & 0 \\ 0 & 0 & 0 & 0 & 1 \end{pmatrix}.$$

$a_{12}^{(3)} = 2$,所以 v_1 到 v_2 长度为 3 的路有 2 条,它们分别是 $v_1 v_2 v_1 v_2$ 和 $v_1 v_2 v_3 v_2$.

$a_{13}^{(2)} = 1$,所以 v_1 到 v_3 长度为 2 的路有 1 条,是 $v_1 v_2 v_3$.

$a_{22}^{(3)} = 0$,v_2 没有到自身长度为 3 的回路.

$a_{22}^{(4)} = 4$，v_2 到自身长度为 4 的回路有 4 条，它们分别是 $v_2 v_1 v_2 v_1 v_2$、$v_2 v_3 v_2 v_3 v_2$、$v_2 v_3 v_2 v_1 v_2$ 和 $v_2 v_1 v_2 v_3 v_2$．

二、可达性矩阵

在许多实际问题中，常常要判断有向图的一个节点 v_i 到另一个节点 v_j 是否存在路的问题．

对于有向图中的任何两个节点之间的可达性，也可用矩阵表示．

定义 12.21 设 $G = \langle V, E \rangle$ 是一个简单有向图，$V = \{v_1, v_2, \cdots, v_n\}$，$n$ 阶方阵 $\boldsymbol{P} = (p_{ij})$ 称为 G 的**可达性矩阵**（Reachability Matrix），其中

$$p_{ij} = \begin{cases} 1, & \text{从 } v_i \text{ 到 } v_j \text{ 至少有一条路}, \\ 0, & \text{否则}. \end{cases}$$

可达性矩阵表明，图 G 中的任何两个节点之间是否存在路及任何节点是否存在回路．由于任何两个节点之间如果有一条路，则必有一条长度不超过 n 的基本回路，所以由 G 的邻接矩阵 $\boldsymbol{A}$ 可得到可达性矩阵 $\boldsymbol{P}$．方法如下：令 $\boldsymbol{B}_n = \boldsymbol{A} + \boldsymbol{A}^2 + \cdots + \boldsymbol{A}^n$，再把 $\boldsymbol{B}_n$ 中的非零元素改为 1，而零元不变，得到的矩阵为可达性矩阵．

【例 12.13】 设有向图 G 的邻接矩阵为 $\boldsymbol{A} = \begin{pmatrix} 0 & 1 & 0 & 0 \\ 0 & 0 & 1 & 1 \\ 1 & 1 & 0 & 1 \\ 1 & 0 & 0 & 0 \end{pmatrix}$，求 G 的可达性矩阵 $\boldsymbol{P}$．

解 根据矩阵的乘法运算得

$$\boldsymbol{A}^2 = \begin{pmatrix} 0 & 0 & 1 & 1 \\ 2 & 1 & 0 & 1 \\ 1 & 1 & 1 & 1 \\ 0 & 1 & 0 & 0 \end{pmatrix}, \quad \boldsymbol{A}^3 = \begin{pmatrix} 2 & 1 & 0 & 1 \\ 1 & 2 & 1 & 1 \\ 2 & 2 & 1 & 2 \\ 0 & 0 & 1 & 1 \end{pmatrix}, \quad \boldsymbol{A}^4 = \begin{pmatrix} 1 & 2 & 1 & 1 \\ 2 & 2 & 2 & 3 \\ 3 & 3 & 2 & 3 \\ 2 & 1 & 0 & 1 \end{pmatrix}.$$

根据矩阵的加法运算得

$$\boldsymbol{B}_4 = \boldsymbol{A} + \boldsymbol{A}^2 + \boldsymbol{A}^3 + \boldsymbol{A}^4 = \begin{pmatrix} 3 & 4 & 2 & 3 \\ 5 & 5 & 4 & 6 \\ 7 & 7 & 4 & 7 \\ 3 & 2 & 1 & 2 \end{pmatrix}.$$

于是

$$\boldsymbol{P} = \begin{pmatrix} 1 & 1 & 1 & 1 \\ 1 & 1 & 1 & 1 \\ 1 & 1 & 1 & 1 \\ 1 & 1 & 1 & 1 \end{pmatrix}.$$

由此可知，图 G 中任何的两个节点都是相互可达的，因而图 G 是强连通图．

上述计算可达性矩阵的步骤还是比较复杂的，因为可达性矩阵是一个布尔矩阵，我们在求可达性矩阵时，只关心两个节点间是否存在路，而不管路的长度及路的数目，所以我们可将矩阵 $\boldsymbol{A}, \boldsymbol{A}^2, \cdots, \boldsymbol{A}^n$ 分别改为布尔矩阵 $\boldsymbol{A}^{(1)}, \boldsymbol{A}^{(2)}, \cdots, \boldsymbol{A}^{(n)}$，则可达性矩阵可表示为 $\boldsymbol{P} = \boldsymbol{A}^{(1)} \vee \boldsymbol{A}^{(2)} \vee \cdots \vee \boldsymbol{A}^{(n)}$，其中 $\boldsymbol{A}^{(i)}$ 表示在布尔运算下 $\boldsymbol{A}$ 的 i 次方．

下面仍以例 12.13 为例来说明这种求可达性矩阵的方法.
根据布尔矩阵的布尔积、布尔和运算得

$$A^{(2)} = \begin{pmatrix} 0 & 0 & 1 & 1 \\ 1 & 1 & 0 & 1 \\ 1 & 1 & 1 & 1 \\ 0 & 1 & 0 & 0 \end{pmatrix}, \quad A^{(3)} = \begin{pmatrix} 1 & 1 & 0 & 1 \\ 1 & 1 & 1 & 1 \\ 1 & 1 & 1 & 1 \\ 0 & 0 & 1 & 1 \end{pmatrix}, \quad A^{(4)} = \begin{pmatrix} 1 & 1 & 1 & 1 \\ 1 & 1 & 1 & 1 \\ 1 & 1 & 1 & 1 \\ 1 & 1 & 0 & 1 \end{pmatrix}.$$

于是

$$P = A \vee A^{(2)} \vee A^{(3)} \vee A^{(4)} = \begin{pmatrix} 1 & 1 & 1 & 1 \\ 1 & 1 & 1 & 1 \\ 1 & 1 & 1 & 1 \\ 1 & 1 & 1 & 1 \end{pmatrix}.$$

上述可达性矩阵的概念,也可以推广到无向图中,只要将无向图中的每条无向边看成具有相反方向的两条边,这样无向图就可看成有向图. 无向图也可以用矩阵描述一个节点到另一个节点是否有路. 在无向图中,如果两个节点之间有路,则称这两个节点是连通的,所以把描述一个节点到另一个节点是否有路的矩阵叫作**连通矩阵**. 无向图的连通矩阵是对称矩阵.

三、完全关联矩阵

定义 12.22 设 $G = \langle V, E \rangle$ 是一个无向图, $V = \{v_1, v_2, \cdots, v_n\}$, $E = \{e_1, e_2, \cdots, e_m\}$, 则矩阵 $M(G) = (m_{ij})$ 称为 G 的**完全关联矩阵**(Complete Incidence Matrix),其中

$$m_{ij} = \begin{cases} 1, & \text{若 } v_i \text{ 关联 } e_j, \\ 0, & \text{若 } v_i \text{ 不关联 } e_j. \end{cases}$$

【例 12.14】 给定无向图 G,如图 12.28 所示,写出其完全关联矩阵.

解

$$M(G) = \begin{pmatrix} 1 & 1 & 1 & 0 \\ 1 & 1 & 0 & 0 \\ 0 & 0 & 1 & 1 \\ 0 & 0 & 0 & 1 \end{pmatrix}$$

图 12.28

设 $G = \langle V, E \rangle$ 是无向图, G 的完全关联矩阵 $M(G)$ 有以下的性质:
(1) 每列元素之和均为 2,这说明每条边关联两个节点.
(2) 每行元素之和是对应节点的度数.
(3) 所有元素之和是图各节点度数的和,也是边数的 2 倍.
(4) 两列相同,则对应的两个边是平行边.
(5) 某行元素全为零,则对应节点为孤立节点.
(6) 同一个图当节点或边的编序不同时,其对应的 $M(G)$ 仅有行序和列序的差别.

下面给出有向图的完全关联矩阵.

定义 12.23 设 $G = \langle V, E \rangle$ 是一个有向图, $V = \{v_1, v_2, \cdots, v_n\}$, $E = \{e_1, e_2, \cdots, e_m\}$, 则矩阵 $M(G) = (m_{ij})$ 称为 G 的完全关联矩阵,其中

$$m_{ij} \begin{cases} 1, & \text{在 } G \text{ 中 } v_i \text{ 是 } e_j \text{ 的起点}, \\ -1, & \text{在 } G \text{ 中 } v_i \text{ 是 } e_j \text{ 的终点}, \\ 0, & \text{若 } v_i \text{ 与 } e_j \text{ 不关联}. \end{cases}$$

【例 12.15】 给定有向图 G,如图 12.29 所示,写出其完全关联矩阵.

解

$$M(G) = \begin{pmatrix} -1 & 1 & 0 & 0 & 0 \\ 1 & -1 & 1 & 0 & 0 \\ 0 & 0 & 0 & 1 & 1 \\ 0 & 0 & -1 & -1 & -1 \end{pmatrix}.$$

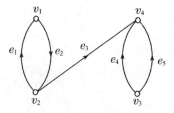

图 12.29

设 $G=\langle V,E \rangle$ 是有向图, G 的完全关联矩阵 $M(G)$ 有以下的性质:

(1) 每列有一个 1 和一个 -1,这说明每条有向边有一个起点和一个终点.
(2) 每行 1 的个数是对应节点的出度, -1 的个数是对应节点的入度.
(3) 所有元素之和是 0,这说明所有节点出度的和等于所有节点入度的和.
(4) 两列相同,则对应的两边是平行边.

习题 12.3

1. 图 12.30 给出了一个有向图,试求:
(1) 邻接矩阵.
(2) A^2, A^3, A^4,并找出从 v_1 到 v_2 长度为 1、2、3、4 的路各有几条?
(3) 可达性矩阵.

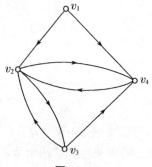

图 12.30

2. 给定图 12.31,写出其完全关联矩阵.

图 12.31

3. 根据简单有向图的邻接矩阵,如何确定它是否有有向回路?

第四节 欧拉图与哈密尔顿图

学习目标

1. 知道欧拉图和哈密尔顿图.
2. 会判断连通图是否存在着欧拉回路、欧拉路、哈密顿回路、哈密顿路.
3. 会找寻欧拉图的欧拉回路.
4. 会找寻哈密图的哈密顿回路.

一、欧拉图

欧拉图是一类非常重要的图,之所以如此,不仅是因为欧拉是图论的创始人,更重要的是欧拉图具有对边的"遍历性".

1736 年,瑞士数学家欧拉发表了图论的第一篇著名的论文"哥尼斯堡七桥问题"(下称七桥问题). 这个问题是这样的:如图 12.32 所示,哥尼斯堡城有一条横贯全城的普雷格尔河,河中有两个小岛,城的各部分用七座桥连接,每逢节假日,有些城市居民进行环城周游,于是便产生了能否"从某地出发,通过每座桥恰好一次,在走遍七桥后又返回到出发点"的问题. 这个问题看起来简单,但是谁也解决不了. 最终,欧拉解决了这个问题,第一次论证了这个问题是不可解的.

图 12.32

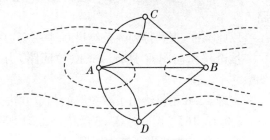

图 12.33 图 12.32 的等价图

欧拉把哥尼斯堡七桥表示成了图 12.33 所示的图,其中,用各节点表示各块陆地,用边表示桥. 显然每座桥只穿行一次的问题等价于在图 12.33 中,从图中的某一点出发,找到一条路,通过每条边一次而且仅一次,最后又回到了出发点,这也就是所谓的一笔画问题.

为了解决上述的问题,我们先介绍欧拉图的相关概念.

定义 12.24 给定无孤立节点的图 G,若存在一条路,经过图中每条边一次而且仅一次,则该条路称为**欧拉路**(Euler Path);若存在一条回路,经过图中每条边一次而且仅一次,称该条路为**欧拉回路**(Euler Circuit).

具有欧拉回路的图称为**欧拉图**(Eulerian Graph).

下面给出判定一个图是否有欧拉路或欧拉回路的理论依据.

定理 12.8 无向图 G 具有一条欧拉路的充分必要条件是 G 是连通的且有零个或两个

奇数度节点.

证明 必要性：设 G 具有一条欧拉路，下证 G 是连通的且有零个或两个奇度节点.

设 G 中有一条欧拉路 $L: v_0 e_1 v_1 e_2 v_2 \cdots e_k v_k$，该路经过 G 的每一条边.因为 G 中无孤立节点，所以该路经过 G 的所有节点，即 G 的所有节点都在该路上，故 G 中任意两个节点连通，从而 G 是连通图.

设 v_i 是图 G 的任意节点，若 v_i 不是 L 的端点，每当沿 L 经过 v_i 一次都经过该节点关联的两条边，为该节点的度数增加 2.由于 G 的每一条边都在该路上，且不重复，所以 v_i 的度数必为偶数.对于端点，当 $v_0 = v_k$ 时，则 v_0 和 v_k 的度数也为偶数，即 G 中无奇度节点；当 $v_0 \neq v_k$ 时，则 v_0 和 v_k 的度数均为奇数，即 G 中有两个奇度节点.

充分性：设 G 是连通的且有零个或两个奇度节点，下证 G 具有一条欧拉路.

设 G 是连通图，有零个或两个奇度节点，用下述方法构造一条欧拉路：

(1) 若 G 中有两个奇度节点，则从其中的一个 v_0 开始构造一条简单路.

从 v_0 出发经关联边 e_1 进入 v_1，若 v_1 是偶数度节点，则必可以由 v_1 经关联边 e_2 进入 v_2.如此下去，每边只取一次.由于 G 是连通图，必可到达另一个奇度节点 v_k，从而得到一条简单路 $L_1: v_0 e_1 v_1 e_2 v_2 \cdots e_k v_k$.

若 G 中无奇数度节点，则从任意节点 v_0 出发，用上述方法必可回到节点 v_0，得到一条简单回路 $L_1: v_0 e_1 v_1 e_2 v_2 \cdots v_0$.

(2) 若 L_1 经过 G 的所有边，则 L_1 就是欧拉路.

(3) 否则，在 G 中删除 L_1，得子图 G'，则 G' 中的每一个节点的度数为偶数.因为 G 是连通图，故 L_1 和 G' 至少有一个节点 v_i 重合，在 G' 中由 v_i 出发重复(1)，得到简单回路 L_2.

(4) 若 L_1 与 L_2 组合在一起恰是 G，则得到了欧拉路，否则，重复(3)可得到简单回路 L_3.

以此类推，直到得到一条经过 G 中所有边的欧拉路.

推论 无向图 G 具有一条欧拉回路，当且仅当 G 是连通的并且所有节点度数全为偶数.

定理 12.8 不仅给出了欧拉路的判定方法，而且也给出了构造欧拉路的方法.

【例 12.16】 图 $G = \langle V, E \rangle$ 如图 12.34 所示，构造其欧拉回路.

解 在 G 中找出一基本回路 $C_1: v_1 v_2 v_3 v_1$，从 G 中删去 C_1 的各条边后得到 G_1；在 G_1 中再找出一个基本回路 $C_2: v_1 v_4 v_5 v_1$，再从 G_1 中删去 C_2 的各条边后得到 G_2；在 G_2 中再找出一个基本回路 $C_3: v_4 v_3 v_5 v_2 v_4$.若从 G_2 中删去 C_3 的各边后得到零图，则基本回路 C_1、C_2、C_3 即为所求.C_1 与 C_2 有公共节点 v_1，C_2 与 C_3 有公共节点 v_4 或 v_5（当然 C_1 与 C_3 也有公共节点 v_2，不予考虑了），这样便可得到一个欧拉回路：$v_1 v_2 v_3 v_1 v_4 v_2 v_5 v_3 v_4 v_5 v_1$.

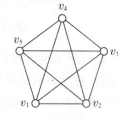

图 12.34

有了欧拉路和欧拉回路的判别准则，因此七桥问题便有了确切的否定答案.因为从图 12.33 中可以看到，图中的 4 个节点都是奇数度节点，所以七桥问题无解.

【例 12.17】 图 12.35(a)是一幢房子的平面图形，前门进入一个客厅，由客厅通向 4 个房间.如果要求每扇门只能进出一次，现在你由前门进去，能否通过所有的门走遍所有的房间和客厅，然后从后门走出.

图 12.35

解 将 4 个房间和一个客厅及前门外和后门外作为节点,若两节点有边相连就表示该两节点所表示的位置有一扇门相通,由此得图 12.35(b). 由于图中有 4 个节点是奇度节点,因此本题无解.

与七桥问题类似的还有一笔画的判定问题,要判定一个图 G 是否可以一笔画出,有两种情况:一种是从图 G 中某一节点出发,经过图 G 的每一边一次且仅一次到达另一个节点;另一种是从图 G 的某个节点出发,经过图 G 的每一边一次且仅一次又回到该节点. 由欧拉路和欧拉回路的判定准则知,有两种情况可以一笔画出:

(1) 如果图中所有节点是偶数度节点,则可以任选一点作为始点一笔画完;

(2) 如果图中只有两个奇数度节点,则选择其中一个奇数度节点作为始点也可以一笔画完.

【例 12.18】 判断如图 12.36 所示的 3 个图形是否可以一笔画出.

图 12.36

解 图 12.36(a)中,各节点的度数都是偶数,所以从任一节点出发,一笔画可以回到原来的出发点.

图 12.36(b)中,有两个奇数度节点,故选择其中一个奇数度节点作为始点也可以一笔画完.

图 12.36(c)中,有 4 个奇数度节点,因此不可以一笔画出.

【例 12.19】 试问 n 个节点的完全图 K_n 中有多少回路?有没有欧拉路或欧拉回路?

解 在 K_n 中,3 条边可以组成一个回路,有 C_n^3 个;4 条边也可以组成一个回路,有 C_n^4 个;以此类推,n 条边可以构成的回路有 C_n^n 个,故 K_n 中回路总数为

$$C_n^3+C_n^4+\cdots+C_n^n=2^n-1-n-\frac{n(n-1)}{2}=2^n-\frac{1}{2}(n^2+n+2).$$

当 n 为奇数时,每个节点的度数都是偶数,有欧拉回路;当 n 为偶数时,只有在 $n=2$ 时

有欧拉路.

欧拉路和欧拉回路的概念,也可以推广到有向图中去.

二、哈密尔顿图

1859 年,英国数学家哈密尔顿(Hamilton)提出一个问题,他用一个正十二面体的 20 个顶点代表 20 个大城市,要求沿着棱,从一个城市出发,经过每个城市仅一次,最后又回到出发点. 这就是当时风靡一时的周游世界游戏,解决这个问题就是在如 12.37 所示的图中寻找一条经过图中每个节点恰好一次的回路.

与欧拉图不同,哈密尔顿图是遍历图中的每个节点,一条哈密尔顿回路不会在两个节点间走两次以上,因此没有必要在有向图中讨论.

定义 12.25 给定无向图 G,通过图中每个节点一次而且仅一次的路称为**哈密尔顿路**(Hamilton Path). 经过图中每个节点一次而且仅一次的回路称为**哈密尔顿回路**(Hamilton Circuit). 具有哈密尔顿回路的图称为**哈密尔顿图**(Hamilton Graph).

图 12.37 哈密尔顿图示例

哈密尔顿图和欧拉图相比,虽然考虑的都是遍历问题,但是侧重点不同. 欧拉图遍历的是边,而哈密尔顿图遍历的是节点. 另外两者的判定困难程度也不一样,前面我们已经给出了判定欧拉图的充分必要条件,但对于哈密尔顿图的判定,至今还没有找出判定的充要条件,只能给出若干必要条件或充分条件.

下面我们先给出一个图是哈密尔顿图的必要条件.

定理 12.9 设图 $G=\langle V,E \rangle$ 是哈密尔顿图,则对于节点集 V 的任意非空子集 S 均有 $W(G-S) \leqslant |S|$,其中 $G-S$ 表示在 G 中删去 S 中的节点后所构成的图,$W(G-S)$ 表示 $G-S$ 的连通分支数.

证明 设 C 是 G 的一条哈密尔顿回路,C 视为 G 的子图,在回路 C 中,每删去 S 中的一个节点,最多增加一个连通分支,且删去 S 中的第一个节点时分支数不变,所以有 $W(C-S) \leqslant |S|$.

又因为 C 是 G 的生成子图,所以 $C-S$ 是 $G-S$ 的生成子图,且 $W(G-S) \leqslant W(C-S)$,因此 $W(G-S) \leqslant |S|$.

利用定理 12.9 可以证明某些图不是哈密尔顿图,只要能够找到不满足定理条件的节点集 V 的非空子集 S.

【例 12.20】 如图 12.38 中,若取 $S=\{v_1,v_4\}$,则 $G-S$ 有 3 个连通分支,故该图不是哈密尔顿图.

图 12.38

下面我们给出一个无向图具有哈密尔顿路的充分条件.

定理 12.10　设图 G 是具有 n 个节点的无向简单图,如果 G 中每一对节点度数之和大于或等于 $n-1$,则在 G 中存在一条哈密尔顿路.

证明　首先,证明 G 是连通图.

若 G 有两个或更多个互不连通的分图,设一个分图中有 n_1 个节点,任取一个节点 v_1. 设另一个分图中有 n_2 个节点,任取一个节点 v_2,因为 $d(v_1)\leqslant n_1-1, d(v_2)\leqslant n_2-1$,故 $d(v_1)+d(v_2)\leqslant n_1-1+n_2-1<n-1$,这与题设矛盾,故 G 必连通.

其次,我们从一条边出发构造一条路,证明它是哈密尔顿路.

设在 G 中有 $p-1$ 条边的路,$p<n$,它的节点序列为 $v_1,v_2,\cdots,v_p$. 如果有 v_1 或 v_p 邻接于不在这条路上的一个节点,我们立刻可扩展这条路,使它包含这一个节点,从而得到 p 条边的路. 否则,v_1 和 v_p 都只邻接于这条路上的节点,下面证明这种情况下,存在一条回路包含节点 $v_1,v_2,\cdots,v_p$. 若 v_1 邻接于 v_p,则 $v_1v_2\cdots v_pv_1$ 即为所求的回路. 假设与 v_1 邻接的节点集是 $\{v_l,v_m,\cdots,v_j,\cdots,v_t\}$,共 k 个节点,这里 $2\leqslant l,m,\cdots,j,\cdots,t\leqslant p-1$.

如果 v_p 是邻接于 $v_{l-1},v_{m-1},\cdots,v_{j-1},\cdots,v_{t-1}$ 中之一,比如说 v_{j-1},如图 12.39(a)所示,$v_1v_2v_3\cdots v_{j-1}v_pv_{p-1}\cdots v_jv_1$ 是所求的包含节点 $v_1,v_2,\cdots,v_p$ 的回路.

如果 v_p 不邻接于 $v_{l-1},v_{m-1},\cdots,v_{t-1}$ 中的任一个,则 v_p 至多邻接于 $p-k-1$ 个节点,$\deg(v_p)=p-k-1, \deg(v_1)=k$,故 $\deg(v_p)+\deg(v_1)\leqslant p-k-1+k=p-1<n-1$,即 v_1 与 v_p 度数之和至多为 $n-2$,得到矛盾.

至此,有包含节点 $v_1,v_2,\cdots,v_p$ 的一条回路,因为 G 是连通的,所以在 G 中必有一个不属于该回路的节点 v_x 与 $v_1v_2\cdots v_p$ 中的某一个节点 v_k 邻接,如图 12.39(b)所示,于是就得到一条包含 p 条边的路 $(v_x,v_k,v_{k+1},\cdots,v_{j-1},v_p,v_{p-1},\cdots,v_j,v_1,v_2,\cdots,v_{k-1})$. 如图 12.39(c)所示,重复前述构造法,直到得到 $n-1$ 条边的路.

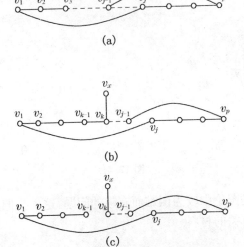

图 12.39　哈密尔顿路的构造示意图

定理 12.10 给出的条件对于图中哈密尔顿路的存在性只是充分的,并不是必要条件.

例如,设 G 是 n 边形,如图 12.40 所示,其中 $n=6$,虽然任何两个节点度数之和是 $4<6-1$,但在 G 中有一条哈密尔顿路.

【例 12.21】 某地有 5 个风景点. 若每个景点均有两条道路与其他景点相通,问是否可经过每个景点恰好一次而游完这 5 处?

解 将景点作为节点,道路作为边,则得到一个有 5 个节点的无向图.
由题意,对每个节点 v_i,有 $\deg(v_i)=2(i=1,2,3,4,5)$.
则对任两点 $v_i,v_j(i,j=1,2,3,4,5)$,均有
$$\deg(v_i)+\deg(v_j)=2+2=4=5-1.$$
可知此图一定有一条哈密尔顿路,本题有解.

图 12.40

定理 12.11 设图 G 是具有 n 个节点的无向简单图,如果 G 中每一对节点度数之和大于等于 n,则在 G 中存在一条哈密尔顿回路.

证明略.

上述定理也是判断哈密尔顿回路的充分条件,在一个简单无向图中,如果不满足定理的条件,图中也可能存在哈密尔顿回路,如图 12.40 所示.

【例 12.22】 今有 a,b,c,d,e,f 和 g 共 7 人,已知下列事实:

a 讲英语; b 讲英语和汉语;
c 讲英语、意大利语和俄语; d 讲日语和汉语;
e 讲德国和意大利语; f 讲法语、日语和俄语;
g 讲法语和德语.

试问这七个人应如何排座位,才能使每个人都能和他身边的人交谈?

解 设无向图 $G=\langle V,E\rangle$,其中 $V=\{a,b,c,d,e,f,g\}$,$E=\{(u,v)\mid u,v\in V,$ 且 u 和 v 有共同语言$\}$.

图 G 是连通图,如图 12.41(a) 所示. 将这 7 个人排座围圆桌而坐,使得每个人能与两边的人交谈,即在图 12.41(a) 中找汉密尔顿回路. 经观察该回路是 $abdfgeca$,即按照图 12.41(b) 安排座位即可.

图 12.41

哈密尔顿图的判定是图论中较为困难而有趣的问题,这里我们介绍的只是初步,感兴趣的读者可以进一步阅读有关的材料.

习题 12.4

1. 判断图 12.42 的图是否可以一笔画出.

(a)   (b)   (c)   (d)

图 12.42

2. 确定 n 取怎样的值,完全图 K_n 有一条欧拉回路.

3. 设 G 是一个具有 n 个奇数度节点的图,问最少加几条边到 G 中,可以使所得的图中有一条欧拉回路?

4. 找一种 9 个 a,9 个 b,9 个 c 的圆形排列,使由字母 $\{a,b,c\}$ 组成的长度为 3 的 27 个不同字中的每一个字仅出现一次.

5. 对于图 12.43 中的四个图,指出哪些是欧拉图.

(a)   (b)   (c)   (d)

图 12.43

6. 判断图 12.44 有没有哈密尔顿回路.

图 12.44

第五节 应用——最短路问题

学习目标

1. 掌握两个指定顶点之间的最短路径算法.

2. 理解每对顶点之间的最短路径算法.
3. 了解最短路径算法相应的 MATLAB 程序.

在现实生活和生产实践中,有许多管理、组织与计划中的优化问题,如在企业管理中,如何制定管理计划和设备购置计划,使收益最大或费用最小;在组织生产中,如何使各工序衔接好,才能使生产任务完成的既快又好;在现有交通网络中,如何使调运的物资数量多且费用最小等.这类问题均可借助于图论知识得以解决.本节介绍有关网络图中某两点(一般常指始点和终点)的最短路径问题.

一、两个指定顶点之间的最短路径算法及其 MATLAB 程序

问题如下:给出了一个连接若干个城镇的铁路网络,在这个网络的两个指定城镇间,找一条最短铁路线.

以各城镇为图 G 的顶点,两城镇间的直通铁路为图 G 相应两顶点间的边,得图 G. 对 G 的每一边 e, 赋以一个实数 $w(e)$ ——直通铁路的长度,称为 e 的权,得到赋权图 G. G 的子图的权是指子图的各边的权和.问题就是求赋权图 G 中指定的两个顶点 u_0, v_0 间的具最小权的轨. 这条轨叫作 u_0, v_0 间的最短路,它的权叫作 u_0, v_0 间的距离,亦记作 $d(u_0, v_0)$.

求最短路已有成熟的算法:**迪克斯特拉(Dijkstra)算法**. 1959 年狄克斯特拉(E. W. Dijkstra)提出了求网络最短路径的标号法,用给节点记标号来逐步形成起点到各点的最短路径及其距离值,被公认为是目前较好的一种算法.

Dijkstra 算法也称为**双标号法**. 所谓双标号,也就是对图中的点 v_i 赋予两个标号 $(P(v_i), \lambda_i)$:第一个标号 $P(v_i)$ 表示从起点 v_1 到 v_i 的最短路的长度;第二个标号 λ_i 表示在 v_1 到 v_i 的最短路上 v_i 前面一个邻点的下标,即用来表示路径,从而可对终点到始点进行反向追踪,找到 v_1 到 v_n 的最短路.

Dijkstra 算法适用于每条边的权数都大于或等于零的情况.

Dijkstra 算法的基本步骤如下:

(1) 给起点 v_1 标号 $(0,1)$,从 v_1 到 v_1 的距离 $P(v_1)=0, v_1$ 为起点.

(2) 找出已标号的点的集合 I,没有标号的点的集合 J,求出边集
$$A = \{(v_i, v_j) | v_i \in I, v_j \in J\}.$$

(3) 若上述边集 $A = \varphi$,表明从所有已赋予标号的节点出发,不再有这样的边,它的另一节点尚未标号,则计算结束. 对已有标号的节点,可求得从 v_1 到这个节点的最短路,对于没有标号的节点,则不存在从 v_1 到这个节点的路.

若边集 $A \neq \varphi$,则转下一步.

(4) 对于边集 A 中的每一条边 (v_i, v_j),计算
$$T_{ij} = P(v_i) + \omega_{ij}, \text{其中 } \omega_{ij} \text{ 是边}(v_i, v_j) \text{的权}.$$
找出边 (v_s, v_t),使得 $T_{st} = \min\{T_{ij}\}$.

需要注意的是,若上述 T_{ij} 值为最小的边有多条,且这些边的另一节点 v_j 相同,则表明存在多条最短路径,因此 v_j 应得到多个双标号.

(5) 给弧 (v_s, v_t) 的终点 v_t 赋予双标号 $(P(v_t), s)$,其中 $P(v_t) = T_{st}$. 返回步骤(2).

经过上述一个循环的计算,将求出 v_1 到一个节点 v_j 的最短路及其长度,从而使一个节

点 v_j 得到双标号. 若图中共有 n 个节点, 故最多计算 $n-1$ 循环, 即可得到最后结果.

【例 12.23】 已知网络如图 12.45 所示, 求从 v_1 到 v_7 的最短路径及最短距离.

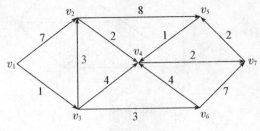

图 12.45

解 (1) 首先给 v_1 以 P 标号, $P(v_1)=0$, 给所有其余点 T 标号,
$$T(v_i)=\infty, i=2,\cdots,7.$$

(2) 由于 $(v_1,v_2),(v_1,v_3)$ 边属于 E, 且 v_2,v_3 为 T 标号, 所以修改这两个点的标号:
$$T(v_2)=\min\{T(v_2),P(v_1)+d_{12}\}=\min\{+\infty,0+7\}=7,$$
$$T(v_3)=\min\{T(v_3),P(v_1)+d_{13}\}=\min\{+\infty,0+1\}=1.$$

(3) 比较所有 T 标号, $T(v_3)$ 最小, 所以令 $P(v_3)=1$, 并记录路径 (v_1,v_3).

(4) v_3 为刚得到 P 标号的点, 考察边 $(v_3,v_2),(v_3,v_4),(v_3,v_6)$ 的端点 v_2,v_4,v_6.
$$T(v_2)=\min\{T(v_2),P(v_3)+d_{32}\}=\min\{7,1+3\}=4=P(v_2),$$
$$T(v_4)=\min\{T(v_4),P(v_3)+d_{34}\}=\min\{+\infty,1+4\}=5,$$
$$T(v_6)=\min\{T(v_6),P(v_3)+d_{36}\}=\min\{+\infty,1+3\}=4=P(v_6).$$

(5) ① 与前类似, 考虑 v_2 点, 有
$$T(v_4)=\min\{T(v_4),P(v_2)+d_{24}\}=\min\{5,4+2\}=5,$$
$$T(v_5)=\min\{T(v_5),P(v_2)+d_{25}\}=\min\{+\infty,4+8\}=12;$$

② 考虑 v_6 点, 有
$$T(v_4)=\min\{T(v_4),P(v_6)+d_{64}\}=\min\{5,4+4\}=5=P(v_4),$$
$$T(v_7)=\min\{T(v_7),P(v_6)+d_{67}\}=\min\{+\infty,4+7\}=11.$$

记录路径 (v_3,v_4).

(6) 考虑 v_4 点, 有
$$T(v_7)=\min\{T(v_7),P(v_4)+d_{47}\}=\min\{11,5+2\}=7=P(v_7).$$

记录路径 (v_4,v_7).

(7) 考虑 v_7 点, 有
$$T(v_5)=\min\{T(v_5),P(v_7)+d_{75}\}=\min\{12,7+2\}=9=P(v_5).$$

记录路径 (v_7,v_5).

全部计算结果见图 12.46, v_1 到 v_7 的最短路径为 $v_1 \to v_3 \to v_4 \to v_7$, 路长 $P(v_7)=7$, 同时得到 v_1 到其余各点的最短路.

图 12.46

【例 12.24】 某公司在六个城市 $c_1, c_2, \cdots, c_6$ 中有分公司,从 c_i 到 c_j 的直接航程票价记在下述矩阵的 (i,j) 位置上(∞ 表示无直接航路). 请帮助该公司设计一张城市 c_1 到其他城市间的票价最便宜的路线图.

$$\begin{pmatrix} 0 & 50 & \infty & 40 & 25 & 10 \\ 50 & 0 & 15 & 20 & \infty & 25 \\ \infty & 15 & 0 & 10 & 20 & \infty \\ 40 & 20 & 10 & 0 & 10 & 25 \\ 25 & \infty & 20 & 10 & 0 & 55 \\ 10 & 25 & \infty & 25 & 55 & 0 \end{pmatrix}$$

用矩阵 $a_{n\times n}$(n 为顶点个数)存放各边权的邻接矩阵,行向量 pb、$index_1$、$index_2$、d 分别用来存放 P 标号信息、标号顶点顺序、标号顶点索引、最短通路的值. 其中分量

$$pb(i) = \begin{cases} 1, & \text{当第 } i \text{ 顶点已标号,} \\ 0, & \text{当第 } i \text{ 顶点未标号;} \end{cases}$$

$index_2(i)$ 存放始点到第 i 点最短通路中第 i 顶点前一顶点的序号;

$d(i)$ 存放由始点到第 i 点最短通路的值.

求第一个城市到其他城市的最短路径的 Matlab 程序如下:

```
clear;
clc;
M=10000;
a(1,:)=[0,50,M,40,25,10];
a(2,:)=[zeros(1,2),15,20,M,25];
a(3,:)=[zeros(1,3),10,20,M];
a(4,:)=[zeros(1,4),10,25];
a(5,:)=[zeros(1,5),55];
a(6,:)=zeros(1,6);
a=a+a';
pb(1:length(a))=0;pb(1)=1;index1=1;index2=ones(1,length(a));
d(1:length(a))=M;d(1)=0;temp=1;
while sum(pb)<length(a)
    tb=find(pb==0);
```

```
        d(tb)=min(d(tb),d(temp)+a(temp,tb));
        tmpb=find(d(tb)==min(d(tb)));
        temp=tb(tmpb(1));
        pb(temp)=1;
        index1=[index1,temp];
        index=index1(find(d(index1)==d(temp)-a(temp,index1)));
        if length(index)>=2
           index=index(1);
        end
        index2(temp)=index;
end
d,index1,index2
```

二、每对顶点之间的最短路径算法及其 *MATLAB* 程序

计算赋权图中各对顶点之间最短路径,显然可以调用 Dijkstra 算法.具体方法如下:每次以不同的顶点作为起点,用 Dijkstra 算法求出从该起点到其余顶点的最短路径,反复执行 n 次这样的操作,就可得到从每一个顶点到其他顶点的最短路径.这种算法的时间复杂度为 $O(n^3)$.第二种解决这一问题的方法是由 R. W. Floyd 提出的算法,称为 **Floyd 算法**.

假设图 G 权的邻接矩阵为 $\boldsymbol{A}_0$,

$$\boldsymbol{A}_0 = \begin{pmatrix} a_{11} & a_{12} & \cdots & a_{1n} \\ a_{21} & a_{22} & \cdots & a_{2n} \\ \vdots & \vdots & & \vdots \\ a_{n1} & a_{n2} & \cdots & a_{nn} \end{pmatrix}$$

来存放各边长度,其中:

$a_{ii}=0, i=1,2,\cdots,n$;

$a_{ij}=\infty, i, j$ 之间没有边,在程序中以各边都不可能达到的充分大的数代替;

$a_{ij}=w_{ij}, w_{ij}$ 是 i,j 之间边的长度,$i,j=1,2,\cdots,n$.

对于无向图,$\boldsymbol{A}_0$ 是对称矩阵,$a_{ij}=a_{ji}$.

Floyd 算法的基本思想:递推产生一个矩阵序列 $\boldsymbol{A}_0, \boldsymbol{A}_1, \cdots, \boldsymbol{A}_k, \cdots, \boldsymbol{A}_n$,其中 $\boldsymbol{A}_k(i,j)$ 表示从顶点 v_i 到顶点 v_j 的路径上所经过的顶点序号不大于 k 的最短路径长度.

计算时用迭代公式:

$$\boldsymbol{A}_k(i,j) = \min(\boldsymbol{A}_{k-1}(i,j), \boldsymbol{A}_{k-1}(i,k) + \boldsymbol{A}_{k-1}(k,j)),$$

其中 k 是迭代次数,$i,j,k=1,2,\cdots,n$.

最后,当 $k=n$ 时,$\boldsymbol{A}_n$ 即是各顶点之间的最短通路值.

【例 12.25】 用 Floyd 算法求解例 12.24.

矩阵 path 用来存放每对顶点之间最短路径上所经过的顶点的序号. Floyd 算法的 Matlab 程序如下:

```
clear;
clc;
```

```
M=10000;
a(1,:)=[0,50,M,40,25,10];
a(2,:)=[zeros(1,2),15,20,M,25];
a(3,:)=[zeros(1,3),10,20,M];
a(4,:)=[zeros(1,4),10,25];
a(5,:)=[zeros(1,5),55];
a(6,:)=zeros(1,6);
b=a+a';path=zeros(length(b));
for k=1:6
    for i=1:6
        for j=1:6
            if b(i,j)>b(i,k)+b(k,j)
                b(i,j)=b(i,k)+b(k,j);
                path(i,j)=k;
            end
        end
    end
end
b,path
```

习题 12.5

1. 利用 Dijkstra 算法,求出图 12.47 中从 u 到 v 的所有最短路径及路径长度.

图 12.47

2. 以图 12.48 给出的石油流向的管网示意图为例,v_1 代表石油开采地,v_7 代表石油汇集站,箭线旁的数字表示管线的长度,现在要从 v_1 地调运石油到 v_7 地,怎样选择管线可使路径最短?

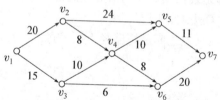

图 12.48 石油流向的管网示意图

本章小结

1. 图的有关概念

图分为无向图、有向图、零图、平凡图、简单图、多重图等. 图中若每对顶点间都有边相连称为完全图, 有 n 个顶点的完全图 K_n 的边数为 $\dfrac{n(n-1)}{2}$.

补图与子图、节点的度数是重要的概念. 若图是任意图, 在图中奇数度数的顶点的个数必定是偶数. 在有向图中所有的顶点的入度之和等于出度之和.

握手定理的计算公式是 $\sum\limits_{i=1}^{n}\deg(v_i)=2m$.

根据图的同构定义判别不同形状的图是否同构, 图的同构关系是等价关系.

2. 路与回路、图的连通等概念, 图的强连通、单向连通、弱连通的判别

路与路的长度是最基本的概念. 在学习路、回路、简单回路、基本路、基本回路这些概念时, 要注意图的顶点、边的区别, 知道不同路之间的关系.

因为强连通、单向连通、弱连通在生产实际中应用比较广泛, 所以要通过具体的图进行练习, 来判别图的强连通, 单向连通、弱连通.

3. 图的矩阵表示, 图的矩阵运算

根据图写出邻接矩阵、可达矩阵、关联矩阵, 用这些矩阵解释图, 记住它们的特点. 根据邻接矩阵的幂写出图中任意两点的长度、回路. 根据图的邻接矩阵计算可达矩阵.

4. 欧拉图与哈密尔顿图

欧拉图存在的判定方法有好几种, 主要的定理包括: 一个无向连通图, 它成为欧拉图的充要条件是其全部顶点的度数都是偶数; 无向图的欧拉图是由最简单的欧拉图, 其顶点的度数全为 2 的多边形的欧拉图叠加而成.

欧拉路存在的判定方法是一个无向连通图, 不是欧拉图, 存在着欧拉路的充要条件是只有仅有两个顶点的度数为奇数, 其余的顶点的度数全为偶数.

值得注意的是哈密尔顿回路的问题到现在还没有彻底解决, 只是找到了其存在的一些充分条件或必要条件.

5. 图论的应用之一———最短路问题

(1) 两个指定顶点之间的最短路径算法及其 MATLAB 程序.

(2) 每对顶点之间的最短路径算法及其 MATLAB 程序.

附　表

附表一　泊松分布数值表 $P(X=k)=\dfrac{\lambda^k}{k!}e^{-\lambda}$

k＼λ	0.1	0.2	0.3	0.4	0.5	0.6	0.7	0.8	0.9	1.0	1.5	2.0	2.5	3.0
0	0.9408	0.8187	0.7408	0.6703	0.6065	0.5488	0.4960	0.4493	0.4066	0.3679	0.2231	0.1353	0.0821	0.0498
1	0.0905	0.1637	0.2223	0.2681	0.3033	0.3293	0.3476	0.3595	0.3659	0.3679	0.3347	0.2707	0.2052	0.1494
2	0.0045	0.0164	0.0333	0.0536	0.0758	0.0988	0.1216	0.1438	0.1647	0.1839	0.2510	0.2707	0.2565	0.2240
3	0.0002	0.0011	0.0033	0.0072	0.0126	0.0198	0.0284	0.0383	0.0494	0.0613	0.1255	0.1805	0.2138	0.2240
4		0.0001	0.0003	0.0007	0.0016	0.0030	0.0050	0.0077	0.0111	0.0153	0.0471	0.0902	0.1336	0.1681
5				0.0001	0.0002	0.0003	0.0007	0.0012	0.0020	0.0031	0.0141	0.0361	0.0668	0.1008
6						0.0001	0.0002	0.0003	0.0005	0.0035	0.0120	0.0278	0.0504
7									0.0001	0.0008	0.0034	0.0099	0.0216
8										0.0002	0.0009	0.0031	0.0081
9											0.0002	0.0009	0.0027
10												0.0002	0.0008
11													0.0001	0.0002
12														0.0001

k＼λ	3.5	4.0	4.5	5.0	6	7	8	9	10	11	12	13	14	15
0	0.0302	0.0183	0.0111	0.0067	0.0025	0.0009	0.0003	0.0001						
1	0.1057	0.0733	0.0500	0.0337	0.0149	0.0064	0.0027	0.0011	0.0004	0.0002	0.0001			
2	0.1850	0.1465	0.1125	0.0842	0.0446	0.0223	0.0107	0.0050	0.0023	0.0010	0.0004	0.0002	0.0001	
3	0.2158	0.1954	0.1687	0.1404	0.0892	0.0521	0.0286	0.0150	0.0076	0.0037	0.0018	0.0008	0.0004	0.0002
4	0.1888	0.1954	0.1898	0.1755	0.1339	0.0912	0.0573	0.0337	0.0189	0.0102	0.0053	0.0027	0.0013	0.0006
5	0.1322	0.1563	0.1708	0.1755	0.1606	0.1277	0.0916	0.0607	0.0378	0.0224	0.0127	0.0071	0.0037	0.0019
6	0.0771	0.1042	0.1281	0.1462	0.1606	0.1490	0.1221	0.0911	0.0631	0.0411	0.0255	0.0151	0.0087	0.0048
7	0.0385	0.0595	0.0824	0.1044	0.1377	0.1490	0.1396	0.1171	0.0901	0.0646	0.0437	0.0281	0.0174	0.0104
8	0.0169	0.0298	0.0463	0.0653	0.1033	0.1304	0.1396	0.1318	0.1126	0.0888	0.0655	0.0457	0.0304	0.0195
9	0.0065	0.0132	0.0232	0.0363	0.0688	0.1014	0.1241	0.1318	0.1251	0.1085	0.0874	0.0660	0.0473	0.0324
10	0.0023	0.0053	0.0104	0.0181	0.0413	0.0710	0.0993	0.1186	0.1251	0.1194	0.1048	0.0859	0.0663	0.0486
11	0.0007	0.0019	0.0043	0.0082	0.0225	0.0452	0.0722	0.0970	0.1137	0.1194	0.1144	0.1015	0.0843	0.0663
12	0.0002	0.0006	0.0015	0.0034	0.0113	0.0264	0.0481	0.0728	0.0948	0.1094	0.1144	0.1099	0.0984	0.0828
13	0.0001	0.0002	0.0006	0.0013	0.0052	0.0142	0.0296	0.0504	0.0729	0.0926	0.1056	0.1099	0.1061	0.0956
14		0.0001	0.0002	0.0005	0.0023	0.0071	0.0169	0.0324	0.0521	0.0728	0.0905	0.1021	0.1061	0.1025
15			0.0001	0.0002	0.0009	0.0033	0.0090	0.0194	0.0347	0.0533	0.0724	0.0885	0.0989	0.1025
16				0.0001	0.0003	0.0015	0.0045	0.0109	0.0217	0.0367	0.0543	0.0719	0.0865	0.0960
17					0.0001	0.0006	0.0021	0.0058	0.0128	0.0237	0.0383	0.0551	0.0713	0.0847
18						0.0002	0.0010	0.0029	0.0071	0.0145	0.0255	0.0397	0.0554	0.0706
19						0.0001	0.0004	0.0014	0.0037	0.0084	0.0161	0.0272	0.0408	0.0557
20							0.0002	0.0006	0.0019	0.0046	0.0097	0.0177	0.0286	0.0418
21							0.0001	0.0003	0.0009	0.0024	0.0055	0.0109	0.0191	0.0299
22								0.0001	0.0004	0.0013	0.0030	0.0065	0.0122	0.0204
23									0.0002	0.0006	0.0016	0.0036	0.0074	0.0133
24									0.0001	0.0003	0.0008	0.0020	0.0043	0.0083
25										0.0001	0.0004	0.0011	0.0024	0.0050
26											0.0002	0.0005	0.0013	0.0029
27											0.0001	0.0002	0.0007	0.0017
28												0.0001	0.0003	0.0009
29													0.0002	0.0004
30													0.0001	0.0002
31														0.0001

续表

$\lambda=20$						$\lambda=30$					
k	p	k	p	k	p	k	p	k	p	k	p
5	0.0001	20	0.0889	35	0.0007	10		25	0.0511	40	0.0139
6	0.0002	21	0.0846	36	0.0004	11		26	0.0591	41	0.0102
7	0.0006	22	0.0769	37	0.0002	12	0.0001	27	0.0655	42	0.0073
8	0.0013	23	0.0669	38	0.0001	13	0.0002	28	0.0702	43	0.0051
9	0.0029	24	0.0557	39	0.0001	14	0.0005	29	0.0727	44	0.0035
10	0.0058	25	0.0646			15	0.0010	30	0.0727	45	0.0023
11	0.0106	26	0.0343			16	0.0019	31	0.0703	46	0.0015
12	0.0176	27	0.0254			17	0.0034	32	0.0659	47	0.0010
13	0.0271	28	0.0183			18	0.0057	33	0.0599	48	0.0006
14	0.0382	29	0.0125			19	0.0089	34	0.0529	49	0.0004
15	0.0517	30	0.0083			20	0.0134	35	0.0453	50	0.0002
16	0.0646	31	0.0054			21	0.0192	36	0.0378	51	0.0001
17	0.0760	32	0.0034			22	0.0261	37	0.0306	52	0.0001
18	0.0844	33	0.0021			23	0.0341	38	0.0242		
19	0.0889	34	0.0012			24	0.0426	39	0.0186		

$\lambda=40$						$\lambda=50$					
k	p	k	p	k	p	k	p	k	p	k	p
15		35	0.0485	55	0.0043	25		45	0.0458	65	0.0063
16		36	0.0539	56	0.0031	26	0.0001	46	0.0498	66	0.0048
17		37	0.0583	57	0.0022	27	0.0001	47	0.0530	67	0.0036
18	0.0001	38	0.0614	58	0.0015	28	0.0002	48	0.0552	68	0.0026
19	0.0001	39	0.0629	59	0.0010	29	0.0004	49	0.0564	69	0.0019
20	0.0002	40	0.0629	60	0.0007	30	0.0007	50	0.0564	70	0.0014
21	0.0004	41	0.0614	61	0.0005	31	0.0011	51	0.0552	71	0.0010
22	0.0007	42	0.0585	62	0.0003	32	0.0017	52	0.0531	72	0.0007
23	0.0012	43	0.0544	63	0.0002	33	0.0026	53	0.0501	73	0.0005
24	0.0019	44	0.0495	64	0.0001	34	0.0038	54	0.0464	74	0.0003
25	0.0031	45	0.0440	65	0.0001	35	0.0054	55	0.0422	75	0.0002
26	0.0047	46	0.0382			36	0.0075	56	0.0377	76	0.0001
27	0.0070	47	0.0325			37	0.0102	57	0.0330	77	0.0001
28	0.0100	48	0.0271			38	0.0134	58	0.0285	78	0.0001
29	0.0139	49	0.0221			39	0.0172	59	0.0241		
30	0.0185	50	0.0177			40	0.0215	60	0.0201		
31	0.0238	51	0.0139			41	0.0262	61	0.0165		
32	0.0298	52	0.0107			42	0.0312	62	0.0133		
33	0.0361	53	0.0085			43	0.0363	63	0.0106		
34	0.0425	54	0.0060			44	0.0412	64	0.0082		

附表二 标准正态分布函数数值表

$$\Phi(u)=\frac{1}{\sqrt{2\pi}}\int_{-\infty}^{u}e^{-\frac{x^2}{2}}dx(u\geqslant 0)$$

u \ $\Phi(u)$	0.00	0.01	0.02	0.03	0.04	0.05	0.06	0.07	0.08	0.09
0.0	0.5000	0.5040	0.5080	0.5120	0.5160	0.5199	0.5239	0.5279	0.5319	0.5359
0.1	0.5398	0.5438	0.5478	0.5517	0.5557	0.5596	0.5636	0.5675	0.5714	0.5753
0.2	0.5793	0.5832	0.5871	0.5910	0.5948	0.5987	0.6026	0.6064	0.6103	0.6164
0.3	0.6179	0.6217	0.6255	0.6293	0.6331	0.6368	0.6406	0.6443	0.6480	0.6517
0.4	0.6554	0.6591	0.6628	0.6664	0.6700	0.6736	0.6772	0.6808	0.6844	0.6879
0.5	0.6915	0.6950	0.6985	0.7019	0.7054	0.7088	0.7123	0.7157	0.7190	0.7334
0.6	0.7257	0.7291	0.7324	0.7357	0.7389	0.7422	0.7554	0.7486	0.7517	0.7549
0.7	0.7580	0.7611	0.7642	0.7673	0.7703	0.7734	0.7764	0.7794	0.7823	0.7852
0.8	0.7881	0.7910	0.7939	0.7967	0.7995	0.8023	0.8051	0.8078	0.8106	0.8133
0.9	0.8159	0.8186	0.8212	0.8238	0.8264	0.8289	0.8315	0.8340	0.8365	0.8389
1.0	0.8413	0.8438	0.8461	0.8485	0.8508	0.8531	0.8554	0.8577	0.8599	0.8621
1.1	0.8643	0.8665	0.8686	0.8708	0.8729	0.8749	0.8770	0.8790	0.8810	0.8830
1.2	0.8849	0.8869	0.8888	0.8907	0.8925	0.8944	0.8962	0.8980	0.8997	0.9075
1.3	0.9032	0.9049	0.9066	0.9082	0.9099	0.9115	0.9131	0.9147	0.9162	0.9177
1.4	0.9192	0.9207	0.9222	0.9236	0.9251	0.9265	0.9278	0.9292	0.9306	0.9319
1.5	0.9332	0.9345	0.9357	0.9370	0.9382	0.9394	0.9406	0.9418	0.9430	0.9441
1.6	0.9452	0.9463	0.9474	0.9484	0.9495	0.9505	0.9515	0.9525	0.9535	0.9545
1.7	0.9554	0.9564	0.9573	0.9582	0.9591	0.9599	0.9608	0.9616	0.9625	0.9633
1.8	0.9641	0.9648	0.9656	0.9664	0.9671	0.9678	0.9686	0.9693	0.9700	0.9706
1.9	0.9713	0.9719	0.9726	0.9732	0.9738	0.9744	0.9750	0.9756	0.9762	0.9767
2.0	0.9772	0.9778	0.9783	0.9788	0.9793	0.9798	0.9803	0.9808	0.9812	0.9817
2.1	0.9821	0.9826	0.9830	0.9834	0.9838	0.9842	0.9846	0.9850	0.9854	0.9857
2.2	0.9861	0.9864	0.9868	0.9871	0.9874	0.9878	0.9881	0.9884	0.9887	0.9890
2.3	0.9893	0.9896	0.9898	0.9901	0.9904	0.9906	0.9909	0.9911	0.9913	0.9916
2.4	0.9918	0.9920	0.9922	0.9925	0.9927	0.9929	0.9931	0.9932	0.9934	0.9936
2.5	0.9938	0.9940	0.9941	0.9943	0.9945	0.9946	0.9948	0.9949	0.9951	0.9952
2.6	0.9953	0.9955	0.9956	0.9957	0.9959	0.9960	0.9961	0.9962	0.9963	0.0064
2.7	0.9965	0.9966	0.9967	0.9968	0.9969	0.9970	0.9971	0.9972	0.9973	0.9974
2.8	0.9974	0.9975	0.9976	0.9977	0.9977	0.9978	0.9979	0.9979	0.9980	0.9981
2.9	0.9981	0.9982	0.9982	0.9983	0.9984	0.9984	0.9985	0.9985	0.9986	0.9986
3.0	0.9987	0.9990	0.9993	0.9995	0.9997	0.9998	0.9999	0.9999	0.9999	1.0000

注：本表最后一行自左至右依次是 $\Phi(3.0),\cdots,\Phi(3.9)$ 的值。

附表三 χ^2 分布临界值表

$$P\{\chi^2(n) > \chi^2_\alpha(n)\} = \alpha$$

α 自由度	0.995	0.99	0.975	0.95	0.90	0.75	0.25	0.10	0.05	0.025	0.01	0.005
1			0.001	0.004	0.016	0.102	1.323	2.706	3.841	5.024	6.635	7.879
2	0.010	0.020	0.051	0.103	0.211	0.575	2.773	4.605	5.991	7.378	9.210	10.597
3	0.072	0.115	0.216	0.352	0.584	1.213	4.108	6.251	7.815	9.348	11.345	12.838
4	0.207	0.297	0.484	0.711	1.064	1.923	5.385	7.779	9.488	11.143	13.277	14.860
5	0.412	0.554	0.831	1.145	1.610	2.657	6.626	9.236	11.071	12.833	15.086	16.750
6	0.676	0.872	1.237	1.635	2.204	3.455	7.841	10.645	12.592	14.449	16.812	18.548
7	0.989	1.239	1.690	2.167	2.833	4.255	9.037	12.017	14.067	16.013	18.475	20.278
8	1.344	1.646	2.180	2.733	3.490	5.071	10.219	13.362	15.507	17.535	20.090	21.955
9	1.735	2.088	2.700	3.325	4.168	5.899	11.389	14.684	16.919	19.023	21.666	23.589
10	2.156	2.558	3.247	3.940	4.865	6.737	12.549	15.987	18.307	20.483	23.209	25.188
11	2.603	3.053	3.816	4.575	5.578	7.584	13.701	17.275	19.675	21.920	24.725	26.757
12	3.074	3.571	4.404	5.226	6.304	8.438	14.845	18.549	21.026	23.337	26.217	28.299
13	3.565	4.107	5.009	5.892	7.042	9.299	15.984	19.812	22.362	24.736	27.688	29.819
14	4.075	4.660	5.629	6.571	7.790	10.165	17.117	21.064	23.685	26.119	29.141	31.319
15	4.601	5.229	6.262	7.261	8.547	11.037	18.245	22.307	24.996	27.488	30.578	32.801
16	5.142	5.812	6.908	7.962	9.312	11.912	19.369	23.542	26.296	28.845	32.000	34.267
17	5.697	6.408	7.564	8.672	10.085	12.792	20.489	24.769	27.587	30.191	33.409	35.718
18	6.265	7.015	8.231	9.390	10.865	13.675	21.605	25.989	28.869	31.526	34.805	37.156
19	6.844	7.633	8.907	10.117	11.651	14.652	22.718	27.204	30.144	32.852	36.191	38.582
20	7.434	8.260	9.591	10.851	12.443	15.452	23.828	28.412	31.410	34.170	37.566	39.997
21	8.034	8.897	10.283	11.591	13.240	16.344	24.935	29.615	32.671	35.479	38.932	41.401
22	8.643	9.542	10.982	12.338	14.042	17.240	26.039	30.813	33.924	36.781	40.286	42.796
23	9.260	10.196	11.689	13.091	14.848	18.137	27.141	32.007	35.172	38.076	41.638	44.181
24	9.886	10.856	12.401	13.848	15.659	19.037	28.241	33.196	36.415	39.364	42.980	45.559
25	10.520	11.524	13.120	14.611	16.473	19.939	29.339	34.382	37.652	40.646	44.314	46.928
26	11.160	12.198	13.844	15.379	17.292	20.843	30.435	35.563	38.885	41.923	45.632	48.290
27	11.808	12.879	14.573	16.151	18.114	21.749	31.528	36.741	40.113	43.194	46.963	49.645
28	12.461	13.565	15.308	16.928	18.939	22.657	32.620	37.916	41.337	44.461	48.278	50.993
29	13.121	14.257	16.047	17.708	19.768	23.567	33.711	39.087	42.557	45.722	49.588	52.336
30	13.787	14.954	16.791	18.493	20.599	24.478	34.800	40.256	43.773	46.979	50.892	53.672
31	14.458	15.655	17.539	19.281	21.434	25.390	35.887	41.422	44.958	48.232	52.199	55.003
32	15.134	16.362	18.291	20.072	22.271	26.304	36.973	42.585	46.194	49.480	53.486	56.328
33	15.815	17.074	19.047	20.865	23.110	27.219	38.058	43.745	47.400	50.725	54.776	57.648
34	16.501	17.789	19.806	21.664	23.952	28.136	39.141	44.903	48.602	51.966	56.061	58.964
35	17.192	18.509	20.569	22.465	24.794	29.054	40.223	46.059	49.802	53.203	57.342	60.275
36	17.887	19.233	21.336	23.269	25.643	29.973	41.304	47.212	50.998	54.437	58.619	61.586
37	18.586	19.960	22.106	24.075	26.492	30.893	42.383	48.363	52.192	55.668	59.892	62.883
38	19.298	20.691	22.878	24.884	27.343	31.815	43.462	49.513	53.384	56.896	61.162	64.181
39	19.996	21.426	23.654	25.695	28.196	32.737	44.539	50.660	54.572	58.120	62.468	65.476
40	20.707	22.164	24.433	26.509	29.051	33.660	45.616	51.805	55.758	59.342	63.691	66.766

附表四 t 分布临界值表

α		双侧	0.5	0.2	0.1	0.05	0.02	0.01
		单侧	0.25	0.1	0.05	0.025	0.01	0.005
自由度		1	1.000	3.078	6.314	12.708	31.821	63.657
		2	0.816	1.886	2.920	4.303	6.965	9.925
		3	0.765	1.638	2.353	3.182	4.541	5.841
		4	0.741	1.533	2.132	2.776	3.747	4.604
		5	0.727	1.476	2.015	2.571	3.365	4.032
		6	0.718	1.440	1.943	2.447	8.143	3.707
		7	0.711	1.415	1.895	2.365	2.998	3.499
		8	0.706	1.397	1.860	2.306	2.896	3.355
		9	0.703	1.383	1.833	2.262	2.821	3.250
		10	0.700	1.372	1.812	2.228	2.764	3.169
		11	0.697	1.363	1.796	2.201	2.718	3.106
		12	0.695	1.358	1.782	2.179	2.681	3.056
		13	0.694	1.350	1.771	2.160	2.650	3.012
		14	0.692	1.345	1.761	2.145	2.624	2.977
		15	0.691	1.341	1.753	2.131	2.602	2.947
		16	0.690	1.337	1.748	2.120	2.583	2.921
		17	0.689	1.333	1.740	2.110	2.567	2.898
		18	0.688	1.330	1.734	2.101	2.552	2.878
		19	0.688	1.328	1.729	2.093	2.589	2.861
		20	0.687	1.325	1.725	2.086	2.528	2.845
		21	0.686	1.323	1.721	2.080	2.518	2.831
		22	0.686	1.321	1.717	2.074	2.508	2.819
		23	0.685	1.319	1.714	2.069	2.500	2.807
		24	0.685	1.318	1.711	2.064	2.492	2.797
		25	0.684	1.316	1.708	2.060	2.485	2.787
		26	0.684	1.315	1.706	2.056	2.479	2.779
		27	0.684	1.314	1.703	2.052	2.473	2.771
		28	0.683	1.313	1.701	2.048	2.467	2.763
		29	0.683	1.311	1.699	2.045	2.462	2.756
		30	0.683	1.310	1.697	2.042	2.457	2.750
		40	0.681	1.303	1.684	2.021	2.423	2.704
		60	0.679	1.296	1.671	2.000	2.390	2.660
		120	0.677	1.289	1.658	1.980	2.358	2.617
		∞	0.674	1.282	1.645	1.960	2.326	2.576

附表五 F分布临界值表

$P\{F(n_1,n_2) > F_\alpha(n_1,n_2)\} = \alpha$

$\alpha = 0.10$

n_2 \ n_1	1	2	3	4	5	6	7	8	9	10	12	15	20	24	30	40	60	120	∞
1	39.86	49.50	53.59	55.83	57.24	58.20	58.91	59.44	59.86	60.19	60.71	61.22	61.74	62.00	62.26	62.53	62.79	63.06	63.33
2	8.53	9.00	9.16	9.24	9.26	9.33	9.35	9.37	9.38	9.39	9.41	9.42	9.44	9.45	9.46	9.47	9.47	9.48	9.49
3	5.54	5.46	5.39	5.34	5.31	5.28	5.27	5.25	5.24	5.23	5.22	5.20	5.18	5.18	5.17	5.16	5.15	5.14	5.13
4	4.54	4.32	4.19	4.11	4.05	4.01	3.98	3.95	3.94	3.92	3.90	3.87	3.84	3.83	3.82	3.80	3.79	3.78	3.76
5	4.06	3.78	3.62	3.52	3.45	3.40	3.37	3.34	3.32	3.30	3.27	3.24	3.21	3.19	3.17	3.16	3.14	3.12	3.10
6	3.78	3.46	3.29	3.18	3.11	3.05	3.01	2.98	2.96	2.94	2.90	2.87	2.84	2.82	2.80	2.78	2.76	2.74	2.72
7	4.59	3.26	3.07	2.96	2.88	2.83	2.78	2.75	2.72	2.70	2.67	2.63	2.59	2.58	2.56	2.54	2.51	2.49	2.47
8	3.46	3.11	2.92	2.81	2.73	2.67	2.62	2.59	2.56	2.54	2.50	2.46	2.42	2.40	2.38	2.36	2.34	2.32	2.29
9	3.36	3.01	2.81	2.69	2.61	2.55	2.51	2.47	2.44	2.42	2.38	2.34	2.30	2.28	2.25	2.23	2.21	2.18	2.16
10	3.28	2.92	2.73	2.61	2.52	2.46	2.41	2.38	2.35	2.32	2.28	2.24	2.20	2.18	2.16	2.13	2.11	2.08	2.06
11	3.23	2.86	2.66	2.54	2.45	2.39	2.34	2.30	2.27	2.25	2.21	2.17	2.12	2.10	2.08	2.05	2.03	2.00	1.97
12	3.18	2.81	2.61	2.48	2.39	2.33	2.28	2.24	2.21	2.19	2.15	2.10	2.06	2.04	2.01	1.99	1.96	1.93	1.90
13	3.14	2.76	2.56	2.43	2.35	2.28	2.23	2.20	2.16	2.14	2.10	2.05	2.01	1.98	1.96	1.93	1.90	1.88	1.85
14	3.10	2.73	2.52	2.39	2.31	2.24	2.19	2.15	2.12	2.10	2.05	2.01	1.96	1.94	1.91	1.89	1.86	1.83	1.80
15	3.07	2.70	2.49	2.36	2.27	2.21	2.16	2.12	2.09	2.06	2.02	1.97	1.92	1.90	1.87	1.85	1.82	1.79	1.76
16	3.05	2.67	2.46	2.33	2.24	2.18	2.13	2.09	2.06	2.03	1.99	1.94	1.89	1.87	1.84	1.81	1.78	1.75	1.72
17	3.03	2.64	2.44	2.31	2.22	2.15	2.10	2.06	2.03	2.00	1.96	1.91	1.86	1.84	1.81	1.78	1.75	1.72	1.69
18	3.01	2.62	2.42	2.29	2.20	2.13	2.08	2.04	2.00	1.98	1.93	1.89	1.84	1.81	1.78	1.75	1.72	1.69	1.66
19	2.99	2.61	2.40	2.27	2.18	2.11	2.06	2.02	1.98	1.96	1.91	1.86	1.81	1.79	1.76	1.73	1.70	1.67	1.53
20	2.97	2.59	2.38	2.25	2.16	2.09	2.04	2.00	1.96	1.94	1.89	1.84	1.79	1.77	1.74	1.71	1.68	1.64	1.61
21	2.96	2.57	2.36	2.23	2.14	2.08	2.02	1.98	1.95	1.92	1.87	1.83	1.78	1.75	1.72	1.69	1.66	1.62	1.59
22	2.95	2.56	2.35	2.22	2.13	2.06	2.01	1.97	1.93	1.90	1.86	1.81	1.76	1.73	1.70	1.67	1.64	1.60	1.57
23	2.94	2.55	2.34	2.21	2.11	2.05	1.99	1.95	1.92	1.89	1.84	1.80	1.74	1.72	1.69	1.66	1.62	1.59	1.55
24	2.93	2.54	2.33	2.19	2.10	2.04	1.98	1.94	1.91	1.88	1.83	1.78	1.73	1.70	1.67	1.64	1.61	1.57	1.53
25	2.92	2.53	2.32	2.18	2.09	2.02	1.97	1.93	1.89	1.87	1.82	1.77	1.72	1.69	1.66	1.63	1.59	1.56	1.52
26	2.91	2.52	2.31	2.17	2.08	2.01	1.96	1.92	1.88	1.86	1.81	1.76	1.71	1.68	1.65	1.61	1.58	1.54	1.50
27	2.90	2.51	2.30	2.17	2.07	2.00	1.95	1.91	1.87	1.85	1.80	1.75	1.70	1.67	1.64	1.60	1.57	1.53	1.49
28	2.89	2.50	2.29	2.16	2.06	2.00	1.94	1.90	1.87	1.84	1.79	1.74	1.69	1.66	1.63	1.59	1.56	1.52	1.48
29	2.89	2.50	2.28	2.15	2.06	1.99	1.93	1.89	1.86	1.83	1.78	1.73	1.68	1.65	1.62	1.58	1.55	15.1	1.47
30	2.88	2.49	2.28	2.14	2.05	1.98	1.93	1.88	1.85	1.82	1.77	1.72	1.67	1.64	1.61	1.57	1.54	1.50	1.46
40	2.84	2.44	2.23	2.09	2.00	1.93	1.87	1.83	1.79	1.76	1.71	1.66	1.61	1.57	1.54	1.51	1.47	1.42	1.38
60	2.79	2.39	2.18	2.04	1.95	1.87	1.82	1.77	1.74	1.71	1.66	1.60	1.54	1.51	1.48	1.44	1.40	1.35	1.29
120	2.75	2.35	2.13	1.99	1.90	1.82	1.77	1.72	1.68	1.65	1.60	1.55	1.48	1.45	1.41	1.37	1.32	1.26	1.19
∞	2.71	2.30	2.08	1.94	1.85	1.77	1.72	1.67	1.63	1.60	1.55	1.49	1.42	1.38	1.34	1.30	1.24	1.17	1.00

续表

$\alpha=0.05$

n_2 \ n_1	1	2	3	4	5	6	7	8	9	10	12	15	20	24	30	40	60	120	∞
1	161.4	199.5	215.7	224.6	230.2	234.0	236.8	238.9	240.5	241.9	243.9	245.9	248.0	249.1	250.1	251.1	252.2	253.3	254.3
2	18.51	19.00	19.16	19.25	19.30	19.33	19.35	19.37	19.38	19.40	19.41	19.43	19.45	19.45	19.46	19.47	19.48	19.49	19.50
3	10.13	9.55	9.28	9.12	9.01	8.94	8.89	8.85	8.81	8.79	8.74	8.70	8.66	8.64	8.62	8.59	8.57	8.55	8.53
4	7.71	6.94	6.59	6.39	6.26	6.16	6.09	6.04	6.00	5.96	5.91	5.86	5.80	5.77	5.75	5.72	5.69	5.66	5.63
5	6.61	5.79	5.41	5.19	5.05	4.95	4.88	4.82	4.77	4.74	4.68	4.62	4.56	4.53	4.50	4.46	4.43	4.40	4.36
6	5.99	5.14	4.76	4.53	4.39	4.28	4.21	4.15	4.10	4.06	4.00	3.94	3.87	3.84	3.81	3.77	3.74	3.70	3.67
7	5.59	4.74	4.35	4.12	3.97	3.87	3.79	3.73	3.68	3.64	3.57	3.51	3.44	3.41	3.38	3.34	3.30	3.27	3.23
8	5.32	4.46	4.07	3.84	3.69	3.58	3.50	3.44	3.39	3.35	3.28	3.22	3.15	3.12	3.08	3.04	3.01	2.97	2.93
9	5.12	4.26	3.86	3.63	3.48	3.37	3.29	3.23	3.18	3.14	3.07	3.01	2.94	2.90	2.86	2.83	2.79	2.75	2.71
10	4.96	4.10	3.71	3.48	3.33	3.22	3.14	3.07	3.02	2.98	2.91	2.85	2.77	2.74	2.70	2.66	2.62	2.58	2.54
11	4.84	3.98	3.59	3.36	3.20	3.09	3.01	2.95	2.90	2.85	2.79	2.72	2.65	2.61	2.57	2.53	2.49	2.45	2.40
12	4.75	3.89	3.49	3.26	3.11	3.00	2.91	2.85	2.80	2.75	2.69	2.62	2.54	2.51	2.47	2.43	2.38	2.34	2.30
13	4.67	3.81	3.41	3.18	3.03	2.92	2.83	2.77	2.71	2.67	2.60	2.53	2.46	2.42	2.38	2.34	2.30	2.25	2.21
14	4.60	3.74	3.34	3.11	2.96	2.85	2.76	2.70	2.65	2.60	2.53	2.46	2.39	2.35	2.31	2.27	2.22	2.18	2.13
15	4.54	3.68	3.29	3.06	2.90	2.79	2.71	2.64	2.59	2.54	2.48	2.40	2.33	2.29	2.25	2.20	2.16	2.11	2.07
16	4.49	3.63	3.24	3.01	2.85	2.74	2.66	2.59	2.54	2.49	2.42	2.35	2.28	2.24	2.19	2.15	2.11	2.06	2.01
17	4.45	3.59	3.20	2.96	2.81	2.70	2.61	2.55	2.49	2.45	2.38	2.31	2.23	2.19	2.15	2.10	2.06	2.01	1.96
18	4.41	3.55	3.16	2.93	2.77	2.66	2.58	2.51	2.46	2.41	2.34	2.27	2.19	2.15	2.11	2.06	2.02	1.97	1.92
19	4.38	3.52	3.13	2.90	2.74	2.36	2.54	2.48	2.42	2.38	2.31	2.23	2.16	2.11	2.07	2.03	1.98	1.93	1.88
20	4.35	3.49	3.10	2.87	2.71	2.60	2.51	2.45	2.39	2.35	2.28	2.20	2.12	2.08	2.04	1.99	1.95	1.90	1.84
21	4.32	3.47	3.07	2.84	2.68	2.57	2.49	2.42	2.37	2.32	2.25	2.18	2.10	2.05	2.01	1.96	1.92	1.87	1.81
22	4.30	3.44	3.05	2.82	2.66	2.55	2.46	2.40	2.34	2.30	2.23	2.15	2.07	2.03	1.98	1.94	1.89	1.84	1.78
23	4.28	3.42	2.03	2.80	2.64	2.53	2.44	2.37	2.32	2.27	2.20	2.13	2.05	2.01	1.96	1.91	1.86	1.81	1.76
24	4.26	3.40	3.01	2.78	2.62	2.51	2.42	2.36	2.30	2.25	2.18	2.11	2.03	1.98	1.94	1.89	1.84	1.79	1.73
25	4.24	3.39	2.99	2.76	2.60	2.49	2.40	2.34	2.28	2.24	2.16	2.09	2.01	1.96	1.92	1.87	1.82	1.77	1.71
26	4.23	3.37	2.98	2.74	2.59	2.47	2.39	2.32	2.27	2.22	2.15	2.07	1.99	1.95	1.90	1.85	1.80	1.75	1.69
27	4.21	3.35	2.96	2.73	2.57	2.46	2.37	2.31	2.25	2.20	2.13	2.06	1.97	1.93	1.88	1.84	1.79	1.73	1.67
28	4.20	3.34	2.95	2.71	2.56	2.45	2.36	2.29	2.24	2.19	2.12	2.04	1.96	1.91	1.87	1.82	1.77	1.71	1.65
29	4.18	3.33	2.93	2.70	2.55	2.43	2.35	2.28	2.22	2.18	2.10	2.03	1.94	1.90	1.85	1.81	1.75	1.70	1.64
30	4.17	3.32	2.92	2.69	2.53	2.42	2.33	2.27	2.21	2.16	2.09	2.01	1.93	1.89	1.84	1.79	1.74	1.68	1.62
40	4.08	3.23	2.84	2.61	2.45	2.34	2.25	2.18	2.12	2.08	2.00	1.92	1.84	1.79	1.74	1.69	1.64	1.58	1.51
60	4.00	3.15	2.76	2.53	2.37	2.25	2.17	2.10	2.04	1.99	1.92	1.84	1.75	1.70	1.65	1.59	1.53	1.47	1.39
120	3.92	3.07	2.68	2.45	2.29	2.17	2.09	2.02	1.96	1.91	1.83	1.75	1.66	1.61	1.55	1.50	1.43	1.35	1.25
∞	3.84	3.00	2.60	2.37	2.21	2.10	2.01	1.94	1.88	1.83	1.75	1.67	1.57	1.52	1.46	1.39	1.32	1.22	1.00

续表

$$\alpha=0.025$$

n_2\n_1	1	2	3	4	5	6	7	8	9	10	12	15	20	24	30	40	60	120	∞
1	647.8	799.5	864.2	899.6	921.8	937.1	948.2	956.7	963.3	968.6	976.7	984.9	993.1	997.2	1001	1006	1010	1014	1018
2	38.51	39.00	39.17	39.25	39.30	39.33	39.36	39.37	39.39	39.40	39.41	39.43	39.45	39.46	39.46	39.47	39.48	39.49	39.50
3	17.44	16.04	15.44	15.10	14.88	14.73	14.62	14.54	14.47	14.42	14.34	14.25	14.17	14.12	14.08	14.04	13.99	13.95	13.90
4	12.22	10.65	9.98	9.60	9.36	9.20	9.07	8.98	8.90	8.84	8.75	8.66	8.56	8.51	8.46	8.41	8.36	8.31	8.26
5	10.01	8.43	7.76	7.39	7.15	6.98	6.85	6.76	6.68	6.62	6.52	6.43	6.33	6.28	6.23	6.18	6.12	6.07	6.02
6	8.81	7.26	6.60	6.23	5.99	5.82	5.70	5.60	5.52	5.46	5.37	5.27	5.17	5.12	5.07	5.01	4.96	4.90	4.85
7	8.07	6.54	5.89	5.52	5.29	5.12	4.99	4.90	4.82	4.76	4.67	4.57	4.47	4.42	4.36	4.31	4.25	4.20	4.14
8	7.57	6.06	5.42	5.05	4.82	4.65	4.53	4.43	4.36	4.30	4.20	4.10	4.00	3.95	3.89	3.84	3.78	3.73	3.67
9	7.21	5.71	5.08	4.72	4.48	4.32	4.20	4.10	4.03	3.96	3.87	3.77	3.67	3.61	3.56	3.51	3.45	3.39	3.33
10	6.94	5.46	4.83	4.47	4.24	4.07	3.95	3.85	3.78	3.72	3.62	3.52	3.42	3.37	3.31	3.26	3.20	3.14	3.08
11	6.72	5.26	4.63	4.28	4.04	3.88	3.76	3.66	3.59	3.53	3.43	3.33	3.23	3.17	3.12	3.06	3.00	2.94	2.88
12	6.55	5.10	4.47	4.12	3.89	3.73	3.61	3.51	3.44	3.37	3.28	3.18	3.07	3.02	2.96	2.91	2.85	2.79	2.72
13	6.41	4.97	4.35	4.00	3.77	3.60	3.48	3.39	3.31	3.25	3.15	3.05	2.95	2.89	2.84	2.78	2.72	2.66	2.60
14	6.30	4.86	4.24	3.89	3.66	3.50	3.38	3.29	3.21	3.15	3.05	2.95	2.84	2.79	2.73	2.67	2.61	2.55	2.49
15	6.20	4.77	4.15	3.80	3.58	3.41	3.29	3.20	3.12	3.06	2.96	2.86	2.76	2.70	2.64	2.59	2.52	2.46	2.40
16	6.12	4.69	4.08	3.73	3.50	3.34	3.22	3.12	3.05	2.99	2.89	2.79	2.68	2.63	2.57	2.51	2.45	2.38	2.32
17	6.04	4.62	4.01	3.66	3.44	3.28	3.16	3.06	2.98	2.92	2.82	2.72	2.62	2.56	2.50	2.44	2.38	2.32	2.25
18	5.98	4.56	3.95	3.61	3.38	3.22	3.10	3.01	2.93	2.87	2.77	2.67	2.56	2.50	2.44	2.38	2.32	2.26	2.19
19	5.92	4.51	3.90	3.56	3.33	3.17	3.05	2.96	2.88	2.82	2.72	2.62	2.51	2.45	2.39	2.33	2.27	2.20	2.13
20	5.87	4.46	3.86	3.51	3.29	3.13	3.01	2.91	2.84	2.77	2.68	2.57	2.46	2.41	2.35	2.29	2.22	2.16	2.09
21	5.83	4.42	3.82	3.48	3.25	3.09	2.97	2.87	2.80	2.73	2.64	2.53	2.42	2.37	2.31	2.25	2.18	2.11	2.04
22	5.79	4.38	3.78	3.44	3.22	3.05	2.93	2.84	2.76	2.70	2.60	2.50	2.39	2.33	2.27	2.21	2.14	2.08	2.00
23	5.75	4.35	3.75	3.41	3.18	3.02	2.90	2.81	2.73	2.67	2.57	2.47	2.36	2.30	2.24	2.18	2.11	2.04	1.97
24	5.72	4.32	3.72	3.38	3.15	2.99	2.87	2.78	2.70	2.64	2.54	2.44	2.33	2.27	2.21	2.15	2.08	2.01	1.94
25	5.69	4.29	3.69	3.35	3.13	2.97	2.85	2.75	2.68	2.61	2.51	2.41	2.30	2.24	2.18	2.12	2.05	1.98	1.91
26	5.66	4.27	3.67	3.33	3.10	2.94	2.82	2.73	2.65	2.59	2.49	2.39	2.28	2.22	2.16	2.09	2.03	1.95	1.88
27	5.63	4.24	3.65	3.31	3.08	2.92	2.80	2.71	2.63	2.57	2.47	2.36	2.25	2.19	2.13	2.07	2.00	1.93	1.85
28	5.61	4.22	3.63	3.29	3.06	2.90	2.78	2.69	2.61	2.55	2.45	2.34	2.23	2.17	2.11	2.05	1.98	1.91	1.83
29	5.59	4.20	3.61	3.27	3.04	2.88	2.76	2.67	2.59	2.53	2.43	2.32	2.21	2.15	2.09	2.03	1.96	1.89	1.81
30	5.57	4.18	3.59	3.25	3.03	2.87	2.75	2.65	2.57	2.51	2.41	2.31	2.20	2.14	2.07	2.01	1.94	1.87	1.79
40	5.42	4.05	3.46	3.13	2.90	2.74	2.62	2.53	2.45	2.39	2.29	2.18	2.07	2.01	1.94	1.88	1.80	1.72	1.64
60	5.29	3.93	3.34	3.01	2.79	2.63	2.51	2.41	2.33	2.27	2.17	2.06	1.94	1.88	1.82	1.74	1.67	1.58	1.48
120	5.15	3.80	3.23	2.89	2.67	2.52	2.39	2.30	2.22	2.16	2.05	1.94	1.82	1.76	1.69	1.61	1.53	1.43	1.31
∞	5.02	3.69	3.12	2.79	2.57	2.41	2.29	2.19	2.11	2.05	1.94	1.83	1.71	1.64	1.57	1.48	1.39	1.27	1.00

续表

$\alpha = 0.01$

n_2 \ n_1	1	2	3	4	5	6	7	8	9	10	12	15	20	24	30	40	60	120	∞
1	4025	4999.5	5403	5625	5764	5859	5928	5982	6022	6056	6106	6157	6209	6235	6261	6287	6313	6339	6366
2	98.50	99.00	99.17	99.25	99.30	99.33	99.36	99.37	99.39	99.40	99.42	99.43	99.45	99.46	99.47	99.47	99.48	99.49	99.50
3	34.12	30.82	29.46	28.71	28.24	27.91	27.67	27.49	27.35	27.23	27.05	26.87	26.69	26.60	26.50	26.41	26.32	26.22	26.13
4	21.20	18.00	16.96	15.98	15.52	15.21	14.98	14.80	14.66	14.55	14.37	14.20	14.02	13.93	13.84	13.75	13.65	13.56	13.46
5	16.26	13.27	12.06	11.39	10.97	10.67	10.46	10.29	10.16	10.05	9.89	9.72	9.55	9.47	9.38	9.29	9.20	9.11	9.02
6	13.75	10.92	9.78	9.15	8.75	8.47	8.26	8.10	7.98	7.87	7.72	7.56	7.40	7.31	7.23	7.14	7.06	6.97	6.88
7	12.25	9.55	8.45	7.85	7.46	7.19	6.99	6.84	6.72	6.62	6.47	6.31	6.16	6.07	5.99	5.91	5.82	5.74	5.65
8	11.26	8.65	7.59	7.01	6.63	6.37	6.18	6.03	5.91	5.81	5.67	5.52	5.36	5.28	5.20	5.12	5.03	4.95	4.86
9	10.56	8.02	6.99	6.42	6.06	5.80	5.61	5.47	5.35	5.26	5.11	4.96	4.81	4.73	4.65	4.57	4.48	4.40	4.31
10	10.04	7.56	6.55	5.99	5.64	5.39	5.20	5.06	4.94	4.85	4.71	4.56	4.41	4.33	4.25	4.17	4.08	4.00	3.91
11	9.65	7.21	6.22	5.67	5.32	5.07	4.89	4.47	4.63	4.54	4.40	4.25	4.10	4.02	3.94	3.86	3.78	3.69	3.60
12	9.33	6.93	5.95	5.41	5.06	4.82	4.64	4.50	4.39	4.30	4.16	4.01	3.86	3.78	3.70	3.62	3.54	3.45	3.36
13	9.07	6.70	5.74	5.21	4.86	4.62	4.44	4.30	4.19	4.10	3.96	3.82	3.66	3.59	3.51	3.43	3.34	3.25	3.17
14	8.86	6.51	5.56	5.04	4.69	4.46	4.28	4.14	4.03	3.94	3.80	3.66	3.51	3.43	3.35	3.27	3.18	3.09	3.00
15	8.68	6.36	5.42	4.89	4.56	4.32	4.14	4.00	3.89	3.80	3.67	3.52	3.37	3.29	3.21	3.13	3.05	2.96	2.87
16	8.53	6.23	5.29	4.77	4.44	4.20	4.03	3.89	3.78	3.69	3.55	3.41	3.26	3.18	3.10	3.02	2.93	2.84	2.75
17	8.40	6.11	5.18	4.67	4.34	4.10	3.93	3.79	3.68	3.59	3.46	3.31	3.16	3.08	3.00	2.92	2.83	2.75	2.65
18	8.29	6.01	5.09	4.58	4.25	4.01	3.84	3.71	3.60	3.51	3.37	3.23	3.08	3.00	2.92	2.84	2.75	2.66	2.57
19	8.18	5.93	5.01	4.50	4.17	3.94	3.77	3.63	3.52	3.43	3.30	3.15	3.00	2.92	2.84	2.76	2.67	2.58	2.49
20	8.10	5.85	4.94	4.43	4.10	3.87	3.70	3.56	3.46	3.37	3.23	3.09	2.94	2.86	2.78	2.69	2.61	2.52	2.42
21	8.02	5.78	4.87	4.37	4.04	3.81	3.64	3.51	3.40	3.31	3.17	3.03	2.88	2.80	2.72	2.64	2.55	2.46	2.36
22	7.95	5.72	4.82	4.31	3.99	3.76	3.59	3.45	3.35	3.26	3.12	2.98	2.83	2.75	2.67	2.58	2.50	2.40	2.31
23	7.88	5.66	4.76	4.26	3.94	3.71	3.54	3.41	3.30	3.21	3.07	2.93	2.78	2.70	2.62	2.54	2.45	2.35	2.26
24	7.82	5.61	4.72	4.22	3.90	3.67	3.50	3.36	3.26	3.17	3.03	2.89	2.74	2.66	2.58	2.49	2.40	2.31	2.21
25	7.77	5.57	4.68	4.18	3.85	3.63	3.46	3.32	3.22	3.13	2.99	2.85	2.70	2.62	2.54	2.45	2.36	2.27	2.17
26	7.72	5.53	4.64	4.14	3.82	3.59	3.42	3.29	3.18	3.09	2.96	2.81	2.66	2.58	2.50	2.42	2.33	2.23	2.13
27	7.68	5.49	4.60	4.11	3.78	3.56	3.39	3.26	3.15	3.06	2.93	2.78	2.63	2.55	2.47	2.38	2.29	2.20	2.10
28	7.64	5.45	4.57	4.07	3.75	3.53	3.36	3.23	3.12	3.03	2.90	2.75	2.60	2.52	2.44	2.35	2.26	2.17	2.06
29	7.60	5.42	4.54	4.04	3.73	3.50	3.33	3.20	3.09	3.00	2.87	2.73	2.57	2.49	2.41	2.33	2.23	2.14	2.03
30	7.56	5.39	4.51	4.02	3.70	3.47	3.30	3.17	3.07	2.98	2.84	2.70	2.55	2.47	2.39	2.30	2.21	2.11	2.01
40	7.31	5.18	4.31	3.83	3.51	3.29	3.12	2.99	2.89	2.80	2.66	2.52	2.37	2.29	2.20	2.11	2.02	1.92	1.80
60	7.08	4.98	4.13	3.65	3.34	3.12	2.95	2.82	2.72	2.63	2.50	2.35	2.20	2.12	2.03	1.94	1.84	1.73	1.60
120	6.85	4.79	3.95	3.48	3.17	2.96	2.79	2.66	2.56	2.47	2.34	2.19	2.03	1.95	1.86	1.76	1.66	1.53	1.38
∞	6.63	4.61	3.78	3.32	3.02	2.80	2.64	2.51	2.41	2.32	2.18	2.04	1.88	1.79	1.70	1.59	1.47	1.32	1.00

续表

$$\alpha = 0.005$$

n_2 \ n_1	1	2	3	4	5	6	7	8	9	10	12	15	20	24	30	40	60	120	∞
1	16211	20000	21615	22500	23056	23437	23715	23925	24091	24224	24426	24630	24836	24940	25044	22148	25253	25359	25465
2	198.5	199.0	199.2	199.2	199.3	199.3	199.4	199.4	199.4	199.4	199.4	199.4	199.4	199.5	199.5	199.5	199.5	199.5	199.5
3	55.55	49.80	47.47	46.19	45.39	44.84	44.43	44.13	43.88	43.69	43.39	43.08	42.78	42.62	42.47	42.31	42.15	41.99	41.83
4	31.33	26.28	24.26	23.15	22.46	21.97	21.62	21.35	21.14	20.97	20.70	20.44	20.17	20.03	19.89	19.75	19.61	19.47	19.32
5	22.78	18.31	16.53	15.56	14.94	14.51	14.20	13.96	13.77	13.62	13.38	13.15	12.90	12.78	12.66	12.53	12.40	12.27	12.14
6	18.63	14.54	12.92	12.03	11.46	11.07	10.79	10.57	10.39	10.25	10.03	9.81	9.59	9.47	9.36	9.24	9.12	9.00	8.88
7	16.24	12.40	10.88	10.05	9.52	9.16	8.89	8.68	8.51	8.38	8.18	7.97	7.75	7.65	7.53	7.42	7.31	7.19	7.08
8	14.69	11.04	9.60	8.81	8.30	7.95	7.69	7.50	7.34	7.21	7.01	6.81	6.61	6.50	6.40	6.29	6.18	6.06	5.95
9	13.61	10.11	8.72	7.96	7.47	7.13	6.88	6.69	6.54	6.42	6.23	6.03	5.83	5.73	5.62	5.52	5.41	5.30	5.19
10	12.83	9.43	8.08	7.34	6.87	6.54	6.30	6.12	5.97	5.85	5.66	5.47	5.27	5.17	5.07	4.97	4.86	4.75	4.64
11	12.23	8.91	7.60	6.88	6.42	6.10	5.86	5.68	5.54	5.42	5.24	5.05	4.86	4.76	4.65	4.55	4.44	4.34	4.23
12	11.75	8.51	7.23	6.52	6.07	5.76	5.52	5.35	5.20	5.09	4.91	4.72	4.53	4.43	4.33	4.23	4.12	4.01	3.90
13	11.37	8.19	6.93	6.23	5.79	5.48	5.25	5.08	4.94	4.82	4.64	4.46	4.27	4.17	4.07	3.97	3.87	3.76	3.65
14	11.06	7.92	6.68	6.00	5.56	5.26	5.03	4.86	4.72	4.60	4.43	4.25	4.06	3.96	3.86	3.76	3.66	3.55	3.44
15	10.80	7.70	6.48	5.80	5.37	5.07	4.85	4.67	4.54	4.42	4.25	4.07	3.88	3.79	3.69	3.58	3.48	3.37	3.26
16	10.58	7.51	6.30	5.64	5.21	4.91	4.69	4.52	4.38	4.27	4.10	3.92	3.73	3.64	3.54	3.44	3.33	3.22	3.11
17	10.38	7.35	6.16	5.50	5.07	4.78	4.56	4.39	4.25	4.14	3.97	3.79	3.61	3.51	3.41	3.31	3.21	3.10	2.98
18	10.22	7.21	6.03	5.37	4.96	4.66	4.44	4.28	4.14	4.03	3.86	3.68	3.50	3.40	3.30	3.20	3.10	2.99	2.87
19	10.07	7.09	5.92	5.27	4.85	4.56	4.34	4.18	4.04	3.93	3.76	3.59	3.40	3.31	3.21	3.11	3.00	2.89	2.78
20	9.94	6.99	5.82	5.17	4.76	4.47	4.26	4.09	3.96	3.85	3.68	3.50	3.32	3.22	3.12	3.02	2.92	2.81	2.69
21	9.83	6.89	5.73	5.09	4.68	4.39	4.18	4.01	3.88	3.77	3.60	3.43	3.24	3.15	3.05	2.95	2.84	2.73	2.61
22	9.73	6.81	5.65	5.02	4.61	4.32	4.11	3.94	3.81	3.70	3.54	3.36	3.18	3.08	2.98	2.88	2.77	2.66	2.55
23	9.63	6.73	5.58	4.95	4.54	4.26	4.05	3.88	3.75	3.64	3.47	3.30	3.12	3.02	2.92	2.82	2.71	2.60	2.48
24	9.55	6.66	5.52	4.89	4.49	4.20	3.99	3.83	3.69	3.59	3.42	3.25	3.06	2.97	2.87	2.77	2.66	2.55	2.43
25	9.48	6.60	5.46	4.84	4.43	4.15	3.94	3.78	3.64	3.54	3.37	3.20	3.01	2.92	2.82	2.72	2.61	2.50	2.38
26	9.41	6.54	5.41	4.79	4.38	4.10	3.89	3.73	3.60	3.49	3.33	3.15	2.97	2.87	2.77	2.67	2.56	2.45	2.33
27	9.34	6.49	5.36	4.74	4.34	4.06	3.85	3.69	3.56	3.45	3.28	3.11	2.93	2.83	2.73	2.63	2.52	2.41	2.29
28	9.28	6.44	5.32	4.70	4.30	4.02	3.81	3.65	3.52	3.41	3.25	3.07	2.89	2.79	2.69	2.59	2.48	2.37	2.25
29	9.23	6.40	5.28	4.66	4.26	3.98	3.77	3.61	3.48	3.38	3.21	3.04	2.86	2.76	2.66	2.56	2.45	2.33	2.21
30	9.18	6.35	5.24	4.62	4.23	3.95	3.74	3.58	3.45	3.34	3.18	3.01	2.82	2.73	2.63	2.52	2.42	2.30	2.18
40	8.83	6.07	4.98	4.37	3.99	3.71	3.51	3.35	3.22	3.12	2.95	2.78	2.60	2.50	2.40	2.30	2.18	2.06	1.93
60	8.49	5.79	4.73	4.14	3.76	3.49	3.29	3.13	3.01	2.90	2.74	2.57	2.39	2.29	2.19	2.08	1.96	1.83	1.69
120	8.18	5.54	4.50	3.92	3.55	3.28	3.09	2.93	2.81	2.71	2.54	2.37	2.19	2.09	1.98	1.87	1.75	1.61	1.43
∞	7.88	5.30	4.28	3.72	3.35	3.09	2.90	2.74	2.62	2.52	2.36	2.29	2.00	1.90	1.79	1.67	1.53	1.36	1.00

附表六 相关系数显著性检验表

$$P\{|r|>r_\alpha\}=\alpha$$

$n-2$ \ α	0.10	0.05	0.02	0.01	0.001
1	0.9877	0.9969	0.9995	0.9999	0.9999
2	0.9000	0.9500	0.9800	0.9900	0.9990
3	0.8504	0.8783	0.9343	0.9587	0.9912
4	0.7293	0.8114	0.8822	0.9172	0.9741
5	0.6694	0.7545	0.8329	0.8745	0.9507
6	0.6215	0.7067	0.7887	0.8343	0.9249
7	0.5823	0.6664	0.7498	0.7977	0.8982
8	0.5494	0.6319	0.7155	0.7646	0.8721
9	0.5214	0.6021	0.6851	0.7348	0.8471
10	0.4973	0.5760	0.6581	0.7079	0.8233
11	0.4762	0.5529	0.6339	0.6835	0.8010
12	0.4575	0.5324	0.6120	0.6614	0.7800
13	0.4409	0.5139	0.5923	0.6411	0.7603
14	0.4259	0.4973	0.5742	0.6226	0.7420
15	0.4124	0.4821	0.5577	0.6055	0.7246
16	0.4000	0.4683	0.5425	0.5897	0.7084
17	0.3887	0.4555	0.5285	0.5751	0.6932
18	0.3783	0.4438	0.5155	0.5614	0.6787
19	0.3687	0.4329	0.5034	0.5487	0.6652
20	0.3598	0.4227	0.4921	0.5368	0.6524
25	0.3233	0.3809	0.4451	0.4869	0.5974
30	0.2960	0.3494	0.4093	0.4487	0.5541
35	0.2746	0.3246	0.3810	0.4182	0.5189
40	0.2573	0.3044	0.3578	0.3932	0.4896
45	0.2428	0.2875	0.3384	0.3721	0.4648
50	0.2306	0.2732	0.3218	0.3541	0.4433
60	0.2108	0.2500	0.2948	0.3248	0.4078
70	0.1954	0.2319	0.2737	0.3017	0.3799
80	0.1829	0.2172	0.2565	0.2830	0.3568
90	0.1762	0.2050	0.2422	0.2673	0.3375
100	0.1638	0.1946	0.2301	0.2540	0.3211

习题参考答案与提示

第七章

习题 7.1

1. Ⅷ、Ⅰ、Ⅳ、Ⅴ
2. (1) $(2,-1,5)(-2,-1,-5)(2,1,-5)$ (2) $(2,1,5)(-2,-1,5)(-2,1,-5)$ (3) $(-2,1,5)$
3. $(1,-2,-2)$ 3 $\left(\dfrac{1}{3},-\dfrac{2}{3},-\dfrac{2}{3}\right)$
4. $(2,0,-3)$
5. (1) 3 (2) $5\boldsymbol{i}+\boldsymbol{j}+7\boldsymbol{k}$ (3) $\cos(\widehat{\boldsymbol{a},\boldsymbol{b}})=\dfrac{3}{2\sqrt{21}}$
7. (1) $\dfrac{\pi}{4}$ (2) $\dfrac{35}{\sqrt{29}}$
8. $\dfrac{\sqrt{474}}{2}$
9. $m=15, n=-\dfrac{1}{5}$
10. $\pm\dfrac{1}{\sqrt{17}}(3\boldsymbol{i}-2\boldsymbol{j}-2\boldsymbol{k})$

习题 7.2

1. 经过点 A,B,C.
2. (1) 与 y 轴平行 (2) 过 x 轴 (3) 过原点 (4) 与 zOx 面平行 (5) yOz 面
3. (1) $x-4y+5z+15=0$ (2) $-2x+y+z=0$ (3) $4x-11y-3z-11=0$
4. (1) $3x+2y+6z-12=0$ (2) $x-3y-2z=0$
5. (1) $\dfrac{x-2}{3}=\dfrac{y+1}{-1}=\dfrac{z-4}{2}$ (2) $\dfrac{x-2}{9}=\dfrac{y+3}{-4}=\dfrac{z-5}{2}$ (3) $\dfrac{x-3}{0}=\dfrac{y-4}{-1}=\dfrac{z+4}{1}$
6. (1) $\dfrac{x+2}{1}=\dfrac{y-3}{-2}=\dfrac{z}{-1}$ (2) $\dfrac{x+5}{2}=\dfrac{y-7}{6}=\dfrac{z}{1}$ (3) $\dfrac{x}{-3}=\dfrac{y-\frac{1}{3}}{2}=\dfrac{z-1}{0}$
7. (1) 平行 (2) 垂直 (3) 直线在平面上
8. 0
9. $22x-19y-18z-27=0$
10. $\dfrac{3}{2}$

习题 7.3

1. $x^2+y^2+z^2-2x-6y+4z=0$
2. $2x^2+2y^2+z=1$
3. (1) 椭球面 (2) 椭圆抛物面 (3) 椭圆抛物面 (4) 球面
4. (1) xOy 平面上的椭圆 $\dfrac{x^2}{4}+\dfrac{y^2}{9}=1$ 绕 x 轴旋转一周 (2) xOy 平面上的双曲线 $x^2-\dfrac{y^2}{4}=1$ 绕 y 轴旋转一周 (3) xOy 平面上的双曲线 $x^2-y^2=1$ 绕 x 轴旋转一周 (4) yOz 平面上的直线 $z=y+a$ 绕 z

轴旋转一周

5. 略

6. (1) 椭圆 (2) 圆 (3) 圆

7. $\begin{cases} 2x^2-2x+y^2=8, \\ z=0 \end{cases}$

8. $\begin{cases} 2x^2+y^2=8, \\ z=0; \end{cases}$ $\begin{cases} 2y^2-z^2=8, \\ x=0; \end{cases}$ $\begin{cases} 2x^2+z^2=8, \\ y=0 \end{cases}$

9. $\begin{cases} x=2, \\ y=2+2\cos t, \text{其中 } t \text{ 为参数} \\ z=-1+2\sin t, \end{cases}$

10. $\begin{cases} \dfrac{x^2}{16}+\dfrac{y^2}{9}=1, \\ 3z=2y \end{cases}$

第八章

习题 8.1

1. 1 $2(x^2-y^2)-\dfrac{x}{x-y}$

3. (1) $\{(x,y)\mid x^2+y^2<9\}$ (2) $\{(x,y)\mid x>y^2\}$ (3) $\{(x,y)\mid |x|\leqslant 1,|y|\geqslant 1\}$
(4) $\{(x,y)\mid x>y,|y|\leqslant 1\}$

4. (1) $\dfrac{1}{3}$ (2) 8 (3) 3 (4) e^2

习题 8.2

1. 不能，例如 $f(x,y)=\sqrt{x+y}$ 在 $(0,0)$ 点.

2. (1) $\dfrac{\partial z}{\partial x}=\dfrac{y}{1+x^2y^2}, \dfrac{\partial z}{\partial y}=\dfrac{x}{1+x^2y^2}$ (2) $\dfrac{\partial z}{\partial x}=y+\dfrac{1}{y}, \dfrac{\partial z}{\partial y}=x-\dfrac{x}{y^2}$ (3) $\dfrac{\partial z}{\partial x}=\dfrac{1}{xy}, \dfrac{\partial z}{\partial y}=\dfrac{1-\ln(xy)}{y^2}$
(4) $\dfrac{\partial z}{\partial x}=y^2(1+xy)^{y-1}, \dfrac{\partial z}{\partial y}=(1+xy)^y\left[\ln(1+xy)+\dfrac{xy}{1+xy}\right]$ (5) $\dfrac{\partial z}{\partial x}=e^x\cos(x+y^2)-e^x\sin(x+y^2)$,
$\dfrac{\partial z}{\partial y}=-2ye^x\sin(x+y^2)$ (6) $\dfrac{\partial u}{\partial x}=y^2+2xz, \dfrac{\partial u}{\partial y}=2xy+z^2, \dfrac{\partial u}{\partial z}=2yz+x^2$

3. (1) $\dfrac{\partial^2 z}{\partial x^2}=4y, \dfrac{\partial^2 z}{\partial y^2}=6x, \dfrac{\partial^2 z}{\partial x\partial y}=4x+6y$ (2) $\dfrac{\partial^2 z}{\partial x^2}=e^x\sin y, \dfrac{\partial^2 z}{\partial y^2}=-e^x\sin y, \dfrac{\partial^2 z}{\partial x\partial y}=e^x\cos y$
(3) $\dfrac{\partial^2 z}{\partial x^2}=y^x\ln^2 y, \dfrac{\partial^2 z}{\partial y^2}=x(x-1)y^{x-2}, \dfrac{\partial^2 z}{\partial x\partial y}=y^{x-1}(1+x\ln y)$ (4) $\dfrac{\partial^2 z}{\partial x^2}=\dfrac{1}{x}, \dfrac{\partial^2 z}{\partial y^2}=-\dfrac{x}{y^2}, \dfrac{\partial^2 z}{\partial x\partial y}=\dfrac{1}{y}$

4. $f_x\left(\dfrac{\sqrt{\pi}}{2},1\right)=\dfrac{\sqrt{2\pi}}{2}$ 5. $f_{xx}\left(\dfrac{\pi}{2},0\right)=-1, f_{xy}\left(\dfrac{\pi}{2},0\right)=0$

6. $f_{xx}(0,0,1)=2, f_{xz}(1,0,2)=2, f_{yz}(0,-1,0)=0, f_{zx}(2,0,1)=4$

习题 8.3

1. (1) $dz=\left(y+\dfrac{1}{y}\right)dx+\left(x-\dfrac{x}{y^2}\right)dy$ (2) $dz=\dfrac{1}{x^2+y^2}(-ydx+xdy)$ (3) $dz=e^{xy}[y\cos(x+y)-\sin(x+y)]dx+e^{xy}[x\cos(x+y)-\sin(x+y)]dy$ (4) $du=yz^{xy}\ln z dx+xz^{xy}\ln z dy+xyz^{xy-1}dz$.

2. $\Delta z=-0.119, dz=-0.125$

3. $du=dx+8dy+12dz$

4. 2.039

5. -5 cm

习题 8.4

1. $\dfrac{\partial z}{\partial x}=e^{x+y}\sin(x-y^2)+e^{x+y}\cos(x-y^2)$　　$\dfrac{\partial z}{\partial y}=e^{x+y}\sin(x-y^2)-2ye^{x+y}\cos(x-y^2)$

2. $\dfrac{\partial z}{\partial x}=(1+x^2+y^2)^{xy}\left[y\ln(1+x^2+y^2)+\dfrac{2x^2y}{1+x^2+y^2}\right]$

　　$\dfrac{\partial z}{\partial y}=(1+x^2+y^2)^{xy}\left[x\ln(1+x^2+y^2)+\dfrac{2xy^2}{1+x^2+y^2}\right]$

3. $\dfrac{dz}{dt}=\dfrac{3t^2+6t}{t^3+3t^2+1}$

4. $\dfrac{dz}{dx}=2x+\dfrac{\cos x}{2\sqrt{\sin x}}$

5. $\dfrac{\partial z}{\partial x}=2xf_1'$　　$\dfrac{\partial z}{\partial y}=4yf_1'+f_2'$

6. (1) $\dfrac{\partial z}{\partial x}=f_1'-\dfrac{y}{x^2}f_2'$　　$\dfrac{\partial z}{\partial y}=\dfrac{1}{x}f_2'$　　(2) $\dfrac{\partial z}{\partial x}=f(\sin x,xy)+x[f_1'\cos x+yf_2']$　　$\dfrac{\partial z}{\partial y}=xf_2'$

7. $\dfrac{dy}{dx}=-\dfrac{3x^2-2xy^4}{8y-4x^2y^3}$

8. $\dfrac{dy}{dx}=\dfrac{y-x}{y+x}$

9. $\dfrac{\partial z}{\partial x}=\dfrac{yz}{e^z-xy}$　　$\dfrac{\partial z}{\partial y}=\dfrac{xz}{e^z-xy}$

10. $\dfrac{\partial z}{\partial x}=-\dfrac{z+4yz\sqrt{xz}}{x+4xy\sqrt{xz}}$　　$\dfrac{\partial z}{\partial y}=-\dfrac{5y^4+2xz}{\dfrac{\sqrt{x}}{2\sqrt{z}}+2xz}$

习题 8.5

1. (1) 极小值 $z(-4,1)=-20$　　(2) 极小值 $z\left(\dfrac{1}{2},-1\right)=-\dfrac{e}{2}$

2. 最大值为圆周 $x^2+y^2-2x=2$ 上任一点, 函数值为4, 最小值为 $z(1,0)=1$

3. 所求点为 $M(1,2,-2)$, 最短距离为 $d=3$

4. 当底半径和高均为 $\sqrt[3]{\dfrac{V}{\pi}}$ 时, 用料最省

5. 当长、宽、高均为 $\dfrac{2R}{\sqrt{3}}$ 时, 可得最大体积

6. 当 $x=y=\dfrac{3}{2}$ 时, 极值为 $z=\dfrac{11}{2}$

7. 当矩形长为 $\dfrac{2}{3}p$, 宽为 $\dfrac{1}{3}p$, 绕宽边旋转时, 体积最大

8. 当高 $x=\dfrac{L}{3}$, 腰与上底边夹角 $\theta=\dfrac{\pi}{3}$ 时, 此水槽的过水面积最大, $S_{\max}=\dfrac{\sqrt{3}}{12}L^2$

习题 8.6

1. (1) $\dfrac{\pi}{2}$　　(2) 0

2. (1) $\dfrac{\partial z}{\partial x}=-\dfrac{2x\sin x^2}{y}, \dfrac{\partial z}{\partial y}=-\dfrac{\cos x^2}{y^2}$　　(2) $\dfrac{\partial z}{\partial x}=x^2(1+xy)^{x-1}, \dfrac{\partial z}{\partial y}=(1+xy)^x\left[\ln(1+xy)+\dfrac{xy}{1+xy}\right]$

第九章

习题 9.1

1. (1) $\iint_D q(x,y)d\sigma$ (2) $\iint_D (1-x-y)d\sigma, D=\{(x,y)|0\leqslant x\leqslant 1, 0\leqslant y\leqslant 1-x\}$ (3) 45π (4) $\dfrac{250}{3}\pi$

2. (1) $\iint_D (x+y)d\sigma\leqslant \iint_D \sqrt{x+y}d\sigma$ (2) $\iint_D (x+y)^2 d\sigma \leqslant \iint_D (x+y)^3 d\sigma$

3. (1) $2\leqslant \iint_D (x+y+1)d\sigma \leqslant 8$ (2) $6\pi \leqslant \iint_D (x^2+y^2+1)d\sigma \leqslant 9\pi$

习题 9.2

1. (1) $\int_2^3 dx \int_1^4 f(x,y)dy = \int_1^4 dy \int_2^3 f(x,y)dx$ (2) $\int_0^2 dx \int_x^{\sqrt{2x}} f(x,y)dy = \int_0^2 dy \int_{\frac{y^2}{2}}^{y} f(x,y)dx$

2. (1) 9 (2) 1 (3) $\dfrac{20}{3}$ (4) $\dfrac{64}{15}$ (5) -2 (6) $\dfrac{13}{5}$

3. (1) $\int_0^1 dy \int_{\frac{y}{2}}^{y} f(x,y)dx + \int_1^2 dy \int_{\frac{y}{2}}^{1} f(x,y)dx$ (2) $\int_{-1}^1 dx \int_0^{\sqrt{1-x^2}} f(x,y)dy$
(3) $\int_0^1 dy \int_{e^y}^{e} f(x,y)dx$ (4) $\int_0^1 dy \int_{\sqrt{y}}^{3-2y} f(x,y)dx$

4. $\int_0^{\frac{\pi}{2}} d\theta \int_0^{2\sin\theta} f(\rho^2)\rho d\rho$

5. (1) 9 (2) $\dfrac{16}{3}\left(\dfrac{\pi}{2}-\dfrac{2}{3}\right)$ (3) $\dfrac{2\pi}{3}(b^3-a^3)$ (4) $\dfrac{3}{64}\pi^2$

习题 9.3

1. (1) $\dfrac{5}{6}$ (2) 9 (3) $\dfrac{32}{9}$ (4) 8π

2. $\sqrt{2}\pi$

3. 4π

4. $\dfrac{1}{12}$

5. $\dfrac{5}{3}$

6. $\bar{x}=\dfrac{35}{48}, \bar{y}=\dfrac{35}{54}$

7. $\bar{x}=\dfrac{28}{9\pi}R, \bar{y}=\dfrac{28}{9\pi}R$

8. $I_x = 3^5 \dfrac{31}{28}, I_y = 3^7 \dfrac{19}{8}, I_0 = 3^5 \dfrac{1\,259}{56}$

9. $\dfrac{a^4}{3}$

习题 9.4

(1) $\dfrac{16}{3}\ln^2 - \dfrac{14}{9}$ (2) 3π

第十章

习题 10.1

1. (1) 1 (2) $ab(b-a)$ (3) 18 (4) 0

2. (1) -7 (2) 160 (3) $abcd+ab+cd+ad+1$ (4) $[a+(n-1)b](a-b)^{n-1}$

3. $x \neq 0$ 且 $x \neq 2$.
4. $x_1 = -1, x_2 = 3$
5. 略
6. 0 29
7. -18
8. (1) $x_1 = 1, x_2 = 2, x_3 = 3$ (2) $x_1 = 1, x_2 = 2, x_3 = 3, x_4 = -1$
9. $\mu = 0$ 或 $\lambda = 1$
10. $k \neq 1$ 且 $k \neq -2$

习题 10.2

1. (1) $\begin{pmatrix} -1 & 6 & 5 \\ -2 & -1 & 12 \end{pmatrix}$ (2) $\begin{pmatrix} -1 & 4 \\ 0 & -2 \end{pmatrix}$ (3) $\begin{pmatrix} 2a+3c & -4b+c \\ -2b-c & a+b \\ 3a-b+8c & -a-5b \end{pmatrix}$

2. (1) $\begin{pmatrix} 35 \\ 6 \\ 49 \end{pmatrix}$ (2) (10) (3) $\begin{pmatrix} -2 & 4 \\ -1 & 2 \\ -3 & 6 \end{pmatrix}$ (4) $\begin{pmatrix} 6 & -7 & 8 \\ 20 & -5 & 6 \end{pmatrix}$

(5) $a_{11}x_1^2 + a_{22}x_2^2 + a_{33}x_3^2 + 2a_{12}x_1x_2 + 2a_{13}x_1x_3 + 2a_{23}x_2x_3$

3. $\begin{pmatrix} -2 & 13 & 22 \\ -2 & -17 & 20 \\ 4 & 29 & -2 \end{pmatrix}$ $\begin{pmatrix} 0 & 5 & 8 \\ 0 & -5 & 6 \\ 2 & 9 & 0 \end{pmatrix}$

4. 工厂 II 的生产成本最低.

5. (1) $\begin{pmatrix} 5 & -2 \\ -2 & 1 \end{pmatrix}$ (2) $\begin{pmatrix} -2 & 1 & 0 \\ -\frac{13}{2} & 3 & -\frac{1}{2} \\ -16 & 7 & -1 \end{pmatrix}$ (3) $\frac{1}{6}\begin{pmatrix} 4 & 2 & 1 & -1 \\ -4 & -10 & 7 & -1 \\ 8 & 2 & -2 & 2 \\ -2 & 4 & -1 & 1 \end{pmatrix}$

(4) $\begin{pmatrix} -2 & -7 & -2 & 9 \\ -2 & -6 & -1 & 7 \\ \frac{4}{5} & 3 & \frac{4}{5} & -\frac{18}{5} \\ 1 & 3 & 1 & -4 \end{pmatrix}$

6. (1) $\begin{pmatrix} 2 & -23 \\ 0 & 8 \end{pmatrix}$ (2) $\begin{pmatrix} -2 & 2 & 1 \\ -\frac{8}{3} & 5 & -\frac{2}{3} \end{pmatrix}$ (3) $\begin{pmatrix} 1 & 1 \\ \frac{1}{4} & 0 \end{pmatrix}$ (4) $\begin{pmatrix} 2 & -1 & 0 \\ 1 & 3 & -4 \\ 1 & 0 & -2 \end{pmatrix}$

7. (1) $\begin{cases} x_1 = 1, \\ x_2 = 0, \\ x_3 = 0 \end{cases}$ (2) $\begin{cases} x_1 = 5, \\ x_2 = 0, \\ x_3 = 3 \end{cases}$

8. $A^{-1} = \frac{1}{2}(A - E), (A + 2E)^{-1} = \frac{1}{4}(3E - A)$

9. (1) 2 (2) 4 (3) 4 (4) 3
10. $a = -1, b = -2$

习题 10.3

1. (1) $\begin{cases} x_1 = \frac{4}{3}x_4, \\ x_2 = -3x_4, \\ x_3 = \frac{4}{3}x_4, \\ x_4 = x_4 \end{cases}$ (2) $\begin{cases} x_1 = -2x_2 + x_4, \\ x_2 = x_2, \\ x_3 = 0, \\ x_4 = x_4 \end{cases}$ (3) $\begin{cases} x_1 = 0, \\ x_2 = 0, \\ x_3 = 0, \\ x_4 = 0 \end{cases}$ (4) $\begin{cases} x_1 = \frac{3}{17}x_3 - \frac{13}{17}x_4, \\ x_2 = \frac{19}{17}x_3 - \frac{20}{17}x_4, \\ x_3 = x_3, \\ x_4 = x_4 \end{cases}$

2. (1) 无解 (2) $\begin{cases} x=-2z-1, \\ y=z+2, \\ z=z \end{cases}$ (3) $\begin{cases} x=-\frac{1}{2}y+\frac{1}{2}z+\frac{1}{2}, \\ y=y, \\ z=z, \\ w=0 \end{cases}$ (4) $\begin{cases} x=\frac{1}{7}z+\frac{1}{7}w+\frac{6}{7}, \\ y=\frac{5}{7}z-\frac{9}{7}w-\frac{5}{7}, \\ z=z, \\ w=w \end{cases}$

3. 当 $a=1$ 时,解为 $\begin{cases} x_1=-x_2-x_3, \\ x_2=x_2, \\ x_3=x_3; \end{cases}$ 当 $a=-2$ 时,解为 $\begin{cases} x_1=x_3, \\ x_2=x_3, \\ x_3=x_3; \end{cases}$ 当 $a\neq 1$ 且 $a\neq -2$ 时,只有零解

4. $m=2$

5. (1) $\lambda\neq 1,-2$ 时方程组有唯一解 (2) $\lambda=-2$ 时,方程组无解 (3) $\lambda=1$ 时,方程组有无穷多个解

6. 当 $\lambda=1$ 时,方程组解为 $\begin{cases} x_1=x_3+1, \\ x_2=x_3, \end{cases}$($x_3$ 可取任意值);

   当 $\lambda=-2$ 时,方程组解为 $\begin{cases} x_1=x_3+2, \\ x_2=x_3+2, \end{cases}$($x_3$ 可取任意值)

7. 当 $\lambda\neq 1$ 且 $\lambda\neq 10$ 时,有唯一解;
   当 $\lambda=10$ 时,无解;
   当 $\lambda=1$ 时,有无穷多解,解为 $x_1=-2x_2+2x_3+1$(x_2,x_3 可取任意值)

8. $P=225, M=450, I=325$

9. 甲、乙、丙三种化肥各需 3 千克,5 千克,15 千克

10. (150,350,50,100,150,200)

习题 10.4

1. $3\boldsymbol{A}+2\boldsymbol{B}=\begin{pmatrix} 17 & 12 & 29 \\ 5 & 34 & 5 \\ 24 & 29 & 41 \end{pmatrix}, 3\boldsymbol{A}-2\boldsymbol{B}=\begin{pmatrix} 1 & 0 & 1 \\ 1 & 2 & 1 \\ 0 & 1 & 1 \end{pmatrix}$

2. $(\boldsymbol{AB})^{\mathrm{T}}=\begin{pmatrix} 5 & 14 \\ 18 & 28 \end{pmatrix}, \boldsymbol{B}^{\mathrm{T}}\boldsymbol{A}^{\mathrm{T}}=\begin{pmatrix} 5 & 14 \\ 18 & 28 \end{pmatrix}$

3. $r(\boldsymbol{A})=3$

4. $\boldsymbol{A}^{-1}=\begin{pmatrix} -1 & -2 & 1 \\ 2 & 4 & -1 \\ 2 & 3 & -1 \end{pmatrix}$

5. (1) 无解 (2) $\begin{cases} x_1=-\frac{7}{5}x_3+x_4+\frac{3}{5}, \\ x_2=\frac{4}{5}x_3-\frac{1}{5} \end{cases}$ (x_3,x_4 为任意实数)

第十一章

习题 11.1

1. (1) $\overline{ABC}$ (2) $AB\overline{C}$ (3) $A\cup B\cup C$ (4) ABC (5) $\overline{ABC}$ (6) $\overline{AB}\cup\overline{AC}\cup\overline{BC}$ (7) $\overline{A}\cup\overline{B}\cup\overline{C}$ (8) $AB\cup AC\cup BC$

2. $\frac{5}{8}$

3. $\frac{1}{2}$

4. $\dfrac{1}{9}$

5. $\dfrac{3}{5}$

6. 0.93

7. 0.4136

8. $\dfrac{1}{3}$

9. $\dfrac{1}{3}$

10. (1) 0.56　(2) 0.94

11. 0.9898

12. (1) $\dfrac{7}{24}$　(2) $\dfrac{119}{120}$

13. 0.94

14. 0.902

习题 11.2

1.

X	3	4
P	$\dfrac{1}{4}$	$\dfrac{3}{4}$

2.

X	0	1	2
P	$\dfrac{22}{35}$	$\dfrac{12}{35}$	$\dfrac{1}{35}$

3. (1) 0.072 9　(2) 0.008 56　(3) 0.999 54　(4) 0.409 51

4. $F(x)=P(X\leqslant x)=\begin{cases}0, & x<-1,\\ 0.3, & -1\leqslant x<0,\\ 0.8, & 0\leqslant x<1,\\ 1, & x\geqslant 1\end{cases}$

5. (1) 0.029 8　(2) 0.566 5

6. $k=\dfrac{1}{6}$, $F(x)=\begin{cases}0, & x<0,\\ \dfrac{x^2}{12}, & 0\leqslant x<3,\\ -3+2x-\dfrac{x^2}{4}, & 3\leqslant x\leqslant 4,\\ 1, & x\geqslant 4\end{cases}$

7. (1) $k=3$　(2) $F(x)=\begin{cases}1-e^{-3x}, & x>0,\\ 0, & x\leqslant 0;\end{cases}$　0.740 8

8. 0.135

9. 0.950 5　0.583 2　0.025 0

10. (1) 0.5　(2) 0.697 7　(3) $c=3$

11. (1) $k=0.1$　(2) $\begin{pmatrix} 0 & 1 & 4 \\ 0.3 & 0.6 & 0.1 \end{pmatrix}$　(3) $\begin{pmatrix} -3 & -1 & 1 & 3 \\ 0.2 & 0.3 & 0.4 & 0.1 \end{pmatrix}$

12.

y	1	5	17
P	0.1	0.65	0.25

13. $f_Y(y) = \begin{cases} 0, & \text{其他}, \\ \dfrac{2}{\pi}\dfrac{1}{\sqrt{1-y^2}}, & 0<y<1 \end{cases}$

14. $f_Y(y) = \begin{cases} \dfrac{2}{9}(y-5), & 5<y<8, \\ 0, & \text{其他} \end{cases}$

习题 11.3

1. (1) $\dfrac{4}{3}$ (2) $\dfrac{13}{3}$

2. $\dfrac{\pi}{2}+1$ $\dfrac{2}{\pi}$

3. 0 0.5

4. 6 $\dfrac{2}{5}$

5. 5 3

6. 0 $\dfrac{1}{6}$ -1 $\dfrac{2}{3}$

7. $a=12, b=-12, c=3$

8. 0.977 2

9. 0.999 6

习题 11.4

1. $X_1+X_2, \max\limits_{1\leqslant i\leqslant 5} X_i, (X_5-X_1)^2$ 是统计量, X_5+2p 不是统计量

2. 18.45 10.775 5 9.877 75

3. (1) $\overline{X}\sim N\left(0, \dfrac{1}{25}\right)$ (2) 0.818 5

4. 0.262 8

5. 50 30

6. 189

8. (1) 0.99 (2) $\dfrac{2}{15}\sigma^4$

9. (1) 0.010 4 (2) 0.14

习题 11.5

1. $\hat{\mu}=1\,492, \hat{\sigma}^2=14\,762.4$

2. $\hat{\theta}=\dfrac{1}{\overline{x}}$

3. $\hat{p}=1-\dfrac{S^2}{\overline{x}}, \hat{n}=\dfrac{\overline{x}^2}{\overline{x}-S^2}$

4. $\hat{\theta}=0.32$

5. $\hat{\mu}_2$ 更有效

6. [12.71, 13.29]

7. [1 244.18℃, 1 273.82℃]

8. [4.58, 9.60]

习题 11.6

1. 接受 H_0

2. 拒绝 H_0

3. 接受 H_0
4. 略
5. 接受 H_0
6. 接受 H_0
7. 拒绝 H_0
8. 符合要求

习题 11.7

1. 回归直线方程为 $\hat{y}=1.215x+0.974$
2. (1) $\hat{y}=11.599+0.4992x$ (2) 溶解度与温度之间的线性相关关系显著
3. (1) $\hat{y}=0.6942+0.733x$ (2) 回归效果显著
4. (1) $\hat{y}=-21.85+5.852x$ (2) 回归效果显著 (3) $[12.3, 61.04]$

习题 11.8

1. (1) $P(X=45)=C_{100}^{45}\left(\dfrac{1}{2}\right)^{100}, P(X\leqslant 45)=\sum\limits_{k=0}^{45} C_{100}^{12}\left(\dfrac{1}{2}\right)^{100}$ (2) 略
2. $P(1<X<3)=0.9544$,图像略
3. 7.5392 2.7458
4. $E(X)=100$ $D(X)=90$ $E(Y)=100$ $D(Y)=100$
5. $[4.7622, 4.9778]$ $[0.0224, 0.0981]$
6. 这批灯泡没有达到出厂标准

第十二章

习题 12.1

1. (1) 如图

(2) $d(v_1)=2, d(v_2)=4, d(v_3)=2, d(v_4)=3, d(v_5)=1, d(v_6)=0$

(3) G 不是简单图

2. 如图

3. $d^-(v_1)=1, d^-(v_2)=2, d^-(v_3)=2, d^+(v_1)=2, d^+(v_2)=2, d^+(v_3)=1, d(v_1)=3, d(v_2)=4, d(v_3)=3$

4. 略

习题 12.2

1. (1) $ABCF, ABEF, ADEF, ABCEF, ABECF, ADECF, ADEBCF$ (2) $ABCF, ABEF, ADEF,$

$ABCEF, ABECF, ADECF, ADEBCF, ADEBCEF, ADECBEF$ (3) 3

2. 略

3. (a) 强连通,(b) 单向连通,(c) 弱连通

习题 12.3

1. (1) $A = \begin{pmatrix} 0 & 1 & 0 & 1 \\ 0 & 0 & 1 & 1 \\ 0 & 1 & 0 & 1 \\ 0 & 1 & 0 & 0 \end{pmatrix}$

(2) $A^2 = \begin{pmatrix} 0 & 1 & 1 & 1 \\ 0 & 2 & 0 & 1 \\ 0 & 1 & 1 & 1 \\ 0 & 0 & 1 & 1 \end{pmatrix}$, $A^3 = \begin{pmatrix} 0 & 2 & 1 & 2 \\ 0 & 1 & 2 & 2 \\ 0 & 2 & 1 & 2 \\ 0 & 2 & 0 & 1 \end{pmatrix}$, $A^4 = \begin{pmatrix} 0 & 3 & 2 & 3 \\ 0 & 4 & 1 & 3 \\ 0 & 3 & 2 & 3 \\ 0 & 1 & 2 & 2 \end{pmatrix}$

v_1 到 v_2 长度为 1,2,3,4 的路分别有 1,1,2,3 条

(3) $P = \begin{pmatrix} 0 & 1 & 1 & 1 \\ 0 & 1 & 1 & 1 \\ 0 & 1 & 1 & 1 \\ 0 & 1 & 1 & 1 \end{pmatrix}$

2. $M = \begin{pmatrix} -1 & 0 & 0 & 0 & -1 \\ 1 & 1 & 0 & 1 & 0 \\ 0 & -1 & -1 & 0 & 1 \\ 0 & 0 & 1 & -1 & 0 \\ 0 & 0 & 0 & 0 & 0 \end{pmatrix}$

3. 略

习题 12.4

1. (a),(b),(c)

2. 当 n 为奇数时,每个节点的度数都是偶数

3. $\dfrac{n-2}{2}$ (n 为偶数)

4. 略

5. (a),(b)

6. 没有哈密尔顿回路

习题 12.5

1. 最短路径长度为 15

2. $v_1 v_3 v_6 v_7$

参考文献

[1] 同济大学数学系. 高等数学(上、下册)(第 6 版). 北京:高等教育出版社,2007.
[2] 柳重堪. 高等数学(上、下册). 北京:中央广播电视大学出版社,1999.
[3] 戴振强. 高等数学. 合肥:中国科技大学出版社,2007.
[4] 万金保. 工程应用数学(第 2 版). 北京:机械工业出版社,2009.
[5] 南京工学院数学教研组. 积分变换. 北京:高等教育出版社,1978.
[6] 同济大学应用数学系. 线性代数(第 4 版). 北京:高等教育出版社,2003.
[7] 盛骤,谢式千,潘承毅. 概率论与数理统计(第 3 版). 北京:高等教育出版社,2001.
[8] 李林曙,施光燕. 概率论与数理统计. 北京:中央广播电视大学出版社,2002.
[9] 王朝瑞. 图论(第 3 版). 北京:北京理工大学出版社,2001.
[10] 同济大学,天津大学,浙江大学,重庆大学. 高等数学(上、下册)(第 3 版). 北京:高等教育出版社,2008.